第一行代码

Java

视频讲解版

魔乐科技出品 李兴华 马云涛 ◎ 著

人民邮电出版社

北京

图书在版编目（ＣＩＰ）数据

第一行代码 Java：视频讲解版 / 李兴华，马云涛
著. -- 北京：人民邮电出版社，2017.4（2023.8重印）
　ISBN 978-7-115-44815-6

　Ⅰ．①第… Ⅱ．①李… ②马… Ⅲ．①JAVA语言—程
序设计 Ⅳ．①TP312.8

中国版本图书馆CIP数据核字(2017)第022884号

内 容 提 要

本书从初学者的角度，以丰富的例子、通俗易懂的语言、简单的图示，详细地介绍了 Java 开发中重点用到的多种技术。全书分为 15 章，包括 Java 简介、程序基本概念、面向对象基本概念、面向对象高级知识、包及访问控制权限、异常的捕获及处理、Eclipse 开发工具、Java 新特性、多线程、Java 常用类库、Java IO 编程、Java 网络编程、Java 类集框架、Java 数据库编程、DAO 设计模式等内容。

本书列举了 700 多个小实例、100 多个示意图，方便读者快速理解和应用。本书还附带了长达 60 小时的教学视频、源代码和 PPT 电子教案，另外专门提供了论坛为读者解答问题。本书作者有多年的开发和教学经验，希望能成为读者的良师益友。

本书面向 Java 技术的初学者，适合作为培训中心、计算机相关专业的教材。

　◆ 著　　　　 李兴华　马云涛
　　 责任编辑　 刘　博
　　 责任印制　 杨林杰
　◆ 人民邮电出版社出版发行　 北京市丰台区成寿寺路 11 号
　　 邮编　100164　 电子邮件　315@ptpress.com.cn
　　 网址　http://www.ptpress.com.cn
　　 北京七彩京通数码快印有限公司印刷
　◆ 开本：800×1000　1/16
　　 印张：40.75　　　　　　　　 2017 年 4 月第 1 版
　　 字数：1091 千字　　　　　　 2023 年 8 月北京第 21 次印刷

定价：89.00 元（附光盘）

读者服务热线：**(010)81055256**　 印装质量热线：**(010)81055316**
反盗版热线：**(010)81055315**

前言

"我们在用心做事，做最好的教育，写最好的图书！"

——李兴华

Java 作为现在最流行的编程语言，发展到今天已经出现了越来越庞大的开发群体。笔者从事 Java 行业 15 年，教过数万个学生，接触过无数位项目经理，大部分人得出的结论都是：Java 基础课最为重要。的确，没有好的基础就没有向上爬升的绝对动力。要想学好 Java 基础，就需要一本真正属于国人自己原创的 Java 图书，而这正是本书编写的最初动力。

我一直坚信原创才可以出好书，而不是那种简单的"复制—粘贴"等千篇一律的无脑作品。但是写一本原创图书真的很辛苦，所有的图示、文字、案例都要求由自己独立设计，没有重复，没有复制，更没有抄袭，所以我很感谢我的妻子以及家人对我的支持与鼓励，没有他们的支持，我也没有写完这些图书的勇气。

Java 从 1995 年公布以来，一直以非常迅猛的势头不断发展，围绕在 Java 身旁的技术也越来越多，许多我们耳熟能详的技术又在不断地经历着淘汰与重拾变革。从最初的 Java 企业级应用，到现在大数据、云计算技术的兴起，都在不断提醒每一位软件开发人员要进行技术的不断革新。而对于软件开发行业，笔者唯一的评价是："乱世出英雄"，正是这样一个快速发展的时代，才能够让我们到达我们希望达到的高度。

当前的企业开发已经形成了一套完整的 Java、大数据的开发架构，如图 0-1 所示。

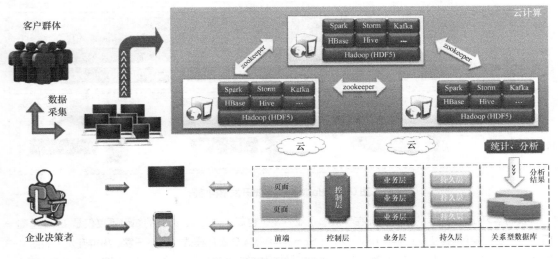

图 0-1　当前流行的开发架构

相信很多初学者面对这样的开发架构已经觉得有些茫然了，实际上这也只是实际项目开发场景的缩影，因为随着互联网技术的不断发展，以及用户高并发访问情况的不断出现，实际运营中的开发架构可能会比图 0-1 所示的架构更加复杂。因此我们该如何面对于这样的问题呢？

2016 年是技术爆发式发展的一年。在这一年里，实际上许多传统开发人员开始慢慢发现自己已经跟不上当前技术发展的步伐了，究其原因还是在于基础知识的把握程度上。"基础不牢地动山摇"是笔者一直跟学生们强调的话题，包括在实际的面试过程中，面试官问出的问题几乎都与基础知识有关，也就是说面试者的 Java 基础知识掌握得越牢固，对于面试的把握以及后续的学习越有好处。而且笔者也一直相信，软件行业是一个只靠勤奋就可以获得自己成就的行业。

从当今社会发展形式来讲，每一位软件从业人员已经必须具备大数据的开发与设计能力（Hadoop 大数据开发架构缩影，如图 0-2 所示），而如果要想从事大数据的开发，掌握 Java 技术就成为了最底层的需求。因为大数据的核心技术 Hadoop 就是基于 Java 开发的，所以要想从事大数据开发，还应该更好地理解 Java 技术。

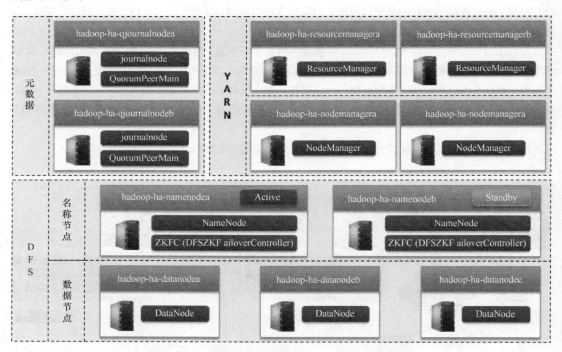

图 0-2　Hadoop 大数据开发架构缩影

我们学习 Java 技术的核心目标在于从事企业开发，也就是说 Java 课程的知识不仅仅是 Java 基础一门内容，还需要包括：Java Web 开发（JSP、Servlet）、MVC 设计模式、框架开发、集群开发（如图 0-3 所示），所有这一切的核心内容也都是 Java 的知识在支撑着。也就是说，如果你需要接触大型的项目开发，那么 Java 技术是必备的。

　　所以希望每一位读者通过本系列的图书可以获得更多、更好、更为全面的软件开发知识。同时由于本书为完全原创图书，以及作者水平有限，书中难免有讲解不当的地方，也希望读者积极给予指正，我们会及时进行修正。笔者也祝愿每一位技术爱好者，通过学习改变自己的命运，让我们的人生可以达到自己企及的高度。

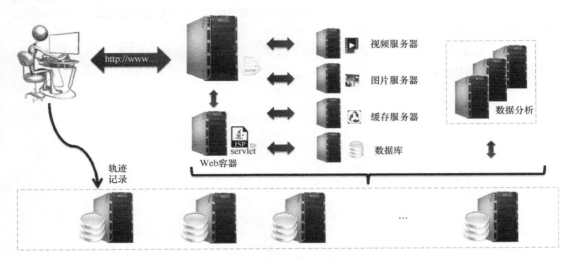

图 0-3　集群开发概览

本书特色

1. 视频学习，顶级培训讲师引导初学者快速入门

　　全书提供了 3414 分钟的教学视频，超过所有同类书籍。这套教学视频在培训市场上价值一万元。教学视频通过声情并茂、风趣幽默的讲解，引导读者入门，增强读者信心，从而使读者快速掌握所学知识。

2. 全书提供 591 个实例，帮助读者充分掌握知识点

　　全书提供 591 个实例，通过对实例的学习，让读者充分掌握知识点的各种用法。

3. 每章提供大量习题，书后提供 3 套综合试卷

　　全书提供 400 道练习题、3 套综合测试卷，让读者有更多的实践演练机会，真正实现举一反三的效果。

4. 源程序+视频+PPT 课件+教学大纲等丰富的配套资源，让学习更轻松

　　丰富的配套资源，让读者学起来更轻松。对于选用本书作为教材的老师，PPT 课件和教学大纲还可帮助老师轻松备课。配套资源附赠在随书光盘中，读者也可到人邮教育社区（www.ryjiaoyu.com）上免费下载。

5. 全书穿插"提示""注意""问答""技术穿越""常见面试题分析"等栏目，帮助读者理解概念、掌握技巧，轻松应对求职

　　全书穿插了 212 个"提示"、60 个"注意"、49 个"问答"、51 个"技术穿越"、30 个"常见面试题

分析"。各个栏目的作用如下。

"提示"：将笔者多年的教学经验以及学生出现的问题进行总结，并且给出更多的相关扩展知识。

"问答"：对笔者多年培训中学生不理解或者容易混淆的知识点进行生动的解释。

"注意"：为读者分析一些具体的问题，帮助读者更好地理解知识。

"技术穿越"：技术是一种不断的积累，我们采用技术穿越的形式，让读者清楚地知道某些技术的使用场景，为读者日后的深入学习打下基础。

"常见面试题分析"：针对容易混淆的知识点，以及企业在笔试中经常出现的问题，进行分析，帮助读者更好地理清知识结构。

目 录

第 4 章　面向对象高级知识　204

（视频 373 分钟，例题 96 个，提示 23 个，注意 9 个，问答 9 个，技术穿越 6 个，面试题 4 个）

视频目录

第 4 章　面向对象高级知识

第 5 章　包及访问控制权限

第 6 章　异常的捕获及处理

第 7 章　Eclipse 开发工具

第 8 章　Java 新特性

第 9 章　多线程

第 10 章　Java 常用类库

第 11 章　Java IO 编程

第一部分

Java 基础知识

- Java 简介
- JDK 的安装与配置
- Java 基础语法
- 方法的定义及使用

第 1 章

Java 简介

通过本章的学习可以达到以下目标：
- 清楚 Java 语言的发展历史和主要特点
- 理解 Java 实现可移植性的操作
- JDK 1.8 的安装与配置
- 编写并运行第一个 Java 程序
- 编写 Hibernate 的持久化类
- 理解 PATH 和 CLASSPATH 的主要作用

Java 是一门编程语言，而 Java 语言的发展也有自己的存在规律。本章将为读者讲解 Java 的主要应用范畴、特点，并且带领读者亲自完成一个 Java 程序开发。

1.1 Java 简介

Java 是一门编程语言，它发展到今天，已经成为一个真正意义上的语言标准，现在一些技术开发公司为了方便用户进行程序的编写，往往都使用 Java 作为应用层封装的标准，通过 Java 来调用一些底层的操作。例如，现在最为流行的 Android 开发，就是利用 Java 调用 Linux 内核操作形成的，如图 1-1 所示。

Java 发展简介

图 1-1　使用 Java 封装应用

提示：与大多数语言的语法结构类似

如果学习过 C、C++语言的读者，在学习 Java 语言的过程中会发现，Java 语言和这些语言的语法结构是很相似的。正因为有这样的天生优势，Java 才得以迅速发展起来，并且成为主流应用。

如果要追溯 Java 的发展，首先需要从 1991 年的绿色（GREEN）项目说起。这个项目是在 Email 特别盛行的时候提出来的，目的是使用 Email 去控制各个家电产品的运行（有些类似于"物联网"概念），最早 SUN 公司的工程师打算使用 C++进行项目的开发，但是后来考虑到 C++的复杂性，所以工程师使用 C++开发出了一个新的平台——OAK（橡树）平台。OAK 是一种用于网络的精巧而安全的语言，主要的设计师是詹姆斯·高斯林（James Gosling）（图 1-2），SUN 公司曾以此投标一个交互式电视项目，但结果被 SGI（硅图）公司打败。于是当时的 OAK 几乎无家可归，恰巧这时马克·安德里森（Mark Andreesen）开发的 Mosaic（马赛克）和 Netscape（网景）启发了 OAK 项目组成员，SUN 公司的工程师们用 Java 编写了 HotJava 浏览器，得到了 Sun 公司首席执行官史考特·麦克里尼（Scott McNealy）的支持，触发了 Java 进军因特网（Internet）。

图 1-2　Java 的主要设计师 James Gosling

提示：SUN 公司简介

　　斯坦福大学校园网（Stanford University Network，SUN），于 1982 年成立，是一家主要从事硬件生产的公司，图 1-3 所示为 SUN 公司收购前的 LOGO 标志。SUN 公司在 2000 年的世界互联网低潮之后一直处于亏损状态，于是在 2009 年被 Oracle（甲骨文公司）以每股 9.5 美元，总计 74 亿美元收购。

图 1-3　SUN 公司被收购之前的 LOGO

　　1995 年 SUN 公司为了推广 Java 编程语言，正式将 OAK 更名为 Java（咖啡），并且随着网络的发展，Java 也开始更多地出现在互联网的项目开发中。Java 的发展历史可以归纳为如下 3 个阶段。

- 第一阶段（完善期）：JDK 1.0（1995 年推出）~ JDK 1.2（1998 年推出，Java 更名为 Java 2）；
- 第二阶段（平稳期）：JDK 1.3~ JDK 1.4；
- 第三阶段（发展期）：JDK 1.5（2005 年推出）~ JDK 1.7（被 Oracle 收购后推出）。

常见面试题分析：请你谈一谈，Oracle 为什么收购 SUN 公司？

从市场上的商用体系程序开发来讲，开发的结构一共分为 4 层：操作系统、数据库、中间件、编程语言，而 Oracle 为了完成与微软对等的竞争体系，所以才收购了 SUN 公司，表 1-1 给出了 Oracle 和微软两家公司在商用体系上的服务支持对比。

表 1-1　Oracle 和微软在商用开发体系上的对比

No.	对比	Oracle	Microsoft
1	操作系统	UNIX	Windows
2	数据库	Oracle 大型数据库	SQL Server 中小型数据库
3	中间件	OAS，收购 BEA 得到 WebLogic	IIS
4	编程语言	PLSQL，收购 SUN 得到 Java	.NET

收购 SUN 公司得到了 Java 后，Oracle 公司将会得到大量的 Java 开发从业人员，也更加适合公司的利益推广。

Java 语言从产生到现在，已经在许多方面对技术有着很好的支持，除了可以在网络上应用，在硬件上也有很好的支持。Java 在开发上分为 Java EE（Java 企业级开发）、Java SE（Java 标准版）、Java ME（Java 嵌入式开发），这三者的关系如图 1-4 所示。下面分别解释这 3 个分支的区别。

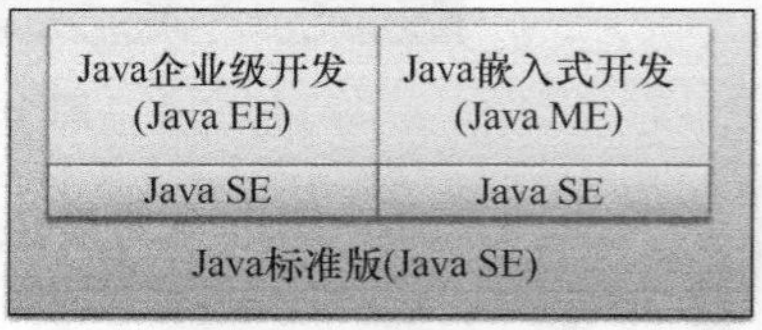

Java企业级开发 (Java EE)	Java嵌入式开发 (Java ME)
Java SE	Java SE
Java标准版(Java SE)	

图 1-4　3 个分支的关系

- J2SE：Java 2 Platform Standard Edition（2005 年之后更名为 Java SE）。

|- 该分支包含构成 Java 语言核心的类。比如：数据库连接、接口定义、数据结构、输入/输出、网络编程。

- J2EE：Java 2 Platform Enterprise Edition（2005 年之后更名为 Java EE）。

|- 该分支 Enterprise Edition（企业版）包含 J2SE 中的所有类，并且还包含用于开发企业级应用的类。比如：EJB、Servlet、JSP、XML、事务控制，也是现在 Java 应用的主要方向，一些银行或电信的系统大多基于此架构。

- J2ME：Java 2 Platform Micro Edition（2005 年之后更名为 Java ME）。

|- 该分支用于消费类电子产品的软件开发。比如：呼机、智能卡、手机、PDA、机顶盒。

注意：Java SE 为整个技术架构的核心。

通过图 1-4 读者可以发现，不管是 Java EE 还是 Java ME 技术，都是以 Java SE 基础作为支撑的，所以在整个学习过程中，Java SE 掌握的程度直接影响到日后的相关技术学习。在考试笔试中，问得最多的问题也是 Java SE 基础部分，而常见的面试题在本书中都会为读者进行分析。

提示：Java 的重点一直放在嵌入式开发上。

从 1991 年的 OAK 开始，Java 就是为嵌入式开发准备的，所以 SUN 公司最初一直希望可以将 Java 应用于嵌入式开发上，即 Java ME 技术的发展。但遗憾的是，那个时代是以诺基亚（NOKIA）的 symbian 系统智能机为主，所以国内大量的 Java ME 技术都被用于游戏开发上，而真正的软件却很少见到。当然，当时的网络环境也是导致出现这一问题的主要原因。

而到了 Android 时代，可以说是真正地将 Java 的嵌入式开发的设想实现出来。推出 Android 系统的并不是 SUN，而是谷歌（Google），在这一时期内有大量的游戏和软件出现。而 Android 的出现，正式标志着移动智能终端时代的开启。对 Android 开发有兴趣的读者可以参考笔者的《Android 开发实战经典》一书进行系统的学习。

Java 语言有许多有效的特性，吸引着程序员们，最主要体现在以下 11 个方面。

1．简洁有效

Java 语言是一种相当简洁的"面向对象"程序设计语言。Java 语言省略了 C++语言中所有的难以理解、容易混淆的特性，如头文件、指针、结构、单元、运算符重载、虚拟基础类等，因此 Java 语言更加严谨、简洁。

2．可移植性

对于一个程序员而言，写出来的程序如果不需修改就能够同时在 Windows、MacOS、UNIX 等平台上运行，简直就是美梦成真的好事。而 Java 语言就让这个原本遥不可及的事情越来越近。使用 Java 语言编写的程序，只要做较少的修改，甚至有时根本不需修改就可以在不同平台上运行。

3．面向对象

可以说，"面向对象"是软件工程学的一次革命，大大提升了人类的软件开发能力，是一个伟大的进步，是软件发展过程的一个重大的里程碑。

在过去的 30 年间，"面向对象"有了长足的发展，充分体现了其自身的价值，到现在已经形成了一个包含"面向对象的系统分析""面向对象的系统设计""面向对象的程序设计"的完整体系。所以作为一种现代编程语言，是不能够偏离这一方向的，Java 语言也不例外。

4．解释型

Java 语言是一种解释型语言，相对于 C/C++语言来说，用 Java 语言写出来的程序效率低，执行速度慢。但它正是通过在不同平台上运行 Java 解释器，对 Java 代码进行解释，来实现"一次编写，到处运行"的宏伟目标。为了达到这一目标，牺牲效率还是值得的，况且，现在的计算机技术日新月异，运算速度也越来越快，用户不会感到太慢。

5．适合分布式计算

Java 语言具有强大的、易于使用的联网能力，非常适合开发分布式计算的程序。Java 应用程序可以像访问本地文件系统那样通过 URL 访问远程对象。

使用 Java 语言编写 Socket 通信程序十分简单，使用 Java 语言比使用任何其他语言都简单。而且它还十分适用于公共网关接口（CGI）脚本的开发，另外还可以使用 Java 小应用程序（Applet）、Java 服务器页面（Java Server Page，JSP）、Servlet 等手段来构建更丰富的网页。

6. 拥有较好的性能

正如前面所述，由于 Java 是一种解释型语言，所以它的执行效率相对就会慢一些，但由于 Java 语言采用了以下两种手段，使得其拥有较好的性能。

（1）Java 语言源程序编写完成后，先使用 Java 伪编译器进行伪编译，将其转换为中间码（也称为字节码），再解释。

（2）Java 语言提供了一种"准实时"（Just-in-Time，JIT）编译器，当需要更快的速度时，Java 语言可以使用 JIT 编译器将字节码转换成机器码，然后将其缓冲下来，这样速度就会更快。

7. 健壮、防患于未然

Java 语言在伪编译时，做了许多早期潜在问题的检查，并且在运行时又做了一些相应的检查，可以说是一种最严格的"编译器"。

它这种"防患于未然"的手段将许多程序中的错误扼杀在摇篮之中。经常有许多在其他语言中必须通过运行才会暴露出来的错误，在编译阶段就被发现了。另外，在 Java 语言中还具备许多保证程序稳定、健壮的特性，有效地减少了错误，这样使得 Java 应用程序更加健壮。

8. 具有多线程处理能力

线程，是一种轻量级进程，是现代程序设计中必不可少的一种特性。多线程处理能力使得程序能够具有更好的交互性、实时性。

Java 在多线程处理方面性能超群，具有让设计者惊喜的强大功能，而且在 Java 语言中进行多线程处理很简单。

9. 具有较高的安全性

Java 语言在设计时，在安全性方面考虑得很仔细，做了许多探究，所以 Java 语言成为目前最安全的一种程序设计语言。

10. 是一种动态语言

Java 是一种动态的语言，这表现在以下两个方面。

（1）在 Java 语言中，可以简单、直观地查询运行时的信息。

（2）可以将新代码加入到一个正在运行的程序中。

11. 是一种中性结构

Java 编译器生成的是一种中性的对象文件格式。也就是说，Java 编译器通过伪编译后，将生成一个与任何计算机体系统无关的"中性"的字节码。

这种中性结构其实并不是 Java 首创的，在 Java 出现之前，UCSD Pascal 系统就已经在一种商业产品中做到了这一点，另外在 UCSD Pascal 之前也有这种方式的先例，在尼克劳斯·沃斯（Niklaus Wirth）实现的 Pascal 语言中就采用了这种降低一些性能，换取更好的可移植性和通用性的方法。

Java"中性"的字节码经过了许多精心的设计，使得其能够很好地兼容于当今大多数流行的计算机系统，在任何机器上都易于解释，易于动态翻译成为机器代码。

清楚了以上 Java 语言的主要特点后，下面再来看一下 Java 语言的运行机制。首先计算机高级语言类型主要有编译型和解释型两种，Java 是两种类型的集合，Java 中处理代码的过程如图 1-5 所示。

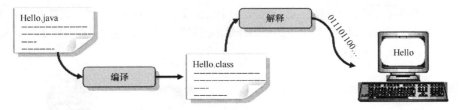

图 1-5　Java 的代码处理过程

提示：关于编译型和解释型语言。

　　如果从编程语言的角度而言，分为两种类型编程语言。

- 编译型：如果学习过 C 的同学应该知道，编译之后会形成出一个*.exe 的文件，供用户使用；
- 解释型：像 ASP 语言那样，直接将代码放到服务器上进行解释执行。

　　通过图 1-5 可以发现，所有的 Java 程序文件的后缀都应该是 "*.java"，而任何一个*.java 程序首先必须经过编译，编译之后会形成一个*.class 的文件（字节码文件），而后在计算机上执行，但是解释程序的计算机并不是一台真正意义上的计算机，而是一台由软件和硬件模拟出来的计算机——Java 虚拟机（Java Virtual Machine，JVM）。

　　在 Java 中所有的程序都是在 JVM 上运行的。Java 虚拟机（JVM）读取并处理经过编译的与平台无关的字节码*.class 文件。Java 解释器负责将 Java 虚拟机的代码在特定的平台上运行。JVM 基本原理如图 1-6 所示。

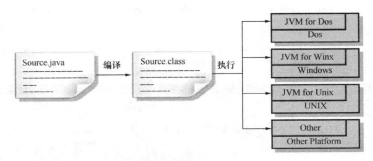

图 1-6　JVM 基本原理

　　Java 虚拟机的最大作用体现在平台的支持上，通过图 1-6 可以发现，所有要解释的程序都要在 JVM 上执行，并且由不同版本的 JVM 匹配不同的操作系统，这样只要 JVM 的支持不变，程序就可以任意地在不同的操作系统上运行。但是这种运行方式很明显没有直接运行在操作系统上性能高，不过随着硬件技术的发展，这些问题几乎可以忽略。

提示：关于 Java 可移植性的简单理解。

　　有些读者可能很难理解 JAVA 可移植性的解释，其实这个过程就类似于以下一种情景：

　　现在有一个中国富商，他同时要跟美国、韩国、非洲几个国家的商人洽谈生意，可是他不懂这些国家的语言，所以他针对每个国家请了一个翻译。这样富商只需要说一句话给翻译，不同的翻译会将他说的话翻译给不同国家的客户，他的话就可以在各个国家通用了，如图 1-7 所示。

图 1-7　换种方式简单 JVM

1.2　JDK 的安装与配置

JDK 的安装与配置

如果要进行 Java 的程序开发，必须有 Java 开发工具包（Java Development Kit，JDK）的支持。本书使用的版本是 JDK 1.8，读者可以直接登录 www.oracle.com 进行下载，如图 1-8 所示。

图 1-8　Oralce 首页

注意：安装 JDK 时要关闭病毒防火墙。
在进行 JDK 的安装过程中，有可能被病毒防火墙拦截，导致安装失败，所以在进行 JDK 的安装之前，建议关闭本机的病毒防火墙。

启动 jdk1.8 的安装程序的界面如图 1-9 所示。

在安装时会提示用户选择 JDK 的安装目录，本书将其安装在 D:\Program Files\Java\jdk1.8.0_65\目录下，如图 1-10 所示；随后还要使用此目录配置系统属性。

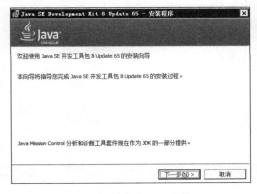

图 1-9　启动 JDK 安装

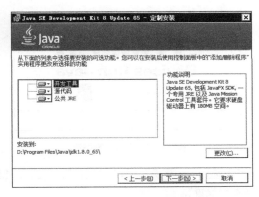

图 1-10　选择 JDK 的安装路径

在安装完 JDK 后，系统会提示用户是否安装新版本的 JRE，如图 1-11 所示。

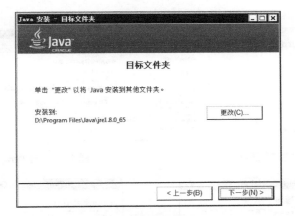

图 1-11　JRE 安装提示

提示：关于 JRE
　　Java 运行环境（Java Runtime Environment，JRE），包括 Java 虚拟机、Java 核心类库和支持文件。它不包含开发工具——编译器、调试器和其他工具。而包含开发工具和编译器的为 JDK。

当 JDK 安装完成后，会出现图 1-12 和图 1-13 所示的界面。

JDK 安装完成后，需要对一些操作命令进行配置。对于 Java 程序开发而言，主要是会使用 JDK 的"javac.exe""java.exe"两个操作命令。这两个命令所在的路径为："D:\Program Files\Java\jdk1.8.0_65\bin"。由于这两个命令不属于 Windows，所以想想使用，就需要进行路径配置，主要是配置 PATH 环境属性，操作步骤如下。

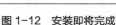

图 1-12　安装即将完成

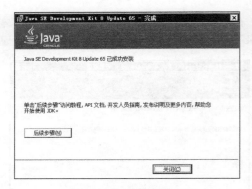

图 1-13　安装完成

（1）选择"计算机"，单击"属性"，如图 1-14 所示，系统会出现图 1-15 所示的界面，随后打开"系统高级设置"。

（2）选择"高级"选项卡，然后选择"环境变量"操作，如图 1-16 所示。

（3）进入到"环境变量"对话框后找到"系统变量"中的"Path"配置，选择"编辑"，如图 1-17 所示。

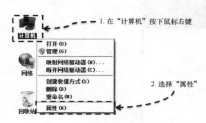

图 1-14　选择"我的电脑"属性

图 1-15　选项卡

图 1-16　找到"环境变量"

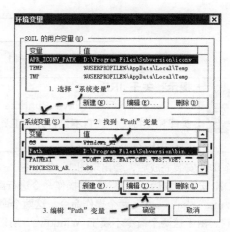

图 1-17　编辑"Path"

（4）将 JDK 的安装路径配置到"Path"属性中，不同的"Path"之间使用";"分隔，如图 1-18 所示。

（5）配置成功后，启动命令行方式（在"运行"界面输入"cmd"，或者直接使用组合键"Alt+R"），输入：javac，可以出现图 1-19 所示的界面。

图 1-18　配置"Path"属性内容　　　　　　图 1-19　JDK 配置成功界面

注意 1：Path 修改后要重新启动命令行方式。

有些读者在进行环境设置时，可能会出现此命令不是系统内部命令的提示，那么有可能造成这种问题的是在配置环境属性之前命令行方式已经启动，在这之后再配置的 Path 路径，在此环境下无法立即生效，此时重新启动命令行方式，就可以把新的设置读取进来。

注意 2：Javac 命令的作用。

javac.exe 是 java 本身提供的编译命令，主要目的是将*.java 文件编译成*.class 文件，此命令本身不属于 Windows，所以在使用的时候需要单独配置，此命令的具体用法在后面将有所介绍。

1.3　第一个 Java 程序：永远的"Hello World！"

第一个 Java 程序

Java 程序分为两种类型：一种是 Application 程序，另一种是 Applet 程序。其中有 main 方法的程序主要都是 Application 程序。本书主要使用的就是对 Application 程序进行讲解。Applet 程序主要应用在网页上，因为其已经基本不再使用，所以本书只在后面的章节做简短介绍。

注意：文件名称后缀必须是*.java。

读者所编写的程序的文件名称后缀一定是"*.java"，如果发现在编译的时候找不到文件，那么很有可能是因为计算机隐藏了已知的文件扩展名称，此时可以在命令行方式先使用 dir 命令查看详细文件列表。

范例 1-1：定义一个新的文件：Hello.java。

```
public class Hello { // 定义一个类
    public static void main(String args[]) {      // 主方法，一切程序的起点
        System.out.println("Hello World !") ;   // 在屏幕上打印输出
    }
}
```

当一个*.java 程序编写完成后，可以按照如下步骤执行，如图 1-20 所示。

（1）编译程序，通过命令行进入程序所在的路径，执行 javac Hello.java，形成 "Hello.class"（字节码）。

（2）解释程序，将生成的 Hello.class 在 JVM 上执行，输入：java Hello。

图 1-20　执行 Java 程序

提问：为什么我在执行 java 的程序时会出错？

　　按照本书给出的代码，发现如果在程序编译时没有错误，可是一到执行的时候却出现了如下的错误提示信息：

Exception in thread "main" java.lang.UnsupportedClassVersionError:
Hello (Unsupported major.minor version 51.0)

　　显示的错误信息是："UnsupportedClassVersionError"（不支持的类版本错误），这是什么原因？如何解决这样的问题？

回答：安装 Oracle 数据库之后有可能出现此问题。

　　一般出现此类错误都是因为编译的 JDK 和解释的 JRE 版本不吻合，即如果在编译时使用的是 JDK 1.8，那么解释的时候也应该是 JRE 1.8，可是有些时候由于计算机上安装了多个 JRE，那么就可以造成不能够正确找到所需要的 JRE 问题，而面对此类问题也可以使用以下两种解决方法。

● 方法一：删除不需要的 JRE 配置信息；

● 方法二：由于 Path 的内容采用的是顺序读取方式，可以将最新的配置写在最前面，直接修改 Path 属性的配置顺序即可。

不管采用何种方式修改完后一定要重新启动命令行才可以加载新的配置。

1.4　第一个程序解释

下面对范例 1-1 的程序组成分别进行说明。

1．关于类的定义

类是 Java 中的基本组成元素，而所有的 Java 程序一定要被类管理，定义类的简单格式如下：

[public] class 类名称 {}

在类前面可以有选择性地决定是否需要编写 public，所以对于类的定义有以下两种形式。

（1）public class 定义：类名称必须和文件名称保持一致，否则程序将无法编译，如图 1-21 所示。在一个*.java 中只能有一个 public class。

（2）class 定义：类名称可以和文件名称不一致，但是生成的是 class 定义的名称，如图 1-22 所示。在一个*.java 程序中可以同时存在多个 class 定义，编译之后会分为不同的*.class 文件。

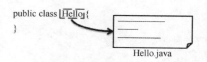

图 1-21　public class 声明时，文件名称和类名称相同

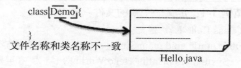

图 1-22　文件名称可以和类名称不一致

注意：关于本书编写代码的方式。

在讲课过程中为了方便理解，所以在一个*.java 程序之中会同时存在 public class 和 class 定义的类，而在日后自己编写的代码过程之中，一个*.java 文件中基本上都只包含一个 public class，不会有其他 class 单独定义。

类的命名规范：所有类名称必须有自己的命名规范，每一个单词的开头首字母大写，例如：TestDemo。

2. 主方法：main()

主方法表示的是一个程序起点，所有的程序代码都由此开始顺序执行，在 Java 中主方法也要放在一个类中，其定义格式如下：

```
public static void main(String args[]) {
    编写程序代码 ;
}
```

通过格式读者可以发现，在主方法中存在许多字母，这些字母的顺序是完全固定的，此处可以暂时先将其记下，以后的章节部分会进行完整的讲解。

提示：主方法所在的类称为主类。

为方便解释，在本书中主方法所在的类都将称为主类，一般主类都使用 public class 声明。所以在本书的所有程序代码里，只有主类会使用 public class 定义，其他的类都只使用 class 定义。而对于类的概念本书在面向对象部分将为读者进行完整的讲解。

3. 系统输出：System.out.println()

在范例 1-1 中，主方法只定义了一个"System.*out*.println("Hello World !")"语句，此语句的功能是直接在屏幕上显示输出信息，而对于输出的操作也有如下两种语法。

格式 1-1：系统输出。

```
输出后加换行：  System.out.println(输出内容) ;
输出后不加换行： System.out.print(输出内容) ;
```

提示：语句使用";"完结。

在 Java 中每一个完整的语句代码，例如："System.*out*.println("Hello World !")"语句是一个完整的语句代码，都要求使用";"进行结尾。

下面通过一段程序对此操作进行说明。

范例 1-2：输出内容不换行。

```
public class Hello {
    public static void main(String args[]) {
        System.out.print("Hello ");           // 输出后不换行
        System.out.println("World .");        // 输出后换行
        System.out.println("Hello MLDN .");   // 输出后换行
    }
}
```

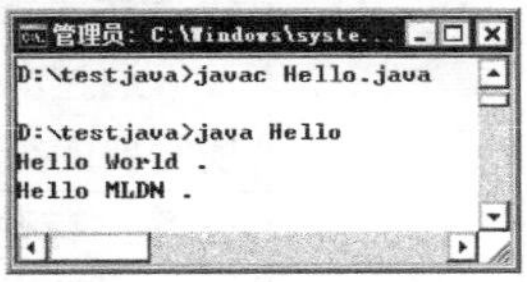

本程序第一个输出语句没有换行，而第 2、3 个输出执行完后执行了换行操作，程序的运行结果如图 1-23 所示。

图 1-23　输出换行

1.5 CLASSPATH

CLASSPATH
环境属性

如果想要执行某一个 Java 程序（执行的是*.class 文件），那么一定要进入到程序所在的路径下才可以执行，例如：程序的路径是在 d:\testjava 文件夹中，如果想要执行这个文件夹中的所有的*.class 文件，则需要进入到此目录下执行；但是如果现在希望在不同的目录下（例如在 C 盘目录下）也可以执行 d:\testjava 目录下的程序，默认情况下系统会直接提示用户，找不到这个类，如图 1-24 所示。

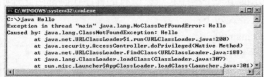

图 1-24　找不到指定的类

如果想要解决在不同路径下访问指定目录类的问题，则可以通过配置 CLASSPATH 来解决，其配置语法如下。

格式 1-2：配置 CLASSPATH。

SET CLASSPATH=*.class 文件所在的路径

范例 1-3：将 CLASSPATH 配置到 d:\testjava 目录中。

SET CLASSPATH=d:\testjava

此时，再次执行"java Hello"命令，会发现程序可以正常执行完毕，程序的执行结果如图 1-25 所示。

图 1-25　配置 CLASSPATH 后执行

提示：CLASSPATH 与 JVM 的关系。

　　CLASSPATH 主要指的是类的运行路径，实际上在用户执行 Java 命令的时候，对于本地的操作系统来说就意味着启动了一个 JVM，JVM 在运行时需要通过 CLASSPATH 加载所需要的类。而默认情况下 CLASSPATH 是指向当前目录（当前命令行窗口所在的目录）中的类，当改变之后 JVM 才会从用户指定的目录下进行类的加载。

但是，如果从易用性的角度来考虑，像本程序这样，任意指定 CLASSPATH 是不可取的，最好的做法是从当前所在的路径下加载所需要的*.class 文件，这个时候往往要将 CLASSPATH 设置为"."。

SET CLASSPATH=.

提问：既然默认的 CLASSPATH 就是从当前所在的路径下加载类，那么为什么还要进行手工设置？

　　通过本题目的分析可以发现，默认情况下 CLASSPATH 就是从当前所在路径下加载所需要的类，那么为什么现在还要强调用户自己去配置 CLASSPATH 呢？

回答：有些程序会自动修改 CLASSPATH。

　　之所以要强调"."的问题主要原因是在于，日后可能有一些其他的程序自动的修改本机的 CLASSPATH，从而导致一些程序无法运行，在这种情况下只能依靠手工配置。

技术穿越：CLASSPATH 以后会在配置开发包的操作中出现。

　　在以后进行项目开发中，往往会使用大量的第三方程序包，例如，常见的开源框架项目（Strust、Hibernate、Spring 等）开发里面都要求配置几十个第三方程序包，而这些程序包必须通过 CLASSPATH 才可以被项目使用，而读者如果在继续深入学习 Java 的各种开发技术时，会发现 CLASSPATH 也会有多种展现配置形式，不局限于本书所讲解的这一种方式。例如：在《Java Web 开发实战经典》一书讲解时所采用的 3 个 CLASSPATH：WEB-INF/classes、WEB-INF/lib、TomcatHome/lib 都是可以使用的。

　　以上配置方式都只是针对于一个命令行完成的，如果要针对于所有的命令行方式完成，则需要增加一个新的环境属性，操作步骤如下。

　　（1）选择"我的电脑"，单击"属性"，进入"高级"选项卡，找到"环境变量"，单击"新建"按钮，新建用户变量，如图 1-26 所示。

　　（2）输入要新建的属性名称和内容，设置名称为"CLASSPATH"，内容为"."，如图 1-27 所示。

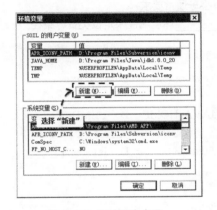

图 1-26　新建用户变量　　　　　　　图 1-27　设置属性名称和内容

常见面试题分析：请解释 PATH 和 CLASSPATH 的区别。

　　PATH：是操作系统的环境属性，指的是可以执行命令的程序路径；

　　CLASSPATH：是所有*.class 文件的执行路径，Java 命令执行时将利用此路径加载所需要的*.class 文件。

本章小结

　　1．Java 实现可移植性靠的是 JVM，JVM 就是一台虚拟的计算机。只要在不同的操作系统上植入不同版本的 JVM，那么 Java 程序就可以在各个平台上移植，做到"一次编写，处处运行"。

　　2．Java 中程序的执行步骤如下。

　　（1）使用 javac 将一个*.java 文件编译成*.class 文件。

　　（2）使用 java 可以执行一个*.class 文件。

3. 每次使用 java 命令执行一个*.class 文件时，都会启动 JVM，JVM 通过 CLASSPATH 给出的路径加载所需要的类文件，可以通过 SET CLASSPATH 设置类的加载路径。

4. Java 程序主要分为两种：Java Application、Java Applet 程序。Java Applet 主要是在网页中嵌入的 Java 程序，基本上已经不再使用，而 Application 是指有 main 方法的程序，本书主要讲解 Application 程序。

课后习题

一、填空题

1. Java 源程序文件的后缀是_____，Java 字节码文件的后缀名称是_____。
2. Java 程序实现可移值性，依靠的是_____。
3. Java 语言的 3 个分支是：_____、_____、_____。
4. Java 程序由_____组成，如果 Java 使用_____声明类，则文件名称必须与类名称一致。
5. Java 执行是从_____方法开始执行的，此方法的完整定义是_____。
6. 从命名标准上来讲，Java 类名的每个单词的首字母通常要求_____。
7. 当使用 java 命令解释一个程序时，一定需要_____环境属性来定位类资源路径。

二、选择题

1. （　　）属于解释 Java 程序所使用到的命令。
    A. java.exe   B. javac.exe   C. keytool.exe   D. cmd.exe
2. （　　）环境变量是 Java 解释时所需要的。
    A. path   B. classpath   C. JAVA_HOME   D. TEMP
3. （　　）开发方向不属于 Java 定义的。
    A. Java SE   B. Java EE   C. Java CE   D. Java ME

三、判断题

1. Java 语言属于编译型的开发语言。　　　　　　　　　　　　　　　　　　　（　　）
2. Java Application 程序不是由 main() 方法开始执行的。　　　　　　　　　　（　　）

四、简答题

1. 简述 Java 实现可移植性的基本原理。
2. 简述 Java 语言的 3 个程序分支。
3. 简述 Java 中 path 及 classpath 的作用。
4. 简述 Java 语言的主要特点。
5. 详细阐述 Java 中使用 public class 或 class 声明一个类的区别及注意事项。

五、编程题

1. 在屏幕上输出：“我喜欢学习 Java”的信息。
2. 在屏幕上打印出以下的图形：

```
*********************************
*********  Java 程序设计*********
*********************************
```

第 2 章

程序基本概念

通过本章的学习可以达到以下目标：

■ 掌握 Java 中标识符的定义

■ 掌握 Java 中数据类型的划分以及基本数据类型的使用原则

■ 掌握 Java 运算符的使用

■ 掌握 Java 分支结构、循环结构、循环控制语法的使用

■ 掌握方法的定义结构以及方法重载的概念应用

任何程序都是数据的操作，所以在程序开发中首先需要掌握的就是数据类型的选择。为了让程序数据控制更加灵活，可以使用各种流程控制语句，如判断语句、循环语句。在实际工作中为了达到结构化以及可重用的目的，往往需要利用方法来将部分程序代码进行封装。本章将为读者讲解数据类型划分、数据运算、程序结构、方法定义与使用等与程序相关的核心概念。

2.1 Java 的注释

注释

在程序中，由于其基本组成都是代码，所以考虑到程序可维护性的特点，在编写代码时都要在每段代码上增加若干个说明文字，这些文字不需要被编译器编译，它们被称为 Java 的注释。对于注释，Java 一共分为以下 3 种形式。

- // ：单行注释；
- /* ... */：多行注释；
- /** ... */：文档注释。

> **提示：关于 3 种注释的选择。**
> 　　一般而言，在开发中往往会接触到一些开发工具，所以如果使用 Eclipse 开发工具，本书强烈读者使用单行注释，这样即使注释多行代码时也不会造成代码混乱，而对于文档注释，也往往会结合开发工具编写。为方便读者理解相关定义的含义，本书将针对于一些重点说明的操作给出文档注释，而考虑到篇幅问题，重复的注释将不再出现。

1. 单行注释

单行注释，就是在注释内容前面加双斜线（//），Java 编译器在进行程序编译时会忽略掉这部分信息。

范例 2-1：单行注释。

```
public class TestDemo {
    public static void main(String[] args) {
        // 此处为注释，编译代码时不编译
        System.out.println("Hello MLDN .");
    }
}
```

2. 多行注释

多行注释，就是在注释内容前面以单斜线加一个星形标记（/*）开头，并在注释内容末尾以一个星形标记加单斜线（*/）结束。当注释内容超过一行时一般使用这种方法。

范例 2-2：多行注释。

```
public class TestDemo {
    public static void main(String[] args) {
        /*
         * 此处为多行注释，编译代码时不编译
         * 如果要学习 Java 高端课程，可以登录：www.mldnjava.cn
         */
        System.out.println("Hello MLDN .");
    }
}
```

3. 文档注释

文档注释，是以单斜线加两个星形标记（/**）开头，并以一个星形标记加单斜线（*/）结束。用这种方法注释的内容会被解释成程序的正式文档，并能包含进如 javadoc 工具生成的文档里，用以说明该程序的层次结构及其方法。

范例 2-3：使用文档注释。

```
/**
 * 此处为文档注释
 * @author MLDN 李兴华
 */
public class TestDemo {
    public static void main(String[] args) {
        System.out.println("Hello MLDN .");
    }
}
```

在文档注释中提供了许多类似于 "@author" 的标记，例如：参数类型、返回值、方法说明等。而对于初学者而言，以上 3 种注释，重点先掌握单行注释和多行注释即可。

技术穿越：文档注释在开发中使用较多。

在进行软件开发的过程中，开发的技术文档是每一位开发人员都一定需要配备的重要工具之一，对于每一个操作的功能解释都会在文档中进行详细的描述，所以本书强烈建议读者在开发代码的过程中要养成编写代码注释的良好编程习惯。

2.2　标识符与关键字

标识符与关键字

在 1.4 节给出了一个程序的基本结构：

`public class 类名称 {}`

实际上这里的类名称就属于一个标识符的内容，但是除了类名称之外，属性名称、方法名称等也都属于标识符的定义范畴，但是在 Java 中每一个标识符都有自己的严格定义要求。标识符的定义要求是：**标识符由字母、数字、_、$组成，其中不能以数字开头，不能是 Java 中的关键字**（有些语言也称其为保留字）。

对于以上的要求，读者需要注意以下问题。

- 在编写的时候尽量不要去使用数字，例如：i1、i2；
- 命名尽量有意义，不要使用 "a" "b" 这样的标识符。例如：Student、Math 这些都属于有意义的内容；
- Java 中标识符是区分大小写的，例如：mldn、Mldn、MLDN 表示 3 个不同的标识符；
- 对于 "$" 符号有特殊意义，不要去使用（将在内部类中为读者讲解）；

为了帮助读者更好的理解标识符的定义，请看下面两组对比。

（1）下面是合法的标识符

　　　yootk　　　　　　　yootk_lxh　　　　　　　　li_yootk

（2）下面是非法的标识符

　　　class（关键字）　　　67.9（数字开头和包含.）　　　YOOTK LiXingHua（包含空格）

提示：标识符编写的简单建议。

　　一些刚接触编程语言的读者可能会觉得记住上面的规则很麻烦，所以在这里提醒读者，标识符最好永远用字母开头，而且尽量不要包含其他符号。

对于初学者来讲，关键字是一个比较麻烦的问题，所谓的关键字就是指具备有特殊含义的单词，例如：public、class、static，这些都属于关键字，关键字全部用小写字母的形式表示，在 Java 中可以使用的关键字如表 2-1 所示。

表 2-1　Java 中的关键字

abstract	assert	boolean	break	byte	case	catch
char	class	continue	const	default	do	double
else	extends	enum	final	finally	float	for
goto	if	implements	import	instanceof	int	interface
long	native	new	package	private	protected	public
return	short	static	synchronized	super	strictfp	this
throw	throws	transient	try	void	volatile	while

提示：不需要去强记 Java 中的关键字。

　　对于刚学习语言的读者来说，可能会觉得如果要记住以上全部关键字是一件比较麻烦的事，这里作者要告诉读者，对于以上的内容随着知识的熟练度会慢慢记住，不用强记，回顾一下之前的内容，会发现已经见过 public、class、void、static 等关键字，所以对于一门编程语言多加练习才是最好的掌握方法。

对于所有给出的关键字有如下 4 点说明。
- Java 有两个未使用到的关键字：goto（在其他语言中表示无条件跳转）、const（在其他语言中表示常量）；
- JDK 1.4 之后增加了 assert 关键字；
- JDK 1.5 之后增加了 enum 关键字；
- Java 有 3 个特殊含义的标记（严格来讲不算是关键字）：true、false、null。

技术穿越：Java 的关键字限制被中文打破。

　　随着中国在社会地位上的稳步提升，以及中国软件市场的火爆发展，从 JDK 1.7 开始也增加了中文的支持，即：标识符可以使用中文定义。

　　范例 2-4： 利用中文定义标识符。

```
public class 你好 {                       // 类名称
    public static void main(String args[]) {
        int 年龄 = 20 ;                    // 变量名称
        System.out.println(年龄) ;          // 输出内容
    }
}
```

　　此时类名称使用了中文，变量名称也使用了中文。不过虽然 Java 给予了中文很好的支持，但是本书强烈建议把这些特性当作一个小小的插曲就够了，实际开发中还是请按照习惯性的开发标准编写程序。

2.3　数据类型划分

数据类型划分

　　任何程序严格来讲都属于一个数据的处理游戏，所以对于数据的保存就必须有严格的限制，这些限制就体现在了数据类型的划分上，即：不同的数据类型可以保存不同的数据内容。Java 的数据类型可分为基本数据类型与引用数据类型。其中基本数据类型包括最基本的 byte、short、int、long、float、double、char、boolean 等类型。引用数据类型（类似于 C / C++的指针）在操作的时候必须要进行内存的开辟，数据类型的划分如图 2-1 所示。

　　基本数据类型不牵扯内存分配问题，而引用数据类型需要由开发者为其分配空间，而后进行关系的匹配。

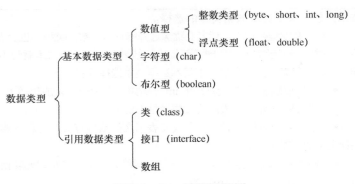

图 2-1　Java 数据类型划分

提示：本章将重点讲解基本数据类型。

　　首先对于 Java 的数据类型划分，读者必须清楚地记住。另外，考虑到学习阶段的问题，本章主要以讲解各个基本数据类型为主。另外，需要再次提醒的是：基本数据类型不牵扯内存的开辟问题，引用类型牵扯内存的开辟，并且引用类型作为整个 Java 入门的第一大难点，本书将在面向对象部分为读者进行深入分析。

　　同时还需要提醒读者的是，对于数据类型的划分以及数据类型的名称都要求熟记。

　　Java 的基本数据类型主要以数值的方式进行定义，这些基本数据类型的保存数据范围与默认值如表 2-2 所示。

表 2-2　Java 基本数据类型的大小、范围、默认值

No.	数据类型	大小/位	可表示的数据范围	默认值
1	byte（字节）	8	$-128 \sim 127$	0
2	short（短整型）	16	$-32768 \sim 32767$	0
3	int（整型）	32	$-2147483648 \sim 2147483647$	0
4	long（长整型）	64	$-9223372036854775808 \sim 9223372036854775807$	0
5	float（单精度）	32	$-3.4E38$（-3.4×10^{38}）$\sim 3.4E38$（3.4×10^{38}）	0.0
6	double（双精度）	64	$-1.7E308$（-1.7×10^{308}）$\sim 1.7E308$（1.7×10^{308}）	0.0
7	char（字符）	16	$0 \sim 255$	'\u0000'
8	boolean（布尔）	−	true 或 false	false

注意：记下各个基本数据类型。

　　表 2-2 给出的各个基本数据类型，都有其数据的默认值，为了日后的开发方便，读者一定要将这些数据类型的默认值记住，同时还需要记住 byte 表示的范围是 −128 ～ 127，double 保存的数据长度最大。

技术穿越：关于基本数据类型的选择。

实际上在编程初期许多读者会犹豫选择哪种基本数据类型，也会思考是否要记住这些数据类型所表示的数据范围，而最终的结果会发现可能根本就记不下来。考虑到这样的原因，笔者与大家分享一下基本数据类型选择经验。

- 如果要想表示整数就使用 int（例如，表示一个人的年龄），表示小数就使用 double（例如，表示一个人的成绩或者是工资）；
- 如果要描述日期时间数字或者表示文件或内存大小（程序中是以字节为单元统计大小的）就用 long；
- 如果要实现内容传递（IO 操作、网络编程）或者是编码转换（JSP 开发中使用 UTF-8 编码）就用 byte；
- 如果要想实现逻辑的控制，就用 boolean 描述（boolean 只有 true 和 false 两种值）；
- 如果要想处理中文，使用 char 可以避免乱码问题。

而且由于现在的计算机硬件价格（CPU、内存、磁盘）逐步走低，这样对于数据类型的选择也不像最早编程那样需要严格的限制其大小，所以像 short、float 等数据类型已经很少出现了。

下面分别对 5 种基本数据类型的使用进行说明。

2.3.1 整型

整型

任何一个数字常量（如 30、100），在 Java 中都属于 int 数据类型。即：在 Java 中所有设置的整数内容默认情况下都是 int 型数据。

范例 2-5：定义 int 型变量。

```java
public class TestDemo {
    public static void main(String args[]) {
        // 为变量设置内容使用如下格式：数据类型 变量名称 = 常量 ;
        int num = 10 ;                    // 10是常量，常量的默认类型是 int
        int result = num * 2 ;            // 利用 num 变量的内容乘以 2，并且将其赋值给 result
        System.out.println(result) ;      // 输出 result 变量
    }
}
```

程序执行结果:
20

本程序首先定义了一个 num 的变量，并在定义变量时为其赋值为 10，随后利用 num 变量的内容乘以一个整型常量 2，并且将其计算结果（20）赋值给 result 变量，最后进行了 result 变量的输出，所以最终的输出结果就是 "20"。本程序实际上只实现了一个简单的乘法运算，如果用户有需要也可以使用 "+"（加法）、"-"（减法）、"*"（乘法）、"/"（除法）实现基本的四则运算操作。

提问：不理解一些名词概念。

什么是常量? 什么是变量?

回答：变量的内容是可以修改的，常量的内容是不能够修改的。

实际上变量与常量最大的区别只有一个：常量的内容是固定的，而变量的内容是可以改变的。

变量是利用声明的方式，将内存中某个内存块保留下来以供程序使用。可以声明的数据类型为整型、字符型、浮点型或是其他数据类型，作为变量的保存使用。变量在程序语言中扮演最基本的角色。变量可以用来存放数据，而使用变量之前必须先声明它的数据类型。

常量顾名思义就是一个固定的数值，是不可改变的，例如：数字 1、2 就是一个整型的常量。

范例 2-6：观察变量与常量的区别。

```java
public class TestDemo {
    public static void main(String args[]) {
        // 所有的变量名称在同一块代码中只允许声明一次
        int num = 10 ;   // 10是常量，常量的默认类型是 int
        // 取出 num 变量的内容乘以 2，并且将其设置给 num 变量
        num = num * 2 ;
        System.out.println(num) ;
    }
}
程序执行结果：                    20
```

本程序首先定义了一个 num 的变量，并且为其赋值为 10，然后利用 num 变量的内容乘以数字 2，最后将计算结果又赋值给变量 num（此时 num 的内容已经发生了改变，因为其内容可变所以称其为变量），最终 num 变量的内容就是 20。

注意：保持良好的编程习惯。

以上程序实际上是一个相对比较容易理解的代码，但是在实际的开发中，除了保证代码的正确性外，良好的编程习惯也同样重要。细心的读者可以发现在编写代码"int num =10 ;"时，每一个操作中都加上一个 " "（空格），如图 2-2 所示，这样做的目的是避免由于编译器 bug 所造成的非正常性语法的编译错误。

图 2-2　每个操作之间用空格分开

在表 2-2 中已经为读者列出了每种数据类型的保存范围，如果计算已经超过了其保存的最大范围会如何呢？下面通过一个具体的程序来观察此类问题。

范例 2-7：如果超过了 int 的最大值或最小值的结果。

```java
public class TestDemo {
    public static void main(String args[]) {
        int max = Integer.MAX_VALUE ;            // 取出最大值
```

```
        int min = Integer.MIN_VALUE ;          // 取出最小值
        System.out.println(max) ;              // 2147483647
        System.out.println(min) ;              // -2147483648
        // int 变量 ± int 型常量 = int 型数据
        System.out.println(max + 1) ;          // 最大值加 1：-2147483648
        System.out.println(min - 1) ;          // 最小值减 1：2147483647
        System.out.println(min - 2) ;          // 最小值减 2：2147483646
    }
}
程序执行结果：          2147483647（"System.out.println(max)" 语句输出）
                      -2147483648（"System.out.println(min)" 语句输出）
                      -2147483648（"System.out.println(max + 1)" 语句输出）
                      2147483647（"System.out.println(min - 1)" 语句输出）
                      2147483646（"System.out.println(min - 2)" 语句输出）
```

本程序首先利用 Integer.MAX_VALUE 和 Integer.MIN_VALUE 取得 int 数据类型的最大值与最小值，然后分别进行超过数据保存范围的数学计算。由于 max 或 min 变量都属于 int 型变量，而当 int 型变量与 int 型常量进行计算后其结果依然是 int 型。但是此时由于计算超过了其保存的范围，就会出现一个循环的操作，最大值如果继续增加就变为最小值，随后一直向其次的最小值进行循环，反之最小值减 1 就变为最大值，此种现象称为数据的溢出，如图 2-3 所示。

图 2-3　数据类型溢出

提示：关于数据类型的溢出问题解释。

如果学习过汇编语言的读者应该知道，在计算机中二进制是基本的组成单元，而 int 型数据一共占 32 位长度，也就是说第一位是符号位，其余的 31 位都是数据位。当数据已经是该数据类型保存的最大值时，如果继续进行 "+1" 的操作就会造成符号位的变更，最终就会形成这种数据溢出的问题。但是笔者也需要告诉读者，不用过于担心开发中出现数据溢出问题，只要控制得当并且合乎实际逻辑（例如：定义一个人年龄的时候是绝对不应该出现数据溢出问题，如果真出现了数据溢出，那么已经不是 "万年老妖" 这样表示年轻的词语可以描述的 "物种" 了），自然也很少会出现此类情况。

如果要想解决溢出问题，就只能通过扩大数据范围的方式来实现。比 int 范围更大的是 long 数据类型，而要将 int 型的变量或常量变为 long 数据类型有如下两种形式。

- int 型常量转换为 long 型常量，使用 "数字 L""数字 l（小写的字母 L）" 完成；
- int 型变量转换为 long 型变量，使用 "（long） 变量名称"。实际上可以用此类方式实现各种数据类型的转换，例如：如果将 int 型变量变为 double 型变量，可以使用 "（double） 变量名称"，即通用转换格式 "（目标数据类型） 变量"。

范例 2-8：扩大数据类型。

```
public class TestDemo {
    public static void main(String args[]) {
        int max = Integer.MAX_VALUE;              // 取出最大值
        int min = Integer.MIN_VALUE;              // 取出最小值
        // int 变量 ± long 型常量 = long 型数据
        System.out.println(max + 1L);             // 最大值加 1：2147483648
        System.out.println(min - (long) 1);       // 最小值减 1：-2147483649
        // long 变量 ± int 型常量 = long 型数据
        System.out.println((long) min - 2);       // 最小值减 2：-2147483650
    }
}
程序执行结果：           2147483648（"System.out.println(max + 1L)"语句输出）
                        -2147483649（"System.out.println(min - (long) 1)"语句输出）
                        -2147483650（"System.out.println((long) min - 2)"语句输出）
```

　　本程序首先取得了 int 数据类型的最大值与最小值，但是在进行计算时将两个 int 型的常量（"1L" "(long) 1"）与一个 int 型变量（"(long) min"）转换为了 long 类型，由于 long 类型保存的数据范围较大，所以在计算时 int 数据类型将统一自动转型为 long 数据类型后再进行计算，此时就可以得出正确的计算结果。

　　以上代码利用数据的转型解决了数据的操作错误。但是对于程序而言，除了可以将范围小的数据类型变为范围大的数据类型之外，也可以将范围大的数据类型变为范围小的数据类型，必须使用"（数据类型）"的格式完成。通过下面的代码来为读者验证这一概念。

范例 2-9：将范围大的数据类型变为范围小的数据类型。

```
public class TestDemo {
    public static void main(String args[]) {
        long num = 1000 ;        // 1000 常量是 int 型，使用 long 接受，发生了向大范围转型
        int x = (int) num ;      // 把 long 变为 int
        System.out.println(x) ;
    }
}
程序执行结果：              1000
```

　　本程序首先将一个 int 型常量 1000 赋值给 long 数据类型，由于 long 数据类型保存的数据范围要大于 int 数据类型，所以此处为自动转型，而后为了验证数据类型的向下转型，又将 long 数据类型强制变为 int 数据类型（(int) num）。

注意：要注意数据溢出问题。

　　虽然程序支持强制类型转换，但是在将范围大的数据类型强制转换为范围小的数据类型时，依然要考虑该数据是否会发生溢出。

　　范例 2-10：观察发生溢出的转换问题。

```
public class TestDemo {
    public static void main(String args[]) {
        long num = 2147483650L ;     // 该数据已经超过了 int 数据范围
```

```
        int x = (int) num ;              // 把 long 变为 int
        System.out.println(x) ;
    }
}
```
程序执行结果：　　　　　　　−2147483646

　　本程序首先定义了一个 long 数据类型的变量，并在变量声明时对其进行赋值（long num = 2147483650L），由于此时设置的数据"2147483650"已经超过了 int 范围，所以加上了"L"表示将此数值变为了 long 型。然后将 long 类型变量强制转换为 int 类型变量，但由于已经超过了 int 的数据保存范围，所以最终发生了数据的溢出。

提示：关于数据类型转换。

　　在开发中数据类型的转换是经常使用到的概念，而数据类型的转换一般有以下规律。
　　● 数据范围小的数据与数据范围大的数据进行数学计算时，自动向大范围的数据类型转换后计算（例如：int 类型和 long 类型计算，由于 int 类型保存范围小则自动变为 long 类型）；
　　● 数据范围大的数据要变为数据范围小的数据，必须采用强制转换，例如：long 数据类型转换为 int 数据类型，由于 int 数据类型保存的范围要小于 long 数据类型，所以必须强制转换；
　　● 如果要强制性地将某一数据类型变为其他类型，则必须采用强制类型转换，例如："(double) long 型变量"，表示将 long 类型变量转换为 double 类型变量。
　　虽然在 Java 中提供了这样的转换原则，但从实际的开发来讲，笔者建议读者尽量少去使用强制类型转换，以免造成数据精度的丢失以及数据功能性的破坏。这一点读者可以随着自己开发经验的提升而有更多的领悟。

　　在整型数据类型中，除了 int 与 long 这两个常用数据类型外，最为常用的就是 byte 数据类型了。但是读者必须首先要记住一个概念，即 byte 数据类型的取值范围：−128 ~ 127。

　　范例 2-11：观察 byte 转换。

```
public class TestDemo {
    public static void main(String args[]) {
        int num = 130 ;                  // 此范围超过了 byte 定义
        byte x = (byte) num ;            // 由 int 变为 byte
        System.out.println(x) ;
    }
}
```
程序执行结果：　　　　　　　−126

　　本程序首先定义了一个 int 型的变量，随后将此变量强制转型为 byte 型，由于此时 num 变量保存的数据值超过了 byte 的保存范围，那么最终会造成数据溢出问题。

　　另外，考虑到 byte 数据类型较为常用，如果每次使用时都采用强制转换的方式比较麻烦，所以 Java 对其有一些很好的改善。

　　范例 2-12：观察 byte 自动转型的操作。

```
public class TestDemo {
```

```
    public static void main(String args[]) {
        byte num = 100 ;          // 100 没有超过 byte 的保存范围
        System.out.println(num) ; // 输出 byte 变量的内容
    }
}
```
程序执行结果：   100

　　虽然任何一个整数都属于 int 型，但是 Java 编译时，如果发现使用的数据变量类型为 byte，并且设置的内容在 byte 数据范围之内，就会自动帮助用户实现数据类型的转换。反之，如果超过了 byte 数据范围，则依然会以 int 型进行操作，此时就需要进行强制类型转换了。

注意：声明变量时要指派具体内容。

　　虽然在 Java 中每个变量都有其默认值，但是这些默认值并不是在任何时候都可以使用（例如：方法中必须设置变量内容，而类中可以使用各个数据类型的默认值，这一点读者需要慢慢摸索），所以声明变量时最好的选择就是为其指派默认值。这是在 JDK 1.5 之前的开发要求，在 JDK 1.5 之后，Java 考虑到程序的开发方便，允许在声明变量时不设置内容，但是要求在使用前必须设置内容。

　　范例 2-13：定义变量时不设置内容，使用变量前设置内容。

```
public class TestDemo {
    public static void main(String args[]) {
        int num;                  // 没有默认值
        num = 0;                  // 在使用此变量之前设置内容
        System.out.println(num);
    }
}
```
程序执行结果：   0

　　以上操作形式属于首先定义了一个变量 num，但是此变量没有设置内容，然后设置了 num 变量的内容，最后再使用此变量。但是以上代码如果在 JDK 1.4 及以前的版本是不可能编译通过的。因此最标准的做法是在定义变量的时候直接设置好默认值（int num = 0;)。

2.3.2　浮点数

　　浮点数就是小数，Java 中只要是小数，对应的默认数据类型就是 double 型数据（double 是保存范围最广的数据类型）。

　　范例 2-14：定义小数。

浮点数

```
public class TestDemo {
    public static void main(String args[]) {
        double num = 10.2 ;       // 10.2 是一个小数所以属于 double 型
        // double 型 * int 型（转化为 double，2.0）= double 型
        System.out.println(num * 2) ;
    }
}
```

程序执行结果：　　　　　　　20.4

　　本程序首先声明了一个 num 的 double 型变量，然后利用此 double 型变量乘以一个 2 的 int 型常量，由于 int 数据类型保存的数据范围要小于 double 数据类型，所以 int 类型会自动转型为 double 类型，最后再参与计算。

　　由于默认的小数类型是 double，所以如果使用 float 表示需要将 double 型变为 float 型，这时需要采用强制转换。转换的方式有两种：使用字母"F"或"f"；在变量或常量前使用"(float)"声明。

　　范例 2-15： 使用 float 型。

```
public class TestDemo {
    public static void main(String args[]) {
        float f1 = 10.2F ;              // 小数都是 double 型，所以需要强制转换为 float 型
        float f2 = (float)10.2 ;        // 小数都是 double 型，所以需要强制转换为 float 型
        System.out.println(f1 * f2) ;   // float 类型 * float 类型 = float 类型
    }
}
```

程序执行结果：　　　　　　　104.03999

　　本程序声明了两个 float 型变量，在声明变量时为其进行赋值，由于所有的小数默认类型都是 double，需要进行强制类型转换，随后利用两个 float 型变量进行乘法计算。

> **提示：关于 Java 的计算的 Bug（缺陷）。**
> 　　细心的读者可以发现，本程序的最终计算结果并不是期待的"104.04"，而是"104.03999"，这一问题本身属于 Java 的 Bug（从 JDK 1.0 开始的），只依靠计算本身无法解决，但是可以通过第 11 章学习的 Math 或 BigDecimal 两个工具类来选择，读者可以学习后面的知识后再来解决此类问题。

> **注意：以后选择小数操作都使用 double 型。**
> 　　实际上最早开发的时候，考虑到内存问题，往往能使用 float 就不使用 double，例如：J2ME 开发时，由于内存苛刻，所以往往会压缩数据范围，以节约空间。现在随着硬件成本的降低，是否使用 double 和 float 区别意义就不大了，可以直接使用 double 数据。

　　需要注意的是，所有的数据类型只有 double 或 float 才可以保存小数。

　　范例 2-16： 关于除法的问题。

```
public class TestDemo {
    public static void main(String args[]) {
        int x = 9;                      // 声明整型变量
        int y = 5;                      // 声明整型变量
        System.out.println(x / y);      // int 型 ÷ int 型 = int 型
    }
}
```

程序执行结果：　　　　　　　1

　　本程序分别声明了两个 int 型变量（整型不能保存小数），而在进行除法计算时，根据两个 int 类型的变量计算后还是 int 类型这一定律，所以最终的计算结果是 1，而不是正确的"1.8"。要想得出正确的计算结果，则可以将其中一个整型变为浮点类型。

范例 2-17： 解决除法计算精度。

```
public class TestDemo {
    public static void main(String args[]) {
        int x = 9;                              // 声明整型变量
        int y = 5;                              // 声明整型变量
        System.out.println(x / (double) y);     // 将其中一个 int 类型变量转换为 double 类型
    }
}
程序执行结果：                                    1.8
```

本程序在进行除法计算时，将变量 y 由 int 类型变为 double 类型，所以最终计算时变量 x 的类型也将自动转换为 double 类型，计算的结果就会包含小数数据。

2.3.3　字符型

byte 属于字节，按照传统的概念来讲，一个字符 = 2 个字节，对于字符除了与字节有一些关系外，最主要的关系在于与 int 型变量的转换。

在计算机的世界里一切都是以编码的形式出现的，Java 使用的是十六进制的 UNICODE 编码，此类编码可以保存任意的文字，但是这个编码在设计的过程中，考虑到与其他语言的结合问题（C/C++），此编码里包含了 ASCII 码的部分编码，所以如果读者之前有过类似开发，此处就可以完全无缝衔接。

字符型

> **提示：关于 int 和 char 转换。**
> 　　学习过 C 语言的读者，应该清楚在 C 语言中转换的编码是 ASC II 码，当时的编码范围如下。
> - 大写字母范围：65 ~ 90；
> - 小写字母范围：97 ~ 122。
>
> 大写字母和小写字母之间差了 32，而 Java 的编码很好地继承了这一特性，即也可以按照此范围的编码表示常见的英文字母。

在程序中使用单引号"''"声明的内容称为字符。每一个单引号里面只能够保存一位字符。

范例 2-18： 定义字符。

```
public class TestDemo {
    public static void main(String args[]) {
        char c = 'A' ;                  // 字符
        int num = c ;                   // 字符可以和 int 型互相转换（以编码的形式出现）
        System.out.println(c) ;
        System.out.println(num) ;
    }
}
程序执行结果：              A（"System.out.println(c)"语句输出）
                          65（"System.out.println(num)"语句输出）
```

本程序首先定义了一个 char 型的变量 c，而后将此字符型变量转换为 int 型变量，经过计算发现字母"A"的编码数值为 65。

提示：关于一些常用编码范围。

如果根据以上方式继续测试字母 "'a'"、字母 "'Z'"、字母 "'z'"、数字 "'0'"、数字 "'9'" 等字符的编码，就可以发现如下常用编码范围。

- 'A'（65）~'Z'（90）；
- 'a'（97）~'z'（122）；
- '0'（48）~'9'（57）。

实际上字母 "'A'" 的编码值（65）要小于字母 "'a'" 的编码值（97），两者的编码值相差 32，所以可以利用简单的数学计算来实现大小写转换。

范例 2-19： 实现字母大小写转换

```
public class TestDemo {
    public static void main(String args[]) {
        char c = 'A';                    // 大写字母
        int num = c;                     // 需要将字符变为 int 型才可以使用加法计算
        num = num + 32;                  // 变为小写字母的编码
        c = (char) num;                  // 将 int 变为 char 型
        System.out.println(c);
    }
}
```
程序执行结果：　　　　　　　a

本程序首先定义了一个字符变量 c，内容为字母 "'A'"，然后为了可以实现大写变为小写的功能，将 char 型变量设置给 int 型变量，最后针对 int 变量 num 执行了加 32 的操作（'A'与'a'的编码值相差 32），随后将 int 型转换为 char 型，所以最终的输出结果就是小写的字母 "'a'"。

在传统的编程语言中，字符里面只能够保存一些英文字母的标记，但是在 Java 中，由于使用了 UNICODE 编码，这种十六进制的编码可以保存任意的文字，因此可以设置一个中文字符。

范例 2-20： 利用字符变量保存中文。

```
public class TestDemo {
    public static void main(String args[]) {
        char c = '王';        // 是大写字母
        int num = c;          // 需要将字符变为 int 型才可以使用加法计算
        System.out.println(num);
    }
}
```
程序执行结果：　　　　　　　29579

本程序直接为字符设置了一个中文数据（只能是一个汉字），随后将其转换为 int 型数据，可以发现每一个中文在 Java 中都存在对应的 UNICODE 编码。

技术穿越：关于中文处理的提升。

在最早的编程语言中，由于中文与英文字母所占的字节位数不同，在进行断句信息处理的时候，为了避免产生乱码问题（例如，在进行切割时将一个汉字拆成了两半，编码就会造成错误），往往需要进行编码范围的判断，操作过程比较麻烦，但是在 Java 中由于英文与中文都使用了统一的 UNICODE 编码，所以此类问题也不再需要开发者做过多考虑。

布尔型

2.3.4 布尔型

布尔型是一种逻辑结果，主要保存 true、false 两类数据，这类数据主要用于一些程序的逻辑使用。

提示："布尔"是一位数学家的名字。	
乔治·布尔（George Boole，1815—1864），1815 年 11 月 2 日生于英格兰的林肯，是 19 世纪最重要的数学家之一。	

范例 2-21：观察 boolean。

```
public class TestDemo {
    public static void main(String args[]) {
        boolean flag = false ;          // 布尔只有两种取值：true、false
        if (!flag) {                    // if(布尔值) {满足条件的操作}
            System.out.println("Hello World .") ;
        }
    }
}
```
程序执行结果：   Hello World .

布尔型数据在大多数情况下都是用于程序逻辑控制的，所以在本程序中使用 if 分支结构来操作，在 if 分支结构中，如果判断的结果为 true，则表示执行相应语句，如果为 false，则表示不执行。

技术穿越：关于 0 与非 0 描述布尔型的问题。	
在许多的语言之中，由于设计的初期没有考虑到布尔型的问题，那么就使用了数字 0 表示 false，而非数字 0 表示 true（例如：1、2、3 都表示 true），但是这样的设计对于代码开发比较混乱，Java 里面不允许使用 0 或 1 来填充布尔型的变量内容。	

2.3.5 String 型数据

String 型

只要是项目开发，100% 会使用 String。但是与其他的几种基本数据类型相比，String 属于引用数据类型（它属于一个类，在 Java 里面只要是类名称，每一个单词的首字母都是大写的），但是这个类的使用比较特殊。

String 表示的是一个字符串，即：多个字符的集合，String 要求使用双引号 """ 声明其内容。

范例 2-22：观察 String 操作

```
public class TestDemo {
    public static void main(String args[]) {
        String str = "Hello World !";              // 字符串变量
        System.out.println(str);                   // 输出字符串变量
        System.out.println("Hello World !");       // 输出字符串常量
    }
```

```
}
```
程序执行结果：　　　　　　　　Hello World !
　　　　　　　　　　　　　　　 Hello World !

　　本程序定义了一个 String 型的变量 str，随后将此变量进行输出，而为了进行对比，也同时输出了一个常量，通过本程序可以清楚，使用 """" 声明的内容就表示是一个 String 型的常量。

　　在字符串的操作中，如果要改变内容，则可以使用 "+" 进行字符串的连接操作。

　　范例 2-23：字符串连接。

```java
public class TestDemo {
    public static void main(String args[]) {
        String str = "Hello";
        str = str + " World ";         // 字符串连接
        str += "!!!";                  // 字符串连接
        System.out.println(str);
    }
}
```
程序执行结果：　　　　　　　Hello World !!!

　　本程序首先定义了一个 str 的 String 型变量，然后为其赋值为 """Hello""，最后使用 "+" 进行字符串的连接操作（str = str + " World "），并且演示了如何利用简化操作（str += "!!!"）实现字符串的连接。

注意：关于 "+" 在字符串连接以及数学计算中的说明。

　　数学计算里面有 "+"，字符串里面也有 "+"，那么如果一起使用呢？

　　范例 2-24：字符串连接与加法操作一起出现。

```java
public class TestDemo {
    public static void main(String args[]) {
        int numA = 100;                     // int 型变量
        double numB = 99.0;                 // int 型变量
        String str = "加法计算：" + numA + numB;  // String 型变量
        System.out.println(str);
    }
}
```
程序执行结果：　　　　　加法计算：10099.0

　　本程序在字符串连接上使用了加法操作，而最终的结果可以发现，int 型变量 numA 在进行了字符串的连接 "+" 操作后首先变为了字符串型，然后继续连接 numB 这个 int 型变量，最终的结果就变为字符串的连接操作。而要想改变此类问题，可以利用 "()" 来改变运算的优先级。

　　范例 2-25：改变运算优先级。

```java
public class TestDemo {
    public static void main(String args[]) {
        int numA = 100;                          // int 型变量
        double numB = 99.0;                      // int 型变量
        String str = "加法计算：" + (numA + numB);  // String 型变量
        System.out.println(str);
```

```
        }
    }
```
程序执行结果： 加法计算：199.0

  本程序首先执行了括号的加法操作，然后使用外部的"+"实现了字符串的连接操作。

  通过本程序的讲解，读者可以总结出这样的结论：在基本数据类型操作中，任何数据类型都向范围大的数据类型进行转换，如果是 int 和 double，int 应该先变为 double，再进行加法计算。但是如果遇见了 String 这样特殊的引用类型，那么一切就变了，可以简单理解为，所有的数据类型如果遇见了 String 的"+"，那么所有的数据类型都先变为 String 型数据，再使用"+"进行连接运算。

  在 Java 里面也支持多种转义字符的使用，例如：换行（\n）、制表符（\t）、\（\\）、双引号（\"）、单引号（\'）。

  范例 2-26：转义字符。

```
public class TestDemo {
    public static void main(String args[]) {
        String str = "Hello \"World\" \n\tHello MLDN";
        System.out.println(str);
    }
}
```
程序执行结果： Hello "World"
                Hello MLDN

本程序在定义字符串的过程中使用了各种转义字符，而后在执行时每个转义字符都会转化为实际的样式显示出来。

2.4 运算符

基本运算符

  Java 中的语句有很多种形式，表达式就是其中一种形式。表达式由操作数与运算符组成，操作数可以是常量，变量可以是方法，而运算符就是数学中的运算符号，如"+""-""*""/""%"等。以下面的表达式（z+100）为例，"z"与"100"都是操作数，而"+"就是运算符，如图 2-4 所示。

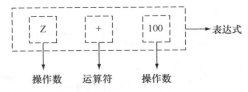

图 2-4　表达式是由操作数与运算符所组成

  Java 提供了许多运算符，这些运算符除了可以处理一般的数学运算外，还可以做逻辑运算、地址运算等。根据其使用的类不同，运算符可分为赋值运算符、算术运算符、关系运算符、逻辑运算符、条件运算符、括号运算符等，这些常见的运算符及其基本的操作范例如表 2-3 所示。

表 2-3　Java 运算符

No.	运算符	类型	范例	结果	描述
1	=	赋值运算符	int x = 10 ;	x 的内容为 10	为变量 x 赋值为数字常量 10
2	?:	三目运算符	int x = 10>5?10:5	x 的内容为 10	将两个数字中较大的值赋予 x
3	+	算术运算符	int x = 20 + 10 ;	x = 30	加法计算
4	−	算术运算符	int x = 20 − 10 ;	x = 10	减法计算
5	*	算术运算符	int x = 20 * 10 ;	x = 200	乘法计算
6	/	算术运算符	int x = 20 / 10 ;	x = 2	除法计算
7	%	算术运算符	int x = 10 % 3 ;	x = 1	取模（取余数）计算
8	>	关系运算符	boolean x = 20 > 10 ;	x = true	大于
9	<	关系运算符	boolean x = 20 < 10 ;	x = false	小于
10	>=	关系运算符	boolean x = 20 >= 20 ;	x = true	大于等于
11	<=	关系运算符	boolean x = 20 <= 20 ;	x = true	小于等于
12	==	关系运算符	boolean x = 20 == 20 ;	x = true	等于
13	!=	关系运算符	boolean x = 20 != 20 ;	x = false	不等于
14	++	自增运算符	int x = 10 ; int y = x ++ * 2 ;	x = 11 y = 20	"++" 放在变量 x 之后，表示先使用 x 计算，之后 x 的内容再自增
			int x = 10 ; int y = ++ x * 2 ;	x = 11 y = 22	"++" 放在变量 x 之前，表示先将 x 的内容自增，再进行计算
15	−−	自减运算符	int x = 10 ; int y = x −− * 2 ;	x = 9 y = 20	"−−" 放在变量 x 之后，表示先使用 x 计算，之后 x 的内容再自减
			int x = 10 ; int y = −− x * 2 ;	x = 9 y = 18	"−−" 放在变量 x 之前，表示先将 x 的内容自减，再进行计算
16	&	逻辑运算符	boolean x = false & true ;	x = false	AND，与，全为 true 结果为 true
17	&&	逻辑运算符	boolean x = false && true ;	x = false	短路与，全为 true 结果为 true
18	|	逻辑运算符	boolean x = false | true ;	x = true	OR，或，有一个为 true 结果为 true
19	||	逻辑运算符	boolean x = false || true ;	x = true	短路或，有一个为 true 结果为 true
20	!	逻辑运算符	boolean x = !false ;	x = true	NOT，否，true 变 false，false 变 true
21	( )	括号运算符	int x = 10 * (1 + 2) ;	x = 30	使用()改变运算的优先级
22	&	位运算符	int x = 19 & 20 ;	x = 16	按位与

续表

No.	运算符	类型	范例	结果	描述
23	|	位运算符	int x = 19 | 20 ;	x = 23	按位或
24	^	位运算符	int x = 19 ^ 20;	x = 7	异或（相同为 0，不同为 1）
25	~	位运算符	int x = ~ 19;	x = -20	取反
26	<<	位运算符	int x = 19 << 2;	x = 76	左移位
27	>>	位运算符	int x = 19 >> 2;	x = 4	右移位
28	>>>	位运算符	int x = 19 >>> 2 ;	x = 4	无符号右移位
29	+=	简洁运算符	a += b	-	a + b 的值存放到 a 中（a = a + b）
30	-=	简洁运算符	a -= b	-	a - b 的值存放到 a 中（a = a - b）
31	*=	简洁运算符	a *= b	-	a * b 的值存放到 a 中（a = a * b）
32	/=	简洁运算符	a /= b	-	a / b 的值存放到 a 中（a = a / b）
33	%=	简洁运算符	a %= b	-	a % b 的值存放到 a 中（a = a % b）

 提示：更详细的运算符操作可以参考《Java 开发实战经典》。

首先，本书是一本针对 Java 在实际开发时如何使用的实战型数据，所以对于一些过于基础的知识点，本书并不会做更多的强调，对于运算符操作理解有难度的读者可以参考同系列的《Java 开发实战经典》一书。

除了表 2-3 给出的运算符之外，各个运算符之间也存在着不同的运算优先级，这些优先级如表 2-4 所示。

表 2-4　Java 运算符优先级

优先级	运算符	类型	结合性
1	()	括号运算符	由左至右
1	[]	方括号运算符	由左至右
2	!、+（正号）、-（负号）	一元运算符	由右至左
2	~	位逻辑运算符	由右至左
2	++、--	递增与递减运算符	由右至左
3	*、/、%	算术运算符	由左至右
4	+、-	算术运算符	由左至右
5	<<、>>	位左移、右移运算符	由左至右
6	>、>=、<、<=	关系运算符	由左至右
7	==、!=	关系运算符	由左至右

续表

优先级	运算符	类型	结合性
8	&（位运算符 AND）	位逻辑运算符	由左至右
9	^（位运算符号 XOR）	位逻辑运算符	由左至右
10	|（位运算符号 OR）	位逻辑运算符	由左至右
11	&&	逻辑运算符	由左至右
12	||	逻辑运算符	由左至右
13	?:	三目运算符	由右至左
14	=	赋值运算符	由右至左

提示：没有必要去记住这些优先级。

从实际的工作来讲，这些运算符的优先级没有必要专门去记，而且就算勉强记住了，使用起来也很麻烦，所以在此笔者建议读者多使用"()"去改变优先级才是最好的方式。

注意：不要写复杂的运算操作。

在使用运算符编写语句的时候，读者一定不要写出以下的类似代码。

范例 2-27：不建议使用的代码。

```
public class TestDemo {
    public static void main(String args[]) {
        int numA = 10 ;
        int numB = 20 ;
        // 如此复杂的代码，一定会大量损害你的脑细胞
        int result = numA * 2 - --numB * numA ++ + numB - numA -- + numB ;
        System.out.println(result) ;
    }
}
```
程序执行结果：　　　　　　　　　　-143

虽然以上程序可以出现最终的计算结果，但是面对如此复杂的运算，相信大部分人都没有太大的兴趣去看，所以在编写程序的时候，读者应该本着编写"简单代码"的原则，而像本程序这样的代码尽量不要去编写。

2.4.1 关系运算符

关系运算符的主要功能是进行数据的大小关系比较，返回的结果是 boolean 型数据（只有 true、false 两种取值），常用的关系运算符有：大于（>）、大于等于（>=）、小于（<）、小于等于（<=）、等于（==）、不等于（!=）。

范例 2-28：使用关系运算符。

```
public class TestDemo {
    public static void main(String args[]) {
        System.out.println("3 > 1 = " + (3 > 1));      // 使用大于号
        System.out.println("3 < 1 = " + (3 < 1));      // 使用小于号
        System.out.println("3 >= 1 = " + (3 >= 1));    // 使用大于等于号
```

```
        System.out.println("3 <= 1 = " + (3 <= 1));        // 使用小于等于号
        System.out.println("3 == 1 = " + (3 == 1));        // 使用等于号
        System.out.println("3 != 1 = " + (3 != 1));        // 使用不等于号
    }
}
```

程序执行结果：　　　　　　　　3 > 1 = true
　　　　　　　　　　　　　　　3 < 1 = false
　　　　　　　　　　　　　　　3 >= 1 = true
　　　　　　　　　　　　　　　3 <= 1 = false
　　　　　　　　　　　　　　　3 == 1 = false
　　　　　　　　　　　　　　　3 != 1 = true

　　本程序集中演示了 6 种关系运算符的使用，考虑到了运算符的优先级问题，使用了"()"运算符先进行关系运算。而对于关系运算符的使用往往是结合后续的分支、循环等程序逻辑控制语句使用。

2.4.2　数学运算符

　　数学运算符在开发中经常使用到，例如，进行四则运算、球模、自增等操作。

　　范例 2-29：四则运算。

```
public class TestDemo {
    public static void main(String args[]) {
        int numA = 10;
        int numB = 20;
        System.out.println("加法计算：" + (numA + numB));
        System.out.println("减法计算：" + (numA − numB));
        System.out.println("乘法计算：" + (numA * numB));
        System.out.println("除法计算：" + (numA / (double) numB));
    }
}
```

程序执行结果：　　　　　　　　加法计算：30
　　　　　　　　　　　　　　　减法计算：−10
　　　　　　　　　　　　　　　乘法计算：200
　　　　　　　　　　　　　　　除法计算：0.5

　　四则运算符的基本操作就是"+""−""*""/"，在本程序计算除法时，考虑到了计算的精度问题，所以将其中一个 int 型变量强制转换为了 double 型变量。

　　"模"也是在开发之中较为常见的计算，所谓的"模"实际上就是余数的概念，例如：10 ÷ 3 的结果是商 3 余 1，其中余数 1 就是"模"，对于求模，可以使用"%"运算符。

　　范例 2-30：求模计算。

```
public class TestDemo {
    public static void main(String args[]) {
        int numA = 10;
        int numB = 3;
        System.out.println(numA % numB);
    }
```

```
}
```
程序执行结果：　　　　　　　　　　　　　　　　　　　　　　1

本程序分别定义了两个 int 型变量，随后使用 "%" 进行了求模计算，最终的结果就是 1。

提示：可以利用模来判断数字是奇数还是偶数。

如果日后有这样一个需求，要求你判断给定的数字是偶数还是奇数？偶数模 2 结果为 0，奇数模 2 为 1，可以利用这样的结果来进行判断。

范例 2-31：奇、偶数判断方法。

```java
public class TestDemo {
    public static void main(String args[]) {
        int numA = 10;
        int numB = 3;
        System.out.println(numA % 2);
        System.out.println(numB % 2);
    }
}
```

程序执行结果：　　　　0（"System.out.println(numA % 2)" 语句输出）
　　　　　　　　　　　1（"System.out.println(numB % 2)" 语句输出）

依据以上方式再结合 if 分支判断语句，就可以轻松实现。例如，现在做出如下改变。

范例 2-32：判断某一个数字是奇数还是偶数。

```java
public class TestDemo {
    public static void main(String args[]) {
        int num = 10;              // 声明变量保存数字
        if (num % 2 == 0) {   // 判断该数字是奇数还是偶数
            System.out.println(num + "是偶数。");
        } else {
            System.out.println(num + "是奇数。");
        }
    }
}
```

程序执行结果：　　　　　10是偶数。

本程序所使用的 if 分支语句在本章的随后部分将为读者讲解，事实上通过本程序笔者想告诉大家，对于程序的开发，最麻烦的地方就在于所有知识点的混合应用，就好比做数学的证明题一样，多写才是唯一的出路，不要只看概念，多写代码才是学会编程的王道。

虽然 Java 提供了四则运算操作，但是为了简化用户的编写，在运算符里面又提供了一些简化运算符：*=、/=、+=、−=、%=，这些运算符表示参与运算后直接进行赋值操作，下面来看一个具体的代码。

范例 2-33：使用简化运算符。

```java
public class TestDemo {
    public static void main(String args[]) {
        int num = 10;
        num *= 2;                  // 等价：num = num * 2；
        System.out.println(num);
```

```
        }
}
```
程序执行结果：　　　　　　20

本程序使用了 "num *= 2" 语句替代了 "num = num * 2" 的语句，相比较后者，代码的长度更加简短。

还有一类运算符是 "++"（自增）、"--"（自减），它根据位置不同，执行的顺序也不同。

- ++变量、--变量：先在前面表示的是先进行变量内容的自增 1 或自减 1，再使用变量进行数学计算；
- 变量++、变量--：先使用变量内容进行计算，而后再实现自增或自减的操作。

范例 2-34：观察自增。

```java
public class TestDemo {
    public static void main(String args[]) {
        int numA = 10;              // 定义整型变量
        int numB = 20;              // 定义整型变量
        // "++"写在变量前面，表示先对 numA 的变量内容加 1
        // 使用处理后的 numA 变量的内容 + numB 变量的内容
        int result = ++numA + numB;
        System.out.println("numA = " + numA);
        System.out.println("result = " + result);
    }
}
```
程序执行结果：　　　　　　　numA = 11
　　　　　　　　　　　　　　result = 31

本程序中最为麻烦的语句就在于 "int result = ++numA + numB;"，该语句使用了 "++numA"，表示在与 numB 进行加法计算时，首先先对 numA 的变量内容进行自增 1 的操作，即执行完 "++numA" 之后，numA 的内容首先变为 11，然后利用 11 这个值与 numB 变量的 20 进行计算，最终的结果就是 31。

范例 2-35：观察自增。

```java
public class TestDemo {
    public static void main(String args[]) {
        int numA = 10;                  // 定义整型变量
        int numB = 20;                  // 定义整型变量
        // "++"写在后面，表示先使用 numA 的内容进行加法计算
        // 加法计算完成之后再对 numA 的内容进行自增
        int result = numA++ + numB;
        System.out.println("numA = " + numA);
        System.out.println("result = " + result);
    }
}
```
程序执行结果：　　　　　　　numA = 11
　　　　　　　　　　　　　　result = 30

本程序与上一程序的区别在于 "++" 出现的位置，在计算中由于 "++" 出现在 numA 的后面（numA++ + numB），所以表示先使用 numA 当前的内容与 numB 进行加法计算，再进行自己的自增 1

操作，所以最终的计算结果为 30。

> **技术穿越：不要过于在意"++"或"--"的位置。**
>
> 实际上在开发中，笔者并不建议广大读者使用这些混合的操作，因为我们考虑的不是"考证"这样的形式主义应用，一切还要落实在代码功能的实现上。
>
> 在开发中如果真出现了这种自增 1 或减 1 的操作，那么直接编写"numA += 1"或"numA -= 1"可能会更好理解，之所以在本书强调这样的语法，是因为在循环中往往会单独编写 "numA++"这种形式的代码，在本章随后讲解的循环操作中读者可以清楚地看到此类用法。

2.4.3 三目运算

三目是一种赋值运算的形式，执行三目时可以以一个布尔表达式的结果进行赋值，基本的语法结构如下。

三目运算符

数据类型 变量 = 布尔表达式 ? 满足此表达式时设置的内容 : 不满足此表达式时设置的内容 ;

范例 2-36：实现赋值。

```java
public class TestDemo {
    public static void main(String args[]) {
        int numA = 10;        // 定义 int 型变量
        int numB = 20;        // 定义 int 型变量
        // 如果 numA 大于 numB，返回 true，则将 numA 的内容赋值给 max
        // 如果 numA 小于 numB，返回 false，则将 numB 的内容赋值给 max
        int max = numA > numB ? numA : numB;
        System.out.println(max);
    }
}
```

程序执行结果: 20

本程序的执行结果很容易理解，主要是判断 numA 与 numB 哪个变量的内容较大（numA > numB），如果此时的判断条件成立，则表示使用 numA 的变量内容为 max 变量赋值，反之，则使用 numB 的变量内容为 max 变量赋值。

对于范例 2-36 的操作，实际上读者也可以不使用三目运算符完成，可以通过编写如下形式的判断语句完成。

范例 2-37：利用判断语句实现三目运算的功能。

```java
public class TestDemo {
    public static void main(String args[]) {
        int numA = 10;            // 定义 int 型变量
        int numB = 20;            // 定义 int 型变量
        int max = 0 ;
        // 用 if 语句替代：int max = numA > numB ? numA : numB;
        if (numA > numB) {        // 如果 numA 的内容大于 numB
            max = numA ;          // max 变量的内容为 numA 的内容
```

```
        } else {                        // 如果 numA 的内容小于 numB
            max = numB ;                // max 变量的内容为 numB 的内容
        }
        System.out.println(max);
    }
}
```
程序执行结果：　　　　　　　　20

本程序使用一个分支语句的形式替代了三目运算符的使用，但此时读者可以发现，使用三目运算的赋值操作要明显比 if...else 分支语句的判断赋值代码更简单。

技术穿越：JSP 开发中一定会使用到三目运算符。

对于三目运算符，在单独讲解基础的过程中，使用的频率不会很高，但是在进行 Java EE 开发时，JSP 页面一定会通过 EL（表达式语言）使用三目运算符进行操作，有兴趣的读者可以通过《Java Web 开发实战经典》学习。

2.4.4　逻辑运算

逻辑运算一共包含 3 种：与（多个条件一起满足）、或（多个条件有一个满足）、非（使用 "!" 操作，可以实现 true 变 false 以及 false 变 true 的结果转换），而与和或操作的真值表，如表 2-5 所示。

逻辑运算符

表 2-5　与和或操作的真值表

No.	条件 1	条件 2	结果	
			&、&&（与）	|、||（或）
1	true	true	true	true
2	true	false	false	true
3	false	true	false	true
4	false	false	false	false

读者可以发现，在定义逻辑运算时 "与" 和 "或" 操作分别定义了两种不同的符号，而这两种不同的操作解释如下。

范例 2-38： 非就是针对布尔结果进行求反。

```
public class TestDemo {
    public static void main(String args[]) {
        boolean flag = true;              // 定义布尔型变量
        System.out.println(!flag);        // 对变量结果进行非操作
    }
}
```
程序执行结果：　　　　　　　　　　　　　　　　false

非操作的主要功能是进行布尔结果的转换，由于本程序中定义的 flag 变量的内容为 true，所以经过非处理之后其结果变为 false。

1. 与操作

与操作表示将若干个条件一起进行连接判断，同时满足返回 true，有一个不满足返回 false，对于与操作有两种运算符：&（普通与）、&&（短路与）。

范例 2-39： 观察普通与"&"。

```
public class TestDemo {
    public static void main(String args[]) {
        if ((1 == 2) & (10 / 0 == 0)) {           // 使用普通与判断多个条件
            System.out.println("Hello World !");
        }
    }
}
程序执行结果:        Exception in thread "main" java.lang.ArithmeticException: / by zero
                        at TestDemo.main(TestDemo.java:3)
```

此程序出现了错误，而这个错误是由"10 / 0 == 0"造成的，即：第一个条件（1==2）不满足之后又继续判断第二个条件，所以可以证明所有的条件都进行了验证，如图 2-5 所示。

$$
\begin{array}{c}
\text{继续向后执行判断} \\
\text{结果为false} \!-\!-\!-\!-\!-\!\!\!\longrightarrow\! \text{产生异常} \\
\text{if (} \boxed{\ 1==2\ } \ \& \ \boxed{\ 10/0==0\ } \text{) \{} \\
\text{System.out.Println("条件满足。");} \\
\text{\}}
\end{array}
$$

图 2-5　"&"操作流程

技术穿越："ArithmeticException"需要异常处理。

　　本书只是为读者讲解逻辑运算符的区别，所以使用了一个"10 / 0"的操作，而这种操作一旦执行，在 Java 程序里面一定会产生异常，而异常将在本书第 6 章中为读者讲解。

范例 2-39 使用的是一个"&"，发现当前面的判断结果返回 false 之后其余的判断（（10 / 0 == 0））继续执行，而现在的问题是，如果前面的条件已经返回了 false，后面不管有多少个 true，按照与操作的定义，最终的结果还是 false，那么完全没有必要进行后续的判断，所以可以使用短路与进行操作。

范例 2-40： 使用短路与（&&）。

```
public class TestDemo {
    public static void main(String args[]) {
        if ((1 == 2) && (10 / 0 == 0)) {
            System.out.println("Hello World !");
        }
    }
}
```

此程序没有出错，因为前面的条件返回了 false（"1 == 2"的结果为 false），所以后面的所有判断都没有继续执行的意义，因为最终的结果只会是 false，这一操作如图 2-6 所示。

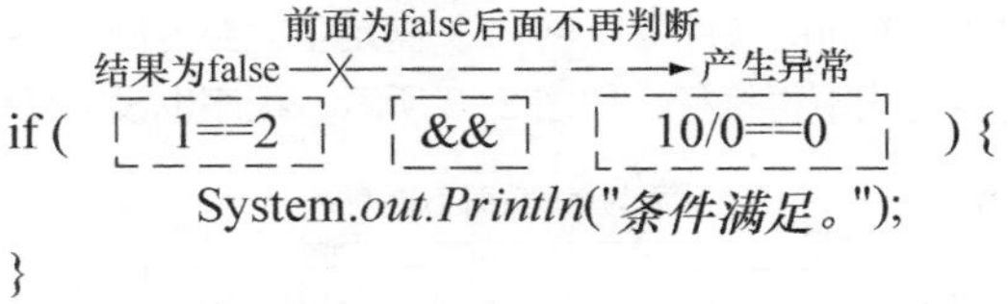

图 2-6　"&&"操作流程

2. 或操作

或操作是若干个条件一起判断，其中只要有一个返回 true，结果就是 true，只有都返回 false 的时候结果才是 false，或操作有两种运算：|和||。

范例 2-41： 观察普通或操作（|）。

```java
public class TestDemo {
    public static void main(String args[]) {
        if ((1 == 1) | (10 / 0 == 0)) {
            System.out.println("Hello World !");
        }
    }
}
```

程序执行结果：
```
Exception in thread "main" java.lang.ArithmeticException: / by zero
    at TestDemo.main(TestDemo.java:3)
```

在本程序中使用普通"|"完成了操作，但是在程序运行的时候依然出现了异常，即程序中给出的两个判断条件都执行了，如图 2-7 所示。

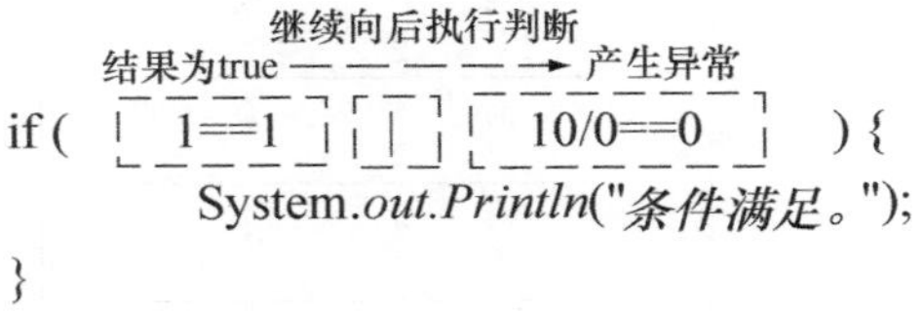

图 2-7　"|"操作流程

通过程序发现，使用普通或操作的过程之中，发现即使前面的条件满足了，后面的也会进行正常的判断，而或运算中，只要有一个为 true，那么最终的结果就一定是 true，所以对于后面的判断似乎没有任何意义，因为不管返回是何种结果都不会影响最终的结果——true，下面使用短路或（||）修改程序。

范例 2-42： 观察短路或操作（||）。

```java
public class TestDemo {
    public static void main(String args[]) {
        if ((1 == 1) || (10 / 0 == 0)) {
            System.out.println("Hello World !") ;
        }
    }
}
```

程序执行结果：
```
Hello World !
```

通过范例 2-42 可以发现，前面的条件（1 == 1）满足了就会返回 true，不管后面是何条件最终的结果都是 true，所以后面的表达式不再执行，如图 2-8 所示，程序也没有任何异常产生。

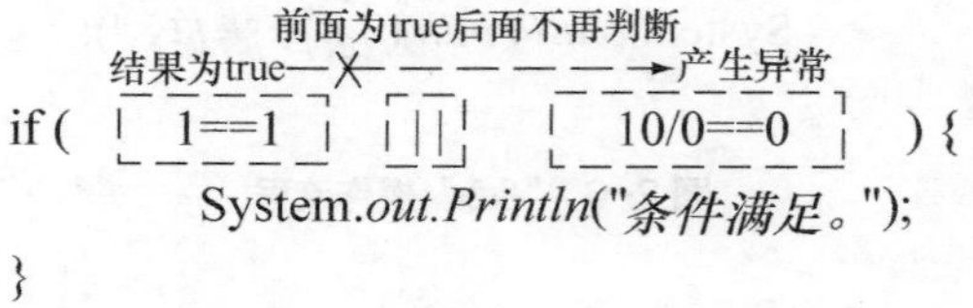
前面为true后面不再判断
结果为true
产生异常
if (1==1 || 10/0==0) {
System.out.Println("条件满足。");
}

图 2-8 “||”操作流程

在以后编写代码的过程中考虑到性能问题，请优先考虑短路与和短路或操作。

2.4.5 位运算

位运算在 Java 中有：&、|、^、~、>>、<<、>>>，而所有的位运算都是采用二进制数据进行操作的，基本的二进制数据操作结果如表 2-6 所示。

位运算符

提示：十进制转二进制。

十进制数据变为二进制数据的原则为：数据除 2 取余，随后倒着排列。例如：25 的二进值为 11001，但是由于 Java 的 int 型数据为 32 位，所以实际上最终的数据为：“00000000 00000000 00000000 0011001”，如图 2-9 所示。

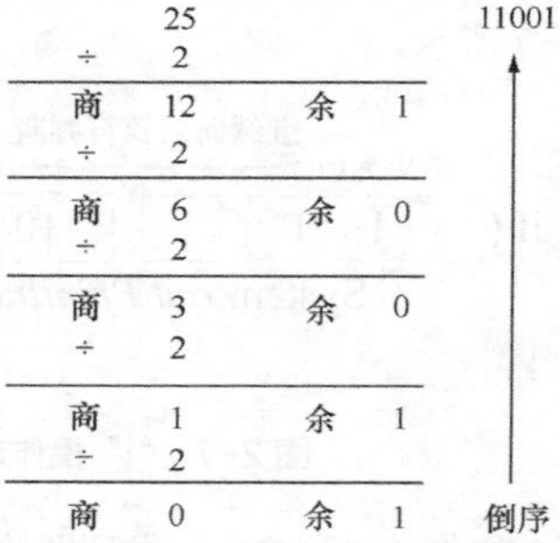
25
÷ 2
商 12 余 1
÷ 2
商 6 余 0
÷ 2
商 3 余 0
÷ 2
商 1 余 1
÷ 2
商 0 余 1
11001
倒序

图 2-9 十进制转二进制

本次只选择了正整数进行转换的演示，如果需要更多的内容可以参考《Java 开发实战经典》一书。

表 2-6 二进制位运算

No.	二进制数 1	二进制数 2	与操作（&）	或操作（|）	异或操作（^）
1	0	0	0	0	0
2	0	1	0	1	1
3	1	0	0	1	1
4	1	1	1	1	0

范例 2-43：实现位与操作。

```
public class TestDemo {
    public static void main(String args[]) {
        int numA = 9;                        // 定义整型变量
        int numB = 11;                       // 定义整型变量
        System.out.println(numA & numB);     // 位与操作
    }
}
程序执行结果:                                          9
```

计算分析：

9 的二进制： 00000000 00000000 00000000 00001001

11 的二进制： 00000000 00000000 00000000 00001011

"&"结果： 00000000 00000000 00000000 00001001 **转换为十进制是：9**

范例 2-44：实现位或操作。

```
public class TestDemo {
    public static void main(String args[]) {
        int numA = 9;                        // 定义整型变量
        int numB = 11;                       // 定义整型变量
        System.out.println(numA | numB);     // 位或操作
    }
}
程序执行结果:
```

计算分析：

9 的二进制： 00000000 00000000 00000000 00001001

11 的二进制： 00000000 00000000 00000000 00001011

"|"结果： 00000000 00000000 00000000 00001011 **转换为十进制是：11**

常见面试题分析：请问如何更快计算出 2 的 3 次方？

如果直接采用 "2 * 2 * 2" 很明显不是最快的，因为需要数学计算过程，由于计算机的数据都是按位保存的，所以面对此问题移位的速度是最快的。

范例 2-45：向左边移位 2 位实现功能。

```
public class TestDemo {
    public static void main(String args[]) {
        int x = 2;
        System.out.println(x << 2);     // 向左移 2 位
    }
}
程序运行结果:                                          8
```

计算分析：

2 的二进制数据： 00000000 00000000 00000000 00000010;

向左边移 2 位： 00000000 00000000 00000000 00001000;　➡ **转换**

为十进制是：8

常见面试题分析：请解释&和&&、|和||的区别？

（1）逻辑运算

① 与运算分为普通与（&）和短路与（&&）两种。

  |- 普通与：所有的判断条件都要判断；

  |- 短路与：如果前面的判断返回了 false，后面不再判断，最终结果就是 false；

② 或运算分为普通或（|）和短路或（||）两种。

  |- 普通或：所有的判断条件都要判断；

  |- 短路或：如果前面的判断返回了 true，后面不再判断，最终结果就是 true。

（2）位运算

位运算包括位与运算（&）、位或运算（|），其中"&&"和"||"不能应用在位运算上。

2.5 程序逻辑控制

一般来说程序的结构包含顺序结构、选择结构、循环结构 3 种。

这 3 种不同的结构有一个共同点，就是它们都只有一个入口，也只有一个出口。程序中使用了上面这些结构到底有什么好处呢？这些单一入口和出口可以让程序易读、好维护，也可以减少调试的时间。现在以流程图的方式来让读者了解这 3 种结构的不同。

1．顺序结构

本书前面所讲的例子采用的都是顺序结构，程序至上而下逐行执行，一条语句执行完后继续执行下一条语句，一直到程序的末尾。这种结构如图 2-10 所示。

顺序结构在程序设计中是最常使用的结构，在程序中扮演了非常重要的角色，因为大部分程序基本上都是依照这种由上而下的流程来设计的，由于之前一直都是按照顺序结构编写程序，所以本节只针对于选择或循环结构进行讲解。

2．选择（分支）结构

选择（分支）结构是根据条件的成立与否，再决定要执行哪些语句的一种结构，其流程图如图 2-11 所示。

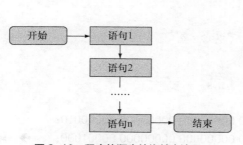

图 2-10　程序的顺序结构基本流程

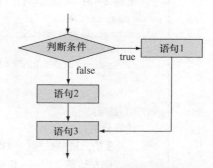

图 2-11　程序的选择结构基本流程

这种结构可以依据判断条件的结构，来决定要执行的语句。当判断条件的值为真时，就运行"语句 1"；当判断条件的值为假时，则执行"语句 2"。不论执行哪一个语句，最后都会回到"语句 3"继续执行。

3. 循环结构

循环结构是根据判断条件的成立与否，决定程序段落的执行次数，而这个程序段落就称为循环主体。循环结构的流程图如图 2-12 所示。

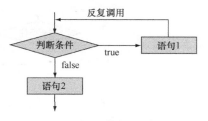

图 2-12　程序循环结构的基本流程

2.5.1　分支结构

分支结构为程序增加了选择的逻辑结构，就像做人生抉择一样，不同的抉择有不同的结果。对于分支结构有两类语法支持：if、switch。

分支结构

1. 第一组选择结构

if、if...else、if...else if...else，这 3 种结构的完整语法如表 2-7 所示。

表 2-7　第一组选择结构的完整语法

if 语法	if...else 语法	if...else if...else 语法

if (布尔表达式) {
　　条件满足时执行的程序　；
}
	if (布尔表达式) {
	　　条件满足时执行的程序　；
	} else {
	　　条件不满足时执行的程序　；
	}
		if (布尔表达式 1) {
		　　条件满足时执行的程序　；
		} else if (布尔表达式 2) {
		　　条件满足时执行的程序　；
		} ... else {
		　　所有条件都不满足时执行的程序　；
		}

这 3 种语句的执行流程如图 2-13 ～图 2-15 所示。

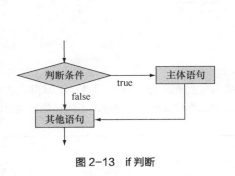

图 2-13　if 判断

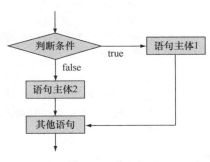

图 2-14　if...else 判断

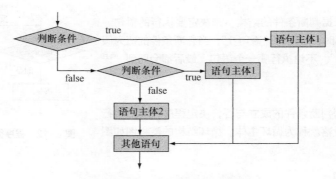

图 2-15　if…else if…else 判断

下面分别针对以上 3 种选择结构进行代码的验证。

范例 2-46：使用 if 语句进行判断。

```java
public class TestDemo {
    public static void main(String args[]) {
        double score = 90.0;              // 定义变量
        if (score > 60.0) {               // 设置判断条件
            System.out.println("及格了！");
        }
    }
}
```
程序执行结果：　　　　　及格了！

本程序首先定义了一个 score 的 double 类型变量，然后使用 if 语句判断此变量的内容是否大于"60.0"，如果条件满足，则执行输出操作。

提示：关于"{ }"的出现与否问题。

实际上针对范例 2-46 的程序，由于 if 语句中只有一行代码，所以也可以忽略"{}"。

范例 2-47：使用 if 语句进行判断。

```java
public class TestDemo {
    public static void main(String args[]) {
        double score = 90.0;                  // 定义变量
        if (score > 60.0)                     // 设置判断条件
            System.out.println("及格了！");
    }
}
```
程序执行结果：　　　　　及格了！

最终的执行结果没有区别，但是从代码编写上来讲范例 2-47 的编写形式并不适合代码阅读，所以笔者在以后讲解的代码中也不会出现此类形式的语法。本处只是为读者做一下说明。

范例 2-48：使用 if…else 判断。

```java
public class TestDemo {
```

```
    public static void main(String args[]) {
        double score = 30.0;                      // 定义变量
        if (score > 60.0) {                       // 条件判断满足
          System.out.println("及格了！");
        } else {                                  // 条件判断不满足
          System.out.println("小白的成绩！");
        }
    }
}
```
程序执行结果：　　　　　　　　　　　　　　　　小白的成绩！

本程序使用了 if…else 结构，如果在 if 语句中的判断条件不满足，那么将执行 else 中的代码。

范例 2-49：使用 if…else if…else 判断。

```
public class TestDemo {
    public static void main(String args[]) {
        double score = 91.0;                      // 定义变量
        if (score < 60.0) {                       // 条件判断
          System.out.println("小白的成绩！") ;
        } else if (score >= 60 && score <= 90) {  // 条件判断
          System.out.println("中等成绩") ;
        } else if (score > 90 && score <= 100) {  // 条件判断
          System.out.println("优秀成绩") ;
        } else {                                  // 条件判断都不满足
          System.out.println("你家的考试成绩这么怪异！") ;
        }
    }
}
```
程序执行结果：　　　　　　　　　　　　　优秀成绩

本程序使用了多个判断条件判断给定的 score 变量的内容，如果满足条件，则执行相应的信息输出。

2. 第二组选择结构

对于多条件判断使用 if…else if…else 是可以判断布尔条件的。如果是多数值判断，可以通过 switch 完成，其语法如下，流程如图 2-16 所示。

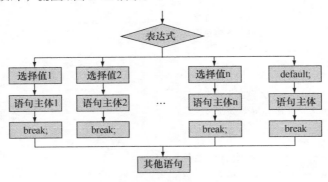

图 2-16　switch 流程图

```
switch(整数 | 字符 | 枚举 | String) {
    case 内容 : {
        内容满足时执行 ;
        [break ;]
    }
    case 内容 : {
        内容满足时执行 ;
        [break ;]
    }
    case 内容 : {
        内容满足时执行 ;
        [break ;]
    } ...
    [default : {
        内容都不满足时执行 ;
        [break ;]
    }]
}
```

注意：if 可以判断布尔表达式，而 switch 只能够判断内容。

在分支结构中，使用 if 语句结构可以判断指定布尔表达式的结果。但是 switch 的判断不能使用布尔表达式，它最早的时候只能进行整数或字符的判断，但是从 JDK 1.5 开始支持了枚举判断，在 JDK 1.7 的时候支持了 String 的判断。

另外还需要提醒读者的是，很多开发工具对于 switch 的支持仍然没有考虑到 String，所以最稳妥的做法还是在 switch 上使用数字或字符进行判断。

在每一个 case 里出现的 break 语句，表示停止 case 的执行，因为 switch 语句默认情况下会从第一个满足的 case 语句开始执行全部的语句代码，一直到整个 switch 执行完毕或者遇见 break。

范例 2-50：使用 switch 判断。

```java
public class TestDemo {
    public static void main(String args[]) {
        int ch = 1;
        switch (ch) {              // 判断的是数字
            case 2: {              // 判断内容是否是 2
                System.out.println("内容是 2");
                break;
            }
            case 1: {              // 判断内容是否是 1
                System.out.println("内容是 1");
                break;
            }
            case 3: {              // 判断内容是否是 3
                System.out.println("内容是 3");
                break;
```

```
        }
    default: {          // 判断都不满足
        System.out.println("没有匹配内容");
        break;
        }
      }
    }
}
```

程序执行结果: 内容是 1

本程序使用了 switch 语句判断 ch 变量的内容,如果某一个 ch 变量符合于 case("case 1"判断满足)中定义的比较内容,则执行相应的 case 语句。

提示: break 语句的作用。

从范例 2-50 的程序,读者可以发现,在每一个 case 语句后都加上了一个"break"语句,如果不加入此语句的话,则 switch 语句会从第一个满足条件的 case 语句开始依次执行操作。

范例 2-51: 不加入 break 时的操作。

```
public class TestDemo {
    public static void main(String args[]) {
        int ch = 1;
        switch (ch) {              // 判断的是数字
            case 2: {              // 判断内容是否是 2
                System.out.println("内容是 2");
            }
            case 1: {              // 判断内容是否是 1
                System.out.println("内容是 1");
            }
            case 3: {              // 判断内容是否是 3
                System.out.println("内容是 3");
            }
            default: {             // 判断都不满足
                System.out.println("没有匹配内容");
            }
        }
    }
}
```

程序运行结果: 内容是 1
                             内容是 3
                             没有匹配内容

从运行结果可以发现,程序在第一个条件满足之后,由于没有设置相应的 break 语句,则从第一个满足条件开始就依次向下继续执行了。

从 JDK 1.7 开始 switch 支持字符串的直接判断,即可以利用 switch 判断是否是某一个字符串内容。但是在字符串的判断中是严格区分字母大小写的。

范例 2-52： 使用字符串判断。

```
public class TestDemo {
    public static void main(String args[]) {
        String str = "HELLO";
        switch (str) {                   // 判断的是字符串
            case "HELLO": {
                System.out.println("内容是 HELLO");
                break;
            }
            case "hello": {
                System.out.println("内容是 hello");
                break;
            }
            case "mldn": {
                System.out.println("内容是 mldn");
                break;
            }
            default: {
                System.out.println("没有匹配内容");
                break;
            }
        }
    }
}
```

程序执行结果：　　　　　　　　　　内容是 HELLO

本程序采用了字符串的方式进行判断，如果判断的内容是 case 中定义的内容，则执行对应的代码。

2.5.2　循环结构

循环结构

当某段代码需要一直重复执行时，可以使用循环结构来实现控制，对于循环结构有两种循环：while 循环和 for 循环。

1. while 循环

while 循环分为 while 循环和 do...while 循环两种语法形式，如表 2-8 所示。

表 2-8　while 循环两种语法形式

while 循环：	do...while 循环：

while (循环判断) {
　　循环语句；
　　修改循环结束条件；
}
	do {
	　　循环语句；
	　　修改循环结束条件；
	} while (循环判断)；

通过 while 循环语法可以发现，实际上 do...while 表示先执行后判断，而 while 循环表示先判断后执行。如果循环条件都不满足的情况下，do...while 至少执行一次，而 while 一次都不会执行，这两种操作

语法的流程如图 2-17 和图 2-18 所示。

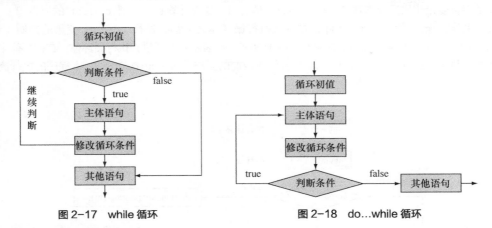

图 2-17　while 循环　　　　　　　图 2-18　do...while 循环

提示：循环的基本特点。

通过以上给出的两个格式，可以发现循环结构具有以下特点。

- 循环的结束判断；
- 每次循环体执行的时候，循环条件要求修改。

所有的循环语句里面都必须有循环的初始化条件，每次循环的时候都要去修改这个条件，以判断循环是否结束。

注意：避免死循环。

对于许多初学者而言，循环是需要面对的第一道程序学习的关口，相信不少读者也遇见过死循环的问题，而造成死循环的原因也很好容易理解，就是循环条件一直都满足，每次循环执行时没有修改循环的结束条件，所以循环体一直都会被执行。

范例 2-53：实现 1 ~ 100 的累加——使用 while 循环。

```java
public class TestDemo {
    public static void main(String args[]) {
        int sum = 0;                    // 保存总和
        int current = 1;                // 循环的初始化条件
        while (current <= 100) {        // 循环结束条件
            sum += current;             // 累加
            current++;                  // 改变循环条件
        }
        System.out.println(sum);
    }
}
```

程序执行结果：
5050

本程序首先定义了一个 sum 的变量用于保存累加的结果，然后声明了一个 current 变量作为当前计算数值的保存变量（如果计算到 1，则 current 值为 1；如果计算到 2，则 current 的值为 2）。同时 current 也作为循环结束的判断条件，在每次执行循环体之前都会进行 current 变量的判断（while (current <= 100)），如果该变量的内容小于等于 100，则表示判断通过，执行循环体，在循环体中会进行累加的计算（sum += current），同时也会修改当前的操作数值（current++）。本程序的执行流程图如图 2-19 所示。

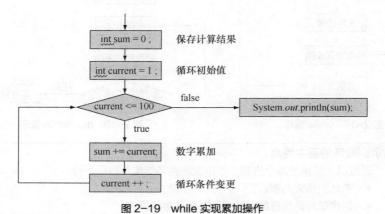

图 2-19 while 实现累加操作

范例 2-54：使用 do...while 循环。

```java
public class TestDemo {
    public static void main(String args[]) {
        int sum = 0;                    // 保存总和
        int current = 1;                // 循环的初始化条件
        do {                            // 循环结束条件
            sum += current;             // 累加
            current++;                  // 改变循环条件
        } while (current <= 100);       // 循环结束判断
        System.out.println(sum);
    }
}
```

本程序同样实现了累加操作，而与范例 2-52 程序最大的不同在于，在第一次执行循环体时并不会进行循环条件的判断（while (current <= 100)），而执行完一次循环体之后才会进行循环条件的判断，以判断是否还要继续执行该循环。本程序的执行流程图如图 2-20 所示。

提示：循环的选择。

通过以上对比相信读者已经清楚，while 循环采用的是先判断后执行循环体的形式处理，而 do...while 循环采用的是先执行一次循环体再判断循环条件的形式处理，即不管循环条件是否满足，一定会执行至少一次。

而在实际的开发中，do...while 循环的使用要比 while 循环使用的频率低，所以本书推荐更多的是 while 循环，而不是 do...while 循环。

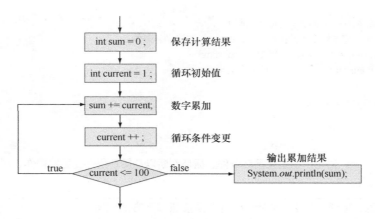

图 2-20 使用 while 实现的累加操作

2．for 循环

for 循环的最大特点是已经明确地知道循环次数，for 循环的语法如下。

```
for (循环初始化条件;循环判断;循环条件变更) {
    循环语句  ;
}
```

通过给定的格式可以发现，for 循环在定义时，将循环初始化条件、循环判断、循环条件变更操作都放在一行语句中，而在执行的时候循环初始化条件只会执行一次，而后循环判断在每次执行循环体前都会判断，并且每当循环体执行完毕后都会自动执行循环条件变更。for 循环结构图如图 2-21 所示。

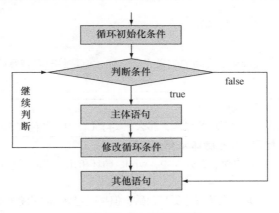

图 2-21 for 循环结构图

范例 2-55：使用 for 循环实现 1～100 累加。

```java
public class TestDemo {
    public static void main(String args[]) {
        int sum = 0;                // 保存总和
        // 设置循环初始化条件 current，同时此变量作为累加操作使用
```

```
        // 每次执行循环体前都要进行循环判断（current <= 100）
        // 循环体执行完毕后会自动执行"current++"改变循环条件
        for (int current = 1; current <= 100; current++) {
            sum += current;          // 循环体中实现累加操作
        }
        System.out.println(sum);
    }
}
```

程序执行结果：　　　　　　　　　5050

本程序直接在 for 语句中初始化循环条件、循环判断以及循环条件变更的操作，而在循环体中只是实现核心的累加操作。

注意：for 循环编写的时候尽量不要按照如下方式编写。

对于循环的初始值和循环条件的变更，在正常情况下可以由 for 语句自动进行控制，但是根据不同的需要也可以将其分开定义，如下代码所示。

范例 2-56：另一种 for 循环写法。

```
public class TestDemo {
    public static void main(String args[]) {
        int sum = 0;                  // 保存累加的结果
        int current = 1;              // 初始值
        for (; current <= 100;) {     // for 循环
            sum += current;           // 累加计算
            current ++;               // 循环条件修改
        }
        System.out.println(sum);
    }
}
```

这两种方式最终所实现的效果完全一样，但是除非有特殊的需要，否则本书不推荐这种写法。

提问：用哪种循环好？

本书给出了 3 种循环的操作，那么在实际工作中，如何去选择该使用的循环？

回答：主要使用 while 循环和 for 循环。

就笔者的经验来讲，在开发中，while 循环和 for 循环的使用次数较多，而这两种循环的使用环境如下。

- while 循环：在不确定循环次数，但是确定循环结束条件的情况下使用；
- for 循环：确定循环次数的情况下使用。

例如：现在要求一口口的吃饭，一直吃到饱为止，可是并不知道到底要吃多少口，只知道结束条件，所以使用 while 循环会比较好；而如果要求围着操场跑两圈步，已经明确知道了循环的次数，那么使用 for 循环就更加方便了。而对于 do...while 循环在开发中出现较少。

以上给出的循环实际上是最为基础的单层循环，但是很多时候考虑到业务的需求可能会出现循环的嵌套操作，范例 2-55 中的代码是进行乘法口诀表的输出，采用的就是双层循环。

范例 2-57：输出乘法口诀表。

```java
public class TestDemo {
    public static void main(String args[]) {
        for (int x = 1; x <= 9; x++) {          // 控制循环的行数
            for (int y = 1; y <= x; y++) {      // 控制列数
                System.out.print(x + "*" + y + "=" + (x * y) + "\t");
            }
            System.out.println();               // 换行
        }
    }
}
```

程序运行结果：　　　1*1=1

2*1=2　　2*2=4

3*1=3　　3*2=6　　3*3=9

4*1=4　　4*2=8　　4*3=12　　4*4=16

5*1=5　　5*2=10　　5*3=15　　5*4=20　　5*5=25

6*1=6　　6*2=12　　6*3=18　　6*4=24　　6*5=30　　6*6=36

7*1=7　　7*2=14　　7*3=21　　7*4=28　　7*5=35　　7*6=42　　7*7=49

8*1=8　　8*2=16　　8*3=24　　8*4=32　　8*5=40　　8*6=48　　8*7=56　　8*8=64

9*1=9　　9*2=18　　9*3=27　　9*4=36　　9*5=45　　9*6=54　　9*7=63　　9*8=72　　9*9=81

　　本程序使用了两层循环控制输出，其中第一层循环是控制输出行，即乘法口诀表中左边的数字（7 * 3= 21，x 控制的是这个数字 7，而 y 控制的是数字 3）；而另外一层循环是控制输出的列，并且为了防止不出现重复数据（例如："1 * 2" 和 "2 * 1" 计算结果重复），让 y 每次的循环次数受到 x 的限制，每次里面的循环执行完毕后就输出一个换行。本程序执行流程如图 2-22 所示。

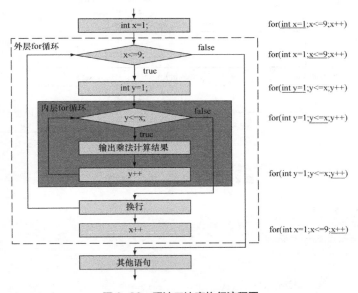

图 2-22　乘法口诀表执行流程图

2.5.3　循环控制

循环控制

正常情况下只要执行了循环，且满足循环条件，循环体的代码就会一直执行，但是在程序中也提供有两个循环停止的控制语句：continue（退出本次循环）、break（退出整个循环）。此类语句在使用时往往要结合分支语句进行判断。

范例 2-58： 观察 continue。

```java
public class TestDemo {
    public static void main(String args[]) {
        for (int x = 0; x < 10; x++) {
            if (x == 3) {
                continue; // 之后的代码不执行，直接结束本次循环
            }
            System.out.print("x = " + x + "、");
        }
    }
}
```
程序执行结果：　　　　x = 0、x = 1、x = 2、x = 4、x = 5、x = 6、x = 7、x = 8、x = 9、

本程序使用了 continue 语句，而结果中可以发现缺少了 "x = 3" 的内容打印，这是因为使用 coninue 表示当前一次循环结束执行，而直接进行下一次循环的操作，本操作的流程如图 2-23 所示。

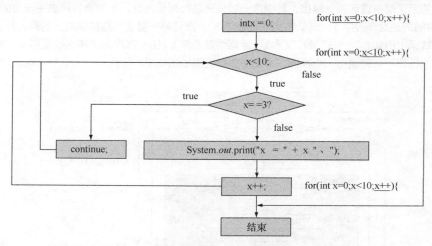

图 2-23　continue 执行流程图

范例 2-59： 观察 break。

```java
public class TestDemo {
    public static void main(String args[]) {
        for (int x = 0; x < 10; x++) {
            if (x == 3) {
                break; // 退出整个循环
```

```
        }
        System.out.print("x = " + x + "、");
    }
  }
}
```

程序执行结果：　　　　　　　　　　　　　　　　　　x = 0、x = 1、x = 2、

　　本程序在 for 循环中使用了一个分支语句（x == 3）判断是否需要结束循环，而通过运行结果可以发现，当 x 的内容为 2 后，循环不再执行，本操作的流程如图 2-24 所示。

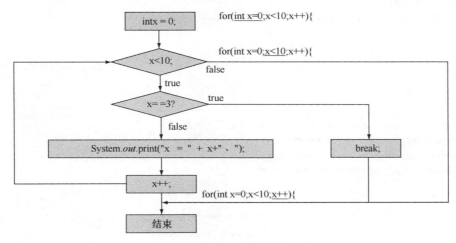

图 2-24　break 执行流程图

2.6　方法的定义及使用

　　方法在很多地方又被称为函数（在 Java 中的英文单词是 Method，而在其他语言中的英文单词是 Function），方法是一段可以被重复调用的代码块。

2.6.1　方法的基本概念

　　方法的主要功能是封装可以执行的一段代码，这样不仅可以进行重复调用，更可以方便地实现代码的维护，而本次使用的方法定义语法如下。

方法的基本概念

```
public static 返回值类型 方法名称(参数类型 参数变量, ...) {
    方法体（本方法要执行的若干操作）;
    [return [返回值];]
}
```

　　在方法的定义格式中，发现其有一个返回值类型，指的是这个方法的返回结果。对于此返回值的类型可以有以下两种。

　　●　直接设置 Java 中的数据类型（基本数据类型、引用数据类型），如果方法设置了返回值，那么必须使用 return 语句返回与数据类型对应的数据；

- 方法没有返回值 void，可以不使用 return 返回内容，但是可以使用 return 结束方法调用。

> **注意：请注意以上格式的使用限制。**
>
> 　　在 Java 中定义方法的要求很多，并且随着课程的深入，也都会为读者一一讲解。而在本次所给出的方法定义格式有一个使用限制："定义在主类中，并且由主方法直接调用。"

范例 2-60： 定义一个没有参数没有返回值的方法。

```java
public class TestDemo {
    public static void main(String args[]) {
        printInfo();                // 直接调用方法
        printInfo();                // 直接调用方法
    }
    /**
     * 信息输出操作
     */
    public static void printInfo() { // 定义没有参数，没有返回值的方法
        System.out.println("*******************");
        System.out.println("*   www.yootk.com   *");
        System.out.println("*******************");
    }
}
```

程序执行结果：
```
*******************
*   www.yootk.com   *
*******************
*******************
*   www.yootk.com   *
*******************
```

本程序首先在 TestDemo 主类中定义了一个 printInfo() 方法，此方法主要是进行内容的输出，所以在方法声明返回值时使用了 void，然后在主方法之中调用了两次 printInfo() 方法。本程序的执行流程如图 2-25 所示。

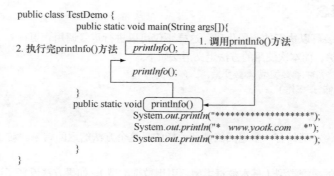

图 2-25　方法调用执行流程图

注意：方法命名规范。

　　如果要在程序中定义方法，Java 的命名规范为：第一个单词的首字母小写，之后每个单词的首字母大写，例如：printInfo()、getMessage()。

　　同时为了读者理解方便，在本书的编写方法过程中将使用文档注释，而对于文档注释读者可以在学习完 Eclipse 开发工具后利用工具的自动提示编写。

提问：怎么判断需要定义方法？

　　方法是一段可以被重复调用的代码段，那么什么时候该把这些代码段封装为方法，有没有明确的要求？

回答：实践出真知。

　　在开发中将那些代码封装为方法实际上并没有一个严格的定义标准，更多的时候往往是依靠开发者个人经验进行的。如果是初学者应该先以完成功能为主，而后再更多地考虑代码结构化的合理性。但是在很多情况下如果在开发中发现一直都在进行部分代码的"复制—粘贴"操作，那么就应该考虑将这些代码封装为方法以进行重复调用。

范例 2-61： 定义一个有参数无返回值的方法。

```java
public class TestDemo {
    public static void main(String args[]) {
        pay(10.0);                      // 调用方法
        pay(-10.0);                     // 调用方法
    }
    /**
     * 定义一个支付的操作方法，如果支付金额大于 0 则正常支付，否则会输出错误提示信息
     * @param money 要支付的金额
     */
    public static void pay(double money) {      // 购买支付操作
        if (money > 0.0) {                      // 现在已经给钱
            System.out.println("可以进行支付！ ");
        } else {                                // 不能够支付
            System.out.println("你穷疯了，没钱还买东西！ ");
        }
    }
}
```

程序执行结果：　　　　　　　　可以进行支付！（"pay(10.0)"调用执行）

　　　　　　　　　　　　　　你穷疯了，没钱还买东西！（"pay(-10.0)"调用执行）

　　本程序定义了一个 pay()方法，而后在此方法中定义了一个参数，并在方法中针对传入的内容进行判断后输出。

范例 2-62： 定义有返回值有参数的方法。

```java
public class TestDemo {
    public static void main(String args[]) {
        int result = add(10, 20);               // 方法的返回值可以进行接收
        System.out.println("计算结果： " + result);
```

```
        System.out.println("计算结果：" + add(50, 60));    // 也可以直接将方法返回值进行输出
    }
    /**
     * 实现数据的加法操作
     * @param x 操作数字一
     * @param y 操作数字二
     * @return 返回两个数字的加法计算结果
     */
    public static int add(int x, int y) {               // 有参数有返回值的方法
        return x + y;                                    // 返回加法计算结果
    }
}
```
程序执行结果：   计算结果：30
                                            计算结果：110

　　本程序在主类中定义了一个 add() 方法，而后此方法接收两个 int 型的变量，执行加法计算后会将计算的结果返回给方法的调用处，由于方法本身存在返回值，所以可以接收返回值，或者直接进行返回值的输出。

　　以上是方法在实际开发中的 3 种基本定义形式，但是在这里需要提醒读者的是，如果在方法中执行 return 语句，那么就表示其之后的代码不再执行而直接结束方法调用。如果此时方法有返回值声明，那么必须返回相应类型的数据；如果没有返回值声明，则可以直接编写 return。而此类操作一般都会结合分支判断一起使用。

　　范例 2-63：利用 return 结束方法调用。

```
Public class TestDemo {
    public static void main(String args[]) {
        set(100);                         // 正常执行输出
        set(3);                           // 满足方法判断条件，会中断输出操作
        set(10);                          // 正常执行输出
    }
    /**
     * 定义一个设置数据的操作方法，如果该数据为 3 将无法设置
     * @param x 要设置的数据内容
     */
    public static void set(int x) {       // 方法声明为 void
        if (x == 3) {                     // 判断语句
            return;                       // 方法后面的内容不执行了
        }
        System.out.println("x = " + x);
    }
}
```
程序执行结果：   x = 100
                            x = 10

　　本程序定义的 set() 方法上使用了 void 声明，所以在此类方法中如果想要结束调用，可以直接编写 return 语句，当传入的参数内容为 3 时，符合方法结束调用的条件，所以后面的输出将不再执行。

2.6.2　方法的重载

方法的重载

　　方法的重载是指方法名称相同，参数的类型或个数不同，调用的时候将会按照传递的参数类型和个数完成不同方法体的执行。

　　如果有一个方法名称，有可能要执行多项操作，例如：一个 add()方法，它可能执行两个整数的相加，也可能执行 3 个整数的相加，或者可能执行两个小数的相加，那么在这样的情况下，很明显，一个方法体肯定无法满足要求，需要为 add()方法定义多个不同的功能实现，所以此时就需要方法重载概念的支持。

　　范例 2-64：观察方法重载。

```java
public class TestDemo {
    public static void main(String args[]) {
        // 方法重载之后执行语句时会根据传入参数的类型或个数的不同调用不同的方法体
        System.out.println("两个整型参数：" + add(10, 20));
        System.out.println("三个整型参数：" + add(10, 20, 30));
        System.out.println("两个浮点型参数：" + add(10.2, 20.3));
    }
    /**
     * 实现两个整型数字的加法计算操作
     * @param x 操作数字一
     * @param y 操作数字二
     * @return 两个整型数据的加法计算结果
     */
    public static int add(int x, int y) {              // add()方法一共被重载三次
        return x + y;
    }
    /**
     * 实现三个整型数字的加法计算操作
     * @param x 操作数字一
     * @param y 操作数字二
     * @param z 操作数字三
     * @return 三个整型数据的加法计算结果
     */
    public static int add(int x, int y, int z) {        // 与之前的 add()方法的参数个数不一样
        return x + y + z;
    }
    /**
     * 实现两个小数的加法计算操作
     * @param x 操作数字一
     * @param y 操作数字二
     * @return 两个小数的加法计算结果
     */
    public static double add(double x, double y) {      // 与之前的 add()方法的参数类型不一样
```

```
        return x + y;
    }
}
```
程序执行结果：　　　　　　　两个整型参数：30
　　　　　　　　　　　　　　三个整型参数：60
　　　　　　　　　　　　　　两个浮点型参数：30.5

　　本程序在主类中一共定义了 3 个 add() 方法，但是这 3 个 add() 方法的参数个数以及数量完全不同，所以就证明此时 add() 方法已经被重载了。而在调用方法时，虽然方法的调用名称相同，但是会根据其声明的参数个数或类型执行不同的方法体，调用过程如图 2-26 所示。

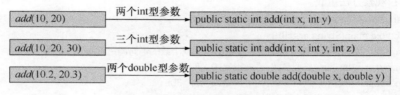

图 2-26　方法重载调用

提示：System.out.println()、System.out.print() 也属于方法的重载。

在之前一直使用的系统输出操作，实际上也属于方法的重载。

范例 2-65： 输出信息。

```
public class TestDemo {
    public static void main(String args[]) {
        System.out.println("hello");     // 输出 String
        System.out.println(1);           // 输出 int
        System.out.println(10.2);        // 输出 double
        System.out.println('A');         // 输出 char
        System.out.println(false);       // 输出 boolean
    }
}
```
程序执行结果：　　　　　　　　　　　hello
　　　　　　　　　　　　　　　　　　1
　　　　　　　　　　　　　　　　　　10.2
　　　　　　　　　　　　　　　　　　A
　　　　　　　　　　　　　　　　　　false

　　在本程序中，可以发现，现在 println() 方法可以输出各种数据类型，所以此方法为重载方法。而关于此方法的更多内容将在本书第 12 章进行讲解。

　　方法重载的概念本身很容易理解，但是对于方法重载有以下两点说明。

● 在进行方法重载时一定要考虑到参数类型的统一，虽然可以实现重载方法返回不同类型的操作，但是从标准的开发来讲，建议所有重载后的方法使用同一种返回值类型；

● 方法重载的时候重点是根据参数类型及个数来区分不同的方法，而不是依靠返回值的不同来确定的。

2.6.3 方法的递归调用

方法的递归调用

递归调用是一种特殊的调用形式，指的是方法自己调用自己的形式，如图 2-27 所示。在进行递归操作时必须满足以下两个条件。

- 必须有结束条件；
- 每次调用时都需要改变传递的参数。

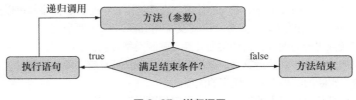

图 2-27　递归调用

提示：关于递归的学习。

递归调用是我们迈向数据结构开发的第一步，但是如果读者想把递归操作掌握熟练，需要大量的代码积累才可能写出合理的代码。换个角度，如果在标准的项目应用开发里面，是很难写上递归操作的。

之所以在开发中避免过多的使用递归是因为如果处理不得当，就有可能出现内存的溢出问题。

范例 2-66：递归调用。

```java
public class TestDemo {
    public static void main(String args[]) {
        System.out.println(sum(100));          // 1 - 100 累加
    }
    /**
     * 数据的累加操作，传入一个数据累加操作的最大值，而后每次进行数据的递减，一直累加到计算数据为 1
     * @param num 要进行累加的操作
     * @return 数据的累加结果
     */
    public static int sum(int num) {           // 最大的内容
        if (num == 1) {                        // 递归的结束调用
            return 1;                          // 最终的结果返回了 1
        }
        return num + sum(num - 1);             // 递归调用
    }
}
```
程序执行结果：　　　　　　　5050

本程序使用递归操作进行了数字的累加操作，并且当传递的参数为 1 时，直接返回为数字 1。本程序的操作流程简单分析如下。

- 第 1 次调用：return 100 + sum(99);

- 第 2 次调用：return 100 + 99 + sum(98)；
- 倒数第 2 次调用：return 100 + 99 + ... + 3 + sum(2)；
- 最后一次调用：return 100 + 99 + ... + 3 + 2 + 1。

本章小结

1. Java 的数据类型可分为两种：基本数据类型和引用数据类型。
2. Unicode 为每个字符制订了一个唯一的数值，在任何语言、平台、程序都可以安心地使用。
3. 布尔（boolean）类型的变量，只有 true（真）和 false（假）两个值。
4. 数据类型的转换可分为两种：自动类型转换与强制类型转换。
5. 算术运算符的成员有：加法运算符、减法运算符、乘法运算符、除法运算符、余数运算符。
6. if 语句可依据判断的结果来决定程序的流程。
7. 递增与递减运算符有相当大的便利性，善用它们可提高程序的简洁程度。
8. 括号（ ）是用来处理表达式的优先级的，也是 Java 的运算符。
9. 需要重复执行某项功能时，循环就是最好的选择，开发人员可以根据程序的需求与习惯，选择使用 Java 所提供的 for、while 及 do...while 循环来完成。
10. break 语句可以让强制程序逃离循环。当程序运行到 break 语句时，就会离开循环，继续执行循环外的下一个语句；如果 break 语句出现在嵌套循环中的内层循环，则 break 语句只会逃离当前层循环。
11. continue 语句可以强制程序跳到循环的起始处，当程序运行到 continue 语句时，就会停止运行剩余的循环主体，而跳到循环的开始处继续运行。
12. 选择结构包括 if、if...else 及 switch 语句，语句中加上选择结构后，就像是十字路口，根据不同的选择，程序的运行会有不同的方向与结果。
13. 方法是一段可重复调用的代码段，在本章中因为方法可以由主方法直接调用，所以要加入 public static 关键字修饰。
14. 方法的重载：方法名称相同，参数的类型或个数不同。

课后习题

一、填空题

1. Java 中的标识符组成原则是＿＿＿＿＿＿＿＿＿＿＿＿＿＿＿＿＿＿＿＿＿＿＿。
2. ＿＿＿＿＿关键字是在 JDK 1.4 时加入的，＿＿＿＿＿关键字是在 JDK 1.5 时加入的。
3. 列举出已经知道的 5 个关键字：＿＿＿＿＿＿＿＿＿＿＿＿＿＿＿＿＿＿＿。
4. Java 注释分为＿＿＿＿＿、＿＿＿＿＿和＿＿＿＿＿3 种。
5. Java 中使用＿＿＿＿＿关键字，可以定义一个整型数据。
6. 在一个 Java 源文件中定义了 3 个类和 15 个方法，编译该 Java 源文件时会产生＿＿＿＿＿个字节码文件，其扩展名是＿＿＿＿＿。
7. 布尔型数据类型的关键字是＿＿＿＿＿，有＿＿＿＿＿和＿＿＿＿＿两种取值。
8. 整型数可以采用＿＿＿＿＿、＿＿＿＿＿、＿＿＿＿＿和＿＿＿＿＿4 种类型表示。

9. 根据占用内存长度的不同，将浮点型分为_____和_____两种。

10. Java 程序结构分为_____、_____和_____3 种。

11. 逻辑表达式：true&&false&&true 的结果是_____。

12. 逻辑表达式：!true||false 的结果是_____。

13. 在方法中可以使用_____语句来结束方法的执行。

14. 方法中的_____关键字用来表示方法不返回任何值。

二、选择题

1. 下面标识符正确的是（　　）。

　　A. class　　　　　B. hello world　　C. 123$temp　　D. Demo

2. 下面（　　）是 Java 中未使用到的关键字。（多选）

　　A. const　　　　　B. goto　　　　　C. int　　　　　D. assert

3. public static void main 方法的参数描述是（　　）。

　　A. String args[]　B. int[] args　　C. Strings args[]　D. String args

4. 下面说法正确的是（　　）。

　　A. Java 程序的源文件名称与主类（puublic class）的名称相同，后缀可以是 .java 或 .txt 等

　　B. JDK 的编译命令是 java

　　C. 一个 Java 源文件编译后可能产生多个 class 文件

　　D. 在命令行编译好的字节码文件，只需在命令行直接键入程序名即可运行该程序

5. 下面说法不正确的是（　　）。

　　A. Java 语言是面向对象的、解释执行的网络编程语言

　　B. Java 语言具有可移植性，是与平台无关的编程语言

　　C. Java 语言可对内存垃圾自动收集

　　D. Java 语言执行时需要 Java 的运行环境

6. 下面（　　）不是 Java 的关键字。

　　A. integer　　　　B. double　　　　C. float　　　　D. char

7. 在 Java 中，字节数据类型的关键字和默认值是（　　）。

　　A. byte 和 0　　　B. byte 和 1　　　C. boolean 和 true　D. boolean 和 false

8. 3.15E2 表示的数据是（　　）。

　　A. 3.15×2　　B. 3.15×10^{-2}　　C. 3.15×10^{2}　　D. 0.315×10^{-2}

9. 程序 System.out.println("1 + 1 = " + 1 + 1);的输出结果是（　　）。

　　A. 1　　　　　　　B. 1 + 1 = 2　　　C. 1 + 1 = 11　　D. 2

10. 程序 System.out.println(10 / 3);的输出结果是（　　）。

　　A. 1　　　　　　　B. 3　　　　　　　C. 3.3　　　　　D. 3.33333

11. 执行下面的语句后，a、b、c 的值分别是（　　）。

```
int a = 2 ;
int b = (a++) * 3 ;
int c = (++a) * 3 ;
```

　　A. 2、6、6　　　　B. 4、9、9　　　　C. 4、6、12　　D. 3、9、9

12. 以下（　　）能正确表示 Java 语言中的一个整型常量。
    A. 35.d   B. -20   C. 1,234   D. "123"

13. 下面的数据类型（　　）是 float 型。
    A. 33.8   B. 129   C. 89L   D. 8.6F

14. 下列关于自动类型转换的说法中，正确的一个是（　　）。
    A. int 类型数据可以自动转换为 char 类型数据
    B. char 类型数据可以被自动转换为 int 类型数据
    C. boolean 类型数据不可以做自动类型转换，但是可以做强制转换
    D. long 类型数据可以被自动转换为 short 类型数据

15. 一个方法在定义过程中又调用自身，这种方法称为（　　）。
    A. 构造方法   B. 递归方法   C. 成员方法   D. 抽象方法

三、判断题

1. 变量的内容可以修改，常量的内容不可修改。　　　　　　　　　　　　　　　　（　　）

2. goto 是 Java 中未使用到的关键字。　　　　　　　　　　　　　　　　　　　　（　　）

3. enum 关键字是在 JDK 1.4 版本中增加的。　　　　　　　　　　　　　　　　　（　　）

4. 使用 public class 定义的类，文件名称可以与类名称不一致。　　　　　　　　　（　　）

5. 主方法编写：public void main(String arg)。　　　　　　　　　　　　　　　　（　　）

6. 字符$不能作 Java 标识符的第一个字符。　　　　　　　　　　　　　　　　　　（　　）

7. System.out.println()输出后是不加换行的，而 System.out.print()输出后是加换行的。（　　）

8. 使用 break 语句可以跳出一次循环。　　　　　　　　　　　　　　　　　　　　（　　）

9. byte 的取值范围是 0～255。　　　　　　　　　　　　　　　　　　　　　　　（　　）

10. int 和 double 进行加法操作，int 会自动转换为 double 类型。　　　　　　　　（　　）

11. 使用"&"操作时，如果第一个条件是 false，则后续的条件都不再判断。　　　（　　）

12. 使用"&&"操作时，如果第一个条件是 false，则后续的条件都不再判断。　　（　　）

13. 使用"|"操作时，如果第一个条件是 true，则后续的条件都不再判断。　　　（　　）

14. 使用"||"操作时，如果第一个条件是 true，则后续的条件都不再判断。　　　（　　）

15. 定义多个同名方法时，可以依靠返回值区别同名方法。　　　　　　　　　　　（　　）

四、简答题

1. 请解释常量与变量的区别。

2. 解释方法重载的概念，并举例说明。

五、编程题

1. 打印出 100～1000 范围内的所有"水仙花数"，所谓"水仙花数"是指一个三位数，其各位数字立方和等于该数本身。例如：153 是一个"水仙花数"，因为 $153=1^3+5^3+3^3$。

2. 通过代码完成两个整数内容的交换。

3. 判断某数能否被 3，5，7 同时整除。

4. 编写程序，分别利用 while 循环、do...while 循环和 for 循环求出 100～200 的累加和。

第二部分

面向对象

- 面向对象核心知识
- 异常的捕获及处理
- 包及访问控制权限
- Java 新特性

第 3 章

面向对象基本概念

通过本章的学习可以达到以下目标：
- 理解面向对象三大主要特征
- 掌握类与对象的区别及使用
- 掌握类中封装性的基础实现
- 掌握类中构造方法以及构造方法重载的概念及使用
- 掌握数组的使用以及初始化操作
- 掌握引用数据类型的特点以及引用传递操作分析方法
- 掌握 String 类的特点以及 String 类中常用方法的使用
- 掌握 this、static 关键字的使用
- 掌握内部类的特点以及使用形式
- 理解链表操作的实现原理以及常用操作方法

程序就是数据与逻辑的代码段封装，而说到代码段封装，很多读者一定会首先想到方法，而在 Java 中方法是不可以单独存在的，必须将其放在一个类中才可以，而本章开始就将进入到 Java 的核心部分——面向对象。

利用面向对象设计的程序可以很好地实现代码的重用操作，同时也利于开发者进行项目的维护。而面向对象的核心概念组成就是类与对象，所以本章将首先为读者讲解类与对象的定义、区别以及使用。然后通过各个实际的分析，为读者讲解封装性的作用、构造方法的作用、this 关键字、static 关键字、内部类等核心概念。

本章为了加深读者对各个面向对象概念的理解，将深入讲解简单 Java 类的使用、引用实例分析、数组操作、String 类的特点与常用方法以及链表数据结构的实现。通过本章的学习可以让读者清晰建立出完整的面向对象编程的基本编程模型。

3.1　面向对象简介

面向对象是现在最为流行的程序设计方法，现代的程序开发几乎都是以面向对象为基础。面向对象的编程思想最早是在 20 世纪 70 年代的时候由 IBM 的 Smalltalk 语言推广的，而后又发展到了 C++编程语言，最后由 C++衍生出了 Java 编程语言。

面向对象简介

在面向对象设计广泛流行之前，软件行业中使用最广泛的开发模式是面向过程方式。面向过程的操作是以程序的基本功能实现为主，开发的过程中只是针对问题本身的实现，并没有很好的模块化的设

计，所以在进行代码维护的时候较为麻烦。而面向对象，采用的更多的是进行子模块化的设计，每一个模块都需要单独存在，并且可以被重复利用。所以，面向对象的开发更像是一个具备标准模式的编程开发，每一个设计的子模块都可以单独存在，需要时只要通过简单的组装即可使用。

提示：面向过程与面向对象的区别。

考虑到读者暂时还没有掌握面向对象的概念，所以本书先使用一些较为直白的方式帮助读者理解面向过程与面向对象的区别。例如，如果说现在要制造一把手枪，则可以有以下两种做法。

- 做法一（面向过程）：将制造手枪所需的材料准备好，由个人负责指定手枪的标准，例如：枪杆长度、扳机设置等，但是这样做出来的手枪，完全只是为一把手枪的规格服务，如果某个零件（例如：扳机坏了）需要更换的时候，就必须去首先清楚这把手枪的制造规格，才可以进行生产，所以这种做法不具备标准化和通用性；

- 做法二（面向对象）：首先由一个设计人员，设计出手枪中各个零件的标准，并且将不同的零件交给不同的制造部门，各个部门按照标准生产，最后统一由一个部门进行组装，这样即使某一个零件坏掉，也可以轻易地进行维修，这样的设计更加具备通用性与标准模块化设计要求。

对于面向对象的程序设计有封装性、继承性、多态性 3 个主要特性。下面为读者简单介绍一下这 3 种特性，在本书后面的内容中会对此 3 个方面特性进行完整的阐述。

1. 封装性

封装是面向对象的方法所应遵循的一个重要原则。它有两个含义：一层含义是指把对象的属性和行为看成一个密不可分的整体，将这两者"封装"在一个不可分割的独立单位（即对象）中；另一层含义指"信息隐蔽"，把不需要让外界知道的信息隐藏起来，有些对象的属性及行为允许外界用户知道或使用，但不允许更改，而另一些属性或行为，则不允许外界知晓，或只允许使用对象的功能，而尽可能隐蔽对象的功能实现细节。

封装机制在程序设计中的表现是，把描述对象属性的变量及实现对象功能的方法合在一起，定义为一个程序单位，并保证外界不能任意更改其内部的属性值，也不能任意调动其内部的功能方法。

封装机制的另一个特点是，为封装在一个整体内的变量及方法规定了不同级别的"可见性"或访问权限。

2. 继承性

继承是面向对象方法中的重要概念，并且是提高软件开发效率的重要手段。

首先拥有反映事物一般特性的类，然后在其基础上派生出反映特殊事物的类。例如，已有的汽车的类，该类中描述了汽车的普遍属性和行为，进一步再产生轿车的类，轿车的类继承于汽车的类，轿车类不但拥有汽车类的全部属性和行为，还增加轿车特有的属性和行为。

在 Java 程序设计中，已有的类可以是 Java 开发环境所提供的一批最基本的程序——类库。用户开发的程序类继承了这些已有的类，这样，类所描述过的属性及行为，即已定义的变量和方法，在继承产生的类中完全可以使用。被继承的类称为父类或超类，而经继承产生的类称为子类或派生类。根据继承机制，派生类继承了超类的所有成员，并相应地增加了自己的一些新的成员。

面向对象程序设计中的继承机制，大大增强了程序代码的可复用性，提高了软件的开发效率，降低了程序产生错误的可能性，也为程序的修改扩充提供了便利。

若一个子类只允许继承一个父类，称为单继承；若允许继承多个父类，称为多继承。目前许多面向对象程序设计语言不支持多继承。而 Java 语言通过接口（interface）的方式来弥补由于 Java 不支持多继承而带来的子类不能享用多个父类的成员的缺憾。

3. 多态性

多态是面向对象程序设计的又一个重要特征。多态是指允许程序中出现重名现象。Java 语言中含有方法重载与对象多态两种形式的多态。

方法重载：在一个类中，允许多个方法使用同一个名字，但方法的参数不同，完成的功能也不同。

对象多态：子类对象可以与父类对象进行相互转换，而且根据其使用的子类不同完成的功能也不同。

多态的特性使程序的抽象程度和简捷程度更高，有助于程序设计人员对程序的分组协同开发。

3.2　类与对象

面向对象是整个 Java 的核心，而类与对象又是支撑起整个 Java 面向对象开发的基本概念单元。下面将通过具体的描述来为读者阐述类与对象的定义及使用。

3.2.1　类与对象的基本概念

类与对象简介

在面向对象中类和对象是最基本、最重要的组成单元，那么什么叫类呢？类实际上是表示一个客观世界中某类群体的一些基本特征抽象，属于抽象的概念集合，如汽车、轮船、书描述的都是某一类事物的公共特征。而对象呢？就是表示一个个具体的事物，例如：张三同学、李四账户、王五的汽车，这些都是可以使用的事物，就可以理解为对象，所以对象表示的是一个个独立的个体。

例如，在现实生活中，人就可以表示为一个类，因为人本身属于一种广义的概念，并不是一个具体个体描述。而某一个具体的人，如张三同学，就可以称为对象，可以通过各种信息完整地描述这个具体的人，如这个人的姓名、年龄、性别等信息，这些信息在面向对象的概念中就称为属性，当然人是可以吃饭、睡觉的，那么这些人的行为在类中就称为方法。也就是说如果要使用一个类，就一定会产生对象，每个对象之间是靠各个属性的不同来进行区分的，而每个对象所具备的操作就是类中规定好的方法，类与对象的关系如图 3-1 所示。

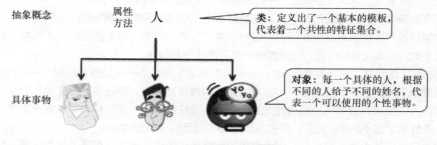

图 3-1　类与对象的关系

提示：类与对象的另一种解释。

关于类与对象，初学者在理解上存在一定难度，在此处笔者再为各位读者做一个简单的比喻。读者应该都很清楚，如果要想生产出汽车，则首先一定要设计出一个汽车的设计图纸（如图 3-2 所示），然后按照此图纸规定的结构生产汽车。这样生产出的汽车结构和功能都是一样的，但是每辆车的具体内容，如各个汽车的颜色、是否有天窗等都会存在一些差异。

图 3-2　汽车设计图纸

在这个实例中，汽车设计图纸实际上就规定了汽车应该有的基本组成：外型、内部结构、发动机等信息的定义，这个图纸就可以称为一个类。显然只有图纸是无法使用的，而通过这个模型产生出的一辆辆具体的汽车是可以被用户使用的，所以就可以称其为对象。

通过这个举例相信读者也已经能够总结出二者的区别：类实际上是对象操作的模板，但是类不能够直接使用，必须通过实例对象来使用。

3.2.2　类与对象的基本定义

类与对象的定义与
使用

从之前的概念中可以了解到，类是由属性和方法组成的。属性中定义类一个个具体信息，实际上一个属性就是一个变量，而方法是一些操作的行为，但是在程序设计中，定义类也要按照具体的语法要求完成，如果要定义类则需要使用 class 关键字定义，类的定义语法如下。

```
class 类名称{
    数据类型　属性（变量）；          ┐
    ….                              ├ 声明成员变量（属性）
                                    ┘
    public 返回值的数据类型 方法名称（参数1，参数2…）{   ┐
        程序语句；                                      │
        [return 表达式;]                                ├ 定义方法的内容
    }                                                   ┘
}
```

提示：一些名词的使用。

类中的属性在开发中不一定只是变量，也有可能是其他内容，所以一般也会有人将其称为成员（Field），在 Java 中使用的就是 "Field" 单词来描述的。

类中的方法在 Java 中使用 "Method" 单词来描述，但是有一些书上也会将其称为行为。

范例 3-1：定义类。

```
class Book {                    // 定义一个新的类
    String title;               // 书的名字
    double price;               // 书的价格
    /**
     * 输出对象完整信息
     */
    public void getInfo() {      // 此方法将由对象调用
        System.out.println("图书名称：" + title + "，价格：" + price);
    }
}
```

此时根据给定的语法已经定义了一个 Book 类，在这个类中定义了两个属性：图书名称（title、String 类型）、价格（price、double 类型），以及一个取得图书完整信息的 getInfo()方法。

提问：为什么 Book 类定义的 getInfo()方法没有加上 static？

在第 2 章学习方法定义的时候要求方法前必须加上 static，为什么在 Book 类定义的 getInfo()方法前不加上 static？

回答：调用形式不同。

在第 2 章讲解方法的时候是这样要求的："在主类中定义，并且由主方法直接调用的方法必须加上 static"，但是现在的情况有些改变，因为 Book 类的 getInfo()方法将会由对象调用，与之前的调用形式不同，所以暂时没有加上。读者可以先这样简单理解：如果由对象调用的方法定义不加 static，如果不是由对象调用的方法才加上 static。而关于 static 关键字的使用，在本章后面的内容会为读者详细讲解。

类定义完成后，肯定无法直接使用，如果要使用，必须依靠对象，由于类属于引用数据类型，所以对象的产生格式如下。

格式：声明并实例化对象。

类名称 对象名称 = new 类名称 ()；

格式：分步完成。

声明对象：   类名称 对象名称 = null；
实例化对象：   对象名称 = new 类名称 ()；

因为类属于引用数据类型，而引用数据类型与基本数据类型最大的不同在于需要内存的开辟及使用，所以关键字 new 的主要功能就是开辟内存空间，即只要是引用数据类型想使用，就必须使用关键字 new 来开辟空间。

当一个对象实例化后就可以按照如下方式利用对象来操作类的结构。

- 对象.属性：表示要操作类中的属性内容；
- 对象.方法()：表示要调用类中的方法。

范例 3-2：使用类——在主类中使用 Book 类。

```
class Book {                    // 定义一个新的类
    String title;               // 书的名字
    double price;               // 书的价格
```

```
        public void getInfo() {                    // 此方法将由对象调用
            System.out.println("图书名称: " + title + ", 价格: " + price);
        }
}
public class TestDemo {
        public static void main(String args[]) {
            Book bk = new Book() ;            // 声明并实例化对象
            bk.title = "Java 开发" ;          // 操作属性内容
            bk.price = 89.9 ;                 // 操作属性内容
            bk.getInfo() ;                    // 调用类中的 getInfo()方法
        }
}
```

程序执行结果: 图书名称: Java 开发, 价格: 89.9

本程序在主方法中使用关键字 new 实例化 Book 类的对象 bk。当类产生实例化对象后就可以利用"对象.属性"("bk.title = "Java 开发""　"bk.price = 89.9")与"对象.方法()"(bk.getInfo())进行类结构的调用。

范例 3-2 实现了一个最基础的类使用操作,但是类本身属于引用数据类型,而对于引用数据类型的执行分析就必须结合内存操作来看。下面给出读者两块内存空间的概念。

• 堆内存(heap):保存每一个对象的属性内容,堆内存需要用关键字 new 才可以开辟,如果一个对象没有对应的堆内存指向,将无法使用;

• 栈内存(stack):保存的是一块堆内存的地址数值,可以把它想象成一个 int 型变量(每一个 int 型变量只能存放一个数值),所以每一块栈内存只能够保留一块堆内存地址。

提示:关于堆内存与栈内存的补充说明。

对于以上给出的堆—栈内存关系,可能有许多读者不理解,下面换个角度来说明这两块内存空间的作用。

• 堆内存:保存对象的真正数据,都是每一个对象的属性内容;

• 栈内存:保存的是一块堆内存的空间地址,但是为了方便理解,可以简单地将栈内存中保存的数据理解为对象的名称(Book bk),就假设保存的是"bk"对象名称。

按照这种方式理解,可以得出图 3-3 所示的内存关系。

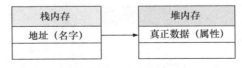

图 3-3　内存分配关系

如果要想开辟堆内存空间,只能依靠关键字 new 来进行开辟。即:只要看见了关键字 new 不管何种情况下,都表示要开辟新的堆内存空间。

- 根据以上的概念就可以利用图 3-3 所示的内存关系图来分析范例 3-2 的程序。
- 声明并实例化对象："Book bk = new Book() ;"，如图 3-4（a）所示，每一个堆内存都会存在一个地址数值，本次假设其地址为"OX0001"；
- 设置 title 属性内容："bk.title = "Java 开发" ;"，如图 3-4（b）所示；
- 设置 price 属性内容："bk.price = 89.9 ;"，如图 3-4（c）所示。

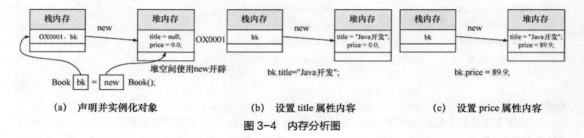

   （a）　声明并实例化对象　　　　　　　（b）　设置 title 属性内容　　　　　　　（c）　设置 price 属性内容

图 3-4　内存分析图

注意：必须掌握图 3-4 所示的分析方法。

　　在 Java 中引用数据类型是与开发联系最为紧密的知识点，包括本书后续讲解的内容都离不开引用类型。对于许多初学者而言，掌握以上内存分析方法对于程序理解与概念应用是非常重要的。

　　图 3-4 很好地解释了之前范例每一步代码的内存操作，从图 3-4 读者可以发现，使用对象时一定需要一块对应的堆内存空间，而堆内存空间的开辟需要通过关键字 new 来完成。每一个对象在刚刚实例化后，里面所有属性的内容都是其对应数据类型的默认值，只有设置了属性内容之后，属性才可以保存内容。

　　范例 3-2 的程序使用的是一行语句实现了对象的声明与实例化操作，而这一操作也可以分为两步完成。

　　范例 3-3：以分步的方式实例化对象。

```
public class TestDemo {
    public static void main(String args[]) {
        Book bk = null;              // 声明对象
        bk = new Book();             // 实例化对象（开辟了堆内存）
        bk.title = "Java 开发";      // 操作属性内容
        bk.price = 89.9;             // 操作属性内容
        bk.getInfo();                // 调用类中的 getInfo() 方法
    }
}
```

程序执行结果：　　　　　　　图书名称：Java 开发，价格：89.9

　　本程序首先声明了一个 Book 类的对象"bk"，但是这个时候由于没有为其开辟堆内存空间，所以"bk"对象还无法使用，然后使用关键字 new 实例化"bk"对象，最后利用对象为属性赋值以及调用相应的 getInfo() 方法。本程序的内存关系如图 3-5 所示。

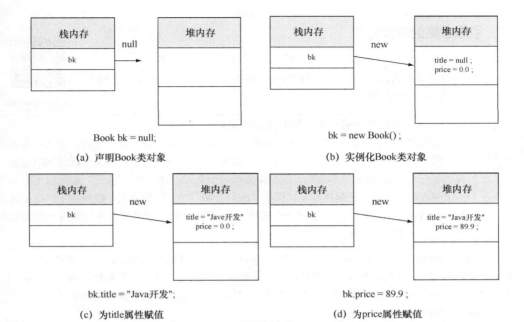

(a) 声明Book类对象

Book bk = null;

(b) 实例化Book类对象

bk = new Book() ;

bk.title = "Java开发";

(c) 为title属性赋值

bk.price = 89.9 ;

(d) 为price属性赋值

图3-5　分步实例化对象

提问：如果使用了没有实例化的对象会如何？

　　对象使用前都需要进行实例化操作，如果只是声明了对象，但是并没有为其实例化，那么会如何呢？

回答：会出现"NullPointerException"（空指向异常）。

　　如果现在只是声明对象，却没有使用关键字 new 实例化对象，则代码如下所示。

　　范例 3-4：使用未实例化的对象。

```
public class TestDemo {
    public static void main(String args[]) {
        Book bk = null;                    // 声明对象
        bk.title = "Java 开发";            // 操作属性内容
        bk.price = 89.9;                   // 操作属性内容
        bk.getInfo();                      // 调用类中的 getInfo()方法
    }
}
程序执行结果：        Exception in thread "main"
                     java.lang.NullPointerException
                     at TestDemo.main(TestDemo.java:12)
```

　　程序执行完毕会出现"NullPointerException"的信息，这属于 Java 的异常信息，而且这种异常造成的原因只有一个，即在使用引用数据类型时没有为其开辟堆内存空间。

3.2.3　引用数据的初步分析

对象引用分析

引用传递是整个 Java 中的精髓所在，而引用传递的核心概念也只有一点：一块堆内存空间（保存对象的属性信息）可以同时被多个栈内存共同指向，则每一个栈内存都可以修改同一块堆内存空间的属性值。

> **提示：对于引用传递的另外一种方式的理解。**
>
> 　　实际上引用传递就好比一个人有多个名字那样，例如：现在有一个人，他的真实姓名叫"张三"，而这个人小时候有个乳名叫"狗剩"，而他在工作中同事又开玩笑的给他起名叫"小三"，虽然名字各不相同，但是却表示同一个人。有一天，"张三"走路时不小心掉进了下水沟里，结果把腿摔断了，那么"狗剩"和"小三"的腿也一定摔断了，这是因为不同的名字（栈内存）指向了同一个实体（堆内存）。所以读者只需要按照这一思路就一定可以理解下面的程序。

在所有的引用分析里面，最关键的还是关键字"new"。一定要注意的是，每一次使用关键字 new 都一定会开辟新的堆内存空间，所以如果在代码里面声明两个对象，并且使用了关键字 new 为两个对象分别进行对象的实例化操作，那么一定是各自占有各自的堆内存空间，并且不会互相影响。

范例 3-5：声明两个对象。

```
public class TestDemo {
    public static void main(String args[]) {
        Book bookA = new Book() ;          // 声明并实例化第一个对象
        Book bookB = new Book() ;          // 声明并实例化第二个对象
        bookA.title = "Java 开发" ;        // 设置第一个对象的属性内容
        bookA.price = 89.8 ;               // 设置第一个对象的属性内容
        bookB.title = "JSP 开发" ;         // 设置第二个对象的属性内容
        bookB.price = 69.8 ;               // 设置第二个对象的属性内容
        bookA.getInfo() ;                  // 调用类中的方法输出信息
        bookB.getInfo() ;                  // 调用类中的方法输出信息
    }
}
```

程序执行结果：　　　　图书名称：Java 开发，价格：89.8
　　　　　　　　　　　图书名称：JSP 开发，价格：69.8

本程序首先实例化了两个对象：bookA、bookB，然后分别为各自的对象设置属性的内容，由于这两个对象分别使用关键字 new 开辟新的内存空间，所以各自对象操作属性时互不影响。本程序的执行内存关系如图 3-6 所示。

以上代码声明并实例化了两个对象，由于其各自占着各自的内存空间，所以不会互相影响。下面的代码将进行简单的修改，以实现对象引用的关系配置。

范例 3-6：对象引用传递。

```
public class TestDemo {
    public static void main(String args[]) {
        Book bookA = new Book() ;          // 声明并实例化第一个对象
```

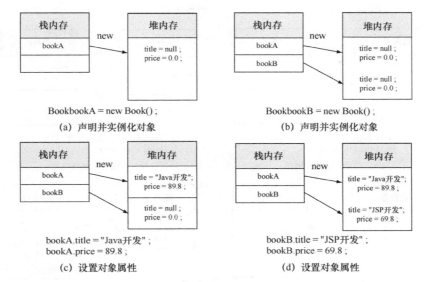

图 3-6　实例化两个对象内存关系图

```
        Book bookB = null ;          // 声明第二个对象
        bookA.title = "Java 开发" ;    // 设置第一个对象的属性内容
        bookA.price = 89.8 ;          // 设置第一个对象的属性内容
        bookB = bookA ;               // 引用传递
        bookB.price = 69.8 ;          // 利用第二个对象设置属性内容
        bookA.getInfo() ;             // 调用类中的方法输出信息
    }
}
```
程序执行结果：　　　　　图书名称：Java 开发，价格：69.8

　　本程序首先实例化了一个 bookA 对象，接着又声明了一个 bookB 对象（此时并没有使用关键字 new 实例化），然后使用 bookA 对象分别设置了 title 与 price 两个属性的内容，最后执行了本程序之中最为关键的一行语句"bookB = bookA"，此时就表示 bookB 的内存将指向 bookA 的内存空间，也表示 bookA 对应的堆内存空间同时被 bookB 所指向，即：两个不同的栈内存指向了同一块堆内存空间（引用传递），所以当 bookB 修改属性内容时（bookB.price = 69.8），会直接影响 bookA 对象的内容。本程序的内存关系如图 3-7 所示。

　　严格来讲，bookA 和 bookB 里面保存的是对象的地址信息，所以范例 3-6 的引用过程就属于将 bookA 的地址给 bookB。在引用的操作过程中，一块堆内存可以同时被多个栈内存所指向，但是反过来，一块栈内存只能够保存一块堆内存空间的地址。

　　范例 3-7：深入观察引用传递。

```
public class TestDemo {
    public static void main(String args[]) {
        Book bookA = new Book() ;     // 声明并实例化第一个对象
        Book bookB = new Book() ;     // 声明并实例化第二个对象
```

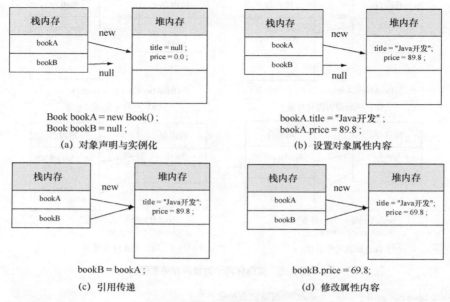

图 3-7　对象引用传递

```
    bookA.title = "Java 开发"；          // 设置第一个对象的属性内容
    bookA.price = 89.8 ；               // 设置第一个对象的属性内容
    bookB.title = "JSP 开发"；          // 设置第二个对象的属性内容
    bookB.price = 69.8 ；               // 设置第二个对象的属性内容
    bookB = bookA ；                    // 引用传递
    bookB.price = 100.1 ；              // 利用第二个对象设置属性内容
    bookA.getInfo()；                   // 调用类中的方法输出信息
    }
}
```
程序执行结果：　　　　　　图书名称：Java 开发，价格：100.1

　　本程序首先分别实例化了 bookA 与 bookB 两个不同的对象，由于其保存在不同的内存空间，所以设置属性时不会互相影响。然后发生了引用传递（bookB = bookA），由于 bookB 对象原本存在有指向的堆内存空间，并且一块栈内存只能够保存一块堆内存空间的地址，所以 bookB 要先断开已有的堆内存空间，再去指向 bookA 对应的堆内存空间，这个时候由于原本的 bookB 内存没有任何指向，bookB 将成为垃圾空间。最后由于 bookB 对象修改了 price 属性的内容。程序的内存关系如图 3-8 所示。

　　通过内存分析可以发现，在引用数据类型关系时，一块没有任何栈内存指向的堆内存空间将成为垃圾，所有的垃圾会不定期地被垃圾收集器（Garbage Collector）回收，回收后会被释放掉其所占用的空间。

　　虽然 Java 支持自动的垃圾收集处理，但是在代码的开发过程中应该尽量减少垃圾空间的产生。

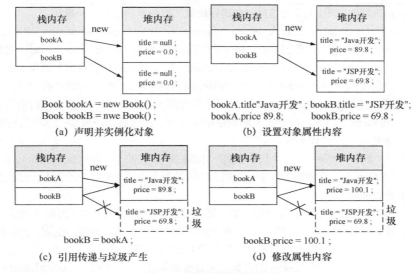

图 3-8　引用传递与垃圾产生

技术穿越：关于 GC 处理的深入分析。

GC 在 Java 中的核心功能就是对内存中的对象进行内存的分配与回收，所以对于 GC 的理解不要局限于只是进行垃圾收集，还应该知道 GC 决定了内存的分配。最常见的情况就是当开发者创建一个对象后，GC 就会监视这个对象的地址、大小和状态。对象的引用会保存在栈内存（Stack）中，而对象的具体内容会保存在堆内存（Heap）中。当 GC 检测到一个堆中的某个对象不再被栈所引用时，就会不定期的对这个堆内存中保存的对象进行回收。有了 GC 的帮助，开发者不用再考虑内存回收的事情，GC 也可以最大限度地帮助开发者防止内存泄露。

在 Java 中针对垃圾收集也提供了多种不同的处理分类。

（1）引用计数：一个实例化对象，如果有程序使用了这个引用对象，引用计数加 1，当一个对象使用完毕，引用计数减 1，当引用计数为 0 时，则可以回收。

（2）跟踪收集：从 root set（包括当前正在执行的线程、全局或者静态变量、JVM Handles、JNDI Handles）开始扫描有引用的对象，如果某个对象不可到达，则说明这个对象已经死亡（dead），则 GC 可以对其进行回收。也就是说：如果 A 对象引用了 B 对象的内存，那么虚拟机会记住这个引用路径，而如果一个对象没有在路径图中，则就会被回收。

（3）基于对象跟踪的分代增量收集：所有的对象回收要根据堆内存的结构划分来进行收集，具体如下。

① 基于对象跟踪：是由跟踪收集发展而来的，分代是指对堆进行了合理的划分，JVM 将整个堆分为以下三代。

A. YoungGen（新生代，使用 Minor GC 回收）：YoungGen 区里面的对象的生

命周期比较短，GC 对这些对象进行回收的时候采用复制拷贝算法。

　　|- young：又分为 eden、survivor1（from space）、survivor2（to sapce）。eden 是在每个对象创建的时候才会分配的空间，当 eden 无法分配时，则会自动触发一次 Minor GC。当 GC 每次执行时都会将 eden 空间中存活的对象和 survivor1 中的对象拷贝到 survivor2 中，此时 eden 和 survivor1 的空间内容将被清空。当 GC 执行下次回收时将 eden 和 survivor2 中的对象拷贝到 surivor1 中，同时会清空 eden 和 survivor2 空间。按照此类的顺序依次执行，经过数次回收将依然存活的对象复制到 OldGen（年老代）区。

　　B. OldGen（年老代，使用 Major GC 回收）：当对象从 YoungGen 保存到 OldGen 后，会检测 OldGen 的剩余空间是否大于要晋升对象的大小，此时会有以下两种处理形式。

　　|- 如果小于要保存的对象，则直接进行一次 Full GC（对整个堆进行扫描和回收，但是 Major GC 除外），这样就可以让 OldGen 腾出更多的空间。然后执行 Minor GC，把 YoungGen 空间的对象复制到 OldGen 空间。

　　|- 如果大于要保存的对象，则会根据条件（HandlePromotionFailure 配置：是否允许担保分配内存失败，即整个 OldGen 空间不足，而 YoungGen 空间中 Eden 和 Survivor 对象都存活的极端情况。）进行 Minor GC 和 Full GC 回收。

　　C. PermGen（持久区）：要存放加载进来的类信息，包括方法、属性、对象池等，满了之后可能会引起 Out Of Memory 错误。

　　MetaSpace（元空间）：持久化的替换者，直接使用主机内存进行存储。

　　② 增量收集：不是每一次都全部收集，而是累积的增量收集。

3.3　封装性初步分析

封装性

　　封装属于面向对象的第一大特性，但是本节所讲解的封装只是针对其中的一点进行讲解，而对于封装操作由于涉及的内容过多，后面会有完整的介绍。在讲解封装操作之前，首先先要来解决一个问题：为什么要有封装？

　　范例 3-8：观察没有封装的代码。

```java
class Book {                               // 定义一个新的类
    String title;                          // 书的名字
    double price;                          // 书的价格
    public void getInfo() {                // 此方法将由对象调用
        System.out.println("图书名称：" + title + "，价格：" + price);
    }
}
public class TestDemo {
    public static void main(String args[]) {
        Book book = new Book();            // 声明并实例化对象
        book.title = "Java 开发";           // 设置属性内容
```

```
        book.price = -89.9;          // 设置属性内容
        book.getInfo();              // 调用方法
    }
}
```
程序执行结果：　　　　　　　图书名称：Java 开发，价格：-89.9

　　本程序首先声明并实例化了一个 book 对象，然后分别设置属性的内容。但是这个时候读者可以发现，此时的代码没有任何语法错误，却存在业务逻辑上的错误，因为没有任何一本书的价钱是负数。造成这种错误的关键在于没有检查要设置的内容，就直接将内容赋予了属性，这样肯定是不合理的。

技术穿越：关于"业务"的初步解释。

　　刚刚接触到软件行业的读者可能会不理解"业务"的概念，而这一概念是进行商业化软件开发中最为重要的概念，所谓的业务就是指代码要做哪些事情以及怎么做的流程描述。例如：现在需要跟领导报销出差费用，就需要填写报销申请单、找领导签字、找财务领钱，这就是一个最基本的业务，而在现实的开发之中，业务的设计要比这复杂的多。读者随着技术经验的提升也会有更多的领悟。

　　在本书的第 13 章将为读者详细讲解业务设计的问题。

　　就好比银行，每一个储户不可能自己直接去操作金库，必须由银行业务人员依照业务标准才可以进行金钱的操作，并且每一步操作都需要进行检查，而检查的第一步是需要让用户看不见操作的东西，那么在这种情况下，就可以使用 private 关键字进行封装，将类中的属性进行私有化的操作。

　　范例 3-9：使用 private 封装属性。

```
class Book {                          // 定义一个新的类
    private String title;             // 书的名字
    private double price;             // 书的价格
    public void getInfo() {           // 此方法将由对象调用
        System.out.println("图书名称： " + title + "，价格： " + price);
    }
}
public class TestDemo {
    public static void main(String args[]) {
        Book book = new Book();       // 声明并实例化对象
        book.title = "Java 开发";      // 设置属性内容
        book.price = -89.9;           // 设置属性内容
        book.getInfo();               // 调用方法
    }
}
```
程序编译结果：　　　　　　TestDemo.java:12: 错误: title 可以在 Book 中访问 private
　　　　　　　　　　　　　　　　book.title = "Java 开发";   // 设置属性内容
　　　　　　　　　　　　　　　　　　　　^

　　　　　　TestDemo.java:13: 错误: price 可以在 Book 中访问 private
　　　　　　　　　　　　　　　　book.price = -89.9;   // 设置属性内容
　　　　　　　　　　　　　　　　　　　　^

　　　　　　2 个错误

本程序在声明 Book 类的属性时使用了 private 关键字，这样就表示 title 与 price 两个属性只能够在 Book 类中被访问，而其他类不能直接进行访问，所以在主类中使用 Book 类对象直接调用 title 与 price 属性时就会在编译时出现语法错误。如果要想让程序可以正常使用，必须想办法让外部的程序可以操作类的属性。所以在开发中，针对属性有这样一种定义：**所有在类中定义的属性都要求使用 private 声明，如果属性需要被外部所使用，那么按照要求定义相应的 setter、getter 方法**。下面以 String title 为例进行说明。

- setter 方法主要是设置内容：public void setTitle(String t)，有参；
- getter 方法主要是取得属性内容：public String getTitle()，无参。

范例 3-10： 为 Book 类中的封装属性设置 setter、getter 操作。

```java
class Book {                             // 定义一个新的类
    private String title;                // 书的名字
    private double price;                // 书的价格
    /**
     * 设置或修改 title 属性内容
     * @param t 接收要设置的数据
     */
    public void setTitle(String t) {     // 设置 title 属性内容
        title = t;
    }
    /**
     * 设置或修改 price 属性内容
     * @param p 接收要设置的数据
     */
    public void setPrice(double p) {     // 设置 price 属性内容
        if (p > 0.0) {                   // 进行数据验证
            price = p ;
        }
    }
    /**
     * 取得 title 属性内容
     * @return title 属性数据
     */
    public String getTitle() {           // 取得 title 属性内容
        return title;
    }
    /**
     * 取得 price 属性内容
     * @return price 属性数据
     */
    public double getPrice() {           // 取得 price 属性内容
        return price;
    }
    /**
```

```
    * 输出对象完整信息
    */
    public void getInfo() {                    // 此方法将由对象调用
        System.out.println("图书名称：" + title + "，价格：" + price);
    }
}
public class TestDemo {
    public static void main(String args[]) {
        Book book = new Book();                // 声明并实例化对象
        book.setTitle("Java 开发");            // 设置属性内容
        book.setPrice(-89.9);                  // 设置属性内容
        book.getInfo();                        // 调用方法
    }
}
程序执行结果：                      图书名称：Java 开发，价格：0.0
```

　　本程序在定义 Book 类时，为封装的 title 与 price 两个属性分别定义了各自的 setter、getter 操作方法（可以在进行属性赋值时进行数据的检查），这样在主类访问属性时就可以利用 Book 类对象调用相应的方法进行设置。由于使用 private 封装的属性可以在 Book 类中直接进行访问，所以 Book 类中的 getInfo()方法并没有进行任何修改。

提问：本程序没有使用到 getter 方法，是否可以不定义？	

　　在 Book 类中针对 title 与 price 两个属性提供的 getTitle()与 getPrice()两个方法，在主类调用时并没有出现，既然不使用，那么能不能不定义？

回答：必须定义，不管当前是否使用。

　　实际上属性使用 private 封装后的 setter、getter 是项目开发中的标准做法。在本程序中由于 Book 类提供有 getInfo()方法，所以就直接利用此方法进行内容的输出。但是对于 Book 类的使用还可能出现单独取得属性的情况，所以 getter、setter 必须同时提供。

　　另外需要提醒读者的是，本书为了讲解方便，在 setPrice()方法中增加了数据的验证功能，但是这样的验证严格来讲并不标准。对于数据的验证部分，在标准开发中应该由其他辅助代码完成。而在实际开发中，setter 往往是简单的设置数据，getter 只是简单的取得数据而已。

3.4　构造方法

构造方法与匿名对象

　　如果要实例化新的对象，需要使用关键字 new 来完成，但是除了 new 这个关键字之外，还有可能在对象实例化时为其进行一些初始化的准备操作，这个时候就需要构造方法的支持。构造方法本身是一种特殊的方法，它只在新对象实例化的时候调用，其定义原则是：方法名称与类名称相同，没有返回值类型声明，同时构造方法也可以进行重载。

提示：构造方法一直存在。

实际上在对象实例化的格式中就存在构造方法的使用，下面通过对象的实例化格式来分析。

　　① 类名称　②对象名称 = ③new　④类名称()；

- ① 类名称：规定了对象的类型，即对象可以使用哪些属性与方法，都是由类定义的；
- ② 对象名称：如果要想使用对象，需要有一个名字，这是一个唯一的标记；
- ③ new：开辟新的堆内存空间，如果没有此语句，对象无法实例化；
- ④ 类名称()：调用了一个和类名称一样的方法，这就是构造方法。

通过以上的简短分析可以发现，所有的构造方法实际上一直在被我们调用。但是我们从来没有去定义一个构造方法，之所以能够使用构造方法，是因为在整个 Java 类中，为了保证程序可以正常的执行，即使用户没有定义任何构造方法，也会在程序编译之后自动地为类增加一个没有参数、没有方法名称、类名称相同、没有返回值的构造方法。

范例 3-11：定义构造方法。

```
class Book {                          // 定义一个新的类
    /**
     * Book 类无参构造方法
     */
    public Book() {                   // 构造方法
        System.out.println("***********************");
    }
}
public class TestDemo {
    public static void main(String args[]) {
        Book book = null ;            // 声明对象不调用构造
        book = new Book() ;           // 实例化对象调用构造
    }
}
```

程序执行结果：　　　　　　　***********************

本程序在 Book 类中定义了一个构造方法，可以发现构造方法的名称与 Book 类名称相同，没有返回值声明，并且构造方法只有在使用关键字 new 实例化对象时才会被调用一次。

提问：构造方法与普通方法的区别？

既然构造方法没有返回值，那么为什么不使用 void 来声明构造方法呢？普通方法不是也可以完成一些初始化操作吗？

回答：构造方法与普通方法的调用时机不同。

首先在一个类中可以定义构造方法与普通方法两种类型的方法，但是这两种方法在调用时有明显的区别：

- 构造方法是在实例化新对象（new）的时候只调用一次；
- 普通方法是在实例化对象产生之后，通过"对象.方法"调用多次。

> 如果在构造方法上使用了 void，其定义的结构与普通方法就完全一样，而程序的编译是依靠定义结构来解析的，所以不能有返回值声明。
>
> 另外，类中构造方法与普通方法的最大区别在于：构造方法是在使用关键字 new 的时候直接调用的，是与对象创建一起执行的操作；要通过普通方法进行初始化，就表示要先调用无参构造方法实例化对象，再利用对象调用初始化方法就比较啰唆了。

构造方法的主要功能是进行对象初始化操作，所以要是希望在对象实例化时进行属性的赋值操作，则可以使用构造方法完成。

范例 3-12： 利用构造方法为属性赋值。

```java
class Book {                                    // 定义一个新的类
    private String title;                       // 书的名字
    private double price;                        // 书的价格
    /**
     * Book 类构造方法，用于设置 title 与 price 属性的内容
     * @param t title 属性内容
     * @param p price 属性内容
     */
    public Book(String t,double p) {             // 定义构造方法
        setTitle(t) ;                            // 调用本类方法
        setPrice(p) ;                            // 调用本类方法
    }
    public void setTitle(String t) {             // 设置 title 属性内容
        title = t;
    }
    public void setPrice(double p) {             // 设置 price 属性内容
        price = p ;
    }
    public String getTitle() {                   // 取得 title 属性内容
        return title;
    }
    public double getPrice() {                   // 取得 price 属性内容
        return price;
    }
    public void getInfo() {                      // 此方法将由对象调用
        System.out.println("图书名称：" + title + "，价格：" + price);
    }
}
public class TestDemo {
    public static void main(String args[]) {
        Book book = new Book("Java 开发", 69.8); // 声明并实例化对象
        book.getInfo();                          // 调用方法
    }
}
```

程序执行结果：　　　图书名称：Java 开发，价格：69.8

本程序在 Book 类中首先定义了一个两个参数的构造方法，这两个参数主要是接收 title 与 price 属性的内容，然后分别调用类中的 setter 方法为属性赋值（也可以直接调用属性，不通过 setter 方法赋值）。

> **提示：构造方法的核心作用。**
>
> 在实际的工作中，构造方法的核心作用是，在类对象实例化时设置属性的初始化内容。构造方法是为属性初始化准备的。在本程序中由于已经明确地定义了一个有参构造方法，就不会再自动生成默认的构造方法，即一个类中至少保留有一个构造方法。
>
> 另外还需要提醒读者的是，此时类中的结构包含属性、构造方法、普通方法，而编写的时候一定要注意顺序：首先编写属性（必须封装，同时提供 setter、getter 的普通方法），然后编写构造方法，最后编写普通方法。虽然这些与语法无关，但是每一个程序员都需要养成良好的编码习惯。

构造方法本身也属于方法，所以可以针对构造方法进行重载。由于构造方法定义的特殊性，所以在构造方法重载时，要求只注意参数的类型及个数即可。

范例 3-13：构造方法重载。

```java
class Book {                              // 定义一个新的类
    private String title;                 // 书的名字
    private double price;                 // 书的价格
    /**
     * Book 类无参构造方法
     */
    public Book() {                       // 无参的，无返回值的构造方法
        System.out.println("无参构造") ;
    }
    /**
     * Book 类构造方法，用于设置 title 属性的内容
     * @param t title 属性内容
     */
    public Book(String t) {               // 有一个参数的构造
        title = t ;                       // 直接为属性赋值
        System.out.println("有一个参数的构造") ;
    }
    /**
     * Book 类构造方法，用于设置 title 与 price 属性的内容
     * @param t title 属性内容
     * @param p price 属性内容
     */
    public Book(String t, double p) {     // 有两个参数的构造
        title = t ;                       // 直接为属性赋值
        price = p ;                       // 直接为属性赋值
        System.out.println("有两个参数的构造") ;
    }
    // setter、getter 略
    public void getInfo() {               // 此方法将由对象调用
```

```
                System.out.println("图书名称：" + title + "，价格：" + price);
    }
}
public class TestDemo {
    public static void main(String args[]) {
        Book book = new Book("Java 开发");           // 声明并实例化对象
        book.getInfo();                              // 调用方法
    }
}
程序执行结果：            有一个参数的构造
                          图书名称：Java 开发，价格：0.0
```

　　本程序首先在 Book 类中将构造方法重载了 3 次，然后在主类中将调用有一个参数的构造，这样只会为 title 属性赋值，而 price 属性为其对应数据类型的默认值。

注意：注意编写顺序。

　　在一个类中对构造方法重载时，所有的重载的方法按照参数的个数由多到少，或者是由少到多排列。以下两种排列方式都是规范的。

public Book(){}	public Book(String t, price p) {}
public Book(String t) {}	public Book(String t) {}
public Book(String t, price p) {}	public Book(){}

　　以上两种写法都是按照参数的个数进行排列的，但是以下写法就属于不规范定义。

```
public Book(String t) {}
public Book(String t, price p) {}
public Book(){}
```

　　当然，编写不规范并不表示是语法错误，上面的 3 种定义全部都是正确的，但是考虑到程序阅读的方便，请严格遵守按照编写顺序排列的规定。

技术穿越：关于属性默认值的问题。

　　在定义一个类时，可以为属性直接设置默认值，但是这个默认值只有在构造执行完才会设置，否则不会设置。而构造方法属于整个对象构造过程的最后一步，即是留给用户处理的步骤。

　　在对象实例化的过程中，一定会经历类的加载、内存的分配、默认值的设置、构造方法。

```
class Book {
    private String title = "Java 开发" ;
    public Book() {}    // title 现在的默认值跟此构造方法没关系
}
```

　　在本程序中，只有在整个构造都完成后，才会真正将"Java 开发"这个字符串的内容设置给 title 属性。构造完成之前（在没有构造之前，而不是指的构造方法）title 都是其对应数据类型的默认值。对于这一点现在还无法验证，但是在本书第 4 章讲解抽象类时读者将会看到与之对应的解答。

3.5 匿名对象

按照之前的内存关系来讲，对象的名字可以解释为在栈内存中保存，而对象的具体内容（属性）在堆内存中保存，这样一来，没有栈内存指向堆内存空间，就是一个匿名对象，如图 3-9 所示。

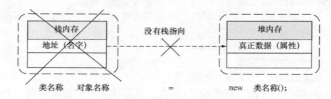

图 3-9 没有栈内存指向的堆内存

范例 3-14：定义匿名对象。

```
class Book {                                    // 定义一个新的类
    private String title;                       // 书的名字
    private double price;                        // 书的价格
    public Book(String t,double p) {            // 有两个参数的构造
        title = t ;                             // 直接为属性赋值
        price = p ;                             // 直接为属性赋值
    }
    // setter、getter 略
    public void getInfo() {                     // 此方法将由对象调用
        System.out.println("图书名称：" + title + "，价格：" + price);
    }
}
public class TestDemo {
    public static void main(String args[]) {
        new Book("Java 开发", 69.8).getInfo();    // 匿名对象
    }
}
```

程序执行结果：   图书名称：Java 开发，价格：69.8

本程序通过匿名对象调用了类中的方法，但由于匿名对象没有对应的栈内存指向，所以只能使用一次，一次之后就将成为垃圾，并且等待被 GC 回收释放。

提问：什么时候使用匿名对象？

在开发中有时定义的对象有名字，而有时使用的是匿名对象，那么到底该怎样区分是使用有名对象还是使用匿名对象？

回答：是否使用匿名对象要看用户需求。

有些读者可能并不习惯于这种匿名对象的使用，并且会觉得通过匿名对象调用方法的操作有些难以理解，所以本书并没有强制性地向读者推荐一定要使用匿名对象，不习惯的读者可以继续像之前那样声明并实例化对象进行操作，但是对于匿名对象的定义读者必须清楚，开辟了堆内存空间的实例化对象，只能使用一次，使用一次之后就将被 GC 回收。

3.6 简单 Java 类

简单 Java 类

简单 Java 类是一种在实际开发中使用最多的类的定义形式，在简单 Java 类中包含类、对象、构造方法、private 封装等核心概念的使用。对于简单 Java 类有如下基本开发要求。

- 类名称必须存在意义，例如：Book、Emp；
- 类中所有的属性必须 private 封装，封装后的属性必须提供 setter、getter；
- 类中可以提供任意多个构造方法，但是必须保留一个无参构造方法；
- 类中不允许出现任何输出语句，所有信息输出必须交给被调用处输出；
- 类中需要提供有一个取得对象完整信息的方法，暂定为 getInfo()，而且返回 String 型数据。

提示：简单 Java 类的开发很重要。

学习简单 Java 类不仅仅是对之前概念的总结，更是以后项目开发中的重要组成部分，每一个读者都必须清楚地记下简单 Java 类的开发要求，在随后的章节中也将对此概念进行进一步的延伸与扩展。

同时对于简单 Java 类也有许多名称，例如：普通的 Java 对象（Plain Ordinary Java Object，POJO）、价值对象（Value Object，VO）、持久对象（Persistent Object，PO）、传输对象（Transfer Object，TO），这些定义结构类似，概念上只有些许的区别，读者先有个印象即可。

为了更好地巩固简单 Java 类的使用，下面利用以上概念定义一个雇员类，包含雇员编号、姓名、职位、基本工资、佣金。

提示：重点在于与 Oracle 的结合上。

在本书讲解的过程中，使用到的数据表都是 Oracle 中定义的表结构，这样做的主要目的是希望帮助读者更好的理解数据表与简单 Java 类的联系，而在本章后面的内容还会包含更多的映射操作实例。如果不清楚 Oracle 数据库的相关读者可以参考本系列的《Oracle 开发实战经典》一书进行学习，或者登录 www.mldn.cn 进行在线学习。

范例 3-15：开发 Emp 程序类。

```
class Emp {                                  // 定义一个雇员类
    private int empno;                       // 雇员编号
    private String ename;                    // 雇员姓名
    private String job;                      // 雇员职位
    private double sal;                      // 基本工资
    private double comm;                     // 佣金
    public Emp() {                           // 明确定义一个无参构造方法
    }
    public Emp(int eno, String ena, String j, double s, double c) {    // 有参构造
        empno = eno;                         // 为属性赋值
        ename = ena;                         // 为属性赋值
```

```java
        job = j;                            // 为属性赋值
        sal = s;                            // 为属性赋值
        comm = c;                           // 为属性赋值
    }
    public void setEmpno(int e) {           // 设置 empno 属性内容
        empno = e;
    }
    public void setEname(String e) {        // 设置 ename 属性内容
        ename = e;
    }
    public void setJob(String j) {          // 设置 job 属性内容
        job = j;
    }
    public void setSal(double s) {          // 设置 sal 属性内容
        sal = s;
    }
    public void setComm(double c) {         // 设置 comm 属性内容
        comm = c;
    }
    public int getEmpno() {                 // 取得 empno 属性内容
        return empno;
    }
    public String getEname() {              // 取得 ename 属性内容
        return ename;
    }
    public String getJob() {                // 取得 job 属性内容
        return job;
    }
    public double getSal() {                // 取得 sal 属性内容
        return sal;
    }
    public double getComm() {               // 取得 comm 属性内容
        return comm;
    }
    /**
     * 取得简单 Java 类的基本信息，信息在被调用处输出
     * @return 包含对象完整信息的字符串数据
     */
    public String getInfo() {               // 取得完整信息
        Return "雇员编号：" + empno + "\n" +
                "雇员姓名：" + ename + "\n" +
                "雇员职位：" + job + "\n" +
                "基本工资：" + sal + "\n" +
                "佣　　金：" + comm ;
```

```
    }
}
```

本程序使用简单 Java 类的基本原则，明确地定义了 Emp 程序类，对属性进行明确的封装，同时提供两个构造方法（一个无参构造，一个有参构造），而 getInfo() 取得信息的操作是将内容返回给调用处。

范例 3-16：编写测试程序。

```
public class TestDemo {
    public static void main(String args[]) {
        Emp e = new Emp(7369, "SMITH", "CLERK", 800.0, 1.0);        // 实例化对象
        System.out.println(e.getInfo());                            // 取得对象信息
    }
}
```

程序执行结果：

```
                                    雇员编号：7369
                                    雇员姓名：SMITH
                                    雇员职位：CLERK
                                    基本工资：800.0
                                    佣　　金：1.0
```

本程序首先调用了 Emp 类的参构造方法进行 Emp 类对象的实例化，然后直接输出信息。如果要修改某一位雇员的姓名，则可以调用 setName() 方法完成，例如："e.setEname("ALLEN");" 就表示将名字修改为 ALLEN，所以 setter 方法除了具备设置属性内容外，还具备修改属性内容的功能。

3.7　数组

数组可以将多个变量进行统一的命名，这样相同类型的元素就可以按照一定的顺序进行排列。在 Java 中，数组属于引用型数据，所以在数组的操作过程中，也一定会牵扯到内存的分配问题，下面就来看一下 Java 中数组的基本使用。

3.7.1　数组的基本概念

数组指的就是一组相关变量的集合。例如，如果要定义 100 个整型变量，按照传统的思路，可能这样定义：

```
        int i1,i2 ,... i100，一共写 100 个变量。
```

数组的基本概念

以上形式的确可以满足技术要求，但是有一个问题，这 100 多个变量没有任何逻辑的控制关系，完全独立，就会出现对象不方便管理的情况。在这种情况下就可以利用数组来解决此类问题，而数组本身也属于引用数据类型，所以数组的定义语法如下。

* 声明并开辟数组

```
数据类型 数组名称 [] = new 数据类型 [长度] ;
数据类型 [] 数组名称 = new 数据类型 [长度] ;
```

* 分步完成

```
声明数组：        数据类型 数组名称 [] = null ;
开辟数组：        数组名称 = new 数据类型 [长度] ;
```

当数组开辟空间后，可以采用 "数组名称[下标|索引]" 的形式进行访问，但是所有数组的下标都是从 0 开始的，如果是 3 个长度的数组，下标的范围为：0~2（0、1、2 一共 3 个内容）。如果访问的时候

超过了数组允许下标的长度，会出现数组越界异常（Array Index Out Of Bounds Exception）。

以上给出的数组定义结构使用的是动态初始化的方式，即数组会首先开辟内存空间，但是数组中的内容都是其对应数据类型的默认值，如果现在声明的是 int 型数组，则数组里面的全部内容都是其默认值 0。

由于数组是一种顺序的结构，并且数组的长度都是固定的，所以可以使用循环的方式输出，很明显需要使用 for 循环，Java 为了方便数组的输出，提供了一个"**数组名称.length**"的属性，可以取得数组长度。

范例 3-17：定义数组。

```java
public class ArrayDemo {
    public static void main(String args[]) {
        int data[] = new int[3];                    // 声明并开辟了一个 3 个长度的数组
        data[0] = 10;                               // 设置数组内容
        data[1] = 20;                               // 设置数组内容
        data[2] = 30;                               // 设置数组内容
        for (int x = 0; x < data.length; x++) {     // 循环输出数组
            System.out.print(data[x] + "、");
        }
    }
}
```
程序执行结果：　　　　　　　　　　　10、20、30、

本程序首先声明并开辟了一个 int 型数组 data，然后采用下标的方式为数组中的元素进行赋值，由于数组属于有序的结构，所以可以直接使用 for 循环进行输出。

数组最基础的操作就是声明，而后根据索引进行访问。其最麻烦的问题在于，数组本身也属于引用数据类型，所以范例 3-17 的代码依然需要牵扯到内存分配，与对象保存唯一的区别在于：对象中的堆内存保存的是属性，而数组中的堆内存保存的是一组信息。本程序的内存划分如图 3-10 所示。

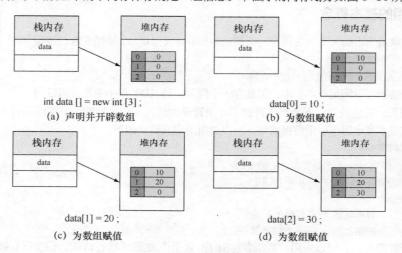

图 3-10　数组操作

注意：小心数组越界。

本程序中定义的 data 数组长度只有 3 个大小，如果在使用的过程中，所设置的索引数值大于 2，例如："data[10] = 100"，则程序运行过程中将出现 "ArrayIndexOutOf BoundsException" 错误信息。

范例 3-17 使用声明并开辟数组空间的方式完成，而在数组定义中也采用先声明后开辟数组空间的方式完成。

范例 3-18：分步实现数组操作。

```java
public class ArrayDemo {
    public static void main(String args[]) {
        int data [] = null ;               // 声明数组
        data = new int [3] ;               // 开辟数组空间
        data[0] = 10;                      // 设置数组内容
        data[1] = 20;                      // 设置数组内容
        data[2] = 30;                      // 设置数组内容
        for (int x = 0; x < data.length; x++) {   // 循环输出数组
            System.out.print(data[x] + "、");
        }
    }
}
```

程序执行结果：　　　　　　　　　　　　10、20、30、

本程序首先声明了一个数组变量 data，然后使用关键字 new 为数组开辟空间，最后为了通过索引为数组里的元素设置相应的内容。本程序的内存关系如图 3-11 所示。

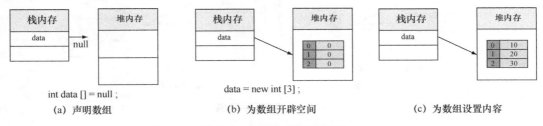

| int data [] = null ; | data = new int [3] ; | |
| (a) 声明数组 | (b) 为数组开辟空间 | (c) 为数组设置内容 |

图 3-11　数组分步实例化操作

注意：不能直接使用未开辟空间的数组。

数组本身属于引用数据类型，如果用户现在直接使用未开辟空间的数组，一定会出现 "NullPointerException"（空指向异常）。

数组本身属于引用数据类型，所以在数组的操作中依然可以进行内存空间的引用传递。

范例 3-19：数组的引用传递。

```java
public class ArrayDemo {
    public static void main(String args[]) {
        int data[] = new int[3];           // 声明并开辟了一个 3 个长度的数组
        data[0] = 10;                      // 设置数组内容
```

```
        data[1] = 20;                          // 设置数组内容
        data[2] = 30;                          // 设置数组内容
        int temp[] = data;                     // 数组引用传递
        temp[0] = 99;                          // 修改数组内容
        for (int x = 0; x < data.length; x++) {   // 循环输出数组
            System.out.print(data[x] + "、");
        }
    }
}
程序执行结果：                                      99、20、30、
```

本程序首先定义了一个 int 型数组，然后为其元素赋值，接着又定义了一个 temp 数组，并且此数组将直接指向 data 数组的引用（int temp[] = data），最后利用 temp 变量修改了数组中的数据。本程序的内存关系如图 3-12 所示。

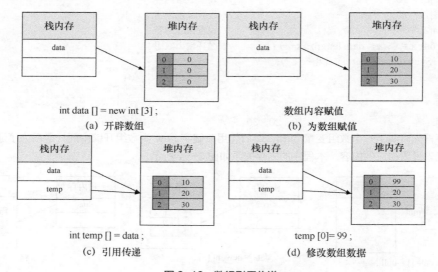

图 3-12　数组引用传递

通过以上操作读者可以发现，在数组的使用过程中首先是开辟新的数组，然后为数组中的每一个元素进行赋值，这种形式的操作属于数组动态初始化，它的操作特点是：先开辟数组空间，再为数组中的内容赋值。而在数组定义中还提供了静态初始化的操作，即数组定义的同时就设置好了相应的数据内容，其格式如下。

- 格式一：简化格式

数据类型 数组名称 [] = {值,值,...} ;

- 格式二：完整格式

数据类型 数组名称 [] = new 数据类型 []{值,值,...} ;

范例 3-20： 数组的静态初始化。

```
public class ArrayDemo {
    public static void main(String args[]) {
```

```
    int data[] = new int[] { 1, 2, 3, 4, 5 };    // 数组的静态初始化
    for (int x = 0; x < data.length; x++) {      // 循环输出数组
        System.out.print(data[x] + "、");
    }
}
}
```
程序执行结果：　　　　　　　　　　　　　　　　　1、2、3、4、5、

本程序采用静态初始化的方式实例化一个数组变量，而后采用循环的方式输出数组中的内容。

提示：数组的实际使用。
虽然数组支持顺序的数据访问操作，但是数组有一个最大的缺点——长度不能被改变，所以正因为如此，在开发中才不会直接应用数组，但是会使用数组的概念（利用类集框架来解决）。

3.7.2　二维数组

二维数组

在之前的数组操作中读者可以发现，数组所保存的数据实际上就像单行多列的结构那样，只需要通过一个索引就可以进行数据的访问，这样的数组可以将其称为一维数组，如图 3-13 所示。

索引	0	1	2	3	4	5	6	7	8
数据	90	23	324	1234	432	435	234	53	23

图 3-13　一维数组

很多时候用户可能需要保存多行多列的数据，则可以使用二维数组来进行描述，而二维数组与一维数组最大的区别是在于，一维数组声明时只会有一个"[]"，二维数组会有两个"[]"（即"[][]"）。

二维数组就是一张数据表（多行多列），其基本结构如图 3-14 所示。

索引	列：0	列：1	列：2	列：3	列：4	列：5	列：6	列：7	列：8
行：0	90	23	324	1234	432	435	234	53	23
行：1	89	87	98	77	67	98	76	67	87
行：2	67	65	90	9	7	76	0	61	1

图 3-14　二维数组

如果要在二维数组里面确定一个数据，需要行和列一起定位，例如：数字 77 的索引位置：行 1 列 3 "[1][3]"。而对于二维数组的定义语法有如下两类：

- 动态初始化：数据类型 数组名称[][] = new 数据类型[行的个数][列的个数]；
- 静态初始化：数据类型 数组名称[][] = new 数据类型[][] {{值,值,值},{值,值,值}}。

通过定义结构可以发现，所谓的二维数组实际上就是将多个一维数组变为一个大的数组，并且为每一个一维数组设置一个行号。

范例 3-21：观察二维数组的定义及使用。

```java
public class ArrayDemo {
    public static void main(String args[]) {
        int data [][] = new int [][] {
            {1,2,3} ,{4,5,6} , {7,8,9}
        } ;                                     // 定义二维数组
        for (int x = 0; x < data.length; x++) { // 外层循环是控制数组的数据行内容
            for (int y = 0; y < data[x].length; y++) { // 内层循环是控制数组的数据列内容
                System.out.print(data[x][y] + "\t");
            }
            System.out.println();               // 换行
        }
    }
}
```

程序执行结果：

```
1    2    3
4    5    6
7    8    9
```

本程序采用静态初始化的方式定义了一个二维数组，由于二维数组需要两个数据控制索引值，所以采用了双层循环的方式实现内容的输出。

> **注意：不建议使用多维数组。**
>
> 　　从二维数组开始实际上就进入了一个多维数组的概念范畴，如果说一维数组表示的是一行数据，那么二维数组描述的就是一张表的数据，依此类推，三维数组就可以描述出一个三维图形的结构，也就是说数组的维数越多所描述的概念就越复杂。在开发中，只有很少的情况会涉及多维开发，所以本书只建议读者掌握一维数组的使用即可。

3.7.3　数组与方法参数的传递

数组与方法的引用操作

　　既然数组内容可以进行引用传递，那么就可以把数组给方法中的参数，而如果一个方法要想接收参数，则对应的参数类型必须是数组。下面首先通过一道简单的程序来进行说明。

范例 3-22：一个数组传递的程序。

```java
public class ArrayDemo {
    public static void main(String args[]) {
        int data[] = new int[] { 1, 2, 3 };     // 开辟数组
        change(data);                           // 引用传递，等价于：int temp [] = data ;
        for (int x = 0; x < data.length; x++) {
            System.out.print(data[x] + "、");
        }
    }
    /**
     * 此方法的主要功能是进行数组数据的改变操作，在本方法中会将数组中的每个元素内容乘 2
     * @param temp 要进行改变内容的数组引用
```

```
    */
    public static void change(int temp[]) {          // 此方法定义在主类中，并且由主方法直接调用
        for (int x = 0; x < temp.length; x++) {
            temp[x] *= 2;                            // 将数组的内容乘 2 保存
        }
    }
}
```

程序执行结果：   2、4、6、

　　本程序首先利用数组的静态初始化定义了包含 3 个元素大小的数组，然后利用 change()方法接收此数组，实现了引用传递，相当于方法中定义的 temp 参数（int 数组类型）与主方法中的数组 data 指向了同一块内存空间，最后在 change()方法中修改了数组的内容（将数组保存的每一个内容乘以 2 后重新保存）。本程序的具体内存关系如图 3-15 所示。

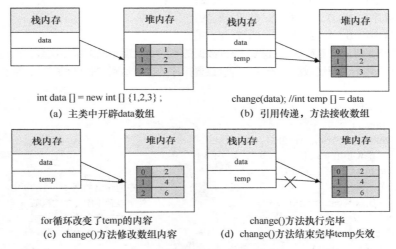

图 3-15　数组与方法间的引用传递

提示：范例 3-22 程序的简化理解。

　　很多读者在第一次接触到此类代码时会觉得不方便理解，这里笔者要告诉读者的是，不要把它想象为方法，实际上引用传递与是否是方法的接收参数没有任何关联，对于范例 3-22，如果将方法的内容定义在主方法中，就会变为如下代码形式。

　　范例 3-23：简化理解。

```
public class ArrayDemo {
    public static void main(String args[]) {
        int data[] = new int[] { 1, 2, 3 };          // 开辟数组
        int temp [] = data ;                         // 引用传递
        for (int x = 0 ; x < temp.length ; x ++) {   // 修改数组内容
            temp[x] *= 2 ;                           // 将数组的内容乘 2 保存
        }
```

```
            for (int x = 0; x < data.length; x++) {          // 循环输出数据
                System.out.print(data[x] + "、");
            }
        }
    }
```

程序执行结果：   2、4、6、

　　此时的代码就是一个最基础的数组引用传递，而进行方法参数接收的时候只是改变了一种调用的形式，但是本质并没有发生任何改变。

范例 3-24： 实现一个数组排序。

数组的排序操作在笔试中经常被问到，下面给出（升序）排序的基本原理。

- 原始数据：　　2、1、9、0、5、3、7、6、8；
- 第一次排序：　1、2、0、5、3、7、6、8、9；
- 第二次排序：　1、0、2、3、5、6、7、8、9；
- 第三次排序：　0、1、2、3、5、6、7、8、9。

以上只是给出了排序的基础原理过程，根据数据的不同会出现不同的排序次数，但是不管有多少个数据，总的排序次数不会超过数组的长度。所以只要排序的次数达到"长度*长度"，那么所有的数据一定可以排序成功。

（1）排序基础实现

```
public class ArrayDemo {
    public static void main(String args[]) {
        int data[] = new int[] { 2, 1, 9, 0, 5, 3, 7, 6, 8 };
        System.out.print("排序前的数据：");
        print(data);                                    // 排序前输出数据
        for (int x = 0; x < data.length; x++) {         // 外层控制排序总体的次数
            for (int y = 0; y < data.length - 1; y++) { // 内层控制每次的排序控制
                if (data[y] > data[y + 1]) {            // 判断是否需要交换
                    int t = data[y];
                    data[y] = data[y + 1];
                    data[y + 1] = t;
                }
            }
        }
        System.out.print("排序后的数据：");
        print(data);                                    // 排序后的输出数据
    }
    /**
     * 此方法的主要功能是进行数组数据输出操作，在输出完成后会追加一个换行
     * @param temp 要进行改变内容的数组引用
     */
    public static void print(int temp[]) {              // 专门定义一个输出的功能的方法
        for (int x = 0; x < temp.length; x++) {
            System.out.print(temp[x] + "、");
```

```
        }
        System.out.println();
    }
}
```

程序执行结果：　　　　　　　　　　　排序前的数据：2、1、9、0、5、3、7、6、8、
　　　　　　　　　　　　　　　　　　　排序后的数据：0、1、2、3、5、6、7、8、9、

　　本程序为了读者观察方便专门提供了一个 print() 方法用于进行数组数据的打印输出，在进行排序时，会依次判断相邻两个数据间的大小关系来决定数据是否要进行交换。

　　（2）改善设计

　　在代码编写中主方法是作为程序的起点存在的，所有的程序起点都可以称为客户端。既然是客户端，所有的代码编写一定要简单，因此可以采用方法进行封装。

```
public class ArrayDemo {
    public static void main(String args[]) {
        int data [] = new int [] {2,1,9,0,5,3,7,6,8} ;
        sort(data) ;                                  // 实现排序
        print(data) ;                                 
    }
    /**
     * 数组排序操作，将接收到的数组对象内容进行升序排列
     * @param arr 数组对象的引用
     */
    public static void sort(int arr[]) {              // 这个方法专门负责排序
        for (int x = 0 ; x < arr.length ; x ++) {     // 外层控制排序总体的次数
            for (int y = 0 ; y < arr.length − 1 ; y ++) {  // 内层控制每次的排序控制
                if (arr[y] > arr[y + 1]) {            // 判断需要交换
                    int t = arr[y] ;
                    arr[y] = arr[y + 1] ;
                    arr[y + 1] = t ;
                }
            }
        }
    }
    public static void print(int temp[]) {            // 专门定义一个输出的功能的方法
        for (int x = 0 ; x < temp.length ; x ++) {
            System.out.print(temp[x] + "、") ;
        }
        System.out.println() ;
    }
}
```

程序执行结果：　　　　　　　0、1、2、3、5、6、7、8、9、

　　本程序为了减少主方法中（客户端）的代码数量，编写了一个 sort() 方法实现数组的排序，以及一个 print() 方法进行数组内容的输出，可以发现当在主方法中只需要在 sort() 方法中传递要排序的数组时，就可以利用引用数据类型的特点在方法中实现数组的排序操作。

范例 3-25：实现数组的转置（首位交换）。

下面首先来解释一下转置的概念（一维数组实现）。

原始数组：　　　　1、2、3、4、5、6、7、8；

转置后的数组：　　8、7、6、5、4、3、2、1。

如果要想实现转置的操作，有以下两个思路。

- 解决思路一：首先定义一个新的数组，然后将原始数组按照倒序的方式插入到新的数组中，最后改变原始数组引用，将其指向新的数组空间。

```java
public class ArrayDemo {
    public static void main(String args[]) {
        int data [] = new int [] {1,2,3,4,5,6,7,8} ;
        int temp [] = new int [data.length] ;          // 首先定义一个新的数组，长度与原始数组一致
        int foot = data.length − 1 ;                    // 控制 data 数组的索引
        for (int x = 0 ; x < temp.length ; x ++) {      // 对于新的数组按照索引由小到大的顺序循环
            temp[x] = data[foot] ;
            foot −− ;
        }// 此时 temp 的内容就是转置后的结果
        data = temp ;                                   // 让 data 指向 temp，而 data 的原始数据就称为垃圾
        print(data) ;                                   // 输出数组
    }
    public static void print(int temp[]) {              // 专门定义一个输出功能的方法
        for (int x = 0 ; x < temp.length ; x ++) {
            System.out.print(temp[x] + "、") ;
        }
        System.out.println() ;
    }
}
```

程序执行结果：　　　　　　　　　　　　　　8、7、6、5、4、3、2、1、

本程序首先为了实现数组的转置操作专门定义了一个 temp 的 int 型数组，然后采用倒序的方式将 data 数组中的内容依次设置到 temp 数组中，最后修改 data 的引用（会产生垃圾空间）就可以实现数组的转置操作。本操作的内存关系如图 3-16 所示。

虽然以上代码实现了转置的操作，但是遗憾的是，代码里面会产生垃圾。而在进行程序开发的过程中应该尽可能少地产生垃圾空间，所以这样的实现思路并不是最合理的。

- 解决思路二：利用算法，在一个数组上完成转置操作，但是此时需要为读者分析数组长度是奇数还是偶数的情况。

|- 数组长度为偶数，转换次数计算公式：**数组长度 ÷ 2**

|- 原始数组：　　1、2、3、4、5、6　　　➔　　转换次数为：6 ÷ 2 = 3

|- 第一次转置：**6**、2、3、4、5、**1**

|- 第二次转置：6、**5**、3、4、**2**、1

|- 第三次转置：6、5、**4**、**3**、2、1

|- 数组长度为奇数，转换次数计算公式：**数组长度 ÷ 2（不保留小数）**

|- 原始数组：　　1、2、3、4、5、6、7 ➔转换次数为：7 ÷ 2 = 3（int 型数据除法不保留小数）

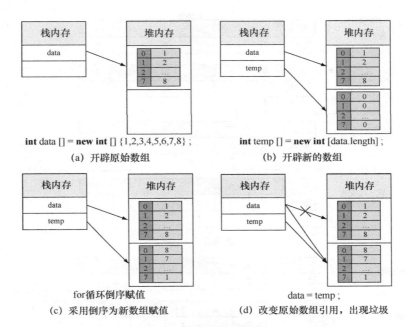

图 3-16 数组转置实现思路一

|— 第一次转置：**7**、2、3、4、5、6、**1**；

|— 第二次转置：7、**6**、3、4、5、**2**、1；

|— 第三次转置：7、6、**5**、4、**3**、2、1。

通过分析可以发现，不管数组的长度是奇数的个数还是偶数的个数，转置的次数的计算方式是完全一样的，但是此时还需要有两个索引标记：头部索引标记（head）、尾部索引标记（tail），共同作用才可以实现数据的交换，操作形式如图 3-17 所示。

按照此思路编写一个专门用于转置的方法，代码实现如下。

```java
public class ArrayDemo {
    public static void main(String args[]) {
        int data [] = new int [] {1,2,3,4,5,6,7} ;
        reverse(data) ;                         // 实现转置
        print(data) ;                           // 输出数组内容
    }
    /**
     * 实现数组的转置操作，操作过程中会执行"数组长度 ÷ 2"次循环，以实现首尾依次交换
     * @param arr 要进行转置的数组引用
     */
    public static void reverse(int arr[]) {     // 此方法专门实现数组的转置操作
        int len = arr.length / 2 ;              // 转置的次数
        int head = 0 ;                          // 头部索引
        int tail = arr.length − 1 ;             // 尾部索引
        for (int x = 0 ; x < len ; x ++) {      // 循环次数为数组长度÷2
```

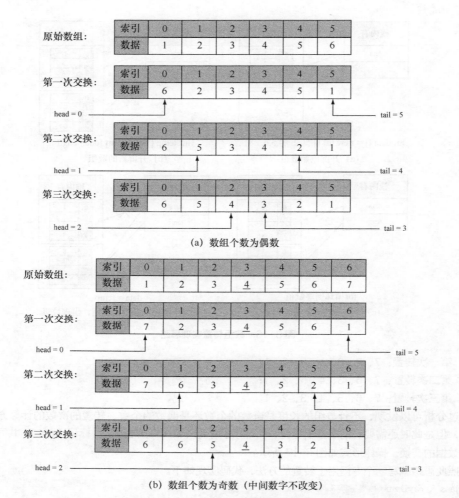

(a) 数组个数为偶数

(b) 数组个数为奇数（中间数字不改变）

图 3-17　在一个数组上实现转置操作

```
        int temp = arr[head] ;          // 数据交换
        arr[head] = arr[tail] ;         // 数据交换
        arr[tail] = temp ;              // 数据交换
        head ++ ;                       // 头部索引增加
        tail -- ;                       // 尾部索引减少
    }
}
public static void print(int temp[]) {  // 数组输出
    for (int x = 0 ; x < temp.length ; x ++) {
        System.out.print(temp[x] + "、") ;
    }
```

```
        System.out.println() ;
    }
}
```
程序执行结果：　　　　　　7、6、5、4、3、2、1、

　　本程序为了实现转置，专门定义了一个 reverse()方法，在本方法中首先计算要进行转置的次数，然后利用循环实现数据的交换，这样就可以实现在一个数组上的数据转置，也不会有垃圾空间产生。

　　以上实现的是一个一维数组的转置，但既然是数组的转置，也就有可能包含二维数组的转置操作，而二维数组的转置操作就需要进行行列数据的交换，具体分析如图 3-18 所示。

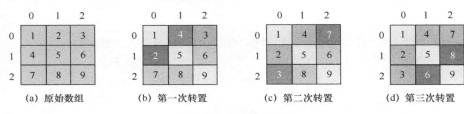

| (a) 原始数组 | (b) 第一次转置 | (c) 第二次转置 | (d) 第三次转置 |

图 3-18　二维数组转置

提示：本思路只适合行数与列数相同时使用。

　　本程序给出的二维数组的转换思路是在行数与列数相同的情况下使用的转换思路，这样的转换也是最方便的。但是如果此时给出的数组行数和列数不相同，就必须开辟一个新数组，而新数组的开辟原则是：新数组的行数为原始数组的列数，新数组的列数为原始数组的行数，而后再进行数据的填充与引用的变更。但是这样的做法会产生垃圾空间，所以本书不再针对此进行讲解，有兴趣的读者可以单独实现。

　　在图 3-17 给出的转置操作过程中，可以发现存在如下规律。
- 第一次转置（如图 3-17（b）所示）：4 的索引[0][1]、2 的索引[1][0]，行数和列数不同；
- 第二次转置（如图 3-17（c）所示）：7 的索引[0][2]、3 的索引[2][0]，行数和列数不同；
- 第三次转置（如图 3-17（d）所示）：8 的索引[1][2]、6 的索引[2][1]，行数和列数不同。

　　通过分析可以发现，只有当行数与列数相同的时候才可以发生数据的交换操作，依据此思路代码实现如下。

```
public class ArrayDemo {
    public static void main(String args[]) {
        int data [][] = new int [][] {
            {1,2,3},{4,5,6},{7,8,9}} ;                    // 定义等比二维数组
        reverse(data) ;                                   // 实现转置
        print(data) ;
    }
    /**
     * 此方法主要实现二维数组的转置操作，转换过程中只有当行数和列数相同时才进行交换
     * @param arr 准备进行转置的二维数组
     */
    public static void reverse(int arr[][]) {             // 实现数组的转置操作
```

```
        for (int x = 0 ; x < arr.length ; x ++) {              // 外层循环
            for (int y = x ; y < arr[x].length ; y ++){        // 内层循环
                if (x != y) {                                  // 行和列相同，进行交换
                    int temp = arr[x][y] ;
                    arr[x][y] = arr[y][x] ;
                    arr[y][x] = temp ;
                }
            }
        }
    }
    /**
     * 此方法的主要功能是进行二维数组数据输出操作，会利用矩阵的形式进行输出数据排列
     * @param temp 要进行改变内容的数组引用
     */
    public static void print(int temp[][]) {                   // 数组输出
        for (int x = 0 ; x < temp.length ; x ++) {
            for (int y = 0 ; y < temp[x].length ; y ++) {
                System.out.print(temp[x][y] + "、") ;
            }
            System.out.println() ;
        }
        System.out.println() ;
    }
}
```

本程序定义了一个 reverse() 方法实现数组内容的转换，此方法的实现流程分析如下。

- 原始二维数组内容与索引

1[x=0][y=0]　2[x=0][y=1]　3[x=0][y=2]
4[x=1][y=0]　5[x=1][y=1]　6[x=1][y=2]
7[x=2][y=0]　8[x=2][y=1]　9[x=2][y=2]

- 第一次转换（x = 0，y = x = 0，循环 3 次）

|- y 的第一次循环（x == y，不交换）

1[x=0][y=0]　2[x=0][y=1]　3[x=0][y=2]
4[x=1][y=0]　5[x=1][y=1]　6[x=1][y=2]
7[x=2][y=0]　8[x=2][y=1]　9[x=2][y=2]

|- y 的第二次循环（x = 0、y = 1，判断条件满足，进行交换）

1[x=0][y=0]　**4[x=1][y=0]**　3[x=0][y=2]
2[x=0][y=1]　5[x=1][y=1]　6[x=1][y=2]
7[x=2][y=0]　8[x=2][y=1]　9[x=2][y=2]

|- y 的第三次循环（x = 0、y = 2，判断条件满足，进行交换）

1[x=0][y=0]　4[x=1][y=0]　**7[x=2][y=0]**
2[x=0][y=1]　5[x=1][y=1]　6[x=1][y=2]

<u>3[x=0][y=2]</u>　8[x=2[y=1]　9[x=2][y=2]

- 第二次转换（x = 1，y = x = 1，循环 2 次）

|− y 的第一次循环（x = 1、y = 1，不交换）

1[x=0][y=0]　4[x=1][y=0]　7[x=2][y=0]

2[x=0][y=1]　5[x=1][y=1]　6[x=1][y=2]

3[x=0][y=2]　8[x=2][y=1]　9[x=2][y=2]

|− y 的第二次循环（x = 1、y=2，<u>判断条件满足，进行交换</u>）

1[x=0][y=0]　4[x=1][y=0]　7[x=2][y=0]

2[x=0][y=1]　5[x=1][y=1]　<u>8[x=2[y=1]</u>

3[x=0][y=2]　<u>6[x=1][y=2]</u>　9[x=2][y=2]

- 第三次转换（x = 2，y = x = 2，循环 1 次）

|− y 的第一次循环（x = 2、y = 2，不交换）

以上一系列操作实现了方法接收数组的操作情况，而方法本身除了接收数组的引用外，也可以返回数组。

　　范例 3-26：方法返回数组。

```
public class ArrayDemo {
    public static void main(String args[]) {
        int data[] = init() ;                               // 接收数组
        print(data) ;
        System.out.println("数组长度: " + init().length) ;    // 返回的数组可直接使用 length 取得长度
    }
    /**
     * 数组初始化的操作方法，此方法可以返回一个数组的引用
     * @return 包含 3 个元素的数组对象
     */
    public static int[] init() {                            // 方法返回数组
        return new int [] {1,2,3} ;                         // 直接返回匿名数组
    }
    public static void print(int temp[]) {                  // 数组输出
        for (int x = 0 ; x < temp.length ; x ++) {
            System.out.print(temp[x] + "、") ;
        }
        System.out.println() ;
    }
}
程序执行结果:                  1、2、3、
                            数组长度: 3
```

　　本程序中 init()方法的功能是返回一个数组，可以发现如果方法要返回数组时，只需要将其返回值类型定义为数组即可，而返回的数组可以直接接收（int data[] = init()），也可以直接调用 length 属性取得长度。

3.7.4 数组操作方法

Java 本身针对数组提供了类库的支持，下面来介绍两个与数组有关的操作方法。

数组相关操作方法

1. 数组复制

数组复制可以将一个数组的部分内容复制到另外一个数组之中。其语法如下。

System.arraycopy(源数组名称，源数组复制开始索引，目标数组名称，目标数组复制开始索引，长度)

> **提示：与原始定义的方法名称稍有不同。**
>
> 本次给读者使用的数组复制语法是经过修改得来的，与原始定义的方法有些差别，读者先暂时记住此方法，以后会有完整介绍。

范例 3-27： 实现数组复制。

- 数组 A：1、2、3、4、5、6、7、8；
- 数组 B：11、22、33、44、55、66、77、88；
- 将数组 A 的部分内容替换到数组 B 中，数组 B 的最终结果为：11、22、**5、6、7**、66、77、88。

```java
public class ArrayDemo {
    public static void main(String args[]) {
        int dataA[] = new int[] { 1, 2, 3, 4, 5, 6, 7, 8 };          // 定义数组
        int dataB[] = new int[] { 11, 22, 33, 44, 55, 66, 77, 88 };  // 定义数组
        System.arraycopy(dataA, 4, dataB, 2, 3);                     // 数组复制
        print(dataB);
    }
    public static void print(int temp[]) {                          // 打印数组内容
        for (int x = 0; x < temp.length; x++) {
            System.out.print(temp[x] + "、");
        }
        System.out.println();
    }
}
```

程序执行结果：　　　　　　　　11、22、**5、6、7**、66、77、88、

本程序直接利用 System.arraycopy() 方法实现了数组内容的部分复制。

2. 数组排序

数组排序可以按照由小到大的顺序对基本数据类型的数组（例如：int 数组、double 数组都为基本类型数组）进行排序。其语法如下。

java.util.Arrays.sort(数组名称);

> **提示：先按照语法使用。**
>
> java.util 是一个 Java 的系统包的名称，对于包的定义将在第 8 章为读者讲解，而 Arrays 是一个系统提供的类，在第 11 章会为读者讲解，对于此语法不熟悉的读者也暂时不影响使用。

范例 3-28：实现排序。

```
public class ArrayDemo {
    public static void main(String args[]) {
        int data[] = new int[] { 3, 6, 1, 2, 8, 0 };
        java.util.Arrays.sort(data);            // 数组排序
        print(data);
    }
    public static void print(int temp[]) {        // 数组输出
        for (int x = 0; x < temp.length; x++) {
            System.out.print(temp[x] + "、");
        }
        System.out.println();
    }
}
```
程序执行结果：　　　　　　　　　　　　0、1、2、3、6、8、

本程序直接使用 java.util.Arrays.sort()方法实现了整型数组的排序操作，但是在现阶段使用的过程中，此类排序方式只适合基本数据类型，如 int[]、double[]、char[]等，而由于有其他的开发要求，引用数据的排序暂不适用。

常见面试题分析：请编写一个数组排序操作。

这是一道常见的笔试题，也是考察面试者基本素质的程序之一，但是在回答此问题的时候一定不要上来直接编写："java.util.Arrays.sort(数组)" 一行语句完成排序，这样是不合格的，标准的做法是写出第 3.7.3 节所讲解的排序代码，最后可以补充一句：利用 "java.util.Arrays.sort(数组)" 可以完成排序。

3.7.5　对象数组

对象数组

数组是引用类型，而类也同样是引用类型，所以如果是对象数组的话表示一个引用类型里面嵌套其他的引用类型。

在之前使用的数组都属于基本数据类型的数组，但是所有的引用数据类型也同样可以定义数组，这样的数组称为对象数组。如果要定义对象数组（以类为例），可以采用如下格式完成。

- 格式：对象数组的动态初始化

类名称 对象数组名称 ＝ new 类名称 [长度] ;

如果使用了对象数组的动态初始化，则默认情况下，数组的每一个元素都是其对应的默认值 null，都需要分别进行对象的实例化操作。

- 格式：对象数组的静态初始化

类名称 对象数组名称 ＝ new 类名称 [] {实例化对象,实例化对象,...} ;

下面通过实际的代码分别验证两种实例化格式的使用。

范例 3-29：对象数组的动态初始化。

```
class Book {
```

```
    private String title ;
    private double price ;
    public Book(String t,double p) {
        title = t ;
        price = p ;
    }
    // setter、getter、无参构造略
    public String getInfo() {
        return "书名：" + title + "，价格：" + price ;
    }
}
public class ArrayDemo {
    public static void main(String args[]) {
        Book books [] = new Book[3] ;          // 开辟了一个 3 个长度的对象数组，内容为 null
        books[0] = new Book("Java",79.8) ;      // 对象数组中的每个数据都需要分别实例化
        books[1] = new Book("JSP",69.8) ;       // 对象数组中的每个数据都需要分别实例化
        books[2] = new Book("Android",89.8) ;   // 对象数组中的每个数据都需要分别实例化
        for (int x = 0 ; x < books.length ; x ++) {   // 循环对象数组
            System.out.println(books[x].getInfo()) ;
        }
    }
}
程序执行结果：          书名：Java，价格：79.8
                      书名：JSP，价格：69.8
                      书名：Android，价格：89.8
```

　　本程序首先采用动态初始化的方式开辟了 3 个空间大小的 Book 对象数组，动态初始化后数组中的每个元素都是 null，所以需要根据索引对数组中每一个元素的对象进行实例化操作。

　　范例 3-30： 对象数组的静态初始化。

```
public class ArrayDemo {
    public static void main(String args[]) {
        Book books[] = new Book[] {
                new Book("Java", 79.8),
                new Book("JSP", 69.8),
                new Book("Android", 89.8) };    // 开辟了一个 3 个长度的对象数组
        for (int x = 0; x < books.length; x++) {   // 循环输出对象数组内容
            System.out.println(books[x].getInfo());
        }
    }
}
程序执行结果：          书名：Java，价格：79.8
                      书名：JSP，价格：69.8
                      书名：Android，价格：89.8
```

　　本程序采用静态初始化的方式定义对象数组，这样数组在开辟之后每一个元素都会对应有一一个具体的实例化对象。

对象数组的最大好处是将多个对象统一进行管理，并且除了数据类型改变外，和之前的数组没有任何区别，而且数组本身就属于引用数据类型，因此对象数组就是在一个引用数据类型中嵌入其他引用数据类型。如果非要用内存图表示的话，可以简单地理解为图 3-19 所示的结构。

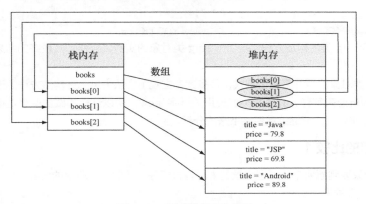

图 3-19　对象数组内存关系

3.8　String 类的基本概念

String 是字符串的描述类型，在实际的开发中也使用得非常广泛。虽然 String 本身不属于引用数据类型，但是其可以像基本数据类型那样直接赋值，针对这样一个特殊的类，本节将为读者详细地解释 String 类的完整特征。

String 类对象的两种
实例化方法

3.8.1　String 类的两种实例化方式

在之前的程序使用过 String，最早使用的时候是直接采用 "String 变量 = "字符串";" 语法形式完成的，这种形式称为直接赋值。

范例 3-31：为 String 类对象直接赋值。

```
public class StringDemo {
    public static void main(String args[]) {
        String str = "www.YOOTK.com";          // 直接赋值
        System.out.println(str);                // 输出字符串数据
    }
}
```
程序执行结果：　　　　　　　　　　　　　　www.YOOTK.com

本程序首先定义了一个 String 类的对象，并且采用直接赋值的形式为其进行实例化操作。

以上就是 String 对象的直接赋值，代码并没有使用关键字 new 进行。在 String 类里面实际上也定义了一个构造方法，其语法如下。

public String(String str)，在构造里面依然要接收一个 String 类对象；

范例 3-32：利用构造方法实例化。

```
public class StringDemo {
```

```
    public static void main(String args[]) {
        String str = new String("www.YOOTK.com");     // 直接赋值
        System.out.println(str);                        // 输出字符串数据
    }
}
```

程序执行结果：　　　　　　　　　　　　　　　www.YOOTK.com

本程序采用 String 类的构造方法实现了 String 类对象的实例化操作，其最终的结果与直接赋值结果相同。

面对 String 类对象的两种实例化方式，很多读者主观上会认为第二种构造方法的形式更加直观，因为按照类与对象的概念来解释，只要是类就要用关键字 new，所以这样的做法似乎是很符合道理的，但是实际的情况却并非如此，请继续观察接下来的分析。

3.8.2　字符串的比较 1

字符串的比较 1

在 Java 中如果要判断两个 int 型变量的内容是否相等，按照之前所学的内容，自然要使用 "=="符号来完成。

范例 3-33：判断两个 int 型整数是否相等。

```
public class StringDemo {
    public static void main(String args[]) {
        int x = 10;                   // 整型变量
        int y = 10;                   // 整型变量
        System.out.println(x == y);   // 判断是否相等
    }
}
```

程序执行结果：　　　　　　　　　　　　true

本程序直接定义了两个 int 型的变量，由于这两个变量的内容都是 10，所以使用 "=="判断的最终结果也是 10。

而在 Java 中，"=="可以应用在所有数据类型中（包括基本数据类型与引用数据类型），所以下面将在 String 类的对象比较中使用 "=="。

范例 3-34：在 String 对象上使用 "=="比较。

```
public class StringDemo {
    public static void main(String args[]) {
        String stra = "hello";              // 直接赋值定义字符串
        String strb = new String("hello");  // 构造方法定义字符串
        String strc = strb;                 // 引用传递
        System.out.println(stra == strb);   // 比较结果：false
        System.out.println(stra == strc);   // 比较结果：false
        System.out.println(strb == strc);   // 比较结果：true
    }
}
```

程序执行结果：　　　　　　false（"stra == strb"比较结果）
　　　　　　　　　　　　　false（"stra == strc"比较结果）
　　　　　　　　　　　　　True（"strb == strc"比较结果）

　　本程序首先采用直接赋值的形式为 String 类对象实例化（String stra = "hello"），然后使用构造方法为 String 类对象实例化（String strb = new String("hello")），而在定义 strc 这个 String 类对象时采用了引用传递的方式，即将 strb 的引用地址赋给 strc（此时 strb 与 strc 指向同一内存空间）。虽然 3 个 String 类对象的内容是完全一样的，但最后的结果却出现"false"，所以"=="并不能够实现准确的字符串比较，分析过程如图 3-20 所示。

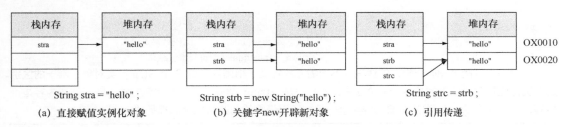

图 3-20　字符串对象使用"=="比较的问题

　　通过图 3-20 可以发现，stra 与 strb 虽然包含的内容是一样的，但是其所在的内存地址空间不同（因为 strb 使用关键字 new 开辟了新的堆内存空间），而在使用"=="比较时，比较的只是数值，所以只要地址数值不相同的 String 类对象在使用"=="比较相等时其结果一定返回的是"false"；而 strc 由于与 strb 指向了同一块内存空间，所以地址数值相同，那么返回的结果就是"true"。所以"=="在 String 比较时比较的只是内存地址的数值，并不是内容。

　　提示：引用类型都可以使用"=="比较。
　　　　在整个 Java 中只要是引用数据类型一定会存在内存地址，而"=="可以用于所有的引用数据类型的比较，但比较的并不会是内容，永远都只是地址的数值内容，这样的操作往往只会出现在判断两个不同名的对象是否指向同一内存空间的操作上。

　　通过以上的分析结果可以发现，"=="的确是进行了比较，但是比较的并不是字符串对象包含的内容，而是它们所在的内存地址的数值，所以"=="属于数值比较，比较的是内存地址。
　　如果要比较字符串的内容，可以使用 String 类里面定义的方法，内容比较操作（区分大小写）语法如下。

```
public boolean equals(String str);
```

　　提示：equals()方法暂时变化一下形式。
　　　　如果读者查询 Java Doc 文档，可以发现，String 类中定义的 equals()方法为：public boolean equals(Object str)，但是此处列出的是 public boolean equals(**String** str)，只是先将参数的类型改变，而之所以这样改变，主要是还没有为读者讲解 Object 类，而 Object 类将在第 4 章会为读者讲解。

　　范例 3-35：实现字符串内容比较。

```
public class StringDemo {
    public static void main(String args[]) {
        String stra = "hello";                    // 直接赋值定义字符串
```

```
        String strb = new String("hello");            // 构造方法定义字符串
        String strc = strb;                           // 引用传递
        System.out.println(stra.equals(strb)) ;       // 比较结果：true
        System.out.println(stra.equals(strc)) ;       // 比较结果：true
        System.out.println(strb.equals(strc)) ;       // 比较结果：true
    }
}
```

程序执行结果：　　　　　　　　　　　　　　true（"stra.equals(strb)"比较结果）

　　　　　　　　　　　　　　　　　　　　　true（"stra.equals(strc)"比较结果）

　　　　　　　　　　　　　　　　　　　　　True（"strb.equals(strc)"比较结果）

本程序与范例 3-34 一样，依然采用不同的方式定义了相同内容的 3 个 String 类对象，唯一的区别是在进行比较时，使用的是 equals()方法，此方法是 String 类内部提供的比较方法，专门判断内容是否相等，由于 3 个 String 类的对象内容完全一致，所以最终的判断结果全部都是"true"。

常见面试题分析：请解释 String 类中"=="和"equals()"比较的区别。

- "=="是 Java 提供的关系运算符，主要的功能是进行数值相等判断，如果用在 String 对象上表示的是内存地址数值的比较；
- "equals()"：是由 String 提供的一个方法，此方法专门负责进行字符串内容的比较。

在实际的开发中，由于字符串的地址是不好确定的，所以不要使用"=="比较，所有的比较都要通过 equals()方法完成。

3.8.3 字符串常量就是 String 的匿名对象

任何编程语言都没有提供字符串数据类型的概念，很多编程语言里面都是使用字符数组来描述字符串的定义。同样在 Java 里面也没有字符串的概念，但由于所有的项目开发中都不可能离开字符串的应用，所以 Java 创造了属于自己的特殊类——String（字符串），同时也规定了所有的字符串要求使用""""声明，但是 String 依然不属于基本数据类型，所以字符串数据实际上是作为 String 类的匿名对象的形式存在的。

字符串常量为匿名对象

范例 3-36：观察字符串是匿名对象的验证。

```
public class StringDemo {
    public static void main(String args[]) {
        String str = "hello";                          // str 是对象名称，而"hello"是内容
        System.out.println("hello".equals(str));       // 内容比较，由字符串直接调用
    }
}
```

程序执行结果：　　　　　　　　　　true

本程序的最大特点在于直接利用字符串"hello"调用 equals()方法（"hello".equals(str)），由于 equals()方法是 String 类定义的，而类中的方法只有实例化对象才可以调用，那么就可以得出一个结论：字符串常量就是 String 类的匿名对象。

所谓的 String 类对象直接赋值的操作，实际上就相当于将一个匿名对象设置了一个名字，但是唯一的区别是，String 类的匿名对象是由系统自动生成的，不再由用户自己直接创建。

技术穿越：实际开发中的字符串比较。

在实际开发过程中，有可能会有这样的需求，由用户自己输入一个字符串，而后判断其是否与指定的内容相同，那么这个时候用户就有可能不输入数据，结果内容就为 null。

范例 3-37：观察问题。

```java
public class StringDemo {
    public static void main(String args[]) {
        String input = null;              // 假设这个内容由用户输入
        if (input.equals("hello")) {      // 如果输入内容是 hello，认为满足一个条件
            System.out.println("Hello World !!!");
        }
    }
}
```

程序执行结果：　　　Exception in thread "main" java.lang.NullPointerException
　　　　　　　　　　at StringDemo.main(StringDemo.java：4)

此时由于没有输入数据，所以 input 的内容为 null，而 null 对象调用方法的结果将直接导致"NullPointerException"，而这样的问题可以通过一些代码的变更来帮助用户回避。

范例 3-38：回避 NullPointerException 问题。

```java
public class StringDemo {
    public static void main(String args[]) {
        String input = null;              // 假设这个内容由用户输入
        if ("hello".equals(input)) {      // 如果输入内容是 hello，认为满足一个条件
            System.out.println("Hello World !!!");
        }
    }
}
```

本程序直接利用字符串常量来调用 equals()方法，因为字符串常量是一个 String 类的匿名对象，所以该对象永远不可能是 null，所以将不会出现"NullPointerException"，特别需要提醒读者的是，equals()方法内部实际上也存在 null 的检查，这一点有兴趣的读者可以打开 Java 类的源代码来观察，或者通过本书第 4 章的内容来学习。

3.8.4　两种实例化方式的区别

两种实例化方式的
区别

清楚了 String 类的比较操作后，下面就需要解决一个最为重要的问题。对于 String 类的对象存在两种实例化的操作形式。那么这两种有什么区别，在开发中应该使用哪一种更好呢？

1. 分析直接赋值实例化 String 类对象的情况

直接赋值就是将一个字符串的匿名对象设置了一个名字。其语法如下。

```
String 变量 = 字符串常量(匿名对象)
String str = "hello" ;
```

此时在内存中会开辟一块堆内存，内存空间中将保存"hello"字符串数据，并且栈内存将直接引用

此堆内存空间，如图 3-21 所示。

通过图 3-21 可以发现，使用直接赋值的方式为 String 类对象实例化只会开辟一块堆内存空间，而除了这一特点外，利用直接赋值还可以实现堆内存空间的重用，即采用直接赋值的方式，在相同内容的情况下不会开辟新的堆内存空间，而会直接指向已有的堆内存空间。

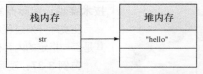

图 3-21　直接赋值时的内存关系图

范例 3-39：观察直接赋值时的堆内存自动引用。

```
public class StringDemo {
    public static void main(String args[]) {
        String stra = "hello";              // 直接赋值实例化
        String strb = "hello";              // 直接赋值实例化
        String strc = "hello";              // 直接赋值实例化
        String strd = "yootk" ;             // 直接赋值实例化，内容不相同
        System.out.println(stra == strb);   // 判断结果：true
        System.out.println(stra == strc);   // 判断结果：true
        System.out.println(strb == strc);   // 判断结果：true
        System.out.println(stra == strd);   // 判断结果：false
    }
}
程序执行结果：                              true（"stra == strb" 语句输出）
                                           true（"stra == strc" 语句输出）
                                           true（"strb == strc" 语句输出）
                                           false（"stra == strd" 语句输出）
```

通过本程序的执行可以发现，由于使用了直接赋值的实例化操作方式，设置的内容相同，所以即使没有直接发生对象的引用操作，最终 3 个 String 对象（stra、strb、strc）也都自动指向了同一块内存空间，但是如果在直接赋值时内容与之前不一样，则会自动开辟新的堆内存空间（String strd = "yootk" ;）。本程序的内存关系如图 3-22 所示。

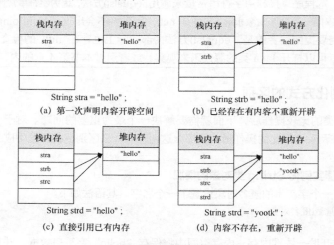

图 3-22　自动引用

技术穿越：String 类采用的设计模式为共享设计模式。

在 JVM 的底层实际上会存在一个对象池（不一定只保存 String 对象），当代码中使用了直接赋值的方式定义一个 String 类对象时，会将此字符串对象所使用的匿名对象入池保存。如果后续还有其他 String 类对象也采用了直接赋值的方式，并且设置了同样的内容时，将不会开辟新的堆内存空间，而是使用已有的对象进行引用的分配，从而继续使用。

关于共享设计模式的简单解释：这就好比在家中准备的工具箱一样，如果有一天需要用到螺丝刀，发现家里没有，那么肯定要去买一把新的，但是使完不可能丢掉，会将其放到工具箱中以备下次需要时继续使用，而这个工具箱中的工具肯定可以为家庭中的每一个成员服务。

2. 分析构造方法实例化 String 类对象的情况

如果要明确地调用 String 类中的构造方法进行 String 类对象的实例化操作，那么一定要使用关键字 new，而每当使用关键字 new 就表示要开辟新的堆内存空间，这块堆内存空间的内容就是传入到构造方法中的字符串数据。

```
String str = new String("hello") ;
```

通过之前的学习读者已经清楚，每一个字符串常量都是 String 类的匿名对象，所以本代码的含义是，根据"hello"这个匿名对象的内容创建一个新的 String 类对象，所以此时的内存关系如图 3-23 所示。

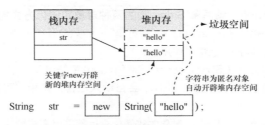

图 3-23 构造方法实例化内存关系图

因为每一个字符串都是一个 String 类的匿名对象，所以会首先在堆内存中开辟一块空间保存字符串"hello"，然后使用关键字 new，开辟另一块堆内存空间。因此真正使用的是用关键字 new 开辟的堆内存，而之前定义的字符串常量的堆内存空间将不会有任何的栈内存指向，将成为垃圾，等待被 GC 回收。所以，使用构造方法的方式开辟的字符串对象，实际上会开辟两块空间，其中有一块空间将成为垃圾。

除了内存的浪费外，如果使用构造方法实例化 String 类对象，由于关键字 new 永远表示开辟新的堆内存空间，所以其内容不会保存在对象池中。

范例 3-40：不自动保存对象池操作。

```java
public class StringDemo {
    public static void main(String args[]) {
        String stra = new String("hello");        // 使用构造方法定义了新的内存空间，不会自动入池
        String strb = "hello";                     // 直接赋值
        System.out.println(stra == strb);          // 判断结果：false
    }
}
```

```
}
```
程序执行结果：　　　　　　　　　false

　　本程序首先利用构造方法开辟了一个新的 String 类对象，由于此时不会自动保存到对象池中，所以在使用直接赋值的方式声明 String 类对象后将开辟新的堆内存空间，因为两个堆内存的地址不同，所以最终的地址判断结果为 false。

　　如果希望开辟的新内存数据也可以进行对象池的保存，那么可以采用 String 类定义的一个手工入池的操作。保存到对象池的语法如下。

```
public String intern();
```

　　范例 3-41：手工入池。

```java
public class StringDemo {
    public static void main(String args[]) {
        String stra = new String("hello").intern();    // 使用构造方法定义新的内存空间，手工入池
        String strb = "hello";                          // 直接赋值
        System.out.println(stra == strb);               // 判断结果：true
    }
}
```
程序执行结果：　　　　　　　　　　　true

　　本程序由于使用了 String 类的 intern()方法，所以会将指定的字符串对象保存在对象池中，随后如果使用直接赋值的形式将会自动引用已有的堆内存空间，所以地址判断的结果为 true。

常见面试题分析：请解释 String 类的两种对象实例化方式的区别。
　　● 直接赋值（String str = "字符串" ; ）：只会开辟一块堆内存空间，并且会自动保存在对象池中以供下次重复使用；
　　● 构造方法（String str = new String("字符串") ）：会开辟两块堆内存空间，其中有一块空间将成为垃圾，并且不会自动入池，但是用户可以使用 intern()方法手工入池。
　　在所有开发中，String 对象的实例化永远都采用直接赋值的方式完成。

3.8.5　字符串一旦定义则不可改变

　　在使用 String 类进行操作时，还有一个特性是特别重要的，那就是字符串的内容一旦定义则不可改变，下面通过一段代码为读者讲解。

　　范例 3-42：修改字符串对象引用。

字符串内容不可改变

```java
public class StringDemo {
    public static void main(String args[]) {
        String str = "Hello ";            // 直接赋值实例化 String 类对象
        str = str + "World ";             // 字符串连接，同时修改 String 类对象的引用关系
        str += "!!!";                     // 字符串连接，同时修改 String 类对象的引用关系
        System.out.println(str);          // 输出当前的 String 类对象内容
    }
}
```
程序执行结果：　　　　　　　　　　　　　　　Hello World !!!

本程序首先声明了一个 String 类对象，然后修改了两次 String 类对象的内容（注意：实际上是发生了两次引用改变），所以最终 String 类对象的内容就是"Hello World !!!"。但是在整个操作过程中，只是 String 类的对象引用发生了改变，而字符串的内容并没有发生改变。下面通过图 3-24 进行说明。

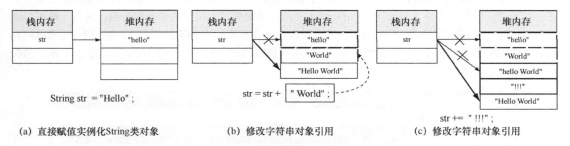

(a) 直接赋值实例化String类对象　　　(b) 修改字符串对象引用　　　(c) 修改字符串对象引用

图 3-24　字符串对象引用变更

通过图 3-23 可以发现，在进行 String 类对象内容修改时，实际上原始的字符串都没有发生变化（最终没有引用的堆内存空间将成为垃圾空间），而改变的只是 String 类对象的引用关系。所以可以得出结论：字符串一旦定义则不可改变。正因为存在这样的特性，所以在开发中应该回避以下代码的编写。

范例 3-43：观察以下代码问题。

```java
public class StringDemo {
    public static void main(String args[]) {
        String str = "";                          // 实例化字符串对象
        for (int x = 0; x < 1000; x++) {          // 循环 1000 次
            str += x;                             // 修改字符串对象引用
        }
        System.out.println(str);
    }
}
```

范例 3-43 的代码修改了 String 对象的引用关系 1000 次（所有数据类型遇见 String 连接操作时都会自动向 String 类型转换），并且会产生大量的垃圾空间，所以此类代码在开发中是严格禁止的，String 的内容不要做过多频繁的修改。

提问：如果出现了频繁修改该如何解决？

通过之前的讲解读者已经知道了 String 内容的修改属于引用关系的变更，同时也会造成大量的垃圾空间，但是在项目的开发中，如果就是需要频繁修改一个字符串，那么该怎么解决此类问题？

回答：使用 StringBuffer 或 StringBuilder 类代替。

在本书第 10 章讲解常用类库时能够为读者进一步分析字符串的相关问题，同时也会为读者讲解两个可以修改内容的字符串类型：StringBuffer 和 StringBuilder。

虽然 Java 提供了可以修改内容的字符串操作类，但是从笔者的实际使用经验来讲：开发中如果定义字符串，90%的情况下使用的都会是 String，而如果只是进行简单的字符串修改操作（可能只修改个一两次的情况），那么对于产生的垃圾问题也就没有必要过于在意。

3.9　String 类的常用方法

String 类在所有的项目开发里面都一定会使用到，因此 String 类提供了一系列的功能操作方法。除了之前所介绍的两个方法（equals()、intern()）之外，还提供了大量的其他操作方法。这些方法可以通过 Java Doc 文档查阅，如图 3-25 所示。考虑到 String 类在实际的工作中使用得非常广泛，笔者就建议读者尽可能将所有讲解过的方法都背下来，并且希望读者将以下所讲解的每一个方法的名称、返回值类型、参数的类型及个数、方法的作用全部记下来。

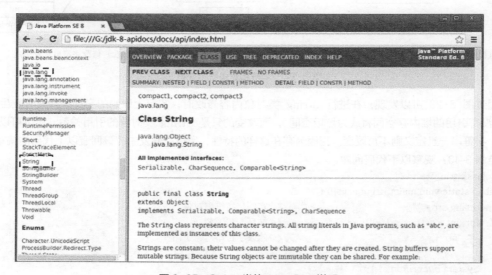

图 3-25　String 类的 Java Doc 说明

注意：希望读者可以花时间记下讲解的方法。
　　由于在开发中大部分的数据交互都是依靠 String 类进行的，可以说只要有 Java 项目的开发，就一定会存在 String 类的使用。所以在笔试的过程中，String 类方法的题目也是经常会出现的。本书建议读者将所有列出的方法的"**名称、返回值类型、参数的类型及个数、作用**"全部记下来，这样既方便学习，又可以为日后找工作做好准备。

技术穿越：文档很重要。
　　每一位开发者不可能将 Java 的全部方法都记下，所以优秀的开发者一定会参考文档。在本书中没有为读者使用中文的 Java 文档，这样做也是为了与其他技术文档接轨。对于文档，可以这么讲：每一门技术都会提供文档，所以读者在本章一定要具备文档的查询能力。

对于每一个文档的内容而言，它都包含有以下的 4 个主要组成部分。
- 第一部分：类的定义以及相关的继承结构；
- 第二部分：类的一些简短的说明；

- 第三部分：类的组成结构：

|- 类中的成员（Field Summary）；

|- 类中的构造方法（Constructor Summary）；

|- 类中的普通方法（Method Summary）。

- 第四部分：对每一个成员、构造方法、普通方法的作用进行详细说明，包括参数的作用。

为了方便读者记忆，表 3-1 已经为读者列出了本节中要讲解的 String 类的基本方法说明。

表 3-1　String 类的基本操作方法

No.	方法名称	类型	描述
1	public String(char[] value)	构造	将字符数组变为 String 类对象
2	public String(char[] value, int offset, int count)	构造	将部分字符数组变为 String 类对象
3	public char charAt(int index)	普通	返回指定索引对应的字符信息
4	public char[] toCharArray()	普通	将字符串以字符数组的形式返回
5	public String(byte[] bytes)	构造	将全部字节数组变为字符串
6	public String(byte[] bytes, int offset, int length)	构造	将部分字节数组变为字符串
7	public byte[] getBytes()	普通	将字符串变为字节数组
8	public byte[] getBytes(String charsetName) throws UnsupportedEncodingException	普通	进行编码转换
9	public boolean equals(String anObject)	普通	进行相等判断，区分大小写
10	public boolean equalsIgnoreCase(String anotherString)	普通	进行相等判断，不区分大小写
11	public int compareTo(String anotherString)	普通	判断两个字符串的大小（按照字符编码比较），此方法的返回值有以下 3 种结果： • =0：表示要比较的两个字符串内容相等； • >0：表示大于的结果； • <0：表示小于的结果
12	public boolean contains(String s)	普通	判断指定的内容是否存在
13	public int indexOf(String str)	普通	由前向后查找指定字符串的位置，如果查找到了则返回（第一个字母）位置索引，如果找不到返回-1
14	public int indexOf(String str, int fromIndex)	普通	由指定位置从前向后查找指定字符串的位置，找不到返回-1
15	public int lastIndexOf(String str)	普通	由后向前查找指定字符串的位置，找不到返回-1

续表

No.	方法名称	类型	描述
16	public int lastIndexOf(String str, int fromIndex)	普通	从指定位置由后向前查找字符串的位置，找不到返回-1
17	public boolean startsWith(String prefix)	普通	判断是否以指定的字符串开头
18	public boolean startsWith(String prefix, int toffset)	普通	从指定位置开始判断是否以指定的字符串开头
19	public boolean endsWith(String suffix)	普通	判断是否以指定的字符串结尾
20	public String replaceAll(String regex, String replacement)	普通	用新的内容替换全部旧的内容
21	public String replaceFirst(String regex, String replacement)	普通	替换首个满足条件的内容
22	public String substring(int beginIndex)	普通	从指定索引截取到结尾
23	public String substring(int beginIndex, int endIndex)	普通	截取部分子字符串的数据
24	public String[] split(String regex)	普通	按照指定的字符串进行全部拆分
25	public String[] split(String regex, int limit)	普通	按照指定的字符串进行部分拆分，最后的数组长度由 limit 决定（如果能拆分的结果很多，数组长度才会由 limit 决定），即前面拆，后面不拆
26	public String concat(String str)	普通	字符串连接，与 "+" 类似
27	public String toLowerCase()	普通	转小写
28	public String toUpperCase()	普通	转大写
29	public String trim()	普通	去掉字符串中左右两边的空格，中间空格保留
30	public int length()	普通	取得字符串长度
31	public String intern()	普通	数据入池
32	public boolean isEmpty()	普通	判断是否是空字符串（不是 null，而是""，长度 0）

下面通过具体的讲解来为读者演示以上方法的使用。

3.9.1　字符与字符串

在很多语言中都强调字符串由字符数组组成，这一概念在 Java 的 String 类中也有体现，其对应的操作方法如表 3-2 所示。

字符与字符串

表 3-2　String 类与字符之间的转换

No.	方法名称	类型	描述
1	public String(char[] value)	构造	将字符数组变为 String 类对象
2	public String(char[] value, int offset, int count)	构造	将部分字符数组变为 String
3	public char charAt(int index)	普通	返回指定索引对应的字符信息
4	public char[] toCharArray()	普通	将字符串以字符数组的形式返回

范例 3-44：取出指定索引的字符——使用 charAt()方法。

```
public class StringDemo {
    public static void main(String args[]) {
        String str = "hello";          // 定义字符串对象
        char c = str.charAt(0);        // 截取第一个字符
        System.out.println(c);         // 输出字符
    }
}
程序执行结果：                    h
```

charAt()方法的主要作用是从一个字符串中截取指定索引的字符，由于 Java 中的字符串的索引下标从 0 开始，所以截取的第一个字符为"h"。

范例 3-45：字符数组与字符串的转换。

```
public class StringDemo {
    public static void main(String args[]) {
        String str = "hello";                    // 定义字符串
        char[] data = str.toCharArray();         // 将字符串变为字符数组
        for (int x = 0; x < data.length; x++) {  // 循环输出每一个字符
            System.out.print(data[x] + "、");
        }
    }
}
程序执行结果：                    h、e、l、l、o、
```

本程序主要实现了字符串的拆分操作，利用 toCharArray()方法可以将一个字符串拆分为字符数组，而拆分后的字符数组长度就是字符串的长度。

当利用 toCharArray()方法将字符串拆分为字符数组后，实际上就可以针对每一个字符进行操作。下面为读者演示一个字符串小写字母转换为大写字母的操作（利用编码值来处理）。

范例 3-46：将字符串转为大写。

```
public class StringDemo {
    public static void main(String args[]) {
        String str = "hello";                    // 字符串由小写字母组成
        char[] data = str.toCharArray();         // 将字符串变为字符数组
        for (int x = 0; x < data.length; x++) {  // 改变每一个字符的编码值
            data[x] -= 32;
```

```
        }
        System.out.println(new String(data));              // 将全部字符数组变为 String
        System.out.println(new String(data, 1, 2));        // 将部分字符数组变为 String
    }
}
```

程序执行结果：　　　HELLO（"new String(data)" 语句输出）

　　　　　　　　　　EL（"new String(data，1，2)" 语句输出）

　　本程序首先将字符串（为了操作方便，此时的字符串全部由小写字母组成）拆分为字符数组，然后使用循环分别处理数组中每一个字符的内容，最后使用 String 类的构造方法，将字符数组变为字符串对象。

　　范例 3-47：给定一个字符串，要求判断其是否由数字组成。

　　思路：如果整个字符串要判断是不是数字是无法实现的，但是可以将字符串变为字符数组，然后判断每一个字符的内容是否是数字，如果该字符的范围在（'0' ~ '9'）指定的范畴之内，那么就是数字。

```
public class StringDemo {
    public static void main(String args[]) {
        String str = "123423432";
        if (isNumber(str)) {
            System.out.println("字符串由数字组成！");
        } else {
            System.out.println("字符串由非数字组成！");
        }
    }
    /**
     * 判断字符串是否由数字所组成
     * @param temp 要判断的字符串数据
     * @return 如果字符串由数字组成返回 true，否则返回 false
     */
    public static boolean isNumber(String temp) {
        char[] data = temp.toCharArray();          // 将字符串变为字符数组，可以取出每一位字符进行判断
        for (int x = 0; x < data.length; x++) {    // 循环判断
            if (data[x] > '9' || data[x] < '0') {  // 不是数字字符范围
                return false;                       // 后续不再判断
            }
        }
        return true;                                // 如果全部验证通过返回 true
    }
}
```

程序执行结果：　　　　　字符串由数字组成！

　　本程序在主类中定义了一个 isNumber() 方法，所以此方法可以在主方法中直接调用。在 isNumber() 方法中为了实现判断，首先将字符串转换为字符数组，然后采用循环的方式判断每一个字符是否是数字（例如：'9' 是字符不是数字 9），如果有一位不是则返回 false（结束判断），如果全部是数字则返回 true。

提示：方法命名的习惯。

　　读者可以发现在本程序中，isNumber()方法返回的是 boolean 数据类型，这是一种真或假的判断，而在 Java 开发中，针对返回 boolean 值的方法习惯性的命名是以"isXxx()"的形式命名。

3.9.2　字节与字符串

字节与字符串

　　字节使用 byte 描述，字节一般主要用于数据的传输或编码的转换，而在 String 类里面提供了将字符串变为字节数组的操作，就是为了传输以及编码转换。字符串与字节转换方法如表 3-3 所示。

表 3-3　字符串与字节转换方法

No.	方法名称	类型	描述
1	public String(byte[] bytes)	构造	将全部字节数组变为字符串
2	public String(byte[] bytes, int offset, int length)	构造	将部分字节数组变为字符串
3	public byte[] getBytes()	普通	将字符串变为字节数组
4	public byte[] getBytes(String charsetName) throws UnsupportedEncodingException	普通	进行编码转换

　　范例 3-48：观察字符串与字节数组的转换。

```
public class StringDemo {
    public static void main(String args[]) {
        String str = "helloworld";                    // 定义字符串
        byte[] data = str.getBytes();                 // 将字符串变为字节数组
        for (int x = 0; x < data.length; x++) {
            data[x] -= 32;                            // 将小写字母变为大写形式
        }
        System.out.println(new String(data));         // 全部转换
        System.out.println(new String(data, 5, 5));   // 部分转换
    }
}
程序执行结果：        HELLOWORLD（"new String(data)"语句执行结果）
                    WORLD（"new String(data, 5, 5)"语句执行结果）
```

　　本程序利用字节数据类型实现了字符串小写字母转为大写字母的操作，首先将字符串利用 getBytes() 方法变为字节数组，然后修改数组中每个元素的内容，最后利用 String 的字符串将修改后的字节数组全部或部分变为字符串。

技术穿越：一般情况下，在程序中如果要操作字节数组只有以下两种情况。

　　● 情况一：需要进行编码的转换时，这一操作可以在 Java Web 开发中看到，详细情况可以参考《Java Web 开发实战经典》一书；

　　● 情况二：数据要进行传输时，在讲解 IO 操作或网络编程时要使用到，IO 操作可以在本书第 12 章中学习到，而网络编程传输字节数据的情况在 Android 中也比较常见。

3.9.3 字符串的比较 2

字符串的比较 2

如果要进行字符串内容相等的判断需要使用 equals()方法，而在 String 类中针对字符串内容的比较方法也提了多种，这些方法如表 3-4 所示。

表 3-4 字符串内容相等比较

No.	方法名称	类型	描述
1	public boolean equals(String anObject)	普通	进行相等判断，区分大小写
2	public boolean equalsIgnoreCase(String anotherString)	普通	进行相等判断，不区分大小写
3	public int compareTo(String anotherString)	普通	判断两个字符串的大小（按照字符编码比较），此方法的返回值有如下 3 种结果： • =0：表示要比较的两个字符串内容相等 • >0：表示大于的结果 • <0：表示小于的结果

范例 3-49：相等判断。

```
public class StringDemo {
    public static void main(String args[]) {
        String stra = "Hello";                          // 实例化字符串对象
        String strb = "hELLO";                          // 实例化字符串对象
        System.out.println(stra.equals(strb));          // 比较结果：false
        System.out.println(stra.equalsIgnoreCase(strb)); // 比较结果：true
    }
}
程序执行结果：          false（"stra.equals(strb)"语句执行结果）
                      true（"stra.equalsIgnoreCase(strb)"语句执行结果）
```

本程序首先定义了两个 String 类对象，但是这两个字符串对象中的数据大小写不同，然后利用 equals()方法比较时可以发现需要区分大小写字母，所以判断结果为 false。而使用 equalsIgnoreCase()方法比较是不区分大小写的，所以结果为 true。

equals()和 equalsIgnoreCase()两个方法只适合判断内容是否相等，如果要比较两个字符串的大小关系，就必须使用 compareTo()方法完成。compareTo()方法返回 int 型数据，**这个 int 型数据有 3 种结果：大于（返回结果大于 0）、小于（返回结果小于 0）、等于（返回结果为 0）。**

范例 3-50：观察 compareTo()方法。

```
public class StringDemo {
    public static void main(String args[]) {
        String stra = "Hello";                          // 定义字符串对象
        String strb = "HEllo";                          // 定义字符串对象
        System.out.println(stra.compareTo(strb));       // 32，大于 0
        if (stra.compareTo(strb) > 0) {                 // 可以利用大小等于 0 的方式来判断大小
```

```
        System.out.println("大于");
      }
    }
  }
}
```

程序执行结果：　　　　32（"stra.compareTo(strb)"语句执行结果，比较的是两个字符串的编码数值）
　　　　　　　　　　　大于（"System.out.println("大于");"语句执行结果）

　　本程序使用 compareTo() 方法来判断两个字符串的大小关系，通过结果的执行可以发现，compareTo() 方法在比较字符串大小时，根据字符串数据的编码差值的方式来判断（如果第一个相同则继续判断后续内容）。如果要结合分支或循环语句来操作则可以利用 compareTo() 的返回结果数值来作为判断条件。

3.9.4　字符串的查找

字符串查找

　　一个字符串往往有许多字符组成，而如果要从一个完整的字符串中判断某一个子字符串是否存在，可以使用表 3-5 所示的方法。

表 3-5　字符串查找

No.	方法名称	类型	描述
1	public boolean contains(String s)	普通	判断指定的内容是否存在
2	public int indexOf(String str)	普通	由前向后查找指定字符串的位置，如果查找到了则返回（第一个字母）位置索引，如果找不到返回-1
3	public int indexOf(String str, int fromIndex)	普通	由指定位置从前向后查找指定字符串的位置，找不到返回-1
4	public int lastIndexOf(String str)	普通	由后向前查找指定字符串的位置，找不到返回-1
5	public int lastIndexOf(String str, int fromIndex)	普通	从指定位置由后向前查找字符串的位置，找不到返回-1
6	public boolean startsWith(String prefix)	普通	判断是否以指定的字符串开头
7	public boolean startsWith(String prefix, int toffset)	普通	从指定位置开始判断是否以指定的字符串开头
8	public boolean endsWith(String suffix)	普通	判断是否以指定的字符串结尾

　　范例 3-51：使用 indexOf() 等功能查找。

```
public class StringDemo {
  public static void main(String args[]) {
    String str = "helloworld";                       // 实例化字符串对象
    System.out.println(str.indexOf("world"));        // 返回满足条件单词的第一个字母的索引
    System.out.println(str.indexOf("l"));            // 返回的是第一个查找到的子字符串位置
    System.out.println(str.indexOf("l", 5));         // 从第 6 个元素开始查找子字符串位置
    System.out.println(str.lastIndexOf("l"));        // 从后向前开始查找指定字符串的位置
  }
```

```
}
```
程序执行结果：　　　5（"System.*out*.println(str.indexOf("world"));" 语句执行结果）
　　　　　　　　　　2（"System.*out*.println(str.indexOf("l"));" 语句执行结果）
　　　　　　　　　　8（"System.*out*.println(str.indexOf("l", 5));" 语句执行结果）
　　　　　　　　　　8（"System.*out*.println(str.lastIndexOf("l"));" 语句执行结果）

　　本程序利用 indexOf()方法进行子字符串的位置查找，可以发现 indexOf()方法默认情况下是采用由前向后的顺序进行查找，也可以利用 indexOf()重载的方法由指定位置开始查找，或者利用 lastIndexOf()方法由后向前查找。

　　范例 3-51 的代码只是利用 indexOf()方法返回了要查找的子字符串位置。但是在一些程序中也可以利用 indexOf()方法来判断是否有指定的子字符串，最早的做法是通过判断查询结果是否是 "-1" 来实现。

　　范例 3-52：利用 indexOf()方法判断子字符串是否存在。

```
public class StringDemo {
    public static void main(String args[]) {
        String str = "helloworld";                 // 字符串对象
        if (str.indexOf("world") != -1) {          // 能找到子字符串
            System.out.println("可以查询到数据。");
        }
    }
}
```
程序执行结果：　　　　可以查询到数据。

　　本程序利用 indexOf()方法查询不到返回-1 结果这一特性继续判断，如果在查找子字符串时返回的结果不是-1，那么就表示可以查询到内容。但是此种判断方式现在已经很少使用了，因为从 JDK 1.5 开始 String 类扩充了一个 contains()方法，利用此方法可以直接返回 boolean（如果查询到则返回 true，否则返回 false）。

　　范例 3-53：使用 contains()方法判断子字符串是否存在。

```
public class StringDemo {
    public static void main(String args[]) {
        String str = "helloworld";                 // 字符串对象
        if (str.contains("world")) {               // 子字符串存在
            System.out.println("可以查询到数据。");
        }
    }
}
```
程序执行结果：　　　　可以查询到数据。

　　本程序直接利用 String 类的 contains()方法来判断子字符串是否存在，contains()方法直接可以返回 boolean 值，这样作为判断条件会比较方便。

　　范例 3-54：开头或结尾判断。

```
public class StringDemo {
    public static void main(String args[]) {
        String str = "##@@hello**";                    // 字符串对象
        System.out.println(str.startsWith("##"));      // 是否以 "##" 开头
        System.out.println(str.startsWith("@@", 2));   // 从第 2 个索引开始是否以 "@@" 开头
```

```
        System.out.println(str.endsWith("**")) ;            // 是否以 "**" 结尾
    }
}
```
程序执行结果：   true（"str.startsWith("##")" 语句执行结果）
                  true（"str.startsWith("@@", 2)" 语句执行结果）
                  true（"str.endsWith("**")" 语句执行结果）

本程序分别利用 startsWith() 与 endsWith() 两个方法来判断指定的字符串数据是否以指定的内容开头。

技术穿越：关于 startsWith() 方法。

　　对于 startsWith() 方法经常可以在购物车代码中见到，例如：一个用户可能同时购买多种商品，当修改不同商品的购买数量时就需要动态生成表单，而此时为了让表单的名称与其他名称区分，往往可以采用动态接收请求的操作完成，这一操作的范例在《Java Web 开发实战经典（高级案例篇）》中会有实际操作讲解。

　　另外需要提醒读者的是，对于 "public boolean startsWith(String prefix, int toffset)" 方法是在 JDK 1.7 之后才增加的一个新的方法。

3.9.5　字符串的替换

字符串替换

　　在 String 类中提供了字符串的替换操作，即可以将指定的字符串内容进行整体替换。字符串替换的方法如表 3-6 所示。

表 3-6　字符串替换

No.	方法名称	类型	描述
1	public String replaceAll(String regex, String replacement)	普通	用新的内容替换全部旧的内容
2	public String replaceFirst(String regex, String replacement)	普通	替换首个满足条件的内容

范例 3-55：观察替换的结果。

```
public class StringDemo {
    public static void main(String args[]) {
        String str = "helloworld" ;                     // 定义字符串
        String resultA = str.replaceAll("l","_") ;      // 全部替换
        String resultB = str.replaceFirst("l","_") ;    // 替换首个
        System.out.println(resultA) ;
        System.out.println(resultB) ;
    }
}
```
程序执行结果：   he__owor_d（"System.out.println(resultA)" 语句执行结果）
                  he_loworld（"System.out.println(resultB)" 语句执行结果）

本程序利用 replaceAll() 与 replaceFirst() 两个方法实现了全部以及首个内容的替换，特别需要注意的是，这两个方法都会返回替换完成后的新字符串内容。

3.9.6 字符串的截取

从一个字符串中，可以取出指定的子字符串，称为字符串的截取操作。字符串截取操作的方法如表 3-7 所示。

字符串截取

表 3-7 字符串截取

No.	方法名称	类型	描述
1	public String substring(int beginIndex)	普通	从指定索引截取到结尾
2	public String substring(int beginIndex, int endIndex)	普通	截取部分子字符串的数据

范例 3-56： 验证操作。

```java
public class StringDemo {
    public static void main(String args[]) {
        String str = "helloworld";                    // 定义字符串
        String resultA = str.substring(5);            // 从指定索引截取到结尾
        String resultB = str.substring(0, 5);         // 截取部分子字符串
        System.out.println(resultA);
        System.out.println(resultB);
    }
}
程序执行结果：        world（"System.out.println(resultA)"语句执行结果）
                    hello（"System.out.println(resultB)"语句执行结果）
```

substring()方法存在重载操作，所以它可以返回两种截取结果，一种是从指定位置截取到结尾，另外一种是设置截取的开始索引与结束索引。截取完成后 substring()方法会将截取的结果返回。

> **提示：关于截取的参数设置。**
>
> 在 String 类中 substring()方法传递的参数只能是正整数，不能是负数，而且一定要记住 Java 中的字符串索引都是从 0 开始，这一点与数据库的函数设计上是有差别的。

3.9.7 字符串的拆分

所谓的拆分操作指的就是按照一个指定的字符串标记，将一个完整的字符串分割为字符串数组。如果要完成拆分操作，可以使用表 3-8 所示的方法。

字符串拆分

表 3-8 字符串拆分

No.	方法名称	类型	描述
1	public String[] split(String regex)	普通	按照指定的字符串进行全部拆分
2	public String[] split(String regex, int limit)	普通	按照指定的字符串进行部分拆分，最后的数组长度由 limit 决定（如果能拆分的结果很多，数组长度才会由 limit 决定），即前面拆，后面不拆

范例 3-57：进行全部拆分。

```
public class StringDemo {
    public static void main(String args[]) {
        String str = "hello yootk nihao mldn";      // 定义字符串，中间使用空格作为间隔
        String result[] = str.split(" ");           // 字符串拆分
        for (int x = 0; x < result.length; x++) {   // 循环输出
            System.out.print(result[x] + "、");
        }
    }
}
```
程序执行结果：   hello、yootk、nihao、mldn、

　　本程序是将一个字符串按照空格进行全部拆分，所以最后将一个完整的字符串拆为 4 个，并且将其保存在 String 类的对象数组中。

提示：如果使用空字符串则表示根据每个字符拆分。

　　在进行字符串拆分时，如果 split() 方法中设置的是一个空字符串，那么就表示全部拆分，即将整个字符串变为一个字符串数组，而数组的长度就是字符串的长度。

范例 3-58：字符串全部拆分。

```
public class StringDemo {
    public static void main(String args[]) {
        String str = "hello yootk";                 // 定义字符串
        String result[] = str.split("");            // 字符串全部拆分
        for (int x = 0; x < result.length; x++) {   // 循环输出
            System.out.print(result[x] + "、");
        }
    }
}
```
程序执行结果：   h、e、l、l、o、 、y、o、o、t、k、

　　此时可以发现，使用 split() 方法时只设置了一个空字符串（不是 null，如果是 null，执行则会出现 NullPointerException 异常），这样就表示按照每一个字符进行拆分。

范例 3-59：拆分为指定的个数。

```
public class StringDemo {
    public static void main(String args[]) {
        String str = "hello yootk nihao mldn";      // 定义字符串，中间使用空格作为间隔
        String result[] = str.split(" ",2);         // 字符串拆分
        for (int x = 0; x < result.length; x++) {   // 循环输出
            System.out.println(result[x]);
        }
    }
}
```
程序执行结果：   hello
                     yootk nihao mldn

本程序在进行拆分时设置了拆分的个数，所以只将全部的内容拆分为两个长度的字符串对象数组。

注意：要避免正则表达式的影响，可以进行转义操作。

实际上 split() 方法的字符串拆分能否正常进行，与正则表达式的操作有关，所以有些时候会出现无法拆分的情况，例如：给出一个 IP 地址（192.168.1.2），那么肯定首先想到的是根据"."拆分，而如果直接使用"."是不可能正常拆分的。

范例 3-60： 错误的拆分操作。

```java
public class StringDemo {
    public static void main(String args[]) {
        String str = "192.168.1.2";                  // 定义字符串
        String result[] = str.split(".");            // 字符串拆分
        for (int x = 0; x < result.length; x++) {    // 循环输出
            System.out.print(result[x] + "、");
        }
    }
}
```

此时操作是不能正常执行的，而要想正常执行，就必须对要拆分的"."进行转义，在 Java 中转义要使用"\\"（"\\"表示一个"\"）描述。

范例 3-61： 正常的拆分操作。

```java
public class StringDemo {
    public static void main(String args[]) {
        String str = "192.168.1.2";                  // 定义字符串
        String result[] = str.split("\\.");          // 字符串拆分
        for (int x = 0; x < result.length; x++) {    // 循环输出
            System.out.print(result[x] + "、");
        }
    }
}
```
程序执行结果：   192、168、1、2、

此时程序已经可以正确地实现字符串的拆分操作。而关于正则表达式的内容将在本书第 10 章为读者讲解。

在实际的开发中，拆分的操作是非常常见的，因为很多时候会传递一组数据到程序中进行处理。例如，现在有如下的一个字符串："张三:20|李四:21|王五:22|…"（姓名:年龄|姓名:年龄|…），当接收到此数据时必须要对数据进行拆分。

范例 3-62： 复杂拆分。

```java
public class StringDemo {
    public static void main(String args[]) {
        String str = "张三:20|李四:21|王五:22";            // 定义字符串
        String result[] = str.split("\\|");              // 第一次拆分
        for (int x = 0; x < result.length; x++) {
            String temp[] = result[x].split(":");        // 第二次拆分
            System.out.println("姓名： " + temp[0] + "，年龄： " + temp[1]);
```

```
        }
    }
}
```

程序执行结果：　　　姓名：张三，年龄：20
　　　　　　　　　　姓名：李四，年龄：21
　　　　　　　　　　姓名：王五，年龄：22

本程序首先使用"|"进行了拆分，然后在每次循环中又使用"："继续拆分，最终取得了姓名与年龄数据。在实际开发中，这样的数据传递形式也是非常常见的，所以一定要重点掌握。

3.9.8　其他方法

其他方法

除了以上给出的多组字符串操作方法，在 String 类中也提供了一些其他辅助操作方法，这些方法如表 3-9 所示。

表 3-9　String 类的其他操作方法

No.	方法名称	类型	描述
1	public String concat(String str)	普通	字符串连接，与"+"类似
2	public String toLowerCase()	普通	转小写
3	public String toUpperCase()	普通	转大写
4	public String trim()	普通	去掉字符串中左右两边的空格，中间空格保留
5	public int length()	普通	取得字符串长度
6	public String intern()	普通	数据入池
7	public boolean isEmpty()	普通	判断是否是空字符串（不是 null，而是 ""，长度 0）

范例 3-63：字符串连接。

```
public class StringDemo {
    public static void main(String args[]) {
        String str = "hello".concat("world") ;        // 等价于"+"
        System.out.println(str) ;
    }
}
```

程序执行结果：　　　　　　　helloworld

本程序利用 concat()方法实现了字符串的连接操作，但是大部分情况下都会使用"+"来取代 concat()方法。

范例 3-64：转小写与转大写操作。

```
public class StringDemo {
    public static void main(String args[]) {
        String str = "(*(*Hello(*(*" ;              // 定义字符串
        System.out.println(str.toUpperCase()) ;    // 转大写后输出
        System.out.println(str.toLowerCase()) ;    // 转小写后输出
```

```
    }
}
```

程序执行结果：　　　(*(*HELLO(*(* （"System.*out*.println(str.toUpperCase())" 语句执行结果）

　　　　　　　　　　(*(*hello(*(* （"System.*out*.println(str.toLowerCase())" 语句执行结果）

　　在 String 类中提供的 toUpperCase() 与 toLowerCase() 两个方法的好处在于，对于非字母的部分不会进行转换。

　　范例 3-65：去掉左右空格。

```
public class StringDemo {
    public static void main(String args[]) {
        String str = "   hello   world   ";          // 定义字符串，包含空格
        System.out.println("【" + str + "】");          // 原始字符串
        System.out.println("【" + str.trim() + "】");   // 去掉空格后的字符串
    }
}
```

程序执行结果：　　　【   hello   world   】

　　　　　　　　　　【hello   world】

　　本程序为了对比方便，输出了原始字符串以及使用 trim() 方法去掉空格后的字符串，通过执行可以发现，对于字符串左右两边的空格是可以使用 trim() 方法取消的，但是中间的空格则无法消除。

提示：可以使用 replaceAll() 来实现空格删除。

　　trim() 方法只能删除左右空格，无法删除中间的空格。如果现在要想取消字符串中的全部空格，用户也可以使用 replaceAll() 方法将空格替换为空字符串（""不是 null）的方法实现。

　　范例 3-66：取消掉全部空格。

```
public class StringDemo {
    public static void main(String args[]) {
        String str = "   hello   world   ";          // 定义字符串，包含空格
        System.out.println(str.replaceAll(" ",""));   // 去掉空格后的字符串
    }
}
```

程序执行结果：　　　　helloworld

　　本程序已经将字符串中的全部空格都删除了，在这里笔者要提醒读者的是，在开发中各种方法都需要混合搭配使用，所以对于常用方法的使用一定要灵活。

　　范例 3-67：取得字符串长度。

```
public class StringDemo {
    public static void main(String args[]) {
        String str = "helloworld";                   // 定义字符串
        System.out.println(str.length());           // 取得字符串长度
    }
}
```

程序执行结果：　　　　10

本程序直接使用 length() 方法取得字符串长度后进行输出。

 提示：关于 length 的说明。

　　有许多初学者在学习完 String 类中的 length() 方法（String 对象.length()）后，容易与数组中的 length（数组对象.length）属性混淆，在这里一定要提醒读者的是，String 中取得长度使用的是 length() 方法，只要是方法后面都要有"()"，而数组中没有 length() 方法只有 length 属性。

　　范例 3-68：判断是否为空字符串。

```
public class StringDemo {
    public static void main(String args[]) {
        String str = "helloworld";                // 定义字符串
        System.out.println(str.isEmpty());        // 判断字符串对象的内容是否为空字符串（不是 null）
        System.out.println("".isEmpty());         // 判断字符串常量的内容是否为空字符串（不是 null）
    }
}
```
程序执行结果：　　　false（"System.out.println(str.isEmpty())"语句执行结果）
　　　　　　　　　　true（"System.out.println("".isEmpty())"语句执行结果）

　　空字符串（不是 null）指的是长度为 0 的字符串数据，利用 isEmpty() 方法可以实现判断，如果觉得 isEmpty() 方法不方便，还可以使用 """.equals(str)" 操作代替。

　　String 类虽然提供了大量的支持方法，但是却少了一个重要的方法——initcap() 功能，首字母大写，其余字母小写，而这样的功能只能够自己实现。

　　范例 3-69：实现首字母大写的操作。

```
public class StringDemo {
    public static void main(String args[]) {
        String str = "yootk";                     // 定义字符串
        System.out.println(initcap(str));         // 调用 initcap() 方法
    }
    /**
     * 实现首字母大写的操作
     * @param temp 要转换的字符串数据
     * @return 将首字母大写后返回
     */
    public static String initcap(String temp) {
        // 先利用 substring(0,1) 取出字符串的第一位后将其变为大写，再连接剩余的字符串
        return temp.substring(0, 1).toUpperCase() + temp.substring(1);
    }
}
```
程序执行结果：　　　Yootk

　　本程序利用 substring() 方法首先截取了要转换字符串的第一个字符，然后利用 toUpperCase() 方法将其变为大写字母，最后与其他剩余的字符串连接，就可以实现首字母大写的功能了。

> **技术穿越：开头首字母大写这一操作十分重要。**
>
> 　　虽然 JDK 没有提供此类方法，可是以后学习的 Apache 的 commones 组件包中有此方法。有兴趣的读者可以登录"www.apache.org"网址，下载此开发包，自己学习。
>
> 　　对于字符串首字母大写这一操作，在进行反射机制的学习中还会继续为读者讲解到，而且这一操作在许多框架开发中也都被大量采用。
>
> 　　本程序只是给读者一个基本的思路，并没有考虑过多的验证操作，而对于反射机制将在本书第 10 章为读者讲解。

3.10　this 关键字

对于 Java 而言，this 可以说是最麻烦一个关键字，但只要是代码开发，几乎都离不开 this。在 Java 中 this 可以完成 3 件事情：调用**本类属性**，调用**本类方法**，表示**当前对象**（只是先介绍概念）。下面为读者分别讲解 this 的 3 种应用。

3.10.1　调用本类属性

在一个类的定义的方法中可以直接访问类中的属性，但是很多时候有可能会出现方法参数名称与属性名称重复的情况，所以此时就需要利用"this.属性"的形式明确地指明要调用的是类中的属性而不是方法的参数。下面通过代码来为读者验证这一问题。

调用属性

范例 3-70：观察程序问题。

```java
class Book {
    private String title;
    private double price;
    public Book(String title, double price) {
        title = title;              // 原本的目的是希望将构造方法中的 title 变量内容设置给 title 属性
        price = price;              // 原本的目的是希望将构造方法中的 price 变量内容设置给 price 属性
    }
    // setter、getter 略
    public String getInfo() {
        return "书名：" + title + "，价格：" + price;
    }
}
public class TestDemo {
    public static void main(String args[]) {
        Book book = new Book("Java 开发", 89.2);
        System.out.println(book.getInfo());
    }
}
程序执行结果：          书名：null，价格：0.0
```

本程序在 Book 类中直接定义了一个构造方法，其目的是希望通过构造方法为 title 和 price 两个属性进行赋值，但最终的结果发现并没有成功赋值，这是因为在 Java 中的变量使用具备"就近取用"的原则，在构造方法中已经存在 title 或 price 变量名称，所以如果直接调用 title 或 price 变量将不会使用类中的属性，只会使用方法中的参数，如图 3-26 所示，所以此时 Book 类的构造方法是无法为 title 或 price 属性赋值的。

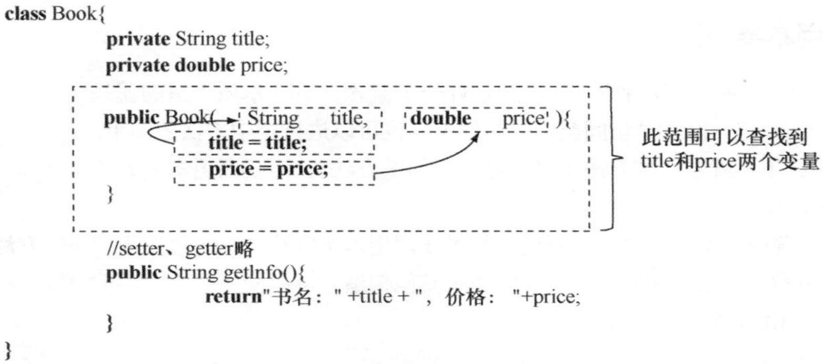

```
class Book{
        private String title;
        private double price;

        public Book(  String   title,    double    price ){
                  title = title;
                  price = price;
        }

        //setter、getter略
        public String getInfo(){
                return"书名：" +title + "，价格： "+price;
        }
}
```

此范围可以查找到
title和price两个变量

图 3-26　问题分析

在这种情况下为了可以明确地找到要访问的变量属于类中的属性，需要在变量前加上 this，这样就可以准确地进行属性的标记。

注意：访问类属性都要加上"this"。
　　很多初学者在编写代码时大部分都是以实现代码功能为主，并没有考虑过多的编写习惯。而笔者在这里需要提醒读者的是，为了减少不必要的麻烦，在类中访问属性时不管是否有重名的变量，一定要加上"this"。

范例 3-71：使用 this 关键字明确地表示访问类中的属性。

```java
class Book {
    private String title;
    private double price;
    public Book(String title, double price) {
        this.title = title;        // this.属性表示的是本类属性，这样即使与方法中的参数重名也可以明确定位
        this.price = price;        // this.属性表示的是本类属性，这样即使与方法中的参数重名也可以明确定位
    }
    // setter、getter 略
    public String getInfo() {
        return "书名：" + title + "，价格：" + price;
    }
}
public class TestDemo {
    public static void main(String args[]) {
        Book book = new Book("Java 开发", 89.2);
```

```
            System.out.println(book.getInfo());
        }
    }
```
程序执行结果：   书名：Java 开发，价格：89.2

本程序由于构造方法中访问属性时增加了 this 关键字，所以可以在变量名称相同的情况下，明确地区分属性或参数，传递的内容也可以正常赋值。

3.10.2 调用本类方法

调用方法

通过 3.10.1 节的讲解，读者应该建立起这样一个概念，this 本质上指的就是明确进行本类结构的标记，而除了访问类中的属性外，也可以进行类中方法的调用。

在一个类中，主要就是两种方法（普通方法、构造方法），而要调用本类方法也就分为以下两种形式。

- 调用本类普通方法：在之前强调过，如果要调用本类方法，则可以使用 "this.方法()" 调用；
- 调用本类构造方法：在一个构造中要调用其他构造，可以使用 "this()" 调用。

范例 3-72：调用本类普通方法。

```
class Book {
    private String title;
    private double price;
    public Book(String title, double price) {
        this.title = title;
        this.price = price;
    }
    public void print() {
        System.out.println("更多课程请访问：www.yootk.com") ;
    }
    // setter、getter 略
    public String getInfo() {
        this.print() ;                      // 调用本类方法
        return "书名：" + title + "，价格：" + price;
    }
}
public class TestDemo {
    public static void main(String args[]) {
        Book book = new Book("Java 开发", 89.2);
        System.out.println(book.getInfo());
    }
}
```
程序执行结果：   更多课程请访问：www.yootk.com（"this.print()" 语句执行结果）
                       书名：Java 开发，价格：89.2

本程序在 getInfo()方法进行对象信息取得前，调用了本类中定义的 print()方法，由于是在本类定义的，所以可以直接利用 "this.方法()" 的形式进行访问。

提示：可以直接访问本类方法。

从代码的严格角度来讲，利用"this.方法()"调用本类中其他普通方法的做法是非常标准的，由于是在一个类中，也可以直接使用"方法()"的形式调用。但是从本书的编写习惯来讲都会使用 this 调用本类属性或本类方法。

除了可以调用本类方法，在一个类中也可以利用"this()"的形式实现一个类中多个构造方法的互相调用。例如：一个类中存在 3 个构造方法（无参，有一个参数，有两个参数），但是不管使用何种构造方法，都要求在实例化对象产生的时候输出一行提示信息："一个新的 Book 类对象产生。"（假设这个信息等于 50 行代码），按照之前的学习，代码编写如下。

范例 3-73：观察程序问题。

```
class Book {
    private String title;
    private double price;
    public Book() {
        System.out.println("一个新的 Book 类对象产生。");        // 把这行语句想象成 50 行代码
    }
    public Book(String title) {
        System.out.println("一个新的 Book 类对象产生。");        // 把这行语句想象成 50 行代码
        this.title = title;
    }
    public Book(String title, double price) {
        System.out.println("一个新的 Book 类对象产生。");        // 把这行语句想象成 50 行代码
        this.title = title;
        this.price = price;
    }
    // setter、getter 略
    public String getInfo() {
        return "书名：" + this.title + "，价格：" + this.price;
    }
}
public class TestDemo {
    public static void main(String args[]) {
        Book book = new Book("Java 开发", 89.2);
        System.out.println(book.getInfo());
    }
}
```
程序执行结果：　　　　一个新的 Book 类对象产生。
　　　　　　　　　　　书名：Java 开发，价格：89.2

本程序定义了 3 个构造方法，并且每一个构造方法上都会出现相应的信息提示。此时，不管调用哪一个构造方法，都可以完成指定的信息输出。如果假设将这一行输出的代码想象为 50 行代码的量，那么现在按照之前所学习到的知识来讲，程序中会出现大量的重复代码，而程序的设计目标是减少重复代码，则此时就可以利用 this() 来完成。

范例 3-74：消除掉构造方法中的重复代码。

```java
class Book {
    private String title;
    private double price;
    public Book() {
        System.out.println("一个新的 Book 类对象产生。");// 把这行语句想象成 50 行代码
    }
    public Book(String title) {
        this() ;                                    // 调用本类无参构造方法
        this.title = title;
    }
    public Book(String title, double price) {
        this(title) ;                               // 调用本类有一个参数的构造方法
        this.price = price;
    }
    // setter、getter 略
    public String getInfo() {
        return "书名： " + this.title + "， 价格： " + this.price;
    }
}
public class TestDemo {
    public static void main(String args[]) {
        Book book = new Book("Java 开发", 89.2);
        System.out.println(book.getInfo());
    }
}
```

程序执行结果：　　　　　*一个新的 Book 类对象产生。*
　　　　　　　　　　　　名：Java 开发，价格：89.2

本程序在两个参数的构造方法中（"**public Book(String title，double price){}**"）使用"this(title)"调用了有一个参数的构造方法（"**public Book(String title){}**"），而在一个参数的构造中调用了无参构造，这样不管调用哪个构造，都会执行特定功能（本次为输出操作）。

注意：关于 this 调用构造的限制。
　　在使用 this 调用构造方法时，存在两个重要的限制（这些都可以在程序编译时检查出来）：
- 使用"this()"调用构造方法形式的代码只能够放在构造方法的首行；
- 进行构造方法互相调用时，一定要保留调用的出口。

　　对于第一个限制相对而言比较好理解，因为构造方法是在类对象实例化时调用的，所以构造方法间的互相调用，就只能放在构造方法中编写。而第二个限制理解起来比较麻烦，下面通过代码来验证。

　　范例 3-75：观察错误的代码。

```java
class Book {
```

```
        private String title;
        private double price;
        public Book() {
            this("HELLO", 1.1);                    // 调用双参构造
            System.out.println("一个新的 Book 类对象产生。");
        }
        public Book(String title) {
            this();                                // 调用本类的无参构造
            this.title = title;
        }
        public Book(String title, double price) {
            this(title);                           // 调用本类的单参构造
            this.price = price;
        }
        // setter、getter 略
        public String getInfo() {
            return "书名：" + this.title + "，价格：" + this.price;
        }
    }
```

此时调用的语句的确是放在了构造方法的首行，但是读者可以发现，此时会形成一个构造方法调用的死循环状态。所以在编译时就会出现错误提示"构造方法递归调用"，也就是说在使用 this 调用构造方法时，一定要留有出口，不允许出现循环调用的情况。

实例：定义一个雇员类（编号、姓名、工资、部门），在这个类里提供了以下 4 个构造方法。

- 无参构造：编号为 0，姓名为无名氏，工资为 0.0，部门设置为"未定"；
- 单参构造（传递编号）：姓名为"临时工"，工资为 800.0，部门为后勤；
- 双参构造（传递编号、姓名）：工资为 2000.0，部门为技术部；
- 四参构造。

实现方式一：按照传统的风格实现。

```
class Emp {
    private int empno;
    private String ename;
    private double sal;
    private String dept;
    public Emp() {                                 // 无参构造
        this.empno = 0;
        this.ename = "无名氏";
        this.sal = 0.0;
        this.dept = "未定";
    }
    public Emp(int empno) {                         // 单参构造
        this.empno = empno;
```

```
            this.ename = "临时工";
            this.sal = 800.0;
            this.dept = "后勤部";
        }
        public Emp(int empno, String ename) {                    // 双参构造
            this.empno = empno;
            this.ename = ename;
            this.sal = 2000.0;
            this.dept = "技术部";
        }
        public Emp(int empno, String ename, double sal, String dept) {    // 四参构造
            this.empno = empno;
            this.ename = ename;
            this.sal = sal;
            this.dept = dept;
        }
        public String getInfo() {
            return "雇员编号：" + this.empno + "，姓名：" + this.ename + "，工资：" + this.sal
                    + "，部门：" + this.dept;
        }
        // setter、getter 略
}
public class TestDemo {
    public static void main(String args[]) {
        Emp ea = new Emp();
        Emp eb = new Emp(7369);
        Emp ec = new Emp(7566, "ALLEN");
        Emp ed = new Emp(7839, "KING", 5000.0, "财务部");
        System.out.println(ea.getInfo());
        System.out.println(eb.getInfo());
        System.out.println(ec.getInfo());
        System.out.println(ed.getInfo());
    }
}
```

程序执行结果：　　雇员编号：0，姓名：无名氏，工资：0.0，部门：未定
　　　　　　　　　雇员编号：7369，姓名：临时工，工资：800.0，部门：后勤部
　　　　　　　　　雇员编号：7566，姓名：ALLEN，工资：2000.0，部门：技术部
　　　　　　　　　雇员编号：7839，姓名：KING，工资：5000.0，部门：财务部

　　本程序首先分别利用不同的构造方法产生了 4 个实例化对象，然后分别调用 getInfo()方法进行输出。虽然这个时候已经完成了开发的要求，但是却可以发现程序中存在重复的代码，很明显，这种包含重复代码的程序一定不符合实际的开发要求。

　　实现方式二：利用构造方法互调用简化代码。

```
class Emp {
    private int empno;
    private String ename;
```

```
    private double sal;
    private String dept;
    public Emp() {
        this(0, "无名氏", 0.0, "未定");                    // 调用四参构造
    }
    public Emp(int empno) {
        this(empno, "临时工", 800.0, "后勤部");            // 调用四参构造
    }
    public Emp(int empno, String ename) {
        this(empno, ename, 2000.0, "技术部");             // 调用四参构造
    }
    public Emp(int empno, String ename, double sal, String dept) {
        this.empno = empno;
        this.ename = ename;
        this.sal = sal;
        this.dept = dept;
    }
    public String getInfo() {
        return "雇员编号: " + this.empno + ", 姓名: " + this.ename + ", 工资: " + this.sal
            + ", 部门: " + this.dept;
    }
    // setter、getter 略
}
```

此时通过"this()"语法的形式，很好地解决了构造方法中代码重复的问题。

3.10.3　表示当前对象

表示当前对象

this 关键字在应用的过程中有一个最为重要的概念——当前对象，而所谓的当前对象指的就是当前正在调用类中方法的实例化对象，下面直接通过一个代码来观察。

提示：对象输出问题。
　　实际上所有的引用数据类型都是可以打印输出的，默认情况下输出会出现一个对象的编码信息，这一点在范例 3-76 中读者可以看见，而在本书第 4 章中会为读者详细解释对象打印输出问题。

范例 3-76：直接输出对象。

```
class Book {
    public void print() {  // 调用 print()方法的对象就是当前对象，this 就自动与此对象指向同一块内存地址
        System.out.println("this = " + this);        // this 就是当前调用方法的对象
    }
}
public class TestDemo {
    public static void main(String args[]) {
        Book booka = new Book();                    // 实例化新的 Book 类对象
```

```
        System.out.println("booka = " + booka);  // 主方法中输出 Book 类对象
        booka.print();                            // 调用 Book 类的 print()方法输出，此时 booka 为当前对象
        System.out.println("----------------------------");
        Book bookb = new Book();                  // 实例化新的 Book 类对象
        System.out.println("bookb = " + bookb);  // 主方法中输出 Book 类对象
        bookb.print();                            // 调用 Book 类的 print()方法输出，此时 bookb 为当前对象
    }
}
程序执行结果：        booka = Book@1db9742（"System.out.println("booka = " + booka)"语句执行结果）
                    this = Book@1db9742（"booka.print()"语句执行结果）
                    ----------------------------
                    bookb = Book@106d69c（"System.out.println("bookb = " + bookb)"语句执行结果）
                    this = Book@106d69c（"bookb.print()"语句执行结果）
```

本程序首先实例化了两个 Book 类对象，然后在主方法中直接进行对象信息的输出。可以发现每个对象都有一个独立的对象编码，而在使用不同的对象调用 print()方法时，this 的引用也会发生改变，即 this 为当前对象。

技术穿越：this 随后会进行扩展。
  在本程序中只是为读者讲解了 this 表示当前对象这一概念，如果要想更好地理解此概念，还需要结合本章为读者讲解的链表程序来完成。但是，如果读者只是做一些应用开发的话，不涉及一些复杂开发，则这一概念的使用只会出现在对象比较的操作上，本书随后会有讲解。

清楚了 this 表示当前对象这一基本特征后，实际上在之前出现的"this.属性"就属于当前对象中的属性，也就是堆内存中保存的内容。

3.11 引用传递

引用传递是 Java 中最让初学者费解的概念，而在实际的开发中，引用传递又有着非常重要的作用。为了让读者可以更好地理解引用传递的相关概念，本节将针对引用传递的使用进行完整分析，同时给读者讲解引用传递在实际开发中的操作意义。

3.11.1 引用传递基本概念

引用传递是整个 Java 的精髓所在，而引用传递核心意义是：同一块堆内存空间可以被不同的栈内存所指向，不同栈内存可以对同一堆内存进行内容的修改。下面首先通过三道引用范例为读者回顾并扩展引用传递的概念。

引用传递

  范例 3-77：第一道引用传递范例。

```
class Message {
    private int num = 10;                    // 定义 int 基本类型的属性
    /**
     * 本类没有提供无参构造方法，而是提供有参构造，可以接收 num 属性的内容
     * @param num 接收 num 属性的内容
     */
```

```
    public Message(int num) {
        this.num = num;                         // 为 num 属性赋值
    }
    public void setNum(int num) {
        this.num = num;
    }
    public int getNum() {
        return this.num;
    }
}

public class TestDemo {
    public static void main(String args[]) {
        Message msg = new Message(30);          // 实例化 Message 类对象同时传递 num 属性内容
        fun(msg);                               // 引用传递
        System.out.println(msg.getNum());       // 输出 num 属性内容
    }
    /**
     * 修改 Message 类中的 num 属性内容
     * @param temp Message 类的引用
     */
    public static void fun(Message temp) {
        temp.setNum(100);                       // 修改 num 属性内容
    }
}
```
程序执行结果：   100

　　本程序首先在 Message 类中只定义了一个 num 属性（int 为基本数据类型），然后利用 Message 类的构造方法进行 num 属性的赋值操作，最后在主方法中调用了 fun() 方法，在 fun() 方法的参数上接收了 Message 类对象的引用，以便可以修改 num 属性的内容。而当 fun() 方法执行完毕后 temp 断开与堆内存的引用，但是对于堆内存的修改却保存了下来，所以最终的结果是 100。本程序的内存关系如图 3-27 所示。

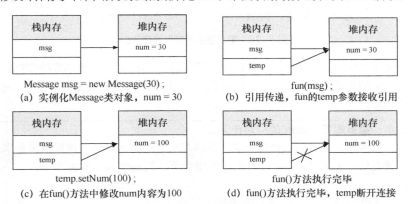

图 3-27　第一道引用范例内存分析

第一道引用范例是一个标准的引用传递操作，即不同的栈内存指向了同一块堆内存空间，但是在进行引用分析中不得不去考虑一种特殊的类——String 类。

范例 3-78： 第二道引用范例。

```java
public class TestDemo {
    public static void main(String args[]) {
        String msg = "Hello";                  // 定义 String 类对象
        fun(msg);                              // 引用传递
        System.out.println(msg);               // 输出 msg 对象内容
    }
    public static void fun(String temp) {      // 接收字符串引用
        temp = "World";                        // 改变字符串引用
    }
}
```
程序执行结果：   Hello

本程序首先定义了一个 String 类的对象，内容为 "Hello"，然后将此对象的引用传递给 fun() 方法中的 temp，即两个 String 类对象都指向着同一个堆内存空间，但是由于 String 对象内容的变化是通过引用的改变实现的，所以在 fun() 方法中所做的任何修改都不会影响到原本的 msg 对象内容，最终的结果依然是 "Hello"。本程序的内存分析如图 3-28 所示。

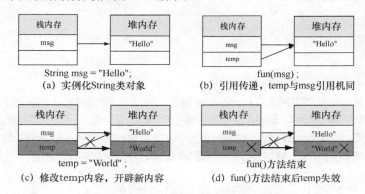

图 3-28 第二道引用范例内存分析

在本程序中主要的解决方案就是：字符串内容不可改变，String 类对象内容的改变是通过引用的变更实现的，但是所有的变更都是在 fun() 方法中完成的，一旦 fun() 方法执行完毕 temp 将失效，其对应的堆内存也将成为垃圾。

提示：简单理解 String 的引用传递。

很多读者学习到此处都会觉得理解起来有一些困难，在这里笔者分享一个简单的思考方法：不把 String 作为引用类型分析，而是作为基本类型分析，下面来看一个对比。

范例 3-79： 实现 int 数据的接收。

```java
public class TestDemo {
```

```
        public static void main(String args[]) {
            int msg = 10 ;                          // 基本数据类型
            fun(msg);                               // 数值传递
            System.out.println(msg);                // 输出 msg 变量内容
        }
        public static void fun(int temp) {          // 接收数据内容
            temp = 100;                             // 改变变量内容
        }
    }
程序执行结果:           10
```

　　基本数据类型在进行参数传递时使用的是值传递,所以在 fun() 方法中所做的任何修改都不会影响原始的 msg 变量内容。实际上 String 虽然是引用类型,但是其最终的实现效果与本程序是类似的(String 对象修改时要改变引用关系),所以最简单的理解就是不把 String 当成引用类型而是当成基本数据类型那样使用。

　　以上两道范例的程序代码,第一道利用 Message 类的对象实现引用传递,而第二道直接利用 String 类对象实现引用,那么接下来将前两道范例结合在一起来观察引用传递。

　　范例 3-80:第三道引用传递。

```
class Message {
    private String info = "此内容无用" ;              // 定义 String 类型属性
    public Message(String info) {                    // 利用构造方法设置 info 属性内容
        this.info = info ;
    }
    public void setInfo(String info) {
        this.info = info ;
    }
    public String getInfo() {
        return this.info ;
    }
}
public class TestDemo {
    public static void main(String args[]) {
        Message msg = new Message("Hello") ;         // 实例化 Message 类对象
        fun(msg) ;                                   // 引用传递
        System.out.println(msg.getInfo()) ;          // 输出 info 属性内容
    }
    public static void fun(Message temp) {           // 接收 Message 类引用
        temp.setInfo("World") ;                      // 修改 info 属性内容
    }
}
程序执行结果:           World
```

　　本程序首先在 Message 类中定义了一个 String 类型的 info 属性,然后在主方法中实例化 Message 类对象 msg,最后将此对象传递到 fun() 方法中。此时 temp 与 msg 将具备同一块堆内存空间的引用,而在 fun()方法中修改了指定空间的 info 属性内容，所以最终的 info 的结果为"World"。本程序的内存关系如图 3-29 所示。

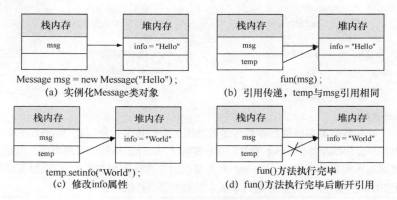

图 3-29　第三道引用范例内存分析

实际上，图 3-29 所示的内存分析模式与第一道范例区别不大，唯一的区别是将 int 数据类型替换为 String 数据类型，由于此时 info 属性是定义在 Message 类中的，所以在 fun()方法中对 info 的修改可以被保存下来。严格地讲，范例 3-80 的程序应该用图 3-30 所示的内存关系图来描述。

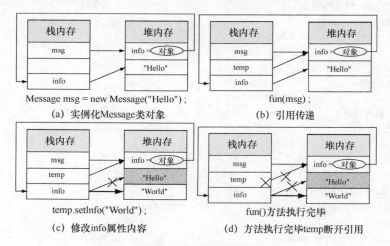

图 3-30　第三道引用范例完整内存分析

3.11.2　引用传递实际应用

引用传递实际应用

面向对象是一种可以抽象化描述现实社会事物的编程思想，理论上现实生活中的一切都可以进行合理的抽象。下面实现这样一种类的设计：假如每一个人都有一辆汽车或都没有汽车。很明显，人应该是一个类，而车也应该是一个类，人应该包含一个车的属性，而反过来车也应该包含一个人的属性，面对这样的关系就可以采用图 3-31 所示的引用方式来完成。

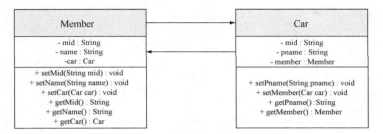

图 3-31　类图关系描述

技术穿越：不要忽略数据表的设计问题。

　　实际编写代码中，在讨论以上关系前，懂得数据库设计的读者不妨换个角度来看问题，如果按照以上要求来实现数据库设计，就可以得出如下数据库创建脚本。

　　范例 3-81：数据库创建脚本。

```
CREATE TABLE member(
    mid             NUMBER ,
    name            VARCHAR2(50) ,
    CONSTRAINT pk_mid PRIMARY KEY(mid)
) ;
CREATE TABLE car(
    mid             NUMBER ,
    pname           VARCHAR2(50) ,
    CONSTRAINT fk_mid FOREIGN KEY(mid) REFERENCES member(mid) ,
    CONSTRAINT pk_mid2 PRIMARY KEY(mid)
) ;
```

　　通过本程序可以发现与之前分析的结果一样，同样需要两张表，而且两张表的字段组成与图 3-31 的类图关系对应，而通过这个分析就可以得出如下简单 Java 类的设计原则。

- 类名称 = 表名称；
- 属性名称（类型）= 表字段（类型）；
- 一个实例化对象 = 一行记录；
- 多个实例化对象（对象数组）= 多行记录（外键）；
- 引用关系 = 外键约束。

　　对于以上对应关系，希望读者一定要掌握，并且在本章中也会有相应的深入讲解。

　　范例 3-82：代码实现（无参构造、setter、getter 略，同时本程序定义的是两个简单 Java 类）。

```
class Member {
    private int mid;                 // 人员编号
    private String name;            // 人员姓名
```

```
    private Car car;                    // 表示属于人的车，如果没有车则内容为 null
    public Member(int mid, String name) {
        this.mid = mid;
        this.name = name;
    }
    public void setCar(Car car) {
        this.car = car ;
    }
    public Car getCar() {
        return this.car ;
    }
    public String getInfo() {
        return "人员编号: " + this.mid + ", 姓名: " + this.name;
    }
}
class Car {
    private Member member;              // 车属于一个人，如果没有所属者，则为 null
    private String pname;               // 车的名字
    public Car(String pname) {
        this.pname = pname;
    }
    public void setMember(Member member) {
        this.member = member ;
    }
    public Member getMember() {
        return this.member ;
    }
    public String getInfo() {
        return "车的名字: " + this.pname;
    }
}
```

本程序类完成后，需要对程序进行测试，而程序的测试要求分为以下两步。

- 第一步：根据定义的结构关系设置数据；
- 第二步：根据定义的结构关系取出数据。

范例 3-83： 代码测试。

```
public class TestDemo {
    public static void main(String args[]) {
        // 第一步：根据既定结构设置数据
        Member m = new Member(1,"李兴华") ;          // 独立对象
        Car c = new Car("八手奥拓 100") ;             // 独立对象
        m.setCar(c) ;                                // 一个人有一辆车
        c.setMember(m) ;                             // 一辆车属于一个人
        // 第二步：根据既定结构取出关系
        System.out.println(m.getCar().getInfo()) ;   // 通过人找到车的信息
```

```
        System.out.println(c.getMember().getInfo()) ;        // 通过车找到人的信息
    }
}
```
程序执行结果：　　　　车的名字：八手奥拓 100（"m.getCar().getInfo()" 语句执行结果）
　　　　　　　　　　　人员编号：1，姓名：李兴华（"c.getMember().getInfo()" 语句执行结果）

本程序首先实例化了 Member 与 Car 各自的对象，然后分别利用各自类中的 setter 方法设置了对象间的引用关系。

提示：关于数据类型的问题。

读者一定要清楚一件事情，类是引用数据类型，所以在范例 3-83 的程序中 Member 类型或 Car 类型都表示的是类的定义，也就是说这些结构是由用户自己定义的。

这种一对一关系是一种相对比较容易的操作。下面可以进一步设计，例如：每个人都有自己的孩子，孩子还可能有车，那么有如下两种设计方法。

● 方法一：设计一个表示孩子的类；

|- **存在问题：** 如果有后代就需要设计一个类，按照这样的思路，如果有孙子，则应该再来个孙子类，如果有曾孙，再来个曾孙类，并且这些类的结构都是完全一样的，这样的设计有些糟糕。

● 方法二：一个人的孩子一定还是一个人，与人的类本质没区别，可以在 Member 类里面设计一个属性，表示孩子，其类型也是 Member。

范例 3-84： 修改 Member 类定义。

```java
class Member {
    private int mid;                    // 人员编号
    private String name;               // 人员姓名
    private Car car;                   // 表示属于人的车，如果没有车，则内容为 null
    private Member child ;             // 表示人的孩子，如果没有，则为 null
    public Member(int mid, String name) {
        this.mid = mid;
        this.name = name;
    }
    public void setCar(Car car) {
        this.car = car ;
    }
    public Car getCar() {
        return this.car ;
    }
    public void setChild(Member child) {
        this.child = child;
    }
    public Member getChild() {
        return child;
    }
    public String getInfo() {
        return "人员编号：" + this.mid + "，姓名：" + this.name;
    }
```

```java
}
class Car {
    private Member member;          // 车属于一个人，如果没有所属者，则为 null
    private String pname;           // 车的名字
    public Car(String pname) {
        this.pname = pname;
    }
    public void setMember(Member member) {
        this.member = member ;
    }
    public Member getMember() {
        return this.member ;
    }
    public String getInfo() {
        return "车的名字: " + this.pname;
    }
}
public class TestDemo {
    public static void main(String args[]) {
        // 第一步：根据既定结构设置数据
        Member m = new Member(1,"李兴华") ;              // 独立对象
        Member chd = new Member(2,"李闯") ;             // 独立对象
        Car c = new Car("八手奥拓 100") ;               // 独立对象
        Car cc = new Car("法拉利 M9") ;                 // 一辆车
        m.setCar(c) ;                                  // 一个人有一辆车
        c.setMember(m) ;                               // 一辆车属于一个人
        chd.setCar(cc) ;                               // 一个孩子有一辆车
        cc.setMember(chd) ;                            // 一个车属于一个孩子
        m.setChild(chd) ;                              // 一个人有一个孩子
        // 第二步：根据既定结构取出关系
        System.out.println(m.getCar().getInfo()) ;     // 通过人找到车的信息
        System.out.println(c.getMember().getInfo()) ;  // 通过车找到人的信息
        System.out.println(m.getChild().getInfo()) ;   // 通过人找到他孩子的信息
        System.out.println(m.getChild().getCar().getInfo()) ; // 通过人找到他孩子的车的信息
    }
}
```
程序执行结果：　车的名字：八手奥拓 100（"m.getCar().getInfo()" 语句执行结果）
　　　　　　　人员编号：1，姓名：李兴华（"c.getMember().getInfo()" 语句执行结果）
　　　　　　　人员编号：2，姓名：李闯（"m.getChild().getInfo()" 语句执行结果）
　　　　　　　车的名字：法拉利 M9（"m.getChild().getCar().getInfo()" 语句执行结果）

　　本程序在 Member 类中增加了一个表示孩子的属性"child"，其类型为 Member 类型，如果一个人有孩子则为其设置一个实例化对象，如果没有则设置为 null。特别需要注意的是，在通过人找到孩子所对应车的信息时使用了代码链的形式"m.getChild().getCar().getInfo()"，这类代码一定要观察每一个方法的返回值，如果返回的是一个类的引用，则可以继续调用这个类的方法，而此类代码在以后的开发中也一定会出现。

技术穿越：理解设计思路。

根据范例 3-84 的引用设计思路，如果读者已经清楚了，则自己可以进一步进行巩固练习，例如：一个人有一套房子，一个人只有一个伴侣等。

实际上所有的项目开发都是代码一点点累积而成的，把所有讲解过的设计思路充分吸收后，对于以后的代码编写将起着非常重要的作用。

技术穿越：合成设计模式。

根据范例 3-84 的思路，还可以针对引用做进一步的描述，例如：要求描述计算机，计算机由键盘、鼠标、CPU、硬盘、内存、显示器、主板、主机组成，则类的设计如下。

范例 3-85： 描述电脑组成关系。

```
class 键盘{}
class 鼠标{}
class CPU{}
class 硬盘{}
class 内存{}
class 显示器{}
class 主板 {}
class 主机 {
    private CPU 对象 1[] ;
    private 硬盘 对象 2[] ;
    private 主板 对象 3 ;
    private 内存 对象 4[] ;
}
class 计算机 {
    private 主机 对象 1 ;
    private 显示器 对象 2[] ;
    private 键盘 对象 3 ;
    private 鼠标 对象 4 ;
}
```

本程序只是完成了一个基础的关系，而所有的类对象最终都要在计算机类中集合，这样的设计模式就可以称为合成设计模式。

3.12 数据表与简单 Java 类映射

简单 Java 类在实际的开发中都是根据其数据表的定义来实现的，在项目开发中有着无可替代的重要作用，在上一节讲解了一对一的关系映射操作，本节在之前程序的基础上将进一步讲解更加深入的转换操作。

假设有如下关系表，如图 3-32 所示，现在要求实现如下的数据关联操作。

数据表与简单 Java
类映射

一对多映射

- 一个部门有多个雇员；
- 一个雇员有一个或零个领导。

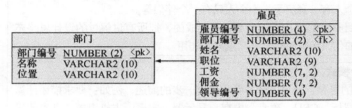

双向一对多映射 多对多映射

图 3-32 部门—雇员关系表

提示：使用 Oracle 中定义的关系表。

　　本书讲解过程中一直围绕数据库的关系进行，而熟悉 Oracle 数据库的读者应该对 dept 与 emp 两张数据表并不陌生，所以本部分采用了《Oracle 开发实战经典》中分析过的 dept-emp 关系来进行代码的实战讲解。

在图 3-32 给出的数据表中字段的名称及意义如下。

- 部门表（dept）：部门编号（deptno）、部门名称（dname）、部门位置（loc）；
- 雇员表（emp）：雇员编号（empno）、姓名（ename）、职位（job）、工资（sal）、佣金（comm）、领导编号（mgr）、部门编号（deptno）。

　　范例 3-86：代码实现。

```java
class Dept {
    private int deptno;                        // 部门编号
    private String dname;                      // 部门名称
    private String loc;                        // 部门位置
    private Emp emps [] ;                      // 多个雇员
    public Dept(int deptno, String dname, String loc) {
        this.deptno = deptno;
        this.dname = dname;
        this.loc = loc;
    }
    // setter、getter、无参构造略
    public String getInfo() {
        return "部门编号：" + this.deptno + "，名称：" + this.dname + "，位置：" + this.loc;
    }
}
class Emp {
    private int empno;                         // 雇员编号
    private String ename;                      // 雇员姓名
    private String job;                        // 雇员职位
    private double sal;                        // 基本工资
    private double comm;                       // 佣金
    private Dept dept ;
```

```
        private Emp mgr;                                    // 表示雇员对应的领导
        public Emp(int empno, String ename, String job, double sal, double comm) {
            this.empno = empno;
            this.ename = ename;
            this.job = job;
            this.sal = sal;
            this.comm = comm;
        }
        // setter、getter、无参构造略
        public String getInfo() {
            return "雇员编号：" + this.empno + "，姓名：" + this.ename + "，职位：" + this.job
                    + "，工资：" + this.sal + "，佣金：" + this.comm;
        }
    }
```

在本程序中可以发现 Emp 与 Dept 类之间存在如下引用关系定义。

* 一个雇员属于一个部门，应该在雇员里面保存部门信息，所以在 Emp 类中定义了一个 dept 属性，如果有部门则设置一个 Dept 类的实例化对象，否则设置为 null；

* 一个部门有多个雇员，如果要描述多这个概念应该使用对象数组完成。所以在 Dept 类中增加一个 Emp 类的对象数组（Emp emps []）；

* 一个雇员有一个领导，领导信息也就是雇员信息，应该在 Emp 类中增加领导的自身关联（Emp mgr）。

此时两个简单 Java 类已经可以完整地描述出数据表的结构定义，随后将根据结构设置并取得数据，要求可以完成如下信息输出。

* 可以根据一个雇员查询他所对应的领导信息和部门信息；

* 可以根据一个部门取出所有的雇员以及每个雇员的领导信息。

范例 3-87：设置并取得数据。

```
public class TestDemo {
    public static void main(String args[]) {
        // 第一步：根据表结构描述设置数据
        // 1. 产生各自的独立对象
        Dept dept = new Dept(10,"ACCOUNTING","New York") ;          // 部门信息
        Emp ea = new Emp(7369,"SMITH","CLERK",800.0,0.0) ;          // 雇员信息
        Emp eb = new Emp(7902,"FORD","MANAGER",2450.0,0.0) ;        // 雇员信息
        Emp ec = new Emp(7839,"KING","PRESIDENT",5000.0,0.0) ;      // 雇员信息
        // 2. 设置雇员和领导关系
        ea.setMgr(eb) ;                                             // 设置雇员领导
        eb.setMgr(ec) ;                                             // 设置雇员领导
        // 3. 设置雇员和部门关系
        ea.setDept(dept) ;                                          // 雇员与部门
        eb.setDept(dept) ;                                          // 雇员与部门
        ec.setDept(dept) ;                                          // 雇员与部门
        dept.setEmps(new Emp[]{ea,eb,ec}) ;                         // 部门与雇员
```

```
    // 第二步：根据表结构描述取得设置的数据
    System.out.println(ea.getInfo()) ;                            // 取得雇员信息
    System.out.println("\t|- " + ea.getMgr().getInfo()) ;         // 取得雇员领导信息
    System.out.println("\t|- " + ea.getDept().getInfo()) ;        // 取得雇员部门信息
    // 取得部门的完整信息，包括部门基础信息以及部门中的所有员工和每个员工的领导信息
    System.out.println(dept.getInfo()) ;                          // 部门信息
    for (int x = 0 ; x < dept.getEmps().length ; x ++) {          // 所有雇员信息
        System.out.println("\t|- " + dept.getEmps()[x].getInfo()) ;  // 雇员信息
        if (dept.getEmps()[x].getMgr() != null) {                 // 判断是否存在领导信息
            System.out.println("\t\t|- " +
                        dept.getEmps()[x].getMgr().getInfo());    // 领导信息
        }
    }
}
```

程序执行结果： 雇员编号：7369，姓名：SMITH，职位：CLERK，工资：800.0，佣金：0.0
          |- 雇员编号：7902，姓名：FORD，职位：MANAGER，工资：2450.0，佣金：0.0
          |- 部门编号：10，名称：ACCOUNTING，位置：New York
       部门编号：10，名称：ACCOUNTING，位置：New York
          |- 雇员编号：7369，姓名：SMITH，职位：CLERK，工资：800.0，佣金：0.0
             |- 雇员编号：7902，姓名：FORD，职位：MANAGER，工资：2450.0，佣金：0.0
          |- 雇员编号：7902，姓名：FORD，职位：MANAGER，工资：2450.0，佣金：0.0
             |- 雇员编号：7839，姓名：KING，职位：PRESIDENT，工资：5000.0，佣金：0.0
          |- 雇员编号：7839，姓名：KING，职位：PRESIDENT，工资：5000.0，佣金：0.0

本程序首先根据表的结构进行数据以及数据关联的配置，然后在数据取出时会根据表的结构进行取出，例如：通过雇员可以找到对应的领导和所在部门，以及通过部门可以找到部门中的所有雇员。

技术穿越：不要忽视本代码的作用。

范例 3-87 给出的数据表与简单 Java 类的转换操作是开发中的一个基本设计思路，在进行 Web 或者是 Android 开发的过程中都有着极其重要的地位，希望每一位读者都可以灵活地编写，尤其是在代码中使用了大量的代码链的形式进行内容的取得，这一点也是尤为重要的。

同时在本书附带的视频讲解中还为读者更加全面的分析了数据表的一对多以及多对多映射操作的使用，考虑到篇幅问题，不在书中列出，读者可以自行学习，同时一定要通过多实践来观察代码实现的缺点有哪些。

3.13　对象比较

对象比较

如果有两个数字要判断是否相等，可以使用 "=="完成，如果是字符串要判断是否相等可以使用 "equals()"，但是如果有一个自定义的类，要想判断它的两个对象是否相等，那么必须要实现类对象中所有属性内容的比较。

范例 3-88：基础的比较方式。

```
class Book {
    private String title;
    private double price;
    public Book(String title, double price) {
        this.title = title;
        this.price = price;
    }
    public String getTitle() {
        return this.title;
    }
    public double getPrice() {
        return this.price;
    }
}
public class TestDemo {
    public static void main(String args[]) {
        Book b1 = new Book("Java 开发", 79.8);              // 实例化 Book 类对象
        Book b2 = new Book("Java 开发", 79.8);              // 实例化 Book 类对象
        if (b1.getTitle().equals(b2.getTitle())
                && b1.getPrice() == b2.getPrice()) {         // 属性比较
            System.out.println("是同一个对象！");
        } else {
            System.out.println("不是同一个对象！");
        }
    }
}
```
程序执行结果：　　　　　是同一个对象！

　　本程序在主方法中产生了两个 Book 类对象，同时这两个 Book 类对象的属性都完全一样，但是要想判断这两个对象是否相等，则依然需要取出对象中的每一个属性进行比较，如果所有属性的内容相同则认为是同一个对象，否则认为是不同的对象。

 注意：**String 类中的 equals()方法也属于对象比较操作。**
　　　　　在 String 类中定义的 equals()方法虽然讲解的功能是在进行对象比较操作时使用，但是严格意义上来讲 String 是一个类，所以 equals()完成的就是对象比较操作，可以发现在 equals()方法中具备 null 的验证，如果判断数据为 null 则直接返回 false。

　　本程序的确实现了两个对象的比较操作，但是程序代码在进行对象比较的过程中，采用了客户端（第三方，主方法或主类可以理解为客户端）完成的判断，很明显不适合，因为这种比较的操作应该是每一个对象自己所应该具备的功能，应该由本类完成。

提示：关于封装属性在类内部的直接访问问题。

如果一个类中的属性使用了 private 封装，那么在类的外部不能通过对象直接调用属性。

但是如果将一个对象传递回类的方法里，就相当于取消了封装的形式，可以直接通过对象访问属性。

范例 3-89： 观察封装属性的进一步操作。

```java
class Info {
    private String msg = "Hello";
    public void print() {
        System.out.println("msg = " + msg);
    }
    public void fun(Info temp) {          // 本类接收本类对象
        temp.msg = "修改内容";            // 在类的内部直接利用对象访问私有属性
    }
}
public class Demo {
    public static void main(String args[]) {
        Info x = new Info();
        x.fun(x);                          // 没有意义，只是一个语法验证
        x.print();
    }
}
```

程序执行结果：   msg = 修改内容

本程序直接在 Info 类的 fun() 方法中接收了一个 Info 类的属性（接收本类引用），由于 fun() 方法属于 Info 类的内部方法，所以在这个方法中可以直接利用对象访问类中的属性。

不过范例 3-89 的代码没有什么实际的意义，主要是为了验证 private 属性封装以及引用传递的问题，目的也是为范例 3-90 讲解的对象比较进行铺垫。

范例 3-90： 对象比较实现。

```java
class Book {
    private String title ;
    private double price ;
    public Book(String title, double price) {
        this.title = title ;
        this.price = price ;
    }
    /**
     * 进行本类对象的比较操作，在比较过程中首先会判断传入的对象是否为 null，然后判断地址是否相同
     * 如果都不相同则进行对象内容的判断，由于 compare() 方法接收了本类引用，所以可以直接访问私有属性
     * @param book 要进行判断的数据
     * @return 内存地址相同或者属性完全相同返回 true，否则返回 false
     */
    public boolean compare(Book book) {
        if (book == null) {                                  // 传入数据为 null
```

```
            return false ;                          // 没有必要进行具体的判断
        }
        // 执行"b1.compare(b2)"代码时会有两个对象
        // 当前对象 this（调用方法对象，就是 b1 引用）
        // 传递的对象 book（引用传递，就是 b2 引用）
        if (this == book) {                          // 内存地址相同
            return true ;                            // 避免进行具体细节的比较，节约时间
        }
        if (this.title.equals(book.title)
            && this.price == book.price) {           // 属性判断
            return true ;
        } else {
            return false ;
        }
    }
    // setter、getter 略
}
public class TestDemo {
    public static void main(String args[]) {
        Book b1 = new Book("Java 开发",79.8) ;        // 实例化 Book 类对象
        Book b2 = new Book("Java 开发",79.8) ;        // 实例化 Book 类对象
        if (b1.compare(b2)) {                        // 对象比较
            System.out.println("是同一个对象！") ;
        } else {
            System.out.println("不是同一个对象！") ;
        }
    }
}
```
程序执行结果：　　　　　　　　是同一个对象！

　　本程序直接在 Book 类的内部定义了一个 compare() 方法，而此方法完成的功能就是进行比较，而且当一个类接收了本类对象的引用后，可以直接调用本类中的私有化操作。所以这个时候对于 compare() 方法就有了两个实例化对象，一个为传入的 Book 类对象，另一个为当前对象 this。通过本程序，读者也可以发现对象比较的操作有如下 4 个特点。

- 本类接收自己的引用，再与本类当前对象（this）进行比较；
- 为了避免 NullPointerException 的产生，应该增加一个 null 的判断；
- 为了防止浪费性能的情况出现（要判断的属性会多），可以增加地址数值的判断，因为相同的对象地址相同；
- 进行属性的依次比较，如果属性全部相同，则返回 true，否则返回 false。

提示：对象比较操作很重要。
　　　对象比较操作，可以说是开发中最为重要的一种操作概念，虽然代码本身不难，但是在对象比较中，可以清楚地发现 this 表示当前对象这一概念的使用，关于对象比较操作的

	具体完善，将在本书第 4 章的 Object 一节中为读者讲解。 　　另外，在本书之前讲解简单 Java 类的时候，曾经建议读者写几个简单 Java 类，而现在本书建议读者将之前写过的几个简单 Java 类中也加上这些对象比较的方法，以熟练概念。

3.14　static 关键字

　　读者对于 static 关键字应该并不陌生，从第一个 Java 程序，到现在一直都可以见到该关键字（public static void main(String args[])）。在 Java 中，static 关键字可以用于定义属性及方法，下面来为读者讲解这个关键字的使用。

3.14.1　static 定义属性

　　一个类的主要组成就是属性和方法（分为构造方法与普通方法两种），而每一个对象都分别拥有各自的属性内容（不同对象的属性保存在不同的堆内存中），如果类中的某个属性希望定义为公共属性（所有对象都可以使用的属性），则可以在声明属性前加上 static 关键字。

static 定义属性

　　范例 3-91：定义程序。

```
class Book {                                    // 描述的是同一个出版社的信息
    private String title ;                      // 普通属性
    private double price ;                       // 普通属性
    static String pub = "清华大学出版社" ;         // 定义一个描述出版社信息的属性，为操作方便，暂不封装
    public Book(String title, double price) {
        this.title = title ;
        this.price = price ;
    }
    public String getInfo() {
        return "图书名称：" + this.title + "，价格：" + this.price + "，出版社：" + this.pub ;
    }
}
public class TestDemo {
    public static void main(String args[]) {
        Book ba = new Book("Java 开发", 10.2) ;    // 实例化 Book 类对象
        Book bb = new Book("Android 开发", 11.2) ; // 实例化 Book 类对象
        Book bc = new Book("Oracle 开发", 12.2) ;  // 实例化 Book 类对象
        ba.pub = "北京大学出版社" ;                  // 修改了一个属性的内容
        System.out.println(ba.getInfo()) ;
        System.out.println(bb.getInfo()) ;
        System.out.println(bc.getInfo()) ;
    }
}
程序执行结果：        图书名称：Java 开发，价格：10.2，出版社：北京大学出版社
```

图书名称：Android 开发，价格：11.2，出版社：北京大学出版社
图书名称：Oracle 开发，价格：12.2，出版社：北京大学出版社

本程序在定义 Book 类的时候提供了一个 static 属性，而这个属性将成为公共属性，也就是说有任何一个对象修改了此属性的内容都将影响其他对象。本程序在主方法中利用 ba 对象修改了 pub 属性，所以其他两个对象的 pub 内容都发生了改变。本程序的内存关系如图 3-33 所示。

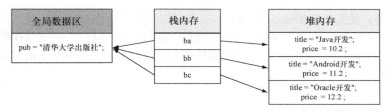

图 3-33 static 属性保存

提示：常用内存区域。

在 Java 中主要存在 4 块内存空间，这些内存空间的名称及作用如下。
- 栈内存空间：保存所有的对象名称（更准确的说是保存引用的堆内存空间的地址）；
- 堆内存空间：保存每个对象的具体属性内容；
- 全局数据区：保存 static 类型的属性；
- 全局代码区：保存所有的方法定义。

既然 static 是一个公共属性的概念，那么如果只是简单地由一个对象去修改 static 属性的做法很不合适，最好的做法是由所有对象的公共代表来进行访问，这个公共代表就是类。所以利用 static 定义的属性是可以由类名称直接调用的。

Book.pub = "北京大学出版社"；

此时 Book 类中定义了 pub 的 static 属性（没有封装），所以可以利用 "Book" 类直接调用 static 的 pub 属性。

static 属性与非 static 属性还有一个最大的区别，所有的非 static 属性必须产生实例化对象才可以访问，但是 static 属性不受实例化对象的控制，也就是说，在没有实例化对象产生的情况下，依然可以使用 static 属性。

范例 3-92：在没有实例化对象产生时直接操作 static 属性。

```java
public class TestDemo {
    public static void main(String args[]) {
        System.out.println(Book.pub) ;        // 在没有实例化对象的情况下直接输出属性内容
        Book.pub = "北京大学出版社" ;           // 修改 static 属性内容
        Book ba = new Book("Java 开发", 10.9) ; // 实例化 Book 类对象
        System.out.println(ba.getInfo()) ;     // 输出 Book 类对象信息
    }
}
```
程序执行结果： 清华大学出版社
图书名称：Java 开发，价格：10.9，出版社：北京大学出版社

通过本程序可以发现，在没有实例化对象产生时，依然可以直接利用 Book 类输出或设置 static 属性的内容，并且此修改的结果将影响以后的 Book 类对象。

提问：什么时候使用 static 定义属性？
在一个类中存在 static 属性和非 static 属性，如果要定义属于自己的类，那么该如何选择？
回答：优先考虑非 static 属性。
在编写的代码中，static 定义的属性出现几率并不是很高，一般只有在描述共享属性概念或者是不受实例化对象限制的属性时才会使用 static 定义属性，而大部分情况下依然都使用非 static 属性。

3.14.2　static 定义方法

static 定义方法

在定义类的普通方法时可以使用 static 进行定义，很明显，使用 static 定义的方法也可以在没有实例化对象产生的情况下由类名称直接进行调用。

范例 3-93：使用 static 定义方法。

```java
class Book {                                            // 描述的是同一个出版社的信息
    private String title ;
    private double price ;
    private static String pub = "清华大学出版社" ;         // 定义一个描述出版社信息的属性
    public Book(String title , double price) {
        this.title = title ;
        this.price = price ;
    }
    public static void setPub(String p) {              // 定义 static 方法可以由类名称直接调用
        pub = p ;
    }
    public String getInfo() {
        return "图书名称：" + this.title + "，价格：" + this.price + "，出版社：" + this.pub ;
    }
}
public class TestDemo {
    public static void main(String args[]) {
        Book.setPub("北京大学出版社") ;                   // 在没有对象产生的时候进行调用
        Book ba = new Book("Java 开发",10.2) ;           // 实例化 Book 类对象
        Book bb = new Book("Android 开发",11.2) ;        // 实例化 Book 类对象
        Book bc = new Book("Oracle 开发",12.2) ;         // 实例化 Book 类对象
        System.out.println(ba.getInfo()) ;
        System.out.println(bb.getInfo()) ;
        System.out.println(bc.getInfo()) ;
    }
}
```
程序执行结果：　　　　　图书名称：Java 开发，价格：10.2，出版社：北京大学出版社

图书名称：Android 开发，价格：11.2，出版社：北京大学出版社
图书名称：Oracle 开发，价格：12.2，出版社：北京大学出版社

本程序对 Book 类中的 pub 属性继续封装，所以专门定义了一个 setPub() 的 static 方法，这样就可以通过类名称直接调用 setPub() 方法来修改 pub 属性内容。

可以发现 static 定义的属性和方法都不受实例化对象的控制，也就是说都属于独立类的功能。但是这个时候会出现一个特别麻烦的问题：此时类中的方法就变为 static 方法和非 static 方法两组。这两组方法间的访问也将受到如下限制。

- static 方法不能直接访问非 static 属性或方法，只能调用 static 属性或方法；
- 非 static 方法可以访问 static 的属性或方法，不受任何的限制。

提示：关于 static 方法访问限制的说明。

之所以会存在上述操作限制，原因有以下两点。

- 所有的非 static 定义的结构，必须在类已经明确产生实例化对象时才会分配堆空间，才可以使用；
- 所有的 static 定义的结构，不受实例化对象的控制，即可以在没有实例化对象的时候访问。

提示：关于主方法的操作问题。

在最早讲解方法的时候曾经讲解过：如果一个方法定义在主类中，并且由主方法直接进行调用的话，方法语法如下。

```
public static 返回值类型 方法名称(参数类型 参数 , ...) {
    [return [返回值] ;]
}
```

后来到了编写类的时候，发现方法的定义格式改变（方法由对象调用）。

```
public 返回值类型 方法名称(参数类型 参数 , ...) {
    [return [返回值] ;]
}
```

范例 3-94： 观察如下代码。

```
public class TestDemo {
    public static void main(String args[]) {    // static 定义的方法
        fun();                                   // static 方法调用 static 方法
    }
    public static void fun() {                   // static 定义的方法
        System.out.println("Hello World !");
    }
}
程序执行结果：            Hello World !
```

由于主方法存在 static 声明，所以主方法就是一个 static 方法，而 static 方法只能调用 static 声明的方法，这样在定义 fun() 方法时就必须使用 static 关键字。

如果此时 fun() 方法取消了 static，就变为一个非 static 方法。所有的非 static 方法必须由对象调用，也就是说此时 static 方法如果要想使用非 static 操作，就必须产生对象才

可以调用。

范例 3-95：不使用 static 声明方法。

```
public class TestDemo {
    public static void main(String args[]) {    // static 定义的方法
        new TestDemo().fun();                    // 对象调用方法
    }
    public void fun() {                          // 非 static 定义的方法
        System.out.println("Hello World !");
    }
}
```

程序执行结果：   Hello World !

此时在 TestDemo 类中定义的是一个非 static 的 fun()方法，所以主方法如果想访问，就必须通过实例化对象进行调用。

提问：类中什么时候定义 static 方法？

类中可以定义 static 方法，也可以定义非 static 方法，除了能用类名称直接访问外，还有什么情况是需要考虑 static 方法呢？

回答：不保存普通属性时定义 static 方法。

产生实例化对象是因为在堆内存中可以保存属性信息，所以如果一个类中没有属性产生，就自然也没有必要去开辟堆内存保存属性内容了，所以这个时候就可以考虑类中的方法全部使用 static 声明。

范例 3-96：定义一个数学的加法操作。

```
class MyMath {                               // 数学操作类，类中没有属性
    public static int add(int x, int y) {    // 只是一个加法操作
        return x + y;
    }
}
public class TestDemo {
    public static void main(String args[]) {
        System.out.println(MyMath.add(10, 20));// 直接调用
    }
}
```

程序执行结果：   30

此时 MyMath 类没有属性，产生对象完全没有任何意义，所以就使用 static 关键字定义方法。而这样的情况出现较少，所以在开发中读者在定义类中的方法时应该以非 static 方法为优先考虑。

3.14.3 主方法

Java 语言最大的特点就在于主方法，因为在 Java 中的主方法的组成单元很多。下面介绍每一个组成单元的含义。

- public：主方法是程序的开始，所以这个方法对任何操作都一定是可见的，

主方法

既然是可见的就必须使用 public（公共）。

- static：证明此方法由类名称调用；
- void：主方法是一切执行的开始点，既然是所有的开头，就不能够回头，直到执行完毕为止；
- main：是一个系统规定好的方法名称，不能修改；
- String args[]：指的程序运行时传递的参数，格式为："java 类名称 参数 参数 参数"。

范例 3-97： 得到参数。

```java
public class TestDemo {
    public static void main(String args[]) {
        for (int x = 0; x < args.length; x++) {    // 循环输出参数
            System.out.println(args[x]);
        }
    }
}
```

| 程序执行输入： | java TestDemo yootk mldn |
| 程序执行结果： | yootk、mldn、 |

通过本程序可以发现，如果要为程序运行输入参数，只需要在执行时配置即可，不同的参数之间使用空格分隔，而如果配置的参数本身就包含空格，则可以使用 """ 声明，例如：java TestDemo "Hello yootk" "Hello mldn"。

3.14.4 static 的实际应用

通过之前的讲解，可以发现 static 关键字具备如下特点。

- 不管有多少个对象，都使用同一个 static 属性；
- 使用 static 方法可以避免实例化对象调用方法的限制。

下面依照这两个特点来研究 static 的实际作用。

功能一： 实现类实例化对象个数的统计。

希望每当实例化一个类对象时都可以打印一个信息：产生第 x 个实例化对象。

因为只要是新的实例化对象产生了，就一定会去调用类中的构造方法，所以可以在构造方法里面增加一个统计数据的操作，每当新对象产生后统计的内容就自增一个。

```java
class Book {
    private static int num = 0;             // 保存统计个数
    public Book() {                          // 只要是新对象实例化就执行此构造
        num++;                               // 保存个数自增
        System.out.println("这是第" + num + "个产生的对象！");
    }
}
public class TestDemo {
    public static void main(String args[]) {
        new Book(); new Book(); new Book();
        new Book(); new Book(); new Book();
    }
}
```

static 应用案例

程序执行结果：　　　这是第 1 个产生的对象！
　　　　　　　　　　　这是第 2 个产生的对象！
　　　　　　　　　　　这是第 3 个产生的对象！
　　　　　　　　　　　这是第 4 个产生的对象！
　　　　　　　　　　　这是第 5 个产生的对象！
　　　　　　　　　　　这是第 6 个产生的对象！

　　本程序在构造方法中进行了实例化对象个数的统计操作，所以每当调用构造方法时都会相应地进行统计个数的修改。

> **提示：此处只能够实现个数增加。**
> 　　在本程序中构造方法主要是创建新对象时调用的，所以可以通过构造方法实现对象个数的统计，但是当某一个对象不再使用时，应该进行实例化对象个数的减少，而这一执行操作，读者可以通过学习第 11 章 finalize() 方法后实现。

　　功能二：实现属性的自动设置。

　　例如，某一个类有一个无参构造方法，一个有参构造方法。有参构造的主要目的是传递一个 title 属性，但是希望不管调用的是无参的还是有参的构造方法，都可以为 title 设置内容（尽量不使用重复的内容设置）。

```java
class Book {
    private String title ;                    // title 属性
    private static int num = 0 ;              // 自动命名索引号
    public Book() {                           // 没有设置 title 属性内容
        this("NOTITLE - " + num ++) ;         // 自动命名
    }
    public Book(String title){                // 设置 title 属性内容
        this.title = title ;
    }
    public String getTitle() {
        return this.title ;
    }
}
public class TestDemo {
    public static void main(String args[]) {
        System.out.println(new Book("Java").getTitle()) ;
        System.out.println(new Book().getTitle()) ;
        System.out.println(new Book().getTitle()) ;
    }
}
```

程序执行结果：　　　　　　　　　　　　　　Java
　　　　　　　　　　　　　　　　　　　　　　NOTITLE - 0
　　　　　　　　　　　　　　　　　　　　　　NOTITLE - 1

　　本程序提供了两个构造方法，如果调用有参构造方法则会将指定的内容赋值给 title 属性，而如果调用的是无参构造，title 属性会采用自动命名的方式配置，所以就算是没有设置 title 属性的内容，最终的结果也不会是 null。

3.15　代码块

在程序编写中可以直接使用"{}"定义一段语句，根据此部分定义的位置以及声明的关键字的不同，代码块一共可以分为 4 种：普通代码块、构造块、静态块、同步代码块（等待多线程时）。

注意：开发代码不建议使用代码块。
代码块本身有许多破坏程序结构的操作，所以在编写实际代码的过程中，本书并不建议使用代码块编写。而对于此部分的内容本书的定位是了解即可。

3.15.1　普通代码块

如果一个代码块写在方法里，就称它为普通代码块。

范例 3-98： 编写普通代码块。

普通代码块

```
public class TestDemo {
    public static void main(String args[]) {
        {       // 普通代码块
            int num = 10;                          // 局部变量
            System.out.println("num = " + num);
        }
        int num = 100;                             // 全局变量
        System.out.println("num = " + num);
    }
}
程序执行结果：      num = 10
                    num = 100
```

本程序首先在普通代码块中定义了一个 num 变量，然后在普通代码块的外部定义了一个 num 变量。由于第一个 num 变量（int num = 10;）定义在代码块中，所以是个局部变量；第二个 num 变量（int num = 100;）定义在普通代码块外，所以相对而言就属于全局变量，这两个变量彼此不会互相影响。一般而言普通代码块可以实现较大程序的分隔，这样可以更好地避免重名变量的问题。

提问：什么叫全局变量？什么叫局部变量？
在范例中给出的全局变量和局部变量的概念是固定的吗？还是有什么其他的注意事项？

回答：全局变量和局部变量是一种相对性的概念。
全局变量和局部变量是针对于定义代码的情况而定的，只是一种相对性的概念。例如范例 3-98 中，由于第一个变量 num 定义在一个代码块中，所以相对于第二个变量 num 而言，第一个 num 就成为局部变量。下面来看如下程序代码。

范例 3-99： 说明代码。

```
public class TestDemo {
    private static int num = 100 ;                 // 全局变量
```

```
        public static void main(String args[]) {
            int num = 100;                          // 局部变量
        }
    }
```

对于此程序而言，在类中定义的变量 num 相对于主方法中定义的变量 num 而言，就成为全局变量。所以这两个概念是相对而言的。

3.15.2 构造块

构造块

如果将一个代码块写在一个类里，这个代码块就称为构造块。

范例 3-100：定义构造块。

```
class Book {
    public Book() {                          // 构造方法
        System.out.println("【A】Book 类的构造方法");
    }
    {                                        // 将代码块写在类里，所以为构造块
        System.out.println("【B】Book 类中的构造块");
    }
}
public class TestDemo {
    public static void main(String args[]) {
        new Book();                          // 实例化类对象
        new Book();                          // 实例化类对象
    }
}
```
程序执行结果：　　【B】Book 类中的构造块
　　　　　　　　　【A】Book 类的构造方法
　　　　　　　　　【B】Book 类中的构造块
　　　　　　　　　【A】Book 类的构造方法

本程序为了说明问题，特别将构造方法放在构造块之前定义，可以发现代码的结构与顺序无关。同时也可以发现，构造块在每一次实例化类对象时都会被调用，而且优于构造方法执行。

3.15.3 静态块

静态块

如果一个代码块使用 static 进行定义，就称其为静态块。静态块有时需要分为两种情况。

情况一：在非主类中使用。

```
class Book {
    public Book() {                          // 构造方法
        System.out.println("【A】Book 类的构造方法");
    }
    {                                        // 将代码块写在类里，所以为构造块
        System.out.println("【B】Book 类中的构造块");
```

```
    }
    static {                                    // 定义静态块
        System.out.println("【C】Book 类中的静态块");
    }
}
public class TestDemo {
    public static void main(String args[]) {
        new Book();                             // 实例化类对象
        new Book();                             // 实例化类对象
    }
}
```

程序执行结果：　　　　　【C】Book 类中的静态块
　　　　　　　　　　　　　【B】Book 类中的构造块
　　　　　　　　　　　　　【A】Book 类的构造方法
　　　　　　　　　　　　　【B】Book 类中的构造块
　　　　　　　　　　　　　【A】Book 类的构造方法

　　本程序在 Book 类中增加了静态块的定义，通过运行结果可以发现当有多个实例化对象产生时，静态块会优先调用，而且只调用一次。静态块的主要作用一般可以为 static 属性初始化。

　　范例 3-101： 利用静态块为 static 属性初始化。

```
class Book {
    static String msg ;                     // static 属性，暂不封装
    public Book() {                         // 构造方法
        System.out.println("【A】Book 类的构造方法");
    }
    {                                       // 将代码块写在类里，所以为构造块
        System.out.println("【B】Book 类中的构造块");
    }
    static {                                // 定义静态块
        msg = "Hello".substring(0, 2) ;
        System.out.println("【C】Book 类中的静态块");
    }
}
public class TestDemo {
    public static void main(String args[]) {
        new Book();                         // 实例化类对象
        new Book();                         // 实例化类对象
        System.out.println(Book.msg) ;
    }
}
```

程序执行结果：　　　　　　　　　　　　　【C】Book 类中的静态块
　　　　　　　　　　　　　　　　　　　　　【B】Book 类中的构造块
　　　　　　　　　　　　　　　　　　　　　【A】Book 类的构造方法
　　　　　　　　　　　　　　　　　　　　　【B】Book 类中的构造块
　　　　　　　　　　　　　　　　　　　　　【A】Book 类的构造方法
　　　　　　　　　　　　　　　　　　　　　He

本程序利用静态块为 static 属性进行赋值操作，但是这样做一般意义不大，所以读者有个了解即可。

情况二：在主类中定义。

```java
public class TestDemo {
    public static void main(String args[]) {
        System.out.println("Hello World !");
    }
    static {                          // 静态块
        System.out.println("更多资源请访问：www.yootk.com");
    }
}
```
程序执行结果：　　　更多资源请访问：www.yootk.com
　　　　　　　　　　Hello World !

通过本程序的执行可以发现，静态块将优先于主方法执行。

技术穿越：JDK 1.7 的改变。

　　在 JDK 1.7 之前，Java 一直存在一个 Bug。按照标准来讲，所有的程序应该由主方法开始执行，通过"情况二"的代码可以发现，静态块会优先于主方法执行，所以在 JDK 1.7 之前，是可以使用静态块来代替主方法的，即范例 3-102 的程序是可以执行的。

　　范例 3-102： JDK 1.7 之前的 Bug。

```java
public class TestDemo {
    static {
        System.out.println("Hello World .");
        System.exit(1);
    }
}
```

　　本程序在 JDK 1.7 之后无法执行了，这是由于版本升级所解决的问题，而这一 Bug 从 1995 年开始到 2012 年一直都存在。

3.16　内部类

内部类是一种类的结构扩充，一个类的内部除了属性与方法外，还可以存在其他类的结构，并且内部类也可以定义在方法或代码块中。本节将为读者讲解内部类的相关概念。

3.16.1　基本概念

所谓内部类指的就是在一个类的内部继续定义其他内部结构类的情况。下面来看范例 3-103。

范例 3-103： 观察内部类的基本形式。

内部类基本概念

```java
class Outer {                          // 外部类
    private String msg = "Hello World !";
    class Inner {                      // 定义一个内部类
```

```
        public void print() {
            System.out.println(msg);
        }
    }
    public void fun() {
        new Inner().print();                    // 实例化内部类对象，并且调用 print()方法
    }
}
public class TestDemo {
    public static void main(String args[]) {
        Outer out = new Outer();                // 实例化外部类对象
        out.fun();                              // 调用外部类方法
    }
}
```

程序执行结果：　　　　　　　　Hello World！

本程序首先在 Outer 类中定义了一个 Inner 的内部类，并且在 Inner 的内部类直接输出了 Outer 类的 msg 私有属性，然后在 fun()方法中实例化 Inner 类的匿名对象以调用 print()方法。

实际上内部类的基本定义形式并不难理解，就是将类的定义拿到类的内部，也就是说类中除了属性和方法外，也可以定义属于自己内部的结构体。这样做的最大缺点在于：破坏了类的结构性。但是这种牺牲对开发者而言也是有帮助的，它最大的帮助就是可以轻松地访问外部类中的私有属性。为了验证这一问题，请观察范例 3-104。

范例 3-104： 将内部类放到外部并且实现同样功能。

```
class Outer {                                   // 外部类
    private String msg = "Hello World !" ;
    public void fun() {
        // this 表示当前调用 fun()方法的对象，在本程序中主方法由 out 对象调用，所以 this 就是 out
        new Inner(this).print() ;               // 实例化内部类对象，并且调用 print()方法
    }
    // 内部类需要访问 msg 属性，但是此属性属于 Outer 类，而在 Outer 类里面此属性使用 private 进行封装
    // 所以如果此时要得到这个属性的内容，需要定义一个 getter 方法
    public String getMsg() {
        return this.msg ;
    }
}
class Inner {                                   // 定义一个内部类
    private Outer out ;                         // 必须依靠对象才可以调用 getMsg()方法
    public Inner(Outer out) {                   // 在构造方法中接收外部类对象
        this.out = out ;
    }
    public void print() {                       // 利用 Outer 类对象调用方法
        System.out.println(this.out.getMsg()) ;
    }
```

```
}
public class TestDemo {
    public static void main(String args[]) {
        Outer out = new Outer() ;              // 实例化外部类对象
        out.fun() ;                            // 调用外部类方法
    }
}
```
程序执行结果：   Hello World！

本程序将内部类拆分为两个类，并且实现了同样的功能，读者可以发现整个代码过程中的引用传递非常复杂，而这些引用传递的目的就是访问 Outer 类中的 msg 私有属性。所以内部类的最大好处就是可以方便地访问外部类中的私有属性。

提示：在开发中优先考虑的不是内部类。

实际上内部类之所以存在，是为了方便外部类的操作而准备的，这一点读者可以随着经验的增加而有更深的理解，所以在本书中不建议读者过多地考虑内部类。也就是说除非有特殊情况，否则还是建议编写普通的程序类，而不要选择内部类。

需要注意的是，虽然内部类可以方便地访问外部类的私有属性，但是外部类也可以通过内部类对象轻松地访问内部类的私有属性。

范例 3-105： 访问内部类的私有属性。

```
class Outer {                                  // 外部类
    private String msg = "Hello World !" ;
    class Inner {                              // 定义一个内部类
        private String info = "世界，你好！" ;    // 内部类的私有属性
        public void print() {
            System.out.println(msg) ;          // 直接访问外部类的私有属性
        }
    }
    public void fun() {
        Inner in = new Inner() ;               // 内部类对象
        System.out.println(in.info) ;          // 直接利用内部类对象访问内部类中定义的私有属性
    }
}
public class TestDemo {
    public static void main(String args[]) {
        Outer out = new Outer() ;              // 实例化外部类对象
        out.fun() ;                            // 调用外部类方法
    }
}
```
程序执行结果：   世界，你好！

本程序内部类中定义了一个 info 的属性，虽然此属性在内部类中进行了封装，但是由于内部类定义在外部类中，所以外部类可以直接利用内部类的对象使用"对象.属性"的形式访问私有属性操作。

提示：关于 this 的使用。

对于类中属性的访问，本书一直强调：如果要访问属性，前面一定要加上 this。以本程序为例，如果要在 print() 方法里加上 this 来访问 msg 属性，则表示要找的是 Inner 类中的 msg 属性，而 msg 属于外部类中的属性，所以应该使用"外部类.this.属性"的形式。内部类的 print() 方法定义如下。

范例 3-106： 使用 this 访问外部类属性。

```java
class Outer {                                    // 外部类
    private String msg = "Hello World !" ;
    class Inner {                                // 定义一个内部类
        public void print() {
            System.out.println(Outer.this.msg) ;    // 外部类.this = 外部类当前对象
        }
    }
}
```

在编写代码过程中，应尽量保持这样标准的写法。

本小节所有代码都有一个特点：通过外部类的一个 fun() 方法访问了内部类的操作。内部类能不能像普通对象那样直接在外部直接产生实例化对象调用呢？

如果要想解决此类问题，必须通过内部类的文件形式来观察。通过观察可以发现内部类 Inner 的 class 文件的形式是："Outer$Inner.class"（自动出现一个"$"，此为 Java 标示符组成）。所有的"$"是在文件中的命名，如果反映到程序中就变为"."，也就是说内部类的名称就是"外部类.内部类"。内部类对象的实例化语法如下。

外部类.内部类 对象 = new 外部类().new 内部类();

由于内部类需要使用外部类中的属性，而所有的属性只有在对象实例化之后才会分配空间，所以在实例化内部类对象时首先要实例化外部类对象。但是需要提醒读者的是，内部类对象的实例化语法格式只是一个基础，指的是在一个类内部只定义一个内部类的情况，而如果一个内部类中又定义了内部类，则类结构需要继续向下延伸，变为"外部类.内部类 1.内部类 2 对象 = new 外部类().new 内部类 1().new 内部类 2();"。

范例 3-107： 实例化内部类对象。

```java
class Outer {                                    // 外部类
    private String msg = "Hello World !" ;
    class Inner {                                // 定义一个内部类
        public void print() {
            System.out.println(Outer.this.msg) ;
        }
    }
}
public class TestDemo {
    public static void main(String args[]) {
        Outer.Inner in = new Outer().new Inner() ;    // 实例化内部类对象
        in.print() ;
```

```
    }
}
```

程序执行结果：　　　　　　Hello World！

本程序在主方法中依照给定的格式实例化了内部类对象，并且直接调用内部类的print()方法进行输出。

如果一个内部类只希望被一个外部类访问，不能被外部调用，那么可以使用private定义私有内部类。

范例3-108：定义私有内部类

```
class Outer {                                    // 外部类
    private String msg = "Hello World !" ;
    private class Inner {                        // 定义私有内部类
        public void print() {
            System.out.println(Outer.this.msg) ;
        }
    }
}
```

由于存在private声明，所以Inner类只能在Outer类的内部使用，这时将无法在外部实例化Inner类对象，而这个内部类只能为Outer一个类服务。

3.16.2　使用static定义内部类

使用static定义
内部类

使用static定义的属性或方法是不受类实例化对象控制的，所以如果使用static定义内部类，它一定不可能受到外部类的实例化对象控制。

如果一个内部类使用static定义，那么这个内部类就变为一个"外部类"，并且只能访问外部类中定义的static操作。相当于定义一个外部类。

范例3-109：利用static定义内部类。

```
class Outer {                                    // 外部类
    private static String msg = "Hello World !";  // static 属性
    static class Inner {                         // static 定义的内部类等同于外部类
        public void print() {
            System.out.println(Outer.msg);        // 直接访问 static 属性
        }
    }
}
```

本程序代码利用static定义了内部类，这个内部类相当于变为外部类，并且只能访问Outer类中的static属性或方法。但是此时如果要想取得内部类的实例化对象，其需要使用如下语法。

外部类.内部类 对象 = new 外部类.内部类() ;

通过语法可以发现此时不再需要先产生外部类实例化对象，再产生内部类实例化对象的操作，内部类的名称直接变为"外部类.内部类"，仿佛变为了一个独立的类。

范例3-110：实例化"外部类"对象。

```
class Outer {                                    // 外部类
    private static String msg = "Hello World !";  // static 属性
    static class Inner {                         // static 定义的内部类等同于外部类
        public void print() {
```

```
          System.out.println(Outer.msg) ;                    // 直接访问 static 属性
       }
    }
}
public class TestDemo {
    public static void main(String args[]) {
       Outer.Inner in = new Outer.Inner() ;                  // 实例化"外部类"对象
       in.print() ;                                          // 调用方法
    }
}
```

程序执行结果：　　　　　　　Hello World !

本程序首先直接利用 "Outer.Inner" 类可以表示内部类的名称，然后直接进行 Inner 类对象实例化并调用 print() 输出。

注意：实例化内部类的格式比较。

实例化内部类的操作有如下两种格式。

- 格式一（非 static 定义内部类）：外部类.内部类 内部类对象 = new 外部类 ().new 内部类()；
- 格式二（static 定义内部类）：外部类.内部类 内部类对象 = new 外部类.内部类()。

通过这两种格式可以发现，使用 static 定义的内部类，其完整的名称就是 "外部类.内部类"，在实例化对象时也不再需要先实例化外部类再实例化内部类。

在以后的学习中如果发现类名称上出现 "."，就应该首先想到本处使用了内部类的定义。

3.16.3　在方法中定义内部类

内部类理论上可以在类的任意位置上进行定义，包括在代码块中，或在普通方法中。而在开发过程中，在普通方法里面定义内部类的情况是最多的。

范例 3-111：在普通方法里面定义内部类。

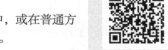
在方法中定义内部类

```
class Outer {                                    // 外部类
    private String msg = "Hello World !" ;
    public void fun() {                          // 外部类普通方法
       class Inner {                             // 方法中定义的内部类
          public void print() {
             System.out.println(Outer.this.msg) ;
          }
       }
       new Inner().print() ;                     // 内部类实例化对象调用 print() 输出
    }
}
public class TestDemo {
```

```
    public static void main(String args[]) {
        new Outer().fun() ;
    }
}
```

程序执行结果：　　　　　Hello World！

　　本程序将内部类定义在 Outer 类的 fun() 方法中，在定义完成后直接实例化了内部类对象并调用了 print() 方法进行输出。

　　在方法中定义的内部类从 JDK 1.8 开始也可以直接访问方法中的参数或变量了。

　　范例 3-112：访问方法中定义的参数或变量。

```
class Outer {                                   // 外部类
    private String msg = "Hello World !" ;
    public void fun(int num) {                  // 外部类普通方法
        double score = 99.9 ;                   // 方法变量
        class Inner {                           // 方法中定义的内部类
            public void print() {
                System.out.println("属性： " + Outer.this.msg) ;
                System.out.println("方法参数： " + num) ;
                System.out.println("方法变量： " + score) ;
            }
        }
        new Inner().print() ;                   // 内部类实例化对象调用 print() 输出
    }
}
public class TestDemo {
    public static void main(String args[]) {
        new Outer().fun(100) ;
    }
}
```

程序执行结果：　　　属性：Hello World！
　　　　　　　　　　方法参数：100
　　　　　　　　　　方法变量：99.9

　　本程序首先在 fun() 方法中定义了一个 num 的参数，然后又定义了一个 score 的变量，这些变量的内容在 Inner 类的 print() 方法中可以直接使用。

技术穿越：定义在方法中的内部类直接访问参数或变量是从 JDK 1.8 开始的。

　　范例 3-112 的 fun() 方法中没有加入任何修饰描述，并且方法中的内部类可以访问方法的参数以及定义的变量，但是这种操作只适合于 JDK 1.8 之后的版本。在 JDK 1.7 及之前的版本有一个严格要求：方法中定义的内部类如果要想访问方法的参数或方法定义的变量，在参数或变量前一定要加上 "final" 标记。

　　范例 3-113：JDK 1.7 之前的代码。

```
class Outer {                                   // 外部类
    private String msg = "Hello World !" ;
```

```
public void fun(final int num) {                    // 外部类普通方法
    final double score = 99.9 ;                      // 方法变量
    class Inner {                                     // 方法中定义的内部类
        public void print() {
            System.out.println("属性：" + Outer.this.msg) ;
            System.out.println("方法参数：" + num) ;
            System.out.println("方法变量：" + score) ;
        }
    }
    new Inner().print() ;                            // 内部类实例化对象调用 print()输出
}
```

通过本程序可以发现在 fun()方法的参数和变量上（这两个变量都需要被内部类访问）都使用了 final 进行声明，这是 JDK 1.8 版本以前的做法，而之所以从 JDK 1.8 开始取消了这一限制，主要是 Lambda 编写方便，关于 Lambda 表达式将在本书第 8 章中为读者讲解。同时考虑到 Java 的实际应用版本问题，希望每一位读者按照标准方式编写，即方法中定义的内部类要访问方法中参数或变量时，要在前面加上"final"关键字。

3.17　链表

链表是一种根据元素节点逻辑关系排列起来的一种数据结构。利用链表可以保存多个数据，这一点类似于数组的概念，但是数组本身有一个缺点——数组的长度固定，不可改变。在长度固定的情况下首选的肯定是数组，但是在现实的开发中往往要保存的内容长度是不确定的，此时就可以利用链表结构来代替数组的使用。

提示：关于链表的掌握说明。

对于程序开发人员而言，个人总结有三大基本功：程序逻辑、数据结构、SQL 语句。其中数据结构的学习最为麻烦，因为如果只是单纯地学习理论是没有任何意义的，但如果要实现数据结构又需要读者充分理解方法的递归调用、引用传递等概念。

所以对于本部分内容，笔者并没有要求读者必须掌握，而之所以会讲解数据结构，主要目的有两个：第一个目的是进一步巩固前面学习的基础知识，第二个目的是为第 14 章类集框架打下概念基础。如果读者觉得过于困难，可以忽略复杂的实现代码，而将更多的学习精力用于记住所讲解方法的定义（包括方法名称、参数作用）以及方法的实现原理描述上，这样对于后面的学习也有很大帮助。

另外如果本身技术已经很好的读者，笔者强烈建议可以自己试着写出一个链表操作，因为在一些公司的笔试中也会出现让读者编写链表或二叉树（第 11 章讲解实现）的数据结构。

3.17.1 链表的基本形式

链表的基本概念

链表是一种最为简单的数据结构，它的主要目的是依靠引用关系来实现多个数据的保存。下面假设要保存的数据是字符串（引用类型），则可以按照图 3-33 所示的关系进行保存。

在图 3-34 中读者可以发现，所有要保存的数据都会被包装到一个节点对象中，之所以会引用一个节类，是因为只依靠保存的数据无法区分出先后顺序，而引入了 Node 类可以包装数据并指向下一个节点，所以在 Node 类的设计中主要保存两个属性：数据（data）与下一个节点引用（next），如图 3-35 所示。

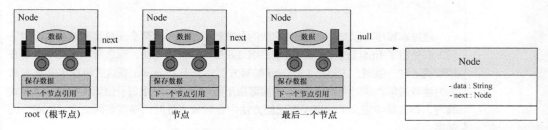

图 3-34 链表基本结构　　　　　　　　　　图 3-35 Node 类定义

范例 3-114： 定义一个 Node 类。

```java
class Node {                            // 每一个链表实际上就是由多个节点组成的
    private String data;                // 要保存的数据
    private Node next;                  // 要保存的下一个节点
    /**
     * 每一个 Node 类对象都必须保存有相应的数据
     * @param data 要通过节点包装的数据
     */
    public Node(String data) {          // 必须有数据才有 Node
        this.data = data;
    }
    /**
     * 设置下一个节点关系
     * @param next 保存下一个 Node 类引用
     */
    public void setNext(Node next) {
        this.next = next;
    }
    /**
     * 取得当前节点的下一个节点
     * @return 当前节点的下一个节点引用
     */
    public Node getNext() {
```

```
            return this.next;
    }
    /**
     * 设置或修改当前节点包装的数据
     * @param data
     */
    public void setData(String data) {
        this.data = data;
    }
    /**
     * 取得包装的数据
     * @return
     */
    public String getData() {
        return this.data;
    }
}
```

Node 节点类本身不属于一个简单 Java 类，而是一个功能性的表示类，在这个类中，主要保存了两种数据：一种是存储的对象（此处暂时保存的是 String 型对象），另一种存储的是当前节点的下一个节点（next）。

在进行链表操作的时候，首先需要的是一个根节点（第一个节点即为根节点），然后每一个节点的引用都保存在上一节点的 next 属性中。而在进行输出的时候也应该按照节点的先后顺序，一个一个取得每一个节点所包装的数据，如图 3-36 所示。

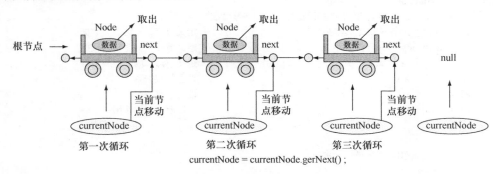

图 3-36　链表数据取出

范例 3-115： 手工配置节点关系，并使用 while 循环输出全部节点数据。

```
public class LinkDemo {
    public static void main(String args[]) {
        // 第一步：定义要操作的节点并设置好包装的字符串数据
        Node root = new Node("火车头") ;           // 定义节点，同时包装数据
        Node n1 = new Node("车厢 A") ;             // 定义节点，同时包装数据
        Node n2 = new Node("车厢 B") ;             // 定义节点，同时包装数据
```

```
        root.setNext(n1) ;                          // 设置节点关系
        n1.setNext(n2) ;                            // 设置节点关系
        // 第二步：根据节点关系取出所有数据
        Node currentNode = root ;                   // 当前从根节点开始读取
        while (currentNode != null) {               // 当前节点存在数据
            System.out.println(currentNode.getData()) ;
            currentNode = currentNode.getNext() ;   // 将下一个节点设置为当前节点
        }
    }
}
```
程序执行结果：　　　　火车头
　　　　　　　　　　　　车厢 A
　　　　　　　　　　　　车厢 B

本程序一共分为以下操作步骤进行。

- 第 1 步：定义各个独立的节点，同时封装要保存的字符串数据；
- 第 2 步：配置不同节点彼此间的操作关系；
- 第 3 步：由于现在不清楚要输出的节点个数，只知道输出的结束条件（没有节点就不输出了，curentNode == null），所以使用 while 循环，依次取得每一个节点，并输出里面包装的数据。

虽然利用 while 循环可以轻松取得节点中包装的数据，但是这种输出操作本身并不是最理想的，而且与图 3-36 所示的输出原理也有差异，所以最合适的操作应该是采用递归输出。

范例 3-116：手工配置节点关系，通过递归输出全部节点数据。

```
public class LinkDemo {
    public static void main(String args[]) {
        // 第一步：定义要操作的节点并设置好包装的字符串数据
        Node root = new Node("火车头") ;             // 定义节点，同时包装数据
        Node n1 = new Node("车厢 A") ;               // 定义节点，同时包装数据
        Node n2 = new Node("车厢 B") ;               // 定义节点，同时包装数据
        root.setNext(n1) ;                           // 设置节点关系
        n1.setNext(n2) ;                             // 设置节点关系
        print(root) ;                                // 由根节点开始输出
    }
    /**
     * 利用递归方式输出所有的节点数据
     * @param current
     */
    public static void print(Node current) {         // 第二步：根据节点关系取出所有数据
        if (current == null) {                       // 递归结束条件
            return;                                  // 结束方法
        }
        System.out.println(current.getData());       // 输出节点包含的数据
        print(current.getNext());                    // 递归操作
    }
}
```

程序执行结果：	火车头 车厢 A 车厢 B

本程序定义了一个 print() 方法实现节点数据的输出操作，在 print() 方法中会依照节点关系递归调用本方法，如果当前节点之后没有节点，将结束调用。

3.17.2　链表的基本雏形

链表的基本实现

通过 3.17.1 节的分析，可以发现链表实现中最为重要的类就是 Node，而上一节的程序都是由用户自己使用 Node 类封装要操作的数据，同时由用户自己去匹配节点关系。很明显，这样会给用户操作带来更多的复杂性，而用户实际上只关心链表中保存的数据有哪些，至于说数据是如何保存的，节点间的关系是如何分配的，用户完全不需要知道。所以此时应该定义一个专门负责这个节点操作的类，而这个类可以称为链表操作类——Link，专门负责处理节点关系，用户不需要关心节点问题，只需要关心 Link 的处理操作即可。

为了帮助读者更好的理解 Node 类和 Link 类之间的联系，下面首先为读者做一个简单的代码模型，本代码的功能是通过 Link 类保存多个数据，然后由 Link 类自己去配置节点操作关系，最后将全部数据进行输出。本程序的操作流程如图 3-37 所示。

创建链表 ──────→ root ──────→ null

(a) 初始化链表，根节点没有指向

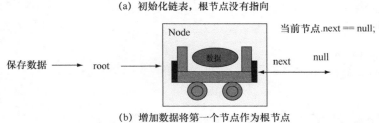

(b) 增加数据将第一个节点作为根节点

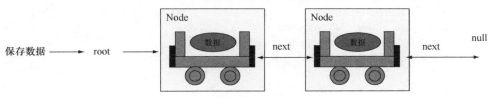

(c) 在最后一个节点保存新节点

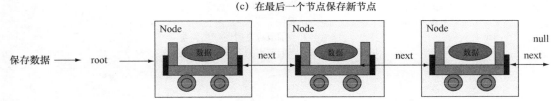

(d) 在最后一个节点保存新节点

图 3-37　链表操作步骤

通过图 3-37 所示的操作图可以发现，如果要实现一个链表的操作，必须有一个根节点，所有的节点都应该在根节点下依次保存。下面通过具体的代码实现此链表操作。

> **提示：链表操作的标准形式结构。**
> 链表的基本操作有如下特点。
> - 客户端代码不用关注具体的 Node 以及引用关系的细节，只需要关注 Link 类中提供的数据操作方法；
> - Link 类的主要功能是控制 Node 类对象的产生和根节点；
> - Node 类主要负责数据的保存以及引用关系的分配。

范例 3-117： 链表的基本形式。

```java
class Node {                                // 定义一个节点
    private String data;                    // 要保存的数据
    private Node next;                       // 要保存的下一个节点
    public Node(String data) {               // 每一个 Node 类对象都必须保存相应的数据
        this.data = data;
    }
    public void setNext(Node next) {
        this.next = next;
    }
    public Node getNext() {
        return this.next;
    }
    public String getData() {
        return this.data;
    }
    /**
     * 实现节点的添加（递归调用，目的是将新节点保存到最后一个节点之后）
     * 第一次调用（Link）: this = Link.root
     * 第二次调用（Node）: this = Link.root.next
     * 第三次调用（Node）: this = Link.root.next.next
     * @param newNode 新节点，节点对象由 Link 类创建
     */
    public void addNode(Node newNode) {
        if (this.next == null) {             // 当前节点的下一个为 null
            this.next = newNode;             // 保存新节点
        } else {                             // 当前节点之后还存在节点
            this.next.addNode(newNode);      // 当前节点的下一个节点继续保存
        }
    }
    /**
     * 递归的方式输出每个节点保存的数据
     * 第一次调用（Link）: this = Link.root
     * 第二次调用（Node）: this = Link.root.next
```

```
         * 第三次调用（Node）：this = Link.root.next.next
         */
    public void printNode() {
        System.out.println(this.data);              // 输出当前节点数据
        if (this.next != null) {                     // 还有下一个节点
            this.next.printNode();                   // 找到下一个节点继续输出
        }
    }
}
class Link {                                          // 负责数据的设置和输出
    private Node root;                                // 根节点
    /**
     * 向链表中增加新的数据，如果当前链表没有节点则将第一个数据作为节点
     * 如果有节点则使用 Node 类将新节点保存到最后一个节点之后
     * @param data 要保存的数据
     */
    public void add(String data) {
        Node newNode = new Node(data);               // 设置数据的先后关系，所以将 data 包装在一个 Node 类对象中
        if (this.root == null) {                     // 一个链表只有一个根节点
            this.root = newNode;                     // 将新的节点设置为根节点
        } else {                                     // 根节点已经存在
            this.root.addNode(newNode);              // 交由 Node 类来进行节点保存
        }
    }
    /**
     * 使用递归方式，输出节点中的全部数据
     */
    public void print() {                            // 输出数据
        if (this.root != null) {                     // 存在根节点
            this.root.printNode();                   // 交给Node类输出
        }
    }
}
public class LinkDemo {
    public static void main(String args[]) {
        Link link = new Link();                      // 由这个类负责所有的数据操作
        link.add("Hello");                           // 存放数据
        link.add("MLDN");                            // 存放数据
        link.add("YOOTK");                           // 存放数据
        link.add("李兴华");                           // 存放数据
        link.print();                                // 展示数据
    }
}
```
程序执行结果：　　　　　　　　Hello

> MLDN
> YOOTK
> 李兴华

本程序将节点的匹配关系交由 Node 类来进行处理，而数据的节点包装以及根节点的管理交由 Link 类负责管理，这样用户在使用链表操作时不需要关注 Node 类的操作，只需要通过 Link 类的 add() 方法实现数据增加，通过 print() 方法实现数据输出。

3.17.3　开发可用链表

3.17.2 节的程序代码已经实现了链表的基本操作，但是读者应该会发现一个问题，在进行链表数据取出时不应该采用直接输出的方式完成，而是应该将数据返回给调用处完成。所以之前的链表只是为读者提供了一个基础的开发模型，并不能用于实际的开发中，而如果要想让链表真正可以使用，就应该具备表 3-10 所示的操作功能。

表 3-10　链表的基础功能

No.	方法名称	类型	描述
1	public void add(数据类型 变量)	普通	向链表中增加新的数据
2	public int size()	普通	取得链表中保存的元素个数
3	public boolean isEmpty()	普通	判断是否是空链表（size() == 0）
4	public boolean contains(数据类型 变量)	普通	判断某一个数据是否存在
5	public 数据类型 get(int index)	普通	根据索引取得数据
6	public void set(int index,数据类型 变量)	普通	使用新的内容替换指定索引的旧内容
7	public void remove(数据类型 变量)	普通	删除指定数据，如果是对象则要进行对象比较
8	public 数据类型 [] toArray()	普通	将链表以对象数组的形式返回
9	public void clear()	普通	清空链表

技术穿越：记住表 3-10 所示方法的名称以及实现注意事项。

　　本次所讲解的链表采用的是纯手工的方式进行开发，目的是为帮助读者建立一个基本的概念，以方便后面应用部分的学习，而在 java.util 包中专门提供了一套类集框架，即用户可以直接使用里面提供的类，实现与本次链表同样甚至更多的操作功能。所以在开发中是不会让用户自己去手工实现链表的。

　　同时，本次讲解只是注重功能的实现，并没有考虑过多的性能问题，有兴趣的读者可以依照范例 3-117 的代码继续进行功能完善。

通过表 3-10 列出的方法，读者可以发现，链表的主要操作就是数据的增加、修改、删除、查询 4 个基本操作。下面依次来观察每个方法的具体实现原理。

3.17.3.1　程序基本结构

在开发具体的可用链表操作之前，首先必须明确一个道理：Node 类负责所有的节点数据的保存以及节点关系的匹配，所以 Node 类不可能单独去使用。但范例

确定程序结构

3-117 的代码实现过程中 Node 是可以单独使用的，外部程序可以绕过 Link 类直接操作 Node 类，这明显是没有任何意义的。所以下面必须修改设计结构，让 Node 类只能被 Link 类使用。

使用内部类明显是一个最好的选择。一方面，内部类可以使用 private 定义，这样一个内部类只能被一个外部类使用。另一方面，内部类可以方便地与外部类之间进行私有属性的直接访问。

范例 3-118：链表的基本开发结构。

```
class Link {                                        // 链表类，外部能够看见的只有这一个类
    private class Node {                            // 定义的内部节点类
        private String data;                        // 要保存的数据
        private Node next;                          // 下一个节点引用
        public Node(String data) {                  // 每一个Node类对象都必须保存相应的数据
            this.data = data;
        }
    }
    // ===================== 以上为内部类 =====================
    private Node root;                              // 根节点定义
}
```

在本程序中将 Node 定义为 Link 的私有内部类，这样做有以下两个好处。
- Node 类只为 Link 类服务，并且可以利用 Node 类匹配节点关系；
- 外部类与内部类之间方便进行私有属性的直接访问，所以不需要在 Node 类中定义 setter、getter 方法。

3.17.3.2　数据增加：public void add(数据类型 变量)

增加数据

如果要进行新数据的增加，则应该由 Link 类负责节点对象的产生，并且由 Link 类维护根节点，所有节点的关系匹配交给 Node 类处理。

```
class Link {                                        // 链表类，外部能够看见的只有这一个类
    private class Node {                            // 定义的内部节点类
        private String data;                        // 要保存的数据
        private Node next;                          // 下一个节点引用
        public Node(String data) {                  // 每一个 Node 类对象都必须保存相应的数据
            this.data = data;
        }
        /**
         * 设置新节点的保存，所有的新节点保存在最后一个节点之后
         * @param newNode 新节点对象
         */
        public void addNode(Node newNode) {
            if (this.next == null) {                // 当前的下一个节点为 null
                this.next = newNode ;               // 保存节点
            } else {                                // 向后继续保存
                this.next.addNode(newNode) ;
            }
        }
```

```
    }
    // ==================== 以上为内部类 ====================
    private Node root;                          // 根节点定义
    /**
     * 用户向链表增加新的数据，在增加时要将数据封装为 Node 类，这样才可以匹配节点顺序
     * @param data 要保存的数据
     */
    public void add(String data) {              // 假设不允许有 null
        if (data == null) {                     // 判断数据是否为空
            return;                             // 结束方法调用
        }
        Node newNode = new Node(data);          // 要保存的数据
        if (this.root == null) {                // 当前没有根节点
            this.root = newNode;                // 保存根节点
        } else {                                // 根节点存在
            this.root.addNode(newNode);         // 交给 Node 类处理节点的保存
        }
    }
}
public class LinkDemo {
    public static void main(String args[]) {
        Link all = new Link();                  // 创建链表对象
        all.add("yootk");                       // 保存数据
        all.add("mldn");                        // 保存数据
        all.add(null);                          // 空数据无法保存
    }
}
```

数据的增加操作实现过程与之前讲解的区别不大，其中用户首先通过 Link 类的 add()方法保存数据，而在 add()方法中会创建新的节点，然后利用 Node 类的 addNode()方法匹配节点关系。

3.17.3.3 取得保存元素个数：public int size()

取得链表长度

既然每一个链表对象都只有一个 root 根元素，那么每一个链表就有自己的长度，可以直接在 Link 类里面设置一个 count 属性，每一次数据添加完成后，可以进行个数的自增。

范例 3-119：修改 Link.java 类。

- 增加一个 count 属性，保存元素个数；

```
private int count = 0 ;                       // 保存元素的个数
```

- 在 add()方法里面增加数据的统计操作；

```
/**
 * 用户向链表增加新的数据，在增加时要将数据封装为 Node 类，这样才可以匹配节点顺序
 * @param data 要保存的数据
 */
public void add(String data) {                // 假设不允许有 null
```

```
        if (data == null) {            // 判断数据是否为空
            return;                    // 结束方法调用
        }
        Node newNode = new Node(data); // 要保存的数据
        if (this.root == null) {       // 当前没有根节点
            this.root = newNode;       // 保存根节点
        } else {                       // 根节点存在
            this.root.addNode(newNode); // 交给 Node 类处理节点的保存
        }
        this.count ++ ;                // 数据保存成功后保存个数加一
    }
```

- 随后为 Link 类增加一个新的方法：size()。

```
/**
 * 取得链表中保存的数据个数
 * @return 保存的个数，通过 count 属性取得
 */
public int size() {                    // 取得保存的数据量
    return this.count;
}
```

在 Link 类中定义的 size() 方法并不需要做过多的复杂操作，只需要返回 count 属性的内容即可。

3.17.3.4　判断是否是空链表：public boolean isEmpty()

判断空链表

所谓空链表（不是 null）指的是链表中不保存任何数据。空链表的判断实际上可以通过以下两种方式完成。

- 第一种：判断 root 是否有对象（是否为 null）；
- 第二种：判断保存的数据量（count）。

范例 3-120：判断是否为空链表。

```
/**
 * 判断是否是空链表，表示长度为 0，不是 null
 * @return 如果链表中没有保存任何数据则返回 true，否则返回 false
 */
public boolean isEmpty() {
    return this.count == 0;
}
```

本程序直接利用 count 属性进行了判断，如果没有保存过数据，则 count 属性的内容就是其默认值 0，那么 isEmpty() 方法返回的就是 true，反之则为 false。

3.17.3.5　数据查询：public boolean contains(数据类型 变量)

内容查询

在链表中一定会保存多个数据，那么基本的判断数据是否存在的方式是：以 String 为例（equals() 方法判断），在判断一个字符串是否存在时，需要循环链表中的全部内容，并且与要查询的数据进行匹配，如果查找到了则返回 true，否则返回 false。其实现原理如图 3-38 所示。

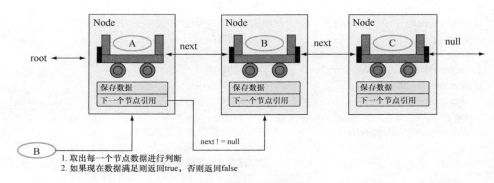

图 3-38　数据查询

范例 3-121： 在 Node 类增加方法。

```java
/**
 * 数据检索操作，判断指定数据是否存在
 * 第一次调用（Link）：this = Link.root
 * 第二次调用（Node）：this = Link.root.next
 * @param data 要查询的数据
 * @return 如果数据存在返回 true，否则返回 false
 */
public boolean containsNode(String data) {
    if (data.equals(this.data)) {            // 当前节点数据为要查询的数据
        return true;                         // 后面不再查询
    } else {                                 // 当前节点数据不满足查询要求
        if (this.next != null) {             // 有后续节点
            return this.next.containsNode(data);  // 递归调用继续查询
        } else {                             // 没有后续节点
            return false;                    // 没有查询到返回 false
        }
    }
}
```

范例 3-122： 修改 Link。

```java
/**
 * 数据查询操作，判断指定数据是否存在，如果链表没有数据直接返回 false
 * @param data 要判断的数据
 * @return 数据存在返回 true，否则返回 false
 */
public boolean contains(String data) {
    if (data == null || this.root == null) {  // 现在没有要查询的数据，根节点也不保存数据
        return false ;                         // 没有查询结果
    }
    return this.root.containsNode(data) ;      // 交由 Node 类查询
}
```

本程序从根元素开始查询数据是否存在。

范例 3-123： 定义测试程序。

```
public class LinkDemo {
    public static void main(String args[]) {
        Link all = new Link();                      // 创建链表对象
        all.add("yootk");                           // 保存数据
        all.add("mldn");                            // 保存数据
        System.out.println(all.contains("yootk")) ;
        System.out.println(all.contains("hello")) ;
    }
}
程序执行结果：            true（ "all.contains("yootk")" 语句执行结果）
                         false（ "all.contains("hello")" 语句执行结果）
```

本程序在链表中会进行是否存在数据的判断，如果没有数据存在则返回 false（数据没有查询到），否则返回 true（数据查询到）。本程序使用的是 String 型数据，所以在 Node 类中判断数据是否存在时使用的是 equals()方法。

提示：自定义对象时需要改变方法。

在链表中并不一定只能保存 String 型数据，任何对象都可以进行保存，如果要保存的是一个自定义的 Book 类，则必须在 Book 类中编写相应的对象比较方法（暂定方法为 compare()）。所以读者一定要记住一个结论：数据是否存在的判断必须有对象比较操作的支持。

3.17.3.6　根据索引取得数据：public 数据类型 get(int index)

链表本身就属于一种动态的对象数组，与普通的对象数组相比，链表最大的优势就在于没有长度限制。那么既然链表属于动态对象数组，也就应该具备像数组那样可以根据索引取得元素的功能，自然也就能根据指定索引取得指定节点数据的操作，索引查询的操作原理如图 3-39 所示。

根据索引取得数据

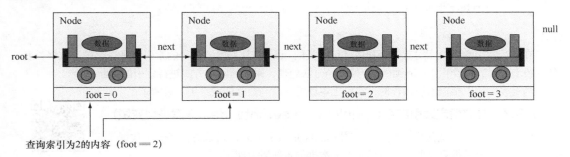

图 3-39　索引查询

从图 3-39 中可以发现，如果要想成功地为每一个保存的元素设置索引编号，一定需要一个变量（假设为 foot）动态生成索引，考虑到所有的节点都被 Link 类所管理，所以可以在 Link 类中定义一个

foot 属性（内部类可以方便地访问外部类私有属性），这样只需要采用递归的方式依次生成索引，就可以取出指定索引的数据。

范例 3-124： 在 Link 类里面增加一个 foot 的属性，表示每一个 Node 元素的编号。

```
private int foot = 0 ;                    // 节点索引
```

范例 3-125： 在每一次查询时（一个链表可能查询多次），foot 应该都从头开始计算（foot 设为 0）。

```
/**
 * 根据索引取得保存的节点数据
 * @param index 索引数据
 * @return 如果要取得的索引内容不存在或者大于保存个数返回 null，反之返回数据
 */
public String get(int index) {
    if (index > this.count-1) {           // 超过了查询范围
        return null ;                      // 没有数据
    }
    this.foot = 0 ;                        // 表示从前向后查询
    return this.root.getNode(index) ;      // 查询过程交给 Node 类
}
```

范例 3-126： 在 Node 类里面实现 getNode() 方法，内部类和外部类之间可以方便地进行私有属性的互相访问。

```
/**
 * 根据索引取出数据，此时该索引一定是存在的
 * @param index 要取得数据的索引编号
 * @return 返回指定索引节点包含的数据
 */
public String getNode(int index) {
    // 使用当前的 foot 内容与要查询的索引进行比较，随后将 foot 的内容自增，目的是下次查询方便
    if (Link.this.foot++ == index) {       // 当前为要查询的索引
        return this.data;                  // 返回当前节点数据
    } else {                               // 继续向后查询
        return this.next.getNode(index);   // 进行下一个节点的判断
    }
}
```

在进行索引数据检索时首先会利用 Link 类的 get() 方法判断要取得的索引值是否超过了数据长度，如果没有超过，则交由 Node 类的 getNode() 方法处理，采用递归的方式进行索引的判断。

当链表中可以根据索引操作时，实际上也就意味着与数组的联系更加紧密了。

3.17.3.7 修改指定索引内容：public void set(int index,数据类型变量)

修改数据和查询的区别不大，查询数据当满足索引值时，只是进行了一个数据的返回，而修改数据只需要将数据返回变为数据的重新赋值即可。

修改链表数据

范例 3-127： 在 Node 类里面增加 setNode() 方法。

```
/**
 * 修改指定索引节点包含的数据
```

```
        * @param index  要修改的索引编号
        * @param data  新数据
        */
       public void setNode(int index, String data) {
           // 使用当前的 foot 内容与要查询的索引进行比较，随后将 foot 的内容自增，目的是下次查询方便
           if (Link.this.foot++ == index) {        // 当前为要修改的索引
               this.data = data;                    // 进行内容的修改
           } else {
               this.next.setNode(index, data);     // 继续下一个节点的索引判断
           }
       }
```

修改之后由于索引都是动态生成的，所以取出数据的时候没有任何区别。

范例 3-128：在 Link 类里面增加 set() 方法。

```
/**
 * 根据索引修改数据
 * @param index  要修改数据的索引编号
 * @param data  新的数据内容
 */
public void set(int index, String data) {
    if (index > this.count−1) {              // 判断是否超过了保存范围
        return;                              // 结束方法调用
    }
    this.foot = 0;                           // 重新设置 foot 属性的内容，作为索引出现
    this.root.setNode(index, data);          // 交给 Node 类设置数据内容
}
```

本程序采用与 get() 方法类似的做法，唯一的区别是，在 Node 类中定义 setNode() 方法不再返回数据，而是直接修改了满足指定索引的节点数据。

3.17.3.8　数据删除：public void remove(数据类型 变量)

对于链表中的内容，前几节完成的是增加操作和查询操作，但是链表中也会存在删除数据的操作。删除数据的操作需要分以下两种情况讨论。

• 情况一：要删除的数据是根节点，则 root 应该变为"根节点.next"（根节点的下一个节点为新的根节点），并且由于根节点需要被 Link 类所指，所以此种情况要在 Link 类中进行处理，如图 3-40 所示。

删除链表数据

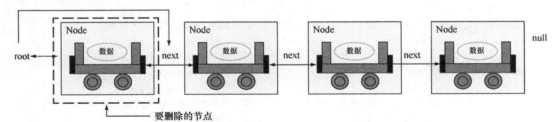

图 3-40　删除根节点

- 情况二：要删除的不是根节点，而是其他普通节点。这时删除节点的操作应该放在 Node 类里处理，并且由于 Link 类已经判断过根节点，所以此处应该从第二个节点开始判断的，如图 3-41 所示。

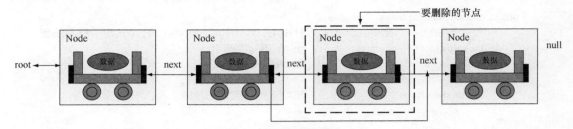

图 3-41 删除普通节点

通过分析可以得出删除数据的最终的形式："当前节点上一节点.next = 当前节点.next"，即空出当前引用节点。

范例 3-129：在 Node 类里面增加一个 removeNode() 方法，此方法专门负责处理非根节点的删除。

```
/**
 * 节点的删除操作，匹配每一个节点的数据，如果当前节点数据符合删除数据
 * 则使用"当前节点上一节点.next = 当前节点.next"方式空出当前节点
 * 第一次调用（Link）: previous = Link.root、this = Link.root.next
 * 第二次调用（Node）: previous = Link.root.next、this = Link.root.next.next
 * @param previous 当前节点的上一个节点
 * @param data 要删除的数据
 */
public void removeNode(Node previous, String data) {
    if (data.equals(this.data)) {              // 当前节点为要删除节点
        previous.next = this.next;             // 空出当前节点
    } else {                                   // 应该向后继续查询
        this.next.removeNode(this, data);      // 继续下一个判断
    }
}
```

范例 3-130：在 Link 类里面增加根节点的判断。

```
/**
 * 链表数据的删除操作，在删除前要先使用 contains() 判断链表中是否存在指定数据
 * 如果要删除的数据存在，则首先判断根节点的数据是否为要删除数据
 * 如果是，则将根节点的下一个节点作为新的根节点
 * 如果要删除的数据不是根节点数据，则将删除操作交由 Node 类的 removeNode() 方法完成
 * @param data 要删除的数据
 */
public void remove(String data) {
    if (this.contains(data)) {                        // 主要功能是判断数据是否存在
        // 要删除数据是否是根节点数据，root 是 Node 类的对象，此处直接访问内部类的私有操作
        if (data.equals(this.root.data)) {            // 根节点数据为要删除数据
            this.root = this.root.next;               // 空出当前根节点
```

```
        } else {                              // 根节点数据不是要删除数据
            // 此时根元素已经判断过了，从第二个元素开始判断，即第二个元素的上一个元素为根节点
            this.root.next.removeNode(this.root, data);
        }
        this.count--;                         // 删除成功后个数要减少
    }
}
```

在本程序中 Link 类负责根节点的删除判断，而 Node 类的删除判断从第二个节点开始，而删除的控制方法就是空出一个对象，使其成为垃圾空间。

3.17.3.9 将链表变为对象数组：public 数据类型 [] toArray()

对象数组转换

对于链表的这种数据结构，在实际的开发中，最为关键的两个操作是：增加数据和取得全部数据。而链表本身属于一种动态的对象数组，所以在链表输出时，最好的做法是将链表中所保存的数据以对象数组的方式返回，而返回对象的数组长度也应该是根据保存数据的个数决定的。其操作原理如图 3-42 所示。

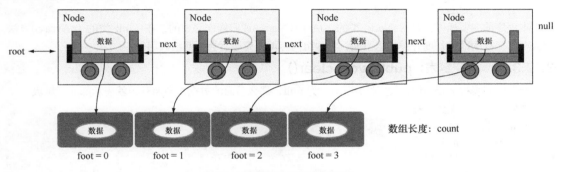

图 3-42　链表转化为对象数组

通过以上分析发现，最终 Link 类的 toArray() 方法一定要返回一个对象数组，数组的长度由 Link 类中的 count 属性决定，并且这个对象数组的内容需要由 Node 类负责填充，所以这个对象数组最好定义在 Link 类的属性里面。

范例 3-131：修改 Link 类的定义。

- 增加一个返回的数组属性内容，之所以将其定义为属性，是因为内部类和外部类都可以访问；

```
private String [] retArray ;                  // 返回的数组
```

- 增加 toArray() 方法。

```
/**
 * 将链表中的数据转换为对象数组输出
 * @return 如果链表没有数据返回 null，如果有数据则将数据变为对象数组后返回
 */
public String[] toArray() {
    if (this.root == null) {                  // 判断链表是否有数据
        return null;                          // 没有数据返回 null
    }
```

```
        this.foot = 0;                                  // 脚标清零操作
        this.retArray = new String[this.count];         // 根据保存内容开辟数组
        this.root.toArrayNode();                         // 交给 Node 类处理
        return this.retArray;                            // 返回数组对象
    }
```

范例 3-132：在 Node 类里面处理数组数据的保存。

```
    /**
     * 将节点中保存的内容转化为对象数组
     * 第一次调用（Link）：this = Link.root；
     * 第二次调用（Node）：this = Link.root.next
     */
    public void toArrayNode() {
        Link.this.retArray[Link.this.foot++] = this.data；  // 取出数据并保存在数组中
        if (this.next != null) {                            // 有后续元素
            this.next.toArrayNode();                         // 继续下一个数据的取得
        }
    }
```

本程序的主要操作都是由 Node 类的 toArrayNode() 递归操作完成的，在 Link 类的 toArray() 方法中会根据保存的数据长度开辟数组空间，将数组内容填充完毕后会返回给调用处。

3.17.3.10　清空链表：public void clear()

所有的链表被 root 引用，这时如果 root 为 null，那么后面的数据都会断开，就表示都成了垃圾。

范例 3-133：清空链表。

```
public void clear() {
    this.root = null;                               // 清空链表
    this.count = 0;                                 // 元素个数为 0
}
```

本程序除了将根节点清空外，也将对象的保存个数进行清零操作，以方便新数据的保存。

3.17.4　使用链表

上一节给出的链表严格来讲不够实用，而且意义也不大，因为它所能操作的数据类型只有 String，毕竟 String 所保留的数据比较少。下面进一步提升，采用自定义类来进行链表的操作。

通过链表的分析可以发现，在链表操作中如果要想正常执行 cotains()、remove() 等功能，则类中必须要提供对象比较方法的支持，此处的对象比较操作方法依然是用 compare() 作为方法名称。

链表的使用

在映射中使用链表

范例 3-134：定义一个保存图书信息的类。

```
class Book {
    private String title ;
    private double price ;
    public Book(String title, double price) {
```

```
        this.title = title ;
        this.price = price ;
    }
    /**
     * 进行本类对象的比较操作，在比较过程中首先会判断传入的对象是否为 null，而后判断地址是否相同
     * 如果都不相同则进行对象内容的判断，由于 compare() 方法接收了本类引用，所以可以直接访问私有属性
     * @param book 要进行判断的数据
     * @return 内存地址相同或属性完全相同返回 true，否则返回 false
     */
    public boolean compare(Book book) {
        if (book == null) {                     // 传入数据为 null
            return false ;                      // 没有必要进行具体的判断
        }
        // 执行 "b1.compare(b2)" 代码时会有两个对象
        // 当前对象 this（调用方法对象，就是 b1 引用）
        // 传递的对象 book（引用传递，就是 b2 引用）
        if (this == book) {                     // 内存地址相同
            return true ;                       // 避免进行具体细节的比较，节约时间
        }
        if (this.title.equals(book.title)
                && this.price == book.price) {  // 属性判断
            return true ;
        } else {
            return false ;
        }
    }
    // setter、getter 略
    public String getInfo() {
        return "图书名称：" + this.title + "，图书价格：" + this.price ;
    }
}
```

本程序首先按照对象比较的要求定义了 compare() 方法，然后如果要在链表中保存此类型，则必须将链表中操作的 String 数据类型全部替换为 Book 类型。

范例 3-135：修改链表实现（本代码主要是将之前的链表类中的 String 类型更换为 Book 类型，对象比较更换为 compare() 方法）。

```
class Link {                                    // 链表类，外部能够看见的只有这一个类
    private class Node {                        // 定义的内部节点类
        private Book data;                      // 要保存的数据
        private Node next;                      // 下一个节点引用
        public Node(Book data) {                // 每一个 Node 类对象都必须保存相应的数据
            this.data = data;
        }
        /**
         * 设置新节点的保存，所有的新节点保存在最后一个节点之后
         * @param newNode 新节点对象
```

```java
    */
    public void addNode(Node newNode) {
        if (this.next == null) {                        // 当前的下一个节点为 null
            this.next = newNode ;                       // 保存节点
        } else {                                        // 向后继续保存
            this.next.addNode(newNode) ;
        }
    }
    /**
        * 数据检索操作，判断指定数据是否存在
     * 第一次调用（Link）：this = Link.root
     * 第二次调用（Node）：this = Link.root.next
     * @param data 要查询的数据
     * @return 如果数据存在返回 true，否则返回 false
     */
    public boolean containsNode(Book data) {
        if (data.compare(this.data)) {                  // 当前节点数据为要查询的数据
            return true;                                // 后面不再查询了
        } else {                                        // 当前节点数据不满足查询要求
            if (this.next != null) {                    // 有后续节点
                return this.next.containsNode(data);    // 递归调用继续查询
            } else {                                    // 没有后续节点
                return false;                           // 没有查询到返回 false
            }
        }
    }
    /**
     * 根据索引取出数据，此时该索引一定是存在的
     * @param index 要取得数据的索引编号
     * @return 返回指定索引节点包含的数据
     */
    public Book getNode(int index) {
        // 使用当前的 foot 内容与要查询的索引进行比较，随后将 foot 的内容自增，目的是下次查询方便
        if (Link.this.foot++ == index) {                // 当前为要查询的索引
            return this.data;                           // 返回当前节点数据
        } else {                                        // 继续向后查询
            return this.next.getNode(index);            // 进行下一个节点的判断
        }
    }
    /**
     * 修改指定索引节点包含的数据
     * @param index 要修改的索引编号
     * @param data 新数据
     */
```

```java
    public void setNode(int index, Book data) {
    // 使用当前的 foot 内容与要查询的索引进行比较，随后将 foot 的内容自增，目的是下次查询方便
        if (Link.this.foot++ == index) {                // 当前为要修改的索引
            this.data = data;                           // 进行内容的修改
        } else {
            this.next.setNode(index, data);             // 继续下一个节点的索引判断
        }
    }
    /**
     * 节点的删除操作，匹配每一个节点的数据，如果当前节点数据符合删除数据
     * 则使用“当前节点上一节点.next = 当前节点.next”方式空出当前节点
     * 第一次调用（Link）：previous = Link.root、this = Link.root.next
     * 第二次调用（Node）：previous = Link.root.next、this = Link.root.next.next
     * @param previous 当前节点的上一个节点
     * @param data 要删除的数据
     */
    public void removeNode(Node previous, Book data) {
        if (data.compare(this.data)) {                  // 当前节点为要删除节点
            previous.next = this.next;                  // 空出当前节点
        } else {                                        // 应该向后继续查询
            this.next.removeNode(this, data);           // 继续下一个判断
        }
    }
    /**
     * 将节点中保存的内容转化为对象数组
     * 第一次调用（Link）：this = Link.root;
     * 第二次调用（Node）：this = Link.root.next;
     */
    public void toArrayNode() {
        Link.this.retArray[Link.this.foot++] = this.data;  // 取出数据并保存在数组中
        if (this.next != null) {                        // 有后续元素
            this.next.toArrayNode();                    // 继续下一个数据的取得
        }
    }
}
// ===================== 以上为内部类 =====================
private Node root;                                       // 根节点定义
private int count = 0 ;                                  // 保存元素的个数
private int foot = 0 ;                                   // 节点索引
private Book [] retArray ;                               // 返回的数组
/**
 * 用户向链表增加新的数据，在增加时要将数据封装为 Node 类，这样才可以匹配节点顺序
 * @param data 要保存的数据
 */
public void add(Book data) {                             // 假设不允许有 null
    if (data == null) {                                 // 判断数据是否为空
```

```
            return ;                                    // 结束方法调用
        }
        Node newNode = new Node(data);                  // 要保存的数据
        if (this.root == null) {                        // 当前没有根节点
            this.root = newNode;                        // 保存根节点
        } else {                                        // 根节点存在
            this.root.addNode(newNode);                 // 交给 Node 类处理节点的保存
        }
        this.count ++ ;                                 // 数据保存成功后保存个数加一
    }
    /**
     * 取得链表中保存的数据个数
     * @return 保存的个数，通过 count 属性取得
     */
    public int size() {                                 // 取得保存的数据量
        return this.count;
    }
    /**
     * 判断是否是空链表，表示长度为 0，不是 null
     * @return 如果链表中没有保存任何数据则返回 true，否则返回 false
     */
    public boolean isEmpty() {
        return this.count == 0;
    }
    /**
     * 数据查询操作，判断指定数据是否存在，如果链表没有数据直接返回 false
     * @param data 要判断的数据
     * @return 数据存在返回 true，否则返回 false
     */
    public boolean contains(Book data) {
        if (data == null || this.root == null) {        // 现在没有要查询的数据，根节点也不保存数据
            return false ;                              // 没有查询结果
        }
        return this.root.containsNode(data) ;           // 交由 Node 类查询
    }
    /**
     * 根据索引取得保存的节点数据
     * @param index 索引数据
     * @return 如果要取得的索引内容不存在或者大于保存个数返回 null，反之返回数据
     */
    public Book get(int index) {
        if (index > this.count) {                       // 超过了查询范围
            return null ;                               // 没有数据
        }
        this.foot = 0 ;                                 // 表示从前向后查询
        return this.root.getNode(index) ;               // 查询过程交给 Node 类
```

```
}
/**
 * 根据索引修改数据
 * @param index 要修改数据的索引编号
 * @param data  新的数据内容
 */
public void set(int index, Book data) {
    if (index > this.count) {                    // 判断是否超过了保存范围
        return;                                   // 结束方法调用
    }
    this.foot = 0;                                // 重新设置 foot 属性的内容，作为索引出现
    this.root.setNode(index, data);              // 交给 Node 类设置数据内容
}
/**
 * 链表数据的删除操作，在删除前要先使用 contains()判断链表中是否存在指定数据
 * 如果要删除的数据存在，则首先判断根节点的数据是否为要删除数据
 * 如果是，则将根节点的下一个节点作为新的根节点
 * 如果要删除的数据不是根节点数据，则将删除操作交由 Node 类的 removeNode()方法完成
 * @param data 要删除的数据
 */
public void remove(Book data) {
    if (this.contains(data)) {                   // 主要功能是判断数据是否存在
        // 要删除数据是否是根节点数据，root 是 Node 类的对象，此处直接访问内部类的私有操作
        if (data.equals(this.root.data)) {       // 根节点数据为要删除数据
            this.root = this.root.next;          // 空出当前根节点
        } else {                                  // 根节点数据不是要删除数据
            // 此时根元素已经判断过了，从第二个元素开始判断，即第二个元素的上一个元素为根节点
            this.root.next.removeNode(this.root, data);
        }
        this.count--;                            // 删除成功后个数要减少
    }
}
/**
 * 将链表中的数据转换为对象数组输出
 * @return 如果链表没有数据返回 null，如果有数据则将数据变为对象数组后返回
 */
public Book[] toArray() {
    if (this.root == null) {                     // 判断链表是否有数据
        return null;                              // 没有数据返回 null
    }
    this.foot = 0;                                // 脚标清零操作
    this.retArray = new Book[this.count];        // 根据保存内容开辟数组
    this.root.toArrayNode();                      // 交给 Node 类处理
    return this.retArray;                         // 返回数组对象
}
public void clear() {
```

```
        this.root = null;                              // 清空链表
        this.count = 0;                                // 元素个数为 0
    }
}
```

范例 3-136：实现测试。

```
public class LinkDemo {
    public static void main(String args[]) {
        Link all = new Link();                              // 创建链表对象
        all.add(new Book("Java 开发实战经典",79.8));          // 保存数据
        all.add(new Book("Oracle 开发实战经典",89.8));         // 保存数据
        all.add(new Book("Android 开发实战经典",99.8));        // 保存数据
        System.out.println("保存书的个数: " + all.size()) ;
        System.out.println(all.contains(new Book("Java 开发实战经典",79.8))) ;
        all.remove(new Book("Android 开发实战经典",99.8)) ;
        Book [] books = all.toArray() ;
        for (int x = 0 ; x < books.length ; x ++) {
            System.out.println(books[x].getInfo()) ;
        }
    }
}
```

程序执行结果：　　　　　保存书的个数：3（"all.size()" 语句执行结果）
　　　　　　　　　　　　true（"all.contains(new Book("Java 开发实战经典",79.8))" 语句执行结果）
　　　　　　　　　　　　图书名称：Java 开发实战经典，图书价格：79.8
　　　　　　　　　　　　图书名称：Oracle 开发实战经典，图书价格：89.8

本程序首先在链表中修改了其保存的数据类型与对象比较方法，然后实例化了 Link 类对象，并且保存了多个 Book 类对象。最终可以发现由于对象比较方法的成功编写，contains() 与 remove() 两个方法可以正常操作。

提问：每种数据类型都有一个链表会不会太麻烦了？

　　　　按照范例 3-14 的程序思路，如果一个项目中，可能有 50 种类型要通过链表保存，那么就需要写 50 个链表类，并且这些类的逻辑处理部分都一样，只是数据类型有差异，这样做是不是太麻烦了？

回答：利用继承来进行简化。

　　　　实际上以上所讲解的链表只是链表的基本概念，在整个设计过程中没有考虑过多的性能，例如：增加时（add()）需要重复迭代，取出数据时（toArray()）需要重复取出等问题都是较为严重的性能问题。同时由于所学习到的知识点有限，并没有解决数据类型的统一控制问题，而这些问题只有在学习完继承和多态这一系列概念之后读者才可以有更好的解决方法，所以现在的链表还不完善。为了方便读者学习，在本书附赠的视频中还会有如何利用链表进行一对多关系实现的操作，有兴趣的读者可以通过视频自行学习。

本章小结

1. 面向对象的三大特征：封装、继承、多态。

2. 类与对象的关系：类是对象的模板，对象是类的实例，类只能通过对象才可以使用。

3. 类的组成：属性、方法。

4. 对象的产生格式：类名称 对象名称 = new 类名称()。

5. 如果一个对象没有被实例化而直接使用，则使用时会出现空指向异常。

6. 类属于引用数据类型，进行引用传递时，传递的是堆内存的使用权。

7. 类的封装性：通过 private 关键字进行修饰，被封装的属性不能被外部直接调用，而只能通过 setter 或 getter 方法完成。只要是属性，就必须全部封装。

8. 构造方法可以为类中的属性初始化，构造方法与类名称相同，无返回值类型声明。如果在类中没有明确的定义出构造方法，则会自动生成一个无参的什么都不做的构造方法。在一个类中的构造方法可以重载，但是每个类都至少有一个构造方法。

9. String 类在 Java 中较为特殊，String 可以使用直接赋值的方式，也可以通过构造方法进行实例化，前者只产生一个实例化对象，而且此实例化对象可以重用，后者将产生两个实例化对象，其中一个是垃圾空间，在 String 中比较内容使用 equals 方法，而 "=="比较的只是两个字符串的地址值。字符串的内容一旦声明则不可改变。

10. 在 Java 中使用 this 关键字可以表示当前的对象，通过 this.属性可以调用本类中的属性，通过 this.方法()可以调用本类中的其他方法，也可以通过 this()的形式调用本类中的构造方法，但是调用时要求放在构造方法的首行。

11. 使用 static 声明的属性和方法可以由类名称直接调用，static 属性是所有对象共享的，所有对象都可以对其进行操作。当一个类中不需要保存属性时，可以考虑将这个类中的方法全部定义为 static，这样做可以节约内存空间。

12. 对象数组的使用要分成两个部分：第一步是声明数组，第二步是为数组开辟空间。开辟空间后数组中的每个元素的内容都是 null。

13. 内部类是在一个类的内部定义另外的一个类，使用内部类可以方便地访问外部类的私有操作。在方法中声明的内部类要想访问方法的参数，则参数前必须加上 "final" 关键字。

14. 对象比较是一个类内部具备的方法，在对象比较操作中要依次执行：数据是否为 null，地址是否相同，属性是否相同等判断。

15. 链表是一种动态对象数组的基本实现，Link 类是用户主要操作的工具类，而 Node 类将负责节点的关系维护。如果要保存自定义类型，则必须提供对象比较操作，否则 contains()、remove()两个方法将无法正常使用。

课后习题

一、填空题

1. 面向对象的三大特征：_____、_____、_____。

2. 类由_____和_____组成。

3. _____运算符的作用是根据对象的类型分配内存空间。当对象拥有内存空间时，会自动调用类中的_____为对象_____。

4. 使用_____修饰的类成员称为私有成员。私有成员只能在_____中使用。

5. 构造方法的名称与_____相同。

6. _____关键字可以让类中的属性和方法对外部不可见。

7. this 关键字可以调用本类中的_____、_____、_____，调用_____时必须放在_____的首行。

8. 在 Java 中数组排序的方法是_____。

二、选择题

1. 如果希望方法直接通过类名称访问，在定义时要使用的修饰符是（　　　）。

    A. static   B. final   C. abstract   D. this

2. 如果类中没有定义构造方法，系统会提供一个默认的构造方法。默认构造方法的特点是（　　　）。

    A. 无参数有操作   B. 有参数无操作

    C. 既无参数也无任何操作   D. 有参数有操作

3. 有一个类 Demo，对与其构造方法的正确声明是（　　　）。

    A. void Demo(int x){…}   B. Demo(int x){…}

    C. Demo Demo(int x){…}   D. int Demo(){}

4. 以下关于面向对象概念的描述中，不正确的一项是（　　　）。

    A. 在现实生活中，对象是指客观世界的实体

    B. 程序中的对象就是现实生活中的对象

    C. 在程序中，对象是通过一种抽象的数据类型来描述的，这种抽象数据类型称为类（class）

    D. 在程序中，对象是一组变量和相关方法的集合

5. （　　　）不属于面向对象程序设计的基本要素。

    A. 类   B. 对象   C. 方法   D. 安全

6. 下列程序的执行结果是（　　　）。

```java
public class TestDemo {
    public void fun() {
        static int i = 0;
        i++;
        System.out.println(i);
    }
    public static void main(String args[]) {
        Demo d = new Demo();
        d.fun();
    }
}
```

    A. 编译错误   B. 0   C. 1   D. 运行成功，但不输出

7. 顺序执行下列程序语句后，则 b 的值是（　　　）。

```java
String str = "Hello" ;
String b = str.substring(0,2) ;
```

    A. Hello   B. hello   C. He   D. null

三、判断题

1. 没有实例化的对象不能使用。　　　　　　　　　　　　　　　　　（　　　）
2. 不可以为类定义多个构造方法。　　　　　　　　　　　　　　　　（　　　）
3. 使用 static 声明的方法可以调用非 static 声明的方法。　　　　　（　　　）
4. 非 static 声明的方法可以调用 static 声明的属性或方法。　　　　（　　　）
5. String 对象可以使用==进行内容的比较。　　　　　　　　　　　（　　　）
6. 垃圾是指无用的内存空间，会被垃圾收集机制回收。　　　　　　（　　　）
7. 构造方法可以有返回值类型的声明。　　　　　　　　　　　　　　（　　　）
8. 匿名对象是指使用一次的对象，使用之后将等待被垃圾回收。　　（　　　）
9. 使用 static 定义的内部类就成为外部类。　　　　　　　　　　　（　　　）
10. 多个实例化对象之间不会互相影响，因为保存在不同的内存区域之中。（　　　）

四、简答题

1. String 类的操作特点。
2. 简述垃圾对象的产生。
3. static 方法如何调用？非 static 方法如何调用？
4. 类与对象的关系是什么？如何创建及使用对象？
5. 举例说明子类对象的实例化过程。
6. 简述 this 与 super 关键字的区别。

五、编程题

1. 编写并测试一个代表地址的 Address 类，地址信息由：国家，省份，城市，街道，邮编组成，并可以返回完整的地址信息。

2. 定义并测试一个代表员工的 Employee 类。员工属性包括"编号""姓名""基本薪水""薪水增长额"；还包括 "计算增长后的工资总额"。的操作方法。

3. 编写程序在将字符串"want you to know one thing"，统计出字母"n"和字母"o"的出现次数。

4. 设计一个 Dog 类，有名字、颜色、年龄等属性，定义构造方法来初始化类的这些属性，定义方法输出 Dog 信息。编写应用程序使用 Dog 类。

5. 字符串操作。

（1）从字符串"MLDN 中心 Java 技术学习班 20130214"中提取开班日期。

（2）将"MLDN JAVA 高端技术培训"字符串中的"Java"替换为"JAVA EE"。

（3）取出"Java 技术学习班 20130214"中的第八个字符。

（4）清除"Java 技术学习班 20130214"中的所有"0"。

（5）从任意给定的身份证号码中提取此人的出生日期。

6. 编写一个银行账户类，类的构成包括：

- 数据成员：用户的账户名称、用户的账户余额；
- 方法包括：开户（设置账户名称及余额），利用构造方法完成；
- 查询余额。

第4章

面向对象高级知识

通过本章的学习可以达到以下目标：
- ■ 掌握继承性的主要作用、实现、使用限制
- ■ 掌握方法覆写的操作
- ■ 掌握 final 关键字的使用
- ■ 掌握对象多态性的概念以及对象转型的操作
- ■ 掌握抽象类和接口的定义、使用、常见设计模式
- ■ 掌握 Object 类的主要特点及实际应用
- ■ 掌握匿名内部类的使用
- ■ 掌握基本数据类型包装类的使用

利用面向对象基础知识只能实现一个类的结构定义，其本质上无法很好地实现代码的重用以及数据类型的操作统一，为了开发出更好的面向对象程序，还需要进一步学习继承和多态的概念。而在面向对象的开发过程中，抽象类与接口是在实际项目开发中使用最广泛也是最重要的概念。本章将为读者详细讲解面向对象的高级开发知识。

4.1 继承性

继承是面向对象的第二大主要特性，而继承性要解决的就是代码重用的问题，利用继承性可以从已有的类继续派生出新的子类，也可以利用子类扩展出更多的操作功能。

4.1.1 继承问题的引出

在讲解继承性这一特征之前，首先来讨论一个问题：按照之前所讲解的概念进行代码开发会出现什么样的问题？为此首先编写了两个程序：Person 类和 Student 类。

继承问题的引出

范例 4-1：要求定义两个描述人与学生的类。

Person.java:	Student.java:
class Person {	class Student {
private String name ;	private String name;
private int age ;	private int age;
public void setName(String name) {	private String school;
this.name = name ;	public void setName(String name) {
}	this.name = name;

```java
    public void setAge(int age) {                             }
        this.age = age ;                                  public void setAge(int age) {
    }                                                         this.age = age;
    public String getName() {                             }
        return this.name ;                            public void setSchool(String school) {
    }                                                     this.school = school;
    public int getAge() {                                 }
        return this.age ;                             public String getSchool() {
    }                                                     return this.school;
}                                                         }
                                                      public String getName() {
                                                          return this.name;
                                                      }
                                                      public int getAge() {
                                                          return this.age;
                                                      }
                                                  }
```

　　通过以上两段代码的比较，相信读者可以清楚地发现，如果按照之前学习的概念进行开发，程序中会出现重复代码。通过分析也可以发现，从现实生活角度来讲，学生本来就属于人，但是学生所表示的范围要比人表示的范围更小，也更加具体。所以要想解决类似问题，只能依靠继承的概念来完成。

4.1.2　继承的实现

　　继承性严格来讲就是指扩充一个类已有的功能。在 Java 中，如果要实现继承的关系，可以使用如下语法完成。

继承的实现

```java
class 子类 extends 父类 {}
```

　　对于继承的格式有以下 3 点说明。
- 对于 extends 而言，应该翻译为扩充，但是为了理解方便，统一将其称为继承；
- 子类又被称为派生类；
- 父类又被称为超类（Super Class）。

　　范例 4-2：继承的基本实现。

```java
class Person {
    private String name;
    private int age;
    public void setName(String name) {
        this.name = name;
    }
    public void setAge(int age) {
        this.age = age;
    }
    public String getName() {
        return this.name;
    }
}
```

```
        public int getAge() {
            return this.age;
        }
    }
    class Student extends Person {              // Student 类继承了 Person 类
        // 此类没有定义任何的操作方法
    }
    public class TestDemo {
        public static void main(String args[]) {
            Student stu = new Student();         // 实例化的是子类
            stu.setName("张三");                  // Person 类定义
            stu.setAge(20);                      // Person 类定义
            System.out.println("姓名：" + stu.getName() + "，年龄：" + stu.getAge());
        }
    }
```
程序运行结果：   姓名：张三，年龄：20

　　通过范例 4-2 的代码就可以发现，子类（Student）并没有定义任何操作，而在主类中使用的全部操作都是由 Person 类定义的，因此可以证明，子类即使不扩充父类，也属于维持功能的状态。

　　范例 4-3： 在子类中扩充方法。

```
class Person {
    private String name;
    private int age;
    public void setName(String name) {
        this.name = name;
    }
    public void setAge(int age) {
        this.age = age;
    }
    public String getName() {
        return this.name;
    }
    public int getAge() {
        return this.age;
    }
}
class Student extends Person {              // Student 类继承了 Person 类
    private String school ;                  // 子类扩充的属性
    public void setSchool(String school) {   // 扩充的方法
        this.school = school ;
    }
    public String getSchool() {              // 扩充的方法
        return this.school ;
    }
}
```

```
public class TestDemo {
    public static void main(String args[]) {
        Student stu = new Student();         // 实例化的是子类
        stu.setName("张三");                  // Person 类定义
        stu.setAge(20);                       // Person 类定义
        stu.setSchool("清华大学") ;            // Student 类扩充方法
        System.out.println("姓名：" + stu.getName() + "，年龄：" + stu.getAge()
                + "，学校：" + stu.getSchool());
    }
}
```
程序运行结果：   姓名：张三，年龄：20，学校：清华大学

在本程序代码中，子类对父类的功能进行了扩充（扩充了一个属性和两个方法，如图 4-1 所示）。子类从外表上看是扩充了父类的功能，但是对于本程序的代码，子类还有一个特点，即**子类实际上是将父类定义得更加具体化的一种手段**。父类表示的范围大，而子类表示的范围小。

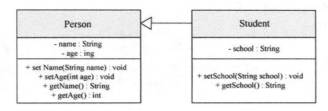

图 4-1 Student 继承 Person 父类

4.1.3 继承的限制

继承的限制

虽然继承可以进行类功能的扩充，但是其在定义的时候也会存在若干种操作的限制。

限制一：Java 不允许多重继承，但是允许多层继承。

在 C++语言中具备一种概念——多继承，即一个子类可以同时继承多个父类。

范例 4-4：错误的继承。

```
class A {}
class B {}
class C extends A,B {}      // 一个子类继承了两个父类
```

本程序编写的目的是希望 C 类可以同时继承 A 和 B 两个类的操作。但是在 Java 中是不允许存在多重继承的，所以这样的代码在编译时不能通过。而之所以会存在多重继承的概念实际上是因为希望一个子类可以同时继承多个父类的操作，这样就可以使用多层继承了。

提示：单继承限制与现实生活更加贴近。

不允许多重继承实际上也就代表着单继承的局限，这一操作是与 C++语言彼此对应的部分，C++允许多重继承。但是从现实的角度讲，一个人只能有一个父亲，这应该属于单继承的概念，而不能说一个人有多个亲生父亲，否则这个世界就乱了。

范例 4-5： 多层继承。

```
class A {}
class B extends A {}          // B 类继承 A 类
class C extends B {}          // C 类继承 B 类
```

　　C 实际上属于（孙）子类，这样一来就相当于 B 类继承了 A 类的全部方法，而 C 类又继承了 A 和 B 类的方法，这种操作称为多层继承。所以 **Java 中只允许多层继承，不允许多重继承**，Java 存在单继承局限。

注意：继承层次不要过多。

　　虽然 Java 语言从自身讲并没有继承层数的限定，但从实际的开发角度讲，类之间的继承关系最多不要超过三层。也就是说开发人员所编写的代码如果出现了继承关系，三层就够了，如果太多层的继承关系会比较复杂。

　　限制二： 子类在继承父类时，严格来讲会继承父类中的全部操作，但是对于所有的私有操作属于隐式继承，而所有的非私有操作属于显式继承。

　　范例 4-6： 观察属性。

```
class A {
    private String msg;
    public void setMsg(String msg) {
        this.msg = msg;
    }
    public String getMsg() {
        return this.msg;
    }
}
class B extends A {                        // 继承自 A 类
}
public class Demo {
    public static void main(String args[]) {
        B b = new B();
        b.setMsg("Hello");                 // 设置 msg 属性，属性通过 A 类继承
        System.out.println(b.getMsg());    // 通过子类对象取得 msg 属性
    }
}
```
程序执行结果：　　Hello

　　通过本程序可以发现，利用子类对象设置的 msg 属性可以正常取得，那么也就可以得出结论：在 B 类里面一定存在 msg 属性，并且此属性是通过父类继承而来的。

　　但是在 B 类里面不能针对 msg 属性进行直接访问，因为它在 A 类中属于私有声明，只能利用 setter 或 getter 方法间接地进行私有属性的访问。

　　限制三： 在子类对象构造前一定会默认调用父类的构造（默认使用无参构造），以保证父类的对象先实例化，子类对象后实例化。

范例 4-7：观察实例化对象操作。

```
class A {
    public A() {                // 父类提供的无参构造方法
        System.out.println("A、A 类的构造方法！");
    }
}
class B extends A {            // B是子类继承父类A
    public B() {                // 定义子类的构造方法
        System.out.println("B、B类的构造方法！");
    }
}
public class Demo {
    public static void main(String args[]) {
        new B();                // 实例化子类对象
    }
}
```

程序执行结果：　　A、A 类的构造方法！
　　　　　　　　　B、B类的构造方法！

　　本程度虽然实例化的是子类对象，但是发现它会默认先执行父类构造，调用父类构造的方法体执行，再实例化子类对象并且调用子类的构造方法。而这时，对于子类的构造而言，就相当于隐含了super()的语句调用，由于"super()"主要是调用父类的构造方法，所以必须放在子类构造方法的首行。

　　范例 4-8：子类隐含语句。

```
class B extends A {            // B 是子类继承父类 A
    public B() {                // 定义子类的构造方法
        super() ;               // 父类中有无参构造时加与不加无区别，如果编写则必须出现在首行
        System.out.println("B、B 类的构造方法！");
    }
}
```

　　从本程序中可以发现，当父类中提供有无参构造方法时，是否编写"super()"没有区别。但是如果父类中没有无参构造方法，则必须明确地使用 super()调用父类指定参数的构造方法。

　　范例 4-9：父类不提供无参构造方法。

```
class A {
    public A(String title) {    // 父类提供的有参构造方法
        System.out.println("A、A 类的构造方法，title = " + title);
    }
}
class B extends A {            // 定义子类 B
    public B(String title) {    // 子类提供有参构造
        super(title);           // 明确调用父类构造，否则将出现编译错误
        System.out.println("B、B 类的构造方法！");
    }
}
public class Demo {
```

```
    public static void main(String args[]) {
        new B("Hello");          // 实例化子类对象
    }
}
```
程序执行结果： A、A类的构造方法，title = Hello
                B、B类的构造方法!

本程序在父类中由于没有提供无参构造方法，所以在子类中就必须明确地使用 super()调用指定参数的构造方法，否则将出现语法错误。

提问：有没有可能性，不让子类去调用父类构造？

既然 super()和 this()都是调用构造方法，而且都要放在构造方法的首行，那么如果"this()"出现了，则默认的"super()"应该就不会出现，所以编写了如下程序。

范例 4-10：疑问的程序。

```
class A {
    public A(String msg) {            // 父类无参构造
        System.out.println("msg = " + msg);
    }
}
class B extends A {
    public B(String msg) {            // 子类构造
        this("MLDN", 30);             // 调用本类构造，无法使用"super()"
    }
    public B(String msg, int age) {   // 子类构造
        this(msg) ;         // 调用本类构造，无法使用"super()"
    }
}
public class TestDemo {
    public static void main(String args[]) {
        B b = new B("HELLO", 20); // 实例化子类对象
    }
}
```

在本程序中，子类 B 的每一个构造方法，都使用了 this()调用本类构造方法，这样是不是就表示子类无法调用父类构造呢？

回答：本程序编译有错误。

在之前讲解 this 关键字时强调过一句话：如果一个类中有多个构造方法之间使用 this()互相调用，那么至少要保留一个构造方法作为出口，而这个出口一定会去调用父类构造。

或者换一种更为现实的表达方式："我们每一个人都一定会有自己的父母，在正常情况下，父母一定都要比我们先出生。在程序中，实例化就表示对象的出生，所以子类出生前（实例化前）父类对象一定要先出生（默认调用父类构造，实例化父类对象）"。

此时在某种程度上讲，有一个问题解释了一半——一个简单 Java 类一定要保留一个无参构造方法。而关于此问题的另外一部分要等待讲解完反射机制才可以为读者解释。

4.2 覆写

方法的覆写

继承性的主要特征是子类可以根据父类已有的功能进行功能的扩展，但是在子类定义属性或方法时，有可能出现定义的属性或方法与父类同名的情况，这样的操作就称为覆写。

4.2.1 方法的覆写

当子类定义了和父类的方法名称、返回值类型、参数类型及个数完全相同的方法时，就称为方法的覆写。为了更好地帮助读者理解方法覆写的意义，下面编写两个测试程序进行说明。

范例 4-11：没有实现方法覆写。

```
class A {
    public void fun() {          // 在父类中定义的方法
        System.out.println("A 类中的 fun()方法。") ;
    }
}
class B extends A {              // 定义子类，此时没有覆写任何方法
}
public class TestDemo {
    public static void main(String args[]) {
        B b = new B() ;          // 实例化子类对象
        b.fun() ;                // 调用 fun()方法
    }
}
程序执行结果：    A 类中的 fun()方法。
```

本程序在定义子类 B 时没有定义任何方法，所以在主方法中利用 B 类的实例化对象调用的 fun()方法是通过 A 类继承而来的。

范例 4-12：实现方法覆写。

```
class A {
    public void fun() {          // 在父类中定义的方法
        System.out.println("A 类中的 fun()方法。") ;
    }
}
class B extends A {              // 定义子类，此时没有覆写任何方法
    public void fun() {          // 此处为覆写
        System.out.println("B 类中的 fun()方法。") ;
    }
}
public class TestDemo {
    public static void main(String args[]) {
        B b = new B() ;          // 实例化子类对象
        b.fun() ;                // 调用 fun()方法，此时方法被覆写，所以调用被覆写过的方法
```

```
        }
}
```
程序执行结果：　　　B 类中的 fun()方法。

本程序在 B 类中定义了一个与 A 类完全一样的 fun()方法，所以当实例化 B 子类对象，调用 fun()方法时，将不再执行父类的方法，而是直接调用已经被子类覆写过的方法。

一个类可能会产生多个子类，每个子类都可能会覆写父类中的方法，这样一个方法就会根据不同的子类有不同的实现效果。

范例 4-13： 定义更多的子类。

```
class A {
    public void fun() {        // 在父类中定义的方法
        System.out.println("A 类中的 fun()方法。") ;
    }
}
class B extends A {           // 定义子类，此时没有覆写任何方法
    public void fun() {        // 此处为覆写
        System.out.println("B 类中的 fun()方法。") ;
    }
}
class C extends A {
    public void fun() {        // 此处为覆写
        System.out.println("C 类中的 fun()方法。") ;
    }
}
public class TestDemo {
    public static void main(String args[]) {
        B b = new B() ;        // 实例化子类对象
        b.fun() ;             // 调用 fun()方法，此时方法被覆写，所以调用被覆写过的方法
        C c = new C() ;        // 实例化子类对象
        c.fun() ;             // 调用 fun()方法，此时方法被覆写所以调用被覆写过的方法
    }
}
```
程序执行结果：　　　B 类中的 fun()方法。（"b.fun()" 语句执行结果）
　　　　　　　　　　C 类中的 fun()方法。（"c.fun()" 语句执行结果）

本程序为 A 类定义了两个子类：B 类和 C 类，并且都覆写了 A 类中的 fun()方法，当实例化各自类对象并且调用 fun()方法时，调用的一定是被覆写过的方法。

注意：关于覆写方法的执行问题。

　　　对于方法的覆写操作，读者一定要记住一个原则：如果子类覆写了方法（如 B 类中的 fun()方法，或者可能有更多的子类也覆写了 fun()方法），并且实例化了子类对象（B b = new B()）时，调用的一定是被覆写过的方法。

简单地讲，就是要注意以下覆写代码执行结果的分析要素。

- 观察实例化的是哪个类；

> - 观察这个实例化的类里面调用的方法是否已经被覆写过，如果没被覆写过则调用父类。
>
>   这一原则直接与后续的对象多态性息息相关，所以读者必须认真领悟。

提问：什么时候会使用到方法覆写的概念呢？

　　方法覆写的概念其实就是子类定义了与父类完全一样的方法，但是什么时候需要子类覆写方法，什么时候不需要呢？

回答：当子类发现功能不足时可以考虑覆写。

　　如果现在发现父类中的方法名称功能不足（不适合本子类对象操作），但是又必须使用这个方法名称时，就需要采用覆写这一概念实现。

　　就好比动物都有一个跑的行为动作，但是狗是四条腿跑，而人是两条腿跑。这个时候父类定义此功能时假设只考虑了两条腿跑，则狗这个类对于跑的功能就会出现不足，那么狗的类自然会需要对这一方法进行功能上的扩充，这个时候自然就需要使用到覆写这一概念。

　　范例 4-13 的代码的确已经实现了覆写的功能，但是在覆写的过程中，还必须考虑到权限问题，即：**被子类所覆写的方法不能拥有比父类更严格的访问控制权限。**

　　对于访问控制权限实际上已经给读者讲解过 3 种了，这 3 种权限由宽到严的顺序是：public > default（默认，什么都不写）> private，也就是说 private 的访问权限是最严格的（只能被一个类访问）。即如果父类的方法使用的是 public 声明，那么子类覆写此方法时只能是 public；如果父类的方法是 default（默认），那么子类覆写方法时候只能使用 default 或 public。

提示：访问权限在第 5 章中会讲解。

　　Java 中一共分为 4 种访问权限，对于这些访问权限，读者暂时不需要有特别多的关注，只需要记住已经讲解过的 3 种访问权限的大小关系即可。

　　而且本书可以很负责地告诉读者，在实际的开发中，**绝大多数情况下都使用 public 定义方法。**

　　范例 4-14：正确的覆写。

```
class A {
    public void fun() {              // 在父类中定义的方法
        System.out.println("A 类中的 fun()方法。") ;
    }
}
class B extends A {                  // 定义子类，此时没有覆写任何方法
    // 父类中的 fun()方法权限为 public，此时子类中的方法权限并没有变得严格，而是与父类一致
    public void fun() {              // 此处为覆写
        System.out.println("B 类中的 fun()方法。") ;
    }
}
public class TestDemo {
    public static void main(String args[]) {
```

```
        B b = new B() ;      // 实例化子类对象
        b.fun() ;            // 调用 fun() 方法，此时方法被覆写，所以调用被覆写过的方法
    }
}
```
程序执行结果：   B 类中的 fun() 方法。

本程序的子类奉行着方法覆写的严格标准，父类中的 fun() 方法使用 public 访问权限，而子类中的 fun() 方法并没有将权限变得更加严格，依然使用 public（这也符合绝大多数方法都使用 public 定义的原则）。

范例 4-15：正确的方法覆写。

```
class A {
    void fun() {             // 在父类中定义的方法
        System.out.println("A 类中的 fun() 方法。") ;
    }
}
class B extends A {          // 定义子类，此时没有覆写任何方法
    // 父类中的 fun() 方法权限为 public，此时子类中的方法权限与父类相比更加宽松
    public void fun() {      // 此处为覆写
        System.out.println("B 类中的 fun() 方法。") ;
    }
}
```

本程序 A 类中的 fun() 方法使用了 default 权限声明，所以子类如果要覆写 fun() 方法只能使用 default 或 public 权限，在本程序中子类使用了 public 权限进行覆写。

范例 4-16：错误的覆写。

```
class A {
    public void fun() {
        System.out.println("A类中的fun()方法。") ;
    }
}
class B extends A {
    void fun() { // 此处不能覆写，因为权限更加严格
        System.out.println("B 类中的 fun() 方法。") ;
    }
}
```

本程序子类中的 fun() 方法使用了 default 权限，相对于父类中的 public 权限更加严格，所以无法进行覆写。

提问：父类方法使用 private 声明可以覆写吗？

如果父类中方法使用了 private 声明，子类覆写时使用了 public 声明，这时子类可以覆写父类方法吗？

回答：不能覆写。

从概念上来讲，父类的方法是 private，属于小范围权限，而 public 属于扩大范围的权限。权限上符合覆写要求。但从实际上讲，private 是私有的，既然是私有的就无法被

外部看见，所以子类是不能覆写的。

下面抛开 private 权限不看，先编写一个正常的覆写操作。

范例 4-17：正常的覆写。

```
class A {
    public void fun() {
        this.print() ;          // 调用print()方法
    }
    public void print() {
        System.out.println("更多课程请访问：www.mldn.cn") ;
    }
}
class B extends A {
    public void print() {       // 覆写的是print()方法
        System.out.println("更多课程请访问：www.yootk.com") ;
    }
}
public class TestDemo {
    public static void main(String args[]) {
        B b = new B() ;         // 实例化子类对象
        b.fun() ;               // 调用父类继承来的fun()方法
    }
}
```

程序执行结果：   更多课程请访问：www.yootk.com（子类的print()方法输出）

本程序子类成功覆写了父类中的 print()方法，所以当利用子类对象调用 fun()方法时，里面调用的 print()为子类覆写过的方法。下面将以上代码修改，使用 private 声明父类中的 print()方法。

范例 4-18：使用 private 声明父类中的 print()方法。

```
class A {
    public void fun() {
        this.print() ;          // 调用 print()方法
    }
    private void print() {      // 此为 private 权限，无法覆写
        System.out.println("更多课程请访问：www.mldn.cn") ;
    }
}
class B extends A {
    public void print() { // 不能覆写 print()方法
        System.out.println("更多课程请访问：www.yootk.com") ;
    }
}
public class TestDemo {
    public static void main(String args[]) {
        B b = new B() ; // 实例化子类对象
```

```
                    b.fun() ;              // 调用父类继承来的 fun()方法
            }
        }
    }
    程序执行结果：    更多课程请访问：www.mldn.cn
```

从概念上来讲，本程序子类符合覆写父类方法的要求。但是从本质上讲，由于父类 print()方法使用的是 private 权限，所以此方法不能够被子类覆写，即对子类而言，就相当于定义了一个新的 print()方法，而这一方法与父类方法无关。

不过大部分情况下开发者并不需要过多地关注 private 的关键，因为在实际的开发中，private 主要用于声明属性，而 public 主要用于声明方法。

一旦有了覆写后会发现，默认情况下子类所能调用的一定是被覆写过的方法。为了能够明确地由子类调用父类中已经被覆写的方法，可以使用 super.方法()来进行访问。

范例 4-19：利用 super 方法()访问父类中方法。

```
class A {
    public void print() {
        System.out.println("更多课程请访问：www.mldn.cn") ;
    }
}
class B extends A {
    public void print() {          // 覆写的是 print()方法
        super.print() ;            // 访问父类中的 print()方法
        System.out.println("更多课程请访问：www.yootk.com") ;
    }
}
public class TestDemo {
    public static void main(String args[]) {
        B b = new B() ;            // 实例化子类对象
        b.print() ;
    }
}
程序执行结果：    更多课程请访问：www.mldn.cn（子类中"super.print()"语句执行结果）
               更多课程请访问：www.yootk.com
```

本程序在子类的 print()方法里编写了"super.print();"语句，表示在执行子类 print()方法时会先调用父类中的 print()方法，同时利用"super.方法()"的形式主要是子类调用父类指定方法的操作，super.方法()可以放在子类方法的任意位置。

常见面试题分析：请解释一下方法重载与覆写的区别。当方法重载时能否改变其返回值类型？

方法重载与覆写的区别如表 4-1 所示。

在发生重载关系时，返回值可以不同，但是考虑到程序设计的统一性，重载时应尽量保证方法的返回值类型相同。

表 4-1　方法重载与覆写的区别

No.	区别	重载	覆写
1	英文单词	Overloading	Override
2	发生范围	发生在一个类里面	发生在继承关系中
3	定义	方法名称相同、参数的类型及个数不同	方法名称相同、参数的类型、个数相同、方法返回值相同
4	权限	没有权限的限制	被覆写的方法不能拥有比父类更为严格的访问控制权限

4.2.2　属性的覆盖

属性的覆盖

如果子类定义了和父类完全相同的属性名称时，就称为属性的覆盖。

范例 4-20：观察属性覆盖。

```
class A {
    String info = "Hello";        // 定义属性，暂不封装
}
class B extends A {
    int info = 100;               // 名称相同，发生属性覆盖
    public void print() {
        System.out.println(super.info);
        System.out.println(this.info);
    }
}
public class TestDemo {
    public static void main(String args[]) {
        B b = new B();            // 实例化子类对象
        b.print();
    }
}
程序执行结果：    Hello（子类中"super.info"语句执行结果）
                100（子类中"this.info"语句执行结果）
```

本程序在子类中定义了一个与父类同名的 info 属性，这样就发生了属性的覆盖，所以在子类中直接访问 info 属性时（this.info）会自动找到被覆盖的属性内容，也可以使用"super.属性"的形式调用父类中的指定属性（super.info）。

注意：**属性覆盖的在实际开发中没有意义。**

　　本书一直强调，在任何开发中，类中的属性必须使用 private 封装。那么一旦封装后属性覆盖是没有任何意义的，因为父类定义的私有属性子类根本就看不见，更不会互相影响了。

提示：关于 this 与 super 的区别。

通过一系列对比可以发现，this 与 super 在使用形式上很相似，下面通过表 4-2 来进行两个关键字的操作对比。

表 4-2 this 与 super 的区别

No.	区别	this	super
1	功能	调用本类构造、本类方法、本类属性	子类调用父类构造、父类方法、父类属性
2	形式	先查找本类中是否存在有指定的调用结构，如果有则直接调用，如果没有则调用父类定义	不查找子类，直接调用父类操作
3	特殊	表示本类的当前对象	—

在开发中，对于本类或父类中的操作，强烈建议加上"this."或者是"super."的标记，这样便于代码维护。

4.3 继承案例

现在要求定义一个整型数组的操作类，数组的大小由外部决定，用户可以向数组中增加数据，以及取得数组中的全部数据。随后在原本的数组上扩充指定的容量，另外，在此类上派生以下两个子类。

- 排序类：取得的数组内容是经过排序出来的结果；
- 反转类：取得的数组内容是反转出来的结果。

分析：本程序要求数组实现动态的内存分配，也就是说里面的数组的大小是由程序外部决定的，在本类的构造方法中应该为类中的数组进行初始化操作，之后每次增加数据时都应该判断数组的内容是否已经是满的，如果不满则可以向里面增加，如果满则不能增加。另外如果要增加数据时肯定需要有一个指向可以插入的下标，用于记录插入的位置，如图 4-2 所示。

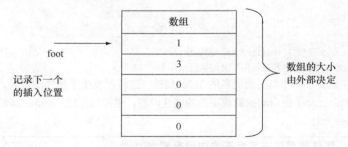

图 4-2 程序实现原理

在进行本程序开发的过程中，首先要完成的是定义父类，根本不需要考虑子类的实现问题。

4.3.1　开发数组的父类

要求定义一个数组操作类（Array 类），在这个类里面可以进行整型数组的操作，由外部传入类可以操作数组的大小，并且要求实现数据的保存以及数据的输出操作。

范例 4-21：基础实现。

```java
class Array {                                    // 定义数组操作类
    private int data[];                          // 定义一个数组对象，此数组由外部设置长度
    private int foot;                            // 表示数组的操作脚标
    /**
     * 构造本类对象时需要设置大小，如果设置的长度小于 0 则维持一个大小
     * @param len 数组开辟时的长度
     */
    public Array(int len) {
        if (len > 0) {                           // 设置的长度大于 0
            this.data = new int[len];            // 开辟一个数组
        } else {                                 // 设置的长度小于等于 0
            this.data = new int[1];              // 维持一个元素的大小
        }
    }
    /**
     * 向数组中增加元素
     * @param num 要增加的数据
     * @return 如果数据增加成功返回 true，如果数组中保存数据已满则返回 false
     */
    public boolean add(int num) {
        if (this.foot < this.data.length) {      // 有空间保存
            this.data[this.foot++] = num;        // 保存数据，修改脚标
            return true;                         // 保存成功
        }
        return false;                            // 保存失败
    }
    /**
     * 取得所有的数组内容
     * @return 数组对象引用
     */
    public int[] getData() {
        return this.data;
    }
}
public class TestDemo {
    public static void main(String args[]) {
        Array arr = new Array(3);                // 实例化数组操作类对象，可操作数组长度为3
        System.out.print(arr.add(20) + "、");    // 可以保存数据
        System.out.print(arr.add(10) + "、");    // 可以保存数据
        System.out.print(arr.add(30) + "、");    // 可以保存数据
```

```
        System.out.println(arr.add(100) + "、");       // 不可以保存数据，返回 false
        int[] temp = arr.getData();                     // 取得全部数组数据
        for (int x = 0; x < temp.length; x++) {        // 循环输出数据
            System.out.print(temp[x] + "、");
        }
    }
}
程序执行结果：    true、true、true、false、
                20、10、30、
```

本程序首先定义了一个专门操作数组的 Array 类，然后在这个类对象实例化时必须传入要设置的数组大小，如果设置的数组大小小于等于 0，则数组默认开辟一个空间的大小，即保证数组至少可以保存一个数据。最后使用 add()方法向数组中保存数据，如果此时数组有空余空间，则可以进行保存，返回 true，如果没有空间则不能够保存，返回 false。如果需要取出数组中全部保存的数据时，可以调用 getData()方法取得。

技术穿越：本程序的缺陷。

范例 4-21 的程序实际上只能算是一个最为基础的实现，因为本程序编写的目的并不是让读者去使用，而是要通过程序的设计帮助读者更好的理解继承。本程序的缺陷在于数据删除时的复杂处理，读者可以试着想象一下，如果数组有 10 个元素，但是将索引为 3、5、7 的数据删除，就表示数组有空余空间，这个时候应该可以继续增加数据才对，但事实上这样的操作是非常复杂的。所以通过本程序，本书也需要再一次提醒读者，数组的缺陷就在于长度固定，而这个问题可以利用第 3 章的链表解决，或者利用第 14 章的类集框架来解决。

对于范例 4-21 的代码读者需要注意一个问题，客户端（主方法）中进行数组操作时只使用了 add()和 getData()两个方法，而为了保持一致，即使 Array 类定义了其他子类（排序子类、反转子类），也应该使用这两个方法增加、取得数据。类结构如图 4-3 所示。

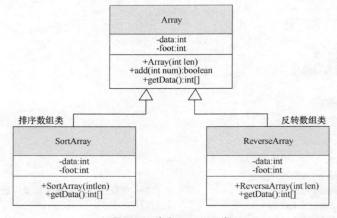

图 4-3　定义 Array 子类

4.3.2 开发排序类

开发排序子类

排序的数组类只需要在进行数据取得时返回排序好的数据即可，而数据取得的操作方法是 getData()，也就是说如果要定义排序子类，只需要覆写父类中的 getData()方法即可。

范例 4-22：定义并测试排序子类。

```
class SortArray extends Array {                    // 定义排序子类
    public SortArray(int len) {                    // Array 类里面没有无参构造方法
        super(len);                                // 明确调用父类的有参构造，为父类中的 data 属性初始化
    }
    /**
     * 因为父类中 getData()方法不能满足排序的操作要求，但为了保存这个方法名称，所以进行覆写
     * 在本方法中要使用 java.util.Arrays.sort()来实现数组的排序操作
     * @return 排序后的数据
     */
    public int[] getData() {
        java.util.Arrays.sort(super.getData());    // 排序
        return super.getData();                    // 返回排序后的数据
    }
}
public class TestDemo {
    public static void main(String args[]) {
        SortArray arr = new SortArray(3);          // 实例化数组操作类对象，可操作数组长度为3
        System.out.print(arr.add(20) + "、");       // 可以保存数据
        System.out.print(arr.add(10) + "、");       // 可以保存数据
        System.out.print(arr.add(30) + "、");       // 可以保存数据
        System.out.println(arr.add(100) + "、");    // 不可以保存数据，返回false
        int[] temp = arr.getData();                // 取得全部数组数据
        for (int x = 0; x < temp.length; x++) {    // 循环输出数据
            System.out.print(temp[x] + "、");
        }
    }
}
```
程序执行结果：　　　true、true、true、false、
　　　　　　　　　　　10、20、30、

本程序实例化的是 SortArray 子类，这样在使用 getData()方法（方法名称为父类定义，子类扩充）时返回的数据就是排序后的数组，而整个程序的操作过程中，除了替换一个类名称外，与正常使用 Array 类没有区别。

提示：程序的编写原则。

通过本程序读者可以发现，一般开发中子类的编写思路如下。

- 绝对不改变客户端已有的使用方法；
- 子类为了维持方法的功能继续完善，必须要根据情况进行父类方法的覆写。

4.3.3 开发反转类

反转类指的是在进行数组数据取得时，可以实现数据的首尾交换。在本类中依然需要针对父类的 getData() 方法进行覆写。

开发反转子类

范例 4-23： 开发反转类并测试。

```java
class ReverseArray extends Array {                          // 数组反转类
    public ReverseArray(int len) {                         // Array 类里面没有无参构造方法
        super(len);                                         // 调用父类有参构造
    }
    /**
     * 取得反转后的数组数据，在本方法中会将数据进行首尾交换
     * @return 反转后的数据
     */
    public int[] getData() {
        int center = super.getData().length / 2;           // 计算反转次数
        int head = 0;                                      // 头部脚标
        int tail = super.getData().length - 1;             // 尾部脚标
        for (int x = 0; x < center; x++) {                 // 反转
            int temp = super.getData()[head];              // 数据交换
            super.getData()[head] = super.getData()[tail];
            super.getData()[tail] = temp;
            head++;
            tail--;
        }
        return super.getData();                            // 返回反转后的数据
    }
}
public class TestDemo {
    public static void main(String args[]) {
        ReverseArray arr = new ReverseArray(3);           // 实例化数组操作类对象，可操作数组长度为 3
        System.out.print(arr.add(20) + "、");             // 可以保存数据
        System.out.print(arr.add(10) + "、");             // 可以保存数据
        System.out.print(arr.add(30) + "、");             // 可以保存数据
        System.out.println(arr.add(100) + "、");          // 不可以保存数据，返回 false
        int[] temp = arr.getData();                        // 取得全部数组数据
        for (int x = 0; x < temp.length; x++) {            // 循环输出数据
            System.out.print(temp[x] + "、");
        }
    }
}
```
程序执行结果：　　　true、true、true、false、
　　　　　　　　　　30、10、20、

本程序在定义 ReverseArray 类时依然保存了 Array 类的 getData() 方法，并且在 ReverseArray 类

中的 getData() 方法里进行了数组数据的反转操作。

提问：什么时候需要覆写父类方法？

本程序的实现思路是一切方法都以父类的方法为主，那么子类就不需要扩充方法了吗？

回答：根据开发者的开发要求来决定方法扩充。

首先要明确告诉读者一个问题：在普通的类与类继承的关系中，实际上是缺少方法覆写的严格要求的。以范例 4-23 的程序为例，读者会发现有一个尴尬的地方：父类并不能严格地要求子类必须覆写 getData() 方法，而是设计者本人根据情况来决定要覆写 getData() 方法的。这样的做法严格来讲是不标准的，要想做到对子类覆写方法的严格控制，就必须依靠抽象类与接口这两个概念来解决，读者在本章随后的部分可以看见。

子类可以随意地扩充方法，但是如果是子类扩充的方法，那么这个方法只能由子类对象来调用，父类对象将不知道这个方法的定义。所以大部分情况下，不建议子类扩充过多的方法，而是应该以父类方法为主。要想更好地理解这一概念，读者还需要在学习完对象多态性后才可以更好地理解。

4.4　final 关键字

final 关键字

在 Java 中 final 称为终结器，在 Java 里面可以使用 final 定义类、方法和属性。

（1）使用 final 定义的类不能再有子类，即：任何类都不能继承以 final 声明的父类。

范例 4-24： 观察 final 定义的类。

```
final class A {          // 此类不能够有子类
}
class B extends A {      // 错误的继承
}
```

本程序中由于 A 类在定义时使用了 final 关键字，这样 A 就不能再有子类了，所以当 B 类继承 A 类时会在编译时出现语法错误。

提示：不要轻易使用 final 定义类。

如果读者只是进行应用开发的话，那么大部分情况下不需要使用 final 来定义类。而如果读者从事的是一些系统架构的代码开发时，才有可能会使用到这样的代码。同时读者要注意一点：String 也是使用 final 定义的类，所以 String 类不允许被继承。

（2）使用 final 定义的方法不能被子类所覆写。

在一些时候由于父类中的某些方法具备一些重要的特征，并且这些特征不希望被子类破坏（不能够覆写），就可以在方法的声明处加上 final，意思是子类不要去破坏这个方法的原本作用。

范例 4-25： 观察 final 定义的类。

```
class A {
    public final void fun() {}      // 此方法不允许子类覆写
```

```
}
class B extends A {
    public void fun() {}            // 错误：此处不允许覆写
}
```

本程序在 A 类中定义的 fun()方法上使用了 final 进行定义，这就意味着子类在继承 A 类后将不允许覆写 fun()方法。

（3）使用 final 定义的变量就成为了常量，常量必须在定义的时候设置好内容，并且不能修改。

范例 4-26：定义常量。

```
class A {
    final double GOOD = 100.0;        // GOOD 级别就是 100.0
    public final void fun() {
        GOOD = 1.1;                    // 错误：不能够修改常量
    }
}
```

本程序使用 final 定义了一个常量"GOOD"，这就相当于利用"GOOD"这个名称代表了"100.0"这个数据。所以代码中定义常量的最大意义在于：使用常量可以利用字符串（常量名称）来更直观地描述数据。

> **注意：常量命名规范。**
> 　　读者可以发现本处定义的常量名称使用了全部字母大写的形式（final double GOOD = 100.0; ），这是 Java 中的命名规范要求，这样做的好处是可以明确地与变量名称进行区分，开发中必须遵守。

在定义常量中还有一个更为重要的概念——全局常量，所谓全局常量指的就是利用了"public""static""final" 3 个关键字联合定义的常量，例如：

```
public static final String MSG = "YOOTK" ;
```

static 的数据保存在公共数据区，所以此处的常量就是一个公共常量。同时读者一定要记住，在定义常量时必须对其进行初始化赋值，否则将出现语法错误。

4.5　多态性

对象多态性

多态是面向对象的最后一个主要特征，也是一个非常重要的特性，掌握了多态性才可以编写出更加合理的面向对象程序。而多态性在开发中可以体现在以下两个方面。

- 方法的多态性：重载与覆写；
- |- 重载：同一个方法名称，根据不同的参数类型及个数可以完成不同的功能；
- |- 覆写：同一个方法，根据实例化的子类对象不同，所完成的功能也不同。
- 对象的多态性：父子类对象的转换。
- |- 向上转型：子类对象变为父类对象，格式：父类 父类对象 = 子类实例，自动转换；
- |- 向下转型：父类对象变为子类对象，格式：子类 子类对象 = (子类) 父类实例，强制转换；

对于方法的多态性在之前已经有了详细地阐述，所以本节重点介绍对象多态性，但是读者一定要记住一点，对象多态性和方法覆写是紧密联系在一起的。下面通过程序来验证。

提示：只为验证概念。
　　要想真正理解多态性是如何去应用的，只靠本节所讲解的知识是不够的，多态性更合理的解释需要结合抽象类与接口来一起讲解，读者要想充分理解这一概念需要一段很长的时间。而本节为了验证多态性所讲解的代码，只是为了讲解知识点，不具备开发意义。

范例 4-27：观察如下一个程序。

```
Class A {
    public void print() {
        System.out.println("A、public void print(){}");
    }
}
class B extends A {
    public void print() {      // 此时子类覆写了父类中的print()方法
        System.out.println("B、public void print(){}");
    }
}
public class TestDemo {
    public static void main(String args[]) {
        B b = new B();          // 实例化的是子类对象
        b.print();              // 调用被子类覆写过的方法
    }
}
程序执行结果：      B、public void print(){}
```

本程序在方法覆写中已经讲解过了，由于现在子类 B 覆写了 A 类中的 print()，并且在主方法中实例化的是子类对象，这样当调用 print()方法时调用的一定是已经被覆写过的方法。也就是说在本程序中需要观察以下两点。

- 第一点：观察实例化的是哪个类的对象："new B()"；
- 第二点：观察调用的方法是否被子类所覆写，如果覆写了，则调用被覆写过的方法，否则调用父类方法。

这样的概念与对象的多态性有什么关联呢？下面对主方法进行一些变更，以观察对象的向上转型操作。

范例 4-28：对象向上转型（自动完成）。

```
public class TestDemo {
    public static void main(String args[]) {
        A a = new B();          // 实例化的是子类对象，对象向上转型
        a.print();              // 调用被子类覆写过的方法
    }
}
程序执行结果：      B、public void print(){}
```

　　本程序的执行结果与范例 4-27 的程序没有任何区别，然而在本程序中发生了对象的向上转型操作（A a = new B()），并且最终由父类对象调用了 print() 方法，但是最终的执行结果却是被子类所覆写过的方法。而产生这样结果的原因也很好理解，在范例 4-27 中已经重点强调了：根据实例化对象所在类是否覆写了父类中的方法来决定最终执行，本程序实例化的是子类对象（new B()），并且 print() 方法又被子类覆写了，那么最终所调用的一定是被覆写过的方法。

提示：不要看类名称，而要看实例化对象的类。

　　实际上通过本程序读者可以发现对象向上转型的特点，整个操作中根本不需要关心对象的声明类型，关键在于实例化新对象时所调用的是哪个子类的构造，如果方法被子类所覆写，调用的就是被覆写过的方法，否则就调用父类中定义的方法。这一点与方法覆写的执行原则是完全一样的。

　　清楚了对象的向上转型操作及特点后，下面再来观察对象的向下转型操作。

　　范例 4-29：对象向下转型。

```
public class TestDemo {
    public static void main(String args[]) {
        A a = new B();          // 实例化的是子类对象，对象向上转型
        B b = (B) a ;            // 对象需要强制性地向下转型
        b.print();              // 调用被子类覆写过的方法
    }
}
```

程序执行结果：　　　B、public void print(){}

　　本程序首先利用对象的向上转型实例化了父类 A 的对象，然后将此对象进行向下转型为子类 B 的对象，由于整个代码中关键字 new 调用的是子类 B 的构造（new B()），所以调用的是被子类 B 所覆写的 print() 方法。

　　因为有强制性转换的操作，所以向下转型操作本身是有前提条件的，即必须发生向上转型后才可以发生向下转型。如果是两个没有关系的类对象发生强制转换，就会出现"ClassCastException"异常。

　　范例 4-30：错误的向下转型操作。

```
public class TestDemo {
    public static void main(String args[]) {
        A a = new A();     // 直接实例化子类对象
        // 此时并没有发生子类对象向上转型的操作，所以强制转型会带来安全隐患
        B b = (B) a;       // 强制向下转型，此处产生"ClassCastException"异常
        b.print();          // 此语句无法执行
    }
}
```

程序执行结果：　　　Exception in thread "main" java.lang.ClassCastException: A cannot be cast to B
　　　　　　　　　　at TestDemo.main(TestDemo.java:29)

　　本程序出现的异常表示的是类转换异常，指的是两个没有关系的类对象强制发生向下转型时所带来的异常（因为此时并没有发生向上转型）。所以向下转型是会存在安全隐患的，开发中应该尽量避免此类操作。

提问：对象多态性有什么用，难道只是为了无聊的转型吗？

对于对象多态性其本质是根据实例化对象所在的类是否覆写了父类中的指定方法来决定最终执行的方法体，而这种向上或向下的对象转型有什么意义？

回答：在实际开发中，对象向上转型的主要意义在于参数的统一，也是最为主要的用法，而对象的向下转型指的是调用子类的个性化操作方法。

在本书前面的部分曾经为读者分析过，在链表操作中由于数据类型不能统一，所以需要重复定义多个链表，而通过对象的向上转型就可以轻松地实现参数统一。

范例 4-31：对象向上转型作用分析。

```
class A {
    public void print() {
        System.out.println("A、public void print(){}");
    }
}
class B extends A {      // 定义 A 的子类
    public void print() { // 此时子类覆写了父类中的 print()方法
        System.out.println("B、public void print(){}");
    }
}
class C extends A {      // 定义 A 的子类
    public void print() { // 此时子类覆写了父类中的 print()方法
        System.out.println("C、public void print(){}");
    }
}
public class TestDemo {
    public static void main(String args[]) {
        fun(new B()) ;        // 对象向上转型，等价于：A a = new B() ;
        fun(new C()) ;        // 对象向上转型，等价于：A a = new C() ;
    }
    /**
     * 接收 A 类或其子类对象，不管传递哪个对象都要求调用 print()方法
     * @param a A 类实例化对象
     */
    public static void fun(A a) {
        a.print();
    }
}
```

程序执行结果：　　　B、public void print(){}
　　　　　　　　　　C、public void print(){}

在本程序的 fun()方法上只是接收了一个 A 类的实例化对象，按照对象的向上转型原则，此时的 fun()方法可以接收 A 类对象或所有 A 类的子类对象，这样只需要一个 A 类的参数类型，此方法就可以处理一切 A 的子类对象（即便 A 类有几百万个子类，fun()方法依然可以接收）。而在 fun()方法中将统一调用 print()方法，如果此时传递的是子类对象，

并且覆写过 print() 方法，就表示执行被子类所覆写过的方法。

如果说向上转型是统一调用的参数类型，那么向下转型就表示要执行子类的个性化操作方法。实际上当发生继承关系后，父类对象可以使用的方法必须在父类中明确定义，例如：此时在父类中存在一个 print() 方法，哪怕这时此方法被子类覆写过，父类对象依然可以调用。但是如果子类要扩充一个 funB() 方法，这个方法父类对象并不知道，一旦发生向上转型，那么 funB() 方法父类对象肯定无法使用。

范例 4-32：子类扩充父类方法。

```java
class A {
    public void print() {
        System.out.println("A、public void print(){}");
    }
}
class B extends A {        // 定义 A 的子类
    public void print() { // 此时子类覆写了父类中的 print() 方法
        System.out.println("B、public void print(){}");
    }
    /**
     * 在子类中扩充一个新的方法，但是此方法只能由子类对象调用，父类对象不能调用
     */
    public void funB() {
        System.out.println("B、扩充的 funB() 方法");
    }
}
```

本程序在子类 B 中定义的 funB() 方法在子类对象发生向上转型时（A a = new B();），父类对象将无法调用，也就是说这个方法是子类自己的特殊功能，并没有在父类中定义，就好比：我们将普通的人作为父类，那么超人除了具备普通人的功能外，还可以飞，所以能飞是超人特殊的功能，而不是人所具备的功能。

如果此时要想调用子类中的方法，就必须将父类对象向下转型。

范例 4-33：向下转型，调用子类中的特殊功能。

```java
public class TestDemo {
    public static void main(String args[]) {
        fun(new B());   // 向上转型，只能调用父类中定义的方法
    }
    public static void fun(A a) {
        B b = (B) a;    // 要调用子类的特殊操作，需要向下转型
        b.funB();       // 调用子类的扩充方法
    }
}
```

程序执行结果：   B、扩充的 funB() 方法

本程序如果要调用 fun() 方法，则子类 B 的实例化对象一定要发生向上转型操作，但是这个时候父类对象无法调用子类 B 的 funB() 方法，所以需要进行向下转型才能正常调用 funB() 方法。但是如果每一个子类都去大量扩充自己的新功能，这样就会严重破环开发的

参数统一性，所以本书依然强调，方法应该以父类为主，子类可以覆写父类方法，但尽量不要扩充新的方法。

通过以上分析相信读者已经发现如下特点。

• 向上转型：其目的是参数的统一，但是向上转型中，通过子类实例化后的父类对象所能调用的方法只能是父类中定义过的方法；

• 向下转型：其目的是父类对象要调用实例化它的子类中的特殊方法，但是向下转型是需要强制转换的，这样的操作容易带来安全隐患。

对于对象的转型，作者给出以下个人经验总结。

• 80%的情况下都只会使用向上转型，因为可以得到参数类型的统一，方便于程序设计；

|– 子类定义的方法大部分情况下请以父类的方法名称为标准进行覆写，不要过多地扩充方法；

• 5%的情况下会使用向下转型，目的是调用子类的特殊方法；

• 15%的情况下是不转型，例如：String。

为了保证转型的顺利进行，Java 提供了一个关键字：instanceof，利用此关键字可以判断某一个对象是否是指定类的实例，使用格式如下。

对象 instanceof 类　返回 boolean 型

如果某个对象是某个类的实例，就返回 true，否则返回 false。

范例 4-34： 使用 instanceof 判断。

```
public class TestDemo {
    public static void main(String args[]) {
        A a = new B();              // 对象向上转型
        System.out.println(a instanceof A);
        System.out.println(a instanceof B);
        System.out.println(null instanceof A);
    }
}
程序执行结果：       true（"a instanceof A" 语句执行结果）
                   true（"a instanceof B" 语句执行结果）
                   false（"null instanceof A" 语句执行结果）
```

本程序利用 instanceof 判断了某个对象是否是指定类的实例，通过程序的执行结果可以发现 a 对象由于采用了向上转型进行实例化操作，所以 a 是 A 类或 B 类的实例化对象，而 null 在使用 instanceof 判断时返回的结果为 false。

既然 instanceof 关键字可以准确地判断出实例化对象与类的关系，那么就可以在进行对象强制转换前进行判断，以保证安全可靠的向下转型操作。

提示：在进行向下转型时建议都使用 instanceof 判断。

从实际的开发来讲，向下转型的操作几乎是很少见到的，但是如果真的出现了，并且开发者不确定此操作是否安全时，一定要先使用 instanceof 关键字判断。也就是说向下转型的操作永远都是存在安全隐患的。

范例 4-35：使用 instanceof 判断。

```java
class A {
    public void print() {
        System.out.println("A、public void print(){}");
    }
}
class B extends A {                    // 定义 A 的子类
    public void print() {              // 此时子类覆写了父类中的 print()方法
        System.out.println("B、public void print(){}");
    }
    public void funB() {
        System.out.println("B、扩充的 funB()方法");
    }
}
public class TestDemo {
    public static void main(String args[]) {
        fun(new B()) ;                 // 对象向上转型
    }
    public static void fun(A a) {
        a.print() ;
        if (a instanceof B) {          // 如果 a 对象是 B 类的实例
            B b = (B) a;               // 向下转型
            b.funB();                  // 调用子类扩充的方法
        }
    }
}
```
程序执行结果：　　　B、public void print(){}（"a.print()"语句执行结果）
　　　　　　　　　　B、扩充的 funB()方法（"b.funB()"语句执行结果）

在本程序中为了保证安全的向下转型操作，在将父类转换为子类对象时首先使用了 instanceof 进行判断，如果当前对象是子类实例，则进行强制转换，以调用子类的扩充方法。

4.6　抽象类

抽象类是代码开发中的重要组成部分，利用抽象类可以明确地定义子类需要覆写的方法，这样相当于在语法程度上对子类进行了严格的定义限制，代码的开发也就更加标准。下面具体介绍抽象类的概念。

4.6.1　抽象类定义

普通类可以直接产生实例化对象，并且在普通类中可以包含构造方法、普通方法、static 方法、常量、变量的内容。而所谓抽象类就是指在普通类的结构里面增加抽象方法的组成部分，抽象方法指的是没有方法体的方法，同时抽象方法还必须使用 abstract 关键字进行定义。拥有抽象方法的类一定属于抽象类，抽象类要使用

抽象类定义

abstract 声明。

提示：关于抽象方法与普通方法。
　　所有的普通方法上面都会有一个 "{}"，来表示方法体，有方法体的方法一定可以被对象直接调用。抽象类中的抽象方法没有方法体，声明时不需要加 "{}"，但是必须有 abstract 声明，否则在编译时将出现语法错误。

　　范例 4-36：定义抽象类。

```
abstract class A {              // 定义一个抽象类，使用 abstract 声明
    public void fun() {         // 普通方法
        System.out.println("存在有方法体的方法！ ");
    }
    // 此方法并没有方法体的声明，并且存在 abstract 关键字，表示抽象方法
    public abstract void print();
}
```

　　在本程序的类中定义了一个抽象方法 print()，既然类中有抽象方法，那么类就必须定义为抽象类，所以使用了 "abstract class" 来定义。但是一定要记住：抽象类只是比普通类多了抽象方法的定义，其他结构与普通类完全一样。

注意：抽象类不能直接实例化对象。
　　按照传统的思路，既然已经实例化好了抽象类，那么就应该通过实例化对象来操作，但是抽象类是不能直接进行对象实例化操作的。
　　范例 4-37：错误的实例化抽象类对象的操作。

```
public class TestDemo {
    public static void main(String args[]) {
        A a = new A();          // A 是抽象的，无法实例化
    }
}
```

　　本程序的代码在编译中会出现错误，也就是说抽象类不能进行直接的对象实例化操作。不能够实例化的原因很简单：当一个类的对象实例化后，就意味着这个对象可以调用类中的属性或方法，但是在抽象类里面存在抽象方法，抽象方法没有方法体，没有方法体的方法怎么可能去调用呢？既然不能调用方法，那么又怎么去产生实例化对象呢？

　　范例 4-37 的抽象类已经被成功地定义出来，但是如果要想使用抽象类，则必须遵守如下原则。
- 抽象类必须有子类，即每一个抽象类一定要被子类所继承（使用 extends 关键字），但是在 Java 中每一个子类只能够继承一个抽象类，所以具备单继承局限；
- 抽象类的子类（子类不是抽象类）必须覆写抽象类中的全部抽象方法（强制子类覆写）；
- 依靠对象的向上转型概念，可以通过抽象类的子类完成抽象类的实例化对象操作。

　　范例 4-38：正确使用抽象类。

```
abstract class A {              // 定义一个抽象类，使用 abstract 声明
    public void fun() {         // 普通方法
        System.out.println("存在有方法体的方法！ ");
```

```
        }
        // 此方法并没有方法体的声明，并且存在 abstract 关键字，表示抽象方法
        public abstract void print() ;
    }
    //一个子类只能够继承一个抽象类，属于单继承局限
    class B extends A {              // B 类是抽象类的子类，并且是一个普通类
        public void print() {        // 强制要求覆写的方法
            System.out.println("Hello World !") ;
        }
    }
    public class TestDemo {
        public static void main(String args[]) {
            A a = new B() ;          // 向上转型
            a.print() ;              // 被子类覆写过的方法
        }
    }
```

本程序为抽象类定义了一个子类 B，而子类 B（是一个普通类）必须要覆写抽象类中的全部抽象方法，而在主方法中依靠子类对象的向上转型实现了抽象类 A 对象的实例化操作，而调用的 print() 方法由于被子类所覆写，所以最终调用的是在子类 B 中覆写过的 print() 方法。

提问：开发中是继承一个普通类还是抽象类？

在使用普通类的继承操作中，都是由子类根据约定（非语法限制）的方式实现的覆写，而抽象类的子类却可以在语法程度上强制子类的覆写，这一点感觉抽象类要比普通类更加严谨，那么在开发中应该继承普通类还是继承抽象类呢？

回答： 虽然一个子类可以去继承任意一个普通类，但是从开发的实际要求来讲，普通类不要去继承另外一个普通类，而要继承抽象类。

相比较开发的约定，开发者更愿意相信语法程度上给予的限定。很明显，强制子类去覆写父类的方法可以更好地进行操作的统一，所以对于抽象类与普通类的对比，作者给出如下 3 点总结。

- 抽象类继承子类里面会有明确的方法覆写要求，而普通类没有；
- 抽象类只比普通类多了一些抽象方法的定义，其他的组成部分与普通类完全一样；
- 普通类对象可以直接实例化，但是抽象类的对象必须经过向上转型后才可以得到实例化对象。

4.6.2　抽象类的相关限制

抽象类的组成和普通类组成的最大区别只是在抽象方法的定义上，但是由于抽象类和普通类使用以及定义的区别，如下概念可能会被读者所忽略，下面依次说明。

抽象类的相关限制

（1）抽象类里面由于会存在一些属性，那么在抽象类中一定会存在构造方法，目的是为属性初始化，并且子类对象实例化时依然满足先执行父类构造再调用子类构造的情况。

（2）抽象类不能使用 final 定义，因为抽象类必须有子类，而 final 定义的类不能有子类；

（3）抽象类中可以没有任何抽象方法，但是只要是抽象类，就不能直接使用关键字 new 实例化对象。

范例 4-39：没有抽象方法的抽象类。

```java
abstract class A {              // 定义一个抽象类
    public void print() {        // 此为普通方法
        System.out.println("更多课程请访问：www.yootk.com") ;
    }
}
class X extends A {             // 抽象类必须有子类

}
public class TestDemo {
    public static void main(String args[]) {
        A a = new X() ;          // 通过子类实例化抽象类对象
        a.print();
    }
}
```
程序执行结果：　　　更多课程请访问：www.yootk.com

本程序的抽象类 A 中没有定义任何抽象方法，但是按照 Java 的语法要求，此时的 A 类依然无法直接实例化，必须利用子类对象的向上转型才能为抽象类实例化对象。

（4）抽象类中依然可以定义内部的抽象类，而实现的子类也可以根据需要选择是否定义内部类来继承抽象内部类。

范例 4-40：定义抽象类的内部类。

```java
abstract class A {                    // 定义一个抽象类
    abstract class B {                // 定义内部抽象类
        public abstract void print() ;
    }
}
class X extends A {                   // 继承 static 内部抽象类
    public void print() {
        System.out.println("更多课程请访问：www.yootk.com") ;
    }
    class Y extends B {               // 定义内部抽象类的子类，此类不是必须编写
        public void print() {

                                      // 方法覆写

        }
    }
}
```

本程序在抽象类 A 中又定义了一个抽象类 B，而在定义 A 的子类 X 时不一定非要定义内部类 Y。当然也可以定义一个内部类 Y，这样可以直接继承内部的抽象类 B。

（5）外部抽象类不允许使用 static 声明，而内部的抽象类允许使用 static 声明，使用 static 声明的内部抽象类就相当于是一个外部抽象类，继承的时候使用"外部类.内部类"的形式表示类名称。

范例 4-41：利用 static 定义的内部抽象类为外部抽象类。

```
abstract class A {                      // 定义一个抽象类
    static abstract class B {           // static 定义的内部类属于外部类
        public abstract void print() ;
    }
}
class X extends A.B {                    // 继承 static 内部抽象类
    public void print() {
        System.out.println("更多课程请访问：www.yootk.com") ;
    }
}
public class TestDemo {
    public static void main(String args[]) {
        A.B ab = new X() ;              // 向上转型
        ab.print() ;
    }
}
```
程序执行结果：   更多课程请访问：www.yootk.com

本程序利用 static 在抽象类 A 中定义了一个抽象类 B，这样就相当于 B 是一个外部类，则 X 类就可以直接使用 "A.B" 的名称继承这个外部类。

（6）在抽象类中，如果定义了 static 属性或方法时，就可以在没有对象的时候直接调用。

范例 4-42：在抽象类中定义 static 方法。

```
abstract class A {                      // 定义一个抽象类
    public static void print() {        // static 方法
        System.out.println("更多课程请访问：www.yootk.com") ;
    }
}
public class TestDemo {
    public static void main(String args[]) {
        A.print() ;                     // 直接调用 static 方法
    }
}
```
程序执行结果：   更多课程请访问：www.yootk.com

本程序在抽象类 A 中定义了一个 static 方法，由于 static 方法不受实例化对象的限制，所以可以直接由类名称调用。

技术穿越：隐藏抽象类子类。

利用 static 可以在抽象类中定义不受实例化对象限制的方法，那么可以针对于范例 4-42 的程序做进一步的延伸。例如：现在抽象类只需要一个特定的系统子类操作，那么就可以通过内部类的方式来定义抽象类的子类。

范例 4-43：通过内部类的方式定义抽象类子类。

```
abstract class A {                      // 定义一个抽象类
    public abstract void print();       // 定义抽象方法
```

```
        private static class B extends A {    // 内部抽象类子类
            public void print() {                      // 覆写抽象类的方法
                System.out.println("更多课程请访问：www.yootk.com");
            }
        }
        public static A getInstance() {        // 此方法可以通过类名称直接调用
            return new B();
        }
    }
}
public class TestDemo {
    public static void main(String args[]) {
        // 此时取得抽象类对象时完全不需要知道B类这个子类存在
        A a = A.getInstance();
        a.print();                              // 调用被覆写过的抽象方法
    }
}
```
程序执行结果：   更多课程请访问：www.yootk.com

本程序在抽象类 A 中利用内部类 B 进行子类继承，而后再调用，用户不需要知道抽象类的具体子类，只要调用了类中的"getInstance()"方法就可以取得抽象类的实例化对象，并且调用方法。

这样的设计在系统类库中会比较常见，目的是为用户隐藏不需要知道的子类。

提示：对于之前问题的总结。

在本书第 3 章讲解构造方法中的关于属性初始化问题时，曾经遗留过一个问题："在任何一个类的构造执行完前，所有属性的内容都是其对应数据类型的默认值"。下面就通过程序来为读者解释此概念。

范例 4-44： 观察属性与构造问题。

```
abstract class A {                              // 定义抽象类
    public A() {                               // 2. 父类构造方法
        // 此方法为抽象方法，所以要调用子类中已经被覆写过的方法
        this.print();                          // 3. 调用print()方法
    }
    public abstract void print();              // 抽象方法
}
class B extends A {
    private int num = 100;                     // 子类属性的默认值，无用
    public B(int num) {                        // 通过构造设置内容
        this.num = num;                        // 保存属性
    }
    public void print() {                      // 4. 调用覆写后的方法
        // num 在子类对象未构造前，还未被初始化，内容是其对应数据类型的默认值
        System.out.println("num = " + num);
```

```
        }
    }
public class TestDemo {
    public static void main(String args[]) {
        new B(30);                          // 1. 执行构造
    }
}
程序执行结果:        num = 0
```

　　本程序可能有一些绕，为了方便读者，在程序中使用序号标记出了代码的执行顺序。在本程序中主方法调用的是子类的有参构造方法，是为了子类中的 num 属性初始化。但是在执行子类构造前一定会默认调用父类中的无参构造，而在父类中的无参构造方法里又调用了 print() 抽象方法，而此抽象方法是在子类中覆写的，其主要的功能是输出子类中的 num 属性，但是由于此时子类构造还未执行，所以 num 属性的内容就是其对应数据类型的默认值。

　　本程序的讲解目的是演示属性初始化与构造的关系，但是与实际的开发区别不大，读者可以根据自己的需要选择性理解，如果不理解，也可以暂时放下。

4.6.3 抽象类应用——模板设计模式

模板设计模式

　　抽象类的最主要特点相当于制约了子类必须覆写的方法，同时抽象类中也可以定义普通方法，而且最为关键的是，这些普通方法定义在抽象类时，可以直接调用类中定义的抽象方法，但是具体的抽象方法内容就必须由子类来提供。

　　范例 4-45：在抽象类的普通方法中调用抽象方法。

```
abstract class A {                  // 定义一个抽象类
    public void fun() {             // 此为普通方法
        this.print() ;              // 在普通方法中直接调用抽象方法
    }
    public abstract void print() ;  // 此为抽象方法
}
class X extends A {                 // 抽象类必须有子类
    public void print() {
        System.out.println("更多课程请访问：www.yootk.com") ;
    }
}
public class TestDemo {
    public static void main(String args[]) {
        A a = new X() ;             // 通过子类实例化抽象类对象
        a.fun();                    // 抽象类中的普通方法
    }
}
程序执行结果:        更多课程请访问：www.yootk.com
```

　　本程序在抽象类中的抽象方法 print() 被 fun() 方法直接调用，在定义抽象类 A 的时候并不知道具体的子类是什么，但是只要是有子类，就必须明确地强制子类来覆写 print()方法，当调用 fun()方法时，执行的一定是被子类所覆写的抽象方法。

 提示：换个实际的概念理解本程序。

　　对于范例 4-45 的程序，部分读者可能会不理解，那么现在换个思路。如果你是一个动物爱好者，当你见到动物你就会想办法让它叫，如果把叫这个操作理解 fun()方法的话，那么具体的叫声就可以当作 print()方法。由于动物多种多样，所以对于具体的叫声是根据每个动物的类来决定的。例如：狗的叫声是"汪汪"、猫的叫声是"喵喵"，这些你都不需要去关注，你所关注的只是怎么触发让动物叫的操作，而具体怎么叫就由子类来决定。

　　按照以上的设计思路，实际上可以对程序做进一步的扩展，现在假设有以下 3 类现实的事物（或者是更多的事物）。

- 机器人（Robot）：具备充电、工作两个基本操作；
- 人类（Human）：具备吃饭、工作、睡觉三个基本操作；
- 猪（Pig）：具备吃饭、睡觉两个基本操作。

现在要求实现对以上事物的控制，即可以控制机器人、人类、猪的操作行为，而控制的模式只具备三个功能：吃（eat()）、睡（sleep()）、工作（work()）。实际上读者可以发现，以上三类事物本身都具备一些相同的行为特征，例如：机器人、人类、猪都需要进行"吃"的操作，但是唯一的区别是机器人的吃实际上是充电的功能，本身也是属于补充能量的过程，而其他两类行为都是共同的。但是机器人不存在休息（睡）的功能，即使让它休息也休息不了，而猪不具备工作的功能，即使让猪工作也是不可能的，所以即使调用了这些操作，也应该不起任何作用。因此应该首先对行为进行抽象，然后每种行为可以创建出具体的子类，而每个子类的具体操作都应该由行为类的发出命令（command()方法发出命令，是固定好的设计，所以应该为普通方法）。本程序的类设计图如图 4-4 所示。

　　范例 4-46：定义一个行为类。

```java
abstract class Action {                    // 定义一个抽象的行为类，行为不是具体的
    // 定义常量时必须保证两个内容相加的结果不是其他行为，例如：EAT + SLEEP 的结果为 6，不会和其他值冲突
    public static final int EAT = 1;        // 定义吃的命令
    public static final int SLEEP = 5;      // 定义睡的命令
    public static final int WORK = 7;       // 定义工作的命令
    /**
     * 控制操作的行为，所有的行为都通过类中的常量描述，可以使用 EAT、SLEEP、WORK
     * 或者进行命令的叠加使用，例如：边吃边工作，使用 EAT + WORK 来描述
     * @param flag 操作的行为标记
     */
    public void command(int flag) {
        switch (flag) {                     // switch 只支持数值判断，而 if 支持条件判断
        case EAT:                           // 当前为吃的操作
            this.eat();                     // 调用子类中具体的"吃"方法
            break;
        case SLEEP:                         // 当前为睡的操作
            this.sleep();                   // 调用子类中具体的"睡"方法
```

```
            break;
        case WORK:              // 当前为工作的操作
            this.work();        // 调用子类中具体的"工作"方法
            break;
        case EAT + WORK:        // 行为组合，本处只是举例说明，不演示
            this.eat();         // 调用"吃"的方法
            this.work();        // 调用"工作"的方法
            break;
        }
    }
    public abstract void eat();     // 定义子类的操作标准
    public abstract void sleep();   // 定义子类的操作标准
    public abstract void work();    // 定义子类的操作标准
}
```

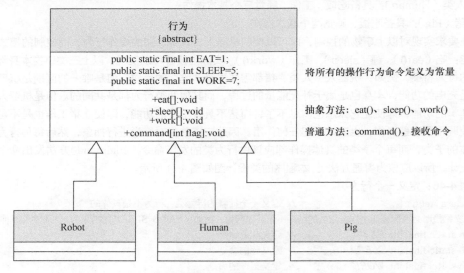

图 4-4　类设计图

在本程序的定义中，将具体的接收指令定义为 command()方法，并且 command()方法只接收固定的几个操作值（由具体的常量提供），同时该方法也支持操作的组合传递，而具体的操作行为不应该由行为这个类负责，而应由不同的子类覆写。

范例 4-47： 定义描述机器人的行为子类。

```
class Robot extends Action {         // 定义机器人行为
    public void eat() {              // 覆写行为的操作
        System.out.println("机器人补充能量！");
    }
    public void sleep() {            // 此操作不需要但必须覆写，所以方法体为空
    }
```

```
    public void work() {              // 覆写行为的操作
        System.out.println("机器人正在努力工作！");
    }
}
```

范例 4-48：定义人的类。

```
class Human extends Action {          // 定义人类行为
    public void eat() {               // 覆写行为的操作
        System.out.println("人类正在吃饭！");
    }
    public void sleep() {             // 覆写行为的操作
        System.out.println("人类正在睡觉休息！");
    }
    public void work() {              // 覆写行为的操作
        System.out.println("人为了梦想在努力工作！");
    }
}
```

范例 4-49：定义猪的类。

```
class Pig extends Action {
    public void eat() {               // 覆写行为的操作
        System.out.println("猪正在啃食槽！");
    }
    public void sleep() {             // 覆写行为的操作
        System.out.println("猪在睡觉养膘！");
    }
    public void work() {              // 此操作不需要但必须覆写，所以方法体为空
    }
}
```

范例 4-47 ~ 范例 4-49 定义了 3 种事物的具体操作行为，但是由于抽象类的定义要求，所以每一个子类中即使不需要的操作方法也需要进行覆写，此时只要将它的方法体设置为空即可。

范例 4-50：测试行为。

```
public class TestDemo {
    public static void main(String args[]) {
        fun(new Robot());             // 传递机器人行为子类
        fun(new Human());             // 传递人类行为子类
        fun(new Pig());               // 传递猪的行为子类
    }
    /**
     * 执行具体的操作行为，假设本处只执行 EAT、SLEEP、WORK3 个行为
     * @param act 具体的行为对象
     */
    public static void fun(Action act) {
        act.command(Action.EAT);      // 调用"吃"操作
        act.command(Action.SLEEP);    // 调用"睡"操作
```

```
        act.command(Action.WORK);   // 调用"工作"操作
    }
}
程序执行结果：     机器人补充能量!（机器人行为）
                机器人正在努力工作!（机器人行为）
                人类正在吃饭!（人类行为）
                人类正在睡觉休息!（人类行为）
                人为了梦想在努力工作!（人类行为）
                猪正在啃食槽!（猪行为）
                猪在睡觉养膘!（猪行为）
```

本程序中的 fun() 方法实现了固定的行为操作，并且这些具体的行为都是根据传递的子类的不同而有所不同，但是由于机器人没有"睡"这个功能，所以方法体为空，表示此操作不起作用。

这些不同的类型最终都在行为上成功地进行了抽象，即如果要使用行为操作，就必须按照 Action 类的标准来实现子类。

 技术穿越：模板设计模式在 Servlet 中的应用。

　　短期内，读者不会见到模板设计模式的应用，而如果学习到 Servlet 开发部分，就会接触到此知识的应用，因为所有的 Servlet 一定要继承 HttpServlet 类，而 HttpServlet 类会根据用户发出的不同请求（每种请求都通过一个常量表示）调用不同的方式进行处理。例如：发出的是 get 请求，就调用 doGet() 方法，发出的是 post 请求，就调用 doPost() 方法。关于此部分的学习可以参考《Java Web 开发实战经典（基础篇）》的讲解。

4.7　接口

利用抽象类可以实现对子类覆写方法的控制，但是抽象类的子类存在一个很大的问题 —— 单继承局限，所以为了打破这个局限，就需要用 Java 接口来解决。同时在开发中为了将具体代码的实现细节对调用处进行隐藏，也可以利用接口来进行方法视图的描述。

4.7.1　接口的基本定义

如果一个类只是由抽象方法和全局常量组成的，那么在这种情况下不会将其定义为一个抽象类，而只会将其定义为接口。所以所谓的接口严格来讲就属于一个特殊的类，而且这个类里面只有抽象方法与全局常量。

接口基本定义

 提示：暂不考虑 JDK 1.8 对接口的影响。

　　从 Java 发展之初，接口中的定义组成就是抽象方法与全局常量，但是这一概念在 JDK 1.8 中被打破（具体的内容在本书第 8 章中为读者讲解），接口中可以定义更多的操作，但是考虑到实际开发的应用问题，本书还是建议读者先掌握接口最基础的定义形式。

在 Java 中可以使用 interface 关键字来实现接口的定义。下面来看具体的代码。

范例 4-51：定义接口。

```
interface A {                                      // 定义接口
    public static final String MSG = "YOOTK";       // 全局常量
    public abstract void print();                   // 抽象方法
}
```

本程序定义了一个 A 接口，在此接口中定义了一个抽象方法（print()）和一个全局常量（MSG），但是由于接口中存在抽象方法，所以接口对象不可能直接使用关键字 new 进行实例化的操作。因此，接口具有以下使用原则。

- 接口必须要有子类，但是此时一个子类可以使用 implements 关键字实现多个接口，避免单继承局限；
- 接口的子类（如果不是抽象类），必须要覆写接口中的全部抽象方法；
- 接口的对象可以利用子类对象的向上转型进行实例化操作。

提示：接口的简化定义。

对接口而言，其组成部分就是抽象方法和全局常量，所以很多时候也有一些人为了省略编写，不写 abstract 或 public static final，并且在方法上是否编写 public 结果都是一样的，因为在接口里面只能够使用一种访问权限——public。以下两个接口的定义最终效果就是完全相同的。

范例 4-52：两种接口功能完全等价。

```
interface A {                                  interface A {
    public static final String MSG = "HELLO";      String MSG = "HELLO";
    public abstract void fun();                     void fun();
}                                              }
```

即便在接口的方法中没有写 public，其最终的访问权限也是 public，绝对不会是 default（默认）权限。所以为了准确定义，强烈建议在接口定义方法时一定要写上 public，如下代码所示。

范例 4-53：接口方法定义时强烈建议加上 public。

```
interface A {
    String MSG = "HELLO";
    public void fun();
}
```

在实际的开发中，只要是定义接口，大部分情况下都是以定义抽象方法为主，很少有接口只是单纯地去定义全局常量。

范例 4-54：实现接口。

```
interface A {                                      // 定义接口
    public static final String MSG = "YOOTK";       // 全局常量
    public abstract void print();                   // 抽象方法
}
interface B {                                      // 定义接口
    public abstract void get();                     // 抽象方法
}
```

```
class X implements A, B {                    // X 类实现了 A 和 B 两个接口
    public void print() {                    // 覆写 A 接口的抽象方法
        System.out.println("A 接口的抽象方法！ ");
    }
    public void get() {                      // 覆写 B 接口的抽象方法
        System.out.println("B 接口的抽象方法！ ");
    }
}
public class TestDemo {
    public static void main(String args[]) {
        // 此时 X 类是 A 和 B 两个接口的子类，所以此类对象可以同时实现两个接口的向上转型
        X x = new X();                       // 实例化子类对象
        A a = x;                             // 向上转型
        B b = x;                             // 向上转型
        a.print();                           // 调用被覆写过的方法
        b.get();                             // 调用被覆写过的方法
        System.out.println(A.MSG);           // 直接访问全局常量
    }
}
```
程序执行结果：　　A接口的抽象方法！（"a.print()" 语句执行结果）

　　　　　　　　　B 接口的抽象方法！（"b.get()" 语句执行结果）

　　　　　　　　　YOOTK（"A.MSG" 语句执行结果）

　　本程序定义了两个接口 A、B，同时在定义 X 子类时利用 implements 关键字实现了两个接口，这样在 X 子类中就必须覆写两个接口中提供的全部抽象方法，同时 X 类的对象也就可以利用向上转型的概念，为 A 或 B 两个接口进行对象的实例化操作。

提示：更复杂的转型操作。

　　范例 4-54 的代码实例化了 X 类对象，由于 X 是 A 和 B 的子类，因此 X 类的对象可以变为 A 接口或 B 接口类的对象。

　　范例 4-55：接口的转换。

```
public class TestDemo {
    public static void main(String args[]) {
        A a = new X() ;                      // 对象向上转型
        B b = (B) a ;                        // a 实际上代表的是 X 类对象
        b.get() ;                            // 调用 B 接口方法
        System.out.println(a instanceof A) ;// 判断 a 是否是 A 接口实例，true
        System.out.println(a instanceof B) ;// 判断 a 是否是 B 接口实例，true
    }
}
```
程序执行结果：　　B 接口的抽象方法！（"b.get()" 语句执行结果）

　　　　　　　　　true（"a instanceof A" 语句执行结果）

　　　　　　　　　true（"a instanceof B" 语句执行结果）

　　本程序从定义结构上来讲，A 和 B 接口没有任何直接联系，但是这两个接口却同时拥

> 有一个子类——X 子类，读者千万不要被类型和名称弄迷糊，因为最终实例化的是 X 子类，而这个子类属于 B 类的对象。所以本程序的代码都可以行得通，只不过从代码的阅读上来讲，并不具备良好的结构。

如果一个子类既要继承抽象类又要实现接口，那么应该采用先继承（extends）后实现接口（implements）的顺序完成。

范例 4-56：子类继承抽象类并实现接口。

```java
interface A {                               // 定义接口
    public abstract void print();           // 抽象方法
}
interface B {                               // 定义接口
    public abstract void get();             // 定义抽象方法
}
abstract class C {                          // 定义抽象类
    public abstract void change();          // 定义抽象方法
}
class X extends C implements A, B {         // X 类继承了抽象类 C，实现了 A 和 B 两个接口
    public void print() {                   // 覆写接口 A 中的方法
        System.out.println("A 接口的抽象方法！");
    }
    public void get() {                     // 覆写接口 B 中的方法
        System.out.println("B 接口的抽象方法！");
    }
    public void change() {                  // 覆写抽象类 C 的方法
        System.out.println("C 类的抽象方法！");
    }
}
```

本程序的 X 子类是接口 A、B 以及抽象类 C 三个的子类，所以 X 类的对象可以同时被三个父类实例化。

一个抽象类可以继承一个抽象类或者实现若干个接口，但是反过来，一个接口却不能继承抽象类。但是一个接口却可以使用 extends 关键字同时继承多个父接口。

范例 4-57：观察接口的多继承。

```java
interface A {                   // 定义父接口
    public void funA();
}
interface B {                   // 定义父接口
    public void funB();
}
interface C extends A, B {      // 利用 extends，实现接口多继承
    public void funC();
}
class X implements C {          // 实现 C 接口子类要覆写全部抽象方法
    public void funA() {}       // A 接口定义的方法
```

```
    public void funB() {}            // B 接口定义的方法
    public void funC() {}            // C 接口定义的方法
}
```

本程序在定义接口 C 时使用 extends 关键字继承了两个父接口，这就相当于 C 接口中一共定义 3 个抽象方法（funA() 与 funB() 通过父接口继承下来），所以在定义 X 子类时必须覆写 3 个抽象方法。

 提示：抽象类的限制要比接口多。

从继承关系上讲抽象类的限制要比接口多。

- 一个抽象类只能继承一个抽象的父类，而接口没有这个限制，一个接口可以继承多个父接口；
- 一个子类只能继承一个抽象类，却可以实现多个接口。

所以，在整个 Java 中，接口主要用于解决单继承局限的问题。

虽然从接口本身的概念上来讲只能够由抽象方法和全局常量组成，但是所有的内部结构不受这些要求的限制，也就是说在接口里面可以定义普通内部类、抽象内部类、内部接口。

范例 4-58： 在接口里定义抽象类。

```
interface A {
    public void funA();
    abstract class B {                       // 定义接口中的抽象类
        public abstract void funB();
    }
}
class X implements A {                       // X 实现了 A 接口
    public void funA() {
        System.out.println("Hello World !");
    }
    class Y extends B {                      // 内部抽象类的子类，可以选择性继承
        public void funB() {}
    }
}
```

本程序在 A 接口的内部定义了一个内部抽象类 B，这样在 A 接口的 X 子类中就可以根据自己的需求来选择是否要继承内部的抽象类 B。

范例 4-59： 在一个接口内部如果使用 static 去定义一个内部接口，该接口就表示是一个外部接口。

```
interface A {
    public void funA();
    static interface B {            // 外部接口
        public void funB();
    }
}
class X implements A.B {            // X 实现了 A 接口
    public void funB() {}
}
```

本程序利用 static 定义了一个 A.B 的外部接口，这样子类可以直接实现 A.B 接口并覆写接口中的抽

象方法。

提示：内部接口可以在类集部分学习到。

　　对于内部接口的概念，在本书第 13 章类集框架部分会使用到，在此部分会为读者讲解一个 Map.Entry 的内部接口，读者可以观察其使用。

技术穿越：内部接口在 Android 开发中会出现。

　　在 Android 技术中，存在一种分为内容提供器（Content Provider）的访问技术，在进行不同应用程序的数据交换操作过程中，会使用到 static 定义内部接口的操作，有兴趣的读者可以学习《Android 开发实战经典》一书。

　　对于接口的概念并不是很难理解，但是需要强调的是，在实际的开发之中，接口有以下三大主要功能。

- 定义不同层之间的操作标准：在本书之中会有所讲解；
- 表示一种操作的能力：在本书之中会有所讲解；
- 将服务器端的远程方法视图暴露给客户端：分布式开发，不在本书范畴中。

4.7.2　接口的实际应用——标准

标准定义

　　在日常的生活中，人们会经常听到接口这一词，而最为常见的就是 USB 接口。利用 USB 接口可以连接 U 盘、打印机、MP3 等标准设备，如图 4-5 所示。

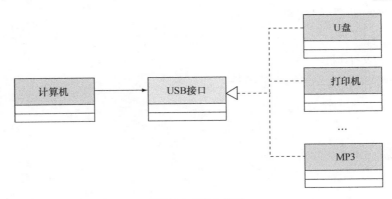

图 4-5　USB 接口

　　通过图 4-5 所示的类图关系可以发现，计算机应该作为一个类，而计算机上要提供对 USB 接口标准的支持，这样不管什么设备，在计算机上都会按照 USB 接口中定义的标准执行，符合 USB 接口标准的可以有很多类设备。

　　如果要进行代码开发，一定要首先开发出 USB 接口标准，因为有了标准后，计算机才可以去使用这些标准，设备厂商才可以设计 USB 设备。

范例 4-60：定义 USB 标准。

```
interface USB {                      // 定义标准一定就是接口
    public void start();             // USB 设备开始工作
    public void stop();              // USB 设备停止工作
}
```

本程序定义的 USB 接口中只提供开始工作与停止工作两个操作方法。而现在假设只要有设备插入计算机，就自动调用 start() 与 stop() 两个方法。

范例 4-61：定义计算机类。

```
class Computer {
    public void plugin(USB usb) {    // 插入 USB 接口设备（子类对象）
        usb.start();                 // 开始工作
        usb.stop();                  // 停止工作
    }
}
```

在计算机类中提供有一个 plugin() 方法，这个方法可以接收 USB 接口实例，这样不管有多少种 USB 设备（USB 接口对应子类）都可以插入在计算机上进行工作。下面依据 USB 接口标准定义出两个子类。

范例 4-62：定义 U 盘子类。

```
class Flash implements USB {         // 实现 USB 接口
    public void start() {
        System.out.println("U 盘开始使用");
    }
    public void stop() {
        System.out.println("U 盘停止使用");
    }
}
```

范例 4-63：定义打印机。

```
class Print implements USB {         // 定义打印机
    public void start() {
        System.out.println("打印机开始工作");
    }
    public void stop() {
        System.out.println("打印机停止工作");
    }
}
```

按照这样的方式，准备出几万个子类都可以，并且这几万个子类都可以在电脑的 plugin() 方法上使用。

范例 4-64：测试代码。

```
public class TestDemo {
    public static void main(String args[]) {
        Computer com = new Computer();           // 实例化计算机类
        com.plugin(new Flash());                 // 插入 USB 接口设备
        com.plugin(new Print());                 // 插入 USB 接口设备
```

```
    }
}
```
程序执行结果：　　U 盘开始使用
　　　　　　　　　　U 盘停止使用
　　　　　　　　　　打印机开始工作
　　　　　　　　　　打印机停止工作

本程序首先实例化了一个 Computer 计算机类的对象，然后就可以在计算机上插入（引用传递）USB 设备（USB 接口子类）。

提示：显示生活中的标准。

实际上在现实生活中也到处存在这样标准的定义，例如：酒店门口会明确标记"宠物不允许进入"的警告牌；设计低于 60 脉的电动车不允许上主路。

所以，千万不要把程序只当作程序来理解，就如同本书一直强调的概念：程序源自于生活，要从现实生活的角度去理解程序，这样才不会被没有意义的问题困扰，这样才可以写出优秀的代码。

4.7.3　接口的应用——工厂设计模式（Factory）

工厂设计模式，是 Java 开发中使用的最多的一种设计模式，那么什么叫工厂设计？工厂设计有哪些作用呢？在说明问题前，请读者先观察以下程序。

工厂设计模式

范例 4-65： 观察程序代码问题。

```java
interface Fruit {                          // 定义接口
    public void eat();                     // 定义抽象方法
}
class Apple implements Fruit {             // 定义接口子类
    public void eat() {                    // 覆写抽象方法
        System.out.println("*** 吃苹果。");
    }
}
public class TestDemo {
    public static void main(String args[]) {
        Fruit f = new Apple();             // 子类实例化父类对象
        f.eat();                           // 调用被覆写过的方法
    }
}
```
程序执行结果：　　*** 吃苹果。

本程序首先定义了一个表示水果的 Fruit 接口，然后为 Fruit 定义了一个苹果（Apple）子类，在主类中通过 Apple 类实例化 Fruit 接口对象，所以当利用 Fruit 接口对象调用 eat() 方法时调用的是被子类覆写过的方法。

本程序是读者所熟知的程序结构，因为接口不能够被直接实例化对象，所以必须利用向上转型技术，通过子类实例化父接口对象，其关系如图 4-6 所示。但是这样的做法真的合理吗？

如果要想确认一个代码的编写风格是否良好，应该遵从于以下两个标准。

- 客户端（现在为主方法）调用简单，不需要关注具体的细节；
- 程序代码的修改，不影响客户端的调用，即使用者可以不去关心代码是否变更。

根据以上两个标准，就可以发现本程序设计上的问题。本程序在取得接口的实例化对象时明确地指明了要使用的子类"Fruit f = new Apple()"，而关键的问题就出现在关键字"new"上。因为一个接口不可能只有一个子类，所以对于 Fruit 也有可能产生多个子类对象，而一旦要扩充子类，客户端中的使用也就有可能还会与新的子类有关系。下面通过程序建立一个 Orange 子类。

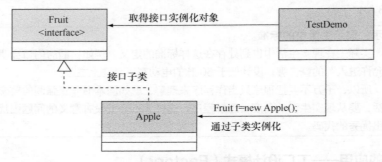

图 4-6　程序类结构图

范例 4-66：定义新的子类。

```
class Orange implements Fruit {          // 定义接口子类
    public void eat() {                  // 覆写抽象方法
        System.out.println("*** 吃橘子。");
    }
}
```

本程序的客户端上要想得到这个新的子类对象，需要修改代码。

范例 4-67：修改客户端代码。

```
public class TestDemo {
    public static void main(String args[]) {
        Fruit f = new Orange();    // 子类实例化父类对象
        f.eat();                   // 调用被覆写过的方法
    }
}
```
程序执行结果：　　*** 吃橘子。

本程序客户端的代码更换了一个子类 Orange，所以修改了客户端的代码，将 Apple 子类替换为 Orange 子类，如图 4-7 所示。

这个时候如果有更多的子类呢？难道每次都要去修改实例化接口的子类吗？在整个过程中，客户端关心的事情只有一件：如何可以取得 Fruit 接口对象。至于说这个对象是被哪个子类所实例化的客户端根本就不需要知道，所以在整个代码中最大的问题就在于关键字"new"的使用上。

那么该如何去解决这个关键字 new 所带来的耦合度问题呢？读者不妨来一起回顾一下 JVM 的核心原理，如图 4-8 所示。在 Java 中的 JVM 为了解决程序与操作系统的耦合问题，在程序与操作系统之间加入了一个中间过渡层——JVM，由 JVM 去匹配不同的操作系统，只要 JVM 的核心支持不变，程序就可以在任意的操作系统间进行移植。所以解决办法就产生了，即想办法让客户端只看见接口而不让其看见子类，但是需要一个中间的工具类来取得接口对象，如图 4-9 所示。这样客户端就不再需要关心接口子类，只要通过 Factory（工厂类）程序类就可以取得接口对象。

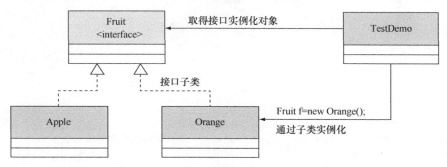

图 4-7　定义新的 Fruit 接口子类

技术穿越：Spring 开发框架的设计核心理念。
　　至此为止已经为读者分析了关键字 new 在直接实例化接口上所带来的问题。实际上这种耦合问题在很多项目开发中都会存在，很多开发者在面对这种耦合问题时往往会采用大量的结构设计进行回避，可是这样的代码维护成本太高了。所以在 Java 开发中有一个 Spring 框架，其核心目的就是解决这种代码耦合问题。

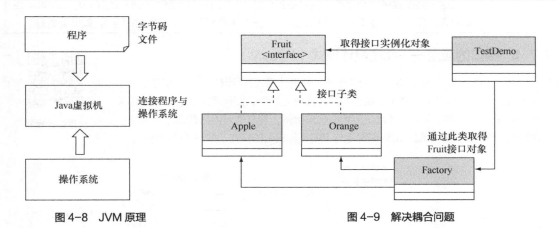

图 4-8　JVM 原理　　　　　　　　　　　图 4-9　解决耦合问题

范例 4-68：增加一个工厂类进行过渡。

```
class Factory {                          // 定义工厂类，此类不提供属性
    /**
     * 取得指定类型的接口对象
     * @param className 要取得的类实例化对象标记
     * @return 如果指定标记存在，则 Fruit 接口的实例化对象，否则返回 null
     */
```

```
    public static Fruit getInstance(String className) {
        if ("apple".equals(className)) {          // 是否是苹果类
            return new Apple();
        } else if ("orange".equals(className)) {  // 是否是橘子类
            return new Orange();
        } else {
            return null;
        }
    }
}
public class TestDemo {
    public static void main(String args[]) {
        Fruit f = Factory.getInstance("orange");   // 通过工厂类取得指定标记的对象
        f.eat();                                    // 调用接口方法
    }
}
```

程序执行结果：　　*** 吃橘子。

　　本程序在客户端的操作上取消关键字 new 的使用，而使用 Factory.getInstance()方法根据指定子类的标记取得接口实例化对象，这时客户端不再需要关注具体子类，也不需要关注 Factory 类是怎样处理的只需要关注如何取得接口对象并且操作。这样的设计在开发中就称为工厂设计模式。

 常见面试题分析：编写一个 Factory 程序。
　　这一面试题经常会出现，读者遇见此题目时，直接把范例 4-67 的代码写出即可。但是如果可以加上一些工厂设计模式的产生分析（代码耦合所带来的问题），效果会更好。

4.7.4　接口的应用——代理设计模式（Proxy）

　　代理设计也是在 Java 开发中使用较多的一种设计模式，所谓代理设计就是指一个代理主题来操作真实主题，真实主题执行具体的业务操作，而代理主题负责其他相关业务的处理。就好比在生活中经常使用到的代理上网，客户通过网络代理连接网络，由代理服务器完成用户权限、访问限制等与上网操作相关的操作，如图 4-10 所示。

代理设计模式

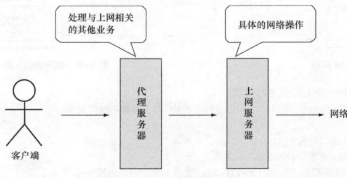

图 4-10　上网代理方式

　　不管是代理操作也好，真实的操作也好，其共同的目的就是上网，所以用户关心的只是如何上网，至于里面是如何操作的用户并不关心，因此可以得出图 4-11 所示的分析结果。

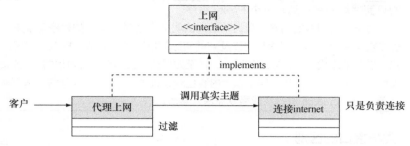

图 4-11　程序实现模式

　　范例 4-69：代理设计模式实现。

```java
interface Network{                              // 定义 Network 接口
    public void browse() ;                      // 定义浏览的抽象方法
}
class Real implements Network{                   // 真实的上网操作
    public void browse(){                        // 覆写抽象方法
        System.out.println("上网浏览信息") ;
    }
}
class Proxy implements Network{                   // 代理上网
    private Network network ;
    public Proxy(Network network){               // 设置代理的真实操作
        this.network = network ;                 // 设置代理的子类
    }
    public void check(){                          // 与具体上网相关的操作
        System.out.println("检查用户是否合法");
    }
    public void browse(){
        this.check() ;                            // 可以同时调用多个与具体业务相关的操作
        this.network.browse() ;                   // 调用真实上网操作
    }
}
public class TestDemo {
    public static void main(String args[]){
        Network net = null ;                      // 定义接口对象
        net = new Proxy(new Real()) ;             // 实例化代理，同时传入代理的真实操作
        net.browse() ;                            // 客户只关心上网浏览一个功能
    }
}
程序运行结果：    检查用户是否合法（代理主题）
                 上网浏览信息（真实主题）
```

在本程序中，真实主题实现类（Real）完成的只是上网的最基本功能，而代理主题（Proxy）要做比真实主题更多的相关业务操作。

常见面试题分析：编写一个 Proxy 程序。

对于此类问题的回答，最简单的做法就是将范例 4-68 的程序写下来。而如果可能也希望编写出代理实现的目的以及它的实际使用意义，包括分析以上代理设计模式的缺点，以及动态代理设计模式的特点，甚至如果读者技术全面还可以将 Spring 中的 AOP 设计理念进行完整阐述。但是以上内容已经超过了 Java SE 本身的技术范畴，读者可以登录 www.mldn.cn 进行在线微专业深入学习。

4.7.5　抽象类与接口的区别

抽象类与接口的区别

抽象类和接口都会强制性地规定子类必须要覆写的方法，这样在使用形式上是很相似的，那么在实际开发中是使用抽象类还是使用接口呢？为了让读者更加清楚两个概念的对比，下面给出表 4-3 所示的抽象类与接口的比较。

表 4-3　抽象类与接口的比较

No.	区别	抽象类	接口
1	关键字	abstract class	interface
2	组成	构造方法、普通方法、抽象方法、static 方法、常量、变量	抽象方法、全局常量
3	子类使用	class 子类 extends 抽象类	class 子类 implements 接口，接口，…
4	关系	抽象类可以实现多个接口	接口不能继承抽象类，却可以继承多个父接口
5	权限	可以使用各种权限	只能使用 public 权限
6	限制	单继承局限	没有单继承局限
7	子类	抽象类和接口都必须有子类，子类必须要覆写全部的抽象方法	
8	实例化对象	依靠子类对象的向上转型进行对象的实例化	

经过比较可以发现，抽象类中支持的功能绝对要比接口多，但是其有一点不好，那就是单继承局限，所以这重要的一点就掩盖了所有抽象类的优点，即当抽象类和接口都可以使用时，优先考虑接口。

提示：关于实际开发中接口使用的几个建议。

对于实际的项目开发，可能会有各种各样的问题，为了方便读者快速使用接口的概念，下面给出读者一些个人总结的使用参考意见。

- 在进行某些公共操作时一定要定义出接口；
- 有了接口就需要利用子类完善方法；
- 如果是自己写的接口，那么绝对不要使用关键字 new 直接实例化接口子类，应该使用工厂类完成。

提问：概念太多了，该如何使用？

到此时已经学习过对象、类、抽象类、接口、继承、实现等，这些都属于什么样的关系呢？在开发中，又该如何使用这几个概念呢？

回答：接口是在类之上的标准。

为了更好地说明给出的几种结构的关系，下面通过一个简短的分析完成。

如果现在要定义一个动物，那么动物肯定是一个公共标准，而这个公共标准就可以通过接口来完成。

在动物中又分为两类：哺乳动物、卵生动物，而这个标准属于对动物标准进一步细化，应该称为子标准，所以此种关系可以使用接口的继承来表示。

而哺乳动物又可以继续划分为：人、狗、猫等不同的类型，这些由于不表示具体的事务标准，所以可以使用抽象类进行表示。

现在如果要表示出个工人或者是学生这样的概念，肯定是一个具体的定义，则需要使用类的方式。

由于每一个学生或每一个工人都是具体的，因此就通过对象来表示。所以以上几种关系可以通过图 4-12 来表示。

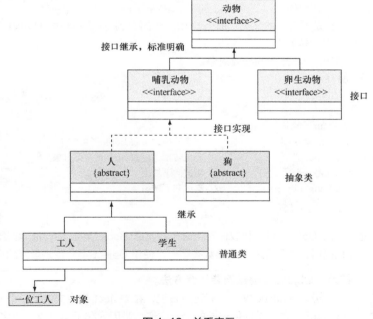

图 4-12　关系表示

通过图 4-12 可以发现，在所有设计中，接口应该是最先被设计出来的，所以在项目开发中，接口设计最重要。

常见面试题分析：请解释抽象类与接口的区别。

对于本问题，可以直接回答表 4-3 所列出的概念对比。但是在进行这两个概念对比时一定要明确地给出"抽象类存在单继承局限"的总结。随着读者技术开发实力的增加，实际上也可以回答出更多关于这两种结构的使用特点。

4.8 Object 类

利用继承与对象多态性的概念可以解决子类对象与父类对象的自动转型操作，但是如果要想统一开发中的参数类型，就必须有一种类可以成为所有类的父类，而这个类就是 Object 类。下面来介绍 Object 类的具体使用。

Object 类基本概念

4.8.1 Object 类的基本定义

Object 类是所有类的父类，也就是说任何一个类在定义时如果没有明确地继承一个父类，那它就是 Object 类的子类，也就是说以下两种类定义的最终效果是完全相同的。

```
class Book {
}
```
```
class Book extends Object {
}
```

既然 Object 类是所有类的父类，那么最大的一个好处就在于：利用 Object 类可以接收全部类的对象，因为可以向上自动转型。

范例 4-70：利用 Object 类来接收对象。

```
class Book extends Object {
}
public class TestDemo {
    public static void main(String args[]) {
        Object obja = new Book();        // 向上转型，接收 Book 子类对象
        Object objb = "hello";           // 向上转型，接收 String 子类对象
        Book b = (Book) obja;            // 测试向下转型
        String s = (String) objb;        // 测试向下转型
    }
}
```

本程序为了测试 Object 可以接收任意类对象，使用 Book 类与 String 类实现了向上与向下转型操作。所以在设计代码时，如果在不确定参数类型时，使用 Object 类应该是最好的选择。

提示：Object 类提供无参构造方法。

通过 JavaDoc 文档读者可以发现，在 Object 类中提供了一个无参构造方法"public Object()"，之所以提供这样的无参构造，是因为在子类对象实例化时都会默认调用父类中的无参构造方法，这样在定义类时即使没有明确定义父类为 Object，读者也不会感觉到代码的强制性要求。

除此之外，对于任意一个简单的 Java 类而言，理论上应该覆写 Object 类中的 3 个方法，如表 4-4

所示。

表 4-4　Object 类的 3 个覆写方法

No.	方法	类型	描述
1	public String toString()	普通	取得对象信息
2	public boolean equals(Object obj)	普通	对象比较
4	public int hashCode()	普通	取得对象哈希码，在第 14 章会有所讲解

表 4-2 中所定义的方法都将默认在 Object 的子类继承（所有类都继承），但是要根据具体的情况来选择覆写哪个方法。

4.8.2　取得对象信息：toString()

toString()方法

在之前讲解时曾经给读者讲解过这样的概念，如果现在要直接输出一个对象，那么默认情况下将会输出这个对象的编码，但是不知道读者是否思考过这样一个问题，String 也是一个类，但是 String 类对象输出的却是内容，下面进行分析。

范例 4-71：观察自定义类对象与 String 类对象直接输出。

```
class Book extends Object {              // 子类可以继承 Object 类中的方法
}
public class TestDemo {
    public static void main(String args[]) {
        Object obja = new Book();        // 向上转型，接收 Book 子类对象
        Object objb = "yootk";           // 向上转型，接收 String 子类对象
        System.out.println(obja);
        System.out.println(obja.toString());  // 直接调用 toString()方法输出
        System.out.println(objb);        // 输出 String 对象
    }
}
程序执行结果：      Book@1db9742（"System.out.println(obja)" 语句执行结果）
                   Book@1db9742（"System.out.println(obja.toString())" 语句执行结果）
                   yootk（"System.out.println(objb)" 语句执行结果）
```

通过本程序的执行读者可以发现，在输出一个对象时不管是否调用 toString()，其最终都是调用 toString()将对象信息转换为 String 进行输出，而在 Object 类中的 toString()方法设计时，由于要考虑其可以满足所有对象的输出信息，所以默认返回的是对象的编码。而之所以 String 类对象输出的时候没有输出编码，是因为在 String 类中已经明确地覆写了 toString()方法，依照这个思路，读者也可以根据自己的情况来选择覆写 toString()方法。

范例 4-72：覆写 toString()方法。

```
class Book {                             // 此类为 Object 子类
    private String title;
    private double price;
    public Book(String title, double price) {
        this.title = title;
```

```
        this.price = price;
    }
    public String toString() {                     // 替代 getInfo()，并且 toString()可以自动调用
        return "书名：" + this.title + "，价格：" + this.price;
    }
    // setter、getter、无参构造略
}
public class TestDemo {
    public static void main(String args[]) {
        Book b = new Book("Java 开发", 79.9); // 实例化对象
        System.out.println(b);                 // 直接输出对象，默认调用 toString()
    }
}
程序执行结果：      书名：Java 开发，价格：79.9
```

本程序在 Book 类中覆写了 toString()方法（最早为了方便使用 getInfo()方法代替），而在进行对象输出时，就可以发现会自动调用对象所在类的 toString()方法将对象变为字符串后输出。

> **提示：toString()可以将任意对象变为字符串。**
> 读者可以发现，由于 toString()方法是在 Object 类中定义，所以所有的类中都可以使用这个方法，那么也就意味着，所有的类都会有一个功能，即将对象转换为 String 类对象。

4.8.3 对象比较：equals()

实际上对于 equals()方法读者应该并不陌生，这个方法在 String 类中使用过，而 String 也是 Object 类的子类，所以 String 类的 equals()方法就是覆写 Object 类中的 equals()方法。在 Object 类中，默认的 equals()方法实现比较的是两个对象的内存地址数值，但是并不符合真正的对象比较需要（按照之前讲解的对象比较操作而言，还需要比较对象内容）。而在之前使用了一个自定义名的 compare()方法作为对象比较方法的名称，但是这个名称不标准，标准的做法是使用 equals()方法完成。

equals()方法

范例 4-73：实现对象比较。

```
class Book {
    private String title;
    private double price;
    public Book(String title, double price) {
        this.title = title;
        this.price = price;
    }
    public boolean equals(Object obj) {
        if (this == obj) {                          // 地址相同
            return true;
```

```
        }
        if (obj == null) {                    // 对象内容为 null
            return false;
        }
        if (!(obj instanceof Book)) {         // 不是本类实例
            return false;
        }
        Book book = (Book) obj;
        if (this.title.equals(book.title) && this.price == book.price) {
            return true;
        }
        return false;
    }
    public String toString() {                // 替代了 getInfo()，并且 toString() 可以自动调用
        return "书名：" + this.title + "，价格：" + this.price;
    }
    // setter、getter、无参构造略
}
public class TestDemo {
    public static void main(String args[]) {
        Book b1 = new Book("Java 开发", 79.9);     // 实例化对象
        Book b2 = new Book("Java 开发", 79.9);     // 实例化对象
        System.out.println(b1.equals(b2));        // 对象比较
    }
}
```
程序执行结果：　　true

　　本程代码与第 3 章讲解的对象比较操作实现完全相同，唯一的区别在于方法名称上，而本程序的代码就是对象比较的标准操作。

4.8.4　Object 类与引用数据类型

接收引用类型

　　Object 是所有类的父类，因此 Object 类可以接收所有类的对象。但是在 Java 设计时，考虑到引用数据类型的特殊性，所以 Object 类实际上是可以接收所有引用数据类型的数据，这就包括数组、接口、类。

　　范例 4-74：接收数组数据。

```
public class TestDemo {
    public static void main(String args[]) {
        Object obj = new int[] { 1, 2, 3 };       // 向上转型
        System.out.println(obj);                  // 数组编码：[I@1db9742
        if (obj instanceof int[]) {               // 谁否是int数组
            int data[] = (int[]) obj;             // 向下转型
            for (int x = 0; x < data.length; x++) {
                System.out.print(data[x] + "、");
            }
        }
```

```
        }
    }
}
```

程序执行结果：   [I@1db9742（"System.*out*.println(obj);" 语句执行结果）
                1、2、3、

　　本程序首先将数组对象向上转型为 Object 类型，然后利用 instanceof 关键字判断当前的 Object 对象是否为 int 型数组，如果条件判断满足，则进行输出。在本程序中特别需要提醒读者的是，数组直接输出的对象信息，都会带有一个 "[" 的标记，第二位是数组类型的标记。

注意：关于数组对象的编码问题。
　　读者可以发现在本程序中直接打印数组时的输出信息为 "**[I@1db9742**"，只要是数组对象的直接输出，第一位都是 "["，第二位是数组类型的简短标记，例如：int 型数组是 I，double 型数组是 D，而后就是数组对象的编码。

　　Object 除了可以接收数组对象外，接口对象也同样可以利用 Object 接收。但是一定要记住一点，接口不会继承任何类，所以也不会继承 Object，而之所以可以使用 Object 接收，是因为接口属于引用数据类型。

　　范例 4-75：Object 类接收接口对象。

```
interface A {
    public void fun();
}
class B extends Object implements A { // 所有类一定继承 Object 类，所以此处只是强调说明
    public void fun() {
        System.out.println("更多课程请访问：www.yootk.com");
    }
    public String toString() {
        return "魔乐科技：www.mldn.cn" ;
    }
}
public class TestDemo {
    public static void main(String args[]) {
        A a = new B();                 // 实例化接口对象
        Object obj = a;                // 接收接口对象
        A t = (A) obj;                 // 向下转型
        t.fun();                       // 调用接口方法
        System.out.println(t);         // 直接调用 toString()输出
    }
}
```

程序执行结果：   更多课程请访问：www.yootk.com（"t.fun();" 语句执行结果）
                魔乐科技：www.mldn.cn（"System.out.println(t);" 语句执行结果）

　　本程序首先定义了一个 A 接口的子类 B 并且覆写了 A 接口的 fun()方法，然后主方法为了测试转型，先将接口对象向上转型为 Object 类型，再将其向下转型为 A 接口实例，最后调用 fun()方法以及直接输出接口对象（调用 toString()方法）。

4.8.5 修改链表

在之前讲解链表程序的开发过程中，一直存在这样的一个设计问题：链表不能实现操作数据的统一，所以就造成了每一次使用链表时都需要进行重复开发。但是由于 Object 类型可以接收所有引用数据类型，利用这样的特性就可以弥补之前链表设计中的参数不统一问题，也就可以开发出真正的可重用链表操作。但是在链表中需要依靠对象比较的操作支持（在链表中的 contains() 与 remove() 两个方法），所以就要求在操作类中覆写 equals() 方法。

完善链表

范例 4-76：修改可用链表。

```
class Link {                            // 链表类，外部能够看见的只有这一个类
    private class Node {                // 定义的内部节点类
        private Object data;            // 要保存的数据
        private Node next;              // 下一个节点引用
        public Node(Object data) {      // 每一个 Node 类对象都必须保存相应的数据
            this.data = data;
        }
        /**
         * 设置新节点的保存，所有的新节点保存在最后一个节点之后
         * @param newNode 新节点对象
         */
        public void addNode(Node newNode) {
            if (this.next == null) {        // 当前的下一个节点为 null
                this.next = newNode ;       // 保存节点
            } else {                        // 向后继续保存
                this.next.addNode(newNode) ;
            }
        }
        /**
         * 数据检索操作，判断指定数据是否存在
         * 第一次调用（Link）：this = Link.root
         * 第二次调用（Node）：this = Link.root.next
         * @param data 要查询的数据
         * @return 如果数据存在返回 true，否则返回 false
         */
        public boolean containsNode(Object data) {
            if (data.equals(this.data)) {       // 当前节点数据为要查询的数据
                return true;                    // 后面不再查询了
            } else {                            // 当前节点数据不满足查询要求
                if (this.next != null) {        // 有后续节点
                    return this.next.containsNode(data);    // 递归调用继续查询
                } else {                        // 没有后续节点
                    return false;               // 没有查询到，返回false
```

```
                }
            }
        }
        /**
         * 根据索引取出数据，此时该索引一定是存在的
         * @param index 要取得数据的索引编号
         * @return 返回指定索引节点包含的数据
         */
        public Object getNode(int index) {
            // 使用当前的foot内容与要查询的索引进行比较，随后将foot的内容自增，目的是下次查询方便
            if (Link.this.foot++ == index) {            // 当前为要查询的索引
                return this.data;                       // 返回当前节点数据
            } else {                                    // 继续向后查询
                return this.next.getNode(index);        // 进行下一个节点的判断
            }
        }
        /**
         * 修改指定索引节点包含的数据
         * @param index 要修改的索引编号
         * @param data 新数据
         */
        public void setNode(int index, Object data) {
            // 使用当前的foot内容与要查询的索引进行比较，随后将foot的内容自增，目的是下次查询方便
            if (Link.this.foot++ == index) {        // 当前为要修改的索引
                this.data = data;                   // 进行内容的修改
            } else {                                // 继续下一个节点的索引判断
                this.next.setNode(index, data);     // 继续下一个节点的索引判断
            }
        }
        /**
         * 节点的删除操作，匹配每一个节点的数据，如果当前节点数据符合删除数据
         * 则使用"当前节点上一节点.next = 当前节点.next"方式空出当前节点
         * 第一次调用（Link），previous = Link.root、this = Link.root.next
         * 第二次调用（Node），previous = Link.root.next、this = Link.root.next.next
         * @param previous 当前节点的上一个节点
         * @param data 要删除的数据
         */
        public void removeNode(Node previous, Object data) {
            if (data.equals(this.data)) {               // 当前节点为要删除节点
                previous.next = this.next;              // 空出当前节点
            } else {                                    // 应该向后继续查询
                this.next.removeNode(this, data);       // 继续下一个判断
            }
```

```java
    }
    /**
     * 将节点中保存的内容转化为对象数组
     * 第一次调用（Link）: this = Link.root;
     * 第二次调用（Node）: this = Link.root.next;
     */
    public void toArrayNode() {
        Link.this.retArray[Link.this.foot++] = this.data;    // 取出数据并保存在数组中
        if (this.next != null) {                             // 有后续元素
            this.next.toArrayNode();                         // 继续下一个数据的取得
        }
    }
}
// ===================== 以上为内部类 =====================
private Node root;                              // 根节点定义
private int count = 0 ;                         // 保存元素的个数
private int foot = 0 ;                          // 节点索引
private Object [] retArray ;                    // 返回的数组
/**
 * 用户向链表增加新的数据，在增加时要将数据封装为Node类，这样才可以匹配节点顺序
 * @param data 要保存的数据
 */
public void add(Object data) {                  // 假设不允许有null
    if (data == null) {                         // 判断数据是否为空
        return;                                 // 结束方法调用
    }
    Node newNode = new Node(data);              // 要保存的数据
    if (this.root == null) {                    // 当前没有根节点
        this.root = newNode;                    // 保存根节点
    } else {                                    // 根节点存在
        this.root.addNode(newNode);             // 交给 Node 类处理节点的保存
    }
    this.count ++ ;                             // 数据保存成功后保存个数加一
}
/**
 * 取得链表中保存的数据个数
 * @return 保存的个数，通过count属性取得
 */
public int size() {                            // 取得保存的数据量
    return this.count;
}
/**
 * 判断是否是空链表，表示长度为0，不是null
```

```
 * @return 如果链表中没有保存任何数据则返回true，否则返回false
 */
public boolean isEmpty() {
    return this.count == 0;
}
/**
 * 数据查询操作，判断指定数据是否存在，如果链表没有数据直接返回false
 * @param data 要判断的数据
 * @return 数据存在返回true，否则返回false
 */
public boolean contains(Object data) {
    if (data == null || this.root == null) {        // 现在没有要查询的数据，根节点也不保存数据
        return false ;                              // 没有查询结果
    }
    return this.root.containsNode(data) ;           // 交由 Node 类查询
}
/**
 * 根据索引取得保存的节点数据
 * @param index 索引数据
 * @return 如果要取得的索引内容不存在或者大于保存个数，返回 null，反之返回数据
 */
public Object get(int index) {
    if (index > this.count) {                       // 超过了查询范围
        return null ;                               // 没有数据
    }
    this.foot = 0 ;                                 // 表示从前向后查询
    return this.root.getNode(index) ;               // 查询过程交给 Node 类
}
/**
 * 根据索引修改数据
 * @param index 要修改数据的索引编号
 * @param data 新的数据内容
 */
public void set(int index, Object data) {
    if (index > this.count) {                       // 判断是否超过了保存范围
        return;                                     // 结束方法调用
    }
    this.foot = 0;                                  // 重新设置 foot 属性的内容，作为索引出现
    this.root.setNode(index, data);                 // 交给 Node 类设置数据内容
}
/**
 * 链表数据的删除操作，在删除前要先使用 contains()判断链表中是否存在指定数据
 * 如果要删除的数据存在，则首先判断根节点的数据是否为要删除数据
 * 如果是，则将根节点的下一个节点作为新的根节点
```

```
  *  如果要删除的数据不是根节点数据, 则将删除操作交由 Node 类的 removeNode() 方法完成
  *  @param data  要删除的数据
  */
 public void remove(Object data) {
     if (this.contains(data)) {                    // 主要功能是判断数据是否存在
         // 要删除数据是否是根节点数据, root 是 Node 类的对象, 此处直接访问内部类的私有操作
         if (data.equals(this.root.data)) {        // 根节点数据为要删除数据
             this.root = this.root.next;           // 空出当前根节点
         } else {                                  // 根节点数据不是要删除数据
             // 此时根元素已经判断过了, 从第二个元素开始判断, 即第二个元素的上一个元素为根节点
             this.root.next.removeNode(this.root, data);
         }
         this.count--;                             // 删除成功后个数要减少
     }
 }
 /**
  *  将链表中的数据转换为对象数组输出
  *  @return 如果链表没有数据, 返回null, 如果有数据, 则将数据变为对象数组后返回
  */
 public Object[] toArray() {
     if (this.root == null) {                      // 判断链表是否有数据
         return null;                              // 没有数据, 返回 null
     }
     this.foot = 0;                                // 脚标清零操作
     this.retArray = new Object[this.count];       // 根据保存内容开辟数组
     this.root.toArrayNode();                      // 交给 Node 类处理
     return this.retArray;                         // 返回数组对象
 }
 /**
  *  清空链表数据
  */
 public void clear() {
     this.root = null;                             // 清空链表
     this.count = 0;                               // 元素个数为 0
 }
}
```

本程序主要针对链表中操作的数据类型进行了更改, 考虑其可以保存任意的数据类型, 所以将保存类型更换为 Object。而在进行数据查询以及删除的操作时也统一使用 equals() 方法完成。

范例 4-77: 测试新链表——利用 String 类型完成。

```
public class LinkDemo {
    public static void main(String args[]) {
        Link all = new Link() ;          // 实例化链表对象
        all.add("A") ;                   // String 转为 Object
```

```
        all.add("B") ;                          // String 转为 Object
        all.add("C") ;                          // String 转为 Object
        all.remove("A") ;                       // String 覆写了 equals()
        Object data [] = all.toArray() ;        // 将链表转化为对象数组
        for (int x = 0 ; x < data.length ; x ++) {
            String str = (String) data[x] ;     // Object 变为 String
            System.out.print(str + "、") ;
        }
    }
}
```
程序执行结果：   B、C、

　　本程序并没有对链表中的全部方法进行测试，只测试了增加、删除、数据返回 3 个基本操作。而在实际的开发中，链表的这 3 个功能也是最具有代表性的功能。

提问：设计有缺陷。
　　对于数据类型的划分一共分为两类：基本数据类型与引用数据类型，但是在范例 4-75 的链表设计中好像只能够接收引用数据类型，那么如果要接收基本数据类型可以吗？

回答：可以接收一切数据类型，包括基本数据类型。
　　实际上这个问题是在本章的第 11 节中才会为读者讲解的部分，而且现在读者也可以自己试验一下，看本链表能否接收基本数据类型，答案一定是"可以接收"。而之所以可以接收也是由于 JDK 1.5 之后所带来的新支持，读者学习完后面的部分即可理解。

4.9　综合练习：宠物商店

宠物商店

注意：认真理解本程序。
　　对于接下来要讲解的程序代码以及设计思想，读者一定要认真领悟。在本设计中将沿用之前的链表程序类，也将使用更具代表性的类结构设计，这些设计思想将在以后的开发中有着不可低估的重要作用。
　　另外需要提醒读者的是，本书讲解的程序核心在于类的结构设计上，而对于类中的属性设计并不会非常全面，只是满足基础定义要求。

　　为了更好地理解接口的技术概念，下面一起来看一道思考题："实现一个宠物商店的模型，一个宠物商店可以保存多个宠物的信息（主要属性为：名字、年龄），可以实现宠物的上架、下架、模糊查询的功能"。

　　设计分析：本程序中最为重要的就是宠物标准的定义，因为宠物商店需要这个标准，同样，所有可以进入宠物商店销售的宠物也都需要实现这个标准，那么根据这个原则就可以给出图 4-13 所示的类设计结构图。

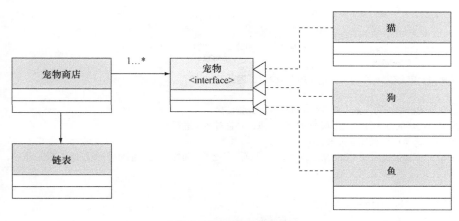

图 4-13　类设计结构图

范例 4-78：定义出宠物的标准。

```
interface Pet {                         // 定义一个宠物的标准
    /**
     * 取得宠物的名字
     * @return 宠物名字信息
     */
    public String getName();
    /**
     * 取得宠物的年龄
     * @return 宠物年龄信息
     */
    public int getAge();
}
```

本程序定义了一个宠物的接口，可以说这个是宠物商店进行数据保存的标准，而宠物商店中并不关心具体的宠物是什么，只关心一点：只要是宠物（实现接口标准），就可以通过宠物商店操作。

范例 4-79：定义宠物商店。

```
class PetShop {                         // 一个宠物商店要保存多个宠物信息
    private Link pets = new Link();     // 保存的宠物信息
    /**
     * 新的宠物类型上架操作，向链表中保存宠物信息
     * @param pet 要上架的宠物信息
     */
    public void add(Pet pet) {
        this.pets.add(pet);             // 向链表中保存数据
    }
    /**
     * 宠物下架操作，通过链表删除保存的信息，需要对象比较 equals() 方法的支持
     * @param pet 要删除的宠物信息
```

```
    */
    public void delete(Pet pet) {
        this.pets.remove(pet);          // 从链表中删除宠物信息
    }
    // 模糊查询一定是返回多个内容，不知道多少个，返回 Link 即可
    /**
     * 宠物数据的模糊查询，首先要取得全部保存的宠物信息
     * 然后采用循环的方式依次取出每一种宠物信息，并且对名称进行判断
     * @param keyWord 模糊查询关键字
     * @return 宠物信息通过 Link 类型返回，如果有指定查询关键字的宠物信息则通过 Link 集合返回，否则返回
null
     */
    public Link search(String keyWord) {
        Link result = new Link();       // 保存结果
        // 将集合变为对象数组的形式返回，因为集合保存的是 Object
        // 但是真正要查询的数据在 Pet 接口对象的 getName()方法的返回值
        Object obj[] = this.pets.toArray();
        for (int x = 0; x < obj.length; x++) {
            Pet p = (Pet) obj[x];       // 向下转型找到具体的宠物对象
            if (p.getName().contains(keyWord)) {    // 查询到了
                result.add(p);          // 保存满足条件的结果
            }
        }
        return result;
    }
}
```

本程序主要的功能就是利用链表操作宠物信息，在增加、删除宠物信息时，接收的参数都是 Pet 接口类型，这样只要是此接口的子类对象都可以进行链表操作。而在进行模糊信息查询时，由于满足条件的宠物名称会存在多个，所以方法返回类型为 Link。

此时一个程序的基本结构已经搭建完成，但是还需要有具体的宠物信息，而由于考虑到宠物下架（删除）问题，所以在每个子类中都必须覆写 equals()方法。

范例 4-80： 定义宠物猫子类。

```
class Cat implements Pet {             // 如果不实现接口无法保存宠物信息
    private String name;
    private int age;
    public Cat(String name, int age) {
        this.name = name;
        this.age = age;
    }
    public boolean equals(Object obj) {
        if (this == obj) {
            return true;
        }
        if (obj == null) {
```

```
            return false;
        }
        if (!(obj instanceof Cat)) {
            return false;
        }
        Cat c = (Cat) obj;
        if (this.name.equals(c.name) && this.age == c.age) {
            return true;
        }
        return false;
    }
    public String getName() {              // 覆写接口中的方法
        return this.name;
    }
    public int getAge() {                  // 覆写接口中的方法
        return this.age;
    }
    public String toString() {
        return "猫的名字：" + this.name + "，年龄：" + this.age;
    }
    // 其余的setter、getter、无参构造略
}
```

范例 4-81： 定义宠物狗子类。

```
class Dog implements Pet {              // 如果不实现接口无法保存宠物信息
    private String name;
    private int age;
    public Dog(String name, int age) {
        this.name = name;
        this.age = age;
    }
    public boolean equals(Object obj) {
        if (this == obj) {
            return true;
        }
        if (obj == null) {
            return false;
        }
        if (!(obj instanceof Cat)) {
            return false;
        }
        Dog c = (Dog) obj;
        if (this.name.equals(c.name) && this.age == c.age) {
            return true;
        }
        return false;
```

```
    }
    public String getName() {                // 覆写接口中的方法
        return this.name;
    }
    public int getAge() {                    // 覆写接口中的方法
        return this.age;
    }
    public String toString() {
        return "狗的名字：" + this.name + "，年龄：" + this.age;
    }
    // 其余的setter、getter、无参构造略
}
```

通过两个具体的宠物类型可以发现，有了接口这个开发标准后，子类的形式都非常相似，但是子类所描述的事物一定是不同的。

范例 4-82：编写测试类。

```
public class TestDemo {
    public static void main(String args[]) {
        PetShop shop = new PetShop() ;            // 实例化宠物商店
        shop.add(new Cat("波斯猫", 1)) ;           // 增加宠物
        shop.add(new Cat("暹罗猫", 2)) ;           // 增加宠物
        shop.add(new Cat("波米拉猫", 1)) ;          // 增加宠物
        shop.add(new Dog("松狮", 1)) ;             // 增加宠物
        shop.add(new Dog("波尔多", 2)) ;           // 增加宠物
        shop.delete(new Cat("波米拉猫", 9)) ;       // 删除宠物信息
        Link all = shop.search("波") ;             // 关键字检索
        Object obj [] = all.toArray() ;           // 将结果转换为对象数组输出
        for (int x = 0 ; x < obj.length ; x ++) {
            System.out.println(obj[x]) ;
        }
    }
}
```
程序执行结果：   猫的名字：波斯猫，年龄：1
                狗的名字：波尔多，年龄：2

本程序实现了宠物商店具体的上架、下架、关键字查询的操作，通过查询结果可以发现，由于本程序是面向接口的编程，所以返回的结果中就有可能同时包含 Cat 类与 Dog 类对象。

提示：本程序的扩展。

实际上读者通过范例 4-81 的程序结构，可以实现生活中的一些抽象操作，例如：

- 一个停车场可以停放多辆车（巴士、卡车、轿车、自行车）；
- 一个公园里有多种树木；
- 一个动物园里有多种动物。

以上抽象都是围绕接口设计标准实现的操作，也是在开发中接口的一种主要使用形式。

4.10　匿名内部类

匿名内部类

内部类指的是在一个类的内部定义了另外的类结构，利用内部类可以方便地实现私有属性的互相访问，但是内部类需要明确地使用 class 进行定义。而匿名内部类的是没有名字的内部类，其必须在抽象类或接口基础上才可以定义。下面首先来为读者分析为什么需要有匿名内部类的定义。

范例 4-83： 分析匿名内部类的产生动机。

```
interface Message {                           // 定义接口
    public void print();
}
class MessageImpl implements Message {        // 定义实现子类
    public void print() {
        System.out.println("Hello World !");
    }
}
public class TestDemo {
    public static void main(String args[]) {
        fun(new MessageImpl());               // 传递子类实例化对象
    }
    public static void fun(Message msg) {     // 接收接口对象
        msg.print();
    }
}
```
程序执行结果：　　　Hello World !

本程序是一个标准的子类实例化接口操作的程序，首先在主方法中实例化 MessageImpl 子类，然后将实例化对象传递到 fun() 方法中，在 fun() 方法中利用接口对象调用 print() 方法。

但是现在有一个问题出现了，假设 MessageImpl 这个子类只使用一次，那么还有必要将其定义为一个具体的类吗？很明显，答案一定是不将其定义为类，这时就可以利用匿名内部类的方式来进行简化。

范例 4-84： 采用匿名内部类简化类的定义。

```
interface Message {                           // 定义接口
    public void print();
}
public class TestDemo {
    public static void main(String args[]) {
        fun(new Message() {                   // 直接实例化接口对象
            public void print() {             // 匿名内部类中覆写print()方法
                System.out.println("Hello World !");
            }
        });                                   // 传递匿名内部类实例化
    }
    public static void fun(Message msg) {     // 接收接口对象
```

```
        msg.print();
    }
}
```

程序执行结果:　　　Hello World !

　　本程序利用匿名内部类的的概念简化了 Message 接口子类的定义，在主方法调用 fun()方法时，直接实例化了接口对象，但是由于接口中包含抽象方法，所以需要同时覆写接口中的抽象方法才可以正常完成，此时虽然节约了子类，但是带来的效果却是结构混乱。

 注意：关于 JDK 1.8 及以前版本的问题。
　　匿名内部类或者是普通内部类，在 JDK 1.8 以前，如果要想访问方法中定义的参数或者是变量，就必须加上 final 关键字，而 JDK 1.8 之后，为了便于 Lambda 表达式的操作，就没有严格要求。

4.11　基本数据类型的包装类

基本数据类型的包装类——定义简介

　　Java 在设计中有一个基本原则，即一切皆对象，也就是说一切操作都要求用对象的形式进行描述。但是就会出现一个矛盾："基本数据类型不是对象"，为了解决这样的矛盾，可以采用基本数据类型包装的形式描述。

　　范例 4-85：包装类雏形。

```java
class MyInt {                              // 基本数据类型包装类
    private int num;                       // 这个类包装的是基本数据类型
    /**
     * 包装类是为了基本数据类型准备的，所以构造方法中需要明确接收一个数字
     * @param num
     */
    public MyInt(int num) {                // 将基本类型包装类
        this.num = num;
    }
    /**
     * 通过包装类取得所包装的基本数据类型
     * @return 保证的数据
     */
    public int intValue() {                // 将包装的数据内容返回
        return this.num;
    }
}
public class TestDemo {
    public static void main(String args[]) {
        MyInt mi = new MyInt(10);          // 将 int 包装为类
        int temp = mi.intValue();          // 将对象中包装的数据取出
        System.out.println(temp * 2);      // 只有取出包装数据后才可以进行计算
    }
```

```
}
```
程序执行结果: 20

  本程序为了实现 int 基本数据类型的包装,专门定义了一个 MyInt 类,通过这个类的构造就可以将基本数据类型转化为类对象的形式,当要进行数据计算时,可以利用 MyInt 类中的 intValue()方法将包装的数据取出。

  虽然范例 4-84 实现了一个包装类的结构,但是读者可以发现以下两个问题。

- 如果由用户自己来包装 8 种基本数据类型,这样的代码维护过于麻烦;
- 每一次进行数学计算时都需要通过类对象取出包装的数据后才能够正常进行,也过于麻烦。

  所以从 JDK 1.0 开始,为了方便用户的开发,Java 专门给出了一组包装类,来包装 8 种基本数据类型:byte (Byte)、short (Short)、int (Integer)、long (Long)、float (Float)、double (Double)、char (Character) 和 boolean (Boolean)。

  以上给出的包装类又可以分为以下两种子类型。

- 对象型包装类 (Object 直接子类):Character、Boolean。
- 数值型包装类 (Number 直接子类):Byte、Short、Integer、Long、Float、Double。

> **提示:关于 Number 类的定义。**
>   Number 是一个抽象类,里面一共定义了 6 个操作方法:intValue()、doubleValue()、floatValue()、byteValue()、shortValue()、longValue()。

4.11.1 装箱与拆箱操作

  现在已经存在基本数据类型与包装类两种类型,这两种类型间的转换可以通过以下方式定义。

- 装箱操作:将基本数据类型变为包装类的形式;
- |– 每个包装类的构造方法都可以接收各自数据类型的变量;
- 拆箱操作:从包装类中取出被包装的数据。
- |– 利用从 Number 类中继承而来的一系列 xxxValue()方法完成。

基本数据类型的包装
类——装箱与拆箱

  范例 4-86:使用 int 和 Integer。

```java
public class TestDemo {
    public static void main(String args[]) {
        Integer obj = new Integer(10);      // 将基本数据类型装箱
        int temp = obj.intValue();          // 将基本数据类型拆箱
        System.out.println(temp * 2);       // 数学计算
    }
}
```
程序执行结果: 20

  本程序首先利用 Integer 类的构造方法将基本数据类型装箱为 Integer 类对象,然后利用从 Number 类继承的 intValue()方法可以直接从包装类对象中取出所包装的 int 型数据。

  范例 4-87:使用 double 和 Double。

```java
public class TestDemo {
    public static void main(String args[]) {
```

```
        Double obj = new Double(10.2);      // 将基本数据类型装箱
        double temp = obj.doubleValue();    // 将基本数据类型拆箱
        System.out.println(temp * 2);       // 数学计算
    }
}
```

本程序与范例 4-85 的程序功能完全相同，唯一的区别就是将 int 数据类型变为了 double 数据类型。

Integer 和 Double 都属于 Number 的子类，表示的是数值型的包装类，但是除了数值型包装类外，还存在对象型包装类。下面观察 boolean 与 Boolean 间的转换。

范例 4-88： 使用 boolean 和 Boolean（不是 Number 子类）。

```
public class TestDemo {
    public static void main(String args[]) {
        Boolean obj = new Boolean(true);        // 将基本数据类型装箱
        boolean temp = obj.booleanValue();      // 将基本数据类型拆箱
        System.out.println(temp);
    }
}
```

程序执行结果：　　　true

虽然 Boolean 是对象型的包装类，但是在使用时可以发现其代码的处理结构都是相似的。

范例 4-87 的代码形式采用的是手工装箱与拆箱的操作，但是在进行计算时发现会出现一个问题：需要将包装类中的数据拆箱后才可以计算。这样过于麻烦，在 JDK 1.5 之前都是采用此类操作模式进行的，而从 JDK 1.5 开始，Java 为了方便代码开发，提供了自动装箱与自动拆箱的机制，并且可以直接利用包装类的对象进行数学计算。

范例 4-89： 观察自动装箱与自动拆箱。

```
public class TestDemo {
    public static void main(String args[]) {
        Integer obj = 10;                       // 自动装箱
        int temp = obj;                         // 自动拆箱
        obj++;                                  // 包装类直接进行数学计算
        System.out.println(temp * obj);         // 包装类直接进行数学计算
    }
}
```

程序执行结果：　　110

通过本程序读者可以发现，利用自动装箱操作可以将一个 int 型常量直接赋予 Integer 类对象，需要时也可以利用自动拆箱操作将包装的数据取出，而且最关键的是可以直接利用包装类进行数学计算。

注意：关于数值型包装类的相等判断问题。

有了自动装箱这一概念，实际上又会引发一个与 String 类似的古老问题，Integer 类直接装箱实例化对象，与调用构造方法实例化对象的区别。很明显，Integer 毕竟是一个类，所以如果使用自动装箱实例化对象，对象就会保存在对象池中，可以重复使用。

范例 4-90： 观察 Integer 的实例化操作问题。

```
public class TestDemo {
    public static void main(String args[]) {
```

```
        Integer obja = 10;                      // 直接装箱实例化
        Integer objb = 10;                      // 直接装箱实例化
        Integer objc = new Integer(10);         // 构造方法实例化
        System.out.println(obja == objb);       // 比较结果：true
        System.out.println(obja == objc);       // 比较结果：false
        System.out.println(objb == objc);       // 比较结果：false
        System.out.println(obja.equals(objc));  // 比较结果：true
    }
}
```
程序执行结果：　　　true（"System.out.println(obja == objb)" 语句执行结果）
　　　　　　　　　　false（"System.out.println(obja == objc)" 语句执行结果）
　　　　　　　　　　false（"System.out.println(objb == objc)" 语句执行结果）
　　　　　　　　　　true（"System.out.println(obja.equals(objc))" 语句执行结果）

　　通过本程序可以观察到，如果使用直接装箱实例化的方式，会使用同一块堆内存空间，而使用了构造方法实例化的包装类对象，会开辟新的堆内存空间。而在进行包装类数据相等比较时，最可靠的方法依然是 equals()，这一点读者在日后进行项目开发时一定要特别注意。

提示：利用 Object 类可以接收全部数据类型。
　　清楚了包装类的基本作用以及自动装箱的处理操作后，实际上也就意味着 Object 可以进行参数操作的统一了。所有的引用数据类型都可以利用 Object 类来接收，而现在由于存在自动装箱机制，那么基本数据类型也同样可以使用 Object 接收。利用 Object 接收基本数据类型的流程是：基本数据类型 → 自动装箱（成为对象） → 向上转型为Object。
　　范例 4-91：利用 Object 接收基本数据类型。

```
public class TestDemo {
    public static void main(String args[]) {
        Object obj = 10;                // 先自动装箱后再向上转型，此时不能进行数学计算
        // Object 不可能直接向下转型为 int
        // 所以要取出基本数据类型必须首先向下转型为指定的包装类
        int temp = (Integer) obj;       // 向下变为 Integer 后自动拆箱
        System.out.println(temp * 2);
    }
}
```
程序执行结果：　　　20

　　本程序利用 Object 接收了 int 基本数据类型，但是 Object 类对象并不具备直接的数学计算功能。如果要想将 Object 类中的包装数据取出，必须将其强制转换为包装类后才可以利用自动拆箱的完成。

　　范例 4-92：观察 double 类型的自动装箱与拆箱操作。

```
public class TestDemo {
    public static void main(String args[]) {
```

```
        Double obj = 10.2;              // 自动装箱
        System.out.println(obj * 2);    // 直接进行数学计算
    }
}
```
程序执行结果：　　20.4

本程序利用 Double 演示了自动装箱的操作，首先将一个 double 型的常量利用自动装箱赋值给 Double 类型，然后就可以利用包装类对象进行数学计算了。

范例 4-93：观察 Boolean 类型的自动装箱与拆箱操作。

```
public class TestDemo {
    public static void main(String args[]) {
        Boolean flag = true;           // 自动装箱
        if (flag) {                    // 直接判断
            System.out.println("Hello World !");
        }
    }
}
```
程序执行结果：　　Hello World !

本程序使用 Boolean 型数据实现了自动装箱的操作，并且由于自动拆箱机制的存在，可以直接在 if 语句中使用 Boolean 型的包装类进行条件判断。

提问：什么时候使用包装类？什么时候使用基本类型？

如果没有自动装箱与拆箱机制，那么可以直接利用基本数据类型保存数值，但是有包装类，并且有自动装箱与拆箱的支持后，开发中到底该如何选择，是使用基本数据类型还是使用包装类呢？

回答：包装类默认值为 null，而基本数据类型有具体内容。

在实际的开发中，包装类是一定会使用到的概念，现在使用最多的地方就是在简单 Java 类中（本书第 15 章会为读者讲解），而且使用包装类有一个最大的好处就是其有 null 的数据，这在与数据库的操作上会显得特别方便（尤其是外键数据处理上）。而除了简单 Java 类之外，大部分情况下程序中出现的数据，使用基本数据类型操作会更加方便。

另外，对于这个问题，如果想有更透彻的理解，建议读者至少编写过一个完整程序后再进行进一步思考。

4.11.2　数据类型转换

基本数据类型的
包装类——数据
类型转换

使用包装类最多的情况实际上是它的数据类型转换功能，在包装类里面提供了将 String 型数据变为基本数据类型的方法。下面对使用 Integer、Double、Boolean 三个常用类做以下说明。

- Integer 类：public static int parseInt(String s)；
- Double 类：public static double parseDouble(String s)；
- Boolean 类：public static boolean parseBoolean(String s)。

提示：关于 Character 类的操作。

　　实际上在给出的 8 种基本数据类型的包装类中，一共有七个类都定义了 parseXxx() 的方法，可以实现将字符串变为指定的基本数据类型。但是在 Character 类（单个字符）中并没有提供这样的方法，这是因为在 String 类中提供了一个 charAt() 方法，利用这个方法就可以将字符串变为 char 字符数据了。

　　范例 4-94： 将字符串变为 int 型数据。

```
public class TestDemo {
    public static void main(String args[]) {
        String str = "123";                    // 字符串，由数字组成
        int temp = Integer.parseInt(str);      // 将字符串转化为 int 型数据
        System.out.println(temp * 2);          // 数学计算
    }
}
```
程序执行结果：　　　246

本程序首先将字符串数据直接利用 Integer.parseInt() 方法变为了 int 型数据，然后进行了乘法计算。

注意：数据转换时要注意数据组成格式。

　　如果要将一个字符串数据变为数字，就必须保证字符串中定义的字符都是数字（如果是小数会包含小数点"."），如果出现了非数字的字符，那么转换就会出现异常。

　　范例 4-95： 错误的转换操作。

```
public class TestDemo {
    public static void main(String args[]) {
        String str = "1a3";                    // 字符串
        int temp = Integer.parseInt(str);      // 将字符串转化为 int 型数据
        System.out.println(temp * 2);          // 数学计算
    }
}
程序执行结果：
Exception in thread "main" java.lang.NumberFormatException:
            For input string: "1a3"
    at java.lang.NumberFormatException.forInputString(Unknown Source)
    at java.lang.Integer.parseInt(Unknown Source)
    at java.lang.Integer.parseInt(Unknown Source)
    at TestDemo.main(TestDemo.java:4)
```

　　本程序由于字符串中包含非数字的字符内容，所以转换时会出现"NumberFormat Exception"异常。而在实际的开发中，如果要进行数据的传递操作，大部分都以 String 型为主，所以严格的做法是需要进行字符串组成检测。

　　范例 4-96： 观察 double 转换。

```
public class TestDemo {
    public static void main(String args[]) {
        String str = "1.3";                            // 字符串
```

```
        double temp = Double.parseDouble(str);        // 将字符串转化为 double 型数据
        System.out.println(temp * 2);                  // 数学计算
    }
}
```
程序执行结果：　　2.6

由于字符串是一个小数数据，所以本程序首先利用 Double.parseDouble() 方法将字符串变为了 double 型数据，然后进行乘法计算输出。

范例 4-97：观察 boolean 转换。

```
public class TestDemo {
    public static void main(String args[]) {
        String str = "true";                           // 字符串
        boolean flag = Boolean.parseBoolean(str);      // 将字符串转化为 boolean 型
        if (flag) {
            System.out.println("** 满足条件！");
        } else {
            System.out.println("** 不满足条件！");
        }
    }
}
```
程序执行结果：　　** 满足条件！

本程序首先定义了一个字符串数据 "true"，然后将此字符串利用 Boolean.parseBoolean() 方法转换为 boolean 型数据，最后进行条件判断。

提示：boolean 转换较为灵活。

boolean 数据类型在 Java 中只有 "true" 和 "false" 两种取值，所以在 Boolean 进行转换的过程中，如果要转换的字符串不是 true 或者是 false，将统一按照 false 进行处理。也就是说在字符串转换为 boolean 数据类型的操作中永远不会出现转换异常。

技术穿越：基本数据类型变为 String 型数据。

既然以上的操作实现了字符串变为基本数据类型的功能，那么也一定存在将基本数据类型变为字符串的操作，而这样的转换可以通过以下两种方式完成。

- 方式一：任何基本数据类型与字符串使用 "+" 操作后都表示变为字符串；

```
public class TestDemo {
    public static void main(String args[]) {
        int num = 100;                                 // 定义 int 型变量
        String str = num + "";                         // 变为 String 型
        System.out.println(str.replaceAll("0", "9"));  // 调用 String 类方法
    }
}
```
程序执行结果：　　199

本程序使用了 "+" 将一个 int 型数据与一个空字符串（不是 null）进行连接，这样就会将 num 变量所包含的内容自动变为字符串后进行连接，结果就变为了字符串。

实际上任何数据类型遇见 "+" 都会变为字符串进行连接处理（如果是引用数据类型会调用 toString()转换后进行连接），但是这样的连接会造成垃圾空间的产生，所以不建议使用。

- 方式二：利用 String 类中提供的方法：public static String valueOf(数据类型变量)。

```java
public class TestDemo {
    public static void main(String args[]) {
        int num = 100;                              // 定义int型变量
        String str = String.valueOf(num) ;          // 变为String型
        System.out.println(str.replaceAll("0", "9"));  // 调用String类方法
    }
}
```
程序执行结果：　　199

　　本程序使用 String 类提供的 valueOf()方法，此方法使用 static 声明，可以直接利用类进行调用，而此方法在 String 类中也进行了多次重载，可以将任意数据类型变为 String 型数据，这样的操作可以避免垃圾的产生，所以在开发中往往使用较多。

本章小结

　　1. 继承可以扩充已有类的功能。通过 extends 关键字实现，可将父类（超类）的成员（包含数据成员与方法）继承到子类（派生类），在 Java 中一个类只允许继承一个父类，存在有单继承局限。

　　2. Java 在执行实例化子类对象前（子类构造方法执行前），会先默认调用父类中无参的构造方法，其目的是对继承自父类的成员做初始化的操作。

　　3. 父类有多个构造方法时，如果要调用特定的构造方法，则可在子类的构造方法中，通过 super() 这个关键字来完成，但是此语句必须放在子类构造方法的首行。

　　4. this 调用属性或方法时，会先从本类查找是否存在指定的属性或方法，如果没有，则会去查找父类中是否存在指定的属性或方法。而 super 是子类直接调用父类中的属性或方法，不会查找本类定义。

　　5. this()与 super()的相似之处：当构造方法有重载时，两者均会根据所给予的参数的类型与个数，正确地执行相应的构造方法；二者均必须编写在构造方法内的第一行，也正是这个原因，this()与 super() 无法同时存在于同一个构造方法内。

　　6. "覆写"（overriding），它是在子类当中，定义名称、参数个数与类型均与父类相同的方法，但是覆写的方法不能拥有比父类更为严格的访问控制权限。覆写的意义在于：保存父类中的方法名称，但是不同的子类可以有不同的实现。

　　7. 如果父类的方法不希望被子类覆写，可在父类的方法之前加上 "final" 关键字，这样该方法便不会被覆写。

　　8. final 的另一个功能是把它加在数据成员变量前面，这样该变量就变成了一个常量，便无法在程序代码中再做修改了。使用 public static final 可以声明一个全局常量。

　　9. 所有的类均继承自 Object 类。一个完整的简单 Java 类理论上应该覆写 Object 类中的 toString()、equals()、hashCode()3 个方法。所有的数据类型都可以使用 Object 类型接收。

10. Java 可以创建抽象类，专门用来当做父类。抽象类的作用类似于"模板"，其目的是依据其格式来修改并创建新的类，在定义抽象类时类中可以不定义抽象方法。

11. 抽象类的方法可分为两种：一种是普通方法，另一种是以 abstract 关键字开头的"抽象方法"。其中，"抽象方法"并没有定义方法体，在子类（不是抽象类）继承抽象类时，必须要覆写全部抽象方法。

12. 抽象类不能直接用来产生对象，必须通过对象的多态性进行实例化操作。

13. 接口是方法和全局常量的集合的特殊结构类，使用 interface 关键字进行定义，接口必须被子类实现（implements），一个接口可以同时继承多个接口，一个子类也可以同时实现多个接口。

14. Java 并不允许类的多重继承，但是允许实现多个接口，即使用接口来实现多继承的概念。

15. 接口与一般类一样，均可通过扩展的技术来派生出新的接口。原来的接口称为基本接口或父接口；派生出的接口称为派生接口或子接口。通过这种机制，派生接口不仅可以保留父接口的成员，同时也可以加入新的成员以满足实际的需要。

16. Java 对象的多态性分为：向上转型（自动）、向下转型（强制）。

17. 通过 instanceof 关键字，可以判断对象属于哪个类。

18. 匿名内部类的好处是可利用内部类创建不具有名称的对象，并利用它访问类里的成员。

19. 基本数据类型的包装类可以让基本数据类型以对象的形式进行操作，从 JDK 1.5 开始支持自动装箱与拆箱操作，这样就可以使用 Object 接收基本数据类型。

20. 在包装类中提供了将字符串转换为基本数据类型的操作方法，但是要注意字符串的组成是否正确。

课后习题

一、填空题

1. Java 中通过_____关键字实现继承。

2. 一个类只能继承_____个父类，但能实现_____接口。

3. _____类是所有类的父类，该类中判断两个对象是否相等的方法是_____，取得对象完整信息的方法是_____。

4. Integer 类是对_____基本数据类型的封装。Float 类是对_____基本数据类型的封装。Double 类是对_____基本数据类型的封装。字符类 Character 是对_____基本数据类型的封装。

5. 当子类中定义的方法与父类方法同名且参数类型及个数、返回值类型相同时，称子类方法父类方法，子类默认使用_____方法，使用父类的同名方法，必须使用_____关键字说明。

6. 当子类定义的成员变量与父类的成员变量同名时，称子类_____父类的成员变量，子类默认使用_____属性。使用父类的同名成员变量，必须用_____关键字说明。

7. 如果子类定义了构造方法，在创建子类对象时首先默认调用_____，然后调用本类的构造方法。

二、选择题

1. 不能直接使用 new 创建对象的类是（　　）。
    A. 静态类   B. 抽象类   C. 最终类   D. 公有类

2. 为类定义多个名称相同，但参数的类型或个数不同的方法的做法称为（　　　）。

    A. 方法重载　　　　B. 方法覆写　　　　C. 方法继承　　　　D. 方法重用

3. 定义接口的关键字是（　　　）。

    A. extends　　　　B. class　　　　C. interface　　　　D. public

4. 现在有两个类 A、B，以下描述中表示 B 继承自 A 的是（　　　）。

    A. class A extends B　　　　　　　　B. class B implements A

    C. class A implements　　　　　　　　D. class B extends A

5. 下面关于子类调用父类构造方法的描述正确的是（　　　）。

    A. 子类定义了自己的构造方法，就不会调用父类的构造方法

    B. 子类必须通过 super 关键字调用父类有参的构造方法

    C. 如果子类的构造方法没有通过 super 调用父类的构造方法，那么子类会先调用父类中无参构造方法，再调用子类自己的构造方法

    D. 创建子类对象时，先调用子类自己的构造方法，让后再调用父类的构造方法

6. 假设类 X 是类 Y 的父类，下列声明对象 x 的语句中不正确的是（　　　）。

    A. X x = new X()；B. X x = new Y()；C. Y x = new Y()；D. Y x = new X()；

7. 编译并运行下面的程序，结果是（　　　）。

```java
public class A {
    public static void main(String args[]) {
        B b = new B();
        b.test();
    }
    void test() {
        System.out.print("A");
    }
}
class B extends A {
    void test() {
        super.test();
        System.out.println("B");
    }
}
```

    A. 产生编译错误　　　　　　　　B. 代码可以编译运行，并输出结果：AB

    C. 代码可以编译运行，但没有输出　　D. 编译没有错误，但会运行时会产生异常

8. 编译运行下面的程序，结果是（　　　）。

```java
public class A {
    public static void main(String args[]) {
        B b = new B();
        b.test();
    }
    public void test() {
        System.out.print("A");
```

```
        }
    }
class B extends A {
    void test() {
        super.test();
        System.out.println("B");
    }
}
```

      A. 产生编译错误，因为类 B 覆盖类 A 的方法 test()时，降低了其访问控制的级别

      B. 代码可以编译运行，并输出结果：AB

      C. 代码可以编译运行，但没有输出

      D. 代码可以编译运行，并输出结果：A

  9. （　　　）修饰符所定义的方法必须被子类所覆写。

      A. final　　　　　　B. abstract　　　　　C. static　　　　　　D. interface

  10. （　　　）修饰符所定义的方法不能被子类所覆写。

      A. final　　　　　　B. abstract　　　　　D. static　　　　　　D. interface

  11. 下面的程序编译运行的结果是（　　　）。

```
public class A implements B {
    public static void main(String args[]) {
        int m, n;
        A a = new A();
        m = a.K;
        n = B.K;
        System.out.println(m + ", " + n);
    }
}
interface B {
    int K = 5;
}
```

      A. 5, 5　　　　　　　　　　　　　　　　B. 0, 5

      C. 0, 0　　　　　　　　　　　　　　　　D. 编译程序产生编译结果

  12. 下面关于接口的说法中不正确的是（　　　）。

      A. 接口所有的方法都是抽象的

      B. 接口所有的方法一定都是 public 类型

      C. 用于定义接口的关键字是 implements

      D. 接口是 Java 中的特殊类，包含全局常量和抽象方法

  13. 下面关于 Java 的说法不正确的是（　　　）。

      A. abstract 和 final 能同时修饰一个类

      B. 抽象类不光可以做父类，也可以做子类

      C. 抽象方法不一定声明在抽象类中，也可以在接口中

      D. 声明为 final 的方法不能在子类中覆写

三、判断题

1. final 声明的类可以有子类。 （ ）
2. 一个类继承了抽象类，则抽象类中的抽象方法需要在其子类中覆写。 （ ）
3. final 类型的变量是常量，其内容不可改变。 （ ）
4. 一个类不能既是子类又是父类。 （ ）
5. 子类只能继承父类的成员，但不能修改父类成员。 （ ）
6. Java 语言只支持单继承，不支持多继承。 （ ）
7. 子类可以继承父类的所有成员。 （ ）
8. 一个接口可以继承一个抽象类。 （ ）
9. 一个接口可以同时继承多个接口。 （ ）
10. 在程序中 this 和 super 调用构造方法时可以同时出现。 （ ）

四、简答题

1. 简述 this 与 super 关键字的区别。
2. 简述方法的重载与覆写的区别。
3. 在已有类的基础上派生新的类有什么好处？
4. 如何区分子类和父类？子类可以继承父类的哪些内容？
5. 什么是多态？实现都态的方法有哪些？
6. 接口有哪些特征？如何定义和实现接口？
7. 接口和抽象类有哪些区别？
8. 简述基本数据类型的自动装箱及自动拆箱操作。

五、编程题

1. 定义一个 ClassName 接口，接口中只有一个抽象方法 getClassName()。设计一个类 Company，该类实现接口 ClassName 中的方法 getClassName()，功能是获取该类的类名称。编写应用程序使用 Company 类。

2. 建立一个人类（Person）和学生类（Student）功能要求：

A. Person 中包含 4 个保护型的数据成员 name、address、sex、age 分别为字符串、字符串、字符及整型。表示：姓名、地址、性别和年龄。一个四参构造方法，一个无参构造方法，及一个输出方法用于显示四种属性。

B. Student 继承 Person，并增加输出成员 math、english 存放数学和英语成绩。一个六参构造方法，一个两参构造方法，一个无参构造方法，重写输出方法用于显示全部六种属性。

3. 定义员工类，具有姓名、年龄、性别属性，并具有构造方法，显示数据方法，定义管理层类，继承员工类，并有自己的属性：职务、年薪。定义职员类，继承员工类，并有自己的属性：所属部门、月薪。

4. 定义类 Shape 表示一般二维图形。Shape 具有抽象方法 area 和 perimeter，分别计算形状的面积和周长。试定义一些二维形状类（如矩形、三角形、圆形等），这些类均为 Shape 类的子类。

第 5 章

包及访问控制权限

通过本章的学习可以达到以下目标：

- 掌握包的定义及使用
- 了解 Java 中的常用系统包
- 掌握 jar 命令的使用
- 掌握 Java 中的 4 种访问权限
- 掌握 Java 语言的命名规范
- 掌握单例设计模式与多例设计模式的定义结构

在 Java 中，可以将一个大型项目中的类分别独立出来，分门别类地存到功能类似的程序里，保存到不同的包中，再将这些包中的程序文件一起编译执行，这样的程序代码将更易于维护，如图 5-1 所示。同时再将类分割开后，对于类的使用也就有了相应的访问权限。本章将介绍如何使用包及访问控制权限。

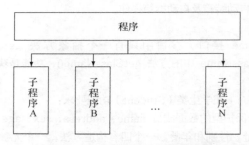

图 5-1　一个程序由多个不同的程序包组成

5.1　包的定义

在 Java 程序中的包主要用于将不同功能的文件进行分割。在之前的代码开发中，所有编译后的*.class 文件都保存在同一个目录中，这样一来就会带来一个问题：如果出现了同名文件，就会发生文件的覆盖问题，因为在同一个目录中不允许有重名文件。而要想解决同名文件冲突的问题，就必须设置不同的目录，因为在不同的目录下可以有重名文件。所谓的包实际上指的就是文件夹。在 Java 中使用 package 关键字来定义包，此语句必须写在*.java 文件的首行。

包的定义

提示：利用包可以更方便地组织多人开发。

读者可以试想这样的一种情景，如果有多个开发人员共同开发同一个项目时，肯定会出现类名称相同的情况，这样一来就会比较麻烦，如图 5-2 所示。此时就可以利用 package 关键字来解决此问题。

图 5-2　多人开发环境

在实际的开发中，所有的开发者都会将程序提交到一个统一的服务器上进行保存，实际上如果要对程序进行管理，仅使用包是不够的，还要对程序的更新、上传进行统一的控制。这样在实际开发中通常会配置一个版本控制工具（如 SVN），帮助管理代码。

范例 5-1： 定义包。

```
package com.yootk.demo ;              // 定义程序所在包，此语句必须放在首行
public class Hello {
    public static void main(String args[]) {
        System.out.println("Hello World !") ;
    }
}
```

本程序代码的功能就是在屏幕上输出一个字符串信息，但是唯一的区别是将 Hello 程序类定义在了一个"com.yootk.demo"的包中（在定义包时出现"."，就表示子目录）。

当程序中出现包的定义后，如果在编译程序时，就必须使生成的 Hello.class 保存在指定的目录下（此时应该保存在 com\yootk\demo 目录下，与包名称结构相同）。在 JDK 中提供了以下两种自动的打包编译指令。

- 打包编译：javac –d . Hello.java；
- |– "–d"：生成目录，根据 package 的定义生成；
- |– "."：设置保存的路径，如果为"."表示在当前所在路径下生成。
- 在解释程序的时候不要进入到包里面，应该在包外面输入类的完整名称（包.类）。
- |– 输入：java com.yootk.Hello。

提示：开发中的程序都要求有包。

为了方便程序的管理，在以后实际的项目开发中，所有的类一定要放在一个包中，而完整的类名称永远都是"包.类"，同时没有包的类不应该在开发中出现。

5.2　包的导入

使用包可以将一个完整的程序拆分为不同的文件进行分别保存，这样就会造成一个问题，不同包之间有可能要进行互相访问，此时就需要使用包的导入（import 语句）操作。

包的导入

提示：语句的定义顺序。

如果一个程序定义在包中，并且需要引入其他程序类，那么 import 语句必须写在 package 语句之后，同时 import 应该编写在类的定义之前。

范例 5-2： 定义一个 com.yootk.util.Message 的类。

```
package com.yootk.util;
public class Message {
    public void print() {
        System.out.println("Hello World !");
    }
}
```

本程序定义了一个 Message 类，并且在类中定义了一个 print() 打印信息的方法。

范例 5-3： 定义一个 com.yootk.test.TestMessage 的类，这个类要使用 Message 类。

```
package com.yootk.test;
import com.yootk.util.Message;            // 导入所需要的类
public class TestMessage {
    public static void main(String args[]) {
        Message msg = new Message();       // 实例化对象
        msg.print();                       // 调用方法
    }
}
程序执行结果：        Hello World !
```

本程序由于要使用到 Message 类，所以首先使用了 import 语句根据类的名称（包.类）进行导入，导入后直接实例化 Message 类对象，然后调用 print() 方法。

Java 编译器考虑到作为大型程序开发时有可能会存在多个*.java 文件中的类互相引用的情况，为了解决编译顺序的问题，提供了通配符"*"操作：javac -d . *.java，这样就会自动根据代码的调用顺序进行程序编译。

提示：如果不使用"*"，就需要按照顺序编译。

如果现在使用纯粹的手工方式进行开发，最好用的编译方式一定是"*.java"。如果说不想这样自动顺序进行编译，以范例 5-3 为例可以按照以下顺序完成。

- 第一步：首先编译 Message.java 文件，执行："javac -d . Message.java"；
- 第二步：编译 TestMessage.java 文件，执行："javac -d . TestMessage.java"。

当然，在实际的开发中往往都会利用开发工具编写代码，例如：Eclipse、IDEA 等工具。而在开发工具中都会存在自动编译的功能，所以在实际的开发中，很少会考虑到编译顺序或者是导包（有自动提示）等操作。

注意：关于 public class 与 class 声明类的区别。

实际上这个问题早在本书第一章中就已经为读者初步解释过，下面通过一个代码来观察。在本程序中将范例 5-2 中的 Message 类的定义修改。

范例 5-4：修改 Message 类定义。

```
package com.yootk.util;
class Message {              // 此处没有使用 public class 定义
    public void print() {
        System.out.println("Hello World !");
    }
}
```

　　本程序定义 Message 类时使用的是 class 声明，而再次编译 Message.java 与 TestMessage.java 程序类时，会在编译 TestMessage.java 文件时出现如下错误提示。

TestMessage.java:2: 错误: Message 在 com.yootk.util 中不是公共的; 无法从外部程序包中对其进行访问
import com.yootk.util.Message ;   // 导入要使用的类

　　该错误信息非常明确的表示，由于 Message 类没有使用 public class 声明，所以 Message 类只能在一个包中访问，而外包无法进行访问。

　　所以，现在就可以完整地总结出关于 public class 与 class 声明类的如下区别。

　　● public class：文件名称必须与类名称保持一致，在一个*.java 文件里面只能有一个 public class 声明，如果一个类需要被不同的包访问，那么一定要定义为 public class；

　　● class：文件名称可以与类名称不一致，并且一个*.java 文件里面可以有多个 class 定义，编译后会形成多个*.class 文件，如果一个类使用的是 class 定义，那么表示这个类只能被本包所访问。

　　另外，请读者一定要记住，在以后实际的项目开发中，绝大多数情况下都只会在一个*.java 文件里面定义一个类，并且类的声明绝大多数使用的都是 public class 完成的。

　　范例 5-3 的程序由于要在 TestMessage 程序类中使用其他包中的类，所以在进行包导入操作时要编写"import 包.类"的语句，但是如果要在一个类中导入同一个包中许多类时，则这样每次都重复编写"import 包.类"语句会很麻烦，所以可以使用"包.*"的方式来代替一个包中多个类的导入操作。

　　范例 5-5：导入一个包中的多个类。

```
package com.yootk.test;
import com.yootk.util.*;              // 自动导入指定包中所需要的类
public class TestMessage {
    public static void main(String args[]) {
        Message msg = new Message();// 实例化对象
        msg.print();                  // 调用方法
    }
}
```

　　本程序假设需要导入 com.yootk.util 包中的多个类，所以使用"**import com.yootk.util.***"语句简化导入操作。

提问：以上做法是否会存在性能问题？

　　如果写上"import com.yootk.util.*"这样的语句会不会将包中的所有类（假设本包中定义有 100 个类）都导入进来，那么是不是直接写上"import com.yootk.util.Message"准

	确地导入某一个类性能会更好？
	回答：使用"包.*"与"包.类"性能是一样的。
	实际上即便代码中使用了"import 包.*"的操作，也不会将本包中的所有类都导入进来，类加载时也只是加载所需要的类，不使用的类不会被加载，所以两种写法的性能是一样的。

既然出现了导包操作，那么就必须有一个重要的问题需要注意，有可能同一个代码里面会同时导入不同的包，并且不同的包里面有可能会存在同名类。

例如，现在有两个类：

- com.yootk.util.Message，此类继续使用之前的代码。
- org.lxh.Message，其定义如下。

范例 5-6：增加一个新的 Message 类。

```
package org.lxh;
public class Message {
    public void get() {
        System.out.println("世界，你好！");
    }
}
```

本程序由于某种需要，要同时导入以上两个包，而为了方便，一定会在代码中编写两个导入操作。

范例 5-7：导入程序包。

```
package com.yootk.test;
import org.lxh.*;                     // 包中存在Message类
import com.yootk.util.*;              // 包中存在 Message 类
public class TestMessage {
    public static void main(String args[]) {
        Message msg = new Message();  // 实例化对象，出现错误
        msg.print();                  // 调用方法
    }
}
```

程序编译结果：　　　　TestMessage.java:7：错误：对Message的引用不明确
　　　　　　　　　　　　　　Message msg = new Message() ;
　　　　　　　　　　　　　　　　^
　　　　　　　　org.lxh 中的类 org.lxh.Message 和 com.yootk.util 中的类 com.yootk.util.Message 都匹配
　　　　　　　　TestMessage.java:7：错误：对Message的引用不明确
　　　　　　　　　　　　　　　Message msg = new Message() ;
　　　　　　　　　　　　　　　　　^
　　　　　　　　org.lxh 中的类 org.lxh.Message 和 com.yootk.util 中的类 com.yootk.util.Message 都匹配
　　　　　　　　2 个错误

此时，编译结果明确地告诉用户，现在两个包中都有同样的类名称，所以不确定该使用哪一个类。那么在这种情况下为了可以明确地找到所需要的类，就可以在使用类时加上包名称。

```
package com.yootk.test;
import org.lxh.*;                     // 包中存在 Message 类，本程序中无用
```

```
import com.yootk.util.*;                    // 包中存在Message类，本程序中无用
public class TestMessage {
    public static void main(String args[]) {
        // 由于类名称冲突，所以为了准确地描述使用的类，必须使用类的完整名称
        com.yootk.util.Message msg = new com.yootk.util.Message();
        msg.print();                        // 调用方法
    }
}
```

此时已经不再需要关心包的导入操作了，而是在实例化 Message 类对象时，明确地给出了类的完整名称。所以在以后发生类名称冲突时，一定要写上类的完整名称。

系统常见包

5.3 系统常见包

Java 本身提供了大量的程序开发包（除了 Java 自己提供的，还有许多第三方提供的开发包）。在 Java 开发里面有许多的常见系统包，如表 5-1 所示。

表 5-1 系统常见包

No.	包名称	作用
1	java.lang	基本的包，像 String 这样的类就都保存在此包中，在 JDK 1.0 时如果想编写程序，则必须手工导入此包，但是随后的 JDK 版本解决了此问题，所以此包现在为自动导入
2	java.lang.reflect	反射机制的包，是 java.lang 的子包，在 Java 反射机制中将会为读者介绍
3	java.util	工具包，一些常用的类库、日期操作等都在此包中
4	java.text	提供了一些文本的处理类库
5	java.sql	数据库操作包，提供了各种数据库操作的类和接口
6	java.net	完成网络编程
7	java.io	输入、输出及文件处理操作处理
8	java.awt	包含构成抽象窗口工具集（abstract window toolkits）的多个类，这些类被用来构建和管理应用程序的图形用户界面（GUI）
9	javax.swing	用于建立图形用户界面，此包中的组件相对于 java.awt 包而言是轻量级组件
10	java.applet	小应用程序开发包

提示：Applet 技术较为古老，已经不再使用了。

Applet 是 Java 在网页上嵌套的程序，是采用绘图的方式完成的显示；而 Application 是在主方法中运行，通过命令行执行。随着时间的发展，Applet 程序已经不再使用了，如果要再实现同样的功能，会利用 HTML5 中的 Canvas 技术实现。

5.4 jar 命令

在任何一个项目里一定会存在大量的*.class 文件，如果将这些*.class 文件直接交给用户使用，就会造成文件过多，并且会导致程序没有结构。所以在交付用户使用之前，会使用 jar 命令针对*.class 文件进行压缩，最终交付用户使用的往往是Java 归档（Java Archive，jar）文件。

jar 命令

JDK 已经为用户默认提供了生成 jar 文件的工具（jar.exe），直接在命令行方式下就可以看见这个命令的使用，如图 5-3 所示。

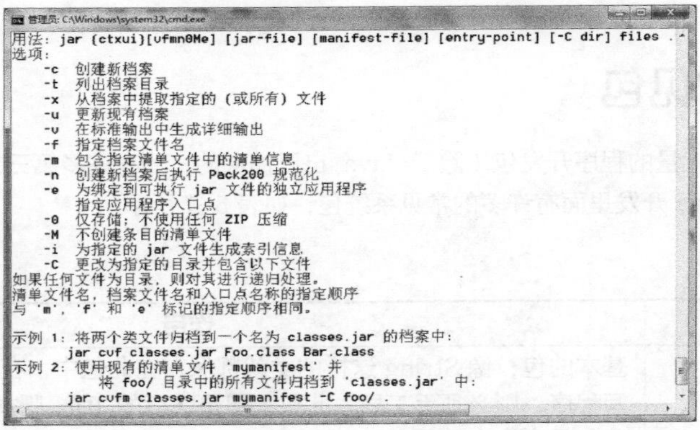

```
管理员: C:\Windows\system32\cmd.exe
用法: jar {ctxui}[vfmn0Me] [jar-file] [manifest-file] [entry-point] [-C dir] files ...
选项:
    -c  创建新档案
    -t  列出档案目录
    -x  从档案中提取指定的 (或所有) 文件
    -u  更新现有档案
    -v  在标准输出中生成详细输出
    -f  指定档案文件名
    -m  包含指定清单文件中的清单信息
    -n  创建新档案后执行 Pack200 规范化
    -e  为绑定到可执行 jar 文件的独立应用程序
        指定应用程序入口点
    -0  仅存储; 不使用任何 ZIP 压缩
    -M  不创建条目的清单文件
    -i  为指定的 jar 文件生成索引信息
    -C  更改为指定的目录并包含以下文件
如果任何文件为目录, 则对其进行递归处理。
清单文件名, 档案文件名和入口点名称的指定顺序
与 'm', 'f' 和 'e' 标记的指定顺序相同。

示例 1: 将两个类文件归档到一个名为 classes.jar 的档案中:
       jar cvf classes.jar Foo.class Bar.class
示例 2: 使用现有的清单文件 'mymanifest' 并
         将 foo/ 目录中的所有文件归档到 'classes.jar' 中:
       jar cvfm classes.jar mymanifest -C foo/ .
```

图 5-3 jar 命令

在图 5-3 所示的操作之中，往往只使用以下 3 个参数。

- -c：创建一个新的文件；
- -v：生成标准的压缩信息；
- -f：由用户自己指定一个*.jar 的文件名称。

范例 5-8：定义一个 Message.java 文件。

```java
package com.yootk.util;
public class Message {
    public void print() {
        System.out.println("Hello World !");
    }
}
```

定义完程序类后，打包编译此文件："javac -d . Message.java"。此时会形成"包.类"的形式。随后假设这里面有很多*.class 文件，并且要交付用户使用，那么将这个包的代码压缩，输入："jar -cvf my.jar com"，这样就会将生成的 com 目录（包的根名称）打包成一个压缩的 jar 文件。生成的 my.jar 文件并不能直接使用，必须配置 CLASSPATH 才可以正常被其他程序类加载。

```
SET CLASSPATH=.;E:\mydemo\my.jar
```

此时就可以直接使用 import 语句导入"com.yootk.util.*"包中的类，并且实例化 Message 类对象

调用方法。

在以后的开发中需要大量使用第三方的 jar 文件，那么所有的 jar 文件必须配置 CLASSPATH，否则就不能使用。但是如果每次都在命令行中配置会比较麻烦，所以最简单的配置方式就是直接在环境属性中完成，如图 5-4 所示。

图 5-4　在系统环境属性中配置 my.jar 文件

5.5　访问控制权限

访问控制权限

对于封装性，实际上之前只讲解了 private，而封装性如果要想讲解完整，必须结合 4 种访问权限来看，这 4 种访问权限的定义如表 5-2 所示。

表 5-2　4 种访问控制权限

No.	范围	private	default	protected	public
1	在同一包的同一类	√	√	√	√
2	同一包的不同类		√	√	√
3	不同包的子类			√	√
4	不同包的非子类				√

对表 8-2，可以简单理解为：private 只能在一个类中访问；default 只能在一个包中访问；protected 在不同包的子类中访问；public 为所有都可以。

现在对于 private、default、public 都已经有所讲解，所以本节重点来学习 protected，通过下面代码进行学习。

范例 5-9：定义 com.yootk.demoa.A 类。

```
package com.yootk.demoa ;
public class A {
    protected String info = "Hello" ;    // 使用 protected 权限定义
}
```

范例 5-10：定义 com.yootk.demob.B 类，此类继承 A 类。

```
package com.yootk.demob;
import com.yootk.demoa.A;
public class B extends A {        // 是 A 不同包的子类
    public void print() {         // 直接访问父类中的 protected 属性
        System.out.println("A 类的 info = " + super.info);
    }
```

```
}
```

由于 B 类是 A 的子类，所以在 B 类中可以直接访问父类中的 protected 权限属性。

范例 5-11： 代码测试。

```
package com.yootk.test;
import com.yootk.demob.B;
public class Test {
    public static void main(String args[]) {
        new B().print();
    }
}
```

程序执行结果：　　　A 类的 info = Hello

本程序直接导入了 B 类，而后实例化对象调用 print() 方法，而在 print() 方法中利用 "**super.info**" 直接访问了父类中的 protected 权限属性。

提示：错误的 protected 访问。

如果要在 com.yootk.test 包中直接利用 Test 主类访问 A 中的属性，由于其不是一个包，也不存在继承关系，所以将无法访问。

范例 5-12： 错误的访问。

```
package com.yootk.test;
import com.yootk.demoa.A;
public class Test {
    public static void main(String args[]) {
        A a = new A();
        System.out.println(a.info);            // 错误：无法访问
    }
}
```

本程序在进行编译时会直接提示用户，info 是 protected 权限，所以被直接访问。

提问：如何选择权限？

对于给出的 4 种权限，在实际的开发中，该如何选择要使用的权限？是否有什么参考标准？

回答：根据结构选择。

实际上，给出的 4 种权限中，有 3 种权限（private、default、protected）都是对封装的描述，也就是说面向对象的封装性现在才算是真正讲解完整。从实际的开发使用来讲，几乎不会使用到 default 权限，所以真正会使用到的封装概念只有两个权限：private、protected。

对于访问权限，初学者要把握以下两个基本使用原则即可。

- 属性声明主要使用 private 权限；
- 方法声明主要使用 public 权限。

5.6　命名规范

命名规范的主要特点就是保证程序中类名称或方法等名称的标记明显一些，可是对于 Java 而言，有如下一些固定的命名规范还是需要遵守的。

- 类名称：每一个单词的开头首字母大写，例如：TestDemo；
- 变量名称：第一个单词的首字母小写，之后每个单词的首字母大写，例如：studetName；
- 方法名称：第一个单词的首字母小写，之后每个单词的首字母大写，例如：printInfo()；
- 常量名称：每个字母大写，例如：FLAG；
- 包名称：所有字母小写，例如：cn.mldnjava.util。

注意：命名规范必须遵守。

以上所给出的 5 种命名规范，是所有开发人员都必须遵守的，而不同的开发团队也会有属于自己的命名规范，对于这些命名规范，读者在日后从事软件开发的过程中，必须遵守。

5.7　单例设计模式（Singleton）

单例设计模式

在之前大部分的属性定义时都使用了 private 进行声明，而对于构造方法也可以使用 private 声明，则此时的构造方法就被私有化。而构造方法私有化之后会带来哪些问题，以及有什么作用？下面就来进行简单的分析。

首先在讲解私有化构造方法操作之前，来观察如下的程序。

范例 5-13：构造方法非私有化。

```
class Singleton {                       // 定义一个类，此类默认提供无参构造方法
    public void print() {
        System.out.println("Hello World .");
    }
}
public class TestDemo {
    public static void main(String args[]) {
        Singleton inst = null;          // 声明对象
        inst = new Singleton();         // 实例化对象
        inst.print();                   // 调用方法
    }
}
```

程序运行结果：　　　Hello World .

在本程序中，Singleton 类里面存在构造方法（因为如果一个类中没有明确地定义一个构造方法，则会自动生成一个无参的、什么都不做的构造方法），所以可以先直接实例化对象，再调用类中提供的 print()方法。下面将构造方法改变一下，即使用 private 封装。

范例 5-14：私有化构造方法。

```
class Singleton {                       // 定义一个类
```

```
    private Singleton() {                    // 构造方法私有化
    }
    public void print() {
        System.out.println("Hello World .");
    }
}
public class TestDemo {
    public static void main(String args[]) {
        Singleton inst = null;               // 声明对象
        inst = new Singleton();              // 错误：The constructor Singleton() is not visible
        inst.print();                        // 调用方法
    }
}
```

本程序在实例化 Singleton 类对象时，程序出现了编译错误，因为构造方法被私有化了，无法在外部调用，即无法在外部实例化 Singleton 类的对象。

现在就需要思考：在保证 Singleton 类中的构造方法不修改不增加，以及 print() 方法不修改的情况下，如何操作才可以让类的外部通过实例化对象去调用 print() 方法？

思考过程一： 使用 private 访问权限定义的操作只能被本类所访问，外部无法调用，现在既然构造方法被私有化，就证明，这个类的构造方法只能被本类所调用，即只能在本类中产生本类实例化对象。

范例 5-15： 第一步思考。

```
class Singleton {                            // 定义一个类
    Singleton instance = new Singleton() ;   // 在内部实例化本类对象
    private Singleton() {                    // 构造方法私有化
    }
    public void print() {
        System.out.println("Hello World .");
    }
}
```

思考过程二： 对于一个类中的普通属性，默认情况下一定要在本类存在实例化对象后才可以进行调用，可是本程序在 Singleton 类的外部无法产生实例化对象，就必须想一个办法，让 Singleton 类中的 instance 属性可以在没有 Singleton 类实例化对象时来进行调用。因此可以使用 static 完成。static 定义的属性特点是由类名称直接调用，并且在没有实例化对象时候可以调用。

范例 5-16： 第二步思考。

```
class Singleton {                            // 定义一个类
    static Singleton instance = new Singleton() ;  // 可以由类名称直接访问
    private Singleton() {                    // 构造方法私有化
    }
    public void print() {
        System.out.println("Hello World .");
    }
}
public class TestDemo {
```

```
    public static void main(String args[]) {
        Singleton inst = null;                      // 声明对象
        inst = Singleton.instance;                  // 利用"类.static属性"方式取得实例化对象
        inst.print();                               // 调用方法
    }
}
```
程序运行结果：　　Hello World .

　　思考过程三：类中的全部属性都应该封装，所以范例 5-15 和范例 5-16 的 instance 属性应该进行封装，而封装之后要想取得属性，则要编写 getter 方法，只不过这时的 getter 方法应该也由类名称直接调用，定义为 static 型。

　　范例 5-17：第三步思考。

```
class Singleton {                                   // 定义一个类
    private static Singleton instance = new Singleton() ;
    private Singleton() {                           // 构造方法私有化
    }
    public void print() {
        System.out.println("Hello World .");
    }
    public static Singleton getInstance() {         // 取得本类对象
        return instance;
    }
}
public class TestDemo {
    public static void main(String args[]) {
        Singleton inst = null;                      // 声明对象
        inst = Singleton.getInstance();             // 利用"类.static方法()"取得实例化对象
        inst.print();                               // 调用方法
    }
}
```
程序运行结果：　　Hello World .

　　思考过程四：这样做的目的是什么？本程序中的 instance 属性属于 static，就表示所有 Singleton 类的对象不管有多少个对象声明，其本质都会共同拥有同一个 instance 属性引用，那么既然是同一个，又有什么意义呢？

　　如果要控制一个类中实例化对象的产生个数，首先要锁定的就是类中的构造方法（使用 private 定义构造方法），因为在实例化任何新对象时都要使用构造方法，如果构造方法被锁，就自然就无法产生新的实例化对象。

　　如果要调用类中定义的操作，那么很显然需要一个实例化对象，这时就可以在类的内部使用 static 方式来定义一个公共的对象，并且每一次通过 static 方法返回唯一的一个对象，这样外部不管有多少次调用，最终一个类只能够产生唯一的一个对象，这样的设计就属于单例设计模式（Singleton）。

提示：Windows 的回收站就属于单例设计。
　　实际上这样的应用，读者应该早就有所了解了，并且很清楚在 Windows 中有一个回收站的程序，除了桌面上的回收站之外，每个硬盘上都有一个回收站。实际上每个硬盘的

> 回收站和桌面上的回收站都是同一个，也就是说在整个操作系统上只有一个回收站实例，各个地方只是引用此实例而已。

不过本程序依然有一个问题，就是以下代码也可以使用。

范例 5-18： 程序出现的问题。

```java
class Singleton {                                    // 定义一个类
    private static Singleton instance = new Singleton() ;
    private Singleton() {                            // 构造方法私有化
    }
    public void print() {
        System.out.println("Hello World .");
    }
    public static Singleton getInstance() {          // 取得本类对象
        instance = new Singleton();                  // 重新实例化对象
        return instance;
    }
}
```

本操作语法没有错误，也不需要考虑是否有意义，现在的代码也允许这样做，而这样做会发现之前表示唯一一个实例化对象的所有努力就白费了。因此，必须想办法废除这种做法，可以在定义 instance 的时候增加一个 final 关键字。

范例 5-19： 解决程序的问题。

```java
class Singleton {                                    // 定义一个类
    private final static Singleton instance = new Singleton() ;
    private Singleton() {                            // 构造方法私有化
    }
    public void print() {
        System.out.println("Hello World .");
    }
    public static Singleton getInstance() {          // 取得本类对象
        return instance;
    }
}
public class TestDemo {
    public static void main(String args[]) {
        Singleton inst = null;                       // 声明对象
        inst = Singleton.getInstance();              // 利用"类.static方法()"取得实例化对象
        inst.print();                                // 调用方法
    }
}
```
程序运行结果：　　Hello World .

在使用 Singleton 类时，不管代码如何操作，也永远只会存在唯一的一个 Singleton 类的实例化对象，而这样的代码，在设计模式上就称为单例设计模式（Singleton）。

常见面试题分析：请编写一个 Singleton 程序，并说明其主要特点。

程序代码范例 5-19 所示。

特点：构造方法被私有化，只能通过 getInstance()方法取得 Singleton 类的实例化对象，这样不管外部如何操作，最终只有一个实例化对象，在单例设计模式中，一定会存在一个 static 方法，用于取得本类的实例化对象。

技术穿越：开发中会到处使用单例这一概念。

对于单例设计模式，在本书第 10 章会有其对应的系统类应用，而在开发中，Spring 框架上也会存在有单例设计这一概念，如果处理不当，就会造成代码执行混乱。

5.8　多例设计模式

多例设计模式

单例设计模式只留下一个类的一个实例化对象，而多例设计模式，会定义出多个对象。例如：定义一个表示星期的操作类，这个类的对象只能有 7 个实例化对象（星期一~星期日）；定义一个表示性别的类，只能有 2 个实例化对象（男、女），定义一个表示颜色基色的操作类，只能有 3 个实例化对象（红、绿、蓝）。这种情况下，这样的类就不应该由用户无限制地去创建实例化对象，应该只使用有限的几个，这个就属于多例设计。不管是单例设计还是多例设计，有一个核心不可动摇，即构造方法私有化。

范例 5-20：定义一个表示性别的类。

```java
package com.yootk.demo;
class Sex {
    private String title;
    private static final Sex MALE = new Sex("男");
    private static final Sex FEMALE = new Sex("女");
    private Sex(String title) {              // 构造私有化了
        this.title = title;
    }
    public String toString() {
        return this.title;
    }
    public static Sex getInstance(int ch) {  // 返回实例化对象
        switch (ch) {
        case 1:
            return MALE;
        case 2:
            return FEMALE;
        default:
            return null;
        }
    }
```

```
}
public class TestDemo {
    public static void main(String args[]) {
        Sex sex = Sex.getInstance(2);
        System.out.println(sex);
    }
}
```

程序执行结果：　　女

　　本程序首先定义了一个描述性别的多例程序类，并且将其构造方法封装，然后利用 getInstance()方法，接收指定编号后返回一个实例化好的 Sex 类对象。

 提示：可以利用接口标记编号。

　　范例 5-20 的代码利用数字编号来取得了一个 Sex 类的对象，但是会有读者觉得这样做表示的概念不明确，那么为了更加明确要取得对象类型，可以引入一个接口进行说明。

　　范例 5-21： 利用接口标记对象内容。

```
interface Choose {
    public int MAN = 1;                              // 描述数字
    public int WOMAN = 2;                            // 描述数字
}
public class TestDemo {
    public static void main(String args[]) {
        Sex sex = Sex.getInstance(Choose.MAN) ;      // 利用接口标记内容取得对象
        System.out.println(sex) ;
    }
}
```

　　本程序如果要取得指定的 Sex 类对象，可以利用接口中定义的全局常量（实际上也可以在 Sex 类中定义一些全局常量）来进行判断。这样的做法是一种标准做法，但是这样做有一些复杂，所以利用字符串直接判断会更加简单一些。

　　在 JDK 1.7 之前，switch 只能利用 int 或 char 进行判断，正因为如果纯粹是数字或字符意义不明确，所以增加了 String 的支持。

　　范例 5-22： 对取得 Sex 类对象进行修改。

```
package com.yootk.demo;
class Sex {
    private String title;
    private static final Sex MALE = new Sex("男");
    private static final Sex FEMALE = new Sex("女");
    private Sex(String title) {                     // 构造私有化了
        this.title = title;
    }
    public String toString() {
        return this.title;
    }
```

```
    public static Sex getInstance(String ch) {
        switch (ch) {                            // 利用字符串判断
            case "man":
                return MALE;
            case "woman":
                return FEMALE;
            default:
                return null;
        }
    }
}
public class TestDemo {
    public static void main(String args[]) {
        Sex sex = Sex.getInstance("man");
        System.out.println(sex);
    }
}
程序执行结果：　　男
```

　　本程序直接使用 String 作为 switch 的判断条件，这样在取得实例化对象时就可以利用字符串来描述对象名字，这一点要比直接使用数字更加方便。

本章小结

1. Java 中使用包可以实现多人协作的开发模式，避免类名称重复的麻烦。
2. 在 Java 中使用 package 关键字来将一个类放入一个包中。
3. 在 Java 中使用 import 语句，可以导入一个已有的包。
4. 如果在一个程序中导入了不同包的同名类，在使用时一定要明确地写出“包.类名称”。
5. Java 中的访问控制权限分为 4 种：private、default、protected、public；
6. 使用 jar 命令可以将一个包压缩成一个 jar 文件，供用户使用。
7. 单例设计模式的核心意义是整个类在运行过程中只能存在一个实例化对象，并且构造方法必须封装。

课后习题

一、填空题

1. _____关键字可以定义一个包，_____关键字可以导入包。
2. Java 中存在四种访问权限：_____、_____、_____和_____。
3. Java 中可以使用_____导入一个类的全部静态方法。
4. _____命令可以将全部的 class 打成一个压缩包。
5. Java 中_____包是自动导入的。

二、选择题

1. String 和 Object 类在（　　）包中定义的。

    A．java.lang   B．java.util   C．java.net   D．java.sql

2. （　　）权限是同一包可以访问，不同包的子类可以访问，不同包的非子类不可以访问。

    A．private   B．default   C．protected   D．public

3. 下列说法正确的一项是（　　）。

    A．java.lang.Integer 是接口   B．String 定义在 java.util 包中

    C．Double 类在 java.lang 包中   D．Double 类在 java.lang.Object 包中

4. 下列关于包、类和源文件的描述中，不正确的一项是（　　）。

    A．一个包可以包含多个类

    B．一个源文件中，只能有一个 public class

    C．属于同一个包的类在默认情况不可以互相访问，必须使用 import 导入

    D．系统不会为源文件创建默认的包

5. 定义类时不可能用到的关键字是（　　）。

    A．final   B．public   C．protected   D．static

三、判断题

1. java.lang 包必须由用户手工导入，否则无法使用。   （　　）

2. 定义包后类的完整名称是：包.类名称。   （　　）

四、简答题

1. 简述包的作用及使用。

2. 简述 Java 的四种访问权限的区别。

3. 编写一个单例设计模式，并简要说明其特点。

第 6 章

异常的捕获及处理

通过本章的学习可以达到以下目标：
- 了解异常的产生原理
- 掌握异常处理语句的基本格式
- 掌握 throw、throws 关键字的作用
- 自定义异常
- 了解 Exception 与 RuntimeException 的区别
- 了解断言的作用

在 Java 中程序的错误主要是语法错误、语义错误。一个程序即使在编译时没有错误信息产生，但在运行时有可能出现由于各种各样错误导致的程序退出，那么这些错误在 Java 中统一被称为异常。Java 对异常的处理提供了非常方便的操作。本章将介绍异常的基本概念以及相关的处理方式。

6.1 认识异常

异常是程序中导致程序中断的一种指令流，为了帮助读者更好地理解异常出现时所带来的问题，将通过两个程序来进行异常产生问题的对比。

异常的产生

范例 6-1： 不产生异常的代码。

```
package com.yootk.demo;
public class TestDemo {
    public static void main(String args[]) {
        System.out.println("1. 除法计算开始。");
        System.out.println("2. 除法计算：" + (10 / 2));
        System.out.println("3. 除法计算结束。");
    }
}
程序执行结果：      1. 除法计算开始。
                   2. 除法计算：5
                   3. 除法计算结束。
```

本程序中并没有产生任何异常，所以代码将从头到尾顺序执行完毕。下面对本程序进行编写，观察程序中产生异常会带来的问题。

范例 6-2： 产生异常。

```
package com.yootk.demo;
public class TestDemo {
```

```
public static void main(String args[]) {
    System.out.println("1. 除法计算开始。") ;
    System.out.println("2. 除法计算: " + (10 / 0)) ;      // → 此处产生异常
    // 出现异常并且没有正确处理后, 异常之后的语句将不再执行
    System.out.println("3. 除法计算结束。") ;
    }
}
程序执行结果:       1. 除法计算开始。
                 Exception in thread "main" java.lang.ArithmeticException: / by zero
                     at com.yootk.demo.TestDemo.main(TestDemo.java:6)
```

在本程序中产生了数学异常（10/0 将产生 "ArithmeticException" 异常），由于程序没有进行异常的任何处理，所以默认情况下，会进行异常信息打印，同时将终止执行异常产生之后的代码。

通过观察可以发现，如果没有正确地处理异常，程序会出现中断执行的情况。为了让程序在出现异常后依然可以正常执行完毕，必须引入异常处理语句来完善代码编写。

处理异常

6.2　处理异常

Java 针对异常的处理提供了 3 个核心的关键字：try、catch、finally，利用这 3 个关键字就可以组成以下异常处理格式。

```
try {
    // 有可能出现异常的语句
} [ catch (异常类型 对象) {
    // 异常处理 ;
} catch (异常类型 对象) {
    // 异常处理 ;
} catch (异常类型 对象) {
    // 异常处理 ;
} .... ] [finally {
    ; 不管是否出现异常, 都执行统一的代码
}]
```

在格式中已经明确地表示，在 try 语句中捕获可能出现的异常代码。如果在 try 中产生了异常，则程序会自动跳转到 catch 语句中找到匹配的异常类型进行相应的处理。最后不管程序是否会产生异常，都会执行到 finally 语句，finally 语句就作为异常的统一出口。需要提醒读者的是，finally 块是可以省略的，如果省略了 finally 块不写，则在 catch() 块运行结束后，程序将继续向下执行。异常的基本处理流程如图 6-1 所示。

提示：异常的格式组合。
　　在以上格式中发现 catch 与 finally 都是可选的。实际上这并不是表示这两个语句可以同时消失，异常格式的组合，往往有 3 种：try...catch 、try...catch...finally 、try...finally。

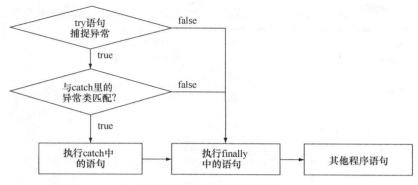

图 6-1　异常的基本处理流程

范例 6-3： 应用异常处理格式。

```
package com.yootk.demo;
public class TestDemo {
    public static void main(String args[]) {
        System.out.println("1. 除法计算开始。");
        try {
            System.out.println("2. 除法计算：" + (10 / 0));        // 此处产生异常
            // 异常产生之后的语句将不再执行，此处在try中产生异常，所以下面的输出不会执行
            System.out.println("更多课程请访问：www.yootk.com");
        } catch (ArithmeticException e) {                          // 处理算术异常
            System.out.println("******** 出现异常了 ********");
        }
        System.out.println("3. 除法计算结束。");
    }
}
程序执行结果：    1. 除法计算开始。
                 ******** 出现异常了 ********
                 3. 除法计算结束。
```

　　本程序使用了异常处理语句格式，当程序中的数学计算出现异常后，异常会被 try 语句捕获，而后交给 catch 进行处理，这时程序会正常结束，而不会出现中断执行的情况。

　　范例 6-3 在出现异常后，是采用输出提示信息的方式进行处理的，但是这样的处理方式不能够明确地描述出异常类型，而且出现异常的目的是解决异常。所以为了能够进行异常的处理，可以使用异常类中提供的 printStackTrace() 方法进行异常信息的完整输出。

　　范例 6-4： 输出异常的完整信息。

```
package com.yootk.demo;
public class TestDemo {
    public static void main(String args[]) {
        System.out.println("1. 除法计算开始。");
        try {
            System.out.println("2. 除法计算：" + (10 / 0)); // 此处产生异常
```

```
        // 异常产生之后的语句将不再执行，此处在try中产生异常，所以下面的输出不会执行
        System.out.println("更多课程请访问：www.yootk.com");
    } catch (ArithmeticException e) {            // 处理算术异常
        e.printStackTrace();                     // 输出异常的完整信息
    }
    System.out.println("3. 除法计算结束。");
    }
}
```
程序执行结果：　　1. 除法计算开始。
　　　　　　　　　　java.lang.ArithmeticException: / by zero
　　　　　　　　　　　　at com.yootk.demo.TestDemo.main(TestDemo.java:7)
　　　　　　　　　　3. 除法计算结束。

　　所有的异常类中都会提供 printStackTrace()方法，而利用这个方法输出的异常信息，会明确地告诉用户是代码中的第几行出现了异常，这样非常方便用户进行代码的调试。

　　范例 6-4 的代码演示了"try...catch"语句结构，而除了这样的搭配，也可以使用"try...catch...finally"结构进行处理。

　　范例 6-5： 使用完整异常处理结构。

```
package com.yootk.demo;
public class TestDemo {
    public static void main(String args[]) {
        System.out.println("1. 除法计算开始。");
        try {
            System.out.println("2. 除法计算：" + (10 / 0));    // 此处产生异常
            // 异常产生之后的语句将不再执行，此处在try中产生异常，所以下面的输出不会执行
            System.out.println("更多课程请访问：www.yootk.com");
        } catch (ArithmeticException e) {            // 处理算术异常
            e.printStackTrace();                     // 输出异常的完整信息
        } finally {
            System.out.println("### 不管是否出现异常我都执行！") ;
        }
        System.out.println("3. 除法计算结束。");
    }
}
```
程序执行结果：　　1. 除法计算开始。
　　　　　　　　　　java.lang.ArithmeticException: / by zero
　　　　　　　　　　　　at com.yootk.demo.TestDemo.main(TestDemo.java:7)
　　　　　　　　　　### 不管是否出现异常我都执行！
　　　　　　　　　　3. 除法计算结束。

　　本程序增加了一个 finally 语句，这样在异常处理过程中，不管是否出现异常实际上最终都会执行finally 语句块中的代码。

提问：finally 语句是不是作用不大？

　　通过测试发现范例 6-5 中，异常处理语句之后的输出信息提示输出操作代码"System.out.println("3. 除法计算结束。")"，不管是否出现了异常也都可以正常进行处

理，那么使用 finally 语句是不是有些多余了？

回答：两者执行机制不同。

实际上在本程序中只是处理了一个简单的数学计算异常，但是其他异常本程序并不能够正常进行处理。而对于不能够正常进行处理的代码，程序依然会中断执行，而一旦中断执行，最后的输出语句肯定不会执行；但是 finally 依然会执行。这一点在随后的代码中可以发现区别。

finally 往往是在开发中进行一些资源释放操作的，这一点可以在本章第 6 节的异常处理的标准格式中看见。

在异常捕获时发现一个 try 语句也可以与多个 catch 语句使用，这样就可以捕获更多的异常种类。为了让读者更加清楚捕获多个异常的作用以及问题，下面首先对原程序进行部分修改。

范例 6-6：修改程序，利用初始化参数传递数学计算数据。

```java
package com.yootk.demo;

public class TestDemo {
    public static void main(String args[]) {
        System.out.println("1. 除法计算开始。");
        try {
            int x = Integer.parseInt(args[0]);              // 接收参数并且转型
            int y = Integer.parseInt(args[1]);              // 接收参数并且转型
            System.out.println("2. 除法计算：" + (x / y));    // 此处产生异常
            // 异常产生之后的语句将不再执行，此处在try中产生异常，所以以下面的输出不会执行
            System.out.println("更多课程请访问：www.yootk.com");
        } catch (ArithmeticException e) {                   // 处理算术异常
            e.printStackTrace();                            // 输出异常的完整信息
        } finally {
            System.out.println("### 不管是否出现异常我都执行！");
        }
        System.out.println("3. 除法计算结束。");
    }
}
```

程序执行结果，会根据初始化参数而分为以下几种情况：

执行不输入参数	1. 除法计算开始。
（java TestDemo）	Exception in thread "main" java.lang.ArrayIndexOutOfBoundsException: 0
该异常未处理	at com.yootk.demo.TestDemo.main(TestDemo.java:7)
	### 不管是否出现异常我都执行！
输入参数不是数字	1. 除法计算开始。
（java TestDemo a b）	Exception in thread "main" java.lang.NumberFormatException: For input string: "a"
该异常未处理	at java.lang.NumberFormatException.forInputString(Unknown Source)
	at java.lang.Integer.parseInt(Unknown Source)
	at java.lang.Integer.parseInt(Unknown Source)
	at com.yootk.demo.TestDemo.main(TestDemo.java:7)
	### 不管是否出现异常我都执行！

被除数为0 （java TestDemo 10 0） 该异常已处理	1. 除法计算开始。 java.lang.ArithmeticException: / by zero 　　　at com.yootk.demo.TestDemo.main(TestDemo.java:9) ### 不管是否出现异常我都执行！ 3. 除法计算结束。

　　　在本程序中由于只处理了算术异常（catch (ArithmeticException e)），所以当出现其他异常后，程序依然无法处理，会直接中断执行，但是通过执行也可以发现，此时即使没有处理的异常，finally 也会正常执行，而其他语句将不再执行。

　　　范例 6-7：加入多个 catch 进行异常处理。

```java
package com.yootk.demo;
public class TestDemo {
    public static void main(String args[]) {
        System.out.println("1. 除法计算开始。");
        try {
            int x = Integer.parseInt(args[0]);              // 接收参数并且转型
            int y = Integer.parseInt(args[1]);              // 接收参数并且转型
            System.out.println("2. 除法计算：" + (x / y));    // 此处产生异常
            // 异常产生后的语句将不再执行，此处在try中产生异常，所以下面的输出不会执行
            System.out.println("更多课程请访问：www.yootk.com");
        } catch (ArrayIndexOutOfBoundsException e) {        // 处理参数不足异常
            e.printStackTrace();
        } catch (NumberFormatException e) {                 // 处理数字转换异常
            e.printStackTrace();
        } catch (ArithmeticException e) {                   // 处理算术异常
            e.printStackTrace();                            // 输出异常的完整信息
        } finally {
            System.out.println("### 不管是否出现异常我都执行！");
        }
        System.out.println("3. 除法计算结束。");
    }
}
```

　　　本程序在异常处理中加入了多个 catch 语句，这样就可以处理 3 种异常，并且这 3 种异常的处理形式完全相同，都是打印异常信息。

6.3　异常的处理流程

异常的处理流程

　　　通过上一节的分析，相信读者已经清楚如何进行异常处理，以及异常处理对于程序正常执行完整的重要性。但是此时会出现这样一个问题：如果每次处理异常时都要去考虑所有的异常种类，那么直接使用判断来进行处理不是更好吗？所以为了能够正确地处理异常，就必须清楚异常的继承结构以及处理流程。

　　　为了解释异常的继承结构，首先来观察以下两个异常类的继承关系。

ArithmeticException：	NumberFormatException：

java.lang.Object
  |− java.lang.**Throwable**
    |− java.lang.Exception
      |− java.lang.RuntimeException
        |− java.lang.ArithmeticException
	java.lang.Object
	  |− java.lang.**Throwable**
	    |− java.lang.Exception
	      |− java.lang.RuntimeException
	        |− java.lang.IllegalArgumentException
	          |− java.lang.NumberFormatException

通过这两个异常类可以发现所有的异常类型最高的继承类是 Throwable，并且在 Throwable 下有两个子类。

- Error：指的是 JVM 错误，这时的程序并没有执行，无法处理；
- Exception：指的是程序运行中产生的异常，用户可以使用异常处理格式处理。

提示：注意 Java 中的命名。
    读者可以发现，在 Java 进行异常类子类命名时都会使用 XxxError 或 XxxException 的形式，这样也是为了从名称上帮助开发者区分。
    同时此处还有一道面试题："请解释 Error 和 Exception 的区别"。

清楚了类的继承关系后，下面了解一下 Java 中异常的处理完整流程（如图 6-2 所示）。

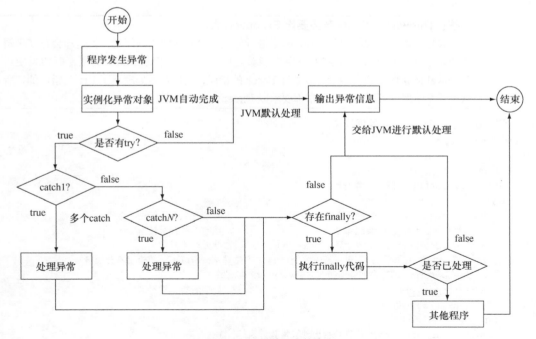

图 6-2　异常处理完整流程

（1）当程序在运行的过程中出现了异常，会由 JVM 自动根据异常的类型实例化一个与之类型匹配的异常类对象（此处用户不用去关心如何实例化对象，由 JVM 负责处理）。

（2）产生异常对象后会判断当前的语句是否存在异常处理，如果现在没有异常处理，就交给 JVM 进行默认的异常处理，处理的方式：输出异常信息，而后结束程序的调用。

（3）如果此时存在异常的捕获操作，那么会先由 try 语句来捕获产生的异常类实例化对象，再与 try 语句后的每一个 catch 进行比较，如果有符合的捕获类型，则使用当前 catch 的语句来进行异常的处理，如果不匹配，则向下继续匹配其他 catch。

（4）不管最后异常处理是否能够匹配，都要向后执行，如果此时程序中存在 finally 语句，就先执行 finally 中的代码。执行完 finally 语句后需要根据之前的 catch 匹配结果来决定如何执行，如果之前已经成功地捕获了异常，就继续执行 finally 之后的代码，如果之前没有成功地捕获异常，就将此异常交给 JVM 进行默认处理（输出异常信息，而后结束程序执行）。

整个过程就好比方法传递参数一样，只是根据 catch 后面的参数类型进行匹配。既然异常捕获只是一个异常类对象的传递过程，那么依据 Java 中对象自动向上转型的概念来讲，所有异常类对象都可以向父类对象转型，也就证明所有的异常类对象都可以使用 Exception 来接收，这样就可以简单地实现异常处理了。

提问：为什么不使用 Throwable？

在以上的分析中，为什么不去考虑 Throwable 类型，而只是说使用 Exception 来进行接收？

回答：Throwable 表示的范围要比 Exception 大。

实际上本程序使用 Throwable 来进行处理，没有任何语法问题，但是却会存在逻辑问题。因为此时出现的（或者说用户能够处理的）只有 Exception 类型，而如果使用 Throwable 接收，还会表示可以处理 Error 的错误，而用户是处理不了 Error 错误的，所以在开发中用户可以处理的异常都要求以 Exception 类为主。

范例 6-8： 使用 Exception 处理异常。

```java
package com.yootk.demo;
public class TestDemo {
    public static void main(String args[]) {
        System.out.println("1. 除法计算开始。");
        try {
            int x = Integer.parseInt(args[0]);               // 接收参数并且转型
            int y = Integer.parseInt(args[1]);               // 接收参数并且转型
            System.out.println("2. 除法计算：" + (x / y));    // 此处产生异常
            // 异常产生之后的语句将不再执行，此处在try中产生异常，所以下面的输出不会执行
            System.out.println("更多课程请访问：www.yootk.com");
        } catch (Exception e) {                              // 处理所有异常类型
            e.printStackTrace();
        } finally {
            System.out.println("### 不管是否出现异常我都执行！");
        }
        System.out.println("3. 除法计算结束。");
```

```
    }
}
```

　　本程序的异常统一使用了 Exception 进行处理，这样不管程序中出现了何种异常问题，程序都可以捕获并处理。

提问：异常是一起处理好还是分开处理好？

　　虽然可以使用 Exception 简化异常的处理操作，但是从实际的开发上讲是所有产生的异常都统一处理，还是每种异常分开处理？

回答：根据实际的开发要求是否严格来决定。

　　在实际的项目开发工作中，所有的异常是统一使用 Exception 处理还是分开处理，完全由开发者的项目开发标准来决定。如果项目开发环境严谨，基本上都会要求针对每一种异常分别进行处理，并且要详细纪录下异常产生的时间以及产生的位置，这样就可以方便程序维护人员进行代码的维护。而在本书讲解时考虑到篇幅问题，所有的异常会统一使用 Exception 来进行处理。

　　同时，读者还可能有一种疑问："怎么知道会产生哪些异常？"，实际上用户所能够处理的大部分异常，Java 都已经记录好，在本章的 throws 关键字讲解时读者会清楚如何声明已知异常的问题，并且在后续的讲解中也会了解更多的异常。

注意：处理多个异常时，捕获范围小的异常要放在捕获范围大的异常之前处理。

　　如果说项目代码中既要处理："ArithmeticException"异常，也要处理"Exception"异常，那么按照继承的关系来讲，ArithmeticException 一定是 Exception 的子类，所以在编写异常处理时，Exception 的处理一定要写在 ArithmeticException 处理之后，否则将出现语法错误。

　　范例 6-9：错误的异常捕获顺序。

```java
package com.yootk.demo;
public class TestDemo {
    public static void main(String args[]) {
        System.out.println("1. 除法计算开始。");
        try {
            int x = Integer.parseInt(args[0]);            // 接收参数并且转型
            int y = Integer.parseInt(args[1]);            // 接收参数并且转型
            System.out.println("2. 除法计算：" + (x / y));  // 此处产生异常
            // 异常产生之后的语句将不再执行，此处在try中产生异常，所以以下面输出不会执行
            System.out.println("更多课程请访问：www.yootk.com");
        } catch (Exception e) {                           // 处理所有异常类型
            e.printStackTrace();
        } catch (ArithmeticException e) {        // 此处无法处理，Exception已处理完
            e.printStackTrace();
        } finally {
            System.out.println("### 不管是否出现异常我都执行！");
        }
        System.out.println("3. 除法计算结束。");
```

```
        }
    }
编译错误提示：      TestDemo.java:14：错误：已捕获到异常错误ArithmeticException
                } catch (ArithmeticException e) {
              // 此处无法处理，因为Exception已经处理完了
              ^
        1 个错误
```
本程序 Exception 的捕获范围一定大于 ArithmeticException，所以编写的"catch (ArithmeticException e)"语句永远不可能被执行到，那么编译就会出现错误。

6.4　throws 关键字

throws 关键字

thrwos 关键字主要在方法定义上使用，表示此方法中不进行异常的处理，而是交给被调用处处理。

范例 6-10：使用 throws。

```
class MyMath {
    public static int div(int x, int y) throws Exception { // 此方法不处理异常
        return x / y;
    }
}
```

本程序定义了一个除法计算操作，但是在 div() 方法上使用了 throws 关键字进行声明，这样就表示在本方法中所产生的任何异常本方法都可以不用处理（如果在方法中处理也可以），而是直接交给程序的被调用处进行处理。由于 div() 方法上存在 throws 抛出的 Exception 异常，则当调用此方法时必须明确地处理可能会出现的异常。

范例 6-11：调用以上的方法。

```
public class TestDemo {
    public static void main(String args[]) {
        try {            // div()方法抛出异常，必须明确进行异常处理
            System.out.println(MyMath.div(10, 2));
        } catch (Exception e) {
            e.printStackTrace();
        }
    }
}
```
程序执行结果：　　5

本程序由于 MyMath 类的 div() 方法定义上已经明确地抛出了异常，所以调用时必须写上异常处理语句，否则会在编译时出现语法错误。

提问：范例 6-11 的计算没有错误，为什么还必须强制异常处理？

在执行"MyMath.div(10, 2)"计算时一定不会出现任何的异常，但是为什么还必须使用异常处理机制？

回答：设计方法的需要。

可以换个思路，现在编写的计算操作可能没有问题，但是如果换了另外一个人调用这个方法时，就有可能将被除数设置为 0。正式考虑到了代码的统一性，所以不管调用方法时是否会产生异常，都必须进行异常处理操作。

提示：主方法上也可以使用 throws 抛出。

主方法本身也属于一个 Java 中的方法，所以在主方法上如果使用了 throws 抛出，就表示在主方法里面可以不用强制性地进行异常处理，如果出现了异常，将交给 JVM 进行默认处理，则此时会导致程序中断执行。

范例 6-12： 在主方法上使用 throws。

```java
public class TestDemo {
    public static void main(String args[]) throws Exception {
        // 表示此异常产生后会直接通过主方法抛出，代码中可以不强制使用异常处理
        System.out.println(MyMath.div(10, 0));
    }
}
```
程序执行结果：   Exception in thread "main" java.lang.ArithmeticException: / by zero
                at com.yootk.demo.MyMath.div(TestDemo.java:5)
                at com.yootk.demo.TestDemo.main(TestDemo.java:12)

此时采用的是 JVM 中的默认方式对产生的异常进行处理。但是从实际开发来讲，主方法上不建议使用 throws，因为如果程序出现了错误，也希望其可以正常结束调用。

6.5 throw 关键字

之前的所有异常类对象都是由 JVM 自动进行实例化操作的，而现在用户也可以自己手工地抛出一个实例化对象（手工调用异常类的构造方法），就需要通过 throw 完成。

throw 关键字

范例 6-13： 手工抛出异常。

```java
package com.yootk.demo;
public class TestDemo {
    public static void main(String args[]) {
        try {                    // 直接抛出一个自定义的异常类对象
            throw new Exception("自己定义的异常！");
        } catch (Exception e) {
            e.printStackTrace();
        }
    }
}
```
程序执行结果：   java.lang.Exception: 自己定义的异常！
                at com.yootk.demo.TestDemo.main(TestDemo.java:5)

本程序首先实例化了一个 Exception 异常类对象，然后利用 throw 进行抛出，这时就必须明确进行异常处理。

提示：需要结合标准处理结构来使用。

实际上 throw 操作很少像范例 6-13 的代码那样，直接抛出一个手工创建异常类的实例化对象（对于异常还是要尽可能回避），而其要想使用，必须结合 try、catch、finally、throws 一起完成。

 常见面试题分析：请解释 throw 和 throws 的区别。

throw 和 throws 都是在异常处理中使用的关键字，这两个关键字的区别如下。

- throw：指的是在方法中人为抛出一个异常类对象（这个异常类对象可能是自己实例化或者是抛出已存在的）；
- throws：在方法的声明上使用，表示此方法在调用时必须处理异常。

6.6　异常处理的标准格式

异常处理的标准格式

异常处理除了最为常见的"try...catch"应用格式外，还存在一种结合"try、catch、finally、throw、throws"一起使用的异常处理格式。在讲解这一应用之前，首先来看一个简单的开发要求：要求定义一个 div() 方法，而这个方法有以下一些要求。

- 在进行除法操作之前，输出一行提示信息；
- 在除法操作执行完毕后，输出一行提示信息；
- 如果中间产生了异常，则应该交给被调用处来进行处理。

在所有要求中，第 2 点和第 3 点最为麻烦，因此需要做到以下两点。

- 为了保证计算结束之后可以正常地输出信息，则应该使用 finally 进行操作；
- 为了保证异常可以交给被调用处使用，应该在方法声明上加上 throws，而程序中也不应该处理异常。

范例 6-14： 实现要求。

```
package com.yootk.demo;
class MyMath {
    public static int div(int x, int y) throws Exception {        // 出现异常要交给被调用处输出
        System.out.println("===== 计算开始 =====");              // 等价于：资源打开
        int result = 0;
        try {
            result = x / y;                                       // 除法计算
        } catch (Exception e) {
            throw e;                                              // 向上抛
        } finally {
            System.out.println("===== 计算结束 =====");          // 等价于：资源关闭
        }
        return result;
    }
}
```

```
public class TestDemo {
    public static void main(String args[]) {
        try {
            System.out.println(MyMath.div(10, 0));          // 被调用处处理异常
        } catch (Exception e) {
            e.printStackTrace();
        }
    }
}
```
程序执行结果：　　===== 计算开始 =====
　　　　　　　　　　===== 计算结束 =====
　　　　　　　　　　java.lang.ArithmeticException: / by zero
　　　　　　　　　　　　at com.yootk.demo.MyMath.div(TestDemo.java:7)
　　　　　　　　　　　　at com.yootk.demo.TestDemo.main(TestDemo.java:19)

　　本程序的开发已经满足基本的要求，不管是否出现异常，都会将异常交被给调用处输出，同时每次操作都会指定固定的输出。

技术穿越：将代码理解为资源操作。
　　本次给出的异常处理格式在日后的项目开发之中都会经常使用，可以将以上 3 个操作，想象为数据库操作：
- 在进行除法操作之前，输出一行提示信息 = 数据库打开；
- 在除法操作执行完毕后，输出一行提示信息 = 数据库操作；
- 如果中间产生了异常，则应该交给被调用处来进行处理 = 数据的 CRUD 操作。
　　本操作在第 16 章讲解 DAO 设计模式时会有对应讲解，在以后的 Java EE 开发之中也会使用到。

　　以上操作使用的是标准的异常处理结构来进行异常处理的，但是此时用户也可以进行简化方式处理，即：只使用 try...finally 进行处理。
　　范例 6-15： 简化处理。

```
package com.yootk.demo;
class MyMath {
    public static int div(int x, int y) throws Exception {      // 出现异常要交给被调用处输出
        System.out.println("===== 计算开始 =====");             // 等价于：资源打开
        int result = 0;
        try {
            result = x / y;                                     // 除法计算
        } finally {
            System.out.println("===== 计算结束 =====");          // 等价于：资源关闭
        }
        return result;
    }
}
public class TestDemo {
```

```
public static void main(String args[]) {
    try {
        System.out.println(MyMath.div(10, 0));          // 被调用处处理异常
    } catch (Exception e) {
        e.printStackTrace();
    }
}
}
```
程序执行结果：   ===== 计算开始 =====
                  ===== 计算结束 =====
                  java.lang.ArithmeticException: / by zero
                      at com.yootk.demo.MyMath.div(TestDemo.java:7)
                      at com.yootk.demo.TestDemo.main(TestDemo.java:17)

本程序在 div() 方法中取消了 catch 语句，这样当 try 语句捕获异常之后，会直接执行 finally 语句内容，捕获到的异常将通过 div() 方法抛出给调用处进行处理。

提示：不建议使用简化格式。
    虽然范例 6-15 的代码使用 try…finally 这样的简化格式可以完成与完整异常处理相同的功能，但是其本身却存在一个问题：一旦出现异常后 div() 方法将不具备任何异常处理能力就直接被抛出了。这就好比你外出办事，任何事情都不能够随机应变，凡事都要去问你的老板，那么要你有什么用呢？

6.7 RuntimeException 类

Runtime
Exception 类

在 Java 中为了方便用户代码的编写，专门提供了一种 RuntimeException 类。这种异常类的最大特征在于：程序在编译时不会强制性地要求用户处理异常，用户可以根据自己的需要有选择性地进行处理，但是如果没有处理又发生了异常了，将交给 JVM 默认处理。也就是说 RuntimeException 的子异常类，可以由用户根据需要有选择性地进行处理。

如果要将字符串转换为 int 数据类型，可以利用 Integer 类进行处理，因为在 Integer 类中定义了如下方法。

字符串转换为 int：public static int parseInt(String s) throws NumberFormatException；

此时 parseInt() 方法上抛出了一个 NumberFormatException，而这个异常类就属于 RuntimeException 子类。

java.lang.Object
  |− java.lang.Throwable
    |− java.lang.Exception
      |− java.lang.RuntimeException　→ 运行时异常
        |− java.lang.IllegalArgumentException
          |− java.lang.NumberFormatException

所有的 RuntimeException 子类对象都可以根据用户的需要进行有选择性的处理，所以调用时不处

理也不会有任何编译语法错误。

范例 6-16：使用 parseInt() 方法不处理异常。

```
package com.yootk.demo;
public class TestDemo {
    public static void main(String args[]) {
        int temp = Integer.parseInt("100");         // 直接将字符串变为 int 型
        System.out.println(temp);
    }
}
```
程序执行结果：   100

本程序在没有处理 parseInt() 异常的情况下依然实现了正常的编译与运行，但此时一旦出现异常，就将交由 JVM 进行默认处理。

常见面试题分析：请解释一下 RuntimeException 和 Exception 的区别。请列举出几个常见的 RuntimeException。

区别：RuntimeException 是 Exception 的子类；Exception 定义了必须处理的异常，而 RuntimeException 定义的异常可以选择性地进行处理。常见的 RuntimeException：NumberFormatException、ClassCastException、NullPointerException、Arithmetic Exception、ArrayIndexOutOfBoundsException。

6.8 assert 关键字

断言

assert 关键字是在 JDK 1.4 的时候引入的，其主要的功能是进行断言。断言指的是程序执行到某行之后，其结果一定是预期的结果。

范例 6-17：观察断言的使用。

```
package com.yootk.demo;
public class TestDemo {
    public static void main(String args[]) {
        int num = 10;
        // 假设中间可能经过了20行代码来操作num的内容，期望的内容应该是20
        assert num == 20 : "num的内容不是20";         // 进行断言操作
        System.out.println("num = " + num);
    }
}
```
程序执行结果：   num = 10

本程序使用断言进行操作，很明显程序中断言的判断条件并不满足，但是依然没有任何错误产生，这是因为 Java 默认情况下是不开启断言的。如果要想启用断言，则应该增加如下一些选项。

```
java –ea com.yootk.demo.TestDemo
```
增加 "–ea" 参数之后，本程序就会出现如下错误信息。

```
Exception in thread "main" java.lang.AssertionError: num 的内容不是 20
        at com.yootk.demo.TestDemo.main(TestDemo.java:7)
```

如果在运行时不增加 "-ea" 的选项，则不会出现错误，换言之，断言并不是自动启动的，需要由用户控制启动，但是这种技术在 Java 中并非重点知识，读者了解即可。

6.9 自定义异常

Java 本身已经提供了大量的异常，但是这些异常在实际的工作中往往并不够使用，例如：当你要执行数据增加操作时，有可能会出现一些错误的数据，而这些错误的数据一旦出现就应该抛出异常（如 AddException），但是这样的异常 Java 并没有，所以就需要由用户自己去开发一个自己的异常类。如果要想实现自定义异常类，只需要继承 Exception（强制性异常处理）或 RuntimeException（选择性异常处理）父类即可。

自定义异常

范例 6-18：定义 AddException。

```java
package com.yootk.demo;
class AddException extends Exception {          // 此异常类要强制处理
    public AddException(String msg) {
        super(msg);                             // 调用父类构造
    }
}
public class TestDemo {
    public static void main(String args[]) {
        int num = 20;
        try {
            if (num > 10) {                      // 出现了错误，应该产生异常
                throw new AddException("数值传递的过大！");
            }
        } catch (Exception e) {
            e.printStackTrace();
        }
    }
}
程序执行结果：      com.yootk.demo.AddException: 数值传递的过大！
                   at com.yootk.demo.TestDemo.main(TestDemo.java:13)
```

本程序使用一个自定义的 AddException 类继承了 Exception，所以此类为一个异常表示类，因此用户就可以在程序中使用 throw 进行异常对象的抛出。

技术穿越：在一些架构设计中会使用自定义异常。

　　如果用户要自己做一个项目的开发架构，肯定会使用到自定义异常类的操作。例如：现在要求用户自己输入注册信息，但是注册的用户名长度必须是 6~15 位，超过此范围就要抛出异常，然而这样的异常肯定不会由 Java 默认提供，那么就需要用户自己进行定义，像以后读者学习 Struts、Hibernate、Spring 等框架时会遇见大量的新的异常类，都是按此格式定义出来的。

本章小结

1. 异常是导致程序中断运行的一种指令流，当异常发生时，如果没有进行良好的处理，则程序将会中断执行。

2. 异常处理可以使用 try…catch 进行处理，也可以使用 try…catch…finally 进行处理，在 try 语句中捕捉异常，之后在 catch 中处理异常，finally 作为异常的统一出口，不管是否发生异常都要执行此段代码。

3. 异常的最大父类是 Throwable，其分为两个子类：Exception、Error。Exception 表示程序处理的异常；而 Error 表示 JVM 错误，一般不是由程序开发人员处理的。

4. 发生异常之后，JVM 会自动产生一个异常类的实例化对象，并匹配相应的 catch 语句中的异常类型，也可以利用对象的向上转型关系，直接捕获 Exception。

5. throws 用在方法声明处，表示本方法不处理异常。

6. throw 表示在方法中手工抛出一个异常。

7. 自定义异常类时，只需要继承 Exception 类或 RuntimeException 类。

8. 断言是 JDK 1.4 之后提供的新功能，可以用来检测程序的执行结果，但开发中并不提倡使用断言进行检测。

课后习题

一、填空题

1. Throwable 下的两个子类是_____、_____。

2. ArthmeticException 类表示_____异常，ArraysIndexOutOfBoundsException 表示_____异常。

3. 一个 try 代码后面必须跟着若干个_____代码段或者一个_____代码段。

4. 如果一个方法使用了_____，则编译器会强制在使用此方法时进行异常的处理。

5. 异常处理中使用_____作为异常的统一出口。

二、选择题

1. 使用（　　）关键字可以在程序中手工抛出异常。

    A. throws   B. throw   C. assert   D. class

2. 下面（　　）关键字可以用在方法的声明处。

    A. throws   B. assert   C. class   D. interface

3. 为了捕获一个异常，代码必须放在下面（　　）中。

    A. try 块   B. catch 块   C. throws 块   D. finally 块

4. 下面关于 try 块的说法正确的是（　　）。

    A. try 块后至少应有一个 catch 块   B. try 块后必须有 finally 块

    C. 可能抛出异常的方法应放在 try 块中 D. 对抛出的异常的处理应放在 try 块中

5. finally 块中的代码将（　　）。

    A. 总是被执行

B. 如果 try 块后面没有 catch 块时，finally 块中的代码才会执行

C. 异常发生时才被执行

D. 异常没有发生时才执行

6. 一个异常将终止（　　）。

A. 整个程序 　　　　　　　　　　B. 只终止抛出异常的方法

C. 产生异常的 try 块 　　　　　　D. 上面的说法都不对

7. 所有异常的共同父类是（　　）。

A. Error 　　　　　　　　　　　　B. Exception

C. Throwable 　　　　　　　　　　D. RuntimeException

三、判断题

1. 一个 try 语句后有多个 catch 时，捕获范围大的异常要放在捕获范围小的异常之后。（　　）

2. finally 语句可以根据需要有选择地添加。（　　）

四、简答题

1. 简述 RuntimeException 和 Exception 的区别。

2. try、catch、finally 三种语句的功能是什么？

3. 简述 Java 中的异常处理机制。

4. 简述 Error 和 Exception 的区别。

5. 列举三个常见的 RuntimeException 子类。

五、编程题

编写应用程序，从命令行输入两个小数参数，求它们的商。要求程序中捕获 NumberFormatException 异常和 ArithmeticException 异常。

第 7 章

Eclipse 开发工具

通过本章的学习可以达到以下目标：

■ 了解 Eclipse 的发展历史

■ 掌握 Eclipse 中 JDT 组件的使用

■ 理解 JUnit 测试工具的使用

在实际的开发中，如果纯粹地使用手工编写程序那么开发的速度将严重受到影响，所以在实际的开发中一定会借助于开发工具——集成开发环境（Integrated Development Environ ment，IDE）提高开发效率。本章将为读者讲解 Eclipse 开发工具的使用。

> **提示：多动手使用。**
>
> 笔者多年以来一直在不断重复一个观点：要首先会写代码，然后开发工具只需要简单地摸索就能够上手使用。对于本章所讲解的内容，笔者并不建议读者看书学习，最好的方式是通过本书附赠的视频边学习边操作。

7.1 Eclipse 简介

Eclipse 简介

Eclipse 是一个开放源代码的、基于 Java 的可扩展开发平台。就其本身而言，它只提供了一个基础的底层支持，而后针对不同的编程语言都会提供相应的插件支持。

> **提示：Eclipse 中文含义。**
>
> Eclipse 中文被翻译为"日蚀"，指的是遮盖一切的太阳光芒。而当时对于 Java 的缔造公司斯坦福大学校园网（Stanford University Network，SUN）而言是很挑衅的一个名字。

Eclipse 最初是由 IBM 公司开发的替代商业软件 Visual Age for Java 的下一代 IDE 开发环境，于 2001 年 11 月贡献给开源社区，现在它由非营利软件供应商联盟 Eclipse 基金会（Eclipse Foundation）管理。

> **提示：Eclipse 提供的是一个平台，主要靠插件进行收费。**
>
> Eclipse 本身虽然提供了一个开发的平台，但是此平台上只支持 Java 的开发，所以如果要想开发 jJava 的其他程序则必须使用单独的插件才可以让开发更加方便。譬如，在本系列的《JavaWeb 开发实战经典》中就要使用 MyEclipse 作为开发的插件。

读者可以直接从 www.eclipse.org 下载 Eclipse 的开发工具，如图 7-1 所示。截至本书编写时，Eclipse 的最新版本是 Mars 版，用户可以根据自己的操作系统选择相应的 Eclipse 版本，本书使用的是 Windows 64 位版。

图 7-1　Eclipse 的官方网站

Eclipse 本身属于绿色免安装软件，解压缩后就可以直接使用（运行 eclipse.exe 程序）Eclipse 包含以下 5 种开发支持。

- JDT（Java Development Tools）：专门开发 Java SE 程序的平台，提供调试、运行、随笔提示等常见功能；
- JUnit：单元测试软件，可以直接对开发的类进行测试；
- CVS 客户端：版本控制软件的连接客户端，使用时需要进行服务器端的配置；
- GIT 客户端：直接支持 GIT 版本控制工具的使用；
- 插件开发：可以开发 Eclipse 使用的各种插件，丰富开发工具的功能。

提示：那些年追过 Java 的开发工具。

　　有编程语言似乎就会存在对应的开发工具，而从 Java 开始发展到今天已经出现过许多知名的开发工具，如 Borland JBuilder、NetBeans、WSAD（现在为 RAD）、Idea、Eclipse 等。而到现在使用最广泛的开发工具就只有两种：Eclipse、IDEA。并且随着发展，Eclipse 也出现了更多不同的版本，例如：已经支持开发 C++、PHP 等编程语言的开发。同时 Eclipse 也推出了相关的 Java EE 开发版，方便读者进行企业应用程序的开发。

Eclipse 中所有的项目都是以工作区为主的，一个工作区中可以包含多个项目，并且在第一次打开 Eclipse 时都会默认出现图 7-2 所示的对话框，用于询问用户工作区的路径。如果觉得麻烦，用户也可以直接设置一个路径为默认工作目录，这样就不需要每次都进行选择了。

图 7-2　选择工作区

选择工作区之后，初始界面如图 7-3 所示。

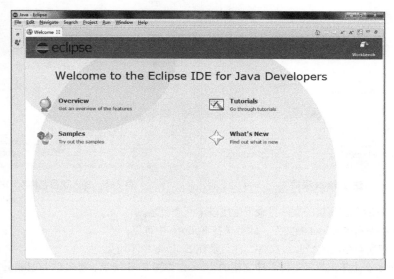

图 7-3　初始化启动界面

Eclipse 的所有配置都是以工作区为主的，也就是说每一个工作区都有自己独立的配置。如果发现某一个工作区坏了，那么用户只需要更换一个工作区就可以恢复到原始状态。

7.2　JDT 的使用

在 Eclipse 中直接使用 JDT 就可以完成 Java 程序的开发，在之前建立好的工作区中，建立 Java 项目，其操作步骤是：【File】→【New】→【Java Project】，进入图 7-4 所示的界面。

JDT 的使用

随后单击"【Next】"按钮进入图 7-5 所示的界面，输入本次项目的名称为"MyProject"，同时选择支持的 JDK 版本为 1.8。

图 7-4　建立 Java 项目

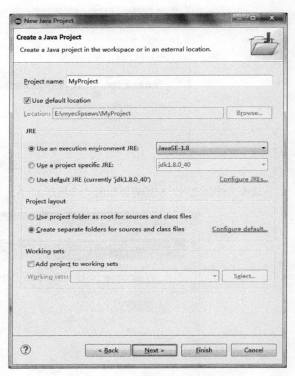

图 7-5　输入项目名称&JDK 选择

项目建立完成后会在项目的文件目录下生成以下两个目录。
- src：保存所有的*.java 源文件，此目录在 Eclipse 中可见；
- bin：保存所有生成的*.class 文件，此目录在 Eclipse 中不可见。

此时可以在 src 上单击鼠标右键，建立新的 class，如图 7-6 所示。类名称为 Hello，建立时选择建立主方法，建立完成后工作窗口如图 7-7 所示。

每当用户创建完一个类，或者是保存一个程序代码后，Eclipse 都会帮助用户自动进行代码的编译（用户省略了手工执行 javac 的部分操作）。

范例 7-1：编写 Hello 类。

```
package com.yootk.demo;
public class Hello {
    public static void main(String[] args) {
        System.out.println("更多课程请访问：www.yootk.com");
    }
}
```

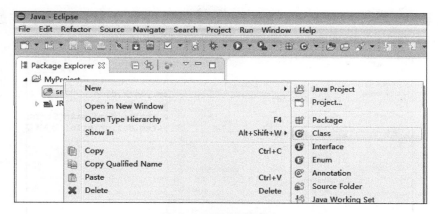

图 7-6　选择创建新的类

图 7-7　创建 com.yootk.demo.Hello 程序类

　　当程序编写完成之后，可以直接运行程序，在类上单击鼠标右键，选择运行程序，如图 7-8 所示；随后会在控制台输出程序的执行结果，如图 7-9 所示。

　　如果要想调整相应的配置选项，可以选择【Window】→【Perferences】进入首选项后进行各个配置的调整，本处调整了 Eclipse 显示文字的大小，如图 7-10 所示。

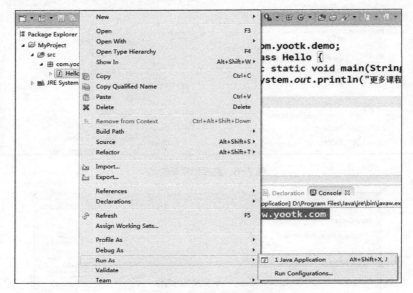

图 7-8　运行 Hello 程序类

图 7-9　控制台输出

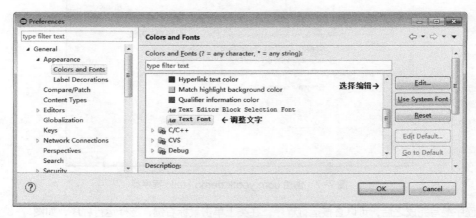

图 7-10　调整显示文字大小

在 Eclipse 里面最为方便的是可以帮助用户自动生成构造方法、setter 与 getter 方法，而要想实现这个功能，就必须首先定义出如下类结构。

范例 7-2：定义基础类结构。

```
class Book {
    private String title ;
    private double price ;
}
```

将鼠标光标在将要生成代码的类中进行单击，如图 7-11 所示。

按照如下步骤可以生成构造方法：【Source】→【Generate Constructor using Fields】，如图 7-12 所示；随后进入到图 7-13 所示的界面，选择构造方法中需要设置的属性内容，单击 "OK" 按钮后就可以在鼠标选中的位置生成相应的构造方法。

图 7-11　鼠标光标在 Book 类中　　　　　　　　图 7-12　选择菜单项

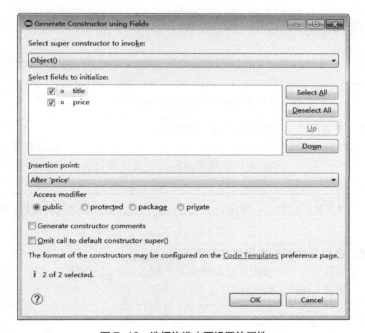

图 7-13　选择构造中要设置的属性

如果要想生成 setter 与 getter 方法，操作形式与构造方法类似：【Source】→【Generate Getters and Setters... 】，会出现图 7-14 所示的界面，让用户选择要生成 setter 与 getter 方法的属性，而后就会在鼠标光标所在的类位置中生成相应代码。

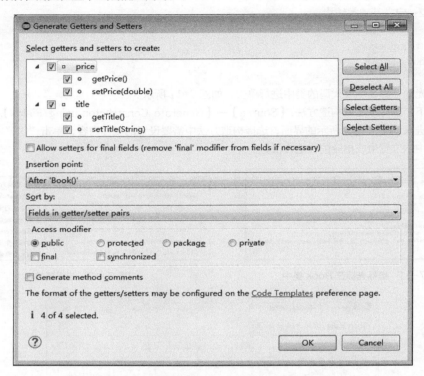

图 7-14　选择要生成 setter 与 getter 方法的属性

提示：不要再去手工编写 setter、getter 了。
　　通过自动生成构造方法与 setter 和 getter 方法的操作，读者应该已经发现，在实际的开发中，简单 Java 类只要按照表结构定义完属性后，其他的所有操作都可以通过 Eclipse 自动生成。

　　程序运行时可以传递初始化参数，但是对于 Eclipse 而言，如果要为代码设置初始化参数，则必须进入到运行配置。

注意：必须先执行一次程序才能够配置。
　　如果要想为一个类配置初始化参数，那么这个类一定要先执行一次，否则即使进入到运行配置，也找不到对应的类。

　　范例 7-3：输出初始化参数。

```java
package com.yootk.demo;
public class InitParameter {
    public static void main(String[] args) {
```

```
    for (int x = 0 ; x < args.length ; x ++) {
        System.out.println(args[x]) ;
    }
  }
}
```

程序编写完成后先默认执行一次，在类上单击鼠标右键，进入运行配置，如图 7-15 所示。而后在图 7-16 所示的界面上选择要配置的类，选择"Arguments"，并且在里面定义多个初始化参数（使用空格分割）。运行后会在控制台输出所配置的初始化参数。

图 7-15　运行配置

图 7-16　配置初始化参数

提示：Eclipse 中的快捷键。

使用 Eclipse 开发还有一个关键性的功能，就是它提供了许多方便的组合键，利用这些组合键可以提升开发者的代码编写速度。笔者常用的 8 个组合键如下。

- Alt + / ：进行代码的提示（sysout、main）；
- Ctrl + 1：为错误的代码给出纠正方案；
- Ctrl + Shift + O：组织导入，导入其他包的类；
- Ctrl + D：删除当前行代码；
- Ctrl + / ：使用单行注释；
- Ctrl + H：强烈搜索；

• Ctrl + Alt + ↓：复制当前行代码；	
• Ctrl + Shift + L：全部快捷键列表。	

对许多初学者而言，最麻烦的事情莫过于代码出错，却并不知道代码出错的位置。而 Eclipse 本身提供的 debug（代码的跟踪调试）功能，就可以让开发者手工处理程序执行，这样就可以快速地排除错误。

如果要想进行程序的 debug 操作，就需要首先定义出程序的断点（在代码行的左边空白栏双击鼠标后会出现一个蓝点，重复执行后会消失），如图 7-17 所示。所谓的断点指的是程序执行到此处时会暂时丧失自动执行的能力，并将程序的执行操作交由用户进行控制。

```
1 package com.yootk.demo;
2 class Math {
3     public int div(int i, int j) throws Exception {   // 所有异常抛出
4         int temp = 0;                                  // 定义局部变量
5         temp = i / j;                                  // 执行除法计算
6         return temp;                                   // 返回计算结果
7     }
8 }
9 public class TestMath {
10    public static void main(String[] args) {
11        Math math = new Math() ;
12        try {
13            int result = math.div(10, 2) ;   ←此处设置断点
14            System.out.println("程序计算结果：" + result);
15        } catch (Exception e) {
16            e.printStackTrace();
17        }
18    }
19 }
```
←此处双击鼠标

图 7-17　设置断点

断点设置完成后，还需要使用调试的方式运行程序，如图 7-18 所示。随后系统会询问用户是否要切换到调试视图上，如图 7-19 所示，单击"Yes"按钮后即可进入到调试视图。

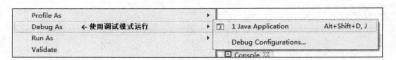

Profile As	▶		
Debug As　←使用调试模式运行	▶	1 Java Application	Alt+Shift+D, J
Run As	▶	Debug Configurations...	
Validate		Console	

图 7-18　采用调试模式启动

一旦进入调试视图，Eclipse 将等待用户的操作指令，并且在设置断点处停止执行。而调试的方式有以下 4 种。

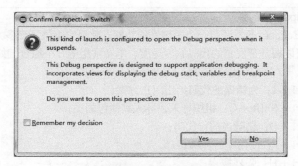

图 7-19　询问是否切换到调试视图

- 单步进入（Step Into）：指的是进入到执行的方法中观察方法的执行效果，快捷键：【F5】；
- 单步跳过（Step Over）：在当前代码的表面上执行，快捷键：【F6】；
- 单步返回（Step Return）：不再观察，返回到进入处，快捷键：【F7】；
- 恢复执行（Resume）：停止调试，直接正常执行完毕，快捷键：【F8】。

一个工作区中往往会包含多个项目，那么也肯定会存在无用的项目。如果某一个项目不再使用了，那么可以进行删除（直接在项目上选择删除，会出现图 7-20 所示界面），而删除也分为以下两种形式。

图 7-20　项目删除

- 从工作区里删除但是磁盘保留：日后可以对项目进行重新导入；
- 从磁盘上彻底删除项目：彻底消失。

如果一个项目只是从工作区中删除（并没有从磁盘上删除），则也可以采用导入的方式，将其重新导入当前工作区。具体操作步骤是：【File】→【Import】→【General】→【Existing Projects into Workspace】，如图 7-21 所示；选择项目所在路径，如图 7-22 所示，就可以将项目重新导回工作区，但是每个项目只能够导入一次。

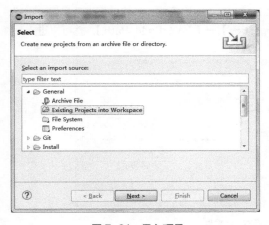

图 7-21　导入项目

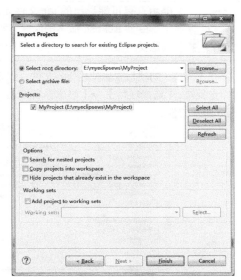

图 7-22　选择项目路径

　　将开发完成的最终代码生成*.jar 文件进行保存，不仅可以节约空间，而且方便代码维护。在 Eclipse 中为方便用户使用，专门提供打包功能，操作步骤是：【File】→【Export】→【Java】→【JAR file】，如图 7-23 所示；而后进入到图 7-24 所示界面，选择要导出的程序类以及 jar 文件的生成路径，本处假设生成路径为"d:\yootk.jar"。

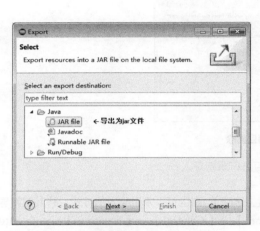

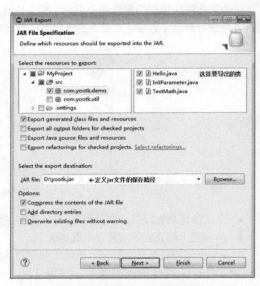

图 7-23　准备导出 jar 文件　　　　　　　图 7-24　设置导出类与保存路径

提示：有可能导出的 jar 文件无法使用。
　　由于 Eclipse 版本的问题，利用 Eclipse 导出的 jar 文件可能不能够被 Java 所识别，最稳妥的做法还是利用 jar 命令手工创建 jar 文件。

　　在 Eclipse 的项目要想使用 jar 文件，那么配置 CLASSPATH 则无效，只能够根据项目属性配置，操作步骤是：【选择项目】→【单鼠标右键】→【Properties】→【Java Build Path】，就可以进入到图 7-25 所示的界面。

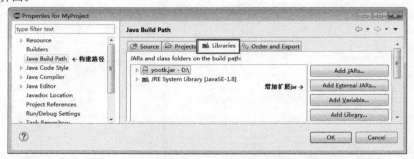

图 7-25　配置第三方 jar 文件

提示：JDBC 操作中会使用到。

　　在讲解 JDBC 操作时，一定会使用到第三方提供的 jar 文件，而此时就需要按照图 7-25 所示的方式配置使用的 jar 文件包。

7.3　JUnit 的使用

JUnit 的使用

　　JUnit 是由 Erich Gamma（艾瑞克·伽玛）和 Kent Beck（肯特·贝克）编写的一个回归测试框架（regression testing framework）。JUnit 测试是程序员测试，即白盒测试，因为程序员知道被测试的软件如何（How）完成功能和完成什么样（What）的功能。JUnit 是一套框架，所有需要测试的类直接继承 TestCase 类，就可以用 JUnit 进行自动测试。

　　JUnit 是一个开发源代码的 Java 测试框架，用于编写和运行可重复的测试。在 Eclipse 中已经集成好了此项工具，如果要使用 JUnit 进行测试，那么首先需要定义一个测试的程序类。

　　范例 7-4：定义一个程序。

```
package com.yootk.util;
public class MyMath {
    public static int div(int x, int y) throws Exception {
        return x / y;
    }
}
```

　　本程序只是一个简单的除法计算，如果要为这个类建立测试类，则应该首先选中这个类，按照如下步骤操作：【File】→【New】→【JUnit Test Case】，这样就可以得到图 7-26 所示的界面。在此界面中可以配置 JUnit 测试类保存的路径为"com.yootk.test"，类名称为"MyMathTest"，选择的版本是"New JUnit4 text"，而后进入到"Next"设置，会出现图 7-27 所示的界面。

图 7-26　配置 JUnit 测试类　　　　　图 7-27　选择要测试的方法

由于 JUnit 属于第三方工具包，所以当用户单击"Finish"按钮后会出现图 7-28 所示的对话框，询问用户是否要将 JUnit 的开发包配置到 classpath 中。

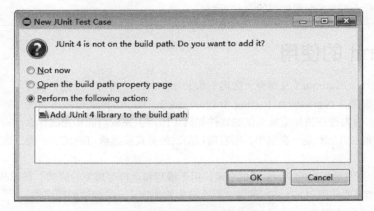

图 7-28　是否配置 JUnit 开发包

在 JUnit 之中提供了一个 TestCase 类，此类中提供了以下一系列 assertXxx() 的方法。

- 判断是否为 null，可以使用 assertNull()、assertNotNull()；
- 是否为 true，可以使用 assertTrue()、assertNotFalse()；
- 是否相等，可以使用 assertEqual()。

范例 7-5： 编写 JUnit 测试程序。

```java
package cn.mldn.test;
import org.junit.Test;
import cn.mldn.util.MyMath;
import junit.framework.TestCase;
public class MyMathTest {
    @Test
    public void testDiv() {
        try {
            TestCase.assertEquals(MyMath.div(10, 2), 5);
        } catch (Exception e) {
            e.printStackTrace();
        }
    }
}
```

当测试编写完成后可以直接以 JUnit 的方式运行程序，如图 7-29 所示。

图 7-29　以 JUnit 方式运行

此时表示判断 MyMath 中 div()方法的计算结果是否是 5，如果是，则表示测试成功，会出现一个 "Green Bar"，否则表示失败，会出现 "Read Bar"。由于本程序的计算结果是正确的，所以会返回图 7-30 所示的界面。

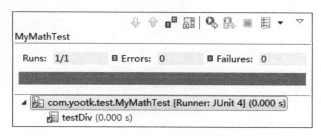

图 7-30　JUnit 测试结果

本章小结

1. Eclipse 是一个开源的开发工具，最早是由 IBM 开发的。

2. Eclipse 本身提供了 JDT 开发工具，可以使用此工具直接开发 Java 程序，用户在每次编写完成后，会自动将其编译成相应的 class 文件。

3. Junit 是一套测试开发包，是专门的白盒测试工具。

第 8 章

Java 新特性

通过本章的学习可以达到以下目标：
- 理解可变参数方法的定义及使用
- 理解增强型 for 循环的特点及使用
- 理解静态导入的操作
- 理解泛型的主要作用及实现
- 理解多例设计模式和枚举的操作关系
- 理解 Annotation 的定义及使用
- 理解接口中定义普通方法与静态方法的作用
- 理解 Lamda 表达式的产生背景以及使用语法
- 理解方法引用的概念
- 掌握内建函数式核心接口的使用

Java 的发展从 1995 年开始经历了许多过程，但是其中有如下 4 个最具有代表性的 JDK 版本。

- 1995 年推出的 JDK 1.0：标志着 Java 彻底产生了；
- 1998 年推出的 JDK 1.2：加入 javax. swing 组件，这是主要新特征；
- 2005 年推出的 JDK 1.5：标记为 tiger（或者称为 Java 5）引入类似自动装箱与拆箱、可变参数、泛型、枚举、Annotation 等核心特性，并且这些特性一直被广泛使用；
- 2014 年推出的 JDK 1.8（称为 Java 8）；引入 Lamda 表达式（函数式编程），同时针对接口定义也有所加强。

现在所讲解的 Java 新特性，主要都是在 JDK1.5 及以后出现的，而随着时间的推移，这些新特性也已经被越来越多的地方所使用。本章将会为读者讲解这些新特性的主要概念。

提示：本章以理解为主。

对于所有的新特性，本书的观点是：读者知道新特性有什么，能看懂操作的语法即可。而本章的讲解也只是针对新特性的语法，对于其中的部分新特性，将在本书第三部分为读者慢慢分析。

在进行各个新特性学习时，读者一定要记住一个原则：必须要清楚新特性主要能解决什么问题？这可以帮助读者更好地理解面向对象设计思想。

在 JDK 1.5 中有三大主要新特性：泛型、枚举和 Annotation。而 JDK 1.8 最大新特性就是引入了 Lambda 表达式。

8.1 可变参数

可变参数

当在 Java 中调用一个方法时，必须严格的按照方法定义的变量进行参数传递，但是在开发中有可能会出现这样一种情况：不确定要传递的参数个数。例如：现在要求设计一个方法，此方法可以实现若干个整型变量的相加操作。最早的时候为了解决这个问题，往往需要将多个参数封装为数组。

范例 8-1： 最初的解决方案。

```
package com.yootk.demo;
public class TestDemo {
    public static void main(String[] args) {
        System.out.println(add(new int[]{1,2,3}));  // 传递3个整型数据
        System.out.println(add(new int[]{10,20}));  // 传递2个整型数据
    }
    /**
     * 实现任意多个整型数据的相加操作
     * @param data 由于要接收多个整型数据，所以使用数组完成接收
     * @return 多个整型数据的累加结果
     */
    public static int add(int [] data) {
        int sum = 0 ;
        for (int x = 0 ; x < data.length ; x ++) {
            sum += data[x] ;
        }
        return sum ;
    }
}
```

程序执行结果：　　6（"*add*(new int[]{1,2,3})"语句执行结果）

　　　　　　　　30（"*add*(new int[]{10,20})"语句执行结果）

本程序利用数组概念实现了程序的基本要求，将要传递的若干个数据直接通过数组包装，这样就可以随意传递多个参数内容。但是从严格来讲这样的实现并不标准，因为开发要求是可以接收任意多个整型数据，而不是接收一个数组，对于 add()方法，最理想的调用形式是："add(1,2,3)"（传递三个参数）、"add(10,20)"（传递两个参数）。

从 JDK 1.5 开始，为了解决参数任意多个的问题，专门在方法定义上提供了可变参数的概念，语法形式如下。

```
[public | protected | private] [static] [final] [abstract] 返回值类型 方法名称(参数类型 ... 变量) {
    [return [返回值] ;]
}
```

此时开发者可以使用"参数类型...变量"的形式传递若干个参数，而有趣的是这多个参数变量传递到方法中都将以指定类型的数组进行保存，也就是说传递时传递的是多个参数，而接收后就变为了一个数组内容。

范例 8-2： 使用可变参数定义方法。

```
package com.yootk.demo;
public class TestDemo {
    public static void main(String[] args) {
        // 可变参数支持接收数组
        System.out.println(add(new int[]{1,2,3}));        // 传递 3 个整型数据
        System.out.println(add(new int[]{10,20}));        // 传递 2 个整型数据
        // 或者使用"，"区分不同的参数，接收的时候还是数组
        System.out.println(add(1,2,3));                   // 传递 3 个参数
        System.out.println(add(10,20));                   // 传递 2 个参数
        System.out.println(add());                        // 不传递参数
    }
    /**
     * 实现任意多个整型数据的相加操作
     * @param data 由于要接收多个整型数据，所以使用数组完成接收
     * @return 多个整型数据的累加结果
     */
    public static int add(int ... data) {
        int sum = 0 ;
        for (int x = 0 ; x < data.length ; x ++) {
            sum += data[x] ;
        }
        return sum ;
    }
}
程序执行结果：      6（"add(new int[]{1,2,3})"语句执行结果）
                  30（"add(new int[]{10,20})"语句执行结果）
                  6（"add(1,2,3)"语句执行结果）
                  30（"add(10,20)"语句执行结果）
                  0（"add()"语句执行结果）
```

通过本程序可以发现，方法在使用可变参数定义后，调用处可以任意传递多个参数，或者直接传递一个数组。而方法本身对于多个参数的处理都统一使用数组进行接收，也就是说这样的参数定义对于用户的使用是非常灵活的，但是又没有脱离最早的操作形式，这样既方便了新的开发者，又方便了那些已经习惯于数组传递多个参数的开发者。

技术穿越：开发中已经大量使用了可变参数。

　　实际上对于可变参数，开发中已经有许多类都开始使用。例如：在本书中讲解的国际化应用、反射机制应用，以及日后读者在实际工作中接触到的 Spring 框架等都已经大量使用可变参数。所以如果要进行一些公共架构设计时，对于可变参数的定义以及调用形式必须清楚。

8.2 foreach 循环

foreach 循环

foreach 是一种加强型的 for 循环操作，主要可以用于简化数组或集合数据的输出操作。下面首先来回顾一下传统数组输出的操作形式。

范例 8-3：数组输出。

```
package com.yootk.demo;
public class TestDemo {
    public static void main(String[] args) {
        int data[] = new int[] { 1, 2, 3, 4, 5 };          // 定义数组
        for (int x = 0; x < data.length; x++) {            // 循环输出数组
            System.out.print(data[x] + "、");
        }
    }
}
```

程序执行结果：   1、2、3、4、5、

在传统的数组输出操作中，往往会使用 for 循环来控制索引的下标，从而实现数据的输出操作。但是有一部分开发者会认为这样的输出方式需要控制索引，过于麻烦，更希望能够简化一些。所以从 JDK 1.5 开始对于 for 循环有了以下形式：

```
for(数据类型 变量:数组 | 集合) {
    // 每一次循环会自动的将数组的内容设置给变量
}
```

此时的 for 循环操作在每次循环时会自动将当前数组（或集合）的内容依次取出，这样就可以避免索引问题。

范例 8-4：利用 foreach 循环实现输出。

```
package com.yootk.demo;
public class TestDemo {    public static void main(String[] args) {
        int data[] = new int[] { 1, 2, 3, 4, 5 };  // 定义数组
        for (int x : data) {                        // 循环次数由数组长度决定
            // 每一次循环实际上都表示数组的角标增长，会取得每一个数组的内容，并且将其设置给x
            System.out.println(x + "、");            // x就是每一个数组元素的内容
        }
    }
}
```

程序执行结果：   1、2、3、4、5、

本程序在每一次 for 循环时，都会将数组中的内容依次取出，并且设置到 int 型变量 x 中，这样程序代码中将不再需要进行索引的操作。

8.3 静态导入

静态导入

如果某一个类中定义的方法全部都属于 static 型的方法，那么其他类要引用此类时必须先使用 import 导入所需要的包，再使用"类名称.方法()"进行调用。

范例 8-5： 传统的做法。

```
package com.yootk.util;
public class MyMath {
    public static int add(int x,int y) {
        return x + y ;
    }
    public static int div(int x,int y) {
        return x / y ;
    }
}
```

本程序 MyMath 类中的两个方法全部使用了 static 进行定义，而后在不同包中的类实现调用。

范例 8-6： 基本使用形式。

```
package com.yootk.demo;
import com.yootk.util.MyMath;
public class TestDemo {
    public static void main(String[] args) {
        System.out.println("加法操作：" + MyMath.add(10, 20));
        System.out.println("除法操作：" + MyMath.div(10, 2));
    }
}
```
程序执行结果：　　加法操作：30
　　　　　　　　　除法操作：5

本程序 MyMath 类中的方法全部都是 static 方法，所以调用时使用"类名称.static 方法()"的形式就可以直接进行调用。但是在最早的时候本书曾经在主类中进行过 static 方法的定义，而定义后方法可以在主方法中直接进行调用。如果在调用这些方法时不希望出现类名称，即直接在主方法中就可以调用不同包中的 static 方法，那么就可以使用静态导入操作完成，语法格式如下。

```
import static 包.类.* ;
```

范例 8-7： 静态导入。

```
package com.yootk.demo;
// 将 MyMath 类中的全部 static 方法导入，这些方法就好比在主类中定义的 static 方法一样
import static com.yootk.util.MyMath.*;
public class TestDemo {
    public static void main(String[] args) {
        // 直接使用方法名称访问
        System.out.println("加法操作：" + add(10, 20));
        System.out.println("除法操作：" + div(10, 2));
    }
}
```
程序执行结果：　　加法操作：30
　　　　　　　　　除法操作：5

本程序在导入语句时使用了"import static com.yootk.util.MyMath.*"，就表示将 MyMath 类中的全部 static 方法导入到本程序中，这样主方法就可以不使用类名称进行调用了。

8.4 泛型

在面向对象的开发中，利用对象的多态性可以解决方法参数的统一问题，但是随之而来的是一个新问题："向下转型会存在类转换异常（ClassCastException）"，所以向下转型的操作并不是安全的，为了解决这样的问题，从 JDK 1.5 开始便提供了泛型技术。本节将为读者分析泛型技术的产生原因以及相关定义。

8.4.1 泛型的引出

假设要开发一个地理信息系统（Geographic Information System，GIS），肯定需要一个可以描述坐标的类（Point），同时在这个类里面要求保存有以下 3 种类型的坐标。

泛型的引出

- 保存数字：x = 10、y = 20；
- 保存小数：x = 10.2、y = 20.3；
- 保存字符串：x = 东经 20 度、y = 北纬 15 度。

这个 Point 类设计的关键就在于 x 与 y 这两个变量的数据类型的选择上，必须有一种数据类型可以保存这三类数据，那么首先想到的一定是 Object 类型，因为此时会存在如下转换关系。

- int 数据类型：int 自动装箱为 Integer，Integer 向上转型为 Object；
- double 数据类型：double 自动装箱为 Double，Double 向上转型为 Object；
- String 数据类型：直接向上转型为 Object。

范例 8-8： 定义 Point 类，使用 Object 作为属性类型。

```
class Point {                          // 定义坐标
    private Object x ;                 // 可以保存任意数据
    private Object y ;                 // 可以保存任意数据
    public void setX(Object x) {
        this.x = x;
    }
    public void setY(Object y) {
        this.y = y;
    }
    public Object getX() {
        return x;
    }
    public Object getY() {
        return y;
    }
}
```

本程序 Point 类中的两个属性全部定义为 Object，这样就可以接收任意的数据类型了。为了更好地说明问题，下面分别设置不同的数据类型，以测试程序。

范例 8-9： 在 Point 类里面保存整型数据。

```
public class TestDemo {
```

```
    public static void main(String[] args) {
        // 第一步：根据需要设置数据，假设此时的作用是传递坐标
        Point p = new Point() ;                    // 实例化Point类数据
        p.setX(10);                                // 设置坐标数据
        p.setY(20);                                // 设置坐标数据
        // 第二步：根据设置好的坐标取出数据进行操作
        int x = (Integer) p.getX();                // 取出坐标数据
        int y = (Integer) p.getY();                // 取出坐标数据
        System.out.println("x 坐标：" + x + ", y 坐标：" + y);
    }
}
```

程序执行结果：　　　x 坐标：10，y 坐标：20

范例 8-10： 在 Point 类里面保存浮点型数据。

```
public class TestDemo {
    public static void main(String[] args) {
        // 第一步：根据需要设置数据，假设此时的作用是传递坐标
        Point p = new Point() ;                    // 实例化 Point 类数据
        p.setX(10.2);                              // 设置坐标数据
        p.setY(20.3);                              // 设置坐标数据
        // 第二步：根据设置好的坐标取出数据进行操作
        double x = (Double) p.getX();              // 取出坐标数据
        double y = (Double) p.getY();              // 取出坐标数据
        System.out.println("x坐标：" + x + ", y坐标：" + y);
    }
}
```

程序执行结果：　　　x 坐标：10.2，y 坐标：20.3

　　范例 8-9 和范例 8-10 的两个程序都是利用基本数据类型自动装箱与自动拆箱的特性实现数据传递。在这里读者一定要记住，调用 setter 方法设置坐标时，所有的数据类型都发生了向上转型，而在取得数据时都发生了强制性的向下转型。

　　范例 8-11： 在 Point 类里面保存使用字符串数据。

```
public class TestDemo {
    public static void main(String[] args) {
        // 第一步：根据需要设置数据，假设此时的作用是传递坐标
        Point p = new Point() ;                    // 实例化Point类数据
        p.setX("东经100度");                        // 设置坐标数据
        p.setY("北纬20度");                         // 设置坐标数据
        // 第二步：根据设置好的坐标取出数据进行操作
        String x = (String) p.getX();              // 取出坐标数据
        String y = (String) p.getY();              // 取出坐标数据
        System.out.println("x坐标：" + x + ", y坐标：" + y);
    }
}
```

程序执行结果：　　　x坐标：东经100度，y坐标：北纬20度

　　本程序对于设计的基本要求已经成功地实现了，而整个设计的关键就在于 Object 类的使用。但是由于 Object 类型可以描述所有的数据类型，所以这时会带来一个严重的后果：一旦设置的内容出现错误，在程序编译时是无法检查出来的。

范例 8-12：错误的程序。

```
public class TestDemo {
    public static void main(String[] args) {
        // 第一步：根据需要设置数据，假设此时的作用是传递坐标
        Point p = new Point() ;                    // 实例化Point类数据
        p.setX("东经100度");                        // 设置坐标数据
        p.setY(10) ;                               // 设置坐标数据，数据错误
        // 第二步：根据设置好的坐标取出数据进行操作
        String x = (String) p.getX();              // 取出坐标数据
        String y = (String) p.getY();              // 取出坐标数据
        System.out.println("x坐标：" + x + "，y坐标：" + y);
    }
}
程序执行结果：        Exception in thread "main" java.lang.ClassCastException: java.lang.Integer cannot be cast to
                    java.lang.String
                           at com.yootk.demo.TestDemo.main(TestDemo.java:26)
```

　　本程序原本打算设置的坐标数据类型是字符串数据，但是在设置数据时出现了错误，将 Y 坐标数据设置为了一个数字（"p.setY(10)"）而不是字符串。由于 int 型可以通过自动装箱使用 Object 接收，所以这样的问题在程序编译时不会有任何语法错误。而在程序执行过程当中需要将 Y 坐标数据取出时，一定会按照预定的模式将 Y 坐标以 String 的形式进行强制向下转型，这时就会发生"ClassCastException"（这样就带来了安全隐患）。可是整个异常并不是在程序编译时出现的，而是在运行中出现的，这样就会为开发带来很大的困扰，实际上这就证明利用 Object 接收参数会存在安全隐患，面对这样的问题如果可以在编译时就能够排查出来才是最合理的。

　　在 JDK 1.5 以前对于以上错误只能在程序中利用一系列的判断进行检测，而从 JDK 1.5 之后增加了泛型技术，此技术的核心意义在于：类属性或方法的参数在定义数据类型时，可以直接使用一个标记进行占位，在具体使用时才设置其对应的实际数据类型，这样当设置的数据类型出现错误后，就可以在程序编译时检测出来。

范例 8-13：使用泛型修改 Point 类。

```
package com.yootk.demo;
// 此时设置的 T 在 Point 类定义上只表示一个标记，在使用时需要为其设置具体的类型
class Point<T> {                                  // 定义坐标，Type = 简写 T，是一个类型标记
    private T x ;                                 // 此属性的类型不知道，由 Point 类使用时动态决定
    private T y ;                                 // 此属性的类型不知道，由 Point 类使用时动态决定
    public void setX(T x) {
        this.x = x;
    }
    public void setY(T y) {
        this.y = y;
```

```
    }
    public T getX() {
        return x;
    }
    public T getY() {
        return y;
    }
}
```

本程序在 Point 类声明时采用了泛型（class Point<T>）支持，同时在属性声明中所采用的也是泛型标记 T，那么这就表示在定义 Point 类对象时需要明确地设置 x 与 y 属性的数据类型。

提示：可以定义多个泛型标记。

在开发中一个类上可能会定义多种泛型声明。下面的代码除了定义参数类型外，也定义了返回值类型。

范例 8-14：定义多个泛型。

```
class Point<P, R> {
    public R fun(P p) {
        return null ;
    }
}
```

本程序设置了两个泛型标记，其中 P 表示方法参数类型标记，而 R 表示方法返回值类型标记。随着开发的深入，读者会发现许多 Java 提供的类上都会大量使用泛型操作。

范例 8-15：使用 Point 类将泛型类型设置为 String。

```
public class TestDemo {
    public static void main(String[] args) {
        // 第一步：根据需要设置数据，假设此时的作用是传递坐标
        Point<String> p = new Point<String>()  ;        // 实例化 Point 类数据，设置泛型类型为 String
        p.setX("东经 100 度");                             // 设置坐标数据
        p.setY("北纬 20 度") ;                             // 设置坐标数据
        // 第二步：根据设置好的坐标取出数据进行操作
        String x = p.getX();                             // 取出坐标数据，不再需要强制转换
        String y = p.getY();                             // 取出坐标数据，不再需要强制转换
        System.out.println("x坐标：" + x + ", y坐标：" + y);
    }
}
```
程序执行结果：   x 坐标：东经 100 度，y 坐标：北纬 20 度

本程序在定义 Point 类对象时使用了 String 作为泛型标记，这就表示在 Point 类中的 x 与 y 属性、setter 参数类型以及 getter 返回值类型都是 String，从而就避免了数据设置错误（如果设置为非 String 类型，会造成语法错误）以及强制向下转型操作，这样的操作才属于安全的操作。

使用泛型后，所有类中属性的类型都是动态设置的，而所有使用泛型标记的方法参数类型也都发生了改变，这样就相当于避免了向下转型的问题，从而解决了类对象转换的安全隐患。但是需要特别说明的是，如果要想使用泛型，那么它能够采用的类型只能够是类，即不能是基本类型，只能是引用类型。

范例 8-16： 将泛型类型设置为整型（Integer）。

```
public class TestDemo {
    public static void main(String[] args) {
        // 第一步：根据需要设置数据，假设此时的作用是传递坐标
        Point<Integer> p = new Point<Integer>()  ;   // 实例化 Point 类数据，设置泛型类型为 String
        p.setX(10);                                  // 设置坐标数据
        p.setY(20) ;                                 // 设置坐标数据
        // 第二步：根据设置好的坐标取出数据进行操作
        int x = p.getX();                            // 取出坐标数据，不再需要强制转换
        int y = p.getY();                            // 取出坐标数据，不再需要强制转换
        System.out.println("x 坐标：" + x + ", y 坐标：" + y);
    }
}
```
程序执行结果：　　x 坐标：10, y 坐标：20

本程序由于泛型数据类型的要求，在实例化 Point 类对象时使用了 Integer，而在取出数据时直接利用自动拆箱技术将包装类的内容自动转化为基本数据类型。

提问：如果不设置泛型会怎样？

在修改程序代码时，发现在实例化 Point 类对象时，即使不设置泛型类型，程序也不会出现错误，这是为什么？

回答：为了保证设计的合理性，如果不设置泛型会使用 Object 类型。

首先，读者必须明确一个概念：泛型是从 2005 年之后才开始提供的特性（从 1995 年 Java 开始的十年内都没有泛型），所以在 2005 年之前的许多 Java 程序为了解决参数的统一问题都大量采用了 Object 类（包括大量的系统类设计）。而从 2005 年开始推出泛型技术后，为了保证已有代码可以正常使用（相当于不设置泛型），就继续延用最初的设计，依然使用 Object 作为默认类型，也就是说不设置泛型，就默认表示使用 Object 类型。

范例 8-17： 不设置泛型类型。

```
public class TestDemo {
    public static void main(String[] args) {
        // 第一步：根据需要设置数据，假设此时的作用是传递坐标
        Point p = new Point() ;    // 将使用 Object 类型描述泛型
        p.setX(10);                // 设置坐标数据，向上转型为 Object
        p.setY(20) ;               // 设置坐标数据，向上转型为 Object
        // 第二步：根据设置好的坐标取出数据进行操作
        Integer x = (Integer) p.getX();
        Integer y = (Integer) p.getY();
        System.out.println("x 坐标：" + x + ", y 坐标：" + y);
    }
}
```
程序执行结果：　　x坐标：10, y坐标：20

本程序在实例化 Point 类对象时并没有设置具体的泛型类型，按照 Java 的默认设

计，此时会使用 Object 作为默认类型，所以在进行数据取出时，必须进行强制类型转换，很明显，这样的操作具有安全隐患。由于没有正确使用泛型类，在程序编译时也会出现警告信息。

但是在这里还需要提醒读者的是，从 JDK 1.7 开始，Java 对泛型的操作也进行了一些简化，只要在类对象声明时使用了泛型，那么实例化对象时就可以不再重复设置泛型类型，如下所示：

```
Point<Integer> p = new Point<>() ;
```

本程序只在声明对象时使用了泛型，而在对象实例化时并没有设置具体的泛型类型，这样就表示延用声明时的泛型类型，可以达到简化代码的目的。

从实际开发来讲，本书希望读者在使用泛型声明类时，可以明确地设置泛型类型，如果不是必须的限制，尽量不要直接使用 Object 类作为统一的数据类型。

8.4.2 通配符

通配符

利用泛型技术虽然解决了向下转型所带来的安全隐患问题，但同时又会产生一个新的问题：即便是同一个类，由于设置泛型类型不同，其对象表示的含义也不同，因此不能够直接进行引用操作。

范例 8-18：定义一个支持泛型类型的类。

```
package com.yootk.demo;
class Message<T> {                         // 类上使用泛型
    private T msg;
    public void setMsg(T msg) {
        this.msg = msg;
    }
    public T getMsg() {
        return msg;
    }
}
```

本程序在给出的 Message 类上由于存在泛型定义，所以如果定义"Message<String>"和"Message<Integer>"虽然都是 Message 类的对象，但是这两个对象之间是不能够进行直接的引用传递操作的，那么这样就会在方法的参数传递上造成新的问题，此时就可以利用通配符"?"来进行描述。

提示：参数传递的问题分析。

为了帮助读者更好地理解通配符"?"的使用意义，下面通过实际的代码来为读者进行具体分析。

范例 8-19：使用泛型操作。

```
package com.yootk.demo;
public class TestDemo {
    public static void main(String[] args) {
        Message<String> m = new Message<String>();
        m.setMsg("www.yootk.com");        // 设置内容
```

```
        fun(m);                          // 引用传递
    }
    /**
     * 接收Message类对象，并且调用getter方法输出类中的msg属性内容
     * @param temp 接收Message类对象的引用传递，此处设置的泛型类型为String
     */
    public static void fun(Message<String> temp) {
        System.out.println(temp.getMsg());
    }
}
```

程序执行结果：   www.yootk.com

  本程序的主要功能就是实现一个 Message 类对象的引用传递，而在定义 fun()方法时也设置了接收的参数 "**Message<String> temp**"，这样就表示只要泛型类型是 String 的 Message 对象，此方法都可以接收。但是，一旦程序这样定义，fun()方法就不能再接收泛型类型非 String 的 Message 类对象了。

  范例 8-20： 错误的使用。

```
public class TestDemo {
    public static void main(String[] args) {
        Message<Integer> m = new Message<Integer>();
        m.setMsg(30);                    // 设置内容
        fun(m);                          // 程序错误，因为参数的泛型类型是String
    }
    public static void fun(Message<String> temp) {
        System.out.println(temp.getMsg());
    }
}
```

  本程序主要目的是希望可以将 Message<Integer>类型的对象传递到 fun()方法中，但是由于参数的类型不一致（虽然都是 Message 类，但是泛型类型不同），所以此时不可能成功调用。

  同时还需要提醒读者的是，此时即便想重载 fun()函数（例如：public static void fun(Message<Integer> temp){}），使用 "Message<Integer>" 作为参数类型会产生语法错误，在程序编译时会直接告诉用户 "fun()方法已经被定义过了"。因为方法重载时只要求参数类型不同，并没有对泛型类型有任何的要求，所以最终不可能使用重载来解决此类问题的。

  范例 8-21： 使用通配符 "?" 解决参数传递问题。

```
public class TestDemo {
    public static void main(String[] args) {
        Message<Integer> m1 = new Message<Integer>();
        Message<String> m2 = new Message<String>();
        m1.setMsg(100);                        // 设置属性内容
        m2.setMsg("www.yootk.com");            // 设置属性内容
```

```
        fun(m1);                          // 引用传递
        fun(m2);                          // 引用传递
    }
    public static void fun(Message<?> temp) {  // 不能设置，但是可以取出
        System.out.println(temp.getMsg());
    }
}
```
程序执行结果：   100（"fun(m1);"语句执行结果）
                www.yootk.com（"fun(m2);"语句执行结果）

　　本程序在定义 fun() 方法时采用了通配符"?"作为使用的泛型类型（public static void fun(Message<?> temp)），这样一来，只要是 Message 类的对象，不管何种泛型类型 fun() 方法都可以接收。

提问：能否使用 Object 作为泛型类型，或者不设置类型？

　　在学习面向对象概念时曾经强调过，所有的类都是 Object 子类。那么对于以上的操作，能否使用"Message<Object>"描述一切泛型类型？如果不能，那么能不能采用不设置泛型类型的方式来进行参数接收？

回答：使用通配符"?"的意义在于可以接收类对象，但是不能修改对象属性。

　　首先需要跟读者解释的一个核心问题是：在明确设置一个类为泛型类型时没有继承的概念范畴，也就是说虽然 Object 类与 String 类在类定义关系中属于父类与子类的关系，但换到泛型中"Message<Object>"与"Message<String>"就属于两个完全独立的概念。

　　如果在定义 fun() 方法时不设置泛型类型，也可以实现任意泛型类型对象的接收，但是此时就会出现一个问题：如果不指派具体的泛型类型，则默认为 Object 类型，也就是说方法里面可以随意修改属性内容。下面来观察如下代码。

　　范例 8-22： 定义方法参数时不设置泛型类型。

```
public class TestDemo {
    public static void main(String[] args) {
        Message<Integer> m1 = new Message<Integer>();
        Message<String> m2 = new Message<String>();
        m1.setMsg(100);
        m2.setMsg("www.yootk.com");
        fun(m1);
        fun(m2);
    }
    public static void fun(Message temp) {
        // 随意修改属性内容，逻辑错误
        temp.setMsg("魔乐科技软件学院：www.mldn.cn");
        System.out.println(temp.getMsg());
    }
}
```
程序执行结果：   魔乐科技软件学院：www.mldn.cn

	魔乐科技软件学院：www.mldn.cn
	本程序在定义 fun() 方法参数时并没有设置泛型，这样就会默认使用 Object 作为泛型类型（程序编译时会出现警告信息，但是不会出错），那么也就可以在方法中随意修改对象内容（即使类型不符合）。很明显这样的做法是不严谨的，必须要使用通配符 "?" 来制约这种任意修改数据问题的操作。所以 "?" 设置的泛型类型只表示可以取出，但是不能设置，一旦设置了内容，程序编译时就会出现错误提示。

在 "?" 通配符基础上还会有以下两个子的通配符。

- "? extends 类"：设置泛型上限，可以在声明和方法参数上使用；

|－? extends Number：意味着可以设置 Number 或者是 Number 的子类（Integer、Double、...）。

- "? super 类"：设置泛型下限，方法参数上使用；

|－? super String：意味着只能设置 String 或它的父类 Object。

范例 8-23：设置泛型的上限。

```
package com.yootk.demo;
class Message<T extends Number> {                  // 设置泛型上限，只能是 Number 或 Number 子类
    private T msg;
    public void setMsg(T msg) {
        this.msg = msg;
    }
    public T getMsg() {
        return msg;
    }
}
public class TestDemo {
    public static void main(String[] args) {
        Message<Integer> m1 = new Message<Integer>();       // Integer是Number子类
        m1.setMsg(100);
        fun(m1);                                              // 引用传递
    }
    public static void fun(Message<? extends Number> temp) { // 定义泛型上限
        System.out.println(temp.getMsg());
    }
}
```
程序执行结果：　　100

　　本程序在定义 Message 类泛型类型时定义了允许设置的泛型类型上限，这样在实例化 Message 类对象时只能设置 Number 或 Number 的子类，而在定义 fun() 方法时也可以设置同样的泛型上限。这样当遇见了非 Number 的泛型类型对象时，就会出现语法错误。

范例 8-24：设置泛型的下限。

```
package com.yootk.demo;
class Message<T> {                                        // 定义泛型
    private T msg;
    public void setMsg(T msg) {
```

```
        this.msg = msg;
    }
    public T getMsg() {
        return msg;
    }
}
public class TestDemo {
    public static void main(String[] args) {
        Message<String> m1 = new Message<String>();
        m1.setMsg("更多课程请访问：www.yootk.com");        // 设置属性内容
        fun(m1);                                        // 引用传递
    }
    public static void fun(Message<? super String> temp) {  // 定义泛型下限
        System.out.println(temp.getMsg());
    }
}
```

程序执行结果：   更多课程请访问：www.yootk.com

本程序在定义 fun()方法时设置了泛型的下限类型，因此必须传递符合要求的泛型类型对象，才可以正常调用。

泛型接口

8.4.3 泛型接口

泛型不仅可以定义在类中，也可以定义在接口上。定义在接口上的泛型被称为泛型街口。

范例 8-25：定义泛型接口。

```
package com.yootk.demo;
/**
 * 定义泛型接口，由于类与接口命名标准相同，为了区分出类与接口，在接口前加上字母"I"，例如：IMessage
 * 如果定义抽象类，则可以在前面加上Abstract，例如：AbstractMessage
 * @author YOOTK
 * @param <T> print()方法使用的泛型类型
 */
interface IMessage<T> {                // 定义泛型接口
    public void print(T t);
}
```

本程序在 IMessage 接口上定义了泛型，同时设置的泛型类型将在 print()上使用。

任何情况下如果要使用接口，就必须定义相应的子类，而对于使用了泛型的接口子类而言，有以下两种实现方式。

• 实现方式一：在子类继续设置泛型标记。

```
package com.yootk.demo;
interface IMessage<T> {                            // 定义泛型接口
    public void print(T t);
}
```

```
class MessageImpl<S> implements IMessage<S> { // 在子类继续设置泛型，此泛型也作为接口中的泛型类型
    public void print(S t) {
        System.out.println(t);
    }
}
public class TestDemo {
    public static void main(String[] args) {
        IMessage<String> msg = new MessageImpl<String>() ;
        msg.print("更多课程请访问：www.yootk.com");
    }
}
```
程序执行结果：　　　更多课程请访问：www.yootk.com

　　本程序在定义 IMessage 接口子类时继续设置了泛型，在实例化接口子类对象时所设置的泛型类型，也就是 IMessage 父接口中使用的泛型类型。

　　● 实现方式二：在子类不设置泛型，而为父接口明确地定义一个泛型类型。

```
package com.yootk.demo;
interface IMessage<T> {                                    // 定义泛型接口
    public void print(T t);
}
class MessageImpl implements IMessage<String> { // 子类为父接口设置具体泛型类型
    public void print(String t) {
        System.out.println(t);
    }
}
public class TestDemo {
    public static void main(String[] args) {
        IMessage<String> msg = new MessageImpl() ;
        msg.print("更多课程请访问：www.yootk.com");
    }
}
```
程序执行结果：　　　更多课程请访问：www.yootk.com

　　本程序在定义子类实现接口时已经明确设置了 IMessage 接口在 MessageImpl 子类中使用的泛型类型为 String，这样子类在实例化对象时就不再需要设置泛型类型了。

泛型方法

8.4.4　泛型方法

　　对于泛型除了可以定义在类上外，也可以在方法上进行定义，而在方法上定义泛型时，这个方法不一定非要在泛型类中定义。

　　范例 8-26：泛型方法定义。

```
package com.yootk.demo;
public class TestDemo {
    public static void main(String[] args) {
```

```
        String str = fun("www.yootk.com"); // 泛型类型为String
        System.out.println(str.length());        // 计算长度
    }
    /**
     * 此方法为泛型方法，T的类型由传入的参数类型决定
     * 必须在方法返回值类型前明确定义泛型标记
     * @param t 参数类型，同时也决定了返回值类型
     * @return 直接返回设置进来的内容
     */
    public static <T> T fun(T t) {
        return t;
    }
}
```

程序执行结果：　　13

本程序并没有在类上使用泛型标记，而是在定义 fun() 方法时在方法的返回值前定义了泛型标记，这样就可以在方法的返回值或参数类型上使用泛型标记进行声明。

8.5　枚举

枚举是 JDK 1.5 之后增加的一个主要新功能，利用枚举可以简化多例设计模式（一个类只能产生固定几个实例化对象）的定义，同时在 Java 中的枚举也可以像普通类那样定义属性、构造方法、实现接口等。下面来看具体操作。

8.5.1　认识枚举

枚举简介

枚举主要用于定义一组可以使用的类对象，这样在使用时只能通过固定的几个对象来进行类的操作。这样的操作形式在实际生活中非常的多，下面列举如下 3 个例子。

- 如果要表示日期的对象，只能有 7 种定义：SUNDAY（星期日）、MONDAY（星期一）、TUESDAY（星期二）、WEDNESDAY（星期三）、THURSDAY（星期四）、FRIDAY（星期五）、SATURDAY（星期六）；
- 如果要表示的是人的性别，只能够有 2 种定义：MALE（男）、FEMALE（女）；
- 描述颜色基色有 3 种定义：RED（红色）、GREEN（绿色）、BLUE（蓝色）。

从 JD K 1.5 开始，专门提供了一个新的关键字：enum，利用 enum 关键字就可以定义枚举类型。下面使用枚举定义一个表示颜色基色的枚举类。

范例 8-27：定义颜色的枚举类。

```
package com.yootk.demo;
enum Color {                            // 定义枚举类
    RED, GREEN, BLUE;                   // 表示此处为实例化对象
}
public class TestDemo {
    public static void main(String[] args) {
```

```
        Color red = Color.RED;        // 直接取得枚举对象
        System.out.println(red);
    }
}
```
程序执行结果：   RED

本程序定义了一个 Color 的类，同时在类中定义了 3 种颜色对象（RED、GREEN、BLUE），当需要表示红色时只需要调用 Color 类中的 RED 对象即可，同时输出对象信息时默认内容就是对象的名称。

提示：枚举属于简化的多例设计模式。

实际上对于范例 8-26 的程序功能，在本书第 5 章讲解多例设计模式中曾经为读者讲解过。下面使用多例设计模式实现一个与之类似的功能。

范例 8-28： 利用多例设计模式实现类似枚举的操作。

```
package com.yootk.demo;
class Color {
    private String title;
    private static final Color RED = new Color("红色");
    private static final Color GREEN = new Color("绿色");
    private static final Color BLUE = new Color("蓝色");
    private Color(String title) {
        this.title = title;
    }
    public static Color getInstance(int ch) {
        switch (ch) {
        case 1:
            return RED;
        case 2:
            return GREEN;
        case 3:
            return BLUE;
        default:
            return null;
        }
    }
    public String toString() {
        return this.title;
    }
}
public class TestDemo {
    public static void main(String[] args) {
        Color red = Color.getInstance(1);
        System.out.println(red);
    }
}
程序执行结果：    红色
```

如果使用多例设计模式时，必须保证构造方法要封装，同时还需要提供 static 方法取得本类对象。这样的做法是在 JDK 1.5 之前使用的，而通过对比，读者可以明显地发现，枚举的实现更加简单。所以枚举实现的就是多例设计模式，这样读者也就可以理解为什么在定义枚举对象时字母全部使用大写了。此时读者也可以发现，枚举可以利用多例来替代，所以在实际的 Java 开发中，有许多不习惯使用枚举的开发者，也不会去选择使用枚举进行开发。

随着枚举技术的讲解深入，开发者也可以在枚举中定义其他结构，例如：方法、属性等。

枚举只需要使用 enum 关键字就可以定义，但是严格来讲，枚举只是类结构的加强而已。因为在 Java 中使用 enum 定义的枚举类就相当于默认继承 java.lang.Enum 类，此类定义如下。

```
public abstract class Enum<E extends Enum<E>>
extends Object
implements Comparable<E>, Serializable
```

从定义中可以发现，Enum 类本身是一个抽象类，而抽象类在使用时必须被子类继承，同时在这个抽象类里面提供了表 8-1 所示的方法。

表 8-1　Enum 类定义的方法

No.	方法	类型	描述
1	protected Enum(String name, int ordinal)	构造	传递枚举对象的名字和序号
2	public final int ordinal()	普通	取得当前枚举对象的序号
3	public final String name()	普通	取得当前枚举对象的名字

在任何枚举类中都可以使用表 9-1 所示的操作方法，并且每个枚举类中的对象在定义时都会按照其定义的顺序自动分配一个序号。

提示：关于 Enum 类中提供的构造方法。

本书一再强调枚举就是一种简化的多例设计模式。而多例设计模式中最为关键的部分是构造方法私有化。但是 Enum 类设计时考虑到继承与子类实例化调用构造的因素，所以构造方法上使用了 protected 权限定义，这也是一种封装（只要权限不是 public 都表示封装）。

范例 8-29：使用 Enum 定义的方法。

```
package com.yootk.demo;
enum Color {                              // 定义枚举类
    RED, GREEN, BLUE;                     // 表示此处为实例化对象
}
public class TestDemo {
    public static void main(String[] args) {
        Color red = Color.RED;            // 直接取得枚举对象
        System.out.println("枚举对象序号：" + red.ordinal());
        System.out.println("枚举对象名称：" + red.name());
```

```
        }
}
```

程序执行结果：　　　枚举对象序号：0
　　　　　　　　　　　枚举对象名称：RED

本程序在枚举对象中使用了 Enum 类定义的方法，由于 RED 对象是被最先定义的，所以其序号为 0。

常见面试题分析：请解释一下 enum 和 Enum 的关系。

　　enum 是 JDK 1.5 之后定义的新关键字，主要用于定义枚举类型，在 Java 中每一个使用 enum 定义的枚举类型实际上都表示一个类默认继承了 Enum 类。

枚举类除了可以继承 Enum 抽象类提供的方法外，还定义了一个 values()方法，这个方法会将枚举类中的全部对象以对象数组的形式返回。

范例 8-30：返回枚举中的全部内容。

```
package com.yootk.demo;
enum Color {                              // 定义枚举类
    RED, GREEN, BLUE;                     // 表示此处为实例化对象
}
public class TestDemo {
    public static void main(String[] args) {
        for(Color c : Color.values()) {
            System.out.println(c.ordinal() + " - " + c.name());
        }
    }
}
```

程序执行结果：　　　0 - RED
　　　　　　　　　　　1 - GREEN
　　　　　　　　　　　2 - BLUE

本程序利用 values()方法返回了枚举中的全部对象信息，同时读者可以观察到，枚举对象的序号都是按照定义顺序自动生成的。

8.5.2　定义其他结构

按照之前的理解，枚举就属于多例设计模式，那么既然是多例设计模式，类中肯定有多种组成，包括属性、方法、构造方法，在枚举中也同样可以定义以上内容，但是此处需要注意以下两点问题。

● 枚举中定义的构造方法不能使用 public 声明，如果没有无参构造，要手工调用构造传递参数；

● 枚举对象必须要放在首行，随后才可以定义属性、构造、普通方法等结构。

定义其他结构

范例 8-31：扩充枚举功能。

```
package com.yootk.demo;
enum Color {
    RED("红色"), GREEN("绿色"), BLUE("蓝色");      // 定义枚举对象，必须写在首行
    private String title;                         // 属性
    private Color(String title) {                 // 构造方法，不能使用 public 声明
```

```
        this.title = title;
    }
    public String toString() {                    // 覆写toString()方法
        return this.title;
    }
}
public class TestDemo {
    public static void main(String[] args) {
        for (Color c : Color.values()) {          // 取得全部枚举对象
            System.out.print(c + "、");           // 直接输出对象调用 toString()
        }
    }
}
```
程序执行结果：　　红色、绿色、蓝色、

　　本程序在枚举中定义了参构造方法，所以在创建枚举对象时必须传递具体的参数内容，同时该类中又覆写了 toString()方法，可以直接取得枚举对象的内容。

　　范例 8-32：枚举实现接口。

```
package com.yootk.demo;
interface IMessage {
    public String getTitle() ;
}
enum Color implements IMessage {                  // 实现接口
    RED("红色"), GREEN("绿色"), BLUE("蓝色");      // 定义枚举对象，都是IMessage接口实例
    private String title;                         // 属性
    private Color(String title) {                 // 构造方法，不能使用public声明
        this.title = title;
    }
    public String getTitle() {                    // 覆写方法
        return this.title ;
    }
    public String toString() {                    // 覆写toString()方法
        return this.title;
    }
}
public class TestDemo {
    public static void main(String[] args) {
        IMessage msg = Color.RED ;                // 实例化接口对象
        System.out.println(msg.getTitle());
    }
}
```
程序执行结果：　　红色

　　本程序首先让枚举类实现了 IMessage 接口，然后在枚举中覆写了 getTitle()方法。由于枚举实现了接口，所以所有的枚举对象都是 IMessage 接口的实例。

范例 8-31 是在枚举类中明确地定义了一个公共的 getTitle()方法，除了这种接口实现方式外，也可以采用匿名内部类的方式，让每一个枚举对象都分别覆写 getTitle()方法。

范例 8-33：另外一种接口的实现。

```
package com.yootk.demo;
interface IMessage {
    public String getTitle() ;
}
enum Color implements IMessage {                // 实现接口
    RED("红色") {                                // 适应匿名内部类的方式实现接口
        public String getTitle() {
            return this + " – red";
        }
    },
    GREEN("绿色") {                              // 适应匿名内部类的方式实现接口
        public String getTitle() {
            return this + " – green";
        }
    },
    BLUE("蓝色") {                               // 适应匿名内部类的方式实现接口
        public String getTitle() {
            return this + " – blue";
        }
    };
    private String title;                       // 属性
    private Color(String title) {               // 构造方法，不能使用public声明
        this.title = title;
    }
    public String toString() {                  // 覆写toString()方法
        return this.title;
    }
}
public class TestDemo {
    public static void main(String[] args) {
        IMessage msg = Color.RED ;              // 实例化接口对象
        System.out.println(msg.getTitle());
    }
}
```
程序执行结果：   红色 – red

本程序并没有在枚举类中直接覆写 getTitle()方法，而是在每一个枚举类的对象上采用匿名内部类的方式定义了接口的实现操作。

除了实现接口外，在枚举类中也可以直接定义抽象方法，这样枚举中的每一个对象都必须在声明时覆写抽象方法。

范例 8-34：定义抽象方法并覆写。

```java
package com.yootk.demo;
enum Color {
    RED("红色") {                                  // 适应匿名内部类的方式实现接口
        public String getTitle() {
            return this + " - red";
        }
    },
    GREEN("绿色") {                                // 适应匿名内部类的方式实现接口
        public String getTitle() {
            return this + " - green";
        }
    },
    BLUE("蓝色") {                                 // 适应匿名内部类的方式实现接口
        public String getTitle() {
            return this + " - blue";
        }
    };
    private String title;                          // 属性
    private Color(String title) {                  // 构造方法，不能使用 public 声明
        this.title = title;
    }
    public String toString() {                     // 覆写toString()方法
        return this.title;
    }
    public abstract String getTitle() ;            // 定义抽象方法
}
public class TestDemo {
    public static void main(String[] args) {
        System.out.println(Color.RED.getTitle());
    }
}
```

程序执行结果：　　红色 - red

本程序在枚举类中定义了一个 getTitle()的抽象方法，这样枚举中的每一个对象都必须覆写此方法。

8.5.3　枚举的实际作用

枚举最大的作用就是限定一个类的对象的产生格式，并且其要比多例设计模式更加简单，但是从 JDK 1.5 后由于枚举的提供，对应的 switch 功能也就发生了改变，即可以直接支持枚举判断。

枚举的实际应用

提示：关于 switch 允许的操作类型。

对于 switch 中判断数据的支持，随着 JDK 版本的升高也越来越完善。

• 在 JDK 1.5 之前，switch 只能操作 int 或 char 型数据；

	• 在 JDK 1.5 之后 JDK 1.7 之前，switch 可以操作 enum 型；
	• 在 JDK 1.7 之后，switch 可以操作 String 型。

范例 8-35：在 switch 语句上使用枚举。

```
package com.yootk.demo;
enum Color {
    RED, GREEN, BLUE;
}
public class TestDemo {
    public static void main(String[] args) {
        Color c = Color.RED;
        switch (c) {                      // 支持枚举判断
            case RED:                     // 判断枚举内容
                System.out.println("这是红色！");
                break;
            case GREEN:                   // 判断枚举内容
                System.out.println("这是绿色！");
                break;
            case BLUE:                    // 判断枚举内容
                System.out.println("这是蓝色！");
                break;
        }
    }
}
```
程序执行结果：   这是红色！

本程序在 switch 上可以直接针对枚举类型进行判断，在每一个 case 中只需要定义要匹配的枚举对象内容即可。

枚举本身属于类的结构，所以其也可以直接应用在类定义上。下面定义一个表示人员性别的枚举类，并且在人员类中使用。

范例 8-36：在类设计结构中使用枚举。

```
package com.yootk.demo;
enum Sex {
    MALE("男"), FEMALE("女") ;
    private String title ;
    private Sex(String title) {
        this.title = title ;
    }
    public String toString() {
        return this.title ;
    }
}
class Member {
    private String name ;
    private int age ;
```

```
    private Sex sex ;              // 定义性别属性
    public Member(String name,int age,Sex sex) {
        this.name = name ;
        this.age = age ;
        this.sex = sex ;
    }
    public String toString() {
        return "姓名：" + this.name + "，年龄：" + this.age + "，性别：" + this.sex ;
    }
}
public class TestDemo {
    public static void main(String[] args) {
        System.out.println(new Member("李兴华", 36, Sex.MALE));
    }
}
```
程序执行结果：　　　姓名：李兴华，年龄：36，性别：男

　　由于性别是有限的对象范围，所以本程序用枚举定义了性别，同时在 Member 类中定义性别属性时直接使用了枚举，这样就保证人员的性别只有男或女两个对象可以使用。

提示：不使用枚举也可以实现。

　　　　实际上对于范例 8-35 的程序开发，不少读者会认为即使不使用枚举，要实现同样的功能也不困难，事实上的确如此。由于在最早期设计时，Java 并没有使用枚举，所以导致许多开发者已经习惯于不使用枚举进行开发。而后期之所以加入，也是考虑到其他语言的开发者转到 Java 开发后的适应性问题。所以本书对枚举的观点只有一个："如果你是一个已经习惯于使用枚举开发的人员，那么就继续使用，如果你没有习惯于使用枚举，那么不如不用"。

8.6 Annotation

Annotation 简介

　　JDK 1.5 之后，最具有鲜明特点的莫过于注解技术的提出与应用，利用注解技术可以回避面向对象中覆写方法名称固定的问题，并且其直观的描述也适合开发者进行程序的编写。

技术穿越：关于 Annotation 的问题。

　　　　Annotation 是 Java 中较为复杂的一个问题，当然，它的复杂并不是使用复杂，而是定义开发非常的复杂。如果要想开发 Annotation，需要有容器的支持才可以正常进行，在作者的《名师讲坛——Java 开发实战经典》一书中有关于 Annotation 开发的讲解。

　　　　同时也需要提醒读者的是，正是因为 Annotation 技术的广泛使用，所以在 JPA 标准、Spring 开发框架、HTML 5 等技术使用环境中，才不会让开发者更多地受限于方法名称的困境中。对于这部分内容读者还需要学习更多的高级课程，但这些内容不是本书的编写范畴。

在 Java SE 里为了方便用户编写代码，提供了 3 种最为常用的基础 Annotation 定义，分别是：@Override、@Deprecated 和@SuppressWarnings。

技术穿越：关于软件的开发设计问题。

为了帮助读者更好地理解 Annotation 的好处，下面设计一个简单的案例来为读者进行说明。假设有一套程序，由于某些操作需要连接 3 个不同的服务器（用户授权服务器、图片服务器、信息服务器），这 3 个服务器都有各自的地址，那么此时对于程序的实现就可能有以下 3 种方式。

- 方式一：将所有与配置相关的内容直接写到代码中；
- |- 优点：代码编写方便；
- |- 缺点：如果服务器地址变更或者相关信息增多，则代码维护困难。
- 方式二：将配置与程序代码独立，即程序运行时根据配置文件进行操作；
- |- 优点：代码维护方便，当信息变更时直接修改配置文件，而程序不需要改变；
- |- 缺点：当配置信息增多后，配置文件也会相应增加，程序维护困难。
- 方式三：配置信息对用户而言无用，而且胡乱地修改还会导致程序错误，所以可以将配置信息写回到程序里，但是需要利用一些明显的标记来区分配置信息与程序。
- |- 优点：不再需要单独定义配置文件，可以减少代码数量；
- |- 缺点：需要容器支持，开发难度较高。

以上为读者列出的 3 种使用方式实际上也是软件开发的演变过程。在现在的开发中方式二与方式三使用最为广泛，虽然方式三的开发要比方式二更加容易，但是方式二适合于隐藏代码的模式（要变更直接修改配置文件，但是不需要提供给用户源代码）。至于开发中使用哪种，要根据开发者所在的项目团队来决定。

8.6.1 准确的覆写：@Override

准确覆写

当进行方法覆写时，为了保证子类所覆写的方法的确是父类中定义过的方法，就可以加上 "@Override" 注解，这样即用户覆写方法时出现了错误，也可以在编译时直接检查出来。

范例 8-37：准确覆写。

```java
class Book {
    @Override                    // 只要正确进行了覆写，就不会出现编译的语法错误
    public String toString() {   // 原本打算覆写 toString()
        return "《名师讲坛 —— Oracle 开发实战经典》";
    }
}
```

本程序中 Book 类覆写了 Object 父类中的 toString()方法，为了保证此方法覆写的正确性，在方法定义上使用了 "@Override" 注解。

提示：不写"@Override"在正确覆写时没有任何问题，但是一旦覆写错误将无法验证。

在开发中经常由于键入代码错误，而导致方法没有正确覆写。

范例 8-38：错误的程序。

```
class Book {
    public String tostring() {      // 原本打算覆写 toString()
        return "这是一本书！"；
    }
}
```

本程序原本打算覆写 Object 类中的 toString()方法，但是字母大小写输入错误，所以此时将无法正确覆写，而如果有了"@Override"注解后就可以在程序编译时检查出来。

8.6.2 声明过期操作：@Deprecated

过期声明

如果有一个专门负责完成某些功能的工具包，里面有一个 Hello 类，在 Book 类里面有一个 fun()方法，在所有项目最初的发展阶段，fun()方法非常完善，并且已经在大量的项目代码中正常使用。但是后来随着开发技术的不断加强，发现 fun()方法的功能不足，于是这时对于开发者有以下两个修改 fun()方法的选择。

- 选择一：直接在新版本的工具包里面取消 fun()方法，同时直接给出新的 fun2()方法；
- 选择二：在新版本的开发包里面保存 fun()方法，但是通过某种途径告诉新的开发者，此方法有问题，并且提供 fun2()这个新的方法供开发者使用。

很明显，这两种选择中第二种会比较合适，因为第二种做法可以兼顾已使用项目的情况。这时就可以使用"@Deprecated"注解来声明过期的不建议使用的方法。

范例 8-39：声明过期操作。

```
package com.yootk.demo;
class Book {
    @Deprecated                         // 此方法为过期操作
    public void fun() {                 // 使用会有警告，但是不会出错
    }
}
public class TestDemo {
    public static void main(String[] args) {
        Book book = new Book();
        book.fun();                     // 此方法不建议使用
    }
}
```

本程序中 Book 类中的 fun()方法上使用"@Deprecated"注解声明，这样就表示此方法不建议使用，如果在开发中继续使用此方法，就会出现警告信息。

技术穿越：Java 中许多类都存在此注解。

现在为止学习过最完整的类就是 java.lang.String 类，在 String 类中读者会发现有不少的方法解释中都会存在 "Deprecated." 的提示信息，这些方法都表示不建议继续使用的方法。随着学习的深入，以后也会见到越来越多的过期方法定义，读者在开发中要尽量回避这些操作。

8.6.3　压制警告：@SuppressWarnings

压制警告

如果使用了不安全的操作，程序在编译时一定会出现安全警告（例如：使用实例化支持泛型类时，没有指定泛型类型），而如果很多情况下，开发者已经明确地知道这些警告信息却执意按照固定方式处理，那么这些警告信息的重复出现就有可能造成开发者的困扰，这时可以在有可能出现警告信息的代码上使用 "@SuppressWarnings" 压制所有出现的警告信息。

范例 8-40：压制多个警告信息。

```
package com.yootk.demo;
class Book<T> {
    private T title;
    public void setTitle(T title) {
        this.title = title;
    }
    public T getTitle() {
        return title;
    }
}
public class TestDemo {
    @SuppressWarnings({ "rawtypes", "unchecked" })
    public static void main(String[] args) {
        Book book = new Book();        // 没有声明泛型，产生 "rawtypes" 警告信息
        book.setTitle("HELLO");        // 出现警告信息，产生 "unchecked" 警告信息
    }
}
```

本程序在主方法上使用了两个不安全的操作，一个是实例化 Book 类对象时没有设置泛型类型，另外一个是在调用 setTitle() 方法时由于没有设置正确的泛型，所以也会出现警告信息。而使用 "@SuppressWarnings" 就可以让这些警告信息消失，不再重复提示。

8.7　接口定义加强

接口定义加强

在 Java 中，接口是解决多继承的主要手段，并且接口是由抽象方法和全局常量组成。而这样的设计从 JDK 1.8 后开始发生改变，即从 JDK 1.8 开始可以在接口中定义普通方法（使用 default 声明）与静态方法（使用 static 声明）。

技术穿越：关于接口定义加强的产生背景。

实际上 JDK 1.8 提供的接口加强定义操作也是为了解决设计上的困境。从 JDK 1.0（约 1995 年）开始到 JDK 1.7（约 2013 年）期间，接口里面就只能定义抽象方法与全局常量，于是就产生了一个问题：某一个接口使用非常广泛，并且这个接口已经产生了至少 30 万个子类，可是如果突然有一天发现，这个接口设计的功能不足，需要扩充一些新的操作方法，并且这些操作方法对于所有的子类实现都是完全相同的。很明显，如果按照已有的习惯，那么该方法肯定要在所有的子类中重复覆写 30 万次，这样的设计就显得非常糟糕。所以从 JDK 1.8 开始对于接口的定义要求开始放宽，接口里面可以定义抽象方法与静态方法，并且这些方法可以根据子类继承的原则被所有的接口子类继承，那么之前的方法扩充问题也就得到了很好的解决。

如果要在接口中定义普通方法，那么该方法上必须使用 default 来进行定义。

范例 8-41： 定义普通方法。

```java
package com.yootk.demo;
interface IMessage {                    // 定义接口
    public void print();                // 这是一个接口里面原本定义的方法
    default void fun() {                // 在接口里面定义了一个普通的方法
        System.out.println("更多课程请访问：www.yootk.com");
    }
}
class MessageImpl implements IMessage {
    @Override
    public void print() {               // 覆写print()方法
        System.out.println("魔乐科技软件学院：www.mldn.cn");
    }
}
public class TestDemo {
    public static void main(String[] args) {
        IMessage msg = new MessageImpl();
        msg.print();            // 子类已覆写接口方法
        msg.fun();              // 此方法是在接口里面直接定义的
    }
}
```
程序执行结果：   魔乐科技软件学院：www.mldn.cn（"msg.print();"语句执行结果）
                更多课程请访问：www.yootk.com（"msg.fun();"语句执行结果）

本程序在 IMessage 接口中定义了一个 fun() 方法，由于此方法是一个普通方法，所以必须使用 default 进行声明，同时该方法会自动被 MessageImpl 子类继承。

使用 default 定义普通方法，需要利用实例化对象明确调用。如果用户有需要还可以使用 static 定义方法，这样该方法就可以由接口名称直接调用。

范例 8-42： 定义 static 方法。

```java
package com.yootk.demo;
interface IMessage {                // 定义接口
```

```
        public void print();        // 这是一个接口里面原本定义的方法
        static void get() {
            System.out.println("更多课程请访问：www.yootk.com");
        }
}
public class TestDemo {
    public static void main(String[] args) {
        IMessage.get();        // 直接利用接口调用静态方法
    }
}
```

程序执行结果：   更多课程请访问：www.yootk.com

本程序在 IMessage 接口中定义了 static 方法，这样即使在没有 IMessage 接口实例化对象时也可以直接通过接口名称进行调用。

提示：开发初期不要考虑定义 static 方法设计。

对于接口的定义与开发，从笔者的角度来讲，开发初期并不建议这样编写，还是应该按照传统的方式，在接口中只定义抽象方法或全局常量，如果开发中确有需要，再考虑使用 default 或 static 定义方法。

8.8　Lambda 表达式

Lamda 表达式

Lambda 表达式是 JDK 1.8 引入的重要技术特征。所谓 Lambda 表达式指的是应用在单一抽象方法（Single Abstract Method，SAM）接口环境下的一种简化定义形式，可以用于解决匿名内部类的定义复杂问题。

范例 8-43： Lambda 表达式入门操作。

```
package com.yootk.demo;
interface IMessage {
    public void print();
}
public class TestDemo {
    public static void main(String[] args) {
        // 此处为Lambda表达式，没有任何输入参数，只是进行输出操作
        fun(() -> System.out.println("更多课程请访问：www.yootk.com"));
    }
    public static void fun(IMessage msg) {
        msg.print();
    }
}
```

程序执行结果：   更多课程请访问：www.yootk.com

在本程序中所使用的 "() -> System.out.println("更多课程请访问：www.yootk.com")" 就属于 Lambda 表达式的定义格式，其目的是覆写 IMessage 接口中的 print()方法，相当于匿名内部类的操作形式。

提示：Lambda 表达式与匿名内部类进行对比。

为了方便读者进行比较，下面使用匿名内部类来实现以上同样的操作。

范例 8-44：使用匿名内部类操作。

```java
package com.yootk.demo;
interface IMessage {
    public void print() ;
}
public class TestDemo {
    public static void main(String[] args) {
        fun(new IMessage() {          // 等价于Lambda表达式定义
            @Override
            public void print() {
                System.out.println("更多课程请访问：www.yootk.com") ;
            }
        });
    }
    public static void fun(IMessage msg) {
        msg.print() ;
    }
}
```

程序执行结果：   更多课程请访问：www.yootk.com

本程序利用匿名内部类实现了与 Lambda 表达式完全一样的功能，当然，从最终的代码来看，使用 Lambda 表达式的确要比使用匿名内部类简洁。

清楚了 Lambda 表达式的基本作用后，下面来观察 Lambda 表达式的语法。

(参数) -> 方法体

对于范例 8-42 的代码 "() -> System.*out*.println("更多课程请访问：www.yootk.com")" 实际上就可以根据图 9-1 所对应的关系来进行描述。

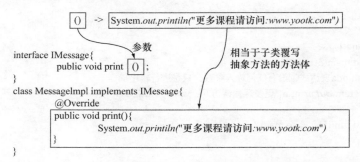

图 8-1 Lambda 表达式与接口及实现子类的对应关系

注意：关于 "@FunctionalInterface" 注解的使用。

在 Lambda 表达式中已经明确要求是在接口上进行的一种操作，并且接口中只允许定义一个抽象方法。但是在一个项目开发中往往会定义大量的接口，而为了分辨出

Lambda 表达式的使用接口，可以在接口上使用"@FunctionalInterface"注解声明，这样就表示此为函数式接口，里面只允许定义一个抽象方法。

范例 8-45： 函数式接口。

```
@FunctionalInterface
interface IMessage {
    public void print() ;
}
```

从理论上讲，如果一个接口只有一个抽象方法，写与不写"@FunctionalInter face"注解是没有区别的，但是从标准上讲，还是建议读者写上此注解。同时需要注意的是，在函数式接口中依然可以定义普通方法与静态方法。

范例 8-44 的代码属于没有接收参数并且方法体只有一行执行语句的情况，但是很多时候，方法需要定义参数，并且方法体可能会有多行语句，所以对于 Lambda 表达式的使用有如下 3 种形式。

- 方法主体为一个表达式：(params) -> expression；
- 方法主体为一行执行代码：(params) -> statement；
- 方法主体需要编写多行代码：(params) -> { statements}。

范例 8-46： 编写多行语句。

```
package com.yootk.demo;
@FunctionalInterface
interface IMessage {
    public void print() ;
}
public class TestDemo {
    public static void main(String[] args) {
        String info = "魔乐科技软件学院：www.mldn.cn" ;
        fun(() -> {
            System.out.println("更多课程请访问：www.yootk.com") ;
            System.out.println(info) ;          // 输出方法中的变量
        });
    }
    public static void fun(IMessage msg) {
        msg.print() ;
    }
}
程序执行结果：        更多课程请访问：www.yootk.com
                     魔乐科技软件学院：www.mldn.cn
```

本程序在定义 Lambda 表达式方法体时由于存在多行执行语句，所以使用"{}"进行声明。

提示：关于匿名内部类 final 的使用问题。

在本书前面讲解内部类概念时曾经为读者强调过，在 JDK 1.8 以前如果内部类要访问方法的参数或方法中定义的变量，需要使用 final 进行定义，而 JDK 1.8 之后将此限制取消了。这样做有很大程度上是为了 Lambda 表达式准备的。

范例 8-47：定义有参数有返回值的方法。

```
package com.yootk.demo;
@FunctionalInterface
interface IMessage {
    public int add(int x, int y);
}
public class TestDemo {
    public static void main(String[] args) {
        fun((s1, s2) -> {                    // 传递两个参数，此处只是一个参数标记
            return s1 + s2;
        });
    }
    public static void fun(IMessage msg) {
        System.out.println(msg.add(10, 20));
    }
}
```

程序执行结果：　　30

本程序首先在 IMessage 接口中定义了一个 add() 方法，这个方法上要接收两个 int 型参数。然后要在相应的 Lambda 表达式中定义同样个数的参数（此处为 s1 和 s2，只是一个标记），这样就可以在 Lambda 表达式中使用参数数据进行计算了。

提示：如果只是简单计算并返回，则可以省略 return，直接编写表达式。

在范例 8-46 程序中方法体中只编写了一行返回语句，对于这样的操作，Lambda 表达式可以简化处理，即取消 "{}" 声明，直接编写数学计算表达式。

范例 8-48：直接返回计算结果。

```
public static void main(String[] args) {
    // 直接返回两个参数的计算结果，省略 return
    fun((s1, s2) -> s1 + s2);
}
```

本程序的计算结果与范例 8-46 的结果一样，但是其结构更加简短。

范例 8-49：传递可变参数。

```
package com.yootk.demo;
@FunctionalInterface
interface IMessage {
    public int add(int ... args);
    static int sum(int ... args) {                   // 此方法可以由接口名称直接调用
        int sum = 0;
        for (int temp : args) {
            sum += temp;
        }
        return sum;
    }
```

```
}
public class TestDemo {
    public static void main(String[] args) {
        // 在Lambda表达式中直接调用接口里定义的静态方法
        fun((int... param) -> IMessage.sum(param));
    }
    public static void fun(IMessage msg) {
        System.out.println(msg.add(10, 20, 30));    // 传递可变参数
    }
}
程序执行结果:    60
```

本程序首先在接口中定义了一个 sum() 的静态方法,然后在使用 Lambda 表达式时直接传递了可变参数,并且调用 sum() 进行求和计算。

8.9 方法引用

在 Java 中利用对象的引用传递可以实现不同的对象名称操作同一块堆内存空间,而从 JDK 1.8 开始,在方法上也支持了引用操作,这样就相当于为方法定义了别名。对于方法引用,Java 8 一共定义了以下 4 种操作形式。

方法引用

- 引用静态方法:类名称 :: static 方法名称;
- 引用某个对象的方法:实例化对象 :: 普通方法;
- 引用特定类型的方法:特定类 :: 普通方法;
- 引用构造方法:类名称 :: new。

范例 8-50:引用静态方法,本次将引用在 String 类里的 valueOf() 的静态方法 (public static String valueOf(int x))。

```
package com.yootk.demo;
/**
 * 实现方法的引用接口
 * @param <P> 引用方法的参数类型
 * @param <R> 引用方法的返回类型
 */
@FunctionalInterface
interface IMessage<P, R> {
    /**
     * 此处为方法引用后的名字
     * @param p 参数类型
     * @return 返回指定类型的数据
     */
    public R zhuanhuan(P p);
}
public class TestDemo {
    public static void main(String[] args) {
```

```
        // 将String.valueOf()方法变为IMessage接口里的zhuanhuan()方法
        // valueOf()方法可以接收int型数据，返回String型数据
        IMessage<Integer, String> msg = String::valueOf;
        String str = msg.zhuanhuan(1000);            // 调用引用方法进行操作
        System.out.println(str.replaceAll("0", "9"));
    }
}
```
程序执行结果：   1999

本程序将 String 类的 valueOf() 方法引用为 IMessage 接口中的 "zhuanhuan()" 方法，这样当调用 zhuanhuan() 方法时，实际上就相当于调用了 String.valueOf() 方法。

范例 8-51：普通方法引用，本次引用 String 类中的 toUpperCase() 方法（public String toUpper Case()）。

```
package com.yootk.demo;
/**
 * 实现方法的引用接口
 * @param <P> 引用方法的参数类型
 * @param <R> 引用方法的返回类型
 */
@FunctionalInterface
interface IMessage<R> {
    public R upper() ;
}
public class TestDemo {
    public static void main(String[] args) {
        // String 类的 toUpperCase() 定义：public String toUpperCase()
        // 此方法没有参数，但是有返回值，并且这个方法一定要在有实例化对象的情况下才可以调用
        // "yootk" 字符串是 String 类的实例化对象，所以可以直接调用 toUpperCase() 方法
        // 将 toUpperCase() 函数的应用交给了 IMessage 接口
        IMessage<String> msg = "yootk"::toUpperCase ;
        String str = msg.upper() ;        // 相当于 ""yootk".toUpperCase()"
        System.out.println(str);
    }
}
```
程序执行结果：   YOOTK

String 类中提供的 toUpperCase() 方法一般都需要通过 String 类的实例化对象才可以调用，所以本程序使用实例化对象引用类中的普通方法（**"yootk" :: toUpperCase**）为 IMessage 接口的 upper()，即调用 upper() 方法就可以实现 toUpperCase() 方法的执行结果。

在进行方法引用的过程中，还有另外一种形式的引用（它需要特定类的对象支持），正常情况下如果使用 "**类 :: 方法**"，引用的一定是类中的静态方法，但是这种形式也可以引用普通方法。

例如：在 String 类里面有一个方法：public int compareTo(String anotherString)。

如果要进行比较的操作，则可以采用的代码形式是：字符串 1 对象.compareTo(字符串 2 对象)，也就是说如果要引用这个方法就需要准备两个参数。

范例 8-52：引用特定类的方法。

```
package com.yootk.demo;
@FunctionalInterface
interface IMessage<P> {
    public int compare(P p1, P p2) ;
}
public class TestDemo {
    public static void main(String[] args) {
        IMessage<String> msg = String :: compareTo ;    // 引用 String 类的普通方法
        // 传递调用的参数，形式为："A".compareTo("B")
        System.out.println(msg.compare("A", "B"));
    }
}
程序执行结果：    -1
```

本程序直接引用了 String 类中的 compareTo() 方法，由于此方法调用时需要指定对象，所以在使用引用方法 compare() 时就必须传递两个参数。与之前引用操作相比，方法引用前不再需要定义具体的类对象，而是可以理解为将需要调用方法的对象作为参数进行传递。

范例 8-53：引用构造方法。

```
package com.yootk.demo;
@FunctionalInterface
interface IMessage<C> {
    public C create(String t, double p);        // 引用构造方法
}
class Book {
    private String title;
    private double price;
    public Book(String title, double price) {    // 有两个参数的构造
        this.title = title;
        this.price = price;
    }
    @Override
    public String toString() {
        return "书名：" + this.title + ", 价格：" + this.price;
    }
}
public class TestDemo {
    public static void main(String[] args) {
        IMessage<Book> msg = Book::new;         // 引用构造方法
        // 调用的虽然是 create()，但是这个方法引用的是 Book 类的构造
        Book book = msg.create("Java开发实战经典", 79.8);
        System.out.println(book);
    }
}
程序执行结果：    书名：Java 开发实战经典, 价格：79.8
```

本程序定义的 IMessage 接口主要是进行 Book 类构造方法的引用，由于构造方法执行后会返回 Book 类的实例化对象，所以在定义 IMessage 接口时需要使用泛型定义要产生的对象类型。

8.10 内建函数式接口

内建函数式接口

在方法引用的操作过程中，读者可以发现，不管如何进行操作，对于可能出现的函数式接口的方法也最多只有 4 类：有参数有返回值、有参数无返回值、无参数有返回值、判断真假。为了简化开发者的定义以及实现操作的统一，从 JDK 1.8 开始提供了一个新的开发包：java.util.function，并且在这个包中提供了以下 4 个核心的函数式接口。

1. 功能型接口（Function）

|– 接口定义如下。

```
@FunctionalInterface
public interface Function<T, R> {
    public R apply(T t);
}
```

|– 主要作用：此接口需要接收一个参数，并且返回一个处理结果。

2. 消费型接口（Consumer）

|– 接口定义如下。

```
@FunctionalInterface
public interface Consumer<T> {
    public void accept(T t);
}
```

|– 主要作用：此接口只是负责接收数据（引用数据时不需要返回），并且不返回处理结果。

3. 供给型接口（Supplier）

|– 接口定义如下。

```
@FunctionalInterface
public interface Supplier<T> {
    public T get();
}
```

|– 主要作用：此接口不接收参数，但是可以返回结果。

4. 断言型接口（Predicate）

|– 接口定义如下。

```
@FunctionalInterface
public interface Predicate<T> {
    public boolean test(T t);
}
```

|– 主要作用：进行判断操作使用。

提示：java.util.function 包中存在大量类似功能的其他接口。

在以上给出的 4 个函数式接口内部除了指定的抽象方法外，还提供了一些 default 或 static 方法，这些方法不在本书讨论范围之内。另外，需要提醒读者的是，以上 4 个接口

是 java.util.function 包中的核心接口，而在这 4 个接口上也定义了接收更多参数的函数式 接口，有兴趣的读者可以自己查阅。

范例 8-54：使用功能型函数式接口——接收参数并且返回一个处理结果。本操作将利用 Function 接口引用，String 类 "public boolean startsWith(String str)" 方法。

```java
package com.yootk.demo;
import java.util.function.Function;
public class TestDemo {
    public static void main(String[] args) {
        Function<String, Boolean> fun = "##yootk"::startsWith;
        System.out.println(fun.apply("##"));        // 相当于利用对象调用startsWith()
    }
}
```
程序执行结果：   true

如果要使用功能型接口，就必须保证有一个输入参数并且有返回值，由于映射的是 String 类的 startsWith() 方法，所以使用此方法时必须传入参数（String 型），同时要返回一个判断结果（boolean 型）。

范例 8-55：消费型接口。消费型接口主要是接收参数但是不返回数据，所以本次映射 System.out.println(String str) 方法。

```java
package com.yootk.demo;
import java.util.function.Consumer;
public class TestDemo {
    public static void main(String[] args) {
        Consumer<String> cons = System.out::print;
        cons.accept("更多课程，请访问：www.yootk.com");
    }
}
```
程序执行结果：   更多课程，请访问：www.yootk.com

本程序利用消费性接口接收了 System.out.println() 方法的引用，此方法定义中需要接收一个 String 型数据，但是不会返回任何结果。

范例 8-56：供给型接口。供给型接口是不接收任何参数的，所以本次引用 String 类的 toUpperCase() 方法（public String toUpperCase()）。

```java
package com.yootk.demo;
import java.util.function.Supplier;
public class TestDemo {
    public static void main(String[] args) {
        Supplier<String> sup = "yootk"::toUpperCase;
        System.out.println(sup.get());
    }
}
```
程序执行结果：   YOOTK

本程序使用供给型函数式接口，此接口上不需要接收参数，所以直接利用 String 类的实例化对象引用了 toUpperCase() 方法，当调用 get() 方法后可以实现大写转换操作。

范例 8-57：断言型接口。断言型接口主要是进行判断操作，本身需要接收一个参数，同时会返回一个判断结果（boolean 型）。本次将引用 String 类中的 equalsIgnoreCase() 方法（public boolean equalsIgnoreCase(String str)）。

```java
package com.yootk.demo;
import java.util.function.Predicate;
public class TestDemo {
    public static void main(String[] args) {
        Predicate<String> pre = "yootk"::equalsIgnoreCase;
        System.out.println(pre.test("YOOTK"));
    }
}
```

程序执行结果：   true

本程序直接将 String 类的 equalsIgnoreCase() 普通方法利用断言型接口进行引用，然后进行忽略大小写比较。

本章小结

1. Java 新特性中提供了可变参数，这样在传递参数时就可以不用受到参数的个数限制，全部的参数将以数组的形式保存下来。

2. foreach 是 Java 中的新特性，主要目的是方便地输出数或集合组中的内容。

3. 泛型可以使程序的操作更加安全，避免发生类转换异常。

4. 在程序中如果使用类时没有指定泛型，泛型将被擦除掉，将使用 Object 接收参数。

5. 可以使用通配符 "?" 接收全部的泛型类型对象。

6. 通过 <? extends 类> 可以设置泛型的上限，通过 <? super 类> 可以设置泛型的下限。

7. 泛型方法可以定义在泛型类中，也可以定义在普通类中。

8. 泛型也可以在接口中定义，实现泛型接口的子类要指明具体的泛型类型。

9. 在程序中可以使用一个枚举来指定对象的取值范围，枚举就相当于一种简化版的多例设计模式。

10. 在 Java 中使用 enum 关键字定义一个枚举类，每一个枚举类都继承 Enum 类。

11. 在枚举中可以通过 values() 方法取得枚举中的全部内容。

12. 在枚举类中可以定义构造方法，则在设置枚举范围时必须显式地调用构造方法。

13. 一个枚举类可以实现一个接口或者直接定义一个抽象方法，但是每个枚举对象都必须分别实现全部的抽象方法。

14. Annotation 是 JDK 1.5 之后新增的功能，主要是使用注释的形式进行程序的开发。

15. 在系统中提供了 3 个内建的 Annotation：@Override、@Deprecated、@SuppressWarnings。

16. Lambda 表达式可以有效解决匿名内部类定义复杂的问题，使用更简单的函数式语句即可实现函数式接口（函数式接口可以使用 "@FunctionalInterface" 注解定义）。

17. 利用方法引用与函数式接口的概念，可以为方法定义别名，也可以简化 Lambda 表达式编程的重复性。

18. 从 JDK 1.8 开始，提供了 java.util.function 开发包，其中提供了 4 个核心的内建函数式接口：Function、Consumer、Supplier、Predicate 供用户直接使用。

课后习题

一、填空题

1. 在使用泛型类时，没有指定泛型的类型，则编译会出现＿＿＿＿＿＿信息，程序在使用时会使用＿＿＿＿＿＿类型进行接收。

2. 通过＿＿＿＿指定泛型的上限，通过＿＿＿＿指定泛型的下限。

3. 使用＿＿＿＿通配符可以接收全部的泛型类型实例，但却不可修改泛型属性内容。

4. Java 通过＿＿＿＿＿＿关键字定义一个枚举，使用此关键字实际上就相当于一个类继承＿＿＿＿＿＿。

5. 枚举中通过＿＿＿＿＿方法取得枚举的全部内容。

6. Java 提供的三个内建的 Annotation 是＿＿＿＿＿＿、＿＿＿＿＿＿和＿＿＿＿＿。

7. 从 JDK 1.8 之中，接口内可以定义三类方法：＿＿＿＿＿＿、＿＿＿＿＿＿和＿＿＿＿＿＿。

8. Java 提供了四个函数式接口，分别为：＿＿＿＿、＿＿＿＿、＿＿＿＿和＿＿＿＿。

二、判断题

1. 在枚举类中可以定义抽象方法，而抽象方法只需要实现一次即可。　　　　　　（　　）

2. 枚举中可以定义构造方法，但要求每个枚举对象都必须调用此构造方法。　　（　　）

3. 枚举中定义的构造方法可以使用 public 权限声明。　　　　　　　　　　　（　　）

4. 作为函数式接口，里面可以定义任意多个抽象方法。　　　　　　　　　　　（　　）

三、简答题

1. 简述泛型的作用。

2. 简述枚举的作用及实现特点。

3. 简述 Java SE 中三个内建 Annotation 的作用。

四、编程题

定义一个品牌计算机的枚举类，里面只有固定的几个计算机品牌，例如：Lenovo、HP、Dell、Apple、Acer。

第三部分

Java 高级编程

- 多线程
- Java 常用类库
- Java IO 编程
- Java 网络编程
- Java 类集框架
- Java 数据库编程

第 9 章

多线程

通过本章的学习可以达到以下目标：
- 理解进程与线程的区别
- 掌握 Java 中多线程的两种实现方式及区别
- 掌握线程的基本操作方法
- 理解多线程同步与死锁的概念
- 理解 Object 类对多线程的支持

多线程提供了一种更为快速的程序处理机制，而多线程也是 Java 的主要特点之一，在日后进行的 Java EE 开发中，大量地使用了多线程的概念，而在 Android 开发中，多线程也有极其重要的作用。本章将为读者讲解多线程开发的基本概念，为日后读者进行 Java EE 或 Android 开发打下良好的基础。

9.1 线程与进程

进程是程序的一次动态执行过程，它经历了从代码加载、执行到执行完毕的一个完整过程，这个过程也是进程本身从产生、发展到最终消亡的过程。多进程操作系统能同时运行多个进程（程序），由于 CPU 具备分时机制，所以每个进程都能循环获得自己的 CPU 时间片。由于 CPU 执行速度非常快，使得所有程序好像是在"同时"运行一样。

线程与进程

线程和进程一样，都是实现并发的一个基本单位。线程是比进程更小的执行单位，线程是在进程的基础之上进行的进一步划分。多线程是实现并发机制的一种有效手段。所谓多线程是指一个进程在执行过程中可以产生多个线程，这些线程可以同时存在、同时运行。一个进程可能包含多个同时执行的线程，如图 9-1 所示。

技术穿越：关于进程与线程。

如果要想解释多线程，那么首先应该从单进程开始讲起，最早的 DOS 系统有一个最大的特征：一旦计算机出现病毒，计算机会立刻死机，因为传统 DOS 系统属于单进程的处理方式，即在同一个时间段上只能有一个程序执行。后来到了 Windows 时代，计算机即使（非致命）存在病毒，也可以正常使用，只是慢一些而已，因为 Windows 属于多进程的处理操作，但是这时的资源依然只有一块，所以在同一个时间段上会有多个程序共同执行，而在一个时间点上只能有一个程序在执行。多线程是在一个进程基础上的进一步划分，因为进程的启动所消耗的时间是非常长的，所以在进程上的进一步的划分就变得非常重要，而且性能也会有所提高。

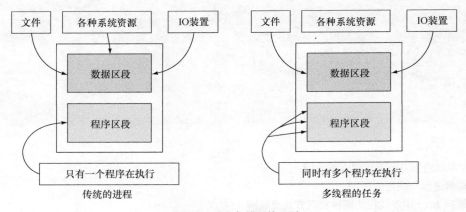

图 9-1　进程与线程的区别

提示：通过 Word 的使用了解进程与线程的区别。

　　读者应该都有过使用 Word 的经验，在 Word 中如果出现了单词的拼写错误，则 Word 会在出错的单词上划出红线。实际上每次启动一个 Word 对于操作系统而言就相当于启动了一个系统的进程，而在这个进程上又有许多其他程序在运行（例如：拼写检查），这些就是一个个线程。如果 Word 关闭了，则这些拼写检查的线程也会消失，但是如果拼写检查的线程消失了，并不一定会让 Word 的进程消失。

　　所有的线程一定要依附于进程才能够存在，那么进程一旦消失了，线程也一定会消失。而 Java 是为数不多的支持多线程的开发语言之一。

9.2　多线程实现

　　在 Java 中，如果要想实现多线程的程序，就必须依靠一个线程的主体类（就好比主类的概念一样，表示的是一个线程的主类）。但是这个线程的主体类在定义时也需要有一些特殊的要求，即此类需要**继承 Thread 类或实现 Runnable（Callable）接口来完成定义。**

提示：关于接口问题。

　　JDK 从最早开始定义多线程支持时，只有两种实现要求：要么继承 Thread 类，要么实现 Runnable 接口，而在 JDK 1.5 开始又提供了一个新的线程接口：Callable。

　　从实际的开发角度而言，很明显，使用接口定义的线程类会更加合理，因为使用继承 Thread 类的方式实现会带来单继承局限。

9.2.1　继承 Thread 类

　　java.lang.Thread 是一个负责线程操作的类，任何类只需要继承 Thread 类就可以成为一个线程的主类。但是既然是主类就必须有它的使用方法，而线程启动的主方法需要覆写 Thread 类中的 run() 方法实现，线程主体类的定义格式如下。

继承 Thread 类

```
class 类名称 extends Thread{              // 继承 Thread 类
    属性… ;                             // 类中定义属性
    方法… ;                             // 类中定义方法
    public void run(){                  // 覆写Thread类中的run()方法，此方法是线程的主体
        线程主体方法;
    }
}
```

范例 9-1：定义一个线程操作类。

```
class MyThread extends Thread {          // 这就是一个多线程的操作类
    private String name ;                // 定义类中的属性
    public MyThread(String name) {       // 定义构造方法
        this.name = name ;
    }
    @Override
    public void run() {                  // 覆写 run()方法，作为线程的主操作方法
        for (int x = 0 ; x < 200 ; x ++) {
            System.out.println(this.name + " --> " + x);
        }
    }
}
```

本程序线程类的功能是进行循环的输出操作，所有的线程与进程是一样的，都必须轮流去抢占资源，所以多线程的执行应该是多个线程彼此交替执行。也就是说，如果直接调用 run()方法，并不能启动多线程，多线程启动的唯一方法就是 Thread 类中的 start()方法：public void start()（调用此方法执行的方法体是 run()方法定义的代码）。

范例 9-2：启动多线程。

```
public class TestDemo {                              // 主类
    public static void main(String[] args) {
        MyThread mt1 = new MyThread("线程 A") ;      // 实例化多线程类对象
        MyThread mt2 = new MyThread("线程 B") ;      // 实例化多线程类对象
        MyThread mt3 = new MyThread("线程 C") ;      // 实例化多线程类对象
        mt1.start();                                  // 启动多线程
        mt2.start();                                  // 启动多线程
        mt3.start();                                  // 启动多线程
    }
}
可能的程序执行结果：          线程 A --> 0
                            线程 B --> 0
                            线程 C --> 0
                            线程 A --> 1
                            线程 C --> 1
                            （后面输出省略……）
```

本程序首先实例化了 3 个线程类对象，然后调用了通过 Thread 类继承而来的 start()方法，进行多线程的启动。通过本程序可以发现所有的线程都是交替运行的。

提问：为什么多线程启动不是调用 run()而必须调用 start()？

在范例 9-2 中使用了 Thread 类继承的 start()方法启动多线程，但是最终调用的依然是 run()方法定义的代码，为什么要这么做？为什么不直接调用 run()呢？

回答：多线程的操作需要操作系统支持。

为了解释多线程启动调用的问题，下面可以打开 java.lang.Thread 类的 start()源代码来进行观察。

范例 9-3：start()方法的源代码。

```java
public synchronized void start() {
    if (threadStatus != 0)
        throw new IllegalThreadStateException();
    group.add(this);
    boolean started = false;
    try {
        start0();
        started = true;
    } finally {
        try {
            if (!started) {
                group.threadStartFailed(this);
            }
        } catch (Throwable ignore) {
        }
    }
}
private native void start0();
```

通过本程序可以发现在 start()方法里面要调用一个 start0()方法，而且此方法的结构与抽象方法类似，使用了 native 声明。在 Java 的开发里面有一门技术称为 Java 本地接口（Java Native Interface，JNI）技术，这门技术的特点是使用 Java 调用本机操作系统提供的函数。但是此技术有一个缺点，不能离开特定的操作系统。如果要想能够执行线程，需要操作系统来进行资源分配，所以此操作严格来讲主要是由 JVM 负责根据不同的操作系统而实现的。即使用 Thread 类的 start()方法不仅要启动多线程的执行代码，还要根据不同的操作系统进行资源的分配。

另外，需要提醒读者的是，通过本程序可以发现在 Thread 类的 start()方法里面存在一个"IllegalThreadStateException"异常抛出。本方法里面使用了 throw 抛出异常，按照道理讲应该使用 try...catch 处理，或者在 start()方法声明上使用 throws 声明，但是此处并没有这样的代码，如果要想清楚原因则可以打开 IllegalThreadStateException 异常的继承结构。

java.lang.Object

```
        |— java.lang.Throwable
            |— java.lang.Exception
                |— java.lang.RuntimeException
                    |— java.lang.IllegalArgumentException
                        |— java.lang.IllegalThreadStateException
```

通过继承结构可以发现此异常属于 RuntimeException 的子类，这样就可以由用户选择性进行处理。如果某一个线程对象重复进行了启动（同一个线程对象调用多次 start()方法），就会抛出此异常。

9.2.2　实现 Runnable 接口

实现 Runnable 接口

使用 Thread 类的确可以方便地进行多线程的实现，但是这种方式最大的缺点就是单继承的问题，为此，在 Java 中也可以利用 Runnable 接口来实现多线程，而这个接口的定义如下。

```
@FunctionalInterface
public interface Runnable {
    public void run() ;
}
```

在 Runnable 接口中也定义了 run()方法，所以线程的主类只需要覆写此方法即可。

范例 9-4： 使用 Runnable 实现多线程。

```
class MyThread implements Runnable {         // 定义线程主体类
    private String name;                     // 定义类中的属性
    public MyThread(String name) {           // 定义构造方法
        this.name = name;
    }
    @Override
    public void run() {                      // 覆写 run()方法
        for (int x = 0; x < 200; x++) {
            System.out.println(this.name + " --> " + x);
        }
    }
}
```

本程序实现了 Runnable 接口并且正常覆写了 run()方法，但是却会存在一个新的问题：要启动多线程，一定需要通过 Thread 类中的 start()方法才可以完成。如果继承了 Thread 类，那么可以直接将 Thread 父类中的 start()方法继承下来继续使用，而 Runnable 接口并没有提供可以被继承的 start()方法，这时该如何启动多线程呢？此时可以观察 Thread 类中提供的一个有参构造方法：public Thread(Runnable target)，本方法可以接收一个 Runnable 接口对象。

范例 9-5： 利用 Thread 类启动多线程。

```
public class TestDemo {
    public static void main(String[] args) {
        MyThread mt1 = new MyThread("线程 A") ;    // 实例化多线程类对象
```

```
        MyThread mt2 = new MyThread("线程 B") ;     // 实例化多线程类对象
        MyThread mt3 = new MyThread("线程 C") ;     // 实例化多线程类对象
        new Thread(mt1).start();                   // 利用 Thread 启动多线程
        new Thread(mt2).start();                   // 利用 Thread 启动多线程
        new Thread(mt3).start();                   // 利用 Thread 启动多线程
    }
}
可能的程序执行结果：       线程B --> 0
                        线程A --> 0
                        线程C --> 0
                        线程C --> 1
                        线程A --> 2
                      （后面输出省略...）
```

本程序首先利用 Thread 类的对象包装了 Runnable 接口对象实例（new Thread(mt1).start()），然后利用 Thread 类的 start() 方法就可以实现多线程的启动。

提示：使用 Lambda 表达式操作。

　　细心的读者可以发现，在 Runnable 接口声明处使用了 "@FunctionalInterface" 的注解，证明 Runnable 是一个函数式接口，所以对于范例 9-5 的操作也可以使用 Lambda 表达式的风格编写。

　　范例 9-6： 使用 Lambda 表达式实现多线程。

```
public class TestDemo {
    public static void main(String[] args) {
        String name = "线程对象" ;
        new Thread(() -> {
            for (int x = 0; x < 200; x++) {
                System.out.println(name + " --> " + x);
            }
        }).start(); ;
    }
}
```

　　本程序利用 Lambda 表达式直接定义的线程主体实现操作，并且依然依靠 Thread 类的 start() 方法进行启动，这样的做法要比直接使用 Runnable 接口的匿名内部类更加方便。

　　但是考虑到实际的应用操作，所以本书讲解时依然以传统类继承的方式讲解多线程的具体操作。

　　使用 Runnable 接口可以有效避免单继承局限问题，所以在实际的开发中，对于多线程的实现首先选择的就是 Runnable 接口。

9.2.3　多线程两种实现方式的区别

　　Thread 类和 Runnable 接口都可以作为同一功能的方式来实现多线程，但从 Java 的实际开发角度来讲，肯定使用 Runnable 接口，因为它可以有效避免单继承

两种实现方式的区别

的局限。那么除了这些，这两种方式是否还有其他联系呢？

　　为了解释这两种方式的联系，下面可以观察 Thread 类的定义。

```
public class Thread extends Object implements Runnable
```

　　通过定义可以发现 Thread 类也是 Runnable 接口的子类，这样对于之前利用 Runnable 接口实现的多线程，其类图结构如图 9-2 所示。

　　图 9-2 所表现出来的代码模式非常类似于代理设计模式，但是它并不是严格意义上的代理设计模式，因为严格来讲代理设计模式中，代理主题能够使用的方法依然是接口中定义的 run() 方法，而此处代理主题调用的是 start() 方法，所以只能说形式上类似于代理设计模式，但本质上还是有差别的。

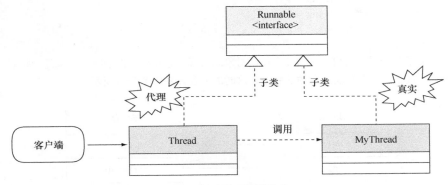

图 9-2　多线程设计模式

　　除了以上联系外，对于 Runnable 接口和 Thread 类还有一个不太好区分的特点：使用 Runnable 接口可以更加方便地表示出数据共享的概念（但不是说 Thread 类不能实现数据共享）。

　　范例 9-7：通过继承 Thread 类实现卖票程序。

```
package com.yootk.demo;
class MyThread extends Thread {                 // 线程的主体类
    private int ticket = 5;                     // 一共5张票
    @Override
    public void run() {                         // 线程的主方法
        for (int x = 0; x < 50; x++) {          // 循环50次
            if (this.ticket > 0) {
                System.out.println("卖票，ticket = " + this.ticket --);
            }
        }
    }
}
public class TestDemo {
    public static void main(String[] args) throws Exception {
        MyThread mt1 = new MyThread() ;         // 创建线程对象
        MyThread mt2 = new MyThread() ;         // 创建线程对象
        MyThread mt3 = new MyThread() ;         // 创建线程对象
        mt1.start() ;                           // 启动线程
```

```
        mt2.start() ;                        // 启动线程
        mt3.start() ;                        // 启动线程
    }
}
```

可能的程序执行结果：
```
                            卖票，ticket = 5
                            卖票，ticket = 5
                            卖票，ticket = 4
                            卖票，ticket = 3
                            卖票，ticket = 5
                            卖票，ticket = 4
                            卖票，ticket = 3
                            卖票，ticket = 2
                            ...
```

本程序定义了 3 个线程对象，希望 3 个线程对象同时卖 5 张车票，而最终的结果是一共买出了 15 张票，等于每一个线程对象各自卖各自的 5 张票，这时的内存关系如图 9-3 所示。

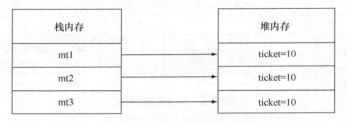

图 9-3　内存分析图

范例 9-8：利用 Runnable 接口来实现多线程。

```java
package com.yootk.demo;
class MyThread implements Runnable {        // 线程的主体类
    private int ticket = 5;                 // 一共5张票
    @Override
    public void run() {                     // 线程的主方法
        for (int x = 0; x < 50; x++) {      // 循环50次
            if (this.ticket > 0) {
                System.out.println("卖票，ticket = " + this.ticket --);
            }
        }
    }
}
public class TestDemo {
    public static void main(String[] args) throws Exception {
        MyThread mt = new MyThread();       // 创建线程对象
        new Thread(mt).start() ;            // 启动线程
        new Thread(mt).start() ;            // 启动线程
        new Thread(mt).start() ;            // 启动线程
    }
}
```

```
}
```
可能的程序执行结果：　　　　卖票，ticket = 5
　　　　　　　　　　　　　　卖票，ticket = 4
　　　　　　　　　　　　　　卖票，ticket = 3
　　　　　　　　　　　　　　卖票，ticket = 1
　　　　　　　　　　　　　　卖票，ticket = 2

　　本程序使用 Runnable 实现了多线程，同时启动了 3 个线程对象，但是与使用 Thread 操作的卖票范例不同的是，这 3 个线程对象都占着同一个 Runnable 接口对象的引用，所以实现了数据共享的操作。本程序的内存关系如图 9-4 所示。

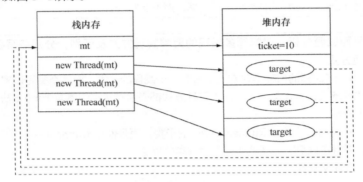

图 9-4　内存分析图

提示：使用 Thread 类同样可以实现此功能。

　　由于 Thread 类是 Runnable 接口的子类，所以范例 9-8 的程序 MyThread 类继承 Thread 类也可以实现同样的功能。

　　范例 9-9： 使用 Thread 类实现数据共享的概念。

```java
package com.yootk.demo;
class MyThread extends Thread {              // 线程的主体类
    private int ticket = 5;                  // 一共5张票
    @Override
    public void run() {                      // 线程的主方法
        for (int x = 0; x < 50; x++) {       // 循环50次
            if (this.ticket > 0) {
                System.out.println("卖票，ticket = " + this.ticket --);
            }
        }
    }
}
public class TestDemo {
    public static void main(String[] args) throws Exception {
        MyThread mt = new MyThread();        // 创建线程对象
        new Thread(mt).start() ;             // 启动线程
        new Thread(mt).start() ;             // 启动线程
        new Thread(mt).start() ;             // 启动线程
```

```
    }
  }
```

本程序可以实现与范例 9-8 同样的功能，但是这种实现方式往往不被采用，原因是：如果要想启动多线程肯定要依靠 Thread 类的 start() 方法，但是依靠 Runnable 接口实现的线程主体类没有 start() 方法的定义，而继承了 Thread 实现的线程主体类存在 start() 方法的定义，如果通过 Thread 类继承的多线程主体类，再利用 Thread 类去实现多线程，这样明显不合适。这就好比两个人在沙漠里走，都只剩下最后一口水，结果 A 对 B 说，把你的水给我喝，我的不喝了，明显是不合适的。所以只能说 Runnable 接口要比 Thread 类更好地实现数据共享，而不是唯一。

常见面试题分析：请解释多线程的两种实现方式及区别，分别编写程序以验证两种实现方式。

- 多线程的两种实现方式都需要一个线程的主类，而这个类可以实现 Runnable 接口或继承 Thread 类，不管使用何种方式都必须在子类中覆写 run() 方法，此方法为线程的主方法；
- Thread 类是 Runnable 接口的子类，而且使用 Runnable 接口可以避免单继承局限，并且可以更加方便地实现数据共享的概念。

程序实现结构如下。

Runnable 接口：	Thread 类：

`class MyThread implements Runnable {`
　`@Override`
　`public void run() { // 线程主方法`
　　`// 线程操作方法`
　`}`
`}`
	`class MyThread extends Thread {`
	　`@Override`
	　`public void run() { // 线程主方法`
	　　`// 线程操作方法`
	　`}`
	`}`

`MyThread mt = new MyThread();` `new Thread(mt).start();`	`MyThread mt = new MyThread();` `mt.start();`

也可以参考本章之前的程序编写完整代码。

9.2.4 利用 Callable 接口实现多线程

Callable 接口

使用 Runnable 接口实现的多线程可以避免单继承局限，但是 Runnable 接口实现的多线程会存在一个问题：Runnable 接口里面的 run() 方法不能返回操作结果。所以为了解决这样的问题，从 JDK 1.5 开始，Java 对于多线程的实现提供了一个新的接口：java.util.concurrent.Callable，此接口定义如下。

```
@FunctionalInterface
public interface Callable<V> {
    public V call() throws Exception ;
}
```

在本接口中存在一个 call() 方法，而在 call() 方法上可以实现线程操作数据的返回，而返回的数据类型由 Callable 接口上的泛型类型动态决定。

范例 9-10： 定义一个线程主体类。

```java
import java.util.concurrent.Callable;
class MyThread implements Callable<String> {          // 多线程主体类
    private int ticket = 10;                          // 卖票
    @Override
    public String call() throws Exception {
        for (int x = 0; x < 100; x++) {
            if (this.ticket > 0) {                    // 还有票可以出售
                System.out.println("卖票，ticket = " + this.ticket--);
            }
        }
        return "票已卖光！ ";                           // 返回结果
    }
}
```

本程序中定义的 call() 方法在操作完成后可以直接返回一个具体的操作数据，本次返回的是一个 String 型数据。

当多线程的主体类定义完成后，要利用 Thread 类启动多线程，但是在 Thread 类中并没有定义任何构造方法可以直接接收 Callable 接口对象实例，并且由于需要接收 call() 方法返回值的问题，从 JDK 1.5 开始，Java 提供了一个 java.util.concurrent.FutureTask<V> 类，此类定义如下。

```java
public class FutureTask<V>
extends Object
implements RunnableFuture<V>
```

通过定义可以发现此类实现了 RunnableFuture 接口，而 RunnableFuture 接口又同时实现了 Future 与 Runnable 接口。FutureTask 类继承结构如图 9-5 所示。

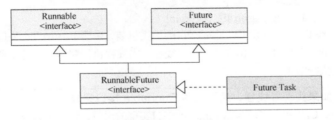

图 9-5　FutureTask 类继承结构

清楚了 FutureTask 类的继承结构之后，下面再来研究 FutureTask 类的常用方法，如表 9-1 所示。

表 9-1　FutureTask 类的常用方法

No.	方法	类型	描述
1	public FutureTask(Callable<V> callable)	构造	接收 Callable 接口实例
2	public FutureTask(Runnable runnable, V result)	构造	接收 Runnable 接口实例，并指定返回结果类型
3	public V get() throws Interrupted Exception, ExecutionException	普通	取得线程操作结果，此方法为 Future 接口定义

通过 FutureTask 类继承结构可以发现它是 Runnable 接口的子类，并且 FutureTask 类可以接收 Callable 接口实例，这样依然可以利用 Thread 类来实现多线程的启动，而如果要想接收返回结果，利用 Future 接口中的 get()方法即可。

范例 8-11： 启动多线程。

```java
public class TestDemo {
    public static void main(String[] args) throws Exception {
        MyThread mt1 = new MyThread();        // 实例化多线程对象
        MyThread mt2 = new MyThread();        // 实例化多线程对象
        FutureTask<String> task1 = new FutureTask<String>(mt1) ;
        FutureTask<String> task2 = new FutureTask<String>(mt2) ;
        // FutureTask是Runnable接口子类，所以可以使用Thread类的构造来接收task对象
        new Thread(task1).start();            // 启动第一个线程
        new Thread(task2).start();            // 启动第二个线程
        // 多线程执行完毕后可以取得内容，依靠FutureTask的父接口Future中的get()方法实现
        System.out.println("A线程的返回结果：" + task1.get());
        System.out.println("B线程的返回结果：" + task2.get());
    }
}
```

```
可能的程序执行结果：      （前面输出省略...）
                      卖票，ticket = 2
                      卖票，ticket = 2
                      卖票，ticket = 1
                      卖票，ticket = 1
                      A线程的返回结果：票已卖光！
                      B线程的返回结果：票已卖光！
```

本程序利用 FutureTask 类实现 Callable 接口的子类包装，由于 FutureTask 是 Runnable 接口的子类，所以可以利用 Thread 类的 start()方法启动多线程，当线程执行完毕后，可以利用 Future 接口中的 get()方法返回线程的执行结果。

> **提示：如果实现多线程，建议使用 Runnable 接口完成。**
> 通过 Callable 接口与 Runnable 接口实现的比较，读者可以发现，Callable 接口只是胜在有返回值上。但是 Runnable 接口是 Java 最早提供的，也是使用最广泛的接口，所以在进行多线程实现时还是建议优先考虑使用 Runnable 接口。

9.2.5 线程的操作状态

要想实现多线程，必须在主线程中创建新的线程对象。任何线程一般都具有 5 种状态，即创建、就绪、运行、堵塞和终止。线程转换状态如图 9-6 所示。

1. 创建状态

在程序中用构造方法创建一个线程对象后，新的线程对象便处于新建状态，此时，它已经有相应的内存空间和其他资源，但还处于不可运行状态。新建一个线程对象可采用 Thread 类的构造方法来实

现，例如：Thread thread=new Thread()。

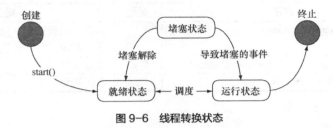

图 9-6　线程转换状态

2. 就绪状态

新建线程对象后，调用该线程的 start() 方法就可以启动线程。当线程启动时，线程进入就绪状态。此时，线程将进入线程队列排队，等待 CPU 服务，这表明它已经具备了运行条件。

3. 运行状态

当就绪状态的线程被调用并获得处理器资源时，线程就进入了运行状态。此时，自动调用该线程对象的 run() 方法。run() 方法定义了该线程的操作和功能。

4. 堵塞状态

一个正在执行的线程在某些特殊情况下，如被人为挂起或需要执行耗时的输入输出操作时，将让出 CPU 并暂时中止自己的执行，进入堵塞状态。在可执行状态下，如果调用 sleep()、suspend()、wait() 等方法，线程都将进入堵塞状态。堵塞时，线程不能进入排队队列，只有当引起堵塞的原因被消除后，线程才可以转入就绪状态。

5. 终止状态

线程调用 stop() 方法时或 run() 方法执行结束后，就处于终止状态。处于终止状态的线程不具有继续运行的能力。

9.3　多线程常用操作方法

Java 除了支持多线程的定义外，也提供了许多多线程操作方法，其中大部分方法都是在 Thread 类中定义的，下面介绍 3 个主要方法的使用。

9.3.1　线程的命名与取得

所有线程程序的执行，每一次都是不同的运行结果，因为它会根据自己的情况进行资源抢占，所以要想区分每一个线程，就必须依靠线程的名字。对于线程名字一般而言会在其启动之前进行定义，不建议对已经启动的线程更改名称，或者是为不同的线程设置重名的情况。

线程的命名与取得

如果要想进行线程命名的操作，可以使用 Thread 类的方法，如表 9-2 所示。

由于多线程的状态不确定，所以线程的名字就成为了唯一的分辨标记，则在定义线程名称时一定要在线程启动前设置名字，而尽量不要重名，且量不要为已经启动的线程修改名字。

由于线程的状态不确定，所以每次可以操作的都是正在执行 run() 方法的线程，那么取得当前线程对象的方法为：public static Thread currentThread()。

表 9-2　线程命称操作

No.	方法	类型	描述
1	public Thread(Runnable target, String name)	构造	实例化线程对象，接收 Runnable 接口子类对象，同时设置线程名称
2	public final void setName(String name)	普通	设置线程名字
3	public final String getName()	普通	取得线程名字

　　范例 9-12： 观察线程的命名。

```java
package com.yootk.demo;
class MyThread implements Runnable {
    @Override
    public void run() {
        System.out.println(Thread.currentThread().getName());
    }
}
public class TestDemo {
    public static void main(String[] args) throws Exception {
        MyThread mt = new MyThread();
        new Thread(mt, "自己的线程A").start();
        new Thread(mt).start();
        new Thread(mt, "自己的线程B").start();
        new Thread(mt).start();
        new Thread(mt).start();
    }
}
```

可能的执行结果：　　　自己的线程A（"new Thread(mt, "自己的线程A").start();"语句执行结果）

　　　　　　　　　　　　Thread-0（第一条 "new Thread(mt).start();" 语句执行结果）

　　　　　　　　　　　　自己的线程B（"new Thread(mt, "自己的线程B").start();"语句执行结果）

　　　　　　　　　　　　Thread-2（第三条 "new Thread(mt).start();" 语句执行结果）

　　　　　　　　　　　　Thread-1（第二条 "new Thread(mt).start();" 语句执行结果）

　　通过本程序可以发现，当实例化 Thread 类对象时可以自己定义线程名称，也可以采用默认名称进行操作。在 run() 方法中可以使用 currentThread() 取得当前线程对象后再取得具体的线程名字。

　　范例 9-13： 取得线程名字。

```java
package com.yootk.demo;
class MyThread implements Runnable {
    @Override
    public void run() {
        System.out.println(Thread.currentThread().getName());
    }
}
```

```
public class TestDemo {
    public static void main(String[] args) throws Exception {
        MyThread mt = new MyThread();
        new Thread(mt, "自己的线程对象").start();
        mt.run();                    // 直接调用run()方法，main
    }
}
```
可能的执行结果：   main（"new Thread(mt, "自己的线程对象").start()" 语句执行结果）
                     自己的线程对象（"mt.run()" 语句执行结果）

本程序首先实例化了 Thread 类对象，然后利用多线程启动 start() 间接调用了 run() 方法，同时又在主类中直接利用对象调用了 MyThread 类中的 run() 方法，这样就可以发现主方法本身也属于一个线程。

提问：进程在哪里？

所有的线程都是在进程的基础上划分的，如果说主方法是一个线程，那么进程在哪里？

回答：每一个 JVM 运行就是进程。

当用户使用 Java 命令执行一个类时就表示启动了一个 JVM 的进程，而主方法只是这个进程上的一个线程而已，当一个类执行完毕后，此进程会自动消失（在视频中已有验证）。

而且每一个 JVM 进程都至少启动以下两个线程。

- main 线程：程序的主要执行，以及启动子线程；
- gc 线程：负责垃圾收集。

9.3.2　线程的休眠

休眠

线程的休眠指的是让程序的执行速度变慢一些，在 Thread 类中线程休眠操作方法为：public static void sleep(long millis) throws InterruptedException，设置的休眠单位是毫秒（ms）。

范例 9-14：观察休眠特点。

```
package com.yootk.demo;
class MyThread implements Runnable {
    @Override
    public void run() {
        for (int x = 0; x < 10000; x++) {
            try {
                Thread.sleep(1000);                // 每次执行休眠1s
            } catch (InterruptedException e) {
                e.printStackTrace();
            }
            System.out.println(Thread.currentThread().getName() + ", x = " + x);
        }
    }
```

```
    }
}
public class TestDemo {
    public static void main(String[] args) throws Exception {
        MyThread mt = new MyThread();
        new Thread(mt, "自己的线程对象A").start();
    }
}
可能的执行结果：          自己的线程对象 A，x = 0
                         自己的线程对象 A，x = 1
                         （后面输出省略……）
```

　　本程序在每一次线程执行 run() 方法时都会产生 1s 左右的延迟后才会进行内容的输出，所以整体代码执行速度有所降低。

> **提示：读者可以设置多个线程。**
> 　　因为展示的关系，本书并没有设置过多的线程对象，但是为了读者更好理解后面的内容，强烈建议读者多建立几个线程对象，观察程序的执行。
> 　　当设置了更多的执行线程对象后，由于线程的切换速度较快，会有一种所有线程同时进入 run() 方法中的感觉（实际上是有先后差距的，只是顺序间隔过短而导致观察不明显），并且这些线程也都会等待执行的休眠时间后才会进行各自的输出。

9.3.3　线程优先级

线程优先级

　　在 Java 的线程操作中，所有的线程在运行前都会保持就绪状态，此时哪个线程的优先级高，哪个线程就有可能会先被执行。线程的优先级如图 9-7 所示。

　　如果要想进行线程优先级的设置，在 Thread 类中提供了支持的方法及常量，如表 9-3 所示。

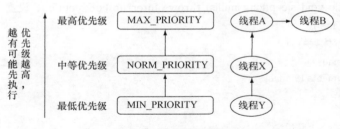

图 9-7　线程的优先级

表 9-3　线程优先级操作

No.	方法或常量	类型	描述
1	public static final int MAX_PRIORITY	常量	最高优先级，数值为 10
2	public static final int NORM_PRIORITY	常量	中等优先级，数值为 5

No.	方法或常量	类型	描述
3	public static final int MIN_PRIORITY	常量	最低优先级，数值为 1
4	public final void setPriority(int newPriority)	普通	设置线程优先级
5	public final int getPriority();	普通	取得线程优先级

范例 9-15： 设置线程优先级。

```
package com.yootk.demo;
class MyThread implements Runnable {
    @Override
    public void run() {
        for (int x = 0; x < 20; x++) {
            try {
                Thread.sleep(100);
            } catch (InterruptedException e) {
                e.printStackTrace();
            }
            System.out.println(Thread.currentThread().getName() + ", x = " + x);
        }
    }
}
public class TestDemo {
    public static void main(String[] args) throws Exception {
        MyThread mt = new MyThread();
        Thread t1 = new Thread(mt, "自己的线程对象A");
        Thread t2 = new Thread(mt, "自己的线程对象B");
        Thread t3 = new Thread(mt, "自己的线程对象C");
        T3.setPriority(Thread.MAX_PRIORITY);            // 修改一个线程对象的优先级
        t1.start();
        t2.start();
        t3.start();
    }
}
可能的执行结果：        main（"new Thread(mt, "自己的线程对象").start()" 语句执行结果）
                       自己的线程对象（"mt.run()" 语句执行结果）
```

本程序定义了 3 个线程对象，并在线程对象启动前，利用 setPriority()方法修改了一个线程的优先级。

注意：主线程的优先级。

主方法也是一个线程，那么主方法的优先级是多少呢？下面编写一段代码来观察。

范例 9-16： 主方法优先级。

```
public class TestDemo {
    public static void main(String[] args) throws Exception {
```

```
            System.out.println(Thread.currentThread().getPriority());
    }
}
程序运行结果：    5
```

  根据表 9-3 所列出的优先级常量，可以发现数值为 5 的优先级，其对应的是中等优先级。

9.4　线程的同步与死锁

  程序利用线程可以进行更为高效的程序处理，如果在没有多线程的程序中，一个程序在处理某些资源时会有主方法（主线程全部进行处理），但是这样的处理速度一定会比较慢，如图 9-8（a）所示。如果采用了多线程的处理机制，利用主线程创建出许多子线程（相当于多了许多帮手），一起进行资源的操作，如图 9-8（b）所示，那么执行效率一定会比只使用一个主线程更高。

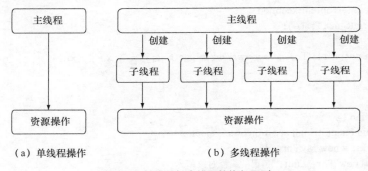

（a）单线程操作　　　　　　　　　　　　（b）多线程操作

图 9-8　单线程与多线程的执行区别

> **提示：关于子线程。**
>
>   在程序开发中，所有程序都是通过主方法执行的，而主方法本身就属于一个主线程，所以通过主方法创建的新的线程对象都是子线程。在 Android 开发中，默认运行的 Activity 就可以理解为主线程，当移动设备需要读取网络信息时往往会启动新的子线程读取，而不会在主线程中操作。
>
>   利用子线程可以进行异步的操作处理，这样可以在不影响主线程运行的前提下进行其他操作，程序的执行速度不仅变快了，并且操作起来也不会产生太多的延迟。对于此部分读者理解起来可能会有些困难，希望随着读者的开发经验提升，自己慢慢可以领会的更多。

  虽然使用多线程同时处理资源效率要比单线程高许多，但是多个线程如果操作同一个资源一定会存在一些问题，如资源操作的完整性问题。本节内容就将为读者讲解多线程的同步与死锁的概念。

同步问题的引出

9.4.1　同步问题的引出

  同步是多线程开发中的一个重要概念，既然有同步，就一定会存在不同步的操作。所以本节将为读者分析线程不同步所带来的影响。

多个线程操作同一资源就有可能出现不同步的问题，例如：现在产生 N 个线程对象实现卖票操作，同时为了更加明显地观察不同步所带来的问题，所以本程序将使用线程的休眠操作。

范例 9-17：观察非同步情况下的操作。

```
package com.yootk.demo;
class MyThread implements Runnable {
    private int ticket = 5;                    // 一共有5张票
    @Override
    public void run() {
        for (int x = 0; x < 20; x++) {
            if (this.ticket > 0) {             // 判断当前是否还有剩余票
                try {
                    Thread.sleep(100);         // 休眠1s，模拟延迟
                } catch (InterruptedException e) {
                    e.printStackTrace();
                }
                System.out.println(Thread.currentThread().getName()
                    + " 卖票，ticket = " + this.ticket--);
            }
        }
    }
}
public class TestDemo {
    public static void main(String[] args) throws Exception {
        MyThread mt = new MyThread();
        new Thread(mt, "票贩子A").start();       // 启动多线程
        new Thread(mt, "票贩子B").start();       // 启动多线程
        new Thread(mt, "票贩子C").start();       // 启动多线程
        new Thread(mt, "票贩子D").start();       // 启动多线程
    }
}
可能的执行结果：        票贩子D 卖票，ticket = 4
                      票贩子A 卖票，ticket = 3
                      票贩子C 卖票，ticket = 5
                      票贩子B 卖票，ticket = 2
                      票贩子A 卖票，ticket = 1
                      票贩子D 卖票，ticket = 0
                      票贩子B 卖票，ticket = -1（错误的数据，因为不同步所引起）
                      票贩子C 卖票，ticket = -2（错误的数据，因为不同步所引起）
```

本程序模拟了一个卖票程序的实现，其中将有 4 个线程对象共同完成卖票的任务，为了保证每次在有剩余票数时实现卖票操作，在卖票前增加了一个判断条件（if (this.ticket > 0)），满足此条件的线程对象才可以卖票，不过根据最终的结果却发现，这个判断条件的作用并不明显。

从范例 9-17 的操作代码可以发现，对于票数的操作有如下步骤。

（1）判断票数是否大于 0，大于 0 表示还有票可以卖；

（2）如果票数大于 0，则卖票出去。

但是，在范例 9-17 的操作代码中，在第 1 步和第 2 步之间加入了延迟操作，那么一个线程就有可能在还没有对票数进行减操作之前，其他线程就已经将票数减少了，这样一来就会出现票数为负的情况，如图 9-9 所示。

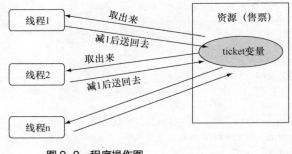

图 9-9 程序操作图

同步操作

9.4.2 同步操作

如果想解决范例 9-17 程序的问题，就必须使用同步操作。所谓同步操作就是一个代码块中的多个操作在同一个时间段内只能有一个线程进行，其他线程要等待此线程完成后才可以继续执行，如图 9-10 所示。

图 9-10 同步的操作

在 Java 里面如果要想实现线程的同步，操作可以使用 synchronized 关键字。synchronized 关键字可以通过以下两种方式进行使用。

- 同步代码块：利用 synchronized 包装的代码块，但是需要指定同步对象，一般设置为 this；
- 同步方法：利用 synchronized 定义的方法。

 提示：关于代码块。

在本书第 3 章中讲解代码块概念时提到过，Java 中有 4 种代码块：普通代码块、构造块、静态块、同步块。对于前面 3 种代码块在第 3 章中已经为读者讲解过了，所以本节只讲解同步块的使用。

范例 9-18：观察同步块。

```java
package com.yootk.demo;
class MyThread implements Runnable {
    private int ticket = 5;                          // 一共有5张票
    @Override
    public void run() {
        for (int x = 0; x < 20; x++) {
            synchronized(this) {                     // 定义同步代码块
                if (this.ticket > 0) {               // 判断当前是否还有剩余票
                    try {
                        Thread.sleep(100);           // 休眠1s，模拟延迟
                    } catch (InterruptedException e) {
                        e.printStackTrace();
                    }
                    System.out.println(Thread.currentThread().getName()
                        + " 卖票，ticket = " + this.ticket--);
                }
            }
        }
    }
}
public class TestDemo {
    public static void main(String[] args) throws Exception {
        MyThread mt = new MyThread();
        new Thread(mt, "票贩子 A").start();           // 启动多线程
        new Thread(mt, "票贩子 B").start();           // 启动多线程
        new Thread(mt, "票贩子 C").start();           // 启动多线程
        new Thread(mt, "票贩子 D").start();           // 启动多线程
    }
}
可能的程序执行结果：        票贩子 A 卖票，ticket = 5
                          票贩子 A 卖票，ticket = 4
                          票贩子 A 卖票，ticket = 3
                          票贩子 D 卖票，ticket = 2
                          票贩子 D 卖票，ticket = 1
```

本程序将判断是否有票以及卖票的两个操作都统一放到了同步代码块中，这样当某一个线程操作时，其他线程无法进入到方法中进行操作，从而实现了线程的同步操作。

范例 9-19：使用同步方法解决问题。

```java
package com.yootk.demo;
class MyThread implements Runnable {
    private int ticket = 5;                          // 一共有 5 张票
    @Override
    public void run() {
```

```
        for (int x = 0; x < 20; x++) {
            this.sale();                        // 卖票操作
        }
    }
    public synchronized void sale() {          // 同步方法
        if (this.ticket > 0) {                 // 判断当前是否还有剩余票
            try {
                Thread.sleep(100);              // 休眠 1s，模拟延迟
            } catch (InterruptedException e) {
                e.printStackTrace();
            }
            System.out.println(Thread.currentThread().getName()
                    + " 卖票，ticket = " + this.ticket--);
        }
    }
}
public class TestDemo {
    public static void main(String[] args) throws Exception {
        MyThread mt = new MyThread();
        new Thread(mt, "票贩子 A").start();        // 启动多线程
        new Thread(mt, "票贩子 B").start();        // 启动多线程
        new Thread(mt, "票贩子 C").start();        // 启动多线程
        new Thread(mt, "票贩子 D").start();        // 启动多线程
    }
}
可能的程序执行结果：         票贩子 B 卖票，ticket = 5
                          票贩子 A 卖票，ticket = 4
                          票贩子 A 卖票，ticket = 3
                          票贩子 C 卖票，ticket = 2
                          票贩子 A 卖票，ticket = 1
```

此时利用同步方法同样解决了同步操作的问题。但是在此处需要说明一个问题：加入同步后明显比不加入同步慢许多，所以同步的代码性能会很低，但是数据的安全性会高，或者可以称为线程安全性高。

提示：关于方法的完整定义格式。

　　Java 中方法的完整定义格式如下。

[public | protected | private] [static] [final] [native] [synchronized] 方法返回值类型 方法名称(参数列表 | 可变参数) [throws 异常,异常,...] {
　　[return [返回值] ;]
}

　　在定义方法时都可以参照以上格式实现，而本书考虑到 Java 方法定义的相关概念较为复杂，所以在一开始并没有给出完整格式。

常见面试题分析：同步和异步有什么区别，在什么情况下分别使用它们？举例说明。

如果一块数据要在多个线程间进行共享。例如，正在写的数据以后可能被另一个线程读到，或者正在读的数据可能已经被另一个线程写过了，那么这些数据就是共享数据，必须进行同步存取。当应用程序在对象上调用了一个需要花费很长时间来执行的方法，并且不希望让程序等待方法的返回时，就应该使用异步编程，在很多情况下采用异步途径往往往往更有效率。

常见面试题分析：abstract 的 method 是否可以同时是 static，是否可以同时是 native，是否可以同时是 synchronized？

method、statie、native、synchronized 都不能和"abstract"同时声明方法。

常见面试题分析：当一个线程进入一个对象的 synchronized 方法后，其他线程是否可访问此对象的其他方法？

不能访问，一个对象操作一个 synchronized 方法只能由一个线程访问。

9.4.3 死锁

同步就是指一个线程要等待另外一个线程执行完毕才会继续执行的一种操作形式，虽然在一个程序中，使用同步可以保证资源共享操作的正确性，但是过多同步也会产生问题。例如：张三想要李四的画，李四想要张三的书，那么张三对李四说了："把你的画给我，我就给你书"，李四也对张三说了："把你的书给我，我就给你画"，此时，张三在等着李四的答复，而李四也在等着张三的答复，这样下去最终结果可想而知，张三得不到李四的画，李四也得不到张三的书，这实际上就是死锁的概念，如图 9-11 所示。

死锁

图 9-11 同步产生的问题

所谓死锁就是指两个线程都在等待彼此先完成，造成了程序的停滞状态，一般程序的死锁都是在程序运行时出现的，下面通过一个简单的范例来观察一下出现死锁的情况。

提示：以下程序没有意义。

首先需要读者清楚的是，死锁是一种需要回避的代码，并且在多线程的开发中，死锁都是需要通过大量测试后才可以被检测出来的一种程序非法状态。范例 9-20 的代码只是

	为读者讲解死锁产生时的状态，本身不具备任何的参考性，即便代码不理解也没有任何影响。

范例 9-20：程序死锁操作。

```java
package com.yootk.demo;
class A {
    public synchronized void say(B b) {
        System.out.println("A 先生说：把你的本给我，我给你笔，否则不给！");
        b.get();
    }
    public synchronized void get() {
        System.out.println("A 先生：得到了本，付出了笔，还是什么都干不了！");
    }
}
class B {
    public synchronized void say(A a) {
        System.out.println("B 先生说：把你的笔给我，我给你本，否则不给！");
        a.get();
    }
    public synchronized void get() {
        System.out.println("B 先生：得到了笔，付出了本，还是什么都干不了！");
    }
}
public class TestDemo implements Runnable {
    private static A a = new A();              // 定义类对象
    private static B b = new B();              // 定义类对象
    public static void main(String[] args) throws Exception {
        new TestDemo();                        // 实例化本类对象
    }
    public TestDemo() {                        // 构造方法
        new Thread(this).start();              // 启动线程
        b.say(a);                              // 互相引用
    }
    @Override
    public void run() {
        a.say(b);                              // 互相引用
    }
}
```

可能的程序执行结果：　　　B 先生说：把你的笔给我，我给你本，否则不给！
　　　　　　　　　　　　　A 先生说：把你的本给我，我给你笔，否则不给！
　　　　　　　　　　　　　（程序将不再向下执行，并且不会退出，此为死锁情况出现）

　　　本程序由于两个类的都使用了同步方法定义，就会造成 a 对象等待 b 对象执行完毕，而 b 对象等待 a 对象执行完毕，这样就会出现死锁现象。

常见面试题分析：请解释多个线程访问同一资源时需要考虑到哪些情况？有可能带来哪些问题？

- 多个线程访问同一资源时，考虑到数据操作的安全性问题，一定要使用同步操作。同步有以下两种操作模式：

  |— 同步代码块：synchronized(锁定对象) {代码}；

  |— 同步方法：public synchronized 返回值 方法名称(){代码}。

- 过多的同步操作有可能会带来死锁问题，导致程序进入停滞状态。

9.5 线程间的经典操作案例——生产者与消费者案例

在开发中线程的运行状态并不固定，所以只能利用线程的名字以及当前执行的线程对象来进行区分。但是多个线程间也有可能会出现数据交互的情况。本节将利用一个线程的经典操作案例来为读者分析线程的交互中存在问题以及问题的解决方案。

9.5.1 问题的引出

在生产者和消费者模型中，生产者不断生产，消费者不断取走生产者生产的产品，如图 9-12 所示。

问题引出

生产信息：
第一种信息：李兴华，JAVA讲师
第二种信息：mldn, "www.mldnjava.cn"

图 9-12 生产者及消费者问题

在图 9-12 中非常清楚地表示出，生产者生产出信息后将其放到一个区域中，然后消费者从此区域里取出数据，但是在本程序中因为牵涉线程运行的不确定性，所以会存在以下两点问题。

（1）假设生产者线程向数据存储空间添加信息的名称，还没有加入该信息的内容，程序就切换到了消费者线程，消费者线程将把该信息的名称和上一个信息的内容联系到一起。

（2）生产者放了若干次的数据，消费者才开始取数据，或者是消费者取完一个数据后，还没等到生产者放入新的数据，又重复取出已取过的数据。

范例 9-21： 程序基本模型。

```java
package com.yootk.demo;
class Message {
    private String title ;              // 保存信息的标题
    private String content ;           // 保存信息的内容
    public void setTitle(String title) {
```

```
        this.title = title;
    }
    public void setContent(String content) {
        this.content = content;
    }
    public String getTitle() {
        return title;
    }
    public String getContent() {
        return content;
    }
}
class Producer implements Runnable {              // 定义生产者
    private Message msg = null ;
    public Producer(Message msg) {
        this.msg = msg ;
    }
    @Override
    public void run() {
        for (int x = 0; x < 50; x++) {            // 生产 50 次数据
            if (x % 2 == 0) {
                this.msg.setTitle("李兴华") ;       // 设置 title 属性
                try {
                    Thread.sleep(100) ;           // 延迟操作
                } catch (InterruptedException e) {
                    e.printStackTrace();
                }
                this.msg.setContent("Java 讲师") ; // 设置 content 属性
            } else {
                this.msg.setTitle("mldn") ;       // 设置 title 属性
                try {
                    Thread.sleep(100) ;
                } catch (InterruptedException e) {
                    e.printStackTrace();
                }
                this.msg.setContent("www.mldnjava.cn") ;  // 设置 content 属性
            }
        }
    }
}
class Consumer   implements Runnable {            // 定义消费者
    private Message msg = null ;
    public Consumer (Message msg) {
        this.msg = msg ;
```

```
    }
    @Override
    public void run() {
        for (int x = 0; x < 50; x++) {              // 取走 50 次数据
            try {
                Thread.sleep(100) ;                  // 延迟
            } catch (InterruptedException e) {
                e.printStackTrace();
            }
            System.out.println(this.msg.getTitle() + " --> " + this.msg.getContent());
        }
    }
}
public class TestDemo {
    public static void main(String[] args) throws Exception {
        Message msg = new Message() ;               // 定义 Message 对象，用于保存和取出数据
        new Thread(new Producer(msg)).start() ;     // 启动生产者线程
        new Thread(new Consumer(msg)).start() ;     // 取得消费者线程
    }
}
```

可能的程序执行结果：　　　　　李兴华 --> www.mldnjava.cn
　　　　　　　　　　　　　　　 mldn --> Java 讲师
　　　　　　　　　　　　　　　 李兴华 --> www.mldnjava.cn
　　　　　　　　　　　　　　　 mldn --> Java 讲师
　　　　　　　　　　　　　　　 mldn --> www.mldnjava.cn
　　　　　　　　　　　　　　　 ...

　　本程序只列出了部分输出内容，但是通过本程序的运行结果可以发现两个严重的问题：设置的数据错位；数据会重复取出和重复设置。

9.5.2　解决数据错乱问题

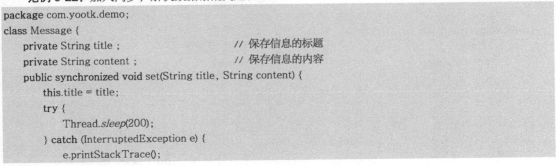
同步处理

　　数据错位完全是因为非同步的操作，所以应该使用同步处理。因为取出和设置是两个不同的操作，所以要想进行同步控制，就需要将其定义在一个类里面完成。

　　范例 9-22： 加入同步，解决数据错乱问题。

```
package com.yootk.demo;
class Message {
    private String title ;                          // 保存信息的标题
    private String content ;                        // 保存信息的内容
    public synchronized void set(String title, String content) {
        this.title = title;
        try {
            Thread.sleep(200);
        } catch (InterruptedException e) {
            e.printStackTrace();
```

```
            }
            this.content = content;
        }
        public synchronized void get() {
            try {
                Thread.sleep(100);
            } catch (InterruptedException e) {
                e.printStackTrace();
            }
            System.out.println(this.title + " --> " + this.content);
        }
        // setter、getter略
}
class Producer implements Runnable {                    // 定义生产者
        private Message msg = null ;
        public Producer(Message msg) {
            this.msg = msg ;
        }
        @Override
        public void run() {
            for (int x = 0; x < 50; x++) {              // 生产50次数据
                if (x % 2 == 0) {
                    this.msg.set("李兴华","Java讲师") ;   // 设置属性
                } else {
                    this.msg.set("mldn","www.mldnjava.cn") ;   // 设置属性
                }
            }
        }
}
class Consumer   implements Runnable {                  // 定义消费者
        private Message msg = null ;
        public Consumer (Message msg) {
            this.msg = msg ;
        }
        @Override
        public void run() {
            for (int x = 0; x < 50; x++) {              // 取走50次数据
                this.msg.get() ;                        // 取得属性
            }
        }
}
public class TestDemo {
        public static void main(String[] args) throws Exception {
            Message msg = new Message() ;               // 定义 Message 对象，用于保存和取出数据
```

```
        new Thread(new Producer(msg)).start() ;          // 启动生产者线程
        new Thread(new Consumer(msg)).start() ;          // 取得消费者线程
    }
}
可能的程序执行结果：          李兴华 --> Java 讲师
                           李兴华 --> Java 讲师
                           李兴华 --> Java 讲师
                           mldn --> www.mldnjava.cn
                           mldn --> www.mldnjava.cn
```

本程序利用同步方法解决了数据的错位问题，但是同时也可以发现，重复取出与重复设置的问题更加严重了。

9.5.3　解决数据重复问题

要想解决数据重复的问题，需要等待及唤醒机制，而这一机制的实现只能依靠 Object 类完成，在 Object 类中定义了 3 个方法完成线程的操作，如表 9-4 所示。

Ojbect 类支持

表 9-4　Object 类对多线程的支持

No.	方法	类型	描述
1	public final void wait() throws InterruptedException	普通	线程的等待
2	public final void notify()	普通	唤醒第一个等待线程
3	public final void notifyAll()	普通	唤醒全部等待线程

从表 9-4 中可以发现，一个线程可以为其设置等待状态，但是对于唤醒的操作却有两个：notify()、notifyAll()。一般来说，所有等待的线程会按照顺序进行排列。如果使用了 notify() 方法，则会唤醒第一个等待的线程执行；如果使用了 notifyAll() 方法，则会唤醒所有的等待线程。哪个线程的优先级高，哪个线程就有可能先执行，如图 9-13 所示。

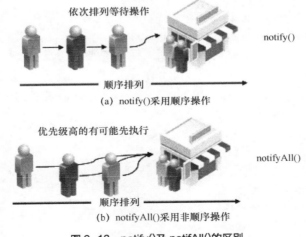

(a) notify()采用顺序操作

(b) notifyAll()采用非顺序操作

图 9-13　notify()及 notifAll()的区别

　　清楚了 Object 类中的 3 个方法作用后，下面就可以利用这些方法来解决程序中的问题。如果想让生产者不重复生产，消费者不重复取走，则可以增加一个标志位，假设标志位为 boolean 型变量。如果标志位的内容为 true，则表示可以生产，但是不能取走，如果此时线程执行到了，消费者线程则应该等待；如果标志位的内容为 false，则表示可以取走，但是不能生产，如果生产者线程运行，则应该等待。操作流程如图 9-14 所示。

　　要想完成解决数据重复的功能，直接修改 Message 类即可。在 Message 类中加入标志位，并通过判断标志位完成等待与唤醒的操作。

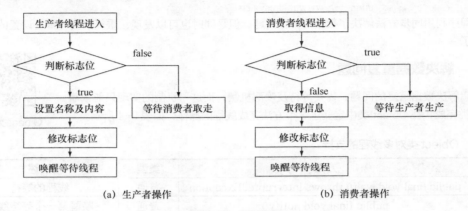

(a) 生产者操作 　　　　　　　　　　　　　　(b) 消费者操作

图 9-14　操作流程

范例 9-23：解决程序问题。

```java
class Message {
    private String title;
    private String content;
    private boolean flag = true;
    // flag == true：表示可以生产，但是不能取走
    // flag == false：表示可以取走，但是不能生产
    public synchronized void set(String title, String content) {
        if (this.flag == false) {              // 已经生产过了，不能生产
            try {
                super.wait();                  // 等待
            } catch (InterruptedException e) {
                e.printStackTrace();
            }
        }
        this.title = title;
        try {
            Thread.sleep(200);
        } catch (InterruptedException e) {
            e.printStackTrace();
        }
    }
```

```
            this.content = content;
            this.flag = false;                    // 已经生产完成，修改标志位
            super.notify();                       // 唤醒等待线程
        }
        public synchronized void get() {
            if (this.flag == true) {              // 未生产，不能取走
                try {
                    super.wait();                 // 等待
                } catch (InterruptedException e) {
                    e.printStackTrace();
                }
            }
            try {
                Thread.sleep(100);
            } catch (InterruptedException e) {
                e.printStackTrace();
            }
            System.out.println(this.title + " --> " + this.content);
            this.flag = true;                     // 已经取走了，可以继续生产
            super.notify();                       // 唤醒等待线程
        }
        // setter、getter略
}
```

从本程序的运行结果中可以清楚地发现，生产者每生产一个信息就要等待消费者取走，消费者每取走一个信息就要等待生产者生产，这样就避免了重复生产和重复取走的问题。

 常见面试题分析：请解释 sleep() 和 wait() 的区别。
- sleep() 是 Thread 类定义的 static 方法，表示线程休眠，将执行机会给其他线程，但是监控状态依然保持，会自动恢复；
- wait() 是 Object 类定义的方法，表示线程等待，一直到执行了 notify() 或 notifyAll() 后才结束等待。

9.6 线程的生命周期

在 Java 中，一个线程对象也有自己的生命周期，如果要控制好线程的生命周期，首先应该认识其生命周期。线程的生命周期如图 9-15 所示。

从图 9-15 中可以发现，大部分线程生命周期的方法基本上都已经学过了，只有以下 3 个属于新方法。
- suspend() 方法：暂时挂起线程；
- resume() 方法：恢复挂起的线程；
- stop() 方法：停止线程。

但是对于线程中 suspend()、resume()、stop() 3 个方法并不推荐使用，它们也已经被慢慢废除掉了，主要原因是这 3 个方法在操作时会产生死锁的问题。

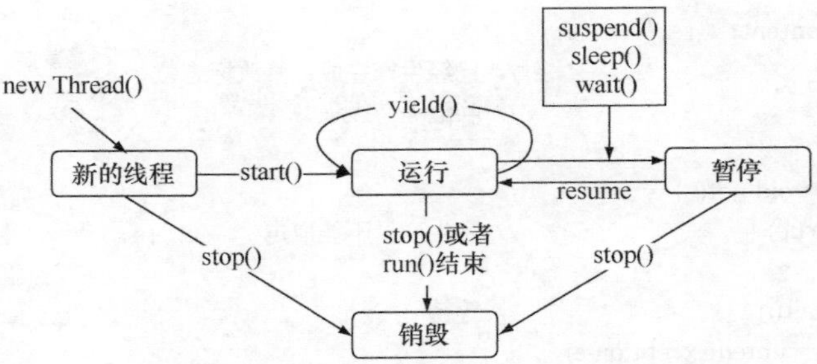

图 9-15 线程的生命周期

注意：suspend()、resume()、stop()方法使用@Deprecated 声明。

有兴趣的读者可以打开 Thread 类的源代码，从中可以发现 suspend()、resume()、stop()方法的声明上都加入了一条"@Deprecated"的注释，这属于 Annotation 的语法，表示此操作不建议使用。所以一旦使用了这些方法将出现警告信息。

既然以上 3 个方法不推荐使用，那么该如何停止一个线程的执行呢？在多线程的开发中可以通过设置标志位的方式停止一个线程的运行。

范例 9-24：停止线程运行。

```
package com.yootk.demo;
class MyThread implements Runnable {
    private boolean flag = true;                    // 定义标志位属性
    public void run() {                             // 覆写 run()方法
        int i = 0;
        while (this.flag) {                         // 循环输出
            while (true) {
                System.out.println(Thread.currentThread().getName() + "运行, i = "
                    + (i++));                        // 输出当前线程名称
            }
        }
    }
    public void stop() {                            // 编写停止方法
        this.flag = false;                          // 修改标志位
    }
}
public class StopDemo {
    public static void main(String[] args) {
        MyThread my = new MyThread();               // 实例化 Runnable 接口对象
        Thread t = new Thread(my, "线程");          // 建立线程对象
        t.start() ;                                 // 启动线程
        my.stop() ;                                 // 线程停止，修改标志位
    }
}
```

本程序一旦调用 stop() 方法就会将 MyThread 类中的 flag 变量设置为 false，这样 run() 方法就会停止运行，这种停止方式是开发中比较推荐的。

本章小结

1. 线程（thread）是指程序的运行流程。"多线程"的机制可以同时运行多个程序块，使程序运行的效率更高，也解决了传统程序设计语言无法解决的问题。

2. 如果在类里要激活线程，必须先做好两项准备：此类必须继承 Thread 类或者实现 Runnable 接口；线程的处理必须覆写 run() 方法。

3. 每一个线程在其创建和消亡之前，均会处于创建、就绪、运行、阻塞、终止 5 种状态之一。

4. Thread 类里的 sleep() 方法可用来控制线程的休眠状态，休眠的时间要视 sleep() 里的参数而定。

5. 当多个线程对象操纵同一共享资源时，要使用 synchronized 关键字来进行资源的同步处理。

6. 线程的存在离不开进程。进程如果消失后线程一定会消失，反之如果线程消失了，进程未必会消失。

7. 对于多线程的实现，重点在于 Runnable 接口与 Thread 类启动的配合上。

8. 对于 JDK 1.5 新特性读者了解就行，知道区别就在于返回结果上即可。

9. Thread.currentThread() 可以取得当前线程类对象；

10. Thread.sleep() 主要是休眠，感觉上是一起休眠，但实际上是有先后顺序的。

11. 优先级越高的线程对象越有可能先执行。

12. 同步和异步的操作可以通过 synchronized 来实现。

13. 死锁是一种不定的状态。

课后习题

一、填空题

1. Java 多线程可以依靠_____、_____和_____三种方式实现。

2. 多个线程操作同一资源的时候需要注意_____，依靠_____关键字实现，实现手段是：_____和_____，过多的使用，则会出现_____问题。

3. Java 程序运行时，至少启动_____个线程，分别是_____和_____。

4. main 线程的优先级是_____。

5. 线程在生命周期中要经历五种状态，分别是_____状态、_____状态、_____状态、_____状态和_____状态。

6. Object 类提供的_____、_____和_____三个方法可以控制线程。

二、选择题

1. 线程的启动方法是（　　）。

　　A. run()　　　　　　B. start()　　　　　C. begin()　　　　　D. accept()

2. Thread 类提供表示线程优先级的静态常量，代表普通优先级的静态常量是（　　）。

　　A. MAX_PRIORITY　　　　　　　　B. MIN_PRIORITY

　　C. NORMAL_PRIORITY　　　　　　D. NORM_PRIORITY

3. 设置线程优先级的方法是（　　）。

    A. setPriority()　　　B. getPriority()　　　C. getName()　　　D. setName()

4. Thread 类的（　　）方法是不建议使用的。

    A. stop()　　　　　　B. suspend()　　　　C. resume()　　　　D. 全部都是

5. 下列（　　）关键字通常用来对对象加锁，从而使得对对象的访问是排他的。

    A. serialize　　　　　B. transient　　　　C. synchronized　　D. static

三、判断题

1. Java 直接调用 Thread 类中的 run() 方法可以启动一个线程。　　　　　　　（　　）

2. 进程是在线程的基础之上的进一步划分。　　　　　　　　　　　　　　　（　　）

3. Java 是多线程的编程语言。　　　　　　　　　　　　　　　　　　　　（　　）

4. 不管使用 Callable 还是 Runnable 接口实现的多线程最终都需要通过 Thread 类启动。（　　）

四、简答题

1. 简述线程两种实现方式及区别。

2. 简述死锁的产生。

五、编程题

设计四个线程对象，两个线程执行减操作，两个线程执行加操作。

第 10 章

Java 常用类库

通过本章的学习可以达到以下目标：

■ 掌握 StringBuffer 类的特点及使用

■ 掌握日期操作类以及格式化操作类的使用

■ 掌握比较器的使用

■ 掌握正则表达式的定义及使用

■ 理解反射机制的基本作用

■ 理解 Runtime 类、System 类、Math 类、Random 类的使用

优秀的编程语言都会提供一系列类库帮助用户进行更为有效的开发，Java 为用户的开发提供了大量的支持类，同时还有许多开发者不断为 Java 提供大量的第三方程序类库。本章将为读者讲解 Java 中常用类的使用。

> **提示：要学会查询文档。**
> 首先读者必须清楚一件事情：没有一个开发者可以记下全部的 Java 类库，所以对于类库的学习一定要以 Java Doc 文档查询为主。

10.1　StringBuffer 类

在 Java 中，字符串使用 String 类进行表示，但是 String 类所表示的字符串有一个最大的问题："字符串常量一旦声明则不可改变，而字符串对象可以改变，但是改变的是其内存地址的指向"。所以 String 类不适合于被频繁修改的字符串操作上，所以在这种情况下，往往可以使用 StringBuffer 类，即 StringBuffer 类方便用户进行内容的修改。在 String 类中使用 "+" 作为数据库的连接操作，而在 StringBuffer 类中使用 append()方法（方法定义：public StringBuffer append(数据类型 变量)）进行数据的连接。

StringBuffer 类

范例 10-1：观察 StringBuffer 基本使用。

```
package com.yootk.demo;
public class TestDemo {
    public static void main(String[] args) throws Exception {
        // String 类可以直接赋值实例化，但是 StringBuffer 类不行
```

```
        StringBuffer buf = new StringBuffer();              // 实例化 StringBuffer 类对象
        buf.append("Hello ").append("MLDN ").append("!!");
        change(buf);                                        // 引用传递
        System.out.println(buf);
    }
    public static void change(StringBuffer temp) {          // 接收 StringBuffer 引用
        temp.append("\n").append("www.yootk.com");          // 修改内容
    }
}
```
程序执行结果：   Hello MLDN !!
                www.yootk.com

本程序利用 StringBuffer 类对象实现了引用传递，并且通过最终的结果发现，在 change() 方法中针对 StringBuffer 对象的修改可以影响原始 StringBuffer 类对象，所以 StringBuffer 对象的内容是可以修改的。

提示：优先考虑 String 类。

StringBuffer 类主要用于频繁修改字符串的操作上。但是在任何开发中，面对字符串的操作，大部分情况下都先考虑 String 类，只有在需要频繁修改时才会考虑使用 StringBuffer 或 StringBuilder 类操作（随后会介绍此类）。

String 与 StringBuffer 两个类都是进行字符串操作的，为了进一步理解这两个类的关系，下面来介绍这两个类的定义结构。

String 类：	StringBuffer 类：
public final class String extends Object implements Serializable, Comparable\<String\>, CharSequence	public final class **StringBuffer** extends Object implements Serializable, CharSequence

通过两个类的定义结构可以发现，String 类与 StringBuffer 类都是 CharSequence 接口的子类，也就证明 String 或 StringBuffer 类的对象都可以利用自动向上转型的操作为 CharSequence 接口实例化。

范例 10-2：取得 CharSequence 接口实例化对象。

```
package com.yootk.demo;
public class TestDemo {
    public static void main(String[] args) throws Exception {
        CharSequence seq = "www.yootk.com";       // 向上转型
        System.out.println(seq);                   // String 类覆写的 toString()
    }
}
```
程序执行结果：   www.yootk.com

本程序将 String 类的实例化对象向上转型为 CharSequence 接口对象，同样也可以利用 CharSequence 接口接收 StringBuffer 类对象。

> **提示：关于 CharSequence 接口。**
> 在一些类库中会出现接收 CharSequence 接口对象的方法，简单的话只需要传递字符串即可操作。但需要读者注意的是，在 CharSequence 接口里面提供了 charAt()、length()方法，这些方法在 String 类方法讲解时都已经为读者讲解过了。

虽然 String 和 StringBuffer 类都属于 CharSequence 接口的子类，但是这两个类对象是不能直接转换的。这两个类可以按照如下的原则进行操作。

原则一：将 String 转换为 StringBuffer 类对象。

- **方式一**：利用 StringBuffer 类的构造方法（public StringBuffer(String str)）。

```
package com.yootk.demo;
public class TestDemo {
    public static void main(String[] args) throws Exception {
        StringBuffer buf = new StringBuffer("www.yootk.com");    // String 变为 StringBuffer
        System.out.println(buf);
    }
}
程序执行结果：    www.yootk.com
```

在 StringBuffer 类中提供了一个专门接收 String 类对象的构造方法，利用此构造方法可以将传递进来的 String 类对象实例化为 StringBuffer 类对象。

- **方式二**：利用 StringBuffer 类中的 append()方法（public StringBuffer append(String str)）。

```
package com.yootk.demo;
public class TestDemo {
    public static void main(String[] args) throws Exception {
        StringBuffer buf = new StringBuffer() ;
        buf.append("www.yootk.com") ;                    // String变为StringBuffer
        System.out.println(buf);
    }
}
程序执行结果：    www.yootk.com
```

本程序首先实例化了一个 StringBuffer 类对象，然后利用 append()方法向 StringBuffer 类对象中增加了一个 String 类对象，这样就相当于将 String 类对象变为 StringBuffer 类对象。

原则二：将 StringBuffer 类变为 String。

- **方式一**：利用 toString()方法可以将 StringBuffer 转换为 String。

```
package com.yootk.demo;
public class TestDemo {
    public static void main(String[] args) throws Exception {
        StringBuffer buf = new StringBuffer("www.yootk.com");    // String 变为 StringBuffer
        String str = buf.toString();                    // 任何类都具备 toString()方法
        System.out.println(str);
    }
}
程序执行结果：    www.yootk.com
```

实际上所有的类中都会继承 Object 类的 toString()方法，所以所有的类对象都可以转换为 String 类对象。

- 方式二：利用 String 类的构造方法（public String(StringBuffer buffer)）实现 StringBuffer 与 String 的转换。

```java
package com.yootk.demo;
public class TestDemo {
    public static void main(String[] args) throws Exception {
        StringBuffer buf = new StringBuffer("www.yootk.com");    // String变为StringBuffer
        String str = new String(buf);                            // String类构造，开辟新内存
        System.out.println(str);
    }
}
程序执行结果：      www.yootk.com
```

本程序利用了 String 类的构造方法接收了 StringBuffer 类对象，这样就实现了 StringBuffer 转换为 String 类对象的操作。

提示：String 对象与 StringBuffer 对象比较。

由于 String 与 StringBuffer 都表示字符串，所以在 String 类里面也提供了一个和 StringBuffer 比较的方法：public boolean contentEquals(StringBuffer sb)。

范例 10-3：String 与 StringBuffer 比较。

```java
package com.yootk.demo;
public class TestDemo {
    public static void main(String[] args) throws Exception {
        StringBuffer buf = new StringBuffer("yootk");
        System.out.println("yootk".contentEquals(buf));
    }
}
程序执行结果：      true
```

本程序利用 contentEquals()方法实现了字符串的比较，但是此方法比较时要区分大小写。

String 类中定义了许多便于用户开发的方法，而在 StringBuffer 类里面也定义了许多的常用操作方法（如表 10-1 所示），而且部分方法与 String 类正好互补。

表 10-1　StringBuffer 类常用操作方法

No.	方法	类型	描述
1	public StringBuffer append(数据类型变量)	普通	数据追加操作
2	public StringBuffer reverse()	普通	字符串反转操作
3	public StringBuffer insert(int offset，数据类型　变量)	普通	在指定位置追加内容
4	public StringBuffer delete(int start，int end)	普通	删除指定索引范围的内容

范例 10-4：字符串反转。

```
package com.yootk.demo;
public class TestDemo {
    public static void main(String[] args) throws Exception {
        StringBuffer buf = new StringBuffer("www.yootk.com");
        System.out.println(buf.reverse());
    }
}
```

程序执行结果：   moc.ktooy.www

范例 10-5：在指定的索引位置增加数据。

```
package com.yootk.demo;
public class TestDemo {
    public static void main(String[] args) throws Exception {
        StringBuffer buf = new StringBuffer("yootk");
        // 首先在最前面追加一个字符串，然后在指定位置追加字符串
        buf.insert(0, "www.").insert(9, ".com");
        System.out.println(buf);
    }
}
```

程序执行结果：   www.yootk.com

范例 10-6：删除部分数据。

```
package com.yootk.demo;
public class TestDemo {
    public static void main(String[] args) throws Exception {
        StringBuffer buf = new StringBuffer("Hello World MLDN");
        System.out.println(buf.delete(5, 11));
    }
}
```

程序执行结果：   Hello MLDN

以上讲解的 3 个方法，是 StringBuffer 类中比较有特点的操作方法，并且读者可以发现，所有的方法都返回了 StringBuffer 类型的对象，所以可以使用代码链的方式一直调用 StringBuffer 的方法，例如：对象.append().insert()....。

提示：StringBuilder 类。

从 JDK 1.5 开始，Java 增加了一个新的字符串操作类：StringBuilder。这个类的定义结构如下。

```
public final class StringBuilder
extends Object
implements Serializable, CharSequence
```

通过定义结构，读者可以发现，StringBuilder 类与 StringBuffer 类是完全相同的，而且打开 Java Doc 文档后可以发现，两个类定义的方法功能也是相同的。而打开 Java 源代码就会发现区别，在 StringBuffer 类中定义的方法全部使用 "synchronized" 进行

同步定义，而 StringBuilder 类没有进行同步定义，所以 StringBuilder 类的方法都是异步方法。

 常见面试题分析：请解释 String 类、StringBuffer 类和 StringBuilder 类的区别。

- String 类的内容一旦声明则不可改变，而 StringBuffer 类与 StringBuilder 类声明的内容可以改变；

- StringBuffer 类中提供的方法都是同步方法，属于安全的线程操作；而 StringBuilder 类中的方法都属于异步方法，属于非线程安全的操作。

10.2 Runtime 类

Runtime 类

在每一个 JVM 进程中，都会存在一个运行时的操作类的对象，而这个对象所属的类型就是 Runtime 类。利用 Runtime 类可以启动新的进程或进行相关运行时环境的操作，例如：取得内存空间以及释放垃圾空间。Runtime 类中的常用方法如表 10-2 所示。

 提示：Runtime 类使用了单例设计模式。

在学习面向对象概念时曾经强调过一个概念，一个类中至少会存在一个构造方法，如果本类没有定义任何构造方法，那么会自动生成一个无参的什么都不做的构造方法。但是当用户打开 Runtime 类时会发现一个问题，在这个类中并没有构造方法的定义说明，可是这个类的构造方法却是真实存在的，因为其在声明时对构造方法进行了封装，所以 Runtime 类是一个典型的单例设计模式。

单例设计模式所属的类一定会提供一个 static 型的方法，用于取得本类的实例化对象，所以在 Runtime 类中也提供了一个 getRuntime() 方法用于取得本类实例化对象。取得 Runtime 类实例化对象的方法为：public static Runtime getRuntime()。

表 10-2 Runtime 类的常用方法

No.	方法	类型	描述
1	public static Runtime getRuntime()	普通	取得 Runtime 类实例化对象
2	public long maxMemory()	普通	返回最大可用内存大小
3	public long totalMemory()	普通	返回所有可用内存大小
4	public long freeMemory()	普通	返回所有空余内存大小
5	public void gc()	普通	执行垃圾回收操作
6	public Process exec(String command) throws IOException	普通	创建新的进程

在 Runtime 类有一个非常重要的方法：public void gc()，用于运行垃圾收集器，释放垃圾空间，即调用此方法后所产生的垃圾空间将被释放。

注意：取得内存信息时，返回的数据为 long。

在 Runtime 类中的 maxMemory()、totalMemory()、freeMemory() 3 个方法可以取得 JVM 的内存信息，而这 3 个方法的返回数据类型都是 long。在之前讲解基本数据类型时强调 long 型数据在两种情况下使用：表示文件可用内存大小；表示日期时间数字。

范例 10-7： 观察内存大小。

```java
package com.yootk.demo;
public class TestDemo {
    public static void main(String[] args) throws Exception {
        Runtime run = Runtime.getRuntime();                      // 取得 Runtime 类的实例化对象
        System.out.println("MAX = " + run.maxMemory());          // 取得最大可用内存
        System.out.println("TOTAL = " + run.totalMemory());      // 取得全部可用内存
        System.out.println("FREE = " + run.freeMemory());        // 取得空闲内存
    }
}
```
可能的程序执行结果：　　　MAX = 259522560（返回单元为字节，相当于约 247.5M）
　　　　　　　　　　　　　　TOTAL = 16252928（返回单元为字节，相当于约15.5M）
　　　　　　　　　　　　　　FREE = 15437376（返回单元为字节，相当于 1M）

本程序动态取得当前系统中的各个内存空间信息，返回的结果单元是字节（Byte）。

提问：这些可用内存是固定的吗？

通过范例 10-7 的程序可以发现，JVM 进程默认的可用内存空间只有 256M，但是计算机上的内存如果已经很大，而 JVM 进程的可用内存空间很小，那这样是不是非常不合理？有没有可以调整内存的方案呢？

回答：利用启动参数可以调整内存空间。

首先，需要明确地告诉读者，Java 中可用内存空间是可以调整的，但是在调整之前，需要介绍 Java 中的内存划分，如图 10-1 所示。

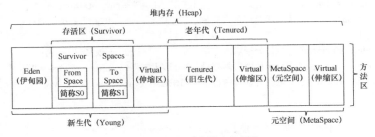

图 10-1　Java 中的内存划分

每一块内存空间都会存在一个内存伸缩区，当内存空间不足时就会动态开辟。所以为了提高性能，在实际应用中可能会开辟尽量大一些的内存空间，可以使用如下参数。

- "–Xms"：初始分配内存，默认大小为 1/64 物理内存大小，但小于 1G；
- "–Xmx"：最大分配内存，默认大小为 1/4 物理内存大小，但小于 1G；

- "-Xmn"：设置年轻代堆内存大小。

一般都会将"-Xms"与"-Xmx"两个参数的数值设为相同，以减少申请内存空间的时间。

范例 10-8：启动时设置内存大小。

```
java -Xms1024M -Xmx1024M -Xmn512M com.yootk.demo.Test Demo
```

本程序在解释 TestDemo 程序类时为其初始化分配内存为 1024M（1G），最大分配内存与初始化内存一致（1024M（1G）），设置的年轻代内存默认大小为 512M。

而如果要在 Eclipse 中设置内存的调整，则可以进入到运行配置，在"VM arguments"中定义相关参数，如图 10-2 所示。

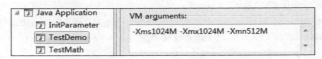

图 10-2　Eclipse 配置 JVM 内存参数

在 Runtime 类中存在一个 gc() 方法，利用此方法可以实现垃圾内存的释放处理操作。

范例 10-9：观察 gc() 使用前后的内存占用率问题。

```
package com.yootk.demo;
public class TestDemo {
    public static void main(String[] args) throws Exception {
        Runtime run = Runtime.getRuntime();    // 取得 Runtime 类的实例化对象
        String str = "";
        for (int x = 0; x < 2000; x++) {
            str += x;                          // 产生大量垃圾
        }
        System.out.println("【垃圾处理前内存量】MAX = " + run.maxMemory());
        System.out.println("【垃圾处理前内存量】TOTAL = " + run.totalMemory());
        System.out.println("【垃圾处理前内存量】FREE = " + run.freeMemory());
        run.gc();                              // 释放垃圾空间
        System.out.println("〖垃圾处理后内存量〗MAX = " + run.maxMemory());
        System.out.println("〖垃圾处理后内存量〗TOTAL = " + run.totalMemory());
        System.out.println("〖垃圾处理后内存量〗FREE = " + run.freeMemory());
    }
}
程序执行结果：      【垃圾处理前内存量】MAX = 259522560
                  【垃圾处理前内存量】TOTAL = 16252928
                  【垃圾处理前内存量】FREE = 11908336（空闲空间减少）
                  〖垃圾处理后内存量〗MAX = 259522560
                  〖垃圾处理后内存量〗TOTAL = 16318464
                  〖垃圾处理后内存量〗FREE = 15731872（空闲空间释放）
```

本程序利用 for 循环产生了许多垃圾空间，通过输出可以发现，垃圾产生后的空闲空间已经明显减少，而调用了 gc() 方法后空间将得到释放。

提示：垃圾回收处理与对象创建。

虽然垃圾收集只通过一个 gc() 方法就可以实现，但是垃圾回收与 Java 的内存划分也是有关系的。因为垃圾回收主要是对年轻代（Young Generation）与旧生代（Old Generation）的内存进行回收。

年轻代内存空间用于存放新产生的对象，而经过若干次回收还没有被回收掉的对象向旧生代内存空间移动。对年轻代进行垃圾回收称为 MinorGC（从垃圾收集），对旧生代垃圾回收称为 MajorGC（主垃圾收集），并且两块内存回收互不干涉。在 JVM 中的对象回收机制会使用分代回收（Generational Collection）的策略，用较高的频率对年轻代对象进行扫描和回收，而对旧生代对象则用较低的频率进行回收，这样就不需要在每次执行 GC 时将内存中的所有对象都检查一遍。

对于 GC 的执行可以用文字描述为：当 JVM 剩余内存空间不足时会触发 GC，如果 Eden 内存空间不足就要进行从回收（Minro Collection），旧生代空间不足时要进行主回收（Major Collection），永久代空间不足时会进行完全垃圾收集（Full Collection）。

清楚了 JVM 的内存空间分配，读者就可以进一步理解对象创建流程，如图 10-3 所示。

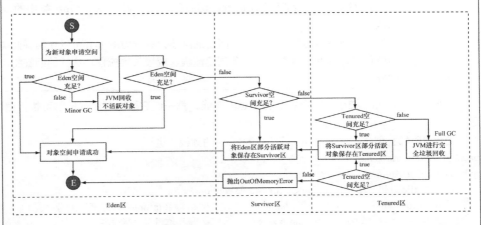

图 10-3 对象创建流程

（1）当使用关键字 new 创建一个新对象时，JVM 会将新对象保存在 Eden 区，但是此时需要判断 Eden 区是否有空余空间，如果有，则直接将新对象保存在 Eden 区内，如果没有，则会执行"Minor GC"（年轻代 GC）。

（2）在执行完"Minor GC"后会清除掉不活跃的对象，从而释放 Eden 区的内存空间，随后会对 Eden 空间进行再次判断。如果此时剩余空间可以直接容纳新对象，则会直接为新对象申请内存空间；如果此时 Eden 区的空间依然不足，则会将部分活跃对象保存在 Survivor 区。

（3）由于 Survivor 区也有对象会存储在内，所以在保存 Eden 区发送来的对象前首

> 先需要判断其空间是否充足，如果 Survivor 有足够的空余空间，则直接保存 Eden 区晋升来的对象，那么此时 Eden 区将得到空间释放，随后可以在 Eden 区为新的对象申请内存空间的开辟；如果 Survivor 区空间不足，就需要将 Survivor 区的部分活跃对象保存到 Tenured 区。
>
> （4）Tenured 区如果有足够的内存空间，则会将 Survivor 区发送来的对象进行保存，如果此时 Tenured 区的内存空间也已经满了，则将执行"Full GC"（完全 GC 或称为"Major GC"，包括年轻代和老年代，相当于使用"Runtime.getRuntime().gc()"处理）以释放老年代中保存的不活跃对象。如果在释放后有足够的内存空间，则会保存 Survivor 发送来的对象，从而 Survivor 将保存 Eden 发送来的对象，这样就可以在 Eden 区内有足够的内存保存新的对象。
>
> （5）如果此时老年代的内存区也已经被占满，则会抛出"OutOfMemoryError"（OOM 错误），程序将中断运行。

常见面试题分析：请解释什么叫 GC，如何处理？
- GC（Garbage Collector）垃圾收集器，指的是释放无用的内存空间；
- GC 会由系统不定期进行自动回收，或者调用 Runtime 类中的 gc() 方法手工回收。

以上回答只是简单地进行了问题的阐述，有能力的读者可以在回答此类题目时完整地解释 JVM 的内存划分、对象创建流程、垃圾收集流程。这样的回答将可以在面试中加分。

实际上 Runtime 类还有一个更加有意思的功能，就是说它可以调用本机的可执行程序，并且创建进程。

范例 10-10：创建"mspaint.exe"（Windows 的画板）进程

```java
package com.yootk.demo;
public class TestDemo {
    public static void main(String[] args) throws Exception {
        Runtime run = Runtime.getRuntime();        // 取得 Runtime 类的实例化对象
        Process pro = run.exec("mspaint.exe");      // 调用本机可执行程序
        Thread.sleep(2000);                         // 运行 2s 后自动关闭
        pro.destroy();                              // 销毁进程
    }
}
```

本程序运行后会立刻在系统中增加一个画板程序的进程，过 2s 后将自动销毁此进程。

10.3 System 类

System 类

System 类是本书一直使用的一个操作类，这个操作类提供一些系统的支持操作，常用方法如表 10-3 所示。

表 10-3　System 类的方法

No.	方法	类型	描述
1	public static void arraycopy(Object src, int srcPos, Object dest, int destPos, int length)	普通	数组复制操作
2	public static long currentTimeMillis()	普通	取得当前的日期时间，以 long 型数据返回
3	public static void gc()	普通	垃圾收集

提示：关于数组复制。

数组复制在本书第 3 章讲解数组操作的时候讲解过，而当时考虑到学习的层次性问题，给出的方法定义格式和表 10-3 有所不同。

- 第 3 章的格式：System.arraycopy(源数组名称,源数组开始点,目标数组名称,目标数组开始点,长度)；
- System 类定义：public static void arraycopy(Object src, int srcPos, Object dest, int destPos, int length)。

因为 Object 类可以接收数组引用，所以在最初讲解数组时，考虑到知识学习层次问题并没有按照标准给出定义格式，从此处读者就需要记住正确的定义格式了。

范例 10-11：请统计出某项操作的执行时间。

```
package com.yootk.demo;
public class TestDemo {
    public static void main(String[] args) throws Exception {
        long start = System.currentTimeMillis();        // 取得开始时间
        String str = "";
        for (int x = 0; x < 30000; x++) {
            str += x;
        }
        long end = System.currentTimeMillis();          // 取得结束时间
        System.out.println("本次操作所花费的时间：" + (end - start));
    }
}
程序执行结果：　　本次操作所花费的时间：3897
```

本程序首先在循环执行前取得了一次当前日期时间数，然后在操作完成后重复取得了一次当前日期时间数，经过减法操作可以计算出本次操作所花费的时间（单位为毫秒）。

技术穿越：Struts 2.0 中有拦截器应用。

在 Struts 2.0（WebWork）中会有一种拦截器，可以通过配置此拦截器知道某一次用户的"请求—回应"所花费的时间，同时在一些开源项目中也会存在此类应用。

在 System 类中还存在一个很有意思的方法：public static void gc()，但是这个 gc()方法并不是一个新的操作方法，而是间接调用了 Runtime 类中的 gc()方法，不表示一个重写的方法。所以调用 System.gc()和调用 Runtime.getRuntime().gc()最终的效果是完全一样的。

如果要产生一个对象，可以通过构造方法处理一些对象产生时的操作，但是当一个对象被回收呢？可以发现 Java 中没有像 C++那样的析构函数（对象回收前的收尾）。如果希望在一个对象收尾时执行一些收尾工作，则对象所在的类可以通过 finalize()方法实现，此方法由 Object 类定义。对象回收方法如下。

protected void finalize() throws <u>Throwable</u>。

提问：为什么 finalize()方法上抛出的是 Throwable？

在讲解异常处理时，不是一直强调，程序人员所处理的都是 Exception，无法处理 Error 吗？那么为什么此处又抛出了 Throwable？是表示 Error 也可以处理吗？

回答：出现异常或错误都不会导致程序中断。

在进行对象回收前，有可能代码会产生异常（Exception），或者由于 JVM 的一些问题而产生错误（Error），但是不管出现任何异常或错误，都不会导致程序中断执行，这样写只是为了强调 finalize()方法的完善性。

范例 10-12：对象回收操作。

```java
package com.yootk.demo;
class Human {
    public Human() {
        System.out.println("欢天喜地，一个健康的孩子诞生了。");
    }
    @Override
    protected void finalize() throws Throwable {          // 覆写 Object 类方法
        System.out.println("活了 250 年，到时候了！");
        throw new Exception("此处即使抛出异常对象也不会产生任何影响！");
    }
}
public class TestDemo {
    public static void main(String[] args) {
        Human mem = new Human();                          // 实例化新的对象
        mem = null;                                        // 产生垃圾
        System.gc();                                       // 手工处理垃圾收集
    }
}
```

程序执行结果：　　　欢天喜地，一个健康的孩子诞生了。
　　　　　　　　　　活了 250 年，到时候了！

本程序实现了一个完整的对象声明周期监控，可以发现，当使用关键字 new 实例化新对象时将调用构造方法，而当一个对象的堆内存空间被回收后将自动调用 finalize()方法，这样就可以进行一些对象回收前的收尾操作。并且此方法即使产生任何异常或错误，也不会影响程序的正常执行。

常见面试题分析：请解释 final、finally、finalize 的区别。

- final 表示终结器，用于定义不能被继承的父类，不能被覆写的方法、常量；
- finally 是异常处理的出口；
- finalize()是 Object 类定义的一个方法，用于执行对象回收前的收尾操作。

10.4　对象克隆

对象克隆

克隆就是对象的复制操作，在 Object 类中存在一个 clone()方法用于对象的克隆。克隆方法如下。

`protected Object clone() throws CloneNotSupportedException;`

此方法是实现克隆的唯一方法，所有类的对象只有调用此方法才可以进行克隆，但是此方法本身使用了 protected 访问权限，这样当在不同的包产生对象时将无法调用 Object 类中的 clone()方法，因此就需要子类来覆写 clone()方法（但依然调用的是父类中的 clone()方法），才可以正常完成克隆操作。

提示：标识性接口的特点。

　　在 clone()方法上抛出一个"CloneNotSupportedException"（不支持的克隆异常）。这是因为不是所有类的对象都可以被克隆。在 Java 中为了区分出哪些类对象可以被克隆，专门提供一个 Cloneable 接口，也就是说要克隆对象的类必须实现 Cloneable 接口。

　　但是 Cloneable 接口没有任何方法，所以这个接口属于**标识接口**，用于**表示一种能力**。

　　范例 10-13：实现克隆操作。

```java
package com.yootk.demo;
class Book implements Cloneable {        // 此类的对象可以被克隆
    private String title;
    private double price;
    public Book(String title, double price) {
        this.title = title;
        this.price = price;
    }
    public void setTitle(String title) {
        this.title = title;
    }
    @Override
    public String toString() {
        return "书名：" + this.title + ", 价格：" + this.price;
    }
    // 由于此类需要对象克隆操作，所以才需要进行方法的覆写
    @Override
```

```
    public Object clone() throws CloneNotSupportedException {
        return super.clone();                          // 调用父类的克隆方法
    }
}
public class TestDemo {
    public static void main(String[] args) throws Exception {
        Book bookA = new Book("Java 开发", 79.8);        // 实例化新对象
        Book bookB = (Book) bookA.clone();              // 克隆对象，开辟新的堆内存空间
        bookB.setTitle("JSP 开发");                     // 修改克隆对象属性，不影响其他对象
        System.out.println(bookA);
        System.out.println(bookB);
    }
}
```
程序执行结果：　　　书名：Java 开发，价格：79.8
　　　　　　　　　　书名：JSP 开发，价格：79.8

　　本程序由于 Book 类对象需要进行克隆操作，所以定义类时实现了 Cloneable 接口，同时在 Book 类中覆写了 clone()方法（实际上还是调用了父类中的 clone()）。在主类中首先产生一个新的实例化对象 bookA，然后利用 bookA 对象的内容克隆出一个新的 Book 类对象 bookB，由于两个对象占据不同的堆内存空间，彼此间不会互相影响。

10.5　数字操作类

Math 类

　　Java 中为了方便进行基础的数学计算，专门提供了 java.lang.Math 类，但是 Math 类所能完成的操作有限。同时在程序开发中大数字的操作也是经常要使用的，为此 Java 提供了一个 java.math 包专门负责大数字的操作。本节将为读者讲解 Java 中与数字有关的 3 个程序类。

10.5.1　Math 类

　　Math 类就是一个专门进行数学计算的操作类，它提供了一系列数学计算方法（例如：对数、绝对值、幂运算等）。在 Math 类里面提供的一切方法都是 static 型的方法，所以可以直接由类名称进行调用。在整个 Math 类中有一个方法需要为读者特别说明，那就是四舍五入的操作方法（public static long round(double a)）。

　　范例 10-14：观察四舍五入。

```
package com.yootk.demo;
public class TestDemo {
    public static void main(String[] args) throws Exception {
        System.out.println(Math.round(15.5));        // 16
        System.out.println(Math.round(-15.5));       // -15
        System.out.println(Math.round(-15.51));      // -16
    }
}
```

程序执行结果：　　16（"Math.*round*(15.5)"语句执行结果）

　　　　　　　　　−15（"Math.*round*(−15.5)"语句执行结果）

　　　　　　　　　−16（"Math.*round*(−15.51)"语句执行结果）

　　本程序只是完成了一个简单的四舍五入操作，在这里唯一需要注意的是，当四舍五入的数据为−10时，操作数据小数位大于 0.5 才进位，小于或等于 0.5 则不进位。

提问：Math.round()不保留小数位？

　　通过范例 10-14 的程序发现，使用 Math.round()方法执行后并没有保留任何小数位，那么如果项目中要求必须保留有两位小数，该怎么办呢？

回答：可以通过算法实现或者利用 BigDecimal 大数字操作类完成。

　　首先 Math.round()设计的原则就是不保留任何小数位，而如果要保存并非不可能，但是需要进行一些处理操作。

　　范例 10-15：实现指定位数的四舍五入操作。

```java
package com.yootk.demo;
public class TestDemo {
    public static void main(String[] args) throws Exception {
        System.out.println(round(-15.678139, 2));          // -15.68
    }
    /**
     * 四舍五入操作，可以保留指定长度的小数位数
     * @param num 要进行四舍五入操作的数字
     * @param scale 保留的小数位
     * @return 四舍五入之后的数据
     */
    public static double round(double num , int scale) {
        // Math.pow()的方法作用是进行 10 的 N 次方的计算
        return Math.round(num * Math.pow(10.0, scale)) / Math.pow(10.0, scale);
    }
}
```

程序执行结果：　　−15.68

　　本程序利用一个数学的逻辑实现了准确位数的四舍五入操作，这样做比较通用一些，包括笔者在编写 JavaScript 时也习惯使用这种做法。但是在 Java 中也可以使用 BigDecimal 类实现与之相同的功能，此类在 10.5.3 节会为读者讲解。

10.5.2　Random 类

　　java.util.Random 是一个专门负责产生随机数的操作类，此类的常用方法如表 10-4 所示。

Random 类

表 10-4　Random 类的常用方法

No.	方法	类型	描述
1	public Random()	构造	创建一个新的 Random 实例
2	public Random(long seed)	构造	创建一个新的 Random 实例并设置一个种子数
3	public int nextInt(int bound)	普通	产生一个不大于指定边界的随机整数

范例 10-16：产生 10 个不大于 100 的正整数（0 ~ 99）。

```java
package com.yootk.demo;
import java.util.Random;
public class TestDemo {
    public static void main(String[] args) throws Exception {
        Random rand = new Random() ;
        for (int x = 0 ; x < 10 ; x ++) {
            System.out.print(rand.nextInt(100) + "、");
        }
    }
}
```

程序执行结果：　　93、32、23、26、79、67、55、4、94、8、

本程序利用 Random 产生了 10 个不大于 100 的正整数，而且由于没有设置种子数，每次执行的结果将会随机生成。

提示：编写 36 选 7 的彩票程序，我们都可以成为百万富翁。

既然 Random 可以产生随机数，下面就利用其来实现一个 36 选 7 的功能。最大值到 36，所以设置边界的数值就是 37，并且里面不能有 0 或重复的数据。

范例 10-17：实现 36 选 7 程序。

```java
package com.yootk.demo;
import java.util.Random;
public class TestDemo {
    public static void main(String[] args) throws Exception {
        Random rand = new Random();
        int data[] = new int[7];            // 开辟一个 7 个元素的数组，保存生成数字
        int foot = 0;                       // 此为数组操作脚标
        while (foot < 7) {                  // 不确定循环次数，所以使用 while 循环
            int t = rand.nextInt(37);       // 生成一个不大于 37 的随机数
            if (!isRepeat(data, t)) {       // 重复
                data[foot++] = t;           // 保存数据
            }
        }
        java.util.Arrays.sort(data);        // 排序
        for (int x = 0; x < data.length; x++) {
            System.out.print(data[x] + "、");
        }
    }
    /**
```

```
         * 此方法主要是判断是否存在重复的内容，但是不允许保存0
         * @param temp 指的是已经保存的数据
         * @param num 新生成的数据
         * @return 如果存在返回true，否则返回false
         */
        public static boolean isRepeat(int temp[], int num) {
            if (num == 0) {              // 没有必要判断了
                return true;             // 直接返回，随后的代码都不再执行
            }
            for (int x = 0; x < temp.length; x++) {
                if (temp[x] == num) {
                    return true;         // 表示后面的数据不再进行判断
                }
            }
            return false;
        }
    }
程序执行结果：      5、17、21、29、33、34、35、
```
　　由于 36 选 7 的操作不能是数字 0 或重复的数据，这样每当产生一个随机数后都需要进行重复判断，如果数组中没有重复数据则向数组中保存。

10.5.3　大数字操作类

　　如果有两个非常大的数字要进行数学操作（这时数字已经超过了 double 的范围），那么只能利用字符串来表示，取出每一位字符变为数字后进行数学计算，但是这种方式的难度较高，为了解决这样的问题，Java 提供了两个大数字操作类：java.math.BigInteger 和 java.math.BigDecimal，而这两个类都属于 Number 的子类。

提示：超过数据范围的计算。

　　在整个 Java 数据类型划分中，double 型数据允许保存的数据范围是最大的。下面以 double 数据类型为例，来观察如果数据大会出现什么结果。

　　范例 10-18：超过 double 数据范围的计算。

```
package com.yootk.demo;
public class TestDemo {
    public static void main(String[] args) throws Exception {
        System.out.println(Double.MAX_VALUE * Double.MAX_VALUE);// Infinity
    }
}
程序执行结果：      Infinity
```

　　本程序直接返回了 "Infinity" 标记，表示一个无穷的数据，这也是一种错误表示。

　　如果真的超过了 double 的范围，肯定无法使用 double 进行保存，因为只有 String 才可以准确地保存好这个数据。如果是数据很大的数字要进行数学计算，只能将其变为 String 型，然后按位取出每一个字符保存的数据，进行手工计算。

BigInteger 类

1. 大整数操作类：BigInteger

大整数可以操作无限大的整型数据，其基本操作方法如表 10-5 所示。

表 10-5　BigInteger 类的基本操作方法

No.	方法	类型	描述
1	public BigInteger(String val)	构造	实例化 BigInteger 对象
2	public BigInteger add(BigInteger val)	普通	加法操作
3	public BigInteger subtract(BigInteger val)	普通	减法操作
4	public BigInteger multiply(BigInteger val)	普通	乘法操作
5	public BigInteger divide(BigInteger val)	普通	除法操作（不保留余数）
6	public BigInteger[] divideAndRemainder(BigInteger val)	普通	除法操作（保留余数），数组第一个元素是商，第二个元素是余数

通过表 10-5 可以发现，在实例化 BigInteger 类对象时接收的数据类型为 String 型。下面来观察如何使用 BigInteger 完成基本的四则运算。

范例 10-19：进行 BigInteger 的演示。

```java
package cn.mldn.demo;
import java.math.BigInteger;
public class TestDemo {
    public static void main(String[] args) throws Exception {
        BigInteger bigA = new BigInteger("234809234801");    // 大数字A
        BigInteger bigB = new BigInteger("8939834789");       // 大数字B
        System.out.println("加法结果：" + bigA.add(bigB));
        System.out.println("减法结果：" + bigA.subtract(bigB));
        System.out.println("乘法结果：" + bigA.multiply(bigB));
        System.out.println("除法结果：" + bigA.divide(bigB));
        BigInteger result[] = bigA.divideAndRemainder(bigB);
        System.out.println("商：" + result[0] + "，余数：" + result[1]);
    }
}
```
程序执行结果：　　加法结果：243749069590
　　　　　　　　　减法结果：225869400012
　　　　　　　　　乘法结果：2099155766052449291989
　　　　　　　　　除法结果：26
　　　　　　　　　商：26，余数：2373530287

本程序由于演示的需要没有设置过大的数据。通过程序执行读者可以发现，为了方便大数字操作首先使用字符串进行数字的定义，然后分别使用 BigInteger 类中的方法实现四则运算操作。

2. 大小数操作类：BigDecimal

BigDecimal 类表示的是大小数操作类，但是这个类也具备与 BigInteger 同样的基本计算方式。而在实际的工作中，使用 BigDecimal 类最方便的操作就是进行准确位数的四舍五入计算，如果要完成这一操作需要了解 BigDecimal 类中的定义，如表 10-6 所示。

BigDecimal 类

表 10-6 使用 BigDecimal 完成四舍五入操作

No.	方法及常量	类型	描述
1	public static final int ROUND_HALF_UP	常量	向上进位
2	public BigDecimal(double val)	构造	传递一个 double 型数据
3	public BigDecimal divide(BigDecimal divisor, int scale, int roundingMode)	普通	除法操作，参数意义如下： |– BigDecimal divisor：被除数； |– int scale：保留的小数位长度； |– int roundingMode：进位模式

范例 10-20：完成准确位的四舍五入操作。

```java
package cn.mldn.demo;
import java.math.BigDecimal;
class MyMath {
    public static double round(double num, int scale) {
        BigDecimal big = new BigDecimal(num);                // 将数据封装在BigDecimal类中
        BigDecimal result = big.divide(new BigDecimal(1), scale,
                BigDecimal.ROUND_HALF_UP);                   // 除法计算
        return result.doubleValue();                         // Number类的方法
    }
}
public class TestDemo {
    public static void main(String[] args) throws Exception {
        System.out.println(MyMath.round(15.5, 0));           // 计算结果：16
        System.out.println(MyMath.round(-15.5, 0));          // 计算结果：-15
        System.out.println(MyMath.round(168.98765, 2));      // 计算结果：168.99
    }
}
程序运行结果：        16.0
                   -16.0
                    168.99
```

本程序采用 BigDecimal 类中的除法计算完成了四舍五入的操作，而这一代码在开发中，将作为工具类出现，读者只要会使用即可。

10.6 日期处理类

日期是一种重要并且特殊的数据类型，在所有的开发中都不可避免的要使用到日期进行处理操作。本节将为读者讲解日期类以及日期格式化类的使用。

Date 类

10.6.1 Date 类

本书在之前一直强调简单 Java 类的概念，也重点阐述了简单 Java 类和数据表之间的映射关系，但是对于数据表的日期型字段却一直没有映射。而在 Java 中，如果要表示日期型，需要使用 java.util.Date 类完成，java.util.Date 类的主要操作方法如表 10-7 所示。

表 10-7　Date 类的常用方法

No.	方法	类型	描述
1	public Date()	构造	实例化 Date 类对象
2	public Date(long date)	构造	将数字变为 Date 类对象，long 为日期时间数据
3	public long getTime()	普通	将当前的日期时间变为 long 型

如果要想取得当前的日期时间，只需要直接实例化 Date 类对象即可。

范例 10-21：取得当前的日期时间。

```
package com.yootk.demo;
import java.util.Date;
public class TestDemo {
    public static void main(String[] args) throws Exception {
        Date date = new Date();
        System.out.println(date);              // 输出对象信息
    }
}
```

程序执行结果：　　　　Thu Jan 28 21:20:04 CST 2016

本程序首先直接实例化了 java.util.Date 类对象，然后直接进行对象输出（调用 toString()），这样就可以直接取得当前的日期时间数据。

提示：范例 10-21 日期并未格式化处理。

　　范例 10-21 的程序只是为读者简单演示了日期时间数据的取得以及 Date 类对象的输出效果。不过这样的日期时间显示格式并不是最好的，在实际开发中显示日期时间时，往往都需要利用 SimpleDateFormat 类进行格式化，10.6.2 小节将为读者讲解此内容。

在 Date 类的方法中，构造方法可以接收一个 long 类型的数据，而且 getTime() 也可以返回一个 long 类型的数据，利用这两个方法就可以实现 Date 与 long 之间的转换。

范例 10-22：Date 与 long 间的转换。

```
package com.yootk.demo;
import java.util.Date;
public class TestDemo {
    public static void main(String[] args) throws Exception {
        long cur = System.currentTimeMillis();          // 取得当前的日期时间以long型返回
        Date date = new Date(cur);                       // 将long转换为Date
        System.out.println(date);                        // 输出对象信息
        System.out.println(date.getTime());              // 输出对象信息
```

```
    }
}
```
程序执行结果：　　　Thu Jan 28 21:11:43 CST 2016（long转换为Date后输出）

　　　　　　　　　　1453986703333（Date转换为long输出）

　　本程序首先利用 "System.currentTimeMillis()" 取得了当前的系统日期时间数字，然后利用 Date 类构造方法以及 getTime()方法，实现了 long 与 Date 类对象之间的转换操作。

10.6.2　日期格式化：SimpleDateFormat

SimpleDateFormat 类

　　虽然使用 java.util.Date 类可以明确取得当前的日期时间，但是最终数据的显示格式并不方便用户阅读。如果要对显示的日期时间进行格式转换，则可以通过 java.text.SimpleDateFormat 类完成，此类的常用方法如表 10-8 所示。

表 10-8　SimpleDateFormat 类常用方法

No.	方法	类型	描述
1	public SimpleDateFormat(String pattern)	构造	传入日期时间标记实例化对象
2	public final String format(Date date)	普通	将日期格式化为字符串数据
3	public Date parse(String source) throws ParseException	普通	将字符串格式化为日期数据

　　除了表 10-8 列出的 3 个核心操作方法外，要想正常地完成格式化的操作，还需要准备出一些常用的日期时间标记（在 Java Doc 中可以查找到）：年（yyyy）、月（MM）、日（dd）、时（HH）、分（mm）、秒（ss）、毫秒（SSS）。

　　范例 10-23：将日期格式化显示（Date 型数据变为 String 型数据）。

```
package com.yootk.demo;
import java.text.SimpleDateFormat;
import java.util.Date;
public class TestDemo {
    public static void main(String[] args) throws Exception {
        Date date = new Date();                    // 实例化Date类对象
        // 实例化SimpleDateFormat类对象，同时定义好要转换的目标字符串格式
        SimpleDateFormat sdf = new SimpleDateFormat("yyyy-MM-dd HH:mm:ss.SSS");
        String str = sdf.format(date);             // 将Date型变为String型
        System.out.println(str);
    }
}
```
程序执行结果：　　　2016-01-28 21:16:11.268

　　本程序利用 SimpleDateFormat 类，将 Date 对象按照指定的格式转换为一个字符串进行显示。

　　范例 10-24：将字符串转换为日期。

```
package com.yootk.demo;
import java.text.SimpleDateFormat;
```

```
import java.util.Date;
public class TestDemo {
    public static void main(String[] args) throws Exception {
        String str = "2005-07-27 07:15:22.111" ;          // 字符串由日期时间组成
        // 实例化SimpleDateFormat类对象，同时定义好要转换的目标字符串格式
        SimpleDateFormat sdf = new SimpleDateFormat("yyyy-MM-dd HH:mm:ss.SSS") ;
        Date date = sdf.parse(str) ;                       // 将字符串变为日期型数据
        System.out.println(date);
    }
}
```
程序执行结果：   Wed Jul 27 07:15:22 CST 2005

  本程序首先定义了一个 String 型对象，并且设置了相关的日期时间数据，然后利用 SimpleDateFormat 类将字符串转换为了 Date 型对象。

提示：SimpleDateFormat 可以自动处理错误的日期时间数。

  一般定义月份只有 12 个月，天数不能超过 31 天，诸如此类的限制还包括小时、分钟等数据。如果用户设置了不正确的日期时间数字，SimpleDateFormat 类会帮助用户自动进行进位处理，也就是说如果设置的月数是 15，则自动增加一年，变为 3 个月。

  范例 10-25： 观察 SimpleDateFormat 的自动纠正。

```
package com.yootk.demo;
import java.text.SimpleDateFormat;
import java.util.Date;
public class TestDemo {
    public static void main(String[] args) throws Exception {
        String str = "2005-15-57 77:95:22.111" ;          // 字符串由日期时间组成
        // 实例化SimpleDateFormat类对象，同时定义好要转换的目标字符串格式
        SimpleDateFormat sdf = new SimpleDateFormat("yyyy-MM-dd HH:mm:ss.SSS") ;
        Date date = sdf.parse(str) ;                       // 将字符串变为日期型数据
        System.out.println(date);
    }
}
```
程序执行结果：   Sat Apr 29 06:35:22 CST 2006

  本程序虽然设置了错误的日期时间数字，但是都能自动进行进位处理。

提示：关于数据类型的转换操作。

  在实际的 Java 项目开发中，有 6 种最为常见的数据类型：java.lang.String、java.util. Date、int（Integer）、double（Double）、byte（Byte）、boolean（Boolean）。这 6 种数据类型的转换可以依靠以下 3 个原则。

- Date 与 String 类之间的转换依靠 SimpleDateFormat；
- String 与基本类型之间的转换依靠包装类与 String.valueOf()方法；
- long 与 Date 转换依靠 Date 类提供的构造以及 getTime()方法。

10.6.3　Calendar 类

Calendar 类

Calendar 类可以将取得的时间精确到毫秒，并且由于其可以分别取得日期时间数字，这样可以直接进行各种日期时间的计算操作。Calendar 类中定义的常量与方法如表 10-9 所示。

表 10-9　Calendar 类中定义的常量与方法

No.	常量及方法	类型	描述
1	public static final int YEAR	常量	取得年、int 类型
2	public static final int MONTH	常量	取得月、int 类型
3	public static final int DAY_OF_MONTH	常量	取得日、int 类型
4	public static final int HOUR_OF_DAY	常量	取得小时（24 小时制）、int 类型
5	public static final int MINUTE	常量	取得分、int 类型
6	public static final int SECOND	常量	取得秒、int 类型
7	public static final int MILLISECOND	常量	取得毫秒、int 类型
8	public static Calendar getInstance()	普通	根据默认的时区实例化对象
9	public boolean after(Object when)	普通	判断一个日期是否在指定日期之后
10	public boolean before(Object when)	普通	判断一个日期是否在指定日期之前
11	public int get(int field)	普通	返回给定日历字段的值

Calendar 类本身是一个抽象类，可以使用 GregorianCalendar 子类进行实例化。除了这种方式外，更多的是利用 getInstance() 方法取得本类的实例化对象。

范例 10-26：取得当前的日期时间。

```java
package com.yootk.demo;
import java.util.Calendar;
public class TestDemo {
    public static void main(String[] args) throws Exception {
        Calendar cal = Calendar.getInstance();                    // 取得本类对象
        StringBuffer buf = new StringBuffer();                    // 保存日期时间数据
        buf.append(cal.get(Calendar.YEAR)).append("-");          // 取得年数据
        buf.append(cal.get(Calendar.MONTH) + 1).append("-");     // 取得月数据，从0开始
        buf.append(cal.get(Calendar.DAY_OF_MONTH)).append(" ");  // 取得天数据
        buf.append(cal.get(Calendar.HOUR_OF_DAY)).append(":");   // 取得小时数据
        buf.append(cal.get(Calendar.MINUTE)).append(":");        // 取得分钟数据
        buf.append(cal.get(Calendar.SECOND));                    // 取得秒数据
        System.out.println(buf);
    }
}
```
程序执行结果：　　　　　2016-5-19 8:55:38

本程序首先利用 getInstance() 方法取得了 Calendar 类的实例化对象，然后使用 get() 方法分别取得

了各个日期时间数据。但是在取得数据中读者可以发现，Calendar 取得的内容不会出现前导 0，即如果当前日期是 5 月，那么返回的不是 "05" 而是 "5"。

利用 Calendar 类可以实现一些简单的日期计算，例如：若干天之后的日期，就可以利用此类完成。

范例 10-27：取得五天之后的日期。

```java
package com.yootk.demo;
import java.util.Calendar;
public class TestDemo {
    public static void main(String[] args) throws Exception {
        Calendar cal = Calendar.getInstance();              // 取得本类对象
        StringBuffer buf = new StringBuffer();              // 保存日期时间数据
        buf.append(cal.get(Calendar.YEAR)).append("-");     // 取得年数据
        buf.append(cal.get(Calendar.MONTH) + 1).append("-"); // 取得月数据，从0开始
        buf.append(cal.get(Calendar.DAY_OF_MONTH) + 5).append(" "); // 取得5天后数据
        buf.append(cal.get(Calendar.HOUR_OF_DAY)).append(":"); // 取得小时数据
        buf.append(cal.get(Calendar.MINUTE)).append(":");   // 取得分钟数据
        buf.append(cal.get(Calendar.SECOND));               // 取得秒数据
        System.out.println(buf);
    }
}
```

程序执行结果：　　　　　　　2016-5-24 8:58:37

本程序在进行天数的计算时数据增加了 5，这样就表示计算 5 天后的日期。

提示：关于 Calendar 的补充说明。

虽然利用 Calendar 可以取得日期时间，但是 Calendar 的月是从 0 开始计算的，所以每一次在进行月份计算时都需要执行一个 "+1" 的操作。由于 Calendar 可以分开取得数据，所以在进行 "日期 + 数字" 操作上就比较方便，但是要注意累加过大问题，例如：假设今天是 7 月 27 日，如果只是增加一个 10 天，那么取得的就是 7 月 37 日，这一点处理就比较麻烦了。在 SimpleDateFormat 格式化日期时，会将多余的日期时间进行自动进位，所以将这几个类结合在一起使用就比较方便了。

10.7　比较器

数组是所有编程语言中重要的组成部分，而 Java 提供 3 数组的相关操作类。同时在 Java 中由于存在对象数组的概念，就可以利用比较器实现对象数组的比较操作。

10.7.1　Arrays 类

本书讲解数组时为读者讲解过一个数组排序的操作："java.util.Arrays.sort(数组名称)"，而在 Java 中，Arrays 是一个定义在 java.util 包中专门进行数组的操作类，在这个类中定义了所有与数组有关的基本操作：二分查找、相等判断、数组填充等，如表 10-10 所示。

Array 类

表 10-10　Arrays 类的常用方法

No	方法	类型	描述
1	public static boolean equals(int[] a,int[] a2)	普通	判断两个数组是否相等,此方法被重载多次,可以判断各种数据类型的数组
2	public static void fill(int[] a,int val)	普通	将指定内容填充到数组中,此方法被重载多次,可以填充各种数据类型的数组
3	public static void sort(int[] a)	普通	数组排序,此方法被重载多次,可以对各种类型的数组进行排序
4	public static int binarySearch(int[] a,int key)	普通	对排序后的数组进行检索,此方法被重载多次,可以对各种类型的数组进行搜索
5	public static String toString(int[] a)	普通	输出数组信息,此方法被重载多次,可以输出各种数据类型的数组

二分查找又被称为折半查找法,在进行数据查找时速度较快,而要使用二分查找法,则要求数组中的数据必须为有序的。二分查找法的基本原理如图 10-4 所示。

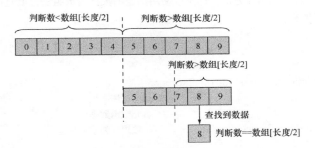

图 10-4　二分查找算法

二分查找的基本思想是将 n 个元素的数组分成大致相等的两部分。假设要查找的数据内容为 x,则取"数组[长度/2]"与 x 进行比较,如果"x=数组[长度/2]",则表示存在 x,算法中止;如果"x<数组[长度/2]",则只在数组的左半部分继续搜索 x,如果"x>数组[长度/2]",则要在数组的右半部搜索 x。

范例 10-28:实现二分查找。

```
package com.yootk.demo;
import java.util.Arrays;
public class TestDemo {
    public static void main(String[] args) throws Exception {
        int data[] = new int[] { 1, 5, 6, 2, 3, 4, 9, 8, 7, 10 };
        java.util.Arrays.sort(data);          // 数组必须排序才可以查找
        System.out.println(Arrays.binarySearch(data, 9));
    }
}
程序执行结果:            8 (排序后的数据索引)
```

本程序首先定义了一个数组数据，但是由于此数据没有排序，所以无法使用二分查找算法。这样就需要先使用 Arrays.sort() 对数组进行排序，再使用二分查找时才可以找到指定的数据索引。

在 Arrays 类中也提供了 equals() 方法（此方法并不是 Object 类定义的 equals() 方法，只是借用了方法名称），利用此方法可以实现两个数组的相等判断，而要想使用此方法，就必须保证数组中的数据内容的顺序是一致的。

范例 10-29：数组相等比较。

```
package com.yootk.demo;
import java.util.Arrays;
public class TestDemo {
    public static void main(String[] args) throws Exception {
        int dataA[] = new int[] { 1, 2, 3 };               // 定义 A 数组
        int dataB[] = new int[] { 1, 2, 3 };               // 定义 B 数组
        System.out.println(Arrays.equals(dataA, dataB));   // 比较是否相等
    }
}
```
程序执行结果：　　　　　true

本程序中由于两个数组的内容顺序完全相同，所以最终的判断结果就是 true。

Arrays 类还提供了数组的填充方法，即可以使用指定的数据为数组进行填充操作。

范例 10-30：数组填充。

```
package com.yootk.demo;
import java.util.Arrays;
public class TestDemo {
    public static void main(String[] args) throws Exception {
        int data[] = new int[10];                          // 动态开辟数组
        Arrays.fill(data, 3);                              // 填充数组数据
        System.out.println(Arrays.toString(data));         // 将数组变为字符串输出
    }
}
```
程序执行结果：　　　　　[3, 3, 3, 3, 3, 3, 3, 3, 3, 3]

本程序首先开辟了一个具备 10 个元素大小的数组空间，然后使用 fill() 方法进行填充，最后利用 Arrays 类中提供的 toString() 方法直接将数组变为指定格式字符串数据后输出。

10.7.2　比较器：Comparable

Comparable 接口

数组实际上会分为普通数组与对象数组两类使用情况，普通数组可以直接根据数据的大小关系进行排序（调用 Arrays.sort() 排序）；而对象数组由于其本身存放的都是地址数据，不可能依据大小关系来实现排序，但是在 Arrays 类中依然重载了一个 sort() 方法（对象数组排序：public static void sort(Object[] a)），此方法可以直接针对对象数组实现排序。要想使用 sort() 方法进行排序，就必须有一个前提：对象所在的类一定要实现 Comparable 接口，否则代码执行时会出现 ClassCastException 异常。而 Comparable 接口就属于比较器的一种，此接口定义如下。

```
public interface Comparable<T> {
```

```
public int compareTo(T o);
}
```

在 Comparable 接口中只定义了一个 compareTo()方法，此方法返回一个 int 型数据，而用户覆写此方法时只需要返回 3 种结果：1（>0）、–1（<0）、0（=0）。

> **提示：String 类、Integer 等类都实现了 Comparable 接口。**
>
> 在讲解 String 类的操作方法时曾经讲解过 compareTo()方法，实际上 String 类、Integer 等类都实现了 Comparable 接口，也就是说这些类的对象数组都可以直接利用 Arrays.sort()方法进行对象数组排序。

范例 10-31：实现对象数组排序。

```
package com.yootk.demo;
import java.util.Arrays;
class Book implements Comparable<Book> {              // 实现比较器
    private String title ;
    private double price ;
    public Book(String title,double price) {
        this.title = title ;
        this.price = price ;
    }
    @Override
    public String toString() {
        return "书名：" + this.title + "，价格：" + this.price + "\n" ;
    }
    @Override
    public int compareTo(Book o) {                    // Arrays.sort()会自动调用此方法比较
        if (this.price > o.price) {
            return 1 ;
        } else if (this.price < o.price) {
            return –1 ;
        } else {
            return 0;
        }
    }
}
public class TestDemo {
    public static void main(String[] args) throws Exception {
        Book books [] = new Book [] {
                new Book("Java开发实战经典",79.8) ,
                new Book("JavaWEB开发实战经典",69.8) ,
                new Book("Oracle开发实战经典",99.8) ,
                new Book("Android开发实战经典",89.8)
        } ;
        Arrays.sort(books);                           // 对象数组排序
        System.out.println(Arrays.toString(books));
```

```
        }
}
```

程序执行结果：　　　[书名：JavaWEB开发实战经典，价格：69.8
　　　　　　　　　　，书名：Java开发实战经典，价格：79.8
　　　　　　　　　　，书名：Android开发实战经典，价格：89.8
　　　　　　　　　　，书名：Oracle开发实战经典，价格：99.8
　　　　　　　　　　]

本程序在 Book 类定义时实现了 Comparable 接口，这样就意味着此类的对象可以实现对象数组的排序操作。在主类中使用 Arrays.sort() 方法时，会自动调用被 Book 类覆写的 compareTo() 方法判断对象的大小关系，这样就会按照价格由低到高进行排序。

 提示：优先考虑 Comparable。
　　　　　　在 Java 中比较器有两种实现方式，其中 Comparable 是最为常用的比较器接口。在实际开发中，只要是对象数组排序，一定要优先考虑使用 Comparable 接口实现。

10.7.3　数据结构——BinaryTree

BinaryTree

树是一种比链表更为复杂的概念应用，其本质也属于动态对象数组，但是与链表不同的是，树的最大特征是可以针对数据进行排序。

树的操作原理：选择第一个数据作为根节点，而后比根节点小的放在根节点的左子树（左节点），比根节点大的数据放在右子树（右节点），取得数据时按照中序遍历的方式取出（左—中—右）。但是如果要想实现这样的排列，则需要有一个数据的包装类 Node，而且在此类中除了要保存数据外，还需要保存对应的左子树以及右子树节点对象，如图 10-5 所示。

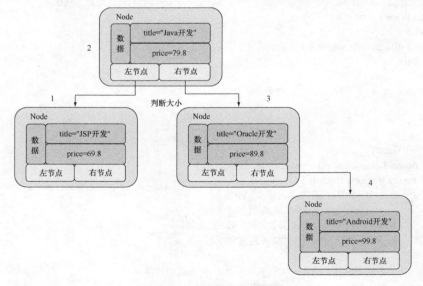

图 10-5　树的节点关系设置

提示：根据自己的实际情况选择性学习。

　　在实际的项目开发中，链表与树是使用最多的两种数据结构，所以一小部分公司会在笔试时要求应聘者编写出相应的代码。而从实际的开发角度来讲，常用数据结构已经被 Java 完整地实现好了，在本书第 13 章类集框架中会为读者讲解，所以此处只是一个原理的简单分析。建议读者在掌握链表开发之后再进行学习。

　　范例 10-32：实现二叉树。

二叉树数据结构的程序操作如下。

（1）定义出要使用的数据类型，并且类中一定要实现 Comparable 接口。

```java
class Book implements Comparable<Book> {                    // 实现比较
    private String title ;
    private double price ;
    public Book(String title, double price) {
        this.title = title ;
        this.price = price ;
    }
    @Override
    public String toString() {
        return "书名： " + this.title + "，价格： " + this.price + "\n" ;
    }
    @Override
    public int compareTo(Book o) {
        if (this.price > o.price) {
            return 1 ;
        } else if (this.price < o.price) {
            return −1 ;
        } else {
            return 0;
        }
    }
}
```

　　（2）定义二叉树，所有的数据结构都需要通过 Node 类的对象包装，同时为了排序需要，保存的数据可以直接使用 Comparable 接口类型，即所有的类对象都必须强制转换为 Comparable 接口。在本结构中只定义数据的保存和取出的操作方法。

```java
@SuppressWarnings("rawtypes")
class BinaryTree {
    private class Node {
        private Comparable data;                    // 排序的依据就是 Comparable
        private Node left;                          // 保存左节点
        private Node right;                         // 保存右节点
        public Node(Comparable data) {             // 定义构造方法
            this.data = data;
        }
```

```java
@SuppressWarnings("unchecked")
public void addNode(Node newNode) {
    if (this.data.compareTo(newNode.data) > 0) {          // 对象数据比较
        if (this.left == null) {                          // 左节点为null
            this.left = newNode;                          // 保存左节点
        } else {
            this.left.addNode(newNode);                   // 继续判断节点保存位置
        }
    } else {
        if (this.right == null) {                         // 右节点为null
            this.right = newNode;                         // 保存到右节点
        } else {
            this.right.addNode(newNode);                  // 继续判断节点保存位置
        }
    }
}
public void toArrayNode() {                               // 将节点转换为对象数组
    if (this.left != null) {                             // 表示有左节点
        this.left.toArrayNode();                         // 左子树继续取得
    }
    // 先判断左节点再取出中间节点数据，再取得右节点数据
    BinaryTree.this.retData[BinaryTree.this.foot++] = this.data;
    if (this.right != null) {                            // 表示有右节点
        this.right.toArrayNode();                        // 右子树继续取得
    }
}
}
private Node root;                                        // 定义根节点
private int count;                                        // 保存元素个数
private Object[] retData;                                 // 保存返回的对象数组
private int foot;                                         // 操作脚标
public void add(Object obj) {                             // 进行数据的追加
    Comparable com = (Comparable) obj;                   // 转为Comparable才可以实现Node保存
    Node newNode = new Node(com);                        // 创建新的节点
    if (this.root == null) {                             // 现在不存在根节点
        this.root = newNode;                             // 保存根节点
    } else {
        this.root.addNode(newNode);                      // 交给Node类处理
    }
    this.count++;                                        // 保存个数加一
}
public Object[] toArray() {                               // 取得全部保存数据
    if (this.root == null) {                             // 根节点为null
        return null;                                     // 没有数据
```

```
        }
        this.foot = 0;                                   // 重置脚标
        this.retData = new Object[this.count];           // 开辟保存数据数组
        this.root.toArrayNode();                         // Node类处理
        return this.retData;                             // 返回保存的数据
    }
}
```

（3）测试程序，保存多个 Book 类对象。

```
public class TestDemo {
    public static void main(String[] args) throws Exception {
        BinaryTree bt = new BinaryTree();                // 定义二叉树
        bt.add(new Book("Java开发实战经典", 79.8));        // 保存数据
        bt.add(new Book("Java Web开发实战经典", 69.8));    // 保存数据
        bt.add(new Book("Oracle开发实战经典", 99.8));      // 保存数据
        bt.add(new Book("Android开发实战经典", 89.8));     // 保存数据
        Object obj[] = bt.toArray();                     // 将数据转换为对象数组取出
        System.out.println(Arrays.toString(obj));        // 利用Arrays类的方法输出
    }
}
程序执行结果：    [书名：Java Web开发实战经典，价格：69.8，
                 书名：Java开发实战经典，价格：79.8，
                 书名：Android开发实战经典，价格：89.8，
                 书名：Oracle开发实战经典，价格：99.8]
```

　　本程序实现了一个最基础的二叉树数据结构，整个程序的实现关键在于 Node 节点大小关系的判断，所以为了实现这一要求，在 Node 中保存的类型为 Comparable 接口类型。

10.7.4　挽救的比较器：Comparator

Comparator 接口

　　利用 Comparable 接口实现的比较器属于常见的用法，但是从另外一个角度来讲，如果要使用 Comparable 比较器，就意味着在类定义时必须考虑好排序的需求。但是如果某一个类定义时并没有实现 Comparable 接口，可是在不能修改类定义时又需要进行对象数组排序该怎么办呢？为此，Java 又提供了另外一种比较器：Comparator 接口（挽救的比较器），此接口定义如下。

```
@FunctionalInterface
public interface Comparator<T> {
    public int compare(T o1, T o2);
    public boolean equals(Object obj);
}
```

　　通过定义可以发现在 Comparator 接口上使用了 "@FunctionalInterface" 注解声明，所以此接口为一个函数式接口。该接口提供了一个 compare() 方法，此方法的返回 3 种结果为：1（>0）、-1（<0）、0（=0）。

	提问：函数式接口不是应该只有一个方法吗？ 　　从 JDK 1.8 开始，如果要定义的接口上使用了"@FunctionalInterface"注解声明，那么接口中应该只能存在一个抽象方法，为什么此处可以定义两个？
	回答：Object 类中的方法不属于限定范围。 　　读者需要注意，虽然 Comparator 接口中定义了两个抽象方法，但是子类真正在覆写时只需要覆写 compare()方法即可，而 equals()这样的方法在 Object 类中已经有默认实现（地址比较）。 　　另外从 Comparator 接口定义之初只定义了 compare()与 equals()两个抽象方法，而在 JDK 1.8 之后，Comparator 接口中除了抽象方法外也定义了 default 和 static 的普通方法，有兴趣的读者可以自行观察 JavaDoc。

　　如果要利用 Comparator 接口实现对象数组的排序操作，还需要更换 java.util.Arrays 类中的排序方法。对象数组排序方法为：public static <T> void sort(T[] a, Comparator<? super T> c)。

　　范例 10-33： 利用 Comparator 接口实现对象数组排序。

　　（1）定义一个类，此类不实现比较器接口。

```
package com.yootk.demo;
class Book {
    private String title ;
    private double price ;
    public Book() {}
    public Book(String title, double price) {
        this.title = title ;
        this.price = price ;
    }
    @Override
    public String toString() {
        return "书名：" + this.title + "，价格：" + this.price + "\n" ;
    }
    public void setPrice(double price) {
        this.price = price;
    }
    public void setTitle(String title) {
        this.title = title;
    }
    public double getPrice() {
        return price;
    }
    public String getTitle() {
        return title;
    }
}
```

　　（2）假设在 Book 类的初期设计中并没有排序的设计要求，并且不能够修改。但是随着开发的深

入，有了对象数组排序的要求，所以此时就可以利用 Comparator 接口单独为 Book 类设计一个排序的
规则类：BookComparator。

```java
class BookComparator implements java.util.Comparator<Book> {
    @Override
    public int compare(Book o1, Book o2) {
        if (o1.getPrice() > o2.getPrice()) {
            return 1 ;
        } else if (o1.getPrice() < o2.getPrice()) {
            return -1 ;
        } else {
            return 0;
        }
    }
}
```

本程序定义了一个 BookComparator 比较器程序类，这样在使用 Arrays.sort()排序时就需要传递此
类的实例化对象。

（3）测试代码，使用指定的比较器，实现对象数组的排序操作。

```java
public class TestDemo {
    public static void main(String[] args) throws Exception {
        Book books [] = new Book [] {
                new Book("Java开发实战经典",79.8) ,
                new Book("JavaWEB开发实战经典",69.8) ,
                new Book("Oracle开发实战经典",99.8) ,
                new Book("Android开发实战经典",89.8)
        } ;
        java.util.Arrays.sort(books,new BookComparator());
        System.out.println(java.util.Arrays.toString(books));
    }
}
程序执行结果：     [书名：JavaWEB开发实战经典，价格：69.8,
                书名：Java开发实战经典，价格：79.8,
                书名：Android开发实战经典，价格：89.8,
                书名：Oracle开发实战经典，价格：99.8]
```

使用 Comparator 并不像 Comparable 那样方便，所以在利用 Arrays 类实现对象排序时，必须明确
设置一个排序规则类的实例化对象后才可以正常完成对象数组的排序功能。

提示：可以使用 Lambda 表达式完成。
　　由于 Comparator 接口上使用了 "@FunctionalInterface" 注解声明，所以用户也
可以利用 Lambda 表达式来实现比较规则的定义。
　　范例 10-34：修改测试程序。

```java
public class TestDemo {
    public static void main(String[] args) throws Exception {
```

```
        Book books [] = new Book [] {
                new Book("Java 开发实战经典",79.8) ,
                new Book("JavaWEB开发实战经典",69.8) ,
                new Book("Oracle开发实战经典",99.8) ,
                new Book("Android开发实战经典",89.8)
        } ;
        java.util.Arrays.sort(books,(o1,o2)->{
            if (o1.getPrice() > o2.getPrice()) {
                return 1;
            } else if (o1.getPrice() < o2.getPrice()) {
                return -1;
            } else {
                return 0;
            }
        });
        System.out.println(java.util.Arrays.toString(books));
    }
}
```

本程序利用 Lambda 表达式实现了同样的排序操作，这样的代码定义可以节约类的定义，是简化代码的一种有效手段。

常见面试题分析：请解释 Comparable 和 Comparator 的区别。

- 如果对象数组要进行排序就必须设置排序规则，可以使用 Comparable 或 Comparator 接口实现；
- java.lang.Comparable 是在一个类定义时实现好的接口，这样本类的对象数组就可以进行排序，在 Comparable 接口下定义了一个 public int compareTo() 方法；
- java.util.Comparator 是专门定义一个指定类的比较规则，属于挽救的比较操作，里面有两个方法：public int compare()、public boolean equals()。

10.8　正则表达式

正则表达式（Regular Expression，在代码中常简写为 regex、regexp 或 RE）是从 JDK 1.4 引入到 Java 中的。正则表达式在本质上是一种字符串操作的语法规则，利用此语法规可以更加灵活地实现字符串的匹配、拆分、替换等操作。

10.8.1　问题引出

正则表达式是一组规范的应用，那么这样的规范有什么实际意义呢？为了帮助读者更好地理解正则表达式的作用，下面通过一个实际的程序进行说明。

要求判断某一个字符串是否由数字所组成。实际上这样的问题在之前已经为读者讲解过了，而实现的基本过程如下。

问题引出

- 为了能够判断每一位字符数据，需要将字符串转换为字符数组，这样可以便于循环判断；
- 判断字符数组中的每一个字符是否在 "'0'～'9'" 范围内。

范例 10-35：实现字符串的判断。

```
package com.yootk.demo;
public class TestDemo {
    public static void main(String[] args) throws Exception {
        String str = "123yootk";
        System.out.println(isNumber(str));
    }
    /**
     * 判断字符串是否由数字所组成，在本操作中首先将字符串转换为字符数组，然后循环判断每一位字符
     * @param temp 要判断的字符串数据
     * @return 如果字符串有非数字、为null、没有数据则返回false，正确返回true
     */
    public static boolean isNumber(String temp) {
        if (temp == null || "".equals(temp)) {          // 字符串数据为空
            return false ;
        }
        char data[] = temp.toCharArray();               // 字符串变为字符数组
        for (int x = 0; x < data.length; x++) {
            if (data[x] > '9' || data[x] < '0') {       // 有一位字符不是数字
                return false;                           // 有则返回false，结束判断
            }
        }
        return true;
    }
}
```
程序执行结果：　　　　false

　　本程序为了方便验证，特别定义了一个 isNumber()方法，在本方法中根据既定的要求实现了字符串的组成验证，由于要验证的字符串中包含非数字的内容，所以最终的返回结果是 false。

　　实际上判断某一个字符串是否由数字组成是一个很容易实现的功能，但是读者是否思考过这样一个问题：对于一个这样简单的验证操作，却需要开发者编写 11 行代码，那么如果再复杂一些的验证（例如：验证 email 格式）呢？那是不是需要编写的验证代码就会变得非常麻烦，这时正则表达式就可以帮助用户简化此类代码的编写难度。下面利用正则表达式实现与范例 10-35 程序完全相同的功能。

范例 10-36：利用正则表达式实现同样的验证。

```
package com.yootk.demo;
public class TestDemo {
    public static void main(String[] args) throws Exception {
        String str = "123yootk";
        System.out.println(str.matches("\\d+"));
    }
}
```
程序执行结果：　　　　false

本程序实现了同样的验证操作，而最为重要的是，编写的代码非常有限，在程序中现的"\\d+"就是正则表达式。相信通过这样一个简单的例子，读者不难发现，利用正则表达式可以用简单的编写实现更加复杂的字符串操作。

10.8.2　正则标记

正则标记

所有正则表达式支持的类都定义在 java.util.regex 包里面。在此包中定义了如下两个主要的类。

- Pattern 类：主要定义要使用的表达式对象；
- Matcher 类：用于进行正则标记与指定内容的匹配操作。

所有可以使用的正则标记都在 java.util.regex.Pattern 类的说明文档中定义，常用的标记有如下 6 类。

（1）单个字符（数量：1）

- 字符：表示由一位字符组成；
- \\：表示转义字符"\"；
- \t：表示一个"\t"符号；
- \n：匹配换行（\n）符号；

（2）字符集（数量：1）

- [abc]：表示可能是字符 a、字符 b、字符 c 中的任意一位；
- [^abc]：表示不是字符 a、b、c 中的任意一位；
- [a-z]：所有的小写字母；
- [a-zA-Z]：表示任意的一位字母，不区分大小写；
- [0-9]：表示任意的一位数字；

（3）简化的字符集表达式（数量：1）

- .：表示任意的一位字符；
- \d：等价于"[0-9]"，属于简化写法；
- \D：等价于"[^0-9]"，属于简化写法；
- \s：表示任意的空白字符，例如："\t""\n"；
- \S：表示任意的非空白字符；
- \w：等价于"[a-zA-Z_0-9]"，表示由任意的字母、数字、_组成；
- \W：等价于"[^a-zA-Z_0-9]"，表示不是由任意的字母、数字、_组成；

（4）边界匹配

- ^：正则的开始；
- $：正则的结束；

（5）数量表达

- 正则?：表示此正则可以出现 0 次或 1 次；
- 正则+：表示此正则可以出现 1 次或 1 次以上；
- 正则*：表示此正则可以出现 0 次、1 次或多次；
- 正则{n}：表示此正则正好出现 n 次；

- 正则{n,}: 表示此正则出现 *n* 次以上（包含 *n* 次）;
- 正则{n,m}: 表示此正则出现 *n*～*m* 次;

（6）逻辑运算

- 正则 1 正则 2: 正则 1 判断完成后继续判断正则 2;
- 正则 1 | 正则 2: 正则 1 或者是正则 2 有一组满足即可;
- （正则）: 将多个正则作为一组，可以为这一组单独设置出现的次数。

10.8.3　String 类对正则的支持

String 类对正则的
支持

虽然 Java 本身提供的正则支持类都在 java.util.regex 包中，但是从实际的使用来讲，只有很少的情况才会利用这个包中的 Pattern 或 Matcher 类操作正则，大部分情况下都会考虑使用 java.lang.String 类中提供的方法来直接简化正则的操作。表 10-11 定义了 String 类与正则有关的 5 个操作方法。

表 10-11　String 类与正则有关的 5 个操作方法

No.	方法名称	类型	描述
1	public boolean matches(String regex)	普通	正则验证，使用指定的字符串判断其是否符合给出的正则表达式结构
2	public String replaceAll(String regex, String replacement)	普通	将满足正则标记的内容全部替换为新的内容
3	public String replaceFirst(String regex, String replacement)	普通	将满足正则标记的首个内容替换为新的内容
4	public String[] split(String regex)	普通	按照指定的正则标记进行字符串的全拆分
5	public String[] split(String regex, int limit)	普通	按照指定的正则标记进行字符串的部分拆分

以上列出的 5 个方法包含字符串替换、拆分、验证操作，其中验证操作较为复杂，也是读者需要重点掌握的部分。

范例 10-37：实现字符串替换。

```
package com.yootk.demo;
public class TestDemo {
    public static void main(String[] args) throws Exception {
        String str = "hello*)(*()yootk(*#mldn*";
        String regex = "[^a-z]";                    // 此处编写正则
        System.out.println(str.replaceAll(regex, ""));    // 字符串替换
    }
}
```
程序执行结果:　　　　　　helloyootkmldn

本程序在字符串中定义了许多非字母操作（存在的字母以小写字母为主），所以为了将所有的非字母数据清除干净，这时编写了一个正则"[^a-z]"（匹配所有的非小写字母），这样会针对字符串的每一位进行判断，发现其内容不是小写字母，就将其使用空字符串替换（删除）。

范例 10-38：字符串拆分。

```java
package com.yootk.demo;
public class TestDemo {
    public static void main(String[] args) throws Exception {
        String str = "yootk9mldnyo8798o5555tk";
        String regex = "\\d+";                    // [0-9]一位以上
        String result[] = str.split(regex);
        for (int x = 0; x < result.length; x++) {
            System.out.println(result[x]);
        }
    }
}
```

程序执行结果：   yootk
                  mldnyo
                  o
                  tk

本程序提供的字符串中存在许多数字，有的是一位有的是多位，所以在匹配数字时应该使用"+"作为量词，这样就表示对一位或多位数字进行拆分。

范例 10-39：验证一个字符串是否是数字，如果是则将其变为 double 型。

提示：要转换的数字可能是整数（10）也可能是小数（10.2），但是绝对不允许出现非数字，并且小数点出现时应该有对应的小数位，正则规则分析如图 10-6 所示。

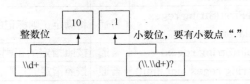

图 10-6　正则规则分析

提问：为什么使用"\\d"？

以上所给出的正则表达式"\\d+(\\.\\d+)?"中间使用了"\\d"，而正则规定中表示数字的简写符号应该是"\d"，为什么需要使用"\\"？

回答：转义字符操作。

本书第 2 章为读者讲解过转义字符的概念，其中"\\"描述的是"\"，所以如果要在字符串中定义"\"则必须使用"\\"，这也就是使用"\\d"（本质是"\d"）的原因了。

另外由于"."可以描述所有的任务，所以也需要为其转义，而"\\."描述的是"\."的字符，实际上也属于转义操作。

在图 10-6 描述的正则规则中，整数位使用"\\d+"描述，表示一位以上的整数位。但是在设计小数位时由于存在小数点（"."在正则中表示任意字符，所以必须使用"\\"转义）的问题，而且小数点与小数位应该作为整体出现，所以使用了"()"进行声明，而整个小数部分应该出现 0 次或 1 次，则使用"?"量词修饰。

```
package com.yootk.demo;
public class TestDemo {
    public static void main(String[] args) throws Exception {
        String str = "10.10";
        String regex = "\\d+(\\.\\d+)?";
        if (str.matches(regex)) {                          // 转型之前要进行验证
            System.out.println(Double.parseDouble(str));
        }
    }
}
```
程序执行结果: 10.1

本程序给出的正则可以进行整数和小数数据的判断,如果正则匹配成功则将其转换为 Double 型数据。

范例 10-40:判断给定的字符串是否是一个 IP 地址(IPV4)。

提示:以"192.168.1.1"IP 地址为例,每一个段可以包含的数字长度为 1~3 位。

```
package com.yootk.demo;
public class TestDemo {
    public static void main(String[] args) throws Exception {
        String str = "192.168.1.1";
        String regex = "\\d{1,3}\\.\\d{1,3}\\.\\d{1,3}\\.\\d{1,3}";
        System.out.println(str.matches(regex));
    }
}
```
程序执行结果: true

本程序由于存在 4 组数据(但是"."只有 3 个),并且每组数据都是由 1~3 位的数字组成,所以每组数字的正则验证格式为"\\d{1,3}"。同时在进行"."匹配时必须进行转义,所以使用"\\."表示。

提示:也可以简化正则操作。

在范例 10-40 所编写的代码中实际上只是按照结构简单地进行了编写,但是既然有重复,就可以把重复的部分作为一个整体,使用"()"声明,再使用量词标记即可。所以范例 10-40 的正则可以修改为:

String regex = "(\\d{1,3}\\.){3}\\d{1,3}";

由于"."只能出现 3 次,所以将前三组数据放在一起描述((\\d{1,3}\\.)),并且规定这些内容必须出现 3 次,而最后一组数字需要单独编写验证规则。

但是需要读者注意一个问题,以上正则本身是存在缺陷的,因为按照以上编写"999.999.999.999"也可以成为一个合法的 IP 地址,当然这样的操作可以进行准确验证,但是并不符合于实际的业务需求。所以在使用正则时希望读者记住,正则只是格式的检查,而具体的内容是否有意义则就属于程序的检测范畴,不要把两者混为一谈。

范例 10-41:给定一个字符串,要求判断其是否是日期格式,如果是则将其转换为 Date 型数据。本次只验证"年-月-日"的日期格式,其中年包含 4 位数字,月与日分别包含 2 位数字。

```
package com.yootk.demo;
import java.text.SimpleDateFormat;
```

```
import java.util.Date;
public class TestDemo {
    public static void main(String[] args) throws Exception {
        String str = "2013-08-15";
        String regex = "\\d{4}-\\d{2}-\\d{2}";          // 定义验证规则
        if (str.matches(regex)) {                        // 符合规则
            Date date = new SimpleDateFormat("yyyy-MM-dd").parse(str);
            System.out.println(date);
        }
    }
}
```

程序执行结果：　　　　　Thu Aug 15 00:00:00 CST 2013

本程序首先编写正则进行了年、月、日 3 个数据的验证，由于在使用 SimpleDateFormat 时需要严格的匹配格式，所以在进行月和日编写时必须保证是两位的数字（\\d{2}），

范例 10-42：判断电话号码，一般要编写电话号码满足以下 3 种格式。

- 格式一：51283346，一般长度是 7～8 位的数字是电话号码（正则格式为："\\d{7,8}"）；
- 格式二：010-51283346，区号一般是 3～4 位，而且区号和电话之间的"-"只有在出现区号时才出现，正则格式："\\d{3,4}-)?\\d{7,8}"；
- 格式三：(010)-51283346，其中在区号前的括号必须成对出现，这样就需要将括号与区号一起显示，正则格式："((\\d{3,4}-)|(\\(\\d{3,4}\\)-))?\\d{7,8}"）。

```
package com.yootk.demo;
public class TestDemo {
    public static void main(String[] args) throws Exception {
        String str = "(010)-51283346";
        String regex = "((\\d{3,4}-)|(\\(\\d{3,4}\\)-))?\\d{7,8}";
        System.out.println(str.matches(regex));
    }
}
```

程序执行结果：　　　　　true

本程序需要让一个正则满足 3 种字符串的验证格式，并且在区号显示时有两种方式：只有区号（"(\\d{3,4}-)"）、在区号中使用括号（(\\(\\d{3,4}\\)-)），这两个正则属于或的关系，不管使用那一种只能出现一次，而具体的电话位则可能是 7 位或 8 位数字（\\d{7,8}）。

范例 10-43：验证 email 地址，对于此验证假设有如下两种不同的格式要求。

- 要求格式一：email 由字母、数字、"_"（下划线）组成。简单 email 正则分析如图 10-7 所示。

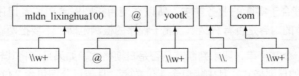

图 10-7　简单 email 正则分析

```
package com.yootk.demo;
```

```
public class TestDemo {
    public static void main(String[] args) throws Exception {
        String str = "mldn_lixinghua100@yootk.com";
        String regex = "\\w+@\\w+\\.\\w+";
        System.out.println(str.matches(regex));
    }
}
```
程序执行结果：　　true

　　本程序的验证规则较为简单，在每一个 email 中"@"与"."必须正常显示，所以此处直接编写具体的字符即可，由于其他组成部分没有要求，所以只要由一位或一位以上的字母、数字、"_"组成就满足验证条件。

　　● 要求格式二：用户名要求由字母、数字、"_""."组成，其中必须以字母开头，结尾只能是字母或数字，用户名长度为 2~30，最后的域名后缀只能是.com、.cn、.net、.com.cn、.net.cn、.edu、.gov、.org 其中的一个。完整 email 组成正则分析如图 10-8 所示。

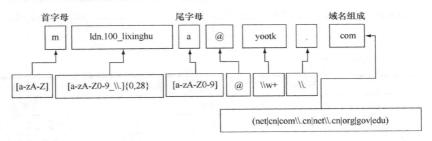

图 10-8　完整 email 组成正则分析

```
package com.yootk.demo;
public class TestDemo {
    public static void main(String[] args) throws Exception {
        String str = "mldn.100_lixinghua@yootk.com";
        String regex = "[a-zA-Z][a-zA-Z0-9_\\.]{0,28}[a-zA-Z0-9]"
                + "@\\w+\\.(com|net|cn|com\\.cn|net\\.cn|org|gov|edu)";
        System.out.println(str.matches(regex));
    }
}
```
程序执行结果：　　true

　　本程序由于 email 用户名的组成较为严格，所以对于 email 的首字母（"[a-zA-Z]"）以及结尾字母（[a-zA-Z0-9]）必须单独定义规则，由于首尾各占了一个验证长度，所以中间的部分长度就需要控制在 0~28 位。对于域名的验证，由于是几个限定的域名结尾，所以需要给出若干个域名的使用范围，由于使用了或的概念，所以只需要满足一个标准即可通过验证。

java.util.regex 包支持

10.8.4　java.util.regex 包支持

　　在大多数情况下使用正则表达式时都会采用 String 类完成，但是正则表达式最原始的开发包是 java.util.regex，利用本包中提供的 Pattern 与 Matcher 类也同样可以实现正则表达式的操作。

> **提示：在 String 类中提供的方法在 Pattern 或 Matcher 类中也提供了相同的功能。**
>
> （1）Pattern 类中存在的方法
> - 字符串全拆分：public String[] split(CharSequence input);
> - 字符串部分拆分：public String[] split(CharSequence input, int limit)。
>
> （2）Matcher 类中存在的方法
> - 字符串匹配：public boolean matches();
> - 字符串全替换：public String replaceAll(String replacement);
> - 字符串替换首个：public String replaceFirst(String replacement)。
>
> 在实际开发中，由于 String 使用较多，所以往往会利用 String 类中提供的方法直接进行正则的操作，对于基础的部分就很少使用 Pattern 或 Matcher 类。

java.util.regex.Pattern 类的主要功能是进行数据的拆分以及为 Matcher 类对象实例化，该类的常用方法如表 10-12 所示。

表 10-12　Pattern 类的常用方法

No.	方法	类型	描述
1	public static Pattern compile(String regex)	普通	编译正则表达式
2	public String[] split(CharSequence input)	普通	数据全拆分操作
3	public String[] split(CharSequence input, int limit)	普通	数据部分拆分操作
4	public Matcher matcher(CharSequence input)	普通	取得 Matcher 类对象

在 Pattern 类中没有定义构造方法，所以如果要想取得 Pattern 类对象，必须利用 compile()方法进行指定正则表达式的编译操作。同时在 Pattern 类中定义的方法，在进行参数接收时接收的都是 CharSequence 接口对象，这样就表示只要是 CharSequence 接口的子类对象都可以进行正则操作。

范例 10-44： 利用 Pattern 类实现字符串拆分。

```java
package com.yootk.demo;
import java.util.Arrays;
import java.util.regex.Pattern;
public class TestDemo {
    public static void main(String[] args) throws Exception {
        String str = "hello1yootk22mldn333lixinghua";
        String regex = "\\d+";
        Pattern pattern = Pattern.compile(regex);      // 编译正则
        String result[] = pattern.split(str);          // 拆分字符串
        System.out.println(Arrays.toString(result));
    }
}
程序执行结果：          [hello, yootk, mldn, lixinghua]
```

　　本程序利用 Pattern 类直接进行了字符串的拆分操作，首先将需要使用到的正则表达式利用 compile()进行编译，然后直接调用 Pattern 类的 split()方法实现拆分操作。

　　如果要想实现数据的验证与替换操作，就需要通过 Matcher 类实现操作，此类的常用方法如表 10-13 所示。

表 10-13　Matcher 类的常用方法

No.	方法	类型	描述
1	public boolean matches()	普通	正则匹配
2	public String replaceAll(String replacement)	普通	全部替换
3	public String replaceFirst(String replacement)	普通	替换首个

　　范例 10-45：实现字符串验证操作。

```java
package com.yootk.demo;
import java.util.regex.Matcher;
import java.util.regex.Pattern;
public class TestDemo {
    public static void main(String[] args) throws Exception {
        String str = "100";
        String regex = "\\d+";
        Pattern pattern = Pattern.compile(regex);        // 编译正则
        Matcher mat = pattern.matcher(str);              // 进行正则匹配
        System.out.println(mat.matches());               // 匹配结果
    }
}
```
程序执行结果：　　　　　　true

　　本程序首先利用 Pattern 类的 matcher()方法取得 Matcher 类对象，然后利用 matches()方法判断指定的字符串是否符合指定的正则规范。

10.9　反射机制

　　反射是 Java 中最为重要的特性，几乎所有的开发框架以及应用技术中都是基于反射技术的应用。本节主要讲解反射机制的作用，以及如何利用反射实现类结构的操作。

认识反射

10.9.1　认识反射

　　在正常的类操作过程中，一定是要先确定使用的类，再利用关键字 new 产生实例化对象后使用。但是在如果要通过对象取得此对象所在类的信息，那么就可以通过 Object 类中的 getClass()方法（public final Class<?> getClass()）实现。

　　范例 10-46：反射初步操作。

```java
package com.yootk.demo;
import java.util.Date;                                   // 导入所需要的类
```

```
public class TestDemo {
    public static void main(String[] args) throws Exception {
        Date date = new Date();                // 产生实例化对象
        System.out.println(date.getClass());   // 直接反射输出
    }
}
```
程序执行结果：　　　　　　class java.util.Date

本程序首先导入了要产生实例化对象的类，然后利用关键字 new 进行对象实例化，而要想通过对象找到对应类的完整信息，则可以利用 getClass()方法完成。本程序直接将 getClass()方法的返回类型进行了输出，输出的内容就是对象的类名称。

10.9.2　Class 类对象实例化

Class 类对象实例化

当使用 getClass()方法时，返回的类型为 java.lang.Class，这是反射操作的源头类，即所有的反射操作都需要通过此类开始，而最关键的是这个类有以下 3 种实例化方式。

- 第一种：调用 Object 类中的 getClass()方法，但是如果要使用此类操作则必须有实例化对象。

```
package com.yootk.demo;
import java.util.Date;                         // 导入所需要的类
public class TestDemo {
    public static void main(String[] args) throws Exception {
        Date date = new Date();                // 产生实例化对象
        Class<?> cls = date.getClass() ;       // 通过实例化对象取得Class对象
        // Class类中定义有 "public String getName()" 方法可以取得类的完整名称
        System.out.println(cls.getName());     // 直接对象所在类的名称
    }
}
```
程序执行结果：　　　　　　java.util.Date

本程序通过 Date 类的实例化对象，调用了从 Object 类中继承来的 getClass()方法，这样就取得了 java.util.Date 类型的反射操作类对象，通过调用 getName()方法可以直接输出要操作类型的完整名称。

- 第二种：使用 "类.class" 取得，此时可以不需要通过指定类的实例化对象取得。

```
package com.yootk.demo;
public class TestDemo {
    public static void main(String[] args) throws Exception {
        Class<?> cls = java.util.Date.class ;  // 通过类名称取得Class类对象
        System.out.println(cls.getName());     // 直接对象所在类的名称
    }
}
```
程序执行结果：　　　　　　java.util.Date

本程序利用 Date 类调用了 class 属性，利用这样特殊的格式就可以取得 java.util.Date 类的反射操作类对象，此时可以不需要 Date 类的实例化对象。

- 第三种：调用 Class 类提供的方法：public static Class<?> forName(String className) throws ClassNotFoundException。

```
package com.yootk.demo;
public class TestDemo {
    public static void main(String[] args) throws Exception {
        // 此处直接传递了一个要进行反射操作类的完整名称，是利用字符串定义的
        Class<?> cls = Class.forName("java.util.Date") ;
        System.out.println(cls.getName());            // 直接对象所在类的名称
    }
}
程序执行结果：           java.util.Date
```

本程序使用 Class 类中的 forName()方法，这样要进行反射操作的类，只需要定义一个具体的名称就可以取得反射操作类对象，但是前提是此类的确存在，如果不存在则会抛出"ClassNotFoundException"异常。

技术穿越：几乎所有的开发框架都会使用到以上 3 种实例化方式。

对于此时给出的 3 种 Class 类的实例化对象操作，实际上很难分辨出到底哪种模式使用较多，因为从实际的开发来讲，三种模式都有可能使用到。

- 利用"getClass()"方法操作往往出现在简单 Java 类与提交参数的自动赋值操作中，像 Struts、Spring MVC 都会提供表单参数与简单 Java 类的自动转换；
- 利用"类.class"的方式往往是将反射操作的类型设置交由用户使用，像 Hibernate 中进行数据保存以及根据 ID 查询中会使用到此类操作；
- 利用"Class.forName()"方法可以实现配置文件以及 Annotation 配置的反射操作，几乎所有的开发框架都是依靠此方式实现的。

10.9.3 反射实例化对象

掌握了 Class 类对象实例化的三种操作形式，就可以利用 Class 类来进行类的反射控制了。在 Class 类中提供有如下 10 个常用方法，如表 10-14 所示。

反射实例化对象

表 10-14　Class 类的常用方法

No.	方法	类型	描述
1	public static Class<?> forName(String className) throws ClassNotFoundException	普通	通过字符串设置的类名称实例化 Class 类对象
2	public Class<?>[] getInterfaces()	普通	取得类实现的所有接口
3	public String getName()	普通	取得反射操作类的全名
4	public String getSimpleName()	普通	取得反射操作类名，不包括包名称
5	public Package getPackage()	普通	取得反射操作操作类所在的包
6	public Class<? super T> getSuperclass()	普通	取得反射操作类的父类
7	public boolean isEnum()	普通	反射操作的类是否是枚举

续表

No.	方法	类型	描述
8	public boolean isInterface()	普通	反射操作的类是否是接口
9	public boolean isArray()	普通	反射操作的类是否是数组
10	public T newInstance() throws InstantiationException, IllegalAccessException	普通	反射实例化对象

通过 Class 类的常用方法可以发现，在反射操作中类或接口都是利用 Class 来进行包装的，同时利用 Class 类可以表示任意类、枚举、接口、数组等引用类型的操作。

在 Class 类中最为重要的一个方法就是 newInstance()方法，通过此方法可以利用反射实现 Class 类包装类型的对象实例化操作，也就是说即使不使用关键字 new 也可以进行对象的实例化操作。

注意：默认要使用无参构造方法。

任何类都至少会存在一个构造方法，如果利用 Class 类中的 newInstance()方法反射实例化类对象，则类中一定要提供无参构造方法，否则会出现语法错误。当然也可以进一步深入利用反射调用指定的构造方法。

范例 10-47：利用反射实例化对象。

```java
package com.yootk.demo;
class Book {
    public Book() {
        System.out.println("********** Book 类的无参构造方法 **********");
    }
    @Override
    public String toString() {
        return "《名师讲坛——Java 开发实战经典》";
    }
}
public class TestDemo {
    public static void main(String[] args) throws Exception {
        Class<?> cls = Class.forName("com.yootk.demo.Book");    // 设置要操作对象的类名称
        // 反射实例化后的对象返回的结果都是Object类型
        Object obj = cls.newInstance();                         // 相当于使用 new 调用无参构造
        Book book = (Book) obj;                                 // 向下转型
        System.out.println(book);
    }
}
```
程序执行结果：　　　********** Book 类的无参构造方法 **********
　　　　　　　　　《名师讲坛——Java 开发实战经典》

本程序没有使用关键字 new 进行 Book 类对象的实例化操作，而是通过 Class 类定义了要操作的类名称，并且利用 newInstance()方法进行对象实例化，此时默认会调用类中的无参构造方法。但是

newInstance()方法返回的类型为 Object，如果有需要则可以利用对象的向下转型将其强制变为子类实例进行操作。

提问：这样做有什么意义？

　　如果实例化对象，肯定使用关键字 new 是最方便的，这样直接调用无参构造方法代码也简单，为什么会存在反射实例化对象的操作？这样做有什么意义？

回答：利用反射机制实例化对象可以实现更好的解耦合操作。

　　利用关键字 new 进行对象的实例化操作是最正统的做法，也是实际开发中使用最多的操作。但是关键字 new 实例化对象时需要明确地指定类的构造方法，所以 new 是造成耦合的最大元凶，而要想解决代码的耦合问题，首先要解决的就是关键字 new 实例化对象的操作。

　　在本书第 4 章曾经为读者讲解过工厂设计模式，但当时的工厂设计模式有一个缺陷：每次在增加新的接口子类时都需要修改工厂类，这就是使用关键字 new 而带来的问题，而现在就可以利用反射来解决此设计缺陷。

　　范例 10-48：利用反射实现工厂设计模式。

```java
package com.yootk.test;
interface Fruit {
    public void eat() ;
}
class Apple implements Fruit {
    @Override
    public void eat() {
        System.out.println("** 吃苹果！");
    }
}
class Orange implements Fruit {
    @Override
    public void eat() {
        System.out.println("** 吃橘子！");
    }
}
class Factory {
    public static Fruit getInstance(String className) {
        Fruit f = null;
        try {  // 反射实例化，子类对象可以使用Fruit接收
            f = (Fruit) Class.forName(className).newInstance();
        } catch (Exception e) {}            // 此处为了方便不处理异常
        return f;
    }
}
public class TestFactory {
    public static void main(String[] args) {    // 直接传递类名称
```

```
        Fruit fa = Factory.getInstance("com.yootk.test.Apple") ;
        Fruit fb = Factory.getInstance("com.yootk.test.Orange") ;
        fa.eat();
        fb.eat();
    }
}
程序执行结果：      ** 吃苹果!
                   ** 吃橘子!
```

　　本程序在工厂类中使用了反射机制，这样只需要传递完整的类名称就可以取得实例化对象，由于此时传递的 Apple 与 Orange 都是 Fruit 接口的子类，所以在利用反射实例化对象后都统一使用 Fruit 接口进行接收，而如果此时传递的类名称有错误，则 Factory 工厂类的 getInstance()方法将返回 null。

　　在实际的开发中，如果将以上工厂设计模式再结合一些配置文件（例如：XML 格式的文件），就可以利用配置文件来动态定义项目中所需的操作类，此时的程序将变得非常灵活。

　　有了反射后，进行对象实例化的操作不再只是单独的依靠关键字 new 完成了，反射也同样可以完成，但是这并不表示 new 就被完全取代，在应用开发中（不是架构层次的开发）大部分都会利用 new 实现对象的实例化操作。

10.9.4 使用反射调用构造

调用构造方法

　　利用 Class 类的 newInstance()方法可以实现反射实例化对象的操作，但是这样的操作本身有一个限制，就是类中必须提供无参构造方法。所以当类中只提供有参构造方法时，就必须通过 java.lang.reflect.Constructor 类来实现对象的反射实例化操作。

提示：错误的反射实例化操作。
　　如果一个类中没有提供无参构造方法，则执行时会出现 "InstantiationException" 异常信息。
　　范例 10-49：错误的反射实例化操作。

```
package com.yootk.demo;
class Book {
    private String title ;
    private double price ;
    public Book(String title, double price) {
        this.title = title ;
        this.price = price ;
    }
    @Override
    public String toString() {
        return "图书名称：" + this.title + "，价格：" + this.price ;
    }
}
```

```
public class TestDemo {
    public static void main(String[] args) throws Exception {
        Class<?> cls = Class.forName("com.yootk.demo.Book") ;
        Object obj = cls.newInstance() ;          // 相当于使用new调用无参构造实例化
        System.out.println(obj);
    }
}
程序执行结果：Exception in thread "main" java.lang.InstantiationException: com.yootk.demo.Book
                at java.lang.Class.newInstance(Unknown Source)
                at com.yootk.demo.TestDemo.main(TestDemo.java:17)
                Caused by: java.lang.NoSuchMethodException: com.yootk.demo.Book.<init>()
                at java.lang.Class.getConstructor0(Unknown Source)
                ... 2 more
```

此时在输出的异常信息中已经明确地告诉用户，因为 Book 类中没有无参构造，所以无法进行对象的实例化操作。虽然 Java 中针对此问题有解决方案，但是每一个类的构造方法中的参数数量都很有可能不一样多，此时如果要编写一个公共的反射实例化对象的工具类就会比较麻烦。所以本书还是建议读者在实际开发中尽量使用无参构造进行反射操作，这也与之前讲解的简单 Java 类的开发原则类似。

另外，java.lang.reflect 是所有反射操作类的程序包，类中的每一个结构都有相应的类进行操作定义，例如：构造方法会使用 Constructor 类描述。

　　类的反射操作都是通过 java.lang.Class 类展开的，所以在 Class 类中定义了取得类中的构造方法的操作，如表 10-15 所示。

表 10-15　取得类中的构造方法

No.	方法	类型	描述
1	public Constructor<?>[] getConstructors() throws SecurityException	普通	取得全部构造方法
2	public Constructor<T> getConstructor(Class<?>... parameterTypes) throws NoSuchMethodException, SecurityException	普通	取得指定参数类型的构造方法

　　利用表 10-15 所示的两个方法可以取得 java.lang.reflect.Constructor，而 Constructor 类的常用方法如表 10-16 所示。

表 10-16　Constructor 类的常用操作方法

No.	方法	类型	描述
1	public Class<?>[] getExceptionTypes()	普通	返回构造方法上所有抛出异常的类型
2	public int getModifiers()	普通	取得构造方法的修饰符
3	public String getName()	普通	取得构造方法的名字
4	public int getParameterCount()	普通	取得构造方法中的参数个数

续表

No.	方法	类型	描述
5	public Class<?>[] getParameterTypes()	普通	取得构造方法中的参数类型
6	public T newInstance(Object... initargs) throws InstantiationException, IllegalAccessException, IllegalArgumentException, InvocationTargetException	普通	调用指定参数的构造实例化类对象

通过表 10-16 可以发现，在 Constructor 类中也存在 newInstance() 方法，并且此方法定义时使用了可变参数的形式，这样先通过 Class 类找到指定参数类型的构造方法，再利用 Constructor 类的 newInstance() 方法传入实例化对象所需要的参数就可以实现指定参数的构造方法调用。

提问：为什么取得修饰符的方法返回的是 int 类型？

在 Constructor 类中定义的 getModifiers() 方法，发现方法的返回值类型是 int 类型，而不是 public、private 这样具体的修饰符信息？

回答：修饰符利用数字描述。

所有修饰符都是一个数字，修饰符的组成就是一个数字的加法操作。假设：public 使用 1 表示，final 使用 16 表示，static 使用 8 表示，如果是 public final 那么就使用 17 表示（1 + 16），而如果是 public static final 那么就使用 25 表示（1 + 8 + 16），所以所有的修饰符本质上都是数字的加法操作。

在 java.lang.reflect.Modifer 类中明确地定义了各个修饰符对应的常量操作，同时也提供了将数字转换为指定修饰符的方法："public static String toString(int mod)"。

范例 10-50：明确调用类中的有参构造。

```java
package com.yootk.demo;
import java.lang.reflect.Constructor;
class Book {
    private String title ;
    private double price ;
    public Book(String title, double price) {
        this.title = title ;
        this.price = price ;
    }
    @Override
    public String toString() {
        return "图书名称：" + this.title + "，价格：" + this.price ;
    }
}
public class TestDemo {
    public static void main(String[] args) throws Exception {
        Class<?> cls = Class.forName("com.yootk.demo.Book") ;
```

```
        // 明确地找到Book类中两个参数的构造，第一个参数类型是String，第二个是double
        Constructor<?> con = cls.getConstructor(String.class, double.class) ;
        Object obj = con.newInstance("Java开发实战经典", 79.8) ;          // 实例化对象，传递参数内容
        System.out.println(obj);
    }
}
```
程序执行结果：　　　　　图书名称：Java开发实战经典，价格：79.8

　　本程序中由于 Book 类只提供两个参数的有参构造方法，所以首先要利用 Class 类对象取得此构造方法（返回 Constructor 类对象），然后利用 Constructor 类中的 newInstance()方法传递指定的数据，就可以调用有参构造进行对象的反射实例化。

10.9.5　反射调用方法

调用普通方法

　　在类的组成中，方法是类的主要操作手段，以往的做法都是利用"对象.方法()"的形式进行方法调用，而现在也可以利用反射机制实现类方法的操作。如果要取得操作类的方法对象，可以利用 Class 类完成，常用方法如表 10-17 所示。

表 10-17　Class 类取得普通方法的操作

No.	方法	类型	描述
1	public Method[] getMethods() throws SecurityException	普通	取得类中的全部方法
2	public Method getMethod(String name, Class<?>... parameterTypes) throws NoSuchMethodException, SecurityException	普通	取得类中指定方法名称与参数类型的方法

　　在反射操作中，每一个方法都通过 java.lang.reflect.Method 类表示，Method 类的常用方法如表 10-18 所示。

表 10-18　Method 类的常用方法

No.	方法	类型	描述
1	public int getModifiers()	普通	取得方法的修饰符
2	public Class<?> getReturnType()	普通	取得方法的返回值类型
3	public int getParameterCount()	普通	取得方法中定义的参数数量
4	public Class<?>[] getParameterTypes()	普通	取得方法中定义的所有参数类型
5	public Object invoke(Object obj, Object... args) throws IllegalAccessException, IllegalArgumentException, InvocationTargetException	普通	反射调用方法并且传递执行方法所需要的参数数据
6	public Class<?>[] getExceptionTypes()	普通	取得方法抛出的异常类型

　　通过表 10-18 可以发现，在 Method 类中定义的方法与方法的基本格式是完全匹配的，例如：返回值（getReturnType()）、参数（getParameterTypes()）、抛出异常（getExceptionTypes()）。其中最为

重要的方法就是 invoke()，此方法是实现方法反射调用的核心操作。

注意：需要实例化对象。

在任何情况下，只要是调用类中的普通方法，就必须产生类的实例化对象才可以正常完成，这一原则在反射操作中同样适用。

在 Method 类的 invoke() 方法调用时要接收的第一个参数就是类的实例化对象，但是读者需要注意的是，此时的类型使用的是 Object，也就是用反射实现的方法调用，不需要具体的对象类型，这一点操作要比直接使用对象调用方法更加灵活。同时读者对于 Class 类中的 newInstance() 方法应该并不陌生，此方法会反射实例化对象，而返回的结果就是 Object 类型（无需向下转型）。

范例 10-51：使用反射操作简单 Java 类的属性。

```java
package com.yootk.demo;
import java.lang.reflect.Method;
class Book {
    private String title ;
    public void setTitle(String title) {
        this.title = title;
    }
    public String getTitle() {
        return title;
    }
}
public class TestDemo {
    public static void main(String[] args) throws Exception {
        String fieldName = "title" ;                          // 要操作的成员名称
        Class<?> cls = Class.forName("com.yootk.demo.Book") ; // 取得要操作类的反射对象
        Object obj = cls.newInstance() ;                      // 必须实例化对象
        // 取得类中的setTitle()方法，由于title需要首字母大写，所以调用init()处理，参数类型为String
        Method setMet = cls.getMethod("set" + initcap(fieldName), String.class) ;
        // 取得类中的getTitle()方法，本方法不接收参数并且没有返回值类型声明
        Method getMet = cls.getMethod("get" + initcap(fieldName)) ;
        setMet.invoke(obj, "Java开发实战经典") ;       // 等价于：Book类对象.setTitle("Java开发实战经典")
        System.out.println(getMet.invoke(obj));        // 等价于：Book类对象.getTitle()
    }
    public static String initcap(String str) {        // 首字母大写操作
        return str.substring(0, 1).toUpperCase() + str.substring(1) ;
    }
}
```

程序执行结果：　　　　　Java开发实战经典

本程序利用反射调用了 Book 类中的 setter 与 getter 方法，同时本程序考虑到实际开发应用问题，所以只给出了要操作的 Book 类的属性名字（属性名字为 title，定义的方法必须是 setTitle() 与 getTitle()）。在取得相应方法时，由于 title 需要进行首字母大写的操作，所以定义一个 initcap() 方法来完成此功能。当取得了对应方法的 Method 对象后就可以利用 invoke() 指定方法所在类的实例化对象以

及相应的参数实现方法的反射调用。

> **提示：范例 10-51 与简单 Java 类的关联。**
>
> 读者应该已经注意到，在本程序中给出的是一个简单 Java 类，而简单 Java 类的定义规则在本书第 3 章已经明确强调过，所以在实际的开发中，反射的使用与简单 Java 类的联系是非常紧密的。
>
> 在学习完本程序后，读者也应该对 setter 及 getter 方法的定义要求有了更深层次的认识，因为在实际的开发中，属性的名字往往都需要动态设置，只有所有的 setter、getter 方法按照严格的语法要求定义，才可以正确使用反射调用。
>
> 如果要设计高可用、易扩展的程序框架，那么反射就是读者首先要通过的第一道难关。

10.9.6 反射调用成员

调用成员

除了构造方法、普通方法外，类中最为重要的组成就是成员（变量、常量的总称）。反射也可以进行成员的操作，而成员的取得依然需要通过 Class 类方法，相关方法如表 10-19 所示。

表 10-19　Class 类中取得成员的操作

No.	方法	类型	描述
1	public Field[] getDeclaredFields() throws SecurityException	普通	取得本类定义的全部成员
2	public Field getDeclaredField(String name) throws NoSuchFieldException, SecurityException	普通	取得本类指定名称的成员
3	public Field[] getFields() throws SecurityException	普通	取得本类继承父类的全部成员
4	public Field getField(String name) throws NoSuchFieldException, SecurityException	普通	取得本类继承父类中指定名称的成员

表 10-19 中的方法返回的类型都是 java.lang.reflect.Field，此类可以描述类中的成员信息。在 Field 类中也定义了一些常用方法，如表 10-20 所示。

表 10-20　Field 类的常用方法

No.	方法	类型	描述
1	public Class<?> getType()	普通	取得该成员的类型
2	public Object get(Object obj) throws IllegalArgumentException, IllegalAccessException	普通	取得指定对象中的成员的内容，相当于直接调用成员
3	public void set(Object obj, Object value) throws IllegalArgumentException, IllegalAccessException	普通	设置指定对象中的成员内容，相当于直接利用对象调用成员设置内容

实际上在 java.lang.reflect.Field 类中还定义了许多 setXxx()、getXxx()方法，例如：setInt()、setDouble()、getInt()、getDouble()等，可以直接设置这些方法或方法具体的类型。

提示：需要实例化对象。

不管使用反射调用普通方法还是调用类中的成员，都必须存在实例化对象（可以依靠反射取得实例化对象），因为类中的属性必须在类产生实例化对象（有堆内存空间）后才可以正常使用。

范例 10-52：利用反射直接操作私有成员。

```
package com.yootk.demo;
import java.lang.reflect.Field;
class Book {                                        // 为了演示，所以使用非标准简单 Java 类
    private String title ;                          // 私有属性，并没有定义 setter、getter 方法
}
public class TestDemo {
    public static void main(String[] args) throws Exception {
        Class<?> cls = Class.forName("com.yootk.demo.Book"); // 取得反射对象
        Object obj = cls.newInstance();                 // 必须给出实例化对象
        Field titleField = cls.getDeclaredField("title");  // 取得类中的title属性
        titleField.setAccessible(true);                 // 取消封装
        titleField.set(obj, "Java开发实战经典");          // 相当于：Book类对象.title = "数据"
        System.out.println(titleField.get(obj));        // 相当于：Book类对象.title
    }
}
程序执行结果：          Java开发实战经典
```

本程序首先直接取得了本类声明的 title 属性，由于 title 属性使用了 private 封装无法被外部直接访问，则利用了 setAccessible()方法取消封装，然后传入指定的类的实例化对象，就可以直接进行属性内容的设置与取得。

注意：封装操作的解除。

在范例 10-52 的程序代码中，如果缺少"titleField.setAccessible(true);"代码，则程序执行时将会出现如下异常信息（造成的原因就是 title 使用了 private 封装）。

Exception in thread "main" java.lang.IllegalAccessException: Class com.yootk.demo.Test Demo can not access a member of class com.yootk.demo.Book with modifiers "private"

按照实际的开发规范来讲，类中的所有属性都必须使用 private 进行封装，而封装的属性不能使用对象直接进行访问，所以此时才需要使用"public void setAccessible(boolean flag) throws SecurityException"方法，如果设置为 true 表示此内容可以被直接操作。但是最为重要的是这个方法并不是 Field 类定义的，而是在 Field 的父类 AccessibleObject 类中定义的。AccessibleObject 类的继承结构关系，如图 10-9 所示。

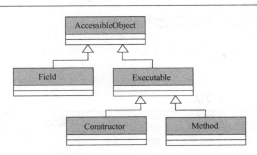

图 10-9　AccessibleObject 类的继承结构关系

通过 10-9 可以发现，Field、Constructor、Method 三个类都是 AccessibleObject 类的子类，所以这三个类都可以使用 setAccessible()方法取消封装。

另外需要为读者说明的是，在 JDK 1.8 之前，Constructor、Method 都直接继承 AccessibleObject 父类，而从 JDK 1.8 开始加入了 Executeable 类，并且将 Constructor 与 Method 类定义为 Executeable 子类。

虽然在反射操作中可以直接进行成员的访问，但是严格意义上讲这样的代码是非常不标准的，所以如果没有特殊需要尽量不要采用此类模式，所有属性的访问还是要通过 setter、getter 方法操作。

10.10　国际化

国际化程序实现

国际化程序指的是同一套程序代码可以在不同的国家使用，那么在假设项目功能不变的情况下，文字就成为这一操作中最为重要的处理环节。所谓的国际化程序实际上指的就是同一套程序，可以根据其应用的国家自动在项目中显示出本国的相应文字信息，如图 10-10 所示。而在本操作中需要两个关键的技术实现点：如何确定当前的软件项目运行的语言环境；要想实现多语言切换，必须针对每一个语言提供一个资源文件，并且可以根据语言环境选择不同的资源文件进行信息的读取。

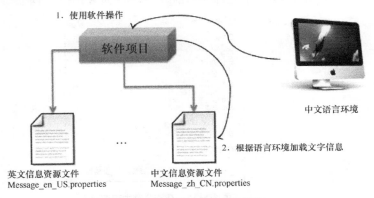

图 10-10　国际化程序实现原理

10.10.1 使用 Locale 类定义语言环境

如果要对用户使用的语言环境进行定义，则可以使用 java.util.Locale 类完成，此类定义的常用方法如表 10-21 所示。

表 10-21 Locale 类的常用方法

No.	方法	类型	描述
1	public Locale(String language, String country)	构造	设置要使用的语言以及国家编码
2	public static Locale getDefault()	普通	取得当前语言环境下的 Locale 类对象

范例 10-53：输出 Locale 类对象。

```
package com.yootk.demo;
import java.util.Locale;
public class TestDemo {
    public static void main(String[] args) throws Exception {
        Locale loc = Locale.getDefault() ;     // 取得本地默认的Local对象
        System.out.println(loc);               // 直接输出loc对象
    }
}
```
程序执行结果：   zh_CN

本程序直接取得了当前语言环境中默认的 Local 对象，而输出的内容由两个部分组成"zh_CN(语言标记_国家标记)"，其中"zh"表示现在使用的语言是中文，而"CN"表示现在的国家是中国。

提问：如何知道所有的语言及国家编码？

如果要实现国际化肯定需要知道许多语言及国家编码，那么这些编码信息该从哪里获得呢？

回答：通过浏览器可以查询到。

实际上在浏览器中就可以查找所有的语言编码，如图 10-11 所示。

图 10-11 在浏览器中查询语言

除了这种方式外，在 java.util.Locale 类中还提供了一系列的对象常量，例如：中文语言环境（Locale.CHINA）或英文语言环境（Locale. ENGLISH），这样可以直接取得指定语言编码和国家编码的 Locale 对象，使用较为方便。

范例 10-54：直接使用 Locale 定义的常量对象。

```
package com.yootk.demo;
import java.util.Locale;
public class TestDemo {
    public static void main(String[] args) throws Exception {
        Locale loc = Locale.CHINA ;          // 中文语言环境
        System.out.println(loc);
    }
}
程序执行结果：          zh_CN
```

本程序直接取得了中文环境，这样就相当于固定好语言环境，而不能随着运行环境进行自动检测。

10.10.2 利用 ResourceBundle 读取资源文件

资源文件一般都是以"key=value"的形式保存文本信息，这样在进行信息读取时就可以根据指定的 key 取得对应的 value 数据，但是资源文件的文件名称是有要求的，必须以"*.properties"作为文件后缀。如果要在程序中读取资源文件，则可以利用 java.util.ResourceBundle 类完成，此类的常用方法如表 10-22 所示。

表 10-22 ResourceBundle 类的常用方法

No.	方法	类型	描述
1	public static final ResourceBundle getBundle(String baseName)	普通	根据当前默认语言环境，取得资源对象
2	public static final ResourceBundle getBundle(String baseName, Locale locale)	普通	根据指定的语言环境，取得资源对象
3	public final String getString(String key)	普通	根据 key 取得对应的 value 数据

下面通过具体的程序操作来为读者演示资源文件的读取操作。

注意：关于资源文件保存以及中文问题。

资源文件必须保存在 CLASSPATH 目录下，也就是说资源文件可以保存在包中，但是在读取时需要加上包名称（如果访问不到则会出现"MissingResourceException"异常）。同时资源文件的命名规范应该与类名称相同，即每个单词的首字母必须大写。

资源文件要保存中文则必须将中文转换为 UNICODE 编码，这一操作在 Eclipse 中会自动完成（前提：文件后缀是*.properties），如果使用手工编写，则必须利用 JDK 提供的"native2ascii.exe"工具手工转换。

范例 10-55：定义 com.yootk.demo.Messages.properties 文件。

```
# （注释内容）yootk.info = 更多课程请访问：www.yootk.com
yootk.info = \u66F4\u591A\u8BFE\u7A0B\u8BF7\u8BBF\u95EE\uFF1Awww.yootk.com
```

本资源文件的所在包名称为 "com.yootk.demo"，而文件名称为 "Messages.properties"，由于需要进行编写中文内容，则必须将中文进行转码，具体的内容使用注释为读者标记。

范例 10-56：读取资源文件。

```
package com.yootk.demo;
import java.util.ResourceBundle;
public class TestDemo {
    public static void main(String[] args) throws Exception {
        // 访问的时候一定不要加上后缀，因为默认找到的后缀就是 "*.properties"
        // 此时的 Messages.properties 文件一定要放在 CLASSPATH 路径下
        ResourceBundle rb = ResourceBundle.getBundle("com.yootk.demo.Messages");
        System.out.println(rb.getString("yootk.info"));
    }
}
```
程序执行结果：   更多课程请访问：www.yootk.com

本程序利用 ResourceBundle 类加载 Messages.properties 文件，而在进行加载时只能加载 "*.properties" 文件，所以没有编写文件的后缀，而后就可以利用 getString() 方法根据资源文件中定义的 key 取得对应的 value 数据。

但是范例 10-56 读取的数据内容在资源文件中都属于固定的内容，用户也可以通过占位符在资源文件中采用动态的内容设置，而这一操作就必须依靠 java.text.MessageFormat 类完成。设置占位符数据方法为：public static String format(String pattern, Object... arguments)。

提示：国际化与格式化操作。

文本数据的格式化使用 MessageFormat 类，在 10.6.2 节对于日期时间的格式化使用的是 SimpleDateFormat 类，而这两个类的关系如图 10-12 所示。

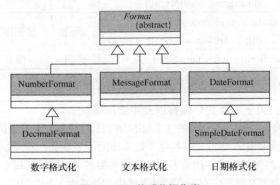

图 10-12　格式化操作类

所有的格式化操作类都保存在 java.text 包中，也就是说这个包中定义的类都是与国际化操作有关的程序类。

范例 10-57：修改 com.yootk.demo.Messages.properties 定义。

```
# （注释内容）yootk.info = 更多课程请访问：{0}，讲师：{1}
yootk.info = \u66F4\u591A\u8BFE\u7A0B\u8BF7\u8BBF\u95EE\uFF1A{0}\uFF0C\u8BB2\u5E08\uFF1A{1}
```

此时在资源信息中使用"{0}"表示第一个动态文本，使用"{1}"表示第二个动态文本，如果有需要也可以定义更多的动态文本占位符。

范例 10-58：读取数据并且动态设置内容。

```java
package com.yootk.demo;
import java.text.MessageFormat;
import java.util.ResourceBundle;
public class TestDemo {
    public static void main(String[] args) throws Exception {
        // 访问的时候一定不要加上后缀，因为默认找到的后缀就是"*.properties"
        // 此时的Messages.properties文件一定要放在CLASSPATH路径下
        ResourceBundle rb = ResourceBundle.getBundle("com.yootk.demo.Messages");
        System.out.println(MessageFormat.format(rb.getString("yootk.info"),
                "www.yootk.com", "李兴华"));        // 设置两个占位符的内容
    }
}
```
```
程序执行结果：        更多课程请访问：www.yootk.com，讲师：李兴华
```

本程序利用 MessageFormat 类为读取数据中的两个占位符设置了具体的内容。

10.10.3 多资源读取

掌握了 Locale 与 ResourceBundle 类后，就可以利用这两个类的结合实现多资源文件的读取，这些资源文件会根据不同的语言环境（实质上是根据 Locale 对象内容）读取不同的资源文件。假设要读取的资源信息有两种：中文资源（com.yootk.demo.Messages_zh_CN.properties）、英文资源（com.yootk.demo.Messages_en_US.properties）。

> **提示：关于读取顺序。**
>
> 即使定义了多个资源文件（资源文件格式："文件名称_语言编码_国家编码.properties"），在使用 ResourceBundle 类读取时依然只会输入文件名称，即只会使用"com.yootk.demo.Messages"这个名称，而具体的语言编码和国家编码都是由程序自己分辨的。
>
> 这样在进行资源文件定义时就有可能有两类资源：公共资源（没有设置语言与国家编码）和具体的语言资源文件（设置了语言与国家编码）。这样在读取时会优先读取存在具体语言与国家编码的资源文件，如果读取不到则再读取公共资源。
>
> 不过在本次讲解中并没有将资源结构类考虑在内，这一种资源定义使用情况也较少，本书不再阐述，如果有兴趣的读者可以参考《名师讲坛——Java 开发实战经典》一书。

范例 10-59：定义中文资源文件——com.yootk.demo.Messages_zh_CN.properties。

```
# （注释内容）yootk.info = 更多课程请访问：{0}
```

yootk.info = \u66F4\u591A\u8BFE\u7A0B\u8BF7\u8BBF\u95EE\uFF1A{0}

范例 10-60：定义英文（英语–美国）资源文件——com.yootk.demo.Messages_en_US.properties。

yootk.info = More courses, please click: {0}

此时两个资源文件定义使用不同的语言进行内容的编写，但是其组成结构相同，都存在一个占位符数据。

注意：资源文件结构一定要相同。

　　国际化程序的实现是一个标准，而在此标准中最为重要的就是资源文件的结构必须相同，不能说一个资源文件内容中只有一个占位符，另外一个同样性质的资源文件内容中就定义有 3 个占位符，这样的做法是不合理的。

　　在前面使用 JDK 手工开发项目时，提示的信息都很晦涩，实际上这就是利用国际化程序实现的。所以对于国际化的操作本身也有其自身的缺点，这一点就需要读者自己进行取舍。

范例 10-61：读取资源文件。

```
package com.yootk.demo;
import java.text.MessageFormat;
import java.util.Locale;
import java.util.ResourceBundle;
public class TestDemo {
    public static void main(String[] args) throws Exception {
        Locale zhLoc = new Locale("zh","CN") ;              // 中国—中文
        Locale enLoc = new Locale("en","US") ;              // 英语—美国
        ResourceBundle zhRB = ResourceBundle.getBundle(
                "com.yootk.demo.Messages", zhLoc);          // 读取中文资源文件
        ResourceBundle enRB = ResourceBundle.getBundle(
                "com.yootk.demo.Messages", enLoc);          // 读取英文资源文件
        // 读取资源内容，由于资源本身存在有一个占位符，所以需要设置相应的显示数据
        System.out.println(MessageFormat.format(zhRB.getString("yootk.info"),
                "www.yootk.com"));
        System.out.println(MessageFormat.format(enRB.getString("yootk.info"),
                "www.yootk.com"));
    }
}
程序执行结果：     更多课程请访问：www.yootk.com（中文资源显示）
                More courses, please click: www.yootk.com（英文资源显示）
```

本程序由于要读取两种不同语言的资源文件，所以准备了两个 Locale 类对象，这样通过 Locale 类对象取得的 ResourceBundle 对象就会自动加载指定语言以及国家的资源文件信息，从而进行内容的读取。

本章小结

1. 当一个字符串内容需要频繁修改时，使用 StringBuffer 可以提升操作性能，因为 StringBuffer 的内容是可以改变的，而 String 的内容是不可以改变的。

2．StringBuffer 类中提供了大量的字符串操作方法：增加、替换、插入等。

3．Runtime 表示运行时，在一个 JVM 中只存在一个 Runtime，所以如果要取得 Runtime 类的对象，可以直接使用 Runtime 类中提供的静态方法：getRuntime()。

4．System 类是系统类，可以取得系统的相关信息，使用 System.gc() 方法可以强制性地进行垃圾的收集操作，调用此方法实际上就是调用了 Runtime 类中的 gc() 方法。

5．使用 Date 类可以方便地取得时间，但取得的时间格式不符合地域的风格，所以可以使用 SimpleDateFormat 类进行日期的格式化操作。

6．处理大数字可以使用：BigInteger、BigDecimal，当需要精确小数点操作位数时使用 BigDecimal 类即可。

7．通过 Random 类可以取得指定范围的随机数字。

8．如果一个类的对象要想被克隆，则此对象所在的类必须实现 Cloneable 接口。

9．要想对一组对象进行排序，则必须使用比较器，比较器接口 Comparable 中定义了一个 compareTo() 的比较方法，用来设置比较规则。

10．正则表达式是在开发中最常使用的一种验证方法，在 JDK 1.4 之后，String 类中的 replaceAll()、split()、matches() 方法都支持正则表达式。

11．Class 类是反射机制操作的源头，Class 类的对象有 3 种实例化方式：通过 Object 类中的 getClass() 方法；通过 "类.class" 的形式；通过 Class.forName() 方法，此种方式最为常用。

12．可以通过 Class 类中的 newInstance() 方法进行对象的实例化操作，但是要求类中必须存在无参构造方法，如果类中没有无参构造，则必须使用 Constructor 类完成对象的实例化操作。

课后习题

一、填空题

1．在 java.lang 包中提供了两个字符串类，分别是 _____ 和 _____ 。这两个类都是 _____ 接口的子类，字符串类提供的求字符串长度的方法是 _____ 。

2．Java 提供的两个大数操作类是 _____ 和 _____ 。

3．对象克隆方法是 _____ 类提供的，方法名称是 _____ ，对象所在的类必须实现 _____ 接口。

4．String 类的 _____ 、 _____ 、 _____ 和 _____ 四个方法可以使用正则。

5．通过 Object 类中的 _____ 方法可以取得一个类的 Class 对象。

6．Constructor 类定义在 _____ 包中。

7．Class 类对象的三种实例化方式是 _____ 、 _____ 和 _____ 方法。

二、选择题

1．使用 Runtime 类的（　　）方法，可以释放垃圾内存。

　　A．exec()　　　　　B．run()　　　　　C．invoke()　　　　D．gc()

2．Object 类中的（　　）方法不能被覆写。

　　A．toString()　　　B．getClass()　　　C．clone()　　　　D．finalize()

3. 如果要为对象回收做收尾操作，则应该覆写 Object 类中的（　　）方法。

  A. toString()   B. getClass()   C. clone()   D. finalize()

三、判断题

1. 任何类的对象数组都可以使用 Arrays.sort()方法进行排序操作。   （　　）
2. Random 类存放在 java.lang 包中。   （　　）
3. Runtime 类的对象可以直接通过构造方法实例化。   （　　）
4. Class 类的对象可以通过关键字 new 进行实例化操作。   （　　）
5. 可以通过 Class 实例化一个类的对象，但是要求此类必须存在无参构造。 （　　）

四、简答题

1. String 类和 StringBuffer 类的区别是什么？StringBuffer 类提供了哪些独特的方法？
2. 简述 final、finally、finalize 的区别及作用。
3. 简述 Comparable 和 Comparator 的区别。

五、编程题

1. 定义一个 StringBuffer 类对象，然后通过 append()方法向对象里添加 26 个小写字母，要求每次只添加一个，共添加 26 次。
2. 利用 Random 类产生 5 个 1~30（包括 1 和 30）的随机整数。
3. 输入一个 E-mail 地址，之后使用正则表达式验证该 E-mail 地址是否正确。
4. 编写正则表达式，判断给定的是否是一个合法的 IP 地址。
5. 编写程序，将字符串"1981-09-19 09:07:27.727"变为 Date 型数据。

第 11 章

Java IO 编程

通过本章的学习可以达到以下目标：

■ 掌握 java.io 包中类的继承关系

■ 掌握 File 类的使用，并且可以通过 File 类进行文件的创建、删除以及文件夹的列表等操作

■ 掌握字节流或字符流操作文件内容以及字节流与字符流的区别

■ 掌握内存操作流的使用

■ 掌握对象序列化的作用以及 Serializable 接口、transient 关键字的使用

■ 掌握打印流及扫描流的使用

■ 了解字符的主要编码类型及乱码产生原因

■ 了解 System 类对 IO 的支持：System.out、System.err、System.in

Java IO 操作主要指的是通过 Java 进行输入、输出操作，Java 中所有操作类都存放在 java.io 包中，用户在使用时需要将操作导入此包。

所有的 IO 操作都在 java.io 包中进行定义，而且整个 java.io 包实际上就是五个类和一个接口。

- 五个类：File、InputStream、OutputStream、Reader、Wirter；
- 一个接口：Serializable。

在学习 Java IO 操作之前，读者一定要清楚地掌握对象多态性的概念及特点，而对象多态性中最为核心的概念就是：如果抽象类或接口中的抽象方法被子类覆写了，那么实例化这个子类时，所调用的方法一定是被覆写过的方法，即方法名称以父类为标准，而具体的实现需要依靠子类完成。

11.1 文件操作类：File

在 java.io 包中，如果要进行文件自身的操作（例如：创建、删除等），只能依靠 java.io.File 类完成。File 类常用操作方法如表 11-1 所示。

表 11-1 File 类常用操作方法

No.	方法	类型	描述
1	public File(String pathname)	构造	传递完整文件操作路径
2	public File(File parent, String child)	构造	设置父路径与子文件路径
3	public boolean createNewFile() throws IOException	普通	创建新文件
4	public boolean exists()	普通	判断给定路径是否存在
5	public boolean delete()	普通	删除指定路径的文件

续表

No.	方法	类型	描述
6	public File getParentFile()	普通	取得当前路径的父路径
7	public boolean mkdirs()	普通	创建多级目录
8	public long length()	普通	取得文件大小，以字节为单位返回
9	public boolean isFile()	普通	判断给定路径是否是文件
10	public boolean isDirectory()	普通	判断给定路径是否是目录
11	public long lastModified()	普通	取得文件的最后一次修改日期时间
12	public String[] list()	普通	列出指定目录中的全部内容
13	public File[] listFiles()	普通	列出所有的路径以 File 类对象包装

通过表 11-1 可以发现 File 类中提供的方法并不涉及文件的具体内容，只是针对文件本身的操作。

提示：注意方法的返回值。

读者可以发现在 File 类中的 length() 及 lastModified() 方法返回的数据类型都是 long 型，这是因为 long 数据类型可以描述内存（或文件）大小、日期时间数字。

范例 11-1：文件基本操作。任意给定一个文件路径，如果文件不存在则创建一个新的文件，如果文件存在则将文件删除。文件操作流程如图 11-1 所示。

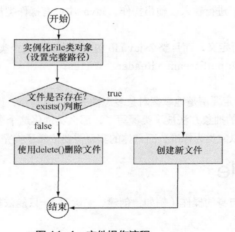

图 11-1　文件操作流程

```java
package com.yootk.demo;
import java.io.File;
public class TestDemo {
    public static void main(String[] args) throws Exception {      // 此处直接抛出
        File file = new File("d:\\test.txt");                       // 设置文件的路径
        if (file.exists()) {                                        // 判断文件是否存在
            file.delete();                                          // 删除文件
        } else {                                                    // 文件不存在
```

```
        System.out.println(file.createNewFile());          // 创建新文件
    }
  }
}
```

本程序首先定义了文件的操作路径"e:\\test.txt"（"\\"是"\"的转义字符，也是路径分隔符），
然后利用 exists()方法判断该路径的文件是否存在，如果存在则使用 delete()删除，否则使用
createNewFile()创建新文件。

注意：关于路径分隔符问题。

在操作系统中如果要定义路径则一定会存在路径分隔符的问题，因为程序运行在
Windows 系统下，所以范例 11-1 的程序中使用了"\\"（本质为"\"）作为了分隔符。但
是如果程序运行在 Linux 系统中，则路径分隔符为"/"。而 Java 本身属于跨平台的操作系
统，总不能针对每一个不同的操作系统手工去修改路径分隔符，这样的操作实在是不智
能。因此在 java.io.File 类里面提供有一个路径分隔符常量：public static final String
separator；利用此常量可以在不同的操作系统中自动转化为适合于该操作系统的路径分隔
符。所以在实际开发中，如果要定义 File 类对象往往会使用如下形式的操作代码。

```
File file = new File("d:" + File.separator + "test.txt"); // 设置文件的路径
```

为了保证代码开发的严格性，在使用文件操作中都会利用此常量定义路径分隔符。
同时读者也会发现一个问题，虽然 separator 是一个常量，但是这个常量并没有遵守字母
全部大写的原则，而造成这样的问题是在 JDK 1.0 时常量与变量的定义规则相同，而这
一问题也属于历史遗留问题。

另外需要提醒读者的是，在进行 java.io 操作文件的过程中，会出现延迟情况。因为
Java 程序是通过 JVM 间接地调用操作系统的文件处理函数进行的文件处理操作，所以中
间会出现延迟情况。

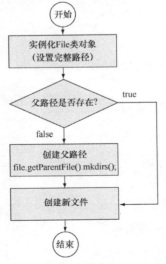

图 11-2　包含路径的文件创建

范例 11-2：创建带路径的文件。

如果给定的路径为根路径，则文件可以直接利
用 createNewFile()方法进行创建；如果要创建的
文件存在目录，那么将无法进行创建。所以合理的
做法应该是在创建文件前判断父路径（getParent()
取得父路径）是否存在，如果不存在则应该先创建

创建带路径的文件

目录（mkdirs()创建多级目录），再创建文件。包含路径的文件创建如
图 11-2 所示。

```
package com.yootk.demo;
import java.io.File;
public class TestDemo {
    public static void main(String[] args) throws Exception {  // 此处直接抛出
        File file = new File("d:" + File.separator + "demo" + File.separator
                + "hello" + File.separator + "yootk" + File.separator
                + "test.txt");                          // 设置文件的路径
        if (!file.getParentFile().exists()) {           // 现在父路径不存在
```

```
            file.getParentFile().mkdirs();                    // 创建父路径
        }
        System.out.println(file.createNewFile());             // 创建新文件
    }
}
```

本程序所要创建的文件保存在目录中，所以在创建文件前需要首先判断父路径是否存在，如果不存在则一定要先创建父目录（否则会出现"java.io.IOException：系统找不到指定的路径。"）。由于目录会存在多级子目录的问题，所以需要使用 mkdirs()方法进行创建。

技术穿越：在项目的实际开发中都需要操作文件目录。

当用户在开发中使用 Struts Spring MVC 的 MVC 开发框架时，都会面临接收文件上传及保存的操作。在文件保存操作中，往往只会提供一个父目录（例如：upload），而具体的子目录有可能需要根据实际的使用情况进行动态创建，这样就需要使用范例 11-2 的方式创建目录。

范例 11-3： 取得文件或目录的信息。

```
package com.yootk.demo;
import java.io.File;
import java.math.BigDecimal;
import java.text.SimpleDateFormat;
import java.util.Date;
public class TestDemo {
    public static void main(String[] args) throws Exception {    // 此处直接抛出
        File file = new File("d:" + File.separator + "my.jpg"); // 设置文件的路径
        if (file.exists()) {
            System.out.println("是否是文件：" + (file.isFile()));
            System.out.println("是否是目录：" + (file.isDirectory()));
            // 文件大小是按照字节单位返回的数字，所以需要将字节单元转换为兆（M）的单元
            // 但是考虑到小数点问题，所以使用 BigDecimal 处理
            System.out.println("文件大小："
                    + (new BigDecimal((double) file.length() / 1024 / 1024)
                        .divide(new BigDecimal(1), 2,
                            BigDecimal.ROUND_HALF_UP) + "M");
            // 返回的日期是以 long 的形式返回，可以利用 SimpleDateFormat 进行格式化操作
            System.out.println("上次修改时间："
                    + new SimpleDateFormat("yyyy-MM-dd HH:mm:ss")
                        .format(new Date(file.lastModified())));
        }
    }
}
```

程序执行结果：　　　　　是否是文件：true
　　　　　　　　　　　　是否是目录：false
　　　　　　　　　　　　文件大小：32.58M
　　　　　　　　　　　　上次修改时间：2016-02-09 06:24:43

　　本程序利用 File 类中提供的方法进行操作，其中最为重要的就是关于数字的四舍五入处理以及 long 与 Date 间的转换操作。

　　范例 11-3 的所有操作都是围绕文件进行的，但是在整个磁盘上除了文件之外，还会包含使用的目录。对于目录而言，最为常用的功能就是列出目录组成，可以使用 listFiles() 方法完成。

操作目录

　　范例 11-4： 列出目录信息。

```
package com.yootk.demo;
import java.io.File;
public class TestDemo {
    public static void main(String[] args) throws Exception {      // 此处直接抛出
        File file = new File("c:" + File.separator);
        if (file.isDirectory()) {                                  // 判断当前路径是否为目录
            File result [] = file.listFiles() ;
            for (int x = 0; x < result.length; x++) {
                System.out.println(result[x]);                     // 调用 toString()
            }
        }
    }
}
程序执行结果：        c:\System Volume Information
                     c:\Users
                     c:\Windows
                        （其他内容省略...）
```

　　在进行目录列出之前首先要判断给定的路径是否是目录。如果是目录则利用 listFiles() 方法列出当前目录中所有内容（文件以及子目录）的文件对象，这样就可以采用循环的方式直接输出 File 类对象（默认输出的是完整路径）；如果有需要也可以继续利用数组中的每一个 File 类对象进行操作。

　　范例 11-5： 列出指定目录下的所有文件及子目录信息。在每一个目录中有可能还会存在其他子目录，并且还可能会有更深层次的子目录，所以为了可以列出所有的内容，应该判断每一个给定的路径是否是目录。如果是目录则应该继续列出，这样的操作最好使用递归的方式完成。列出完整目录结构操作流程如图 11-3 所示。

```
package com.yootk.demo;
import java.io.File;
public class TestDemo {
    public static void main(String[] args) throws Exception {      // 此处直接抛出
        File file = new File("c:" + File.separator);               // 定义操作路径
        print(file);                                               // 列出目录
    }
    /**
     * 列出目录结构，此方法采用递归调用形式
     * @param file 要列出目录的路径
     */
    public static void print(File file) {
```

```
        if (file.isDirectory()) {                    // 路径为目录
            File result[] = file.listFiles();        // 列出子目录
            if (result != null) {                    // 目录可以列出
                for (int x = 0; x < result.length; x++) {
                    print(result[x]);                // 递归调用
                }
            }
        }
        System.out.println(file);                    // 直接输出完整路径
    }
}
```

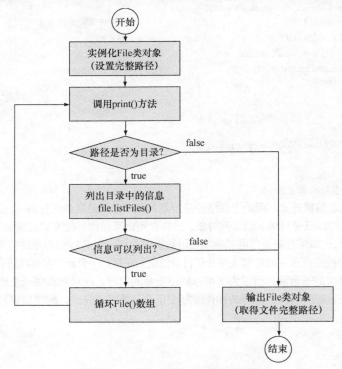

图 11-3　列出完整目录结构操作流程

　　本程序会列出指定目录中的全部内容（包括子目录中的内容）。由于不确定要操作的目录层级数，所以使用递归的方式，将列出的每一个路径继续判断；如果是目录则继续列出。

11.2　字节流与字符流

字节流与字符流

　　使用 java.io.File 类虽然可以操作文件，但是却不能操作文件的内容。如果要进行文件内容的操作，就必须依靠流的概念来完成。流在实际中分为输入流与输出流两种。输入流与输出流是一种相对的概念，关键是要看参考点，以图 11-4 所示为例：水库的水源流向房屋，如果以房屋为参考点，那么这就属于输入流；如果以水库为参考点，这就属于输出流；同样以下雨向水库输水源一样，对水库而言就属于输入流。

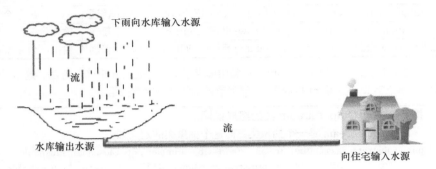

图 11-4　流操作

在 Java 中针对数据流的操作也分为输入与输出两种方式，而且针对此操作提供了以下两类支持。

- 字节流（JDK 1.0 开始提供）：InputStream（输入字节流）、OutputStream（输出字节流）;
- 字符流（JDK 1.1 开始提供）：Reader（输入字符流）、Writer（输出字符流）。

 提示：流的基本操作形式。
　　在 java.io 包中提供的 4 个操作流的类是其核心的组成部分，但是这些类本质上的操作流程区别不大。以文件读、写操作为例，其基本流程为以下四步。
- 第一步：通过 File 类定义一个要操作文件的路径;
- 第二步：通过字节流或字符流的子类对象为父类对象实例化;
- 第三步：进行数据的读（输入）、写（输出）操作;
- 第四步：数据流属于资源操作，资源操作必须关闭。
　　其中最为重要的是第四步，读者一定要记住，不管何种情况只要是资源操作（例如：网络、文件、数据库的操作都属于资源操作），必须要关闭连接（几乎每种类都会提供 close()方法）。

　　在 java.io 包中，四个操作流的类（OutputStream、InputStream、Writer、Reader）全部都属于抽象类，所以在使用这些类时，一定要通过子类对象的向上转型来进行抽象类对象的实例化操作。在整个 IO 流的操作中最麻烦的并不是这四个基础的父类，而是一系列子类。每种子类代表着不同的输入流、输出流位置。

11.2.1　字节输出流：OutputStream

OutputStream

　　字节流是在实际开发中使用较多的一种流操作，而 java.io.OutputStream 是一个专门实现字节输出流的操作类。OutputStream 类的常用方法如表 11-2 所示。

表 11-2　OutputStream 类的常用方法

No.	方法	类型	描述
1	public void close() throws IOException	普通	关闭字节输出流
2	public void flush() throws IOException	普通	强制刷新
3	public abstract void write(int b) throws IOException	普通	输出单个字节
4	public void write(byte[] b) throws IOException	普通	输出全部字节数组数据
5	public void write(byte[] b, int off, int len) throws IOException	普通	输出部分字节数组数据

通过表 11-2 可以发现，在 OutputStream 类中提供了 3 个输出（write()）方法，这 3 个 write() 方法分别可以输出单个字节（使用 int 接收）、全部字节数组和部分字节数组。

提示：关于 OutputStream 类的组成说明。

OutputStream 是一个抽象类，而这个抽象类的定义如下。

```
public abstract class OutputStream extends Object implements Closeable, Flushable
```

在类定义中可以发现 OutputStream 类同时实现了 Closeable 与 Flushable 两个父接口，而这两个父接口的定义组成如下。

Closeable 接口：JDK 1.5 之后才提供	Flushable 接口：JDK 1.5 之后才出现
public interface Closeable	public interface Flushable {
extends AutoCloseable {	public void flush()
public void close()	throws IOException ;
throws IOException ;	}
}	

通过两个父接口提供的方法可以发现，close() 与 flush() 方法都已经在 OutputStream 类中明确定义过了，这是因为在 JDK 1.0 时并没有为 OutputStream 类设计继承的接口，而从 JDK 1.5 之后考虑到标准的做法，才增加了两个父接口，不过由于最初的使用习惯，这两个接口很少被关注到。

到了 JDK 1.7 版本之后，对于接口的定义又发生了改变，在 Closeable 接口声明时继承了 AutoCloseable 父接口，这个接口就是 JDK 1.7 中新增的接口，此接口定义如下。

```
public interface AutoCloseable {
    public void close() throws Exception ;
}
```

通过定义可以发现，在 AutoCloseable 接口中也定义了一个 close() 方法，那么为什么在 JDK 1.7 中又需要提供这样的 AutoCloseable（自动关闭）接口呢？原因是 JDK 1.7 中针对异常处理产生了新的支持。

在以往的开发中，如果是资源操作，用户必须手工关闭资源（方法名称几乎都是 close()），但是实际上会有许多开发者忘记关闭资源，就经常导致其他线程无法打开资源进行操作，所以 Java 提供了以下一种新的异常处理格式。

```
try (AutoCloseable 接口子类 对象 = new AutoCloseable 接口子类名称()) {
    调用方法（有可能会出现异常）；
} catch (异常类型 对象) {
    异常处理 ；
} ... [finally {
```

```
        异常处理的统一出口 ;
    }]
```

只要使用此种格式，在操作完成后用户就没有必要再去调用 close() 方法了，系统会自动帮助用户调用 close() 方法以释放资源。

范例 11-6：自动执行 close() 操作。

```
package com.yootk.demo;
class Net implements AutoCloseable {
    @Override
    public void close() throws Exception {
        System.out.println("*** 网络资源自动关闭，释放资源。");
    }
    public void info() throws Exception {       // 假设有异常抛出
        System.out.println("*** 欢迎访问：www.yootk.com");
    }
}
public class TestDemo {
    public static void main(String[] args) {
        try (Net n = new Net()){
            n.info();
        } catch (Exception e) {
            e.printStackTrace();
        }
    }
}
程序执行结果：        *** 欢迎访问：www.yootk.com
                    *** 网络资源自动关闭，释放资源。(自动执行的 close() 操作)
```

本程序按照 AutoCloseable 的使用原则使用异常处理格式，可以发现程序中并没有明确调用 close() 方法的语句，但是在整个资源操作完成后会自动调用 close() 释放资源。

虽然 Java 本身提供了这种自动关闭操作的支持，不过从开发习惯上讲，仍有不少开发者还是愿意手工调用 close() 方法，所以可以由读者自己来决定是否使用此类操作。

OutputStream 本身是一个抽象类，这样就需要一个子类。如果要进行文件操作，则可以使用 FileOutputStream 子类完成操作，此类定义的常用方法如表 11-3 所示。

表 11-3　FileOutputStream 类的常用方法

No.	方法	类型	描述
1	public FileOutputStream(File file) throws FileNotFoundException	构造	将内容输出到指定路径，如果文件已存在，则使用新的内容覆盖旧的内容
2	public FileOutputStream(File file, boolean append) throws FileNotFoundException	构造	如果将布尔参数设置为 true，表示追加新的内容到文件中

由于输出操作主要以 OutputStream 类为主，所以对于 FileOutputStream 只需要关注其常用的两个构造方法即可。读者可以通过图 11-5 理解 FileOutputStream 类的继承结构。

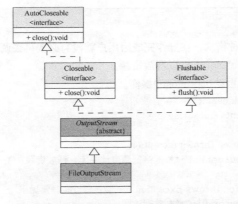

图 11-5 FileOutputStream 类的继承结构

提示：异常问题。

如果读者细心观察可以发现，在 OutputStream 类中定义的方法都使用了 throws 抛出异常，因为流属于资源操作，所以任何操作都不一定确保可以正常完成，不仅是流操作，而且后面章节讲解的网络操作、数据库操作里面所使用的方法绝大部分也都会抛出异常。

本书为了编写需要，会在主方法上直接使用 throws 抛出异常，而在实际开发中，读者一定要记住，主方法一定要处理异常，不能抛出。

范例 11-7：文件内容的输出。

```java
package com.yootk.demo;
import java.io.File;
import java.io.FileOutputStream;
import java.io.OutputStream;
public class TestDemo {
    public static void main(String[] args) throws Exception {        // 直接抛出
        // 1. 定义要输出文件的路径
        File file = new File("d:" + File.separator + "demo" + File.separator
                + "mldn.txt");
        // 此时由于目录不存在，所以文件不能输出，应该首先创建目录
        if (!file.getParentFile().exists()) {                          // 文件目录不存在
            file.getParentFile().mkdirs();                             // 创建目录
        }
        // 2. 应该使用 OutputStream 和其子类进行对象的实例化，此时目录存在，文件还不存在
        OutputStream output = new FileOutputStream(file);
        // 字节输出流需要使用 byte 类型，需要将 String 类对象变为字节数组
        String str = "更多课程资源请访问：www.yootk.com";
        byte data[] = str.getBytes();                                 // 将字符串变为字节数组
        output.write(data);                                           // 3. 输出内容
        output.close();                                               // 4. 资源操作的最后一定要进行关闭
    }
}
```

程序执行结果
（观察mldn.txt的内容）:

> mldn.txt - 记事本
> 文件(F) 编辑(E) 格式(O) 查看(V) 帮助(H)
> 更多课程资源请访问: www. yootk. com

本程序严格按照流的操作步骤进行，并且在程序执行前指定的文件路径并不存在，为了保证程序可以正常执行，需要先创建对应的父路径，再利用 FileOutputStream 类对象为 OutputStream 父类实例化，这样 write()方法输出时就表示向文件中进行输出。由于 OutputStream 只适合输出字节数据，所以需要将定义的字符串利用 getBytes()方法转换为字节数组后才可以完成操作。

> **提示：关于追加操作。**
>
> 如果重复执行范例 11-7 的代码会发生文件内容的覆盖，而如果要实现文件的追加可以使用另外一个 FileOutputStream()类的构造方法（public FileOutputStream(File file, boolean append)）。
>
> **范例 11-8：** 文件追加。
>
> ```
> // 2. 应该使用 OutputStream 和其子类进行对象的实例化，此时目录存在，文件还不存在
> OutputStream output = new FileOutputStream(file, true) ;
> ```
>
> 本程序使用了追加模式，这样每次执行完程序都会向文件中不断追加新的操作。

范例 11-7 的程序是将整个字节数组的内容进行了输出。同时可以发现一个问题：利用 OutputStream 向文件输出信息时如果文件不存在，则会自动创建（不需要用户手工调用 createNewFile()方法）。对于输出操作在整个 OutputStream 类里面一共定义了三个方法，下面来看一下其他两种输出方法（为方便操作，本处只列出代码片断）。

范例 11-9： 采用单个字节的方式输出（此处可以利用循环操作输出全部字节数组中的数据）。

```
for (int x= 0 ; x < data.length ; x ++) {
    output.write(data[x]);            // 内容输出
}
```

范例 11-10： 输出部分字节数组内容（设置数组的开始索引和长度）。

```
output.write(data, 6, 6);            // 内容输出
```

虽然在 OutputStream 类中定义了 3 种操作，但是从实际的开发来讲，输出部分字节数组操作（public void write(byte[] b, int off, int len)）是实际工作中使用较多的方法，所以一定要重点掌握此方法的使用。

InputSteam

11.2.2 字节输入流：InputStream

在程序中如果要进行文件数据的读取操作，可以使用 java.io.InputStream 类完成，此类可以完成字节数据的读取操作。InputStream 类的常用方法如表 11-4 所示。

表 11-4 InputStream 类的常用方法

No.	方法	类型	描述
1	public void close() throws IOException	普通	关闭字节输入流
2	public abstract int read() throws IOException	普通	读取单个字节

续表

No.	方法	类型	描述
3	public int read(byte[] b) throws IOException	普通	将数据读取到字节数组中，同时返回读取长度
4	public int read(byte[] b, int off, int len) throws IOException	普通	将数据读取到部分字节数组中，同时返回读取的数据长度

通过 InputStream 类提供的 3 个 read() 方法可以发现，其操作的数据类型与 OutputStream 类中的 3 个 write() 方法对应。但是 OutputStream 类中的 write() 中的参数包含的是要输出的数据，而 InputStream 类中的 read() 方法中的参数是为了接收输入数据准备的。

> **提示：InputStream 类的定义。**
>
> InputStream 依然属于一个抽象类，此类的定义如下。
>
> `public abstract class InputStream extends Object implements Closeable`
>
> 通过定义可以发现 InputStream 类实现了 Closeable 接口（其继承 AutoCloseable 接口），所以利用自动关闭的异常处理结构可以实现自动的资源释放。与 OutputStream 类一样，由于 Closeable 属于后加入的接口，并且在 InputStream 类中存在 close() 方法，所以用户可以忽略此接口的存在。

在 InputStream 类中最为重要的、最难理解的就是 3 个 read() 方法，这三个方法的详细作用如下。

- 读取单个字节：public abstract int read() throws IOException；
- |- 返回值：返回读取的字节内容，如果已经没有内容，则读取后返回 "-1"，如图 11-6 所示；
- 将读取的数据保存在字节数组里（一次性读取多个数据）：public int read(byte[] b) throws IOException；
- |- 返回值：返回读取的数据长度，如果已经读取到结尾，则读取后返回 "-1"；
- 将读取的数据保存在部分字节数组里：public int read(byte[] b, int off, int len) throws IOException。
- |- 返回值：读取的部分数据的长度，如果已经读取到结尾，则读取后返回 "-1"，如图 11-7 所示。

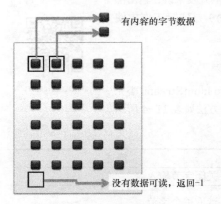

图 11-6 读取单个字节

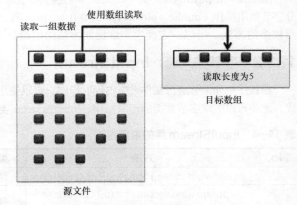

图 11-7 读取一组字节

提示：对 InputStream 操作的简单解释。

很多读者在学习到此处时都会不理解 read() 方法的作用，为了帮助读者更好地理解此操作，举一个生活中的例子：办公室有一个饮水机，现在甲先生口渴了（身体需要输入水分）需要喝水，他的喝水操作就可能有以下 3 种情况。

- 第一种情况（public int read()）：甲先生没有带杯子，所以只能够用手接着喝，每次喝掉 1mL 的水，并且一直重复这个动作，一直到饮水机中的水被喝干，但是很明显这样喝水花费时间较长，如果水全被喝完了，就相当于数据没有了，此时程序的处理做法是返回 "–1"；
- 第二种情况（public int read(byte[] b)）：甲先生拿了一个水杯去接水（假设水杯容量为 300mL，这就相当于每使用水杯接一次水，就可以喝掉 300mL 的水，接水的次数少了），此时存在两种情况：

  |– 饮水机里的水还剩余 1L，很明显，即便杯子接满了，也只能接出 300mL，但这样每次接 300mL 的水，一定比每次接 1mL 的水操作次数有所减少。当饮水机中没有水的时候，水杯将无法接到水，最终就会返回一个 "–1" 的长度标记；
  |– 饮水机里的水还剩余 200mL，这样无法接满 300mL 的水杯，于是返回的总数量就是 200mL，而再次要接水时将无法接到水，这样就会返回一个 "–1" 的长度标记；
- 第三种情况（public int read(byte[] b, int off, int len)）：甲先生拿了一个 300mL 的杯子要去接饮水机里的水，但是他只要求杯子接 150mL 的水，这样就会要求设置一个接水的总量。

java.io.InputStream 是一个抽象类，所以如果要想进行文件读取，需要使用 FileInputStream 子类，而这个子类的构造方法如表 11-5 所示。

表 11-5　FileInputStream 类的构造方法

方法	类型	描述
public FileInputStream(File file) throws FileNotFoundException	普通	设置要读取文件数据的路径

与 OutputStream 的使用规则相同，所有的子类要向父类对象转型，所以 FileInputStream 类中只需要关注构造方法即可，而 FileInputStream 类的继承结构如图 11-8 所示。

范例 11-11：数据读取操作。

```
package com.yootk.demo;
import java.io.File;
import java.io.FileInputStream;
import java.io.InputStream;
public class TestDemo {
    public static void main(String[] args) throws Exception {     // 直接抛出
        File file = new File("d:" + File.separator + "demo" + File.separator
            + "mldn.txt");                                         // 1. 定义要输出文件的路径
        if (file.exists()) { // 需要判断文件是否存在后才可以进行读取
```

```
        // 2. 使用 InputStream 进行读取
        InputStream input = new FileInputStream(file) ;
        byte data [] = new byte [1024] ;              // 准备出一个 1024 的数组
        int len = input.read(data) ;                  // 3. 进行数据读取，将内容保存到字节数组中
        input.close();                                // 4. 关闭输入流
        // 将读取出来的字节数组数据变为字符串进行输出
        System.out.println("【" + new String(data,0,len) + "】");
    }
  }
}
```
程序执行结果：   【更多课程资源请访问：www.yootk.com】

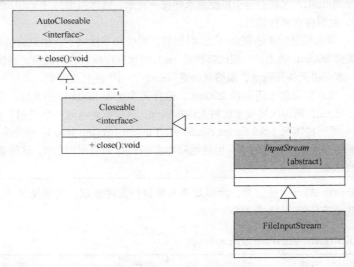

图 11-8　FileInputStream 类的继承结构

本程序利用 InputStream 实现了文件的读取操作，为了确保可以正确读取，首先要对文件是否存在进行判断。在进行数据读取时，首先要开辟一个字节数组空间以保存读取的数据，但是考虑到要读取的数据量有可能小于数组大小，所以在将字节数组转换为字符串时设置了数组可用数据的长度（该长度为input.read(data)方法返回结果）。

范例 11-11 是将数据一次性读取到字节数组中，但是在 InputStream 类中定义了 3 个 read()方法，其中有一个 read()方法可以每次读取一个字节数据，如果要使用此方法操作，就必须结合循环一起完成。

范例 11-12： 采用 while 循环实现输入流操作。

```
package com.yootk.demo;
import java.io.File;
import java.io.FileInputStream;
import java.io.InputStream;
public class TestDemo {
    public static void main(String[] args) throws Exception {      // 直接抛出
```

```
File file = new File("d:" + File.separator + "demo" + File.separator
    + "mldn.txt");                              // 1. 定义要输出文件的路径
if (file.exists()) {                            // 需要判断文件是否存在后才可以进行读取
    // 2. 使用 InputStream 进行读取
    InputStream input = new FileInputStream(file) ;
    byte data [] = new byte [1024] ;           // 准备出一个 1024 的数组
    int foot = 0 ;                             // 表示字节数组的操作脚标
    int temp = 0 ;                             // 表示接收每次读取的字节数据
    // 第一部分：(temp = input.read())，表示将 read() 方法读取的字节内容给 temp 变量
    // 第二部分：(temp = input.read()) != -1，判断读取的 temp 内容是否是-1
    while((temp = input.read()) != -1) {       // 3. 读取数据
        data[foot ++] = (byte) temp ;          // 有内容进行保存
    }
    input.close();                             // 4. 关闭输入流
    System.out.println("【" + new String(data,0,foot) + "】");
    }
  }
}
```

程序执行结果：   【更多课程资源请访问：www.yootk.com】

本程序采用了循环的方式进行数据读取操作，每次循环时都会将读取出来的字节数据保存给 temp
变量，如果读取出来的数据不是 "-1" 就表示还有数据需要继续进行读取。循环读取字节数据的执行流
程如图 11-9 所示。

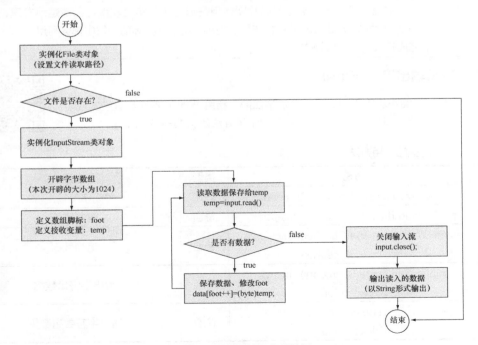

图 11-9　循环读取字节数据

提示：关于 "while((temp = input.read()) != -1)" 语句的解释。

很多读者第一次接触此类语法会有一些不习惯，而实际上这样的语法在进行 IO 操作时是最好用的。按照程序中的注解，此语法分为以下两个执行步骤。

- 第一步(temp = input.read())：表示将 read() 方法读取的字节内容给 temp 变量，同时此代码由于是在 "()" 中编写的，所以运算符的优先级高于赋值运算符；
- 第二步（(temp = input.read()) != -1）：表示判断 temp 接收数据返回的是否是 "-1"，如果不是-1 表示当前已经读取到数据，如果是 "-1" 表示数据已经读取完毕，不再需要读了。

实际上如果不使用 while 语句，换为 do...while 也是可以的。

范例 11-13：利用 do...while 实现数据读取。

```java
byte data [] = new byte [1024] ;          // 准备出一个 1024 的数组
int foot = 0 ;                            // 表示字节数组的操作脚标
int temp = 0 ;                            // 表示接收每次读取的字节数据
do {
    temp = input.read() ;                 // 读取一个字节
    if (temp != -1) {                     // 现在是真实的内容
        data[foot ++] = (byte) temp ;     // 保存读取的字节到数组中
    }
} while (temp != -1) ;                    // 如果现在读取的 temp 的字节数据不是-1，表示
还有内容
```

本程序只列出了部分代码片断，但是通过代码的比较就可以清楚地发现，利用 while 读取要比 do...while 操作更加简单，所以在实际的开发中都会利用 while 循环完成输入流的读取操作。

11.2.3 字符输出流：Writer

java.io.Writer 类是从 JDK 1.1 版本之后增加的，利用 Writer 类可以直接实现字符数组（包含了字符串）的输出。Writer 类的常用方法如表 11-6 所示。

Writer

表 11-6　Writer 类的常用方法

No.	方法	类型	描述
1	public void close() throws IOException	普通	关闭字节输出流
2	public void flush() throws IOException	普通	强制刷新
3	public Writer append(CharSequence csq) throws IOException	普通	追加数据
4	public void write(String str) throws IOException	普通	输出字符串数据
5	public void write(char[] cbuf) throws IOException	普通	输出字符数组数据

通过 Writer 类定义的方法可以发现，Writer 类中直接提供了输出字符串数据的方法，这样就没有
必要将字符串转成字节数组后再输出了。

提示：Writer 类的定义。

与 OutputStream 的定义类似，Writer 类本身也属于一个抽象类，此类的定义结构如下。

```
public abstract class Writer extends Object implements Appendable, Closeable, Flushable
```

通过继承结构可以发现，Writer 类中除了实现 Closeable 与 Flushable 接口之外，还
实现了一个 Appendable 接口。Appendable 接口定义如下。

```
public interface Appendable {
    public Appendable append(char c) throws IOException;
    public Appendable append(CharSequence csq) throws IOException;
    public Appendable append(CharSequence csq, int start, int end) throws
IOException;
}
```

在 Appendable 接口中定义了一系列数据追加操作，而追加的类型可以是
CharSequence（可以保存 String、StringBuffer、StringBuilder 类对象）。Writer 类的
继承结构如图 11-10 所示。

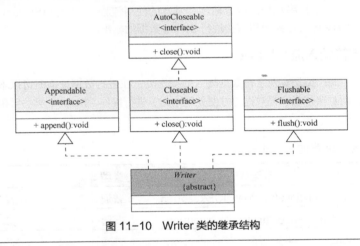

图 11-10　Writer 类的继承结构

Writer 是一个抽象类，要针对文件内容进行输出，可以使用 java.io.FileWriter 类实现 Writer 类对
象的实例化操作。FileWriter 类的常用方法如表 11-7 所示。

表 11-7　FileWriter 类的常用方法

No.	方法	类型	描述
1	public FileWriter(File file) throws IOException	构造	设置输出文件
2	public FileWriter(File file, boolean append) throws IOException	构造	设置输出文件以及是否进行数据追加

范例 11-14： 使用 Writer 类实现内容输出

```
package com.yootk.demo;
import java.io.File;
import java.io.FileWriter;
import java.io.Writer;
public class TestDemo {
    public static void main(String[] args) throws Exception {      // 此处直接抛出
        File file = new File("d:" + File.separator + "demo" + File.separator
                + "mldn.txt");                                      // 1. 定义要输出文件的路径
        if (!file.getParentFile().exists()) {                       // 判断目录是否存在
            file.getParentFile().mkdirs();                          // 创建文件目录
        }
        Writer out = new FileWriter(file);                          // 2. 实例化了 Writer 类的对象
        String str = "更多课程请访问：www.yootk.com";                // 定义输出内容
        out.write(str);                                             // 3. 输出字符串数据
        out.close();                                                // 4. 关闭输出流
    }
}
```

本程序实现了字符串数据的内容输出，基本的使用流程与 OutputStream 相同，而最方便的是 Writer 类可以直接进行 String 数据的输出。

Reader

11.2.4 字符输入流：Reader

java.io.Reader 类是实现字符数据输入的操作类，在进行数据读取时可以不使用字节数据，而直接依靠字符数据（方便处理中文）进行操作。Reader 类的常用方法如表 11-8 所示。

表 11-8　Reader 类的常用方法

No.	方法	类型	描述
1	public void close() throws IOException	普通	关闭字节输入流
2	public int read() throws IOException	普通	读取单个数据
3	public int read() throws IOException	普通	读取单个字符
4	public int read(char[] cbuf) throws IOException	普通	读取数据到字符数组中，返回读取长度
5	public long skip(long n) throws IOException	普通	跳过字节长度

通过表 11-8 可以发现，在 Reader 类中也定义有 read() 方法，但是与 InputStream 最大的不同在于此处返回的数据是字符数据。

提示：关于 Reader 类的定义结构。
　　为了更好地理解 Reader 类的操作，下面介绍 Reader 类的定义结构。

public abstract class Reader extends Object implements Readable, Closeable

通过定义结构可以发现，在 Reader 类中实现了两个接口：Readable、Closeable，而 Readable 接口定义如下。

```
public interface Readable {
    public int read(CharBuffer cb) throws IOException ;
}
```

在 Readable 接口中定义的 read() 方法可以将数据保存在 CharBuffer（字符缓冲，类似于 StringBuffer）对象中，也就是说利用此类就可以替代字符数组的操作。Reader 类的继承结构如图 11-11 所示。

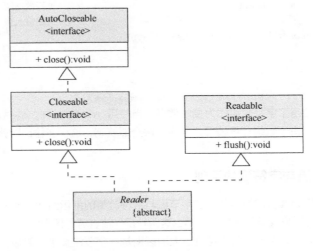

图 11-11　Reader 类的继承结构

另外读者可以发现，在 Writer 类中存在直接输出字符串的操作，而 Reader 类中并没有直接返回字符串的操作，这是因为输出数据时可以采用追加的模式，所以随着时间的推移，文件有可能变得非常庞大（假设现在已经达到了 10G）。而如果在 Reader 类中提供了直接读取全部数据的方式，则有可能造成内存溢出问题。

Reader 类是一个抽象类，要实现文件数据的字符流读取，可以利用 FileReader 子类为 Reader 类对象实例化。FileReader 类的常用方法如表 11-9 所示。

表 11-9　FileReader 类的常用方法

No.	方法	类型	描述
1	public FileReader(File file) throws FileNotFoundException	构造	定义要读取的文件路径

范例 11-15： 使用 Reader 读取数据。

```
package com.yootk.demo;
import java.io.File;
```

```java
import java.io.FileReader;
import java.io.Reader;
public class TestDemo {
    public static void main(String[] args) throws Exception {      // 此处直接抛出
        File file = new File("d:" + File.separator + "demo" + File.separator
            + "mldn.txt");                                          // 1. 定义要输出文件的路径
        if (file.exists()) {
            Reader in = new FileReader(file) ;                      // 2. 为 Reader 类对象实例化
            char data [] = new char [1024] ;                       // 开辟字符数组，接收读取数据
            int len = in.read(data) ;                              // 3. 进行数据读取
            in.close();                                            // 4. 关闭输入流
            System.out.println(new String(data, 0, len));
        }
    }
}
```
程序执行结果：　　　　　　更多课程资源请访问：www.yootk.com

　　本程序首先使用了字符数组作为接收数据，当使用 read()方法时会将数据保存到数组中，然后返回读取的数据长度，由于数组开辟较大，内容无法全部填充，这样在输出时就可以将部分字符数组转换为字符串后输出。

11.2.5　字节流与字符流的区别

字节流与字符流的区别

　　以上讲解已经为读者详细地分析了字节流与字符流类的继承结构、基本操作流程。这两类流都可以完成类似的功能，那么这两种操作流有哪些区别呢？

　　以文件操作为例，字节流与字符流最大的区别是：字节流直接与终端文件进行数据交互，字符流需要将数据经过缓冲区处理才与终端文件数据交互。

　　在使用 OutputStream 输出数据时即使最后没有关闭输出流，内容也可以正常输出，但是反过来如果使用的是字符输出流 Writer，在执行到最后如果不关闭输出流，就表示在缓冲区中处理的内容不会被强制性清空，所以就不会输出数据。如果有特殊情况不能关闭字符输出流，可以使用 flush()方法强制清空缓冲区。

　　范例 11-16：强制清空字符流缓冲区。

```java
package com.yootk.demo;
import java.io.File;
import java.io.FileWriter;
import java.io.Writer;
public class TestDemo {
    public static void main(String[] args) throws Exception { // 此处直接抛出
        File file = new File("d:" + File.separator + "demo" + File.separator
            + "mldn.txt");                                      // 1. 定义要输出文件的路径
        if (!file.getParentFile().exists()) {                  // 判断目录是否存在
            file.getParentFile().mkdirs();                     // 创建文件目录
        }
        Writer out = new FileWriter(file);                     // 2. 实例化了 Writer 类的对象
```

```
        String str = "更多课程请访问：www.yootk.com";  // 定义输出内容
        out.write(str);                             // 3. 输出字符串数据
        out.flush();                                // 强制刷新缓冲区
    }
}
```

本程序执行到最后并没有执行流的关闭操作，所以从本质上讲，内容将无法完整输出。在不关闭流又需要完整输出时就只能利用 flush() 方法强制刷新缓冲区。

> **提示：在实际开发中流的选用原则。**
>   在开发中，对于字节数据处理是比较多的，例如：图片、音乐、电影、文字。而字符流最大的好处是它可以进行中文的有效处理。在开发中，如果要处理中文时应优先考虑字符流，如果没有中文问题，建议使用字节流。

11.3　转换流

转换流

虽然字节流与字符流表示两种不同的数据流操作，但是这两种流彼此间是可以实现互相转换的，而要实现这样的转换可以通过 InputStreamReader、OutputStreamWriter 两个类。首先介绍这两个类的继承结构以及构造方法。

名称	InputStreamReader	OutputStreamWriter
定义结构	public class InputStreamReader extends Reader	public class OutputStreamWriter extends Writer
构造方法	public InputStreamReader(InputStream in)	public OutputStreamWriter(OutputStream out)

从以上给出的关系可以发现：

- InputStreamReader 类的构造方法中接收 InputStream 类的对象，而 InputStreamReader 是 Reader 的子类，该类对象可以直接向上转型为 Reader 类对象，这样就表示可以将接收到的字节输入流转换为字符输入流；
- OutputStreamWriter 类的构造方法接收 OutputStream 类的对象，而 OutputStreamWriter 是 Writer 的子类，该类对象可以直接向上转型为 Writer 类对象，这样就表示可以将接收到的字节输出流转换为字符输出流（Writer 类中提供了直接输出字符串的操作）。

范例 11-17：实现输出流转换。

```
package com.yootk.demo;
import java.io.File;
import java.io.FileOutputStream;
import java.io.OutputStream;
import java.io.OutputStreamWriter;
import java.io.Writer;
public class TestDemo {
    public static void main(String[] args) throws Exception { // 此处直接抛出
        File file = new File("d:" + File.separator + "demo" + File.separator
```

```
                            + "mldn.txt");                          // 1. 定义要输出文件的路径
        if (!file.getParentFile().exists()) {                       // 判断父路径是否存在
            file.getParentFile().mkdirs() ;                         // 创建父路径
        }
        OutputStream output = new FileOutputStream(file) ;          // 字节流
        // 将 OutputStream 类对象传递给 OutputStreamWriter 类的构造方法，而后向上转型为 Writer
        Writer out = new OutputStreamWriter(output) ;
        out.write("更多课程请访问：www.yootk.com");                     // Writer 类的方法
        out.flush();
        out.close();
    }
}
```

本程序利用 OutputStreamWriter 类将字节输出流转换为字符输出流，这样就可以方便地实现字符串数据的输出。

提示：关于转换流的说明。

从实际的开发来讲，转换流的使用情况并不多，并且 JDK 随着版本的提高会扩充越来越多方便的类库，所以这种转换流的意义大部分也只会停留在理论分析上，而之所以为读者讲解转换流，是要针对之前程序的一个遗留问题进行说明。

通过之前的讲解可以发现，四个流的操作类如果要操作文件都要求分别使用不同的子类（FileXxx）。下面分别介绍 FileOutputStream、FileInputStream、FileWriter、FileReader 四个类的继承结构，如图 11-12 所示。

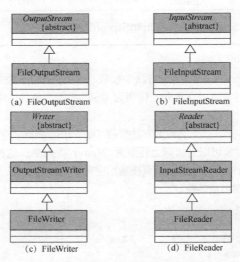

图 11-12　文件操作类的继承结构

通过继承结构可以发现，FileWriter 与 FileReader 都是转换流的子类，也就证明所有要读取的文件数据都是字节数据，所有的字符都是在内存中处理后形成的。

文件复制

11.4 案例：文件复制

提示：关于 DOS 提供的 copy 命令。

在 DOS（Windows 定义其命令行工具）中，可以利用 copy 实现文件的复制操作。此命令的语法为："copy 源文件路径 目标文件路径"。在文件复制过程中，如果源文件不存在或参数个数不足，都会产生错误，而本案例将模拟 copy 命令实现一个与之功能相同的程序。

同时对于此部分的程序也属于 InputStream 与 OutputStream 的应用总结，并且本处讲解的代码，在实际的开发中也会使用到。

现在要求实现一个文件的复制操作，在复制的过程中利用初始化参数设置复制的源路径与目标路径，同时在本程序执行时可以复制任何文件，例如：图片、视频、文本等。

对于此程序的要求，首先必须确认要使用何种数据流进行操作。由于程序要求可以复制任意类型的文件，所以很明显必须利用字节流（InputStream、OutputStream）类完成。而具体的复制操作实现，有以下两种做法。

- 做法一：将所有的文件内容先一次性读取到程序中，再一次性输出。这种实现方式有一个缺陷：如果要读取的文件量过大，就会造成程序的崩溃；
- 做法二：采用边读取边输出的操作方式，每次从源文件输入流中读取部分数据，而后将这部分数据交给输出流输出，这样的做法不会占用较大的内存空间，但是会适当损耗一些时间（可以通过限制文件大小来避免此类问题）。

提示：使用的类与方法。

如果要想完成本操作，实际上需要使用 InputStream 与 OutputStream 类的两个操作方法。

- InputStream 类：public int read(byte[] b) throws IOException；
  |– 将内容读取到字节数组中，如果没有数据则返回–1，否则就是读取长度。
- OutputStream 类：public void write(byte[] b, int off, int len) throws IOException。
  |– 要设置的字节数组实际上就是在 read() 方法里面使用的数组；
  |– 数据输出一定是从字节数组的第 0 个元素开始，输出读取的数据长度。
  在实际的开发中，最常见的是这两个方法的结合使用。

范例 11-18：实现文件复制操作。

```
package com.yootk.demo;
import java.io.File;
import java.io.FileInputStream;
import java.io.FileOutputStream;
import java.io.InputStream;
```

```
import java.io.OutputStream;
public class CopyDemo {
    public static void main(String[] args) throws Exception {
        long start = System.currentTimeMillis() ;          // 取得复制开始的时间
        if (args.length != 2) {                            // 初始化参数不足2位
            System.out.println("命令执行错误！");
            System.exit(1);                                // 程序退出执行
        }
        // 如果输入参数正确，应该进行源文件有效性的验证
        File inFile = new File(args[0]) ;                  // 第一个为源文件路径
        if (!inFile.exists()) {                            // 源文件不存在
            System.out.println("源文件不存在，请确认执行路径。");
            System.exit(1);                                // 程序退出
        }
        // 如果此时源文件正确，就需要定义输出文件，同时要考虑到输出文件有目录
        File outFile = new File(args[1]) ;
        if (!outFile.getParentFile().exists()) {           // 输出文件路径不存在
            outFile.getParentFile().mkdirs() ;             // 创建目录
        }
        // 实现文件内容的复制，分别定义输出流与输入流对象
        InputStream input = new FileInputStream(inFile) ;
        OutputStream output = new FileOutputStream(outFile) ;
        int temp = 0 ;                                     // 保存每次读取的数据长度
        byte data [] = new byte [1024] ;                   // 每次读取1024个字节
        // 将每次读取进来的数据保存在字节数组里面，并且返回读取的个数
        while((temp = input.read(data)) != -1) {           // 循环读取数据
            output.write(data, 0, temp);                   // 输出数组
        }
        input.close();                                     // 关闭输入流
        output.close();                                    // 关闭输出流
        long end = System.currentTimeMillis() ;            // 取得操作结束时间
        System.out.println("复制所花费的时间：" + (end - start));
    }
}
```

程序执行结果：　　　　设置初始化参数：**java** d:\my.jpg d:\mldn.jpg
　　　　　　　　　　　复制所花费的时间：339

本程序实现了完整的开发要求，同时程序的执行效率较高，整体操作只花费了 300 毫秒左右的时间。文件复制程序的流程如图 11-13 所示。

技术穿越：文件上传中会经常使用到此代码。

　　　　首先本案例是针对 InputStream 和 OutputStream 的操作应用，读者一定要记住，如果在开发时要实现二进制文件的保存操作，一定要利用 OutputStream 输出（唯一的方案）。而这一代码在 Struts、Spring 等开发框架中进行 FilUpload 组件操作时经常使用到。

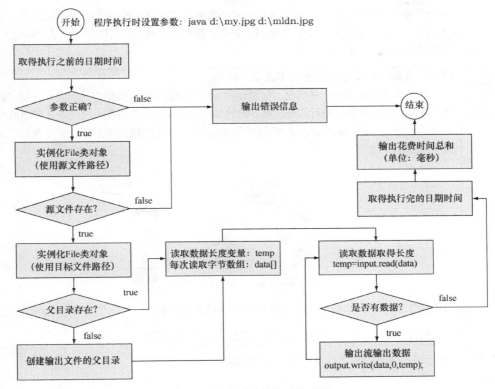

图 11-13　文件复制程序流程图

11.5　字符编码

字符编码

计算机中所有信息都是由二进制数据组成的，因此所有能够描述出的中文文字都是经过处理后的结果。在计算机的世界里，所有的语言文字都会使用编码来进行描述，例如：最常见的编码是 ASC II 码。在实际的工作里面最为常见的 4 种编码如下。

● GBK、GB2312：中文的国标编码，其中 GBK 包含简体中文与繁体中文两种，而 GB2312 只包含简体中文；

● ISO8859-1：是国际编码，可以描述任何文字信息（中文需要转码）；

● UNICODE：是十六进制编码，但是在传递字符信息时会造成传输的数据较大；

● UTF 编码（Unicode Transformation Format）：是一种 UNICODE 的可变长度编码，常见的编码为 UTF-8 编码。

提示：项目开发中全部都要使用 UTF-8 编码。

实际上对于编码问题，在实际的项目开发过程中，往往都会以 UTF-8 编码为主，所以在编写代码时强烈建议将文件编码都统一设置为 UTF-8 的形式。

既然计算机世界中存在这么多编码，在实际项目的开发中就有可能在数据传输中出现编码与解码所使用的字符集不统一的问题，而这样就会产生乱码。如何才能知道当前系统所使用的默认编码呢？可以利用 System 类取得当前系统中的环境属性。

提示：乱码与现实生活的语言不通是一样的。

读者可以试想这样一种情况，假设读者是一位中国公民，突然有一天要和一位"西西可里亚岛"的土著居民进行沟通，对方说的是自己岛国的土著语言（全世界只有 200 个人知道的语言），其结果就是你说的对方听不懂，而对方说的你也听不懂，于是就造成了乱码，如图 11-14 所示。

图 11-14　语言沟通障碍

所谓乱码就是指编码与解码字符集不统一所造成的问题。

范例 11-19： 取得当前系统中的环境属性中的文件编码。

```java
package com.yootk.demo;
public class TestDemo {
    public static void main(String[] args) throws Exception {
        System.getProperties().list(System.out);        // 列出全部系统属性
    }
}
```
程序执行结果：　　　　　　　file.encoding=GBK
　　　　　　　　　　　　　（其他输出结果省略……）

本程序的功能是列出全部的系统属性，其中会发现一个"file.encoding"的属性名称，此属性定义的是文件的默认编码，可以发现编码方式为 GBK。

提示：关于系统属性列出操作的说明。

System 类中定义的取得系统属性的方法为：public static Properties getProperties()，此方法返回的是一个 Properties 类对象，此类将在本书第 13 章中为读者讲解，在此处读者并不需要关注具体的代码，只需要关注程序的执行结果。

另外在系统属性输出时可以发现存在一个"file.separator=\"的信息，此处描述的就是文件的路径分隔符定义，也就是 File.separator 常量的内容。

因为默认的编码为 GBK，所以当程序向文件中输出信息时，文件就会使用 GBK 编码，而文件的内容也应该是 GBK 编码，此处如果强行修改为其他编码，就会出现乱码。

范例 11-20： 程序出现乱码。

```java
package com.yootk.demo;
import java.io.File;
import java.io.FileOutputStream;
import java.io.OutputStream;
public class TestDemo {
    public static void main(String[] args) throws Exception {
        File file = new File("D:" + File.separator + "mldn.txt");
        OutputStream output = new FileOutputStream(file);
        // 强制改变文字的编码，此操作可以通过String类的getBytes()方法实现
        output.write("更多课程请访问：www.yootk.com".getBytes("ISO8859-1"));
        output.close();
    }
}
```

图 11-15　程序乱码

在当前系统中默认的编码应该使用 GBK，但是在程序处理时强制性地将内容编码转换为了 "ISO8859-1"，这样程序的编码与文件的保存编码就会发生冲突，那么保存后的文件就会出现中文乱码问题，保存后的文件内容如图 11-15 所示。

11.6　内存流

内存流

在流的操作中除了进行文件的输入与输出操作之外，还可以针对内存进行同样的操作。假设某一种应用需要进行 IO 操作，但是又不希望在磁盘上产生一些文件时，就可以将内存当作一个临时文件进行操作。在 Java 中，针对内存操作提供了以下两组类（关系如图 11-16 所示）。

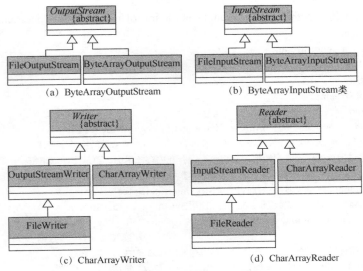

(a) ByteArrayOutputStream　　　　(b) ByteArrayInputStream类

(c) CharArrayWriter　　　　(d) CharArrayReader

图 11-16　内存流继承关系

- 字节内存流：ByteArrayInputStream（内存字节输入流）、ByteArrayOutputStream（内存字节输出流）；
- 字符内存流：CharArrayReader（内存字符输入流）、CharArrayWriter（内存字符输出流）。

 提示：本节以内存字节流讲解为主。
　　字节内存流与字符内存流两者唯一的区别就在于操作数据类型上，字节内存流操作使用 byte 数据类型，而字符内存流操作使用 char 数据类型。但是这两类操作的基本结构相同，考虑到实际的开发情况，本节主要讲解字节内存流的使用。

虽然清楚了内存流的操作结构，但是要想真正使用内存流还必须清楚内存流定义的构造方法（以字节内存流为例）。内存流定义的构造方法如下。

- ByteArrayInputStream 类构造：public ByteArrayInputStream(byte[] buf)；
- ByteArrayOutputStream 类构造：public ByteArrayOutputStream()。

通过 ByteArrayInputStream 类的构造可以发现，在内存流对象实例化时就必须准备好要操作的数据信息，所以内存流的操作实质上就是将操作数据首先保存到内存中，然后利用 IO 流操作进行单个字节的处理。

范例 11-21：实现一个小写字母转大写字母的操作。

- 本程序不使用 String 类中提供的 toUpperCase() 方法，而是利用 IO 操作，将每一个字节进行大写字母转换；
- 为了方便地实现字母的转大写操作（避免不必要的字符也被转换）可以借助 Character 包装类的方法。

　　|– 转小写字母：public static char toLowerCase(char ch)；

　　|– 转小写字母（利用字母编码转换）：public static int toLowerCase(int codePoint)；

　　|– 转大写字母：public static char toUpperCase(char ch)；

　　|– 转大写字母（利用字母编码转换）：public static int toUpperCase(int codePoint)。

```
package com.yootk.demo;
import java.io.ByteArrayInputStream;
import java.io.ByteArrayOutputStream;
import java.io.InputStream;
import java.io.OutputStream;
public class TestDemo {
    public static void main(String[] args) throws Exception {      // 此处直接抛出
        String str = "www.yootk.com & www.MLDN.cn";      // 要求被转换的字符串
        // 本次将通过内存操作流实现转换，先将数据保存在内存流里面，再从里面取出每一个数据
        // 将所有要读取的数据设置到内存输入流中，本次利用向上转型为InputStream类实例化
        InputStream input = new ByteArrayInputStream(str.getBytes());
        // 为了能够将所有的内存流数据取出，可以使用ByteArrayOutputStream
        OutputStream output = new ByteArrayOutputStream();
        int temp = 0;                                                // 读取每一个字节数据
        // 经过此次循环后，所有的数据都将保存在内存输出流对象中
        while ((temp = input.read()) != -1) {                        // 每次读取一个数据
```

```
    // 将读取进来的数据转换为大写字母，利用Character.toUpperCase()可以保证只转换字母
        output.write(Character.toUpperCase(temp));    // 字节输出流
    }
    System.out.println(output);                       // 调用toString()方法
    input.close();                                    // 关闭输入流
    output.close();                                   // 关闭输出流
    }
}
程序执行结果：                    WWW.YOOTK.COM & WWW.MLDN.CN
```

本程序分别利用 ByteArrayInputStream 与 ByteArrayOutputStream 为 InputStream 与 Output
Stream 类对象实例化，同时在实例化 ByteArrayInputStream 类对象时需要设置好操作的数据，这样才
可以利用 InputStream 通过内存进行读取。读取数据时采用循环的方式，并且为了防止将非字母进行转
换的操作，使用了"Character.toUpperCase()"方法操作。本程序的执行流程如图 11-17 所示。

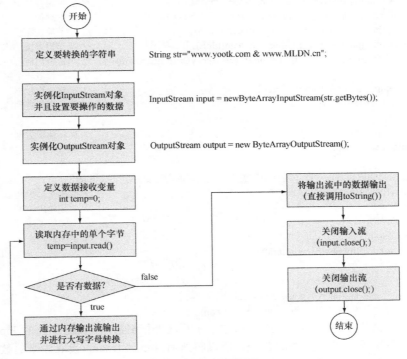

图 11-17 内存流操作

提示：关于输入流数据的读取。

通过本章讲解的若干个程序代码，可以发现 InputStream 读取数据的常用操作：利用
while 循环读取输入流数据，在读取时可以直接进行操作。所以针对此种代码操作读者必
须重点掌握。

范例 11-21 的程序是利用子类对象向上转型实现的输入流与输出流类对象的实例化操作，这样操作的好处是可以利用统一的 IO 操作标准，但是在 ByteArrayOutputStream 类里面却会存在一个重要的方法，即通过内存输出流取得全部数据：public byte[] toByteArray()。

此方法可以将所有暂时保存在内存输出流中的字节数据全部以字节数组的形式返回，而利用这样的方法，就可以实现多个文件的合并读取操作。

范例 11-22：实现文件的合并读取。

```java
package com.yootk.demo;
import java.io.ByteArrayOutputStream;
import java.io.File;
import java.io.FileInputStream;
import java.io.InputStream;
public class TestDemo {
    public static void main(String[] args) throws Exception {          // 异常简化处理
        File fileA = new File("D:" + File.separator + "infoa.txt");     // 文件路径
        File fileB = new File("D:" + File.separator + "infob.txt");     // 文件路径
        InputStream inputA = new FileInputStream(fileA);                // 字节输入流
        InputStream inputB = new FileInputStream(fileB);                // 字节输入流
        ByteArrayOutputStream output = new ByteArrayOutputStream();     // 内存输出流
        int temp = 0;                                                   // 每次读取一个字节
        while ((temp = inputA.read()) != -1) {                          // 循环读取数据
            output.write(temp);                                         // 将数据保存到输出流
        }
        while ((temp = inputB.read()) != -1) {                          // 循环读取数据
            output.write(temp);                                         // 将数据保存到输出流
        }
        // 现在所有的内容都保存在了内存输出流里面，所有的内容变为字节数组取出
        byte data[] = output.toByteArray();                            // 取出全部数据
        output.close();                                                // 关闭输出流
        inputA.close();                                                // 关闭输入流
        inputB.close();                                                // 关闭输入流
        System.out.println(new String(data));                          // 字节转换为字符串输出
    }
}
```

程序执行结果：   优拓教育：www.yootk.com
                     极限IT训练营：www.jixianit.com

本程序首先定义了两个要读取的文件路径，并且利用这两个路径分别创建了各自的 InputStream 类实例化对象，由于需要进行文件的合并，所以将所有 InputStream 读取进来的数据都保存在 ByteArrayOutputStream 类对象中。当数据读取完毕后，可以直接利用 ByteArrayOutputStream 类中的 toByteArray()方法将读取进来的全部数据变为字符串后输出。

11.7 打印流

在 java.io 包中 OutputStream 是进行输出操作的最核心控制类，但是利用 OutputStream 会存在一个问题：所有的输出数据必须以字节类型的数据为主，也就是说如果现在要输出的数据是 int

（Integer）、double（Double）、java.util.Date 等常用类型都需要将其转换为字节后才可以输出。为了解决这样的矛盾问题，在 java.io 包中又专门提供了一组打印流（字节打印流：PrintStream，字符打印流：PrintWriter）方便用户的输出操作。本节将为读者讲解打印流的设计思想以及打印流的具体使用。

11.7.1　打印流设计思想

设计思想

java.io.OutputStream 类主要是进行数据输出，如果要设计更加合适的打印流操作类，就必须解决 OutputStream 输出数据类型有限（只有 byte 类型）的问题。这时可以采用一种包装设计的模式，即将 OutputStream 类利用其他类进行包装，并且在这个类中提供了各种常见数据类型的输出操作，这样用户在进行输出操作时就可以回避字节数据的操作。打印流实现思想如图 11-18 所示。

在图 11-18 中可以发现，打印流的核心思想就是首先包装一个 OutputStream 类的实例化对象，然后在打印流的内部自动帮助用户处理好各种数据类型与字节数组的转换操作。也就是说 OutputStream 的本质功能没有改变，但是操作的形式变得更加多样化，也更加方便用户使用，这样的设计就属于装饰设计模式。下面来看打印流代码的实现。

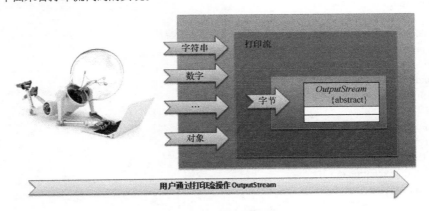

图 11-18　打印流实现思想

范例 11-23：定义打印流工具类。

```
package com.yootk.demo;
import java.io.File;
import java.io.FileOutputStream;
import java.io.IOException;
import java.io.OutputStream;
class PrintUtil {                              // 实现专门的输出操作功能
    private OutputStream output ;              // 输出只能依靠OutputStream
    /**
     * 输出流的输出目标要通过构造方法传递
     * @param output
     */
    public PrintUtil(OutputStream output) {
```

```java
            this.output = output ;
        }
        public void print(int x) {                      // 输出 int 型数据
            this.print(String.valueOf(x));              // 调用本类字符串的输出方法
        }
        public void print(String x) {
            try { // 采用 OutputStream 类中定义的方法，将字符串转变为字节数组后输出
                this.output.write(x.getBytes());
            } catch (IOException e) {
                e.printStackTrace();
            }
        }
        public void print(double x) {                   // 输出 double 型数据
            this.print(String.valueOf(x));
        }
        public void println(int x) {                    // 输出数据后换行
            this.println(String.valueOf(x));
        }
        public void println(String x) {                 // 输出数据后换行
            this.print(x.concat("\n"));
        }
        public void println(double x) {
            this.println(String.valueOf(x));
        }
        public void close() {                           // 输出流关闭
            try {
                this.output.close();
            } catch (IOException e) {
                e.printStackTrace();
            }
        }
    }
}
public class TestDemo {
    public static void main(String[] args) throws Exception { // 此处直接抛出
        PrintUtil pu = new PrintUtil(new FileOutputStream(new File("d:"
                + File.separator + "yootk.txt")));
        pu.print("优拓教育：");
        pu.println("www.yootk.com");
        pu.println(1 + 1);
        pu.println(1.1 + 1.1);
        pu.close();
    }
}
```

本程序利用 PrintUtil 类包装了 OutputStream 类，在实例化 PrintStream 类对象时需要传递输出的

位置（实际上就是传递 OutputStream 类的子类），这样就可以利用 PrintUtil 类中提供的一系列方法实现数据的输出操作，而这样的做法对于客户端而言是比较容易的，因为客户端没有必要再去关心数据类型的转换操作。

但是从实际的开发来讲，面对的数据类型可能会有多种，如果这样的工具类全部都由用户自己来实现，那么明显是不现实的，为此 java.io 包提供了专门的打印流处理类：PrintStream、PrintWriter。

打印流

11.7.2　打印流

OutputStream 提供了核心的数据输出操作标准，但是为了更方便地实现输出操作，java.io 包提供了两个数据打印流的操作类：PrintStream（打印字节流）、PrintWriter（打印字符流）。以 PrintStream 类为例，此类的继承结构如图 11-19 所示。

提示：以 PrintStream 为例。
实际上 PrintStream 与 PrintWriter 两个类在使用上是完全一样的，方法功能也一样。本节将以 PrintStream 类为例进行讲解。

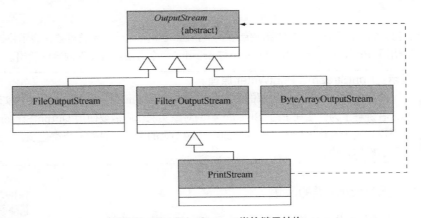

图 11-19　PrintStream 类的继承结构

表 11-10 列出了 PrintStream 类的常用操作方法。

表 11-10　PrintStream 类的常用操作方法

No.	方法	类型	描述
1	public PrintStream(OutputStream out)	构造	通过已有 OutputStream 确定输出目标
2	public void print(数据类型 参数名称)	普通	输出各种常见数据类型
3	public void println(数据类型 参数名称)	普通	输出各种常见数据类型，并追加一个换行

通过表 11-10 可以发现，PrintStream（或 PrintWriter）类中提供了一系列 print() 与 println() 方法，并且这些方法适合各种常见数据类型的输出（例如：int、double、long、Object 等）。而这些方法

就相当于为用户隐藏了 OutputStream 类中的 write() 方法，即将原本的 OutputStream 类的功能进行包装，在保持原方法功能不变的情况下，提供更方便的操作，这就是装饰设计模式的体现。

范例 11-24：使用 PrintStream 类实现输出。

```
package com.yootk.demo;
import java.io.File;
import java.io.FileOutputStream;
import java.io.PrintStream;
public class TestDemo {
    public static void main(String[] args) throws Exception { // 此处直接抛出
        // 实例化 PrintStream 类对象，本次利用 FileOutputStream 类实例化 PrintStream 类对象
        PrintStream pu = new PrintStream(new FileOutputStream(new File("d:"
                + File.separator + "yootk.txt")));
        pu.print("优拓教育：");
        pu.println("www.yootk.com");
        pu.println(1 + 1);
        pu.println(1.1 + 1.1);
        pu.close();
    }
}
```

本程序在实例化 PrintStream 类对象时传递了一个 FileOutputStream 类对象，表示将进行文件内容的输出，随后调用了 PrintStream 类中的 print() 与 println() 两个方法进行文件内容的输出。

提示：PrintStream、PrintWriter 原理。

实际上在上一节中所讲解的内容就是 PrintStream（PrintWriter）类的实现原理，也为读者讲解了为什么在 PrintStream 类的对象实例化中需要使用 OutputStream 的子类。本类设计属于装饰设计模式，即将原本功能不足的类使用另外一个类包装，并提供更多更方便的操作方法。

11.7.3　PrintStream 类的改进

PrintStram 类在最初设计时主要是为了弥补 OutputStream 输出类的功能不足，但是从 JDK 1.5 开始，Java 为 PrintStream 增加了格式化输出的支持方法：public PrintStream printf(String format, Object... args)。利用这些方法可以使用像 C 语言那样的数据标记实现内容填充，常见的输出标记为：整数（%d）、字符串（%s）、小数（%m.nf）、字符（%c）。

PrintStream 类的改进

范例 11-25：格式化输出。

```
package com.yootk.demo;
import java.io.File;
import java.io.FileOutputStream;
import java.io.PrintStream;
public class TestDemo {
    public static void main(String[] args) throws Exception { // 此处直接抛出
```

```
        String name = "李兴华";
        int age = 19;
        double score = 59.95891023456;
        PrintStream pu = new PrintStream(new FileOutputStream(new File("d:"
                + File.separator + "yootk.txt")));
        pu.printf("姓名：%s，年龄：%d，成绩：%5.2f", name, age, score);
        pu.close();
    }
}
```

程序执行结果：

> yootk.txt - 记事本
>
> 文件(F)　编辑(E)　格式(O)　查看(V)　帮助(H)
>
> 姓名：李兴华，年龄：19，成绩：59.96

　　本程序利用 printf() 进行了格式化输出操作，在输出字符串时使用了一系列占位符进行标记，由于 printf() 方法中设置的参数使用了可变参数类型，所以只需要根据参数意义依次传递数据即可，同时在格式化操作中还具备四舍五入的功能（本次使用的是 "%5.2f"，表示整数位为 3 位，小数位为 2 位，一共 5 位）。

技术穿越：String 类中的 format() 方法。

　　从 JDK 1.5 开始在 String 类中也提供了一个格式化字符串的方法，即格式化字符串：public static String format(String format, Object... args)。

　　范例 11-26：格式化字符串。

```
package com.yootk.demo;
public class TestDemo {
    public static void main(String[] args) throws Exception {
        String name = "李兴华";
        int age = 19;
        double score = 59.95891023456;
        String str = String.format("姓名：%s，年龄：%d，成绩：%5.2f", name, age,
score);
        System.out.println(str);
    }
}
```

程序执行结果：　　　　　　　姓名：李兴华，年龄：19，成绩：59.96

　　由于 format() 方法使用了 static 进行定义，所以可以直接利用 String 类调用，在本方法使用中需要传递数据的标记与相应的数据才可以实现最终显示结果的拼凑。

11.8　System 类对 IO 的支持

　　System 类是现在为止使用最多的一个类，所有的信息输出都会使用到 "System.out.println()" 或 "System.out.print()" 两个方法完成。实际上 System 类中也专门提供了与 IO 有关的 3 个对象常量，如表 11-11 所示。

表 11-11　System 类与 IO 有关的 3 个对象常量

No.	常量	类型	描述
1	public static final PrintStream err	常量	显示器上错误输出
2	public static final PrintStream out	常量	显示器上信息输出
3	public static final InputStream in	常量	键盘数据输入

通过表 11-11 可以发现，err 与 out 两个对象的类型都属于 PrintStream 类型，in 对象类型属于 InputStream，而最早使用的 "System.out.println()" 代码从本质上来讲就是调用了 System 类中的 out 常量，由于此常量类型为 PrintStream，所以可以继续调用 PrintStream 类中的 print() 或 println() 方法，也就证明，Java 的任何输出操作实际上都是 IO 操作。

11.8.1　错误输出：System.err

System.err 是 PrintStream 类对象，此对象专门负责进行错误信息的输出操作。

范例 11-27： 错误输出。

```
package com.yootk.demo;
public class TestDemo {
    public static void main(String[] args) throws Exception {
        try {
            Integer.parseInt("abc");          // 此处一定会发生异常
        } catch (Exception e) {
            System.err.println(e);            // 错误输出
        }
    }
}
```

程序执行结果：　　　　java.lang.NumberFormatException: For input string: "abc"

本程序试图将字符串 "abc" 转换为 int 型数据，而由于字符串不是由数字所组成，所以此处一定会产生异常，而本程序在异常处理中利用 System.err 实现了错误信息的打印。

提问：System.err 与 System.out 有什么区别？

　　　从实际的效果来看，如果本程序中使用了 System.out，其信息内容是完全一样的，那么为什么非要用 System.err 而不使用 System.out？

回答：System.err 是输出不希望用户看见的异常，而 System.out 是输出希望用户看到的信息。

　　　System.err 和 System.out 都属于 PrintStream 类型的对象，所以两者的功能肯定完全相同，但是在 Java 最初设计时，希望某些错误信息不被使用者看见，所以就定义了 System.err，而 System.err 与 System.out 默认情况下都是在屏幕上输出（可以使用 System 类中的 "setErr(PrintStream err)" 或 "setOut(PrintStream err)" 改变输出位置，但一般不会改变 out 的输出位置），所以区别就不这么大了。

　　　另外如果是在 Eclipse 中显示，会发现 System.err 输出错误信息使用的是红色字体，而 System.out 输出错误信息使用的是黑色字体。

11.8.2 信息输出：System.out

Sysetm.out 是进行屏幕输出的操作对象，是一个 PrintStream 类的实例化对象，并且由 JVM 负责该对象的实例化，由于 PrintStream 也是 OutputStream 的子类，所以可以利用 System.out 为 OutputStream 类进行实例化。

System 类对 IO 的
支持——输出

但是从实际上讲，范例 11-27 的代码意义并不大，因为 OutputStream 与 PrintStream 相比，明显输出时使用 PrintStream 更加方便（因为它提供了各种 print()、println()方法），而本程序的意义只是在于验证不同的子类为 OutputStream 对象实例化，输出的位置也不同这一对象多态性的概念应用。

范例 11-28：利用 OutputStream 实现屏幕输出。

```
package com.yootk.demo;
import java.io.OutputStream;
public class TestDemo {
    public static void main(String[] args) throws Exception {      // 此处直接抛出异常
        OutputStream out = System.out;                              // OutputStream 就为屏幕输出
        out.write("www.yootk.com".getBytes());                     // 屏幕输出
    }
}
```
程序执行结果：　　　　　www.yootk.com

由于 System.out 属于 PrintStream 类的实例，所以可以直接利用其为 OutputStream 对象实例化，此时调用 write()方法输出时就变为了屏幕显示。

提示：与函数式接口的联系。
　　在 JDK 1.8 提供的函数式接口里面，有一个消费型的函数式接口，此接口中的方法不返回结果，但是会接收参数。此时就可以利用方法引用的概念，利用 System.out.println()实现 Consumer 接口的实例化。

范例 11-29：消费型函数式接口与方法引用。

```
package com.yootk.demo;
import java.util.function.Consumer;
public class TestDemo {
    public static void main(String[] args) throws Exception {      // 此处直接抛出
        Consumer<String> con = System.out::println;                // 方法引用
        con.accept("更多课程请访问：www.yootk.com");                // 输出
    }
}
```
程序执行结果：　　　　　更多课程请访问：www.yootk.com

　　本程序采用方法引用的概念，将 System.out 对象中的 println()方法引用到 Consumer 接口中，而后利用 accept()方法就可以实现屏幕信息输出。

11.8.3 系统输入：System.in

System 类对 IO 的
支持——输入

在许多编程语言中为了方便用户的交互操作，都会直接提供一种键盘输入数据的操作功能，但是在 Java 中并没有提供这样可以直接使用的键盘输入操作，而要想实现此类操作必须采用 IO 处理的形式完成，操作的核心就是利用 System.in（此为 InputStream 类实例化对象）完成。

范例 11-30：实现键盘的数据输入。

```java
package com.yootk.demo;
import java.io.InputStream;
public class TestDemo {
    public static void main(String[] args) throws Exception {        // 此处直接抛出
        // 为了方便读者理解，本处将System.in使用InputStream接收，但实际上不需要此操作
        InputStream input = System.in;                               // System.in为InputStream类实例
        byte data[] = new byte[1024];                                // 开辟空间接收数据
        System.out.print("请输入数据：");                            // 信息提示，此处没有换行
        int len = input.read(data);                                  // 读取数据并返回长度
        System.out.println("输入数据为：" + new String(data, 0, len));
    }
}
```
程序执行结果：　　　　请输入数据：更多课程请访问：www.yootk.com
　　　　　　　　　　　　输入数据为：更多课程请访问：www.yootk.com

本程序利用 System.in 实现了键盘数据的读取操作，与文件读取不同的地方在于，本程序的文件内容已经是固定好的，所以读取时会直接进行加载（如图 11-20（a）所示）。通过键盘读取时，由于内容还未输入，所以会出现一个等待用户输入的操作界面，用户输入完成按回车后才会开始读取数据（如图 11-20（b）所示）。

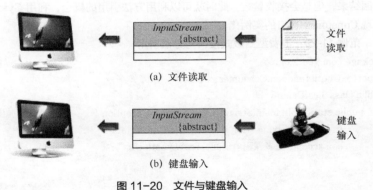

(a) 文件读取

(b) 键盘输入

图 11-20　文件与键盘输入

虽然范例 11-30 的代码实现了键盘输入的操作功能，但是此时就会出现一个问题：本处读取的数据为 1024 个字节，如果读取的内容超过了 1024 个字节，就会出现漏读的问题（超过数组长度的部分不会被接收）。

提示：可以利用内存流转换。

在范例 11-30 的程序中，只是读取了一次，所以当出现内容超过预定义数组长度后就会出现漏读的问题。但是读者也可以利用内存流将其进行改进，例如：可以将所有读取的数据暂时保存在内存输出流中，并且 ByteArrayOutputStream 类中提供了"toByteArray()"方法可以取得全部的字节数句，这样结合循环读取就可以将内容读取全面。但是这样的操作较为复杂，讲解此问题的目的也在于引出后面的输入流操作类，同时此处知识又不作为重点掌握，所以本书不再编写复杂代码，只是作为一个思路提醒读者，有兴趣的读者可以自行实现。

要想解决此时的漏读问题，可以不使用数组接收，而是采用循环的方式进行读取，并且将每次读取进来的数据利用 StringBuffer 类对象保存。

范例 11-31： 改进输入操作设计。

```java
package com.yootk.demo;
import java.io.InputStream;
public class TestDemo {
    public static void main(String[] args) throws Exception {    // 此处直接抛出异常
        InputStream input = System.in ;
        StringBuffer buf = new StringBuffer();                    // 接收输入数据
        System.out.print("请输入数据：");                          // 提示信息
        int temp = 0;                                            // 接收每次读取数据长度
        while ((temp = input.read()) != -1) {                    // 判断是否有输入数据
            if (temp == '\n') {                                  // 判断是否为回车符
                break;                                           // 停止接收
            }
            buf.append((char) temp);                             // 保存读取数据
        }
        System.out.println("输入数据为：" + buf);                   // 输出内容
    }
}
程序执行结果（输入英文）：      请输入数据：www.jixianit.com
                            输入数据为：www.jixianit.com
                            程序执行结果（输入中文）：
                            请输入数据：极限 IT 训练营
                            输入数据为：????IT???·??
```

本程序由于使用了 StringBuffer 类对象保存数据，所以没有数据长度的限制，但是此时的代码在输入英文数据时没有任何问题，而输入中文数据时却会出现乱码。造成乱码的原因也很简单，这是一个中文的编码拆分成了两半（每次读取一个字节）而造成的编码出错，如图 11-21 所示。要想解决此类问题，就可以利用字符缓冲输入流完成。

图 11-21　中文乱码

11.9 字符缓冲流：BufferedReader

字符缓冲流

为了可以进行完整数据的输入操作，最好的做法是采用缓冲区的方式对输入的数据进行暂存，而后程序可以利用输入流一次性读取内容，如图 11-22 所示，这样就可以避免输入中文时的读取错乱问题。

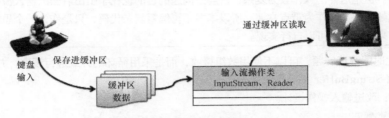

图 11-22　缓冲区操作

如果要使用缓冲区进行数据操作，java.io 包提供了以下两种操作流。
- 字符缓冲区流：BufferedReader、BufferedWriter；
- 字节缓冲区流：BufferedInputStream、BufferedOutputStream。

以上给出的 4 个操作类中，最为重要的就是 BufferedReader 类，此类是 Reader 的子类，属于字符缓冲输入流，而如果要处理中文数据，字符流是最方便的。BufferedReader 类的常用方法如表 11-12 所示。

表 11-12　BufferedReader 类的常用方法

No.	方法	类型	描述
1	public BufferedReader(Reader in)	构造	设置字符输入流
2	public String readLine() throws IOException	普通	读取一行数据，默认以 "\n" 为分隔符

如果要使用 BufferedReader 类来处理 System.in 的操作就会出现一个问题，BufferedReader 是 Reader 的子类，并且构造方法中也要接收 Reader 类型，而 System.in 是 InputStream 类型，所以此处必须将 InputStream 类型转换为 Reader 类型，那么就可以利用 InputStreamReader 类来实现这一转换操作。字节输入流转字符缓冲输入流结构如图 11-23 所示。

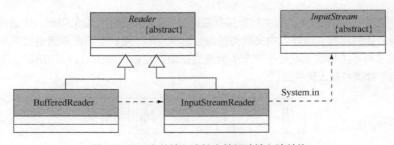

图 11-23　字节输入流转字符缓冲输入流结构

范例 11-32：键盘数据输入的标准格式。

```
package com.yootk.demo;
import java.io.BufferedReader;
import java.io.InputStreamReader;
public class TestDemo {
    public static void main(String[] args) throws Exception {  // 此处直接抛出
        // System.in 是 InputStream 类对象，BufferedReader 的构造方法里面需要接收 Reader 类对象
        // 利用 InputStreamReader 将字节流对象变为字符流对象
        BufferedReader buf = new BufferedReader(new InputStreamReader(System.in));
        System.out.print("请输入数据：");
        String str = buf.readLine();                          // 以回车作为换行
        System.out.println("输入的内容：" + str);
    }
}
程序执行结果：          请输入数据：优拓教育（www.yootk.com）
                      输入的内容：优拓教育（www.yootk.com）
```

本程序将 System.in 字节输入流对象转换为了 BufferedReader 类对象，可以利用 readLine() 方法直接读取键盘输入的数据，并且可以很好地进行中文处理。

提问：为什么不使用 BufferedInputStream？

　　System.in 属于 InputStream 类型对象，并且对于字节流也提供了一个 BufferedInput Stream 的字节缓冲输入流对象，为什么不使用这个类，而非要使用 BufferedReader 类？

回答：字符流方便处理中文，并且支持 String 返回。

　　如果读者打开 BufferedInputStream 类的方法可以发现，在该类中并没有类似 readLine() 功能的方法，也就是说只有 BufferedReader 类可以直接将一行输入数据以字符串的形式返回，这样用户可以进行更多操作，例如：数据类型转换、正则验证、字符串操作等。

范例 11-33：判断输入内容。

```
package com.yootk.demo;
import java.io.BufferedReader;
import java.io.InputStreamReader;
public class TestDemo {
    public static void main(String[] args) throws Exception {       // 此处直接抛出
        BufferedReader buf = new BufferedReader(new InputStreamReader(System.in));
        boolean flag = true;                                        // 编写一个循环的逻辑
        while (flag) {                                              // 判断标志位
            System.out.print("请输入年龄：");                        // 提示信息
            String str = buf.readLine();                           // 以回车作为换行
            if (str.matches("\\d{1,3}")) {                        // 输入数据由数字组成
                System.out.println("年龄是：" + Integer.parseInt(str));
                flag = false ;                                    // 退出循环
            } else {
```

```
                System.out.println("年龄输入错误，应该由数字所组成。");
            }
        }
    }
}
```

程序执行结果：   请输入年龄：www.jixianit.com
            年龄输入错误，应该由数字所组成。（错误提示后会让用户重新输入）
            请输入年龄：15
            年龄是：15

本程序实现了一个简单的逻辑，要求用户在输入年龄时必须输入数字，由于 BufferedReader 读取数据时使用的 readLine()方法返回的是 String 类型，所以可以利用正则进行判断。当判断通过时会利用包装类将字符串转换为 int 型数据，同时会退出 while 循环；当判断失败时会提示用户错误信息，并且等待用户重新输入。本程序流程如图 11-24 所示。

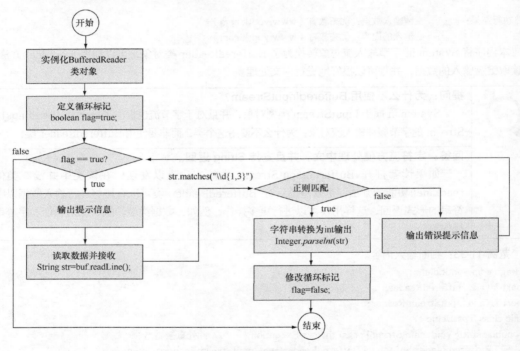

图 11-24　程序执行流程

技术穿越：接收数据返回字符串是最方便的。

　　本程序实际上是所有实际项目开发的一个缩影，在本程序中由于输入数据的返回类型是 String，这样就方便利用正则进行判断，或者进行数据类型的转换。所以只要是输入数据一般都会采用 String 类型，像在 JSP 技术中接收表单参数使用的 request.getParameter()方法实际上返回的也是 String 类型的对象。

　　字符缓冲流除了可以接收输入信息外，也可以利用缓冲区进行文件的读取，此时只需要在实例化 BufferedReader 类对象时传递 FileReader 类（实际上也可以使用 FileInputStream，但是依然需要 InputStreamReader 转换）。

　　范例 11-34： 读取文件。

```
package com.yootk.demo;
import java.io.BufferedReader;
import java.io.File;
import java.io.FileReader;
public class TestDemo {
    public static void main(String[] args) throws Exception {        // 此处直接抛出
        File file = new File("D:" + File.separator + "yootk.txt");
        // 使用文件输入流实例化 BufferedReader 类对象
        BufferedReader buf = new BufferedReader(new FileReader(file));
        String str = null;                                           // 接收输入数据
        while ((str = buf.readLine()) != null) {                     // 读取数据并判断是否存在
            System.out.println(str);                                 // 输出读取内容
        }
        buf.close();
    }
}
```

　　本程序使用 BufferedReader 读取输入的数据信息，以 "\n" 作为读取数据的分隔符，并在读取时采用循环的模式，将每一行数据读取后直接进行输出，利用这样的处理方式要比直接使用 InputStream 读取更加简单。

11.10　扫描流：Scanner

扫描流

　　从 JDK 1.5 开始增加了一个 java.util.Scanner 的程序类，利用这个类可以方便地实现数据的输入操作。Scanner 类并没有定义在 java.io 包中，而是定义在了 java.util 包中，所以此类是一个工具类，此类的继承结构如图 11-25 所示。

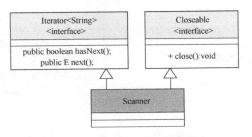

图 11-25　Scanner 类的继承结构

提示：关于 Scanner 产生的背景。

　　在 JDK 1.5 之前如果要进行数据的输入操作，使用 java.io.BufferedReader 类是最方便的，但是 BufferedReader 类会存在以下两个问题。

	• 它读取数据时只能按照字符串返回：public String readLine() throws IOException； • 所有的分隔符都是固定的。 为此，从 JDK 1.5 开始增加了新的 Scanner 类，而 Scanner 类增加后对于键盘数据输入的实现也会变得更加简单，这一点可以通过本节的讲解观察到。

提示：关于 Iterator 接口。

在 Scanner 类的定义中可以发现其实现了 Iterator 接口，这在整个 Java 开发中是一个重要的接口，本接口的内容将在本书第 13 章为读者讲解。读者需要记住的是，在 Iterator 接口里面主要定义了两个抽象方法：hasNext()（判断是否有数据）、next()（取得数据），同时这两个方法也会出现在 Scanner 类中，并且 Scanner 类提供了具体数据类型的判断与取得操作。

通过 Scanner 类的继承关系可以发现，Scanner 实现了 Iterator（迭代）接口与 Closeable 接口。而 Scanner 类的构造方法还可以接收 InputStream 或 File 等类型以实现输入流操作。Scanner 类中定义的常用方法如表 11-13 所示。

表 11-13 Scanner 类中定义的常用方法

No.	方法	类型	描述
1	public Scanner(InputStream source)	构造	接收 InputStream 输入流对象，此为输入源
2	public boolean hasNext()	普通	判断是否有数据输入
3	public String next()	普通	取出输入数据，以 String 形式返回
4	public boolean hasNextXxx()	普通	判断是否有指定类型数据存在
5	public 数据类型 nextXxx()	普通	取出指定数据类型的数据
6	public Scanner useDelimiter(String pattern)	普通	设置读取的分隔符

范例 11-35：利用 Scanner 实现键盘数据输入。

```
package com.yootk.demo;
import java.util.Scanner;
public class TestDemo {
    public static void main(String[] args) throws Exception {    // 此处直接抛出
        Scanner scan = new Scanner(System.in);                    // 准备接收键盘输入数据
        System.out.print("请输入内容：");                          // 提示信息
        if (scan.hasNext()) {                                     // 是否有输入数据
            System.out.println("输入内容：" + scan.next());        // 存在内容则输出
        }
        scan.close();
    }
}
程序执行结果：        请输入内容：极限 IT 训练营，www.jixianit.com
                     输入内容：极限 IT 训练营，www.jixianit.com
```

本程序实现了键盘输入数据的操作，通过对比可以发现，利用 Scanner 实现的键盘输入数据操作代码要比 BufferedReader 更加简单。

提示：关于字符串的操作。

　　实际上范例 11-35 的代码属于 Scanner 使用的标准形式，即先使用 hasNextXxx() 进行判断，有数据之后再进行输入。对于字符串的操作中是否有 hasNextXxx() 方法判断意义不大（可以直接使用 next()，但是这样做不标准），因为即使此时代码不输入任何字符串也表示接收（因为不为 NULL，是一个空字符串），但是如果是具体的数据类型输入就有意义了。

　　范例 11-36：输入一个数字——double。

```
package com.yootk.demo;
import java.util.Scanner;
public class TestDemo {
    public static void main(String[] args) throws Exception {    // 此处直接抛出
        Scanner scan = new Scanner(System.in);                   // 准备接收键盘输入数据
        System.out.print("请输入成绩：");
        if (scan.hasNextDouble()) {                              // 表示输入的是一个小数
            double score = scan.nextDouble();                    // 省略了转型
            System.out.println("输入内容：" + score);
        } else {                                                 // 表示输入的不是一个小数
            System.out.println("输入的不是数字，错误！");
        }
        scan.close();
    }
}
程序执行结果（输入错误）：    请输入成绩：jixianit
                           输入的不是数字，错误！
                           程序执行结果（输入正确）：
                           请输入成绩：100.0
                           输入内容：100.0
```

　　本程序在输入数据时使用了 Scanner 类的 hasNextDouble() 方法来判断输入的数据是否是 double 数值，如果是则利用 nextDouble() 直接将输入的字符串转化为 double 型数据后返回。

　　Scanner 类中除了支持各种常用的数据类型外，也可以在输入数据时使用正则表达式来进行格式验证。

　　范例 11-37：正则验证。

```
package com.yootk.demo;
import java.util.Scanner;
public class TestDemo {
    public static void main(String[] args) throws Exception {          // 此处直接抛出
        Scanner scan = new Scanner(System.in) ;                        // 准备接收键盘输入数据
        System.out.print("请输入生日：");                                // 提示文字
        if (scan.hasNext("\\d{4}-\\d{2}-\\d{2}")) {                    // 正则验证
            String bir = scan.next("\\d{4}-\\d{2}-\\d{2}") ;           // 接收数据
            System.out.println("输入内容：" + bir);
        } else {                                                       // 数据格式错误
            System.out.println("输入的生日格式错误！");
```

```
        }
        scan.close();
    }
}
```

程序执行结果：　　　　　请输入生日：1987-09-15

　　　　　　　　　　　　输入内容：1987-09-15

本程序利用正则验证了输入的字符串数据，如果数据符合正则规则，则进行接收，如果不符合则提示信息错误。

在 Scanner 类的构造里面由于接收的类型是 InputStream，所以依然可以设置一个文件的数据流。考虑到文件本身会存在多行内容，所以需要考虑读取的分隔符问题（默认是空字符为分隔符，例如：空格或换行），这样在读取前就必须使用"useDelimiter()"方法来设置分隔符。

范例 11-38： 读取文件。

```
package com.yootk.demo;
import java.io.File;
import java.io.FileInputStream;
import java.util.Scanner;
public class TestDemo {
    public static void main(String[] args) throws Exception {        // 此处直接抛出
        Scanner scan = new Scanner(new FileInputStream(new File("D:"
                + File.separator + "yootk.txt")));                   // 设置读取的文件输入流
        scan.useDelimiter("\n");                                     // 设置读取的分隔符
        while (scan.hasNext()) {                                     // 循环读取
            System.out.println(scan.next());                        // 直接输出读取数据
        }
        scan.close();
    }
}
```

本程序利用 Scanner 实现了文件数据的读取操作，在读取前可以使用 useDelimiter()方法设置指定的读取分隔符，随后就可以利用 while 循环来读取数据。

提示：关于输入与输出的新操作。

通过一系列分析，读者应该已经清楚了 InputStream、OutputStream 的不足，同时也应该发现利用 PrintStream（或 PrintWriter）可以加强程序输出数据的操作支持，Scanner（或 BufferedReader）可以加强程序输入数据的操作支持。所以在日后的开发中，只要操作的是文本数据（不是二进制数据），输出时都使用打印流，输入时都使用扫描流（或者使用字符缓冲区输入流）。

11.11　对象序列化

对象序列化

Java 允许用户在程序运行中进行对象的创建，但是这些创建的对象都只保存在内存中，所以这些对象的生命周期都不会超过 JVM 进程。但是在很多时候可能需要在 JVM 进程结束后对象依然可以被保存下来，或者在不同的 JVM 进程中要进行对象传输，那么在这样的情况下就可以采用对象序列化的方式进行处理。

11.11.1 序列化接口：Serializable

对象序列化的本质实际上就是将内存中所保存的对象数据转换为二进制数据流进行传输的操作。但是并不是所有类的对象都可以直接进行序列化操作，要被序列化的对象所在的类一定要实现 java.io.Serializable 接口。而通过文档观察可以发现，序列化接口里面并没有任何操作方法存在，因为它是一个标识接口，表示一种能力。

范例 11-39：定义一个可以被序列化对象的类。

```java
package com.yootk.demo;
import java.io.Serializable;
@SuppressWarnings("serial")                    // 压制序列化版本号警告信息
class Book implements Serializable {           // 此类对象可以被序列化
    private String title;
    private double price;
    public Book(String title, double price) {
        this.title = title;
        this.price = price;
    }
    @Override
    public String toString() {
        return "书名：" + this.title + "，价格：" + this.price;
    }
}
```

本程序的 Book 类由于实现了 Serializable 接口，所以 Book 类的对象就可以进行二进制传输以及文件保存的操作。

11.11.2 实现序列化与反序列化

实现了 Serializable 接口后并不意味着对象可以实现序列化操作。实际上在对象序列化与反序列化的操作中，还需要以下两个类的支持。

- 序列化操作类：java.io.ObjectOutputStream，将对象序列化为指定格式的二进制数据；
- 反序列化操作类：java.io.ObjectInputStream，将序列化的二进制对象信息转换回对象内容。

ObjectOutputStream 类的常用方法如表 11-14 所示，ObjectInputStream 类的常用方法如表 11-15 所示。

表 11-14　ObjectOutputStream 类的常用方法

No.	方法	类型	描述
1	public ObjectOutputStream(OutputStream out) throws IOException	构造	指定对象序列化的输出流
2	public final void writeObject(Object obj) throws IOException	普通	序列化对象

表 11-15　ObjectInputStream 类的常用方法

No.	方法	类型	描述
1	public ObjectInputStream(InputStream in) throws IOException	构造	指定对象反序列化的输入流
2	public final Object readObject() throws IOException, ClassNotFoundException	普通	从输入流中读取对象

通过 ObjectOutputStream 与 ObjectInputStream 类的方法定义可以发现，序列化对象时（writeObject()）接收的参数统一为 Object，而反序列化对象时（readObject()）返回的类型也为 Object，所以这两个类可以序列化或反序列化 Java 中的所有数据类型（Object 可以接收所有引用类型，将基本类型自动装箱为包装类后接收）。

范例 11-40：实现序列化对象操作——ObjectOutputStream。

```java
package com.yootk.demo;
import java.io.File;
import java.io.FileOutputStream;
import java.io.ObjectOutputStream;
public class TestDemo {
    public static void main(String[] args) throws Exception {
        ser();
    }
    public static void ser() throws Exception {
        ObjectOutputStream oos = new ObjectOutputStream(new FileOutputStream(
                new File("D:" + File.separator + "book.ser")));
        oos.writeObject(new Book("Java开发实战经典", 79.8)); // 序列化对象
        oos.close();
    }
}
```

本程序实现了 Book 类对象序列化的操作，在实例化 ObjectOutputStream 类对象时需要设置一个 OutputStream 类对象，此时设置的为 FileOutputStream 子类，表示对象将被序列化到文件中。book.ser 文件保存内容如图 11-26 所示。

图 11-26　序列化对象保存的二进制数据

范例 11-41：实现反序列化操作——ObjectInputStream。

```java
package com.yootk.demo;
import java.io.File;
import java.io.FileInputStream;
```

```
import java.io.ObjectInputStream;
public class TestDemo {
    public static void main(String[] args) throws Exception {
        dser();
    }
    public static void dser() throws Exception {
        ObjectInputStream ois = new ObjectInputStream(
                new FileInputStream(new File("D:" + File.separator + "book.ser")));
        Object obj = ois.readObject() ;              // 反序列化对象
        Book book = (Book) obj ;                     // 转型
        System.out.println(book);
        ois.close();
    }
}
```
程序执行结果：　　　　　　书名：Java开发实战经典，价格：79.8

本程序首先利用 ObjectInputStream 类通过指定 InputStream 子类对象确定对象读取的输入流为文件，然后利用 readObject()方法可以将被序列化的对象反序列化回来。由于返回的对象类型都是 Object，所以如果有需要可以利用向下转型的操作，将返回对象转化为具体的子类类型。

提问：能否不进行对象的向下转型？

　　　　在之前讲解对象转型的概念中，一直强调对象的向下转型是不安全的操作，那么如果在开发中像范例 11-41 那样执行对象的向下转型操作就会存在安全隐患，能不能不转型操作呢？

回答：利用反射就可以不转型操作子类方法。

　　　　因为在范例 11-41 中给出的 Book 类的功能有限，如果假设 Book 类中有许多自己的功能（不单单只是覆写 Object 类的方法），这时采用强制性的向下转型就变得非常有意义了，但是会存在安全隐患。所以最好的做法是，此处不进行对象的强制转型，而是利用反射机制来进行操作。

11.11.3　transient 关键字

　　Java 中对象最有意义的内容就是对象的属性信息，所以在默认情况下，如果要进行对象的序列化操作，所序列化的一定是对象的属性信息，并且该对象中的所有属性信息都将被序列化。如果某些属性的内容不需要被保存，就可以通过 transient 关键字来定义。

　　范例 11-42： 定义不需要序列化的属性。

```
package com.yootk.demo;
import java.io.Serializable;
@SuppressWarnings("serial")
class Book implements Serializable {          // 此类对象可以被序列化
    private transient String title;            // 此属性无法被序列化
    private double price;
    public Book(String title, double price) {
```

```
        this.title = title;
        this.price = price;
    }
    @Override
    public String toString() {
        return "书名：" + this.title + "，价格：" + this.price;
    }
}
```

本程序中 Book 类的 title 属性上使用了 transient 关键字进行定义，这样当进行对象序列化操作时，此属性的内容将不能被保存。

提问：什么时候需要序列化操作？

既然 java.io.Serializable 接口中没有定义任何抽象方法，那么是不是意味着，开发中所有的类都实现 Serializable 接口会比较好？

回答：只在需要的类上实现 Serializable 接口。

在实际的开发中，并不是所有的类都要求去实现序列化接口，只有需要传输对象所在的类时才需要实现 Serializable 接口，而这样的类最主要的就是简单 Java 类。由于简单 Java 类的实际定义与数据表结构相似，所以在很多情况下，很少会使用 transient 关键字。

本章小结

1. 在 Java 中使用 File 类表示文件本身，可以直接使用此类完成文件的各种操作，如创建、删除等。

2. 输入输出流主要分为字节流（OutputStream、InputStream）和字符流（Writer、Reader）两种，但是在传输中以字节流操作较多，字符流在操作时使用缓冲区，而字节流没有使用缓冲区。

3. 字节流或字符流都是以抽象类的形式定义的，根据其使用的子类不同，输入或输出的位置也不同。

4. 在 IO 包中可以使用 OutputStreamWriter 和 InputStreamReader 完成字符流与字节流之间的转换操作。

5. 使用 ByteArrayInputStream 和 ByteArrayOutputStream 可以对内存进行输入输出操作。

6. 在 IO 中输出时最好使用打印流（PrintStream、PrintWriter），这样可以方便地输出各种类型的数据。

7. System 类提供了 3 个支持 IO 操作的常量：out、err、in。

- System.out：对应显示器的标准输出；
- System.err：对应错误打印，一般此信息不希望给用户看到；
- System.in：对应标准的键盘输入。

8. BufferedReader 可以直接从缓冲区中读取数据。

9. 使用 Scanner 类可以方便地进行输入流操作。

10. 造成字符乱码的根本原因就是程序编码与本地编码的不统一。

11. 对象序列化可以将内存中的对象转化为二进制数据，但对象所在的类必须实现 Serializable 接口。一个类中的属性如果使用 transient 关键字声明，则此属性的内容将不会被序列化。

12. 对象的输入输出主要使用 ObjectInputStream 和 ObjectOutputStream 两个类完成。

13. File 类本身只是操作文件，不涉及内容。

14. File 类中的重要方法如下。

- 设置完整路径：public File(String pathname)；
- 删除文件：public boolean delete()；
- 判断文件是否存在：public boolean exists()；
- 找到父路径：public File getParentFile()；
- 创建目录：public boolean mkdirs()。

15. 在使用 File 类操作时路径的分隔符时使用 File.separator。

课后习题

一、填空题

1. IO 操作的所有类都保存在_____包中。

2. 文件输入流是_____，文件输出流是_____。

3. IO 操作中字节流的操作类是_____和_____，字符流的操作类是_____和_____。

4. System 类中提供的对 IO 有所支持的三个常量是_____、_____和_____。

5. 序列化对象使用_____和_____ 类，对象所在的类必须实现_____接口，才可以自动序列化所有的内容。

6. _____关键字可以让类中的属性不被序列化。

二、选择题

1. File 类提供了许多管理磁盘的方法。其中，建立目录的方法是（   ）。

    A. delete()   B. mkdirs()   C. makedir()   D. exists()

2. 提供 println()方法和 print()方法的类是（   ）。

    A. PrintStream   B. System

    C. InputStream   D. DataOutputStream

3. 不同的操作系统使用不同的路径分隔符。静态常量 separator 表示路径分隔符，它属于的类是（   ）。

    A. FileInputStream   B. FileOutputStream

    C. File   D. InputStream

4. 下面的说法不正确的是（   ）。

    A. InputStream 与 OutputStream 类通常用来处理字节流，是二进制文件

    B. Reader 与 Writer 类用来处理字符流，是纯文本文件

    C. Java 中 IO 流的处理通常分为输入和输出两个部分

    D. File 类是输入/输出流类的子类

5. 下面的说法正确的是（   ）。

    A. InputStream 与 OutputStream 都是抽象类

    B. Reader 与 Writer 不是抽象类

    C. RandomAccessFile 是抽象类

    D. File 类是抽象类

6. 与 InputStream 相对应的 Java 系统的标准输入对象是（　　　）。

    A. System.in   B. System.out   C. System.err   D. System.exit()

7. FileOutputStream 类的父类是（　　　）。

    A. File   B. FileOutput   C. OutputStream D. InputStream

8. InputStreamReader 类提供的功能是（　　　）。

    A. 数据校验   B. 文本行计数

    C. 压缩   D. 将字节流变为字符流

三、判断题

1. 字节流操作时使用到缓冲区，字符流操作时没有使用到缓冲区。　　　　　　（　　）

2. File 类用于管理本地磁盘的文件和目录。　　　　　　　　　　　　　　　（　　）

3. 通过 read() 方法可以从字节输入流读出各种类型的数据。　　　　　　　　（　　）

四、简答题

1. 简述字节流与字符流操作的区别。

2. 简述对象序列化的主要作用。

五、编程题

1. 编写 Java 程序，输入 3 个整数，并求出三个整数的最大值、最小值。

2. 从键盘输入文件的内容和要保存的文件名称，之后根据输入的名称创建文件，并将内容保存到文件之中。

3. 编写程序，程序运行后，根据屏幕提示输入一个数字字符串，输入后统计有多少个偶数数字和奇数数字。

第 12 章

Java 网络编程

通过本章的学习可以达到以下目标：
- 了解网络程序开发的主要模式
- 了解 TCP 程序的基本实现
- 了解多线程与网络编程的操作关系

网络可以使不同物理位置上的计算机达到资源共享和通讯的目的，Java 也提供了专门的网络开发程序包——java.net，以方便开发者进行网络程序的开发。本章主要以 TCP 程序为主，为读者讲解其基本开发原理。

12.1 网络编程

网络编程简介

网络编程的核心意义在于不同的电脑主机之间进行的数据交互，但是在 Java 中将这一概念又进一步进行了简化，即 Java 是以 JVM 进程划分网络的（可能一台或多台电脑上会同时运行多个 JVM，那么这些不同的 JVM 彼此都是一台主机），不同的 JVM 进程表示不同的主机，如图 12-1 所示。

远程访问

JVM   JVM

图 12-1　不同的 JVM 进程访问就是远程访问

技术穿越：RMI、EJB 也同样使用这一概念。

　　Java 不单单是以物理上的主机作为远程划分，而是以 JVM 进程作为远程主机，这样即使在一台电脑上，只要存在不同的 JVM 进程，彼此的数据访问也属于远程访问。在 Java 中存在的远程方法调用（Remote Method Invocation，RMI）技术或企业 JavaBean（Enterprise JavaBean，EJB）也都是依靠此概念进行使用的。

　　网络编程的实质意义在于数据的交互，而在交互过程中一定就会分为服务器端与客户端，而这两端的开发就会存在以下两种模式。

- 形式一：C/S 结构（Client / Server），此类模式的开发一般要编写两套程序，一套是客户端代码，另外一套属于服务器端代码。由于需要有编写程序，所以对于开发以及维护的成本较高。但是由于其使用的是自己的连接端口与交换协议，所以安全性比较高。而 C/S 结构程序的开发分为两种：TCP（传输控制协议，可靠的传输）、UDP（数据报协议）。
- 形式二：B/S 结构（Browser / Server），不再单独开发客户端代码，只开发一套服务器端程序，客户端将利用浏览器进行访问，这种模式只需要开发一套程序，但是安全性不高，因为使用的是公共的 HTTP 协议以及公共的 80 端口。

提示：常见的 B/S 开发技术。
　　像读者所熟悉的 ASP、PHP、JSP 等都属于 B/S 的常见开发技术，这些都需要单独的服务器支持。而这些 B/S 技术要想实现互相访问，则需要 Web Service 技术支持。

　　本章主要是为读者讲解"C/S"开发中的 TCP 程序实现。

12.2　开发第一个网络程序

网络编程基本实现

　　java.net 包提供了网络编程有关的开发工具类，在此包中有以下两个主要的核心操作类。

- ServerSocket 类：是一个封装支持 TCP 协议的操作类，主要工作在服务器端，用于接收客户端请求；
- Socket 类：也是一个封装了 TCP 协议的操作类，每一个 Socket 对象都表示一个客户端。

　　表 12-1 列出了 ServerSocket 类的常用操作方法，表 12-2 列出了 Socket 类的常用操作方法。

表 12-1　ServerSocket 类的常用方法

No.	方法名称	类型	描述
1	public ServerSocket(int port) throws IOException	构造	开辟一个指定的端口监听，一般使用 5000 以上的端口
2	public Socket accept() throws IOException	普通	服务器端接收客户端请求，通过 Socket 返回
3	public void close() throws IOException	普通	关闭服务器端

表 12-2　Socket 类的常用方法

No.	方法名称	类型	描述
1	public Socket(String host, int port) throws UnknownHostException, IOException	构造	指定要连接的主机（IP 地址）和端口
2	public OutputStream getOutputStream() throws IOException	普通	取得指定客户端的输出对象，使用 PrintStream 操作
3	public InputStream getInputStream() throws IOException	普通	从指定的客户端读取数据，使用 Scanner 操作

在客户端，程序可以通过 Socket 类的 getInputStream()方法，取得服务器的输出信息，在服务器端可以通过 getOutputStream()方法取得客户端的输出信息，如图 12-2 所示。

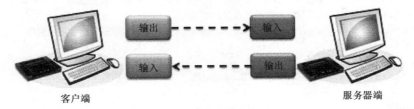

客户端　　　　　　　　　　　　　　　　　　　　　服务器端

图 12-2　客户端与服务器端交互

在进行网络程序的开发中，最为重要的就是服务器端的功能。范例 12-1 操作定义的服务器端将针对连接的客户端发出一个"Hello World"的字符串信息。

范例 12-1：定义服务器端——主要使用 ServerSocket。

```java
package com.yootk.demo;
import java.io.PrintStream;
import java.net.ServerSocket;
import java.net.Socket;
public class HelloServer {
    public static void main(String[] args) throws Exception {
        ServerSocket server = new ServerSocket(9999) ;       // 所有的服务器必须有端口
        System.out.println("等待客户端连接....");              // 提示信息
        Socket client = server.accept() ;                     // 等待客户端连接
        // OutputStream并不方便进行内容的输出，所以利用打印流完成输出
        PrintStream out = new PrintStream(client.getOutputStream()) ;
        out.println("Hello World !");                          // 输出数据
        out.close();
        client.close();
        server.close();
    }
}
```
程序执行结果：　　　　　等待客户端连接......（此处将出现阻塞情况，一直到客户端连接后才会继续执行）

本程序在本机的 9999 端口上设置了一个服务器的监听操作（accept()方法表示打开服务器监听），这样当有客户端通过 TCP 连接方式连接到服务器端后，服务器端将利用 PrintStream 输出数据，当数据输出完毕后该服务器端就将关闭，所以本次定义的服务器只能处理一次客户端的请求。

范例 12-2：编写客户端——Socket。

- 构造方法：public Socket(String host, int port) throws UnknownHostException, IOException；
  |- host 表示主机的 IP 地址，如果是本机直接访问，则使用 localhost（127.0.0.1）代替 IP；
- 得到输入数据：public InputStream getInputStream() throws IOException。

```java
package com.yootk.demo;
import java.net.Socket;
import java.util.Scanner;
```

```
public class HelloClient {
    public static void main(String[] args) throws Exception {
        Socket client = new Socket("localhost",9999) ;            // 连接服务器端
        // 取得客户端的输入数据流对象，表示接收服务器端的输出信息
        Scanner scan = new Scanner(client.getInputStream()) ;     // 接收服务器端回应数据
        scan.useDelimiter("\n") ;                                 // 设置分隔符
        if (scan.hasNext()) {                                     // 是否有数据
            System.out.println("【回应数据】" + scan.next());      // 取出数据
        }
        scan.close();
        client.close();
    }
}
```

程序执行结果：　　　　　【回应数据】Hello World！

　　在 TCP 程序中，每一个 Socket 对象都表示一个客户端的信息，所以客户端程序要连接也必须依靠 Socket 对象操作。在实例化 Socket 类对象时必须设置要连接的主机名称（本机为 localhost，或者填写 IP 地址）以及连接端口号，当连接成功后就可以利用 Scanner 进行输入流数据的读取，这样就可以接收服务器端的回应信息了。

12.3　网络开发的经典模型——Echo 程序

Echo 程序

　　在网络编程中 Echo 是一个经典的程序开发模型，本程序的意义在于：客户端随意输入信息并且将信息发送给服务器端，服务器端接收后前面加上一个 "ECHO：" 的前缀标记后将数据返还给客户端。在本程序中服务器端既要接收客户端发送来的数据，又要向客户端输出数据，同时考虑到需要进行多次数据交换，所以每次连接后不应该立刻关闭服务器，而当用户输入了一些特定字符串（例如："byebye"）后才表示可以结束本次的 Echo 操作。

　　范例 12-3：实现服务器端。

```
package com.yootk.demo;
import java.io.PrintStream;
import java.net.ServerSocket;
import java.net.Socket;
import java.util.Scanner;
public class EchoServer {
    public static void main(String[] args) throws Exception {
        ServerSocket server = new ServerSocket(9999) ;  // 定义连接端口
        Socket client = server.accept() ;               // 等待客户端连接
        // 得到客户端输入数据以及向客户端输出数据的对象，利用扫描流接收，打印流输出
        Scanner scan = new Scanner(client.getInputStream()) ;
        PrintStream out = new PrintStream(client.getOutputStream()) ;
        boolean flag = true ;                           // 设置循环标记
        while(flag) {
```

```
            if (scan.hasNext()) {                        // 是否有内容输入
                String str = scan.next().trim() ;        // 得到客户端发送的内容，并删除空格
                if (str.equalsIgnoreCase("byebye")) {    // 程序结束标记
                    out.println("拜拜，下次再会！");       // 输出结束信息
                    flag = false ;                       // 退出循环
                } else {                                 // 回应输入信息
                    out.println("ECHO : " + str);        // 加 "ECHO :" 前缀返回
                }
            }
        }
        scan.close();
        out.close();
        client.close();
        server.close();
    }
}
```

　　由于服务器端需要接收以及回应客户端的请求，所以在程序开始就首先取得了客户端的输入流与输出流，同时为了方便数据的读取与输出，分别使用了 Scanner 与 PrintStream 进行 IO 的操作包装。考虑到该服务器端需要与客户端进行重复的数据交互，所以使用了一个 while 循环来不断实现数据的接收与输出。

　　范例 12-4：定义客户端。

```
package com.yootk.demo;
import java.io.PrintStream;
import java.net.Socket;
import java.util.Scanner;
public class EchoClient {
    public static void main(String[] args) throws Exception {
        Socket client = new Socket("localhost", 9999);      // 服务器地址与端口
        Scanner input = new Scanner(System.in);             // 键盘输入数据
        // 利用 Scanner 包装客户端输入数据（服务器端输出），PrintStream 包装客户端输出数据；
        Scanner scan = new Scanner(client.getInputStream());
        PrintStream out = new PrintStream(client.getOutputStream());
        input.useDelimiter("\n");                           // 设置键盘输入分隔符
        scan.useDelimiter("\n");                            // 设置回应数据分隔符
        boolean flag = true;                               // 循环标志
        while (flag) {
            System.out.print("请输入要发送数据：");
            if (input.hasNext()) {                         // 键盘是否输入数据
                String str = input.next().trim();          // 取得键盘输入数据
                out.println(str);                          // 发送数据到服务器端
                if (str.equalsIgnoreCase("byebye")) {      // 结束标记
                    flag = false;                          // 结束循环
                }
```

```
                if (scan.hasNext()) {                      // 服务器端有回应
                    System.out.println(scan.next());        // 输出回应数据
                }
            }
        }
        input.close();
        scan.close();
        out.close();
        client.close();
    }
}
```

本程序实现了键盘数据的输入与发送操作，每当用户输入完信息后会将该信息发送到服务器端，只要发送的数据不是"byebye"服务器端都会将发送的数据处理后再发送回客户端。由于需要重复输入，所以在客户端上也使用了一个 while 循环进行控制。

范例 12-4 就实现了一个最简单的服务器端与客户端通讯，但是该程序只能连接一个客户端，不能连接其他客户端，因为所有的操作都是在主线程上进行的开发，也就是说该程序属于单线程的网络应用。而在实际的开发中一个服务器需要同时处理多个客户端的请求操作，在这样的情况下就可以利用多线程来进行操作，把每一个连接到服务器端的客户都作为一个独立的线程对象保留，如图 12-3 所示。

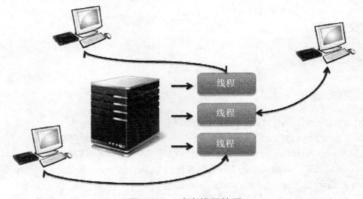

图 12-3　建立线程处理

范例 12-5：修改服务器端。

```
package com.yootk.demo;
import java.io.PrintStream;
import java.net.ServerSocket;
import java.net.Socket;
import java.util.Scanner;
class EchoThread implements Runnable {                      // 建立线程类
    private Socket client;                                  // 每个线程处理一个客户端
    public EchoThread(Socket client) {                      // 创建线程对象时传递 Socket
        this.client = client;
```

```java
    }
    @Override
    public void run() {
        try { // 每个线程对象取得各自 Socket 的输入流与输出流
            Scanner scan = new Scanner(client.getInputStream());
            PrintStream out = new PrintStream(client.getOutputStream());
            boolean flag = true;                          // 控制多次接收操作
            while (flag) {
                if (scan.hasNext()) {                     // 是否有内容
                    String str = scan.next().trim();      // 得到客户端发送的内容
                    if (str.equalsIgnoreCase("byebye")) { // 程序结束
                        out.println("拜拜，下次再会！");
                        flag = false;                     // 退出循环
                    } else {                              // 应该回应输入信息
                        out.println("ECHO : " + str);     // 回应信息
                    }
                }
            }
            scan.close();
            out.close();
            client.close();
        } catch (Exception e) {
            e.printStackTrace();
        }
    }
}
public class EchoServer {
    public static void main(String[] args) throws Exception {
        ServerSocket server = new ServerSocket(9999);    // 在 9999 端口上监听
        boolean flag = true;                              // 循环标记
        while (flag) {                                    // 接收多个客户端请求
            Socket client = server.accept();              // 客户端连接
            new Thread(new EchoThread(client)).start();   // 创建并启动新线程
        }
        server.close();
    }
}
```

本程序使用了多线程的概念来处理每一个客户端的请求，这样服务器就可以同时处理多个客户端的连接操作。当有新的客户端连接到服务器端后，会启动一个新的线程，这样在此线程中就会各自处理每一个客户端的输入与输出操作。

本章小结

1. ServerSocket 主要用在 TCP 协议的服务器程序开发上，使用 accept()方法等待客户端连接，每一个连接的客户端都使用一个 Socket 表示。

2. 服务器端加入多线程机制后，就可以同时为多个用户提供服务。

课后习题

一、选择题

Socket 的工作流程是（　　　）。

①打开连接到 Socket 的输入/输出

②按照某个协议对 Socket 进行的读/写操作

③创建 Socket

④关闭 Socket

   A. ①③②④　　　　　B. ②①③④　　　　　C. ③①②④　　　　　D. ①②③④

二、判断题

1. java.net 包为网络通讯包。　　　　　　　　　　　　　　　　　　　　　　　（　　　）

2. ServerSocket 类和 Socket 类主要完成 TCP 程序设计。　　　　　　　　　　（　　　）

第 13 章

Java 类集框架

通过本章的学习可以达到以下目标：

■ 掌握 Java 设置类集的主要目的以及核心接口的使用

■ 掌握 Collection 接口的作用及主要操作方法

■ 掌握 Collection 子接口 List、Set 的区别及常用子类的使用

■ 掌握 Map 接口的定义及使用

■ 掌握集合的 4 种输出操作语法结构

■ 掌握 Properties 类的使用

■ 了解类集工具类 Collections 的作用

■ 理解 JDK 1.8 中提供数据流的概念

■ 理解 MapReduce 的概念以及 JDK 1.8 的操作实现

在本书前面的章节中曾经为读者讲解过链表以及二叉树的基本实现操作，但是通过一系列的实现，读者可以发现，如果要想实现一个良好的数据结构过于麻烦。同时在实际的开发中几乎所有项目都会使用到数据结构（核心意义在于解决数组的长度限制问题），所以为了开发者的使用方便，JDK 1.0 提供了 Vector、Hashtable、Enumeration 等常见的数据结构实现类。而从 JDK 1.2 开始，Java 又进一步完善了自己的可用数据结构操作，提出了完整的类集框架的概念。本章将为读者讲解在类集框架之中较为常见的接口与类的使用。

13.1 类集框架简介

在实际的项目开发中，一定会出现保存多个对象的操作，根据之前学习的知识来讲，此时一定会使用对象数组的概念。但是传统的对象数组有一个问题：长度是固定的（因为此缺陷，所以数组一般不会使用）。为了可以动态地实现多个对象的保存，可以利用链表来实现一个动态的对象数组，但是对于链表的数据结构编写会存在以下 3 个问题。

类集框架简介

• 由于需要处理大量的引用关系，如果要开发链表工具类，对初学者而言难度较高；

• 为了保证链表在实际的开发中可用，在编写链表实现时必须更多地考虑到性能问题；

• 链表为了可以保存任意对象类型，统一使用了 Object 类型进行保存。那么所有要保存的对象必须发生向上转型，而在进行对象信息取出时又必须强制性地向下转型操作。如果在一个链表中所保存的数据不是某种类型，这样的操作会带来安全隐患。

综合以上问题，可以得出一个结论：如果在开发项目里面由用户自己去实现一个链表，那么这种项目的开发难度对于大部分开发者而言实在是太高了。同时在所有的项目里面都会存在数据结构的应用，

在 Java 设计之初就考虑到了此类问题，所以提供了一个与链表类似的工具类——Vector（向量类）。但是随着时间的推移，这个类并不能很好地描述出所需要的数据结构，所以 Java 2（JDK 1.2 之后）提供了一个专门实现数据结构的开发框架——类集框架（所有的程序接口与类都保存在 java.util 包中）。在 JDK 1.5 之后，泛型技术的引入，又解决了类集框架中，所有的操作类型都使用 Object 所带来的安全隐患。而 JDK 1.8 又针对类集的大数据的操作环境推出了数据流的分析操作功能（MapReduce 操作）。

　　类集在整个 Java 中最为核心的用处就在于其实现了动态对象数组的操作，并且定义了大量的操作标准。所以在整个类集框架中，其核心接口为：Collection、List、Set、Map、Iterator、Enumeration。

提示：记住接口的方法。

　　首先读者必须清楚一个核心问题：在所有的项目开发中一定都会存在类集框架的使用，为了帮助读者快速掌握类集框架，一定要记住每个类集接口中定义的核心操作方法。如果已经可以熟练编写本书第 3 章讲解的链表实现，那么对于类集实际上就已经掌握了 80%。

　　同时，如果需要掌握类集实现原理，请参考本书第 3 章的内容。

13.2　单对象保存父接口：Collection

Collection 接口

　　java.util.Collection 是进行单对象保存的最大父接口，即每次利用 Collection 接口都只能保存一个对象信息。单对象保存父接口定义如下。

```
public interface Collection<E> extends Iterable<E>
```

　　通过定义可以发现 Collection 接口中使用了泛型，这样可以保证集合中操作数据类型的统一，同时 Collection 接口属于 Iterable 的子接口。

提示：关于 Collection 接口定义的说明。

　　随着 Java 版本的不断提升，Collection 接口经历从无到有的使用以及定义结构的不断加强，需要对 Collection 接口的发展进行以下 3 点说明。

　　● Collection 接口是从 JDK 1.2 开始定义的，最初所有的操作数据都会使用 Object 进行接收（这样就会存在向下转型的安全隐患）；

　　● JDK 1.5 之后为了解决 Object 所带来的安全隐患，使用泛型重新定义了 Collection 接口，同时为了进一步定义迭代操作的标准，增加了 Iterable 接口（JDK 1.5 时增加），使得 Collection 接口又多了一个父接口；

　　● JDK 1.8 之后引入了 static 与 default 定义接口方法的定义，所以在 Collection 接口中的方法又得到了进一步扩充（主要是为了进行数据流操作）。

　　在 Collection 接口里面定义了 9 个常用操作方法，如表 13-1 所示。

表 13-1　Collection 接口的核心方法

No.	方法名称	类型	描述
1	public boolean add(E e)	普通	向集合里面保存数据
2	public boolean addAll(Collection<? extends E> c)	普通	追加一个集合

No.	方法名称	类型	描述
3	public void clear()	普通	清空集合，根元素为 null
4	public boolean contains(Object o)	普通	判断是否包含指定的内容，需要 equals()支持
5	public boolean isEmpty()	普通	判断是否是空集合（不是 null）
6	public boolean remove(Object o)	普通	删除对象，需要 equals()支持
7	public int size()	普通	取得集合中保存的元素个数
8	public Object[] toArray()	普通	将集合变为对象数组保存
9	public Iterator<E> iterator()	普通	为 Iterator 接口实例化（Iterable 接口定义）

对于表 13-1 所列出的方法，读者一定要记住 add()与 iterator()两个方法，因为这两个方法几乎所有的项目都会使用到，同时在进行 contains()与 remove()两个方法的操作时，必须保证类中已经成功地覆写了 Object 类中的 equals()方法，否则将无法正常完成操作。

虽然 Collection 是单对象集合操作的最大父接口，但是 Collection 接口本身却存在一个问题：无法区分保存的数据是否重复。所以在实际的开发中，往往会使用 Collection 的两个子接口：List 子接口（数据允许重复）、Set 子接口（数据不允许重复），继承关系如图 13-1 所示。

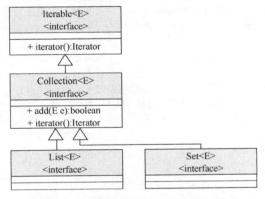

图 13-1　Collection 及其子接口继承关系

技术穿越：List 为优先考虑。

在进行项目开发的过程中，Collection 两个子接口，以 List 接口使用最多，所以在选择时优先考虑 List 接口。而 Set 接口使用起来会有若干限制，所以只在需要的时候使用，这一点会在本章的 13.4 节进行说明。

13.3　List 子接口

List 子接口最大的功能是里面所保存的数据可以存在重复内容，并且在 Collection 子接口中 List 子接口是最为常用的一个子接口，在 List 接口中对 Collection 接口的功能进行了扩充。List 子接口扩充的方法如表 13-2 所示。

List 子接口

表 13-2　List 子接口扩充的方法

No.	方法名称	类型	描述
1	public E get(int index)	普通	取得索引编号的内容
2	public E set(int index, E element)	普通	修改指定索引编号的内容
3	public ListIterator<E> listIterator()	普通	为 ListIterator 接口实例化

在使用 List 接口时可以利用 ArrayList 或 Vector 两个子接口来进行接口对象的实例化操作。

13.3.1　新的子类：ArrayList

ArrayList 子类是 List 子接口中最为常用的一个子类，下面通过 ArrayList 类来实现 List 接口的操作。

范例 13-1： List 基本操作。

```
package com.yootk.demo;
import java.util.ArrayList;
import java.util.List;
public class TestDemo {
    public static void main(String[] args) {
        // 从 JDK 1.5 开始应用了泛型，从而保证集合中所有的数据类型都一致
        List<String> all = new ArrayList<String>() ;         // 实例化 List 集合
        System.out.println("长度：" + all.size() + "，是否为空：" + all.isEmpty());
        all.add("Hello");                                     // 保存数据
        all.add("Hello");                                     // 保存重复元素
        all.add("World");                                     // 保存数据
        System.out.println("长度：" + all.size() + "，是否为空：" + all.isEmpty());
        // Collection 接口定义 size()方法取得了集合长度，List 子接口扩充 get()方法根据索引取得了数据
        for (int x = 0; x < all.size(); x++) {
            String str = all.get(x);                          // 取得索引数据
            System.out.println(str);                          // 直接输出内容
        }
    }
}
程序执行结果：     长度：0，是否为空：true（第一执行"all.isEmpty()"语句输出）
                  长度：3，是否为空：false（第二执行"all.isEmpty()"语句输出）
                  Hello（for 循环输出）
                  Hello（for 循环输出）
                  World（for 循环输出）
```

本程序通过 ArrayList 子类实例化了 List 接口对象，这样就可以使用 List 接口中定义的方法（包括 Collection 接口定义的方法），由于 List 接口相对于 Collection 接口中扩充了 get()方法，所以可以利用循环的方式依次取出集合中的每一个保存数据。

 常见面试题分析：数组（Array）与数组列表（ArrayList）有什么区别？什么时候应该使用 Array 而不使用 ArrayList？

　　数组（Array）中保存的内容是固定的，而数组列表（ArrayList）中保存的内容是

可变的。在很多时候，数组列表（ArrayList）进行数据保存与取得时需要一系列的判断，而如果是数组（Array）只需要操作索引即可。

如果在已经确定好长度的前提下，完全可以使用数组（Array）来替代数组列表（ArrayList），但是如果集合保存数据的内容长度是不固定的，那么就使用 ArrayList。

另外，在许多开发框架中会将数组与 List 集合作为同一种形式。例如，在 Hibernate 容器映射湖是 Spring 中注入的配置如果是数组或者是 List 集合，其最终的结果是完全相同的。关于此点读者可以随着技术的深入而有更深的体会。

提示：也可以利用 ArrayList 为 Collection 接口实例化。

ArrayList 是 List 接口的子类，所以也就是 Collection 接口的子类，这样就可以利用 ArrayList 为 Collection 接口实例化（大部分情况下这样的操作不会出现），但是如果直接使用 Collection 接口对象将不具备 get() 方法，只能将全部集合转化为对象数组后才可以使用循环进行输出。

范例 13-2：Collection 接口实例化操作。

```java
package com.yootk.demo;
import java.util.ArrayList;
import java.util.Collection;
public class TestDemo {
    public static void main(String[] args) {
        Collection<String> all = new ArrayList<String>();
        all.add("Hello");                          // 保存数据
        all.add("Hello");                          // 重复元素
        all.add("World");                          // 保存数据
        // Collection 不具备 List 接口的 get() 方法，所以必须将其转化为对象数组
        Object obj[] = all.toArray();              // 变为对象数组取得
        for (int x = 0; x < obj.length; x++) {     // 采用循环输出
            String str = (String) obj[x] ;         // 强制向下转型
            System.out.println(str);               // 输出数据
        }
    }
}
```
程序执行结果：   Hello
                    Hello
                    World

通过本程序可以发现，Collection 与 List 接口的最大区别在于，List 提供了 get() 方法，这样就可以根据索引取得内容，在实际的开发中，此方法使用较多。但是需要提醒读者的是，范例 13-2 的输出操作并不是集合的标准输出操作，具体的输出操作将在本章第 5 节为读者讲解。

范例 13-2 的操作是在集合中保存了 String 类的对象，然而对于集合的操作，也可以保存自定义对象。而如果要正确地操作集合中的 remove() 或 contains() 方法，则必须保证自定义类中明确地覆写了 equals() 方法。

范例 13-3：在集合里面保存对象。

```java
package com.yootk.demo;
import java.util.ArrayList;
import java.util.List;
class Book {                                  // 创建一个自定义类
    private String title;
    private double price;
    public Book(String title, double price) {
        this.title = title;
        this.price = price;
    }
    @Override
    public boolean equals(Object obj) {       // 必须覆写此方法，否则remove()、contains()无法使用
        if (this == obj) {
            return true;
        }
        if (obj == null) {
            return false;
        }
        if (!(obj instanceof Book)) {
            return false;
        }
        Book book = (Book) obj;
        if (this.title.equals(book.title) && this.price == book.price) {
            return true;
        }
        return false;
    }
    @Override
    public String toString() {
        return "书名：" + this.title + ", 价格：" + this.price + "\n";
    }
}
public class TestDemo {
    public static void main(String[] args) {
        List<Book> all = new ArrayList<Book>();                          // List接口对象
        all.add(new Book("Java开发实战经典", 79.8));                      // 保存自定义类对象
        all.add(new Book("Java Web开发实战经典", 69.8));                  // 保存自定义类对象
        all.add(new Book("Oracle开发实战经典", 89.8));                    // 保存自定义类对象
        all.remove(new Book("Oracle开发实战经典", 89.8));                 // 需要使用equals()方法
        System.out.println(all);
    }
}
```

程序执行结果：   [书名：Java 开发实战经典，价格：79.8,

书名：Java Web 开发实战经典，价格：69.8|

本程序实现了自定义类对象的保存，由于设置的泛型限制，所以在集合保存数据操作中只允许保存 Book 类对象，同时为了可以使用集合中的 remove() 方法，在 Book 类中必须明确覆写 equals() 方法。

 提示：链表为其操作原理。

通过以上几个核心操作的讲解，相信读者已经清楚了集合的基本使用。而对于之前讲解链表熟悉的读者也可以轻松掌握其实现原理，也就是说利用 List 接口可以轻松实现与原始链表完全相同的功能，实现横向替代。

 常见面试题分析：请解释 ArrayList 和 LinkedList 的区别。

实际上在 List 子接口中还存在一个 LinkedList 子类，而使用时大部分情况下都是利用子类为父接口实例化。ArrayList 和 LinkedList 的区别如下。

- ArrayList 中采用顺序式的结果进行数据的保存，并且可以自动生成相应的索引信息；
- LinkedList 集合保存的是前后元素，也就是说，它每一个节点中保存的是两个元素对象，一个它对应的下一个节点，以及另外一个它对应的上一个节点，所以 LinkedList 要占用比 ArrayList 更多的内存空间。同时 LinkedList 比 ArrayList 多实现了一个 Queue 队列数据接口。

13.3.2　旧的子类：Vector

在 JDK 1.0 时就已经提供了 Vector 类（当时称为向量类），同时由于其提供的较早，这个类被大量使用。但是到了 JDK 1.2 时由于类集框架的引入，对于整个集合的操作就有了新的标准，为了可以继续保留 Vector 类，就让这个类多实现了一个 List 接口。

范例 13-4： 使用 Vector。

```
package com.yootk.demo;
import java.util.List;
import java.util.Vector;
public class TestDemo {
    public static void main(String[] args) {
        // 由于都是利用子类为父类实例化，所以不管使用哪个子类，List接口功能不变
        List<String> all = new Vector<String>() ;              // 实例化 List 集合
        System.out.println("长度：" + all.size() + "，是否为空：" + all.isEmpty());
        all.add("Hello");                                      // 保存数据
        all.add("Hello");                                      // 保存重复元素
        all.add("World");                                      // 保存数据
        System.out.println("长度：" + all.size() + "，是否为空：" + all.isEmpty());
        // Collection接口定义了size()方法取得集合长度，List子接口扩充了get()方法，根据索引取得数据
        for (int x = 0; x < all.size(); x++) {
            String str = all.get(x);                           // 取得索引数据
            System.out.println(str);                           // 直接输出内容
```

```
        }
    }
}
```

程序执行结果：　　　长度：0，是否为空：true（第一执行"all.isEmpty()"语句输出）
　　　　　　　　　　长度：3，是否为空：false（第二执行"all.isEmpty()"语句输出）
　　　　　　　　　　Hello（for循环输出）
　　　　　　　　　　Hello（for循环输出）
　　　　　　　　　　World（for循环输出）

本程序只是将 ArrayList 子类替换为 Vector 子类，由于最终都是利用子类实例化 List 接口对象，所以最终的操作结果并没有区别，而两个操作子类最大的区别在于 Vector 类中的部分方法使用 synchronized 关键字声明（同步操作）。

常见面试题分析：请解释 ArrayList 与 Vector 子类的区别。

ArrayList 与 Vector 子类的区别如表 13-3 所示。

表 13-3　ArrayList 与 Vector 子类的区别

No.	区别点	ArrayList（90%）	Vector（10%）
1	推出时间	JDK 1.2 推出，属于新的类	JDK 1.0 时推出，属于旧的类
2	性能	采用异步处理	采用同步处理
3	数据安全	非线程安全	线程安全
4	输出	Iterator、ListIterator、foreach	Iterator、ListIterator、foreach、Enumeration

在实际的使用中，往往会优先考虑 ArrayList 子类。Vector 中支持的输出操作在随后的部分会为读者讲解。

13.4　Set 子接口

Set 子接口

在 Collection 接口下又有另外一个比较常用的子接口为 Set 子接口，但是 Set 子接口并不像 List 子接口那样对 Collection 接口进行了大量的扩充，而是简单地继承了 Collection 接口。也就是说在 Set 子接口里面无法使用 get()方法根据索引取得保存数据的操作。在 Set 子接口下有两个常用的子类：HashSet、TreeSet。

提示：关于两个子类的选择。

HashSet 是散列存放数据，而 TreeSet 是有序存放的子类。

在实际的开发中，如果要使用 TreeSet 子类则必须同时使用比较器的概念，而 HashSet 子类相对于 TreeSet 子类更加容易一些，所以如果没有排序要求应优先考虑 HashSet 子类。

范例 13-5：观察 HashSet 子类的特点。

```
package com.yootk.demo;
import java.util.HashSet;
```

```
import java.util.Set;
public class TestDemo {
    public static void main(String[] args) {
        Set<String> all = new HashSet<String>();        // 实例化Set接口
        all.add("jixianit");                            // 保存数据
        all.add("mldn");                                // 保存数据
        all.add("yootk");                               // 保存数据
        all.add("yootk");                               // 重复数据
        System.out.println(all);                        // 直接输出集合
    }
}
```
程序执行结果：　　　　　　[MLDN, yootk, jixianit]

本程序利用 HashSet 子类实例化了 Set 接口对象，并且在 Set 集合中不允许保存重复数据。

提示：关于"Hash"的说明。
　　　本程序使用的是 HashSet 子类，并且根据名称可以发现，在这个子类上采用了 Hash 算法（一般称为散列、无序）。这种算法就是利用二进制的计算结果来设置保存的空间，根据数值的不同，最终保存空间的位置也不同，所以利用 Hash 算法保存的集合都是无序的，但是其查找速度较快。

如果希望保存的数据有序，那么可以使用 Set 接口的另外一个子类：TreeSet 子类。

范例 13-6： 使用 TreeSet 子类。

```
package com.yootk.demo;
import java.util.Set;
import java.util.TreeSet;
public class TestDemo {
    public static void main(String[] args) {
        Set<String> all = new TreeSet<String>();        // 实例化 Set 接口
        all.add("jixianit");                            // 保存数据
        all.add("mldn");                                // 保存数据
        all.add("yootk");                               // 保存数据
        all.add("yootk");                               // 重复数据
        System.out.println(all);                        // 直接输出集合
    }
}
```
程序执行结果：　　　　　　[jixianit, mldn, yootk]

　　TreeSet 子类属于排序的类集结构，所以当使用 TreeSet 子类实例化 Set 接口后，所保存的数据将会变为有序数据，默认情况下按照字母的升序排列。

13.4.1　关于数据排序的说明

　　TreeSet 子类保存的内容可以进行排序，但是其排序是依靠比较器接口（Comparable）实现的，即如果要利用 TreeSet 子类保存任意类的对象，那么该对象所在的类必须要实现 java.lang.Comparable 接口。

> **注意：需要比较所有属性。**
>
> 在本书第 10 章讲解常用类库时曾经讲解过比较器的使用，当时的操作是结合 Arrays 类一起实现的。但是在 TreeSet 子类中，由于其不允许保存重复元素（compareTo()方法的比较结果返回 0），如果说此时类中存在 5 个属性，但是只比较了 3 个属性，并且这 3 个属性的内容完全相同（其余两个属性不同），那么 TreeSet 也会认为是相同内容，从而不会保存该数据，因此会出现数据丢失的情况。

范例 13-7： 利用 TreeSet 保存自定义类对象。

```java
package com.yootk.demo;
import java.util.Set;
import java.util.TreeSet;
class Book implements Comparable<Book> {                // 需要实现Comparable接口
    private String title;
    private double price;
    public Book(String title, double price) {
        this.title = title;
        this.price = price;
    }
    @Override
    public String toString() {
        return "书名：" + this.title + "，价格：" + this.price + "\n";
    }
    @Override
    public int compareTo(Book o) {                       // 排序方法，比较所有属性
        if (this.price > o.price) {
            return 1;
        } else if (this.price < o.price) {
            return −1;
        } else {
            return this.title.compareTo(o.title);        // 调用 String 类的比较大小
        }
    }
}
public class TestDemo {
    public static void main(String[] args) {
        Set<Book> all = new TreeSet<Book>();             // 实例化 Set 接口
        all.add(new Book("Java 开发实战经典", 79.8));      // 保存数据
        all.add(new Book("Java 开发实战经典", 79.8));      // 全部信息重复
        all.add(new Book("JSP 开发实战经典", 79.8));       // 价格信息重复
        all.add(new Book("Android 开发实战经典", 89.8));   // 都不重复
        System.out.println(all);
    }
}
```

程序执行结果：　　　[书名：JSP 开发实战经典，价格：79.8，
　　　　　　　　　　 书名：Java 开发实战经典，价格：79.8，
　　　　　　　　　　 书名：Android 开发实战经典，价格：89.8]

　　本程序首先利用 TreeSet 子类保存了若干个 Book 类对象，由于 Book 类实现了 Comaprable 接口，所以会自动将所有保存的 Book 类对象强制转换为 Comparable 接口对象，然后调用 compareTo() 方法进行排序，如果发现比较结果为 0 则认为是重复元素，将不再进行保存。因此 TreeSet 数据的排序以及重复元素的消除依靠的都是 Comparable 接口。

13.4.2　关于重复元素的说明

　　TreeSet 利用 Comparable 接口实现重复元素的判断，但是这样的操作只适合支持排序类集操作环境下；而其他子类（例如：HashSet）如果要消除重复元素，则必须依靠 Object 类中提供的两个方法。

- 取得哈希码：public int hashCode()；
- |– 先判断对象的哈希码是否相同，依靠哈希码取得一个对象的内容；
- 对象比较：public boolean equals(Object obj)。
- |– 再将对象的属性进行依次的比较。

> **提示：简化流程。**
> 　　对于 hashCode() 与 equals() 两个方法的使用可以换个角度来看。例如：如果要核查一个人的信息，肯定先要通过身份证编号查找到这个编号的信息（hashCode() 方法负责编号），再利用此身份证信息与个人信息进行比较（equals() 进行属性的比较）后才可以确定。

　　范例 13-8：利用 HashSet 子类保存自定义类对象。

```
package com.yootk.demo;
import java.util.Set;
import java.util.HashSet;
class Book {
    private String title;
    private double price;
    public Book(String title, double price) {
        this.title = title;
        this.price = price;
    }
    @Override
    public int hashCode() {
        final int prime = 31;
        int result = 1;
        long temp;
        temp = Double.doubleToLongBits(price);
        result = prime * result + (int) (temp ^ (temp >>> 32));
        result = prime * result + ((title == null) ? 0 : title.hashCode());
        return result;
    }
```

```
    @Override
    public boolean equals(Object obj) {
        if (this == obj)
            return true;
        if (obj == null)
            return false;
        if (getClass() != obj.getClass())
            return false;
        Book other = (Book) obj;
        if (Double.doubleToLongBits(price) != Double.doubleToLongBits(other.price))
            return false;
        if (title == null) {
            if (other.title != null)
                return false;
        } else if (!title.equals(other.title))
            return false;
        return true;
    }
    @Override
    public String toString() {
        return "书名：" + this.title + "，价格：" + this.price + "\n";
    }
}
public class TestDemo {
    public static void main(String[] args) {
        Set<Book> all = new HashSet<Book>();              // 实例化Set接口
        all.add(new Book("Java开发实战经典", 79.8));         // 保存数据
        all.add(new Book("Java开发实战经典", 79.8));         // 全部信息重复
        all.add(new Book("JSP开发实战经典", 79.8));          // 价格信息重复
        all.add(new Book("Android开发实战经典", 89.8));      // 都不重复
        System.out.println(all);
    }
}
程序执行结果：    [书名：Android开发实战经典，价格：89.8，
                书名：JSP开发实战经典，价格：79.8，
                书名：Java开发实战经典，价格：79.8]
```

本程序实现了集合中重复元素的清除，利用的就是 hashCode()与 equals()两个方法，所以在进行非排序集合操作时，只要是判断重复元素依靠的永远都是 hashCode()与 equals()。

提问：hashCode()方法怎么定义？

hashCode()方法本身返回的是一个 int 型数据，这个数据肯定要和身份证号码一样不能重复，那么该怎么编写这样的算法？

回答：算法可以自定义，也可以利用工具生成。

　　首先 hashCode() 方法就是计算对象的唯一编码，这一计算往往需要设计一个合理的公式，然后依靠属性内容来最终生成一个唯一的编码。但是这样的操作对于许多开发者来说比较麻烦，所以用户可以借助 Eclipse 工具完成，操作步骤为：【Source】→【Generate hashCode() and equals()】→【选择要参与计算的属性】，如图 13-2 所示。

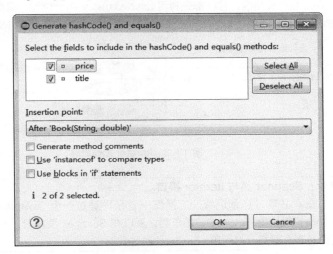

图 13-2　生成 hashCode() 与 equals()

13.5　集合输出

　　由于集合中往往会保存多个对象数据，所以一般进行集合输出时都会采用循环的方式完成。而在 Java 中，集合的输出操作有 4 种形式：Iterator 输出、ListIterator 输出、foreach（加强型 for 循环）输出、Enumeration 输出。

13.5.1　迭代输出：Iterator

集合输出

　　Iterator（迭代器）是集合输出操作中最为常用的接口，而在 Collection 接口中也提供了直接为 Iterator 接口实例化的方法（iterator()），所以任何集合类型都可以转换为 Iterator 接口输出。

提示：关于 iterator() 方法。

　　在 JDK 1.5 之前，Collection 接口会直接提供 iterator() 方法，但是到了 JDK 1.5 之后，为了可以让更多的操作支持 Iterator 迭代输出，单独建立了 Iterable 接口，同时在这个接口里只定义了一个 iterator() 的抽象方法。

　　所谓迭代器就好比排队点名一样，从前向后开始，一边判断是否有人，一边进行操作。

在 Iterator 接口中一共定义了两个抽象方法，如表 13-4 所示。

表 13-4　Iterator 接口定义的方法

No.	方法	类型	描述
1	public boolean hasNext()	普通	判断是否还有内容
2	public E next()	普通	取出当前内容

当使用 Iterator 接口输出时，往往都先利用 hasNext()改变指针位置，同时判断是否有数据，如果当前指针所在位置存在数据，则利用 next()取出数据，这两个方法的作用如图 13-3 所示。

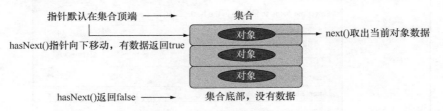

图 13-3　Iterator 操作原理

提示：Scanner 类与 Iterator 接口。
　　在本书第 11 章讲解 IO 操作中曾经讲解过一个 java.util.Scanner 的类，实际上 Scanner 就是 Iterator 接口的子类，所以在 Scanner 使用时才要求先利用 hasNextXxx() 判断是否有数据，再利用 nextXxx()取得数据。

范例 13-9：使用 Iterator 输出集合。

```java
package com.yootk.demo;
import java.util.ArrayList;
import java.util.Iterator;
import java.util.List;
public class TestDemo {
    public static void main(String[] args) {
        List<String> all = new ArrayList<String>() ;       // 实例化List集合
        all.add("Hello");                                   // 保存数据
        all.add("Hello");                                   // 保存重复元素
        all.add("World");                                   // 保存数据
        Iterator<String> iter = all.iterator() ;            // 实例化Iterator接口
        while (iter.hasNext()) {                            // 判断是否有数据
            String str = iter.next() ;                      // 取出当前数据
            System.out.println(str);                        // 输出数据
        }
    }
}
程序执行结果：      Hello
                  Hello
                  World
```

本程序利用 List 接口的 iterator()方法（Collection 接口继承而来）将全部集合转变为 Iterator 输出，由于不确定循环次数，所以使用 while 循环进行迭代输出。

提示：关于 Iterator 接口中的 remove()方法。

在 Iterator 接口定义了一个删除数据的操作方法，但是对不同的版本，此方法也存在以下两种定义。

- JDK 1.8 以前：public void remove()；
- JDK 1.8 之后：default void remove()。

也就是说在 JDK 1.8 之前 remove()属于一个普通的删除方法，而 JDK 1.8 之后将其定义为一个接口的 default 方法。而之所以提供这个方法，是因为在使用 Iterator 输出数据时，如果利用集合类（Collection、List、Set）提供的 remove()方法会导致程序中断执行的问题，而如果非要进行集合元素的删除，只能利用 Iterator 接口提供的 remove()方法才可以正常完成。

范例 13-10：观察删除问题。

```java
package com.yootk.demo;
import java.util.ArrayList;
import java.util.Iterator;
import java.util.List;
public class TestDemo {
    public static void main(String[] args) {
        List<String> all = new ArrayList<String>() ;   // 实例化List集合
        all.add("Hello") ;                               // 保存重复元素
        all.add("mldn") ;                                // 保存数据
        all.add("World") ;                               // 保存数据
        all.add("Yootk") ;                               // 保存数据
        Iterator<String> iter = all.iterator() ;         // 实例化Iterator接口
        while (iter.hasNext()) {                         // 判断是否有数据
            String str = iter.next() ;                   // 取出当前数据
            if ("mldn".equals(str)) {
                all.remove(str) ;                        // 此代码一执行，输出将中断
            }
            System.out.println(str);                     // 输出数据
        }
    }
}
```

程序执行结果：　　　Hello
　　　　　　　　　　mldn
　　　　　　　　　　Exception in thread "main"
　　　　　　　　　　java.util.ConcurrentModificationException

本程序并没有完成正常输出，这是因为在迭代输出时进行了集合数据的错误删除操作，而要避免此类问题，只能利用 Iterator 接口提供的 remove()。但是需要提醒读者的是，从实际的开发来讲，集合输出中几乎不会出现删除数据的操作，所以对此概念了解即可。

同时也希望读者一定要记住，在集合的操作中，增加数据（add()）以及迭代输出操作是最为核心的部分，对于此操作模式一定要熟练掌握。

13.5.2 双向迭代：ListIterator

虽然利用 Iterator 接口可以实现集合的迭代输出操作，但是 Iterator 本身却存在一个问题：只能进行由前向后的输出。所以为了让输出变得更加灵活，在类集框架中就提供了一个 ListIterator 接口，利用此接口可以实现双向迭代。ListIterator 属于 Iterator 的子接口，此接口常用方法如表 13-5 所示。

表 13-5　ListIterator 接口常用方法

No.	方法	类型	描述
1	public boolean hasPrevious()	普通	判断是否有前一个元素
2	public E previous()	普通	取出前一个元素
3	public void add(E e)	普通	向集合追加数据
4	public void set(E e)	普通	修改集合数据

在 ListIterator 接口中除了可以继续使用 Iterator 接口的 hasNext() 与 next() 方法，也具备了向前迭代的操作（hasPrevious()、previous()），同时还提供了向集合追加数据和修改数据的支持。

> **提示：ListIterator 接口并不常用。**
> 从实际的开发来讲，绝大多数情况如果要进行集合的输出都会使用 Iterator 接口，相比较而言 ListIterator 接口在实际使用中并不常见。同时通过 ListIterator 接口的定义可以发现，该接口除了支持输出之外，还可以进行集合更新（增加、修改、删除），但是这些操作在实际开发中使用得非常有限，所以对于迭代输出重点还是要放在 Iterator 接口的使用上。

ListIterator 是专门为 List 子接口定义的输出接口，所以 ListIterator 接口对象的实例化可以依靠 List 接口提供的方法：

public ListIterator<E> listIterator()。

> **注意：ListIterator 接口需要注意迭代顺序。**
> 实际上迭代器本质上就是一个指针的移动操作，而 ListIterator 与 Iterator 的迭代处理原理类似。所以如果要进行由后向前迭代，必须先进行由前向后迭代。

范例 13-11：完成双向迭代。

```java
package com.yootk.demo;
import java.util.ArrayList;
import java.util.List;
import java.util.ListIterator;
public class TestDemo {
    public static void main(String[] args) {
        List<String> all = new ArrayList<String>() ;      // 实例化 List 接口对象
        all.add("www.jixianit.com") ;                      // 向集合保存数据
        all.add("www.yootk.com") ;                         // 向集合保存数据
        all.add("www.mldn.cn") ;                           // 向集合保存数据
```

```
        System.out.print("由前向后输出：");
        ListIterator<String> iter = all.listIterator() ;          // 实例化ListIterator接口
        while (iter.hasNext()) {                                    // 由前向后迭代
            String str = iter.next() ;                              // 取出当前数据
            System.out.print(str + "、");                           // 输出数据
        }
        System.out.print("\n由后向前输出：");
        while (iter.hasPrevious()) {                                // 由后向前迭代
            String str = iter.previous() ;                          // 取出当前数据
            System.out.print(str + "、");                           // 输出数据
        }
    }
}
程序执行结果：    由前向后输出：www.jixianit.com、www.yootk.com、www.mldn.cn、
                 由后向前输出：www.mldn.cn、www.yootk.com、www.jixianit.com、
```

　　本程序利用 ListIterator 接口实现了 List 集合的双向迭代输出，首先利用 hasNext() 与 next() 实现由前向后的数据迭代，然后使用 hasPrevious() 与 previous() 两个方法实现了数据的由后向前迭代。

13.5.3　foreach 输出

　　JDK 1.5 之后为了简化数组以及集合的输出操作，专门提供了 foreach（增强型 for 循环）输出，所以也可以利用 foreach 语法实现所有集合数据的输出操作。

　　范例 13-12：利用 foreach 输出集合数据。

```
package com.yootk.demo;
import java.util.ArrayList;
import java.util.List;
public class TestDemo {
    public static void main(String[] args) {
        List<String> all = new ArrayList<String>() ; // 实例化List接口对象
        all.add("www.jixianit.com") ;                      // 向集合保存数据
        all.add("www.yootk.com") ;                         // 向集合保存数据
        all.add("www.mldn.cn") ;                           // 向集合保存数据
        // 集合中包含的数据都是String型，所以需要使用String接收集合中的每一个数据
        for (String str : all) {                           // for循环输出
            System.out.println(str);
        }
    }
}
程序执行结果：    www.jixianit.com
                 www.yootk.com
                 www.mldn.cn
```

　　本程序利用 foreach 循环实现了集合输出，由于集合中保存的都是 String 型数据，所以每次执行 foreach 循环时，都会将当前对象内容赋值给 str 对象，而后就可以在循环体中利用 str 对象进行操作。但是如果读者还处于初学阶段，不建议使用 foreach，最好还是使用 Iterator 操作。

13.5.4 Enumeration 输出

Enumeration（枚举输出）是与 Vector 类一起在 JDK 1.0 时推出的输出接口，即最早的 Vector 如果要输出数据，就需要使用 Enumeration 接口完成，此接口定义如下。

```
public interface Enumeration<E> {
    public boolean hasMoreElements() ;      // 判断是否有下一个元素，等同于 hasNext()
    public E nextElement() ;                // 取出当前元素，等同于 next()
}
```

通过定义可以发现在 Enumeration 接口中一共定义了两个方法，hasMoreElements()方法用于操作指针并且判断是否有数据，而 nextElement()方法用于取得当前数据。

因为 Enuemration 出现较早，所以在 Collection 接口中并没有定义取得 Enumeration 接口对象的方法。所以 Enumeration 接口对象的取得只在 Vector 类中有所定义：public Enumeration<E> elements()。

范例 13-13：利用 Enumeration 接口输出数据。

```
package com.yootk.demo;
import java.util.Enumeration;
import java.util.Vector;
public class TestDemo {
    public static void main(String[] args) {
        Vector<String> all = new Vector<String>() ;       // 实例化Vector子类对象
        all.add("www.jixianit.com") ;                     // 向集合保存数据
        all.add("www.yootk.com") ;                        // 向集合保存数据
        all.add("www.mldn.cn") ;                          // 向集合保存数据
        Enumeration<String> enu = all.elements() ;        // 取得Enumeration接口对象
        while(enu.hasMoreElements()) {                    // 判断是有数据
            String str = enu.nextElement() ;              // 取出当前数据
            System.out.println(str);                      // 输出数据
        }
    }
}
程序执行结果：      www.jixianit.com
                   www.yootk.com
                   www.mldn.cn
```

本程序与 Iterator 接口输出实现的最终效果是完全一致的，唯一的区别就是，如果要利用集合类为 Enuemration 接口实例化，就必须依靠 Vector 子类完成。

技术穿越：JSP 中会使用到此接口。

如果读者要进行类集的操作，大部分情况下都会使用 List 或 Set 子接口，很少会直接操作 Vector 子类，所以对于 Enumeration 接口而言使用情况有限，大部分都以 Iterator 输出为主。但这并不意味着 Enumeration 接口不需要掌握，实际上在一些古老的操作中依然只支持 Enumeration 输出，例如：JSP 中 request 内置对象取得全部参数方法（public Enumeration getParameterNames()）以及取得全部头信息方法（public Enumeration getHeaderNames()）都还在继续使用 Enumeration。同时利用

	Enumeration 也可以实现一些自动化的操作功能，关于这一点读者可以通过 JSP 与开发框架的学习掌握。

13.6　偶对象保存：Map 接口

Collection 每次只能保存一个对象，所以属于单值保存父接口。而在类集中又提供了保存偶对象的集合：Map 集合，利用 Map 结合可以保存一对关联数据（按照 "key = value" 的形式），如图 13-4 所示，这样就可以实现根据 key 取得 value 的操作。在 Map 接口中的常用方法如表 13-6 所示。

Map 接口

图 13-4　Collection 与 Map 保存的区别

表 13-6　Map 接口的常用方法

No.	方法名称	类型	描述
1	public V put(K key, V value)	普通	向集合中保存数据
2	public V get(Object key)	普通	根据 key 查找对应的 value 数据
3	public Set<Map.Entry<K,V>> entrySet()	普通	将 Map 集合转化为 Set 集合
4	public Set<K> keySet()	普通	取出全部的 key

在 Map 接口中存在两个常用的子类：HashMap、Hashtable，下面分别介绍这两个子类的使用。

范例 13-14：观察 HashMap 子类的使用。

```java
package com.yootk.demo;
import java.util.HashMap;
import java.util.Map;
public class TestDemo {
    public static void main(String[] args) {
        Map<String, Integer> map = new HashMap<String, Integer>();  // 定义Map集合
        map.put("壹", 1);                                            // 保存数据
        map.put("贰", 2);                                            // 保存数据
        map.put("叁", 3);                                            // 保存数据
        map.put("叁", 33);                                           // key数据重复
        map.put("空", null);                                         // value为null
        map.put(null, 0) ;                                           // key为null
        System.out.println(map);                                     // 输出全部map集合
    }
}
```

程序执行结果：　　　　{贰=2, null=0, 叁=33, 壹=1, 空=null}

本程序实现了 Map 最为基础的数据保存操作，在实例化 Map 接口对象时首先需要明确地指定泛型类

型，此处指定 key 的类型为 String，value 的类型为 Integer，然后利用 put()方法进行数据的保存。特别需要注意的是，在进行数据保存时，如果出现了 key 重复的情况，就会使用新的数据替换已有数据。

通过范例 13-14 的操作可以发现 Map 如下特点。

- 使用 HashMap 定义的 Map 集合是无序存放的（顺序无用）；
- 如果发现了重复的 key 会进行覆盖，使用新的内容替换旧的内容。
- 使用 HashMap 子类保存数据时 key 或 value 可以保存为 null。

但是需要注意的是，范例 13-14 的代码只是演示了 Map 的基本使用，然而 Map 保存数据的目的并不是进行输出操作，而是为了进行查找，即利用 get()方法通过 key 找到对应的 value 数据。

范例 13-15：查询操作。

```
package com.yootk.demo;
import java.util.HashMap;
import java.util.Map;
public class TestDemo {
    public static void main(String[] args) {
        Map<String, Integer> map = new HashMap<String, Integer>(); // 定义Map集合
        map.put("壹", 1);                                          // 保存数据
        map.put("贰", 2);                                          // 保存数据
        map.put("叁", 3);                                          // 保存数据
        map.put("叁", 33);                                         // key数据重复
        map.put("空", null);                                       // value为null
        map.put(null, 0) ;                                         // key为null
        System.out.println(map.get("壹"));                         // key存在返回value
        System.out.println(map.get("陆"));                         // 如果key不存在，返回null
        System.out.println(map.get(null));                        // key存在
    }
}
程序执行结果：    1（System.out.println(map.get("壹"));）
                null（System.out.println(map.get("陆"));）
                0（System.out.println(map.get(null));）
```

本程序利用 Map 接口中的 get()方法根据 key 取得了其对应的 value 内容，通过执行结果可以发现，如果指定的 key 存在则会返回与之对应的 value，而如果 key 不存在则返回 null。

提问：Map 与 Collection 的区别是什么？

通过范例 13-15 的代码可以发现，Map 接口在使用中依然只是保存数据与输出数据，这样直接使用 Collection 不就好了，为什么还需要 Map 接口？

回答：Collection 接口数据是为了输出，Map 接口数据是为了查询。

首先 Collection 与 Map 接口都可以保存动态长短的数据，然而两者本质的区别在于其使用的环境。Collection 接口保存数据的主要目的是输出（利用 Iterator 接口），而 Map 保存数据的目的是实现 key 查找 value 的字典功能，虽然 Map 也可以进行输出操作，但是这样的操作在开发中出现较少。

在 Map 接口下还有一个 Hashtable 的子类，此类是在 JDK 1.0 时提供的，属于最早的 Map 集合的实现操作。在 JDK 1.2 时 Hashtable 的子类多实现了一个 Map 接口，从而得以保存下来继续使用。

> **注意：Hashtable 使用注意事项。**
>
> Hashtable 与 HashMap 都属于 Map 接口的子类，所以从本质上讲，它们最终都会利用子类向上转型为 Map 接口对象实例化。但是在使用 Hashtable 子类实例化的 Map 集合中，保存的 key 或 value 都不允许出现 null，否则会出现 "NullPointerException" 异常。

范例 13-16： 使用 Hashtable。

```
package com.yootk.demo;
import java.util.Hashtable;
import java.util.Map;
public class TestDemo {
    public static void main(String[] args) {
        Map<String, Integer> map = new Hashtable<String, Integer>();  // 定义 Map 集合
        map.put("壹", 1);                                              // 保存数据
        map.put("贰", 2);                                              // 保存数据
        map.put("叁", 3);                                              // 保存数据
        map.put("叁", 33);                                             // key 数据重复
        System.out.println(map.get("壹"));                             // key 存在返回 value
        System.out.println(map.get("陆"));                             // key 不存在，返回 null
    }
}
程序执行结果：      1（System.out.println(map.get("壹"));）
                 null（System.out.println(map.get("陆"));）
```

本程序利用 Hashtable 子类实例化了 Map 接口，由于接口操作标准统一，所以 put() 与 get() 方法都可以正常使用，在使用 get() 方法进行数据查找时，如果数据不存在则返回 null。

> **常见面试题分析：请解释 HashMap 与 Hashtable 的区别。**
>
> HashMap 与 Hashtable 的区别如表 13-7 所示。
>
> **表 13-7　HashMap 与 Hashtable 的区别**
>
> | No. | 区别点 | HashMap | Hashtable |
> | --- | --- | --- | --- |
> | 1 | 推出时间 | JDK 1.2 推出，属于新的类 | JDK 1.0 时推出，属于旧的类 |
> | 2 | 性能 | 采用异步处理 | 采用同步处理 |
> | 3 | 数据安全 | 非线程安全 | 线程安全 |
> | 4 | 设置 null | 允许 key 或 value 内容为 null | 不允许设置 null |
>
> 在实际开发中，由于 HashMap 保存数据不受 null 的限制，所以建议读者优先考虑使用 HashMap 子类。

13.6.1　利用 Iterator 输出 Map 集合

首先读者必须明确一个开发原则：集合的输出要利用 Iterator 接口完成。但是 Map 接口与 Collection 接口在定义上有所不同，Map 接口并没有提供直接取得 Iterator 接口对象的方法。所以如果要使用 Iterator 输出 Map 接口数据，就必须要清楚 Collection 接口与 Map 接口在数据保存形式上的区别，如图 13-5 所示。

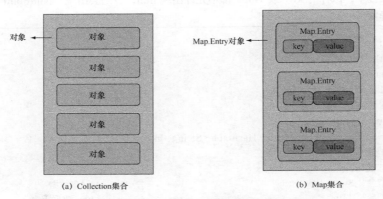

(a) Collection集合　　　　　　　　　(b) Map集合

图 13-5　Collection 与 Map 集合数据存储区别

通过图 13-5 的分析可以发现，当用 Collection 集合保存数据时所有的对象都是直接保存的。而用 Map 集合保存数据时，所保存的 key 与 value 会自动包装为 Map.Entry 接口对象，也就是说如果利用 Iterator 进行迭代，那么每当使用 next() 方法读取数据时返回的都是一个 Map.Entry 接口对象，此接口定义如下。

```
public static interface Map.Entry<K,V> {}
```

通过定义可以发现，Map.Entry 接口属于 Map 接口中定义的一个 static 内部接口（相当于外部接口）。Map.Entry 接口定义的常用方法如表 13-8 所示。

表 13-8　Map.Entry 接口定义的常用方法

No.	方法	类型	描述
1	public K getKey()	普通	取得数据中的 key
2	public V getValue()	普通	取得数据中的 value
3	public V setValue(V value)	普通	修改数据中的 value

清楚了 Map.Entry 接口作用后就可以来研究如何利用 Iteartor 接口输出 Map 集合了，在 Map 接口中定义了一个 entrySet() 方法（public Set<Map.Entry<K,V>> entrySet()），而实现 Map 接口输出的关键就在于此方法的使用上。

Iterator 输出 Map 集合的操作步骤如下。

（1）利用 entrySet() 方法将 Map 接口数据中的数据转换为 Set 接口实例进行保存，此时 Set 接口中所使用的泛型类型为 Map.Entry，而 Map.Entry 中的 K 与 V 的泛型类型则与 Map 集合定义的 K 与 V 类型相同；

（2）利用 Set 接口中的 iterator() 方法将 Set 集合转化为 Iterator 接口实例；

（3）利用 Iterator 接口进行迭代输出，每一次迭代取得的都是 Map.Entry 接口实例，利用此接口实例可以进行 key 与 value 的分离。

范例 13-17：利用 Iterator 实现 Map 接口的输出。

```java
package com.yootk.demo;
import java.util.Hashtable;
import java.util.Iterator;
import java.util.Map;
import java.util.Set;
public class TestDemo {
    public static void main(String[] args) {
        Map<String, Integer> map = new Hashtable<String, Integer>(); // 定义Map集合
        map.put("壹", 1);                                             // 保存数据
        map.put("贰", 2);                                             // 保存数据
        map.put("叁", 3);                                             // 保存数据
        map.put("叁", 33);                                            // key数据重复
        // 将Map集合变为Set集合，目的是使用iterator()方法，注意泛型的统一
        Set<Map.Entry<String,Integer>> set = map.entrySet() ;
        Iterator<Map.Entry<String,Integer>> iter = set.iterator() ;   // 取得Iterator实例
        while (iter.hasNext()) {                                       // 迭代输出
            Map.Entry<String, Integer> me = iter.next() ;             // 取出Map.Entry
            System.out.println(me.getKey() + " = " + me.getValue());  // 输出数据
        }
    }
}
程序执行结果：    贰 = 2
                壹 = 1
                叁 = 33
```

本程序按照给出的步骤实现了 Iterator 接口输出 Map 集合的操作，其中最为关键的就是 Iterator 每次迭代返回的类型是 Map.Entry（注意泛型类型的设置），而后利用 getKey() 与 getValue() 方法才可以取得所保存的 key 与 value 数据。

13.6.2　自定义 Map 集合的 key 类型

在使用 Map 接口时可以发现，几乎可以使用任意的类型来作为 key 或 value 的存在，也就表示可以使用自定义的类型作为 key。作为 key 的自定义的类必须要覆写 Object 类中的 hashCode() 与 equals() 两个方法，因为只有靠这两个方法才能确定元素是否重复（在 Map 中指的是能否够找到）。

范例 13-18：使用自己定义的类作为 Map 集合的 key。

```java
package com.yootk.demo;
import java.util.HashMap;
import java.util.Map;
class Book {                            // 此类为要保存的 key 类型
    private String title ;             // 只定义一个属性
    public Book(String title) {        // 构造方法接收数据
```

```
            this.title = title ;
        }
        @Override
        public String toString() {
            return "书名：" + this.title ;
        }
        @Override
        public int hashCode() {                              // 取得对象编码
            final int prime = 31;
            int result = 1;
            result = prime * result + ((title == null) ? 0 : title.hashCode());
            return result;
        }
        @Override
        public boolean equals(Object obj) {                  // 进行对象比较
            if (this == obj)
                return true;
            if (obj == null)
                return false;
            if (getClass() != obj.getClass())
                return false;
            Book other = (Book) obj;
            if (title == null) {
                if (other.title != null)
                    return false;
            } else if (!title.equals(other.title))
                return false;
            return true;
        }
}
public class TestDemo {
    public static void main(String[] args) {
        Map<Book,String> map = new HashMap<Book,String>() ;   // 实例化Map接口集合
        map.put(new Book("Java开发"),new String("Java")) ;      // 向Map接口保存数据
        System.out.println(map.get(new Book("Java开发")));      // 根据key取得value
    }
}
```
程序执行结果：　　　　　Java

　　本程序使用一个自定义的 Book 类作为 Map 集合中的 key 类型，由于已经正确地覆写了 hashCode()
与 equals() 方法，因此可以在 Map 集合中根据 key 找到对应的 value 数据。

提示：尽量不要使用自定义数据类型作为 key。

　　虽然 Map 集合中可以将各种数据类型作为 key 进行设置，但是从实际的开发来讲，
不建议使用自定义类作为 key，建议使用 Java 中提供的系统类作为 key，如 String、
Integer 等，其中 String 作为 key 的情况是最为常见的。

13.7 Stack 子类

Stack 子类

栈也是一种动态对象数组，采用的是一种先进后出的数据结构形式，即在栈中最早保存的数据最后才会取出，而最后保存的数据可以最先取出，如图 13-6 所示。

 提示：栈的实际作用。

实际上栈的数据结构在计算机操作中也是存在的，例如：Word 本身的撤销功能一定是最后操作的最先撤销；或者在进行网页浏览时进行页面回退操作中，每一次回退都是返回到最近浏览的页面，而最早打开的页面只能回退到最后再显示。

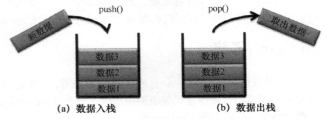

图 13-6　入栈与出栈

在 java.util 包中可以利用 Stack 类实现栈的功能，此类定义如下。

public class Stack<E> extends Vector<E>

通过定义可以发现，Stack 类属于 Vector 子类，但是需要注意的是，在进行 Stack 类操作时不会使用 Vector 类定义的方法，主要使用 Stack 自己定义的方法。Stack 类的常用方法如表 13-9 所示。

表 13-9　Stack 类的常用方法

No.	方法	类型	描述
1	public E push(E item)	普通	数据入栈
2	public E pop()	普通	数据出栈，如果栈中没有数据，则调用此方法会抛出空栈异常（EmptyStackException）

范例 13-19： 观察栈的操作。

```
package com.yootk.demo;
import java.util.Stack;
public class TestDemo {
    public static void main(String[] args) {
        Stack<String> all = new Stack<String>();
        all.push("www.jixianit.com") ;
        all.push("www.yootk.com") ;
        all.push("www.mldn.cn") ;
        System.out.println(all.pop());
```

```
            System.out.println(all.pop());
            System.out.println(all.pop());
            System.out.println(all.pop());                    // EmptyStackException
    }
}
```

程序执行结果：　　　www.mldn.cn（第一次执行"all.pop()"）

　　　　　　　　　　www.yootk.com（第二次执行"all.pop()"）

　　　　　　　　　　www.jixianit.com（第三次执行"all.pop()"）

　　　　　　　　　　Exception in thread "main" <u>java.util.EmptyStackException</u>（（第四次执行"all.pop()"））

　　　　　　　　　　　　at java.util.Stack.peek(Unknown Source)

　　　　　　　　　　　　at java.util.Stack.pop(Unknown Source)

　　　　　　　　　　　　at com.yootk.demo.TestDemo.main(TestDemo.java:12)

　　本程序利用 Stack 类的 push() 方法向栈中保存数据，而取得数据时只需要利用 pop() 方法即可实现出栈操作，如果栈中没有任何数据，进行出栈操作时则将抛出"EmptyStackException"异常。

13.8　Properties 子类

Properties 子类

　　利用 Map 集合可以将任意的数据类型设置为 Key 或 Value 的类型，虽然这样较为灵活，但是在某些开发中并不适用，所以在类集框架中提供了一个 Properties 子类，利用此子类只能保存字符串类型的数据（key=value）。

　　Properties 类本身属于 Hashtable 的子类，但是由于 Properties 类都使用 String 数据类型进行操作，所以在使用 Properties 类时主要使用本类所定义的方法。Properties 类常用方法如表 13-10 所示。

提示：参考国际化实现。

　　本书第 10 章为读者讲解过国际化程序的概念，而国际化程序实现的关键就是资源文件。所有资源文件中的数据都使用字符串进行保存，并且按照"key = value"的形式进行了保存，而读取时会根据 key 取得对应的 value 数据。

　　对于资源文件的操作，在开发中往往可以使用 Properties 类处理。

表 13-10　Properties 类常用方法

No.	方法	类型	描述
1	public Object setProperty(String key, String value)	普通	设置属性
2	public String getProperty(String key)	普通	取得属性，如果 key 不存在则返回 null
3	public String getProperty(String key, String defaultValue)	普通	取得属性，如果 key 不存在则返回默认值
4	public void store(OutputStream out, String comments) throws IOException	普通	通过输出流保存属性内容，输出的同时可以设置注释信息
5	public void load(InputStream inStream) throws IOException	普通	通过输入流读取属性内容

范例 13-20：属性的基本操作。

```
package com.yootk.demo;
import java.util.Properties;
public class TestDemo {
    public static void main(String[] args) {
        Properties pro = new Properties();                         // 实例化类对象
        pro.setProperty("BJ", "北京");                             // 保存属性信息
        pro.setProperty("TJ", "天津");                             // 保存属性信息
        System.out.println(pro.getProperty("BJ"));                 // 根据key取得属性信息
        System.out.println(pro.getProperty("GZ"));                 // 根据key取得属性信息
        System.out.println(pro.getProperty("GZ", "没有此记录"));    // 没有key返回默认值
    }
}
程序执行结果:     北京（"pro.getProperty("BJ")" 语句输出结果）
                 null（"pro.getProperty("GZ")" 语句输出结果）
                 没有此记录（"pro.getProperty("GZ", "没有此记录")" 语句输出结果）
```

本程序是 Properties 类的基本操作，首先进行属性内容的设置，然后根据 key 取得指定的内容。在数据取得时如果有对应的 key 则可以直接输出 value，如果没有对应的 key 并且设置了默认值，则会输出默认值。

利用 Properties 类还可以实现属性信息的输出流输出以及输入流读取操作，下面分别介绍这两个操作。

范例 13-21：将属性信息保存在文件里。

```
package com.yootk.demo;
import java.io.File;
import java.io.FileOutputStream;
import java.util.Properties;
public class TestDemo {
    public static void main(String[] args) throws Exception {
        Properties pro = new Properties();                         // 实例化类对象
        pro.setProperty("BJ", "北京");                             // 保存属性信息
        pro.setProperty("TJ", "天津");                             // 保存属性信息
        // 一般而言后缀可以随意设置，但是标准来讲，既然是属性文件，后缀就必须是*.properties，这样做也是
为了与国际化对应
        // 在进行属性信息保存时如果属性内容为中文则会自动进行转码操作
        pro.store(new FileOutputStream(new File("E:" + File.separator + "area.properties")), "Area Info");
    }
}
程序执行结果:
（area.properties文件内容）
```

```
#Area Info
#Sat Mar 12 05:02:51 CST 2017
BJ=\u5317\u4EAC
TJ=\u5929\u6D25
```

本程序在属性设置完成后利用 store() 方法将属性内容设置到输出流中，由于使用的是文件输出流，所以最终属性的内容会保存在文件中，同时中文也会自动进行 UNICODE 编码转换。

如果本机 E 盘上存在 area.properties 文件，那么就可以利用文件输入流（FileInputStream）来进行数据的读取。

范例 13-22：通过文件流读取属性内容。

```
package com.yootk.demo;
import java.io.File;
import java.io.FileInputStream;
import java.util.Properties;
public class TestDemo {
    public static void main(String[] args) throws Exception {
        Properties pro = new Properties();                    // 实例化类对象
        pro.load(new FileInputStream(new File("E:" + File.separator + "area.properties")));
        System.out.println(pro.getProperty("BJ"));            // 根据key取得value
    }
}
```

程序执行结果：　　　　北京

本程序利用 load() 方法加载了文件输入流中的属性内容，随后就可以根据 key 取得属性内容了。

提问：Properties 类与 ResourceBundle 类使用哪个？

在进行属性信息读取时可以发现，第 10 章讲解的 Resource Bundle 与本节讲解的 Properties 类都支持属性文件（*.properties）的读取，那么在实际开发中使用哪一种呢？

回答：Properrties 可以读取任意输入流，ResourceBundle 要结合国际化读取*.prperties 文件。

ResourceBundle 类在进行资源文件读取时只能读取后缀为 "*.properties" 的文件，并且往往需要通过 Locale 类来设置当前国家及语言环境。但是 Properties 类却可以不区分文件后缀，只要符合它保存数据的结构标准的输入流（可能通过网络输入或用户输入）数据都可以进行读取。理论上 Properties 在读取上更加灵活，但是 ResourceBundle 与 Locale 类结合读取不同语言资源文件的功能 Properties 类并没有。

所以最终的结论是：如果读取国际化资源文件使用 Resource Bundle 类，如果读取一些配置信息则可以使用 Properties 类。

13.9　Collections 工具类

Collections 工具类

Java 提供类库时考虑到用户的使用方便性，专门提供了一个集合的工具类——Collections，这个工具类可以实现 List、Set、Map 集合的操作。Collections 类的常用方法如表 13-11 所示。

表 13-11　Collections 类的常用方法

No.	方法	类型	描述
1	public static \<T> boolean addAll(Collection\<? super T> c, T... elements)	普通	实现集合数据追加
2	public static \<T> int binarySearch(List\<? extends Comparable\<? super T>> list, T key)	普通	使用二分查找法查找集合数据

续表

No.	方法	类型	描述
3	public static <T> void copy(List<? super T> dest, List<? extends T> src)	普通	集合复制
4	public static void reverse(List<?> list)	普通	集合反转
5	public static <T extends Comparable<? super T>> void sort(List<T> list)	普通	集合排序

通过表 13-11 列出的方法可以发现，Collections 提供了一些更为方便的辅助功能操作。下面通过一个简单的范例来进行 Collections 工具类的使用验证。

范例 13-23：为集合追加数据。

```
package com.yootk.demo;
import java.util.ArrayList;
import java.util.Collections;
import java.util.List;
public class TestDemo {
    public static void main(String[] args) throws Exception {
        List<String> all = new ArrayList<String>();        // 实例化集合对象
        // 利用Collections类的方法向集合保存多个数据
        Collections.addAll(all, "jixianit", "mldn", "yootk", "mldnjava", "lixinghua");
        Collections.reverse(all);                           // 集合反转
        System.out.println(all);                            // 直接输出集合对象
    }
}
```
程序执行结果：　　　　　　[lixinghua, mldnjava, yootk, mldn, jixianit]

本程序首先实例化了一个空的集合对象，然后利用 Collections 类的 addAll()方法一次性向集合中追加了多条数据，最后又利用 reverse()方法实现了集合数据的反转操作。

常见面试题分析：请解释 Collection 与 Collections 的区别。
- Collection 是集合操作的接口，包含 List 子接口和 t 子接口；
- Collections 是集合操作的工具类，可以直接利用类中提供的方法，进行 List、Set、Map 等集合的数据操作。

13.10　数据流

数据流

从 JDK 1.8 开始，Java 开始更多地融合大数据的操作模式，其中最具有代表性的就是提供了 Stream 接口，同时利用 Stream 接口可以实现 MapReduce 操作。本节将为读者讲解 Stream 数据流的相关操作。

13.10.1　数据流基础操作

从 JDK 1.8 开始发现整个类集里面所提供的接口都出现了大量的 default 或 static 方法。如果读者细心观察过 Java Doc 文档可以发现，在 Iterable 接口（Collection 的父接口）里面定义了一个方法以实现集合的输出：default void forEach(Consumer<? super T> action)。

在本方法中需要传递一个消费型的函数式接口，主要是设置输出的位置，例如，在屏幕上显示集合的内容，可以进行 Sysetm.out.println() 方法的引用。

范例 13-24：利用 forEach() 方法输出。

```
package com.yootk.demo;
import java.util.ArrayList;
import java.util.List;
public class TestDemo {
    public static void main(String[] args) throws Exception {
        List<String> all = new ArrayList<String>();   // 实例化 List 集合接口
        all.add("www.JIXIANIT.com");                   // 保存数据
        all.add("www.yootk.com");                      // 保存数据
        all.add("www.mldn.cn");                        // 保存数据
        all.forEach(System.out::println);             // 引用 forEach 输出
    }
}
程序执行结果：       www.jixianit.com
                    www.yootk.com
                    www.mldn.cn
```

本程序并没有使用 Iterator 接口，但是由于使用消费型功能函数，所以只能实现输出操作，而不能针对每个数据进行处理。因此，forEach() 方法对实际的开发并没有实际的用处。

使用 Iterator 接口输出数据的目的是在每次迭代操作时都可以针对集合的每一个数据进行处理。所以在 JDK 1.8 中为了简化集合数据处理的操作，专门提供了一个数据流操作接口：java.util.stream.Stream，而这个类可以利用 Collection 接口提供的 default 型方法实现 Stream 接口的实例化操作：default Stream<E> stream()。

当取得 Stream 接口对象后，就可以使用此接口中的方法进行数据的操作 Stream 接口的常用方法如表 13-12 所示。

表 13-12 Stream 接口的常用方法

No.	方法	类型	描述
1	public long count()	普通	返回元素个数
2	public Stream<T> distinct()	普通	消除重复元素
3	public <R,A> R collect(Collector<? super T,A,R> collector)	普通	利用收集器接收处理后的数据
4	public Stream<T> filter(Predicate<? super T> predicate)	普通	数据过滤（设置断言型函数式接口）
5	public <R> Stream<R> map(Function<? super T,? extends R> mapper)	普通	数据处理操作（设置功能型函数式接口）
6	public Stream<T> skip(long n)	普通	设置跳过的数据行数

续表

No.	方法	类型	描述
7	public Stream<T> limit(long maxSize)	普通	设置取出的数据个数
8	public boolean allMatch(Predicate<? super T> predicate)	普通	数据查询，要求全部匹配
9	public boolean anyMatch(Predicate<? super T> predicate)	普通	数据查询，匹配任意一个
10	default Predicate<T> or(Predicate<? super T> other)	普通	或操作
11	default Predicate<T> and(Predicate<? super T> other)	普通	与操作

在表 13-12 列出的方法中，collect()方法主要是进行数据的收集操作，同时收集完成的数据可以通过 Collectors 类中的方法设置返回的集合类型，例如，使用 toList()方法返回 List 集合，使用 toSet()方法可以返回 Set 集合。

范例 13-25：取得 Stream 对象。

```java
package com.yootk.demo;
import java.util.ArrayList;
import java.util.List;
import java.util.stream.Stream;
public class TestDemo {
    public static void main(String[] args) throws Exception {
        List<String> all = new ArrayList<String>();    // 实例化List集合接口
        all.add("www.JIXIANIT.com");                     // 保存数据
        all.add("www.yootk.com");                        // 保存数据
        all.add("www.mldn.cn");                          // 保存数据
        Stream<String> stream = all.stream() ;           // 取得Stream类的对象
        System.out.println(stream.count());              // 取得数据个数
    }
}
```
程序执行结果：　　　　3

本程序首先利用 Collection 接口中的 stream()方法将集合转化为数据流的形式，然后利用 Stream 类中的 count()方法取得了数据流中所保存的元素个数。

实际上取得 Stream 接口对象的目的并不只是取得保存元素的数量，关键是利用 Stream 接口实现数据的加工处理操作。

范例 13-26：取消集合中的重复数据。

```java
package com.yootk.demo;
import java.util.ArrayList;
import java.util.List;
import java.util.stream.Collectors;
import java.util.stream.Stream;
```

```
public class TestDemo {
    public static void main(String[] args) throws Exception {
        List<String> all = new ArrayList<String>();    // 实例化List集合接口
        all.add("www.JIXIANIT.com");                    // 保存数据
        all.add("www.yootk.com");                       // 保存数据
        all.add("www.yootk.com");                       // 保存数据
        all.add("www.mldn.cn");                         // 保存数据
        all.add("www.mldn.cn");                         // 保存数据
        Stream<String> stream = all.stream() ;          // 取得Stream类的对象
        // 去掉重复数据后形成新的List集合数据，里面不包含重复内容的集合
        List<String> newAll = stream.distinct().collect(Collectors.toList()) ;
        newAll.forEach(System.out :: println);          // 取得消除重复数据后的内容
    }
}
程序执行结果：      www.JIXIANIT.com
                   www.yootk.com
                   www.mldn.cn
```

本程序首先在给出的 List 集合中保存了重复数据内容，然后利用 distinct()方法将所有不重复的元素数据转化为新的数据流对象，最后利用 collect()方法将数据流中的数据保存为 List 集合。

除了可以将 Stream 接口中的数据保存为集合外，也可以利用 filter()方法针对数据流中的数据进行数据过滤的操作，在执行过滤时需要设置一个断言型函数式接口的方法引用。

范例 13-27： 数据过滤。

```
package com.yootk.demo;
import java.util.ArrayList;
import java.util.List;
import java.util.stream.Collectors;
import java.util.stream.Stream;
public class TestDemo {
    public static void main(String[] args) throws Exception {
        List<String> all = new ArrayList<String>();    // 实例化 List 集合接口
        all.add("www.JIXIANIT.com");                    // 保存数据，大写字母
        all.add("www.yootk.com");                       // 保存数据
        all.add("www.yootk.com");                       // 保存数据
        all.add("www.mldn.cn");                         // 保存数据
        all.add("www.mldn.cn");                         // 保存数据
        Stream<String> stream = all.stream() ;          // 取得 Stream 类的对象
        // 去掉重复元素后执行数据过滤操作，在过滤中由于需要断言型函数式接口，所以引用 contains()方法
        // 将满足过滤条件的数据利用收集器保存在新的 List 集合中
        List<String> newAll = stream.distinct().
                filter((x) -> x.contains("t")).collect(Collectors.toList());
        newAll.forEach(System.out :: println);          // 取得消除重复数据后的内容
    }
}
程序执行结果：          www.yootk.com
```

本程序在消除完重复元素后使用 filter()方法执行了数据过滤操作,由于 filter()方法需要传递断言型的函数式接口,所以本次传递的是 contains()方法,如果集合中包含字母"t"(小写字母判断)则表示满足过滤,可以保存数据到新集合中。程序的操作分析如图 13-7 所示。

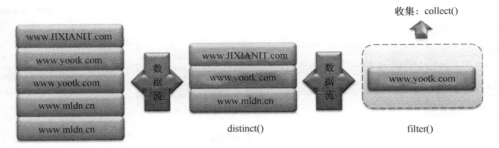

图 13-7　数据流处理

通过本程序查询结果可以发现一个问题:所有使用 filter()方法过滤的数据只能针对数据流中已有的原始数据进行判断,也就是说此时并不能在过滤执行前对数据进行先期的处理,为了解决这个问题,可以在调用 filter()方法之前先调用 map()方法。

范例 13-28:数据处理后过滤。

```
package com.yootk.demo;
import java.util.ArrayList;
import java.util.List;
import java.util.stream.Collectors;
import java.util.stream.Stream;
public class TestDemo {
    public static void main(String[] args) throws Exception {
        List<String> all = new ArrayList<String>();        // 实例化List集合接口
        all.add("www.JIXIANIT.com");                        // 保存数据,大写字母
        all.add("www.yootk.com");                           // 保存数据
        all.add("www.yootk.com");                           // 保存数据
        all.add("www.mldn.cn");                             // 保存数据
        all.add("www.mldn.cn");                             // 保存数据
        Stream<String> stream = all.stream() ;              // 取得Stream类的对象
        // 去掉重复元素后执行数据过滤操作,在对集合中数据操作时将每条数据统一转为小写
        // 在过滤中由于需要断言型函数式接口,所以引用contains()方法,此时只判断小写字母
        // 将满足过滤条件的数据利用收集器保存在新的List集合中
        List<String> newAll = stream.distinct().map((x) -> x.toLowerCase()).
                filter((x) -> x.contains("t")).collect(Collectors.toList());
        newAll.forEach(System.out :: println);              // 取得消除重复数据后的内容
    }
}
程序执行结果:        www.jixianit.com
                     www.yootk.com
```

本程序在执行 filter()方法前首先调用了 map()方法，利用 map()方法自动将集合中的每一条数据进行转小写的处理，这样通过 filter()方法过滤后的数据内容都会以小写字母的形式出现。数据流处理如图 13-8 所示。

图 13-8　数据流处理

在数据流的操作中也可以轻松地实现数据的分页操作，此时只需要使用 skip()与 limit()两个方法控制即可。

范例 13-29：实现数据流数据的分页操作。

```java
package com.yootk.demo;
import java.util.ArrayList;
import java.util.List;
import java.util.stream.Collectors;
import java.util.stream.Stream;
public class TestDemo {
    public static void main(String[] args) throws Exception {
        List<String> all = new ArrayList<String>();        // 实例化List集合接口
        all.add("www.JIXIANIT.com");                       // 保存数据，大写字母
        all.add("www.yootk.com");                          // 保存数据
        all.add("www.yootk.com");                          // 保存数据
        all.add("www.mldn.cn");                            // 保存数据
        all.add("www.mldn.cn");                            // 保存数据
        Stream<String> stream = all.stream() ;             // 取得Stream类的对象
        // 去掉重复元素后执行数据过滤操作，在对集合中数据操作时将每条数据统一转为小写
        // 在过滤中由于需要断言型函数式接口，所以引用contains()方法，此时只判断小写字母
        // 执行完数据过滤后进行数据的分页操作，跳过1行数据，取出1行数据
        // 将满足过滤条件的数据利用收集器保存在新的List集合中
        List<String> newAll = stream.distinct().map((x) -> x.toLowerCase()).
                filter((x) -> x.contains("t")).skip(1).limit(1).
                collect(Collectors.toList());
        newAll.forEach(System.out :: println);             // 取得消除重复数据后的内容
    }
}
```
程序执行结果：　　　　　www.yootk.com

本程序在数据流处理与过滤执行完毕后使用 skip()跨过了第 1 条数据，然后利用 limit()限定了要取 1 条数据，由于经过处理后的数据只有 2 条内容，所以只有第 2 条数据被收集到了新的集合中。

在 Stream 数据流中也可以结合断言型接口实现数据的检索操作，此时可以使用 allMatch() 或 anyMatch() 两个方法完成。

范例 13-30：实现数据的匹配查询。

```
package com.yootk.demo;
import java.util.ArrayList;
import java.util.List;
import java.util.stream.Stream;
public class TestDemo {
    public static void main(String[] args) throws Exception {
        List<String> all = new ArrayList<String>();       // 实例化List集合接口
        all.add("www.JIXIANIT.com");                       // 保存数据，大写字母
        all.add("www.yootk.com");                          // 保存数据
        all.add("www.yootk.com");                          // 保存数据
        all.add("www.mldn.cn");                            // 保存数据
        all.add("www.mldn.cn");                            // 保存数据
        Stream<String> stream = all.stream() ;             // 取得Stream类的对象
        if (stream.anyMatch((x) -> x.contains("yootk"))) {
            System.out.println("数据存在！ ");
        }
    }
}
```

程序执行结果：　　　　数据存在！

本程序直接利用 Stream 数据流中的 anyMatch() 方法结合断言型函数式接口的操作，判断是否存在指定的数据，如果存在数据则进行信息提示。

不管使用 allMatch() 或 anyMatch() 方法，都只能接收一种数据验证条件，如果要同时匹配多个条件，则可以利用 or() 或 and() 方法实现逻辑操作。

范例 13-31：设置多个条件。

```
package com.yootk.demo;
import java.util.ArrayList;
import java.util.List;
import java.util.function.Predicate;
import java.util.stream.Stream;
public class TestDemo {
    public static void main(String[] args) throws Exception {
        List<String> all = new ArrayList<String>();        // 实例化 List 集合接口
        all.add("www.JIXIANIT.com");                        // 保存数据，大写字母
        all.add("www.yootk.com");                           // 保存数据
        all.add("www.yootk.com");                           // 保存数据
        all.add("www.mldn.cn");                             // 保存数据
        all.add("www.mldn.cn");                             // 保存数据
        Predicate<String> p1 = (x) -> x.contains("yootk") ; // 断言型接口方法引用
        Predicate<String> p2 = (x) -> x.contains("mldn") ;  // 断言型接口方法引用
        Stream<String> stream = all.stream() ;              // 取得 Stream 类的对象
```

```
        if (stream.anyMatch(p1.or(p2))) {                    // 两个条件有一个满足即可
            System.out.println("数据存在！");
        }
    }
}
```

程序执行结果：　　　　数据存在！

本程序使用两个断言型的函数式接口，利用 or() 方法进行连接，这样就可以实现多个条件的判断。

13.10.2　MapReduce

MapReduce 是一种进行大数据操作的开发模型，在 Stream 数据流中也提供了类似的实现，其中有以下两个重要方法。

- 数据处理方法：public <R> Stream<R> map(Function<? super T,? extends R> mapper);
- 数据分析方法：public Optional<T> reduce(BinaryOperator<T> accumulator)。

在实际使用中，可以先使用 map() 方法针对数据进行处理，再利用 reduce() 对数据进行分析。下面通过 3 个具体的范例来介绍此操作的使用。

提示：关于 BinaryOperator 接口的说明。
　　BinaryOperator 是 BiFunction 的子接口，也属于功能型的函数式接口。在这个接口里面定义了一个 apply() 方法（public R apply(T t, U u)）。

下面模拟一个网站用户购买数据的记录分析，为了可以保存相关的数据记录，可以将购买的商品信息保存在一个 Orders 类中。

范例 3-32： 实现一个 MapReduce。

```
package com.yootk.demo;
import java.util.ArrayList;
import java.util.List;
class Orders {
    private String pname ;          // 商品名称
    private double price ;          // 商品单价
    private int amount ;            // 购买数量
    public Orders(String pname, double price, int amount) {
        this.pname = pname ;
        this.price = price ;
        this.amount = amount ;
    }
    public String getPname() {
        return pname;
    }
    public int getAmount() {
        return amount;
    }
    public double getPrice() {
```

```
            return price;
    }
}
public class TestDemo {
    public static void main(String[] args) throws Exception {
        List<Orders> all = new ArrayList<Orders>();
        all.add(new Orders("Java 开发实战经典", 79.8, 200));          // 添加购买记录
        all.add(new Orders("JavaWeb 开发实战经典", 69.8, 500));       // 添加购买记录
        all.add(new Orders("Android 开发实战经典", 89.8, 300));       // 添加购买记录
        all.add(new Orders("Oracle 开发实战经典", 99.0, 800));        // 添加购买记录
        all.stream().
            map((x) -> x.getAmount() * x.getPrice()).           // 用于实现每件商品总价的计算
            forEach(System.out::println);                       // 输出每一个商品的总价
    }
}
程序执行结果：     15960.0
                 34900.0
                 26940.0
                 79200.0
```

本类设计时专门设计出了商品的单价与数量，这样如果要取得某一个商品的花费就必须使用数量乘以单价。而这些操作可以利用 Stream 接口中的 map() 方法进行处理，而后利用 forEach() 方法就可以输出每一件商品总的花费。

范例 13-32 实现了一个简单的 map() 操作，针对每一个数据分别进行了处理，但是只是将处理的结果进行了输出。如果要对 map() 处理后的数据进行统计操作，则可以利用 reduce() 方法完成。

范例 13-33：统计处理数据。

```
public class TestDemo {
    public static void main(String[] args) throws Exception {
        List<Orders> all = new ArrayList<Orders>();
        all.add(new Orders("Java 开发实战经典", 79.8, 200));          // 添加购买记录
        all.add(new Orders("JavaWeb 开发实战经典", 69.8, 500));       // 添加购买记录
        all.add(new Orders("Android 开发实战经典", 89.8, 300));       // 添加购买记录
        all.add(new Orders("Oracle 开发实战经典", 99.0, 800));        // 添加购买记录
        double allPrice = all.stream().
            map((x) -> x.getAmount() * x.getPrice()).           // 用于实现每件商品总价的计算
            reduce((sum, m) -> sum + m).get();                  // 输出每一个商品的总价
        System.out.println("购买图书总价: " + allPrice);
    }
}
程序执行结果：          购买图书总价：157000.0
```

本程序针对每件商品所花费的总价利用 reduce() 方法进行了求和运算，然后利用 Lambda 表达式实现了数据结果的累加操作。

范例 13-33 只是实现了一个最简单的 MapReduce，所完成的统计功能也过于有限，如果要实现更完善的统计操作，需要使用 Stream 接口里面定义的以下方法。

- 按照 Double 进行数据处理：public DoubleStream mapToDouble(ToDoubleFunction<? super T> mapper)；
- 按照 Int 进行数据处理：public IntStream mapToInt(ToIntFunction<? super T> mapper)；
- 按照 Long 进行数据处理：public LongStream mapToLong(ToLongFunction<? super T> mapper)。

以上列出的 3 种数据类型的处理方法中分别返回了 DoubleStream、IntStream、LongStream 接口实例，实际上这些接口与 Stream 接口都属于 BaseStrem 的子接口。数据流继承结构如图 13-9 所示。

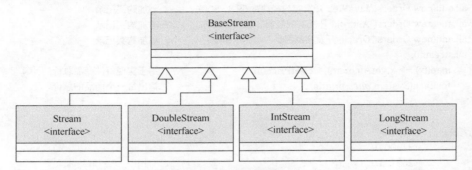

图 13-9　数据流继承结构

在给出的 DoubleStream、IntStream、LongStream 接口中分别提供了以下数据统计的操作方法。

- DoubleStream 提供的数据统计方法：public DoubleSummaryStatistics summaryStatistics()；
- IntStream 提供的数据统计方法：public IntSummaryStatistics summaryStatistics()；
- LongStream 提供的数据统计方法：public LongSummaryStatistics summaryStatistics()。

以 DoubleStream 接口中返回的 DoubleSummaryStatistics 类为例，在此类中提供了表 13-13 所示的操作方法来实现数据的统计操作。

表 13-13　DoubleSummaryStatistics 类提供的数据统计方法

No.	方法	类型	描述
1	public final double getSum()	普通	求和
2	public final double getAverage()	普通	求平均值
3	public final long getCount()	普通	求数量
4	public final double getMax()	普通	求最大值
5	public final double getMin()	普通	求最小值

范例 13-34：实现数据的统计操作。

```
public class TestDemo {
    public static void main(String[] args) throws Exception {
        List<Orders> all = new ArrayList<Orders>();
        all.add(new Orders("Java 开发实战经典", 79.8, 200));        // 添加购买记录
        all.add(new Orders("JavaWeb 开发实战经典", 69.8, 500));     // 添加购买记录
        all.add(new Orders("Android 开发实战经典", 89.8, 300));     // 添加购买记录
```

```
        all.add(new Orders("Oracle 开发实战经典", 99.0, 800));       // 添加购买记录
        DoubleSummaryStatistics dss = all.stream()
                .mapToDouble((sc) -> sc.getAmount() * sc.getPrice())  // 数据处理
                .summaryStatistics();                                 // 进行数据统计
        System.out.println("商品个数: " + dss.getCount());
        System.out.println("总花费: " + dss.getSum());
        System.out.println("平均花费: " + dss.getAverage());
        System.out.println("最高花费: " + dss.getMax());
        System.out.println("最低花费: " + dss.getMin());
    }
}
程序执行结果:    商品个数: 4
                总花费: 157000.0
                平均花费: 39250.0
                最高花费: 79200.0
                最低花费: 15960.0
```

本程序实现了集合中保存数据的分析统计操作,由于计算的数据中会包含小数,所以使用了 DoubleSummaryStatistics 类进行数据统计操作。

本章小结

1. 类集的目的是创建动态的对象数组操作。

2. Collection 接口是类集中最大单值操作的父接口,但是一般开发中不会直接使用此接口,而常使用 List 或 Set 接口。

3. List 接口扩展了 Collection 接口,里面的内容是允许重复的。

4. List 接口的常用子类是 ArrayList 和 Vector。在开发中 ArrayList 性能较高,属于异步处理;而 Vector 性能较低,属于同步处理。

5. Set 接口与 Collection 接口的定义一致,里面的内容不允许重复,依靠 Object 类中的 equals() 和 hashCode() 方法来区分是否是同一个对象。

6. Set 接口的常用子类是 HashSet 和 TreeSet。HashSet 是散列存放,没有顺序;TreeSet 是顺序存放,使用 Comparable 进行排序操作。

7. 集合的输出要使用 Iterator 接口完成,Iterator 属于迭代输出接口。

8. 在 JDK 1.5 之后集合也可以使用 foreach 的方式输出。

9. Enumeration 属于最早的迭代输出接口,现在基本上很少使用,在类集中 Vector 类可以使用 Enumeration 接口进行内容的输出。

10. List 集合的操作可以使用 ListIterator 接口进行双向的输出操作。

11. Map 接口可以存放一对内容,所有的内容以 "key = value" 的形式保存,每一对 "key = value" 都是一个 Map.Entry 对象的实例。

12. Map 中的常用子类是 HashMap、Hashtable。HashMap 属于异步处理,性能较高;Hashtable 属于同步处理,性能较低。

13. 类集中提供了 Collections 工具类完成类集的相关操作。

14. Stack 类可以完成先进后出的操作。

15. Properties 类属于属性操作类，使用属性操作类可以直接操作属性文件。

课后习题

一、填空题

1. 在类集中存放单值的最大父接口是_____，存放一对值的最大父接口是_____。

2. _____接口保存的数据是不允许重复的，并且_____子类是可以排序的，根据_____排序。

3. Java 类集可以使用的输出方式是_____、_____、_____和_____。

4. 在 Java 中实现栈操作的类是_____。

二、选择题

1. 下面（　　）不是 Collection 的子类。

   A. ArrayList　　　B. Vector　　　C. HashMap　　　D. TreeSet

2. HashSet 子类依靠（　　）方法区分重复元素。

   A. toString()、equals()　　　　　　B. clone()、equals()

   C. hashCode()、equals()　　　　　　D. getClass()、clone()

三、判断题

1. List 接口中的内容是不能重复的。　　　　　　　　　　　　　　　　　　　　（　　）

2. TreeSet 是排序类。　　　　　　　　　　　　　　　　　　　　　　　　　　（　　）

3. Set 接口的内容可以使用 Enumeration 接口进行输出。　　　　　　　　　　　（　　）

4. Map 接口的内容可以使用 ListIterator 接口进行输出。　　　　　　　　　　　（　　）

四、简答题

1. 简述 ArrayList 和 Vector 的区别。

2. 简述 HashMap 及 Hashtable 的区别。

3. Set 集合中的内容是不允许重复的，Java 依靠什么来判断重复对象？

4. TreeSet 类是允许排序的，Java 依靠什么进行对象的排序操作？

5. 简述 Collection 和 Collections 的区别。

五、编程题

使用类集实现以下数据表和简单 Java 类的映射实现。

部门		
部门编号	NUMBER(2)	\<pk\>
部门名称	VARCHAR2(10)	
位置	VARCHAR2(10)	

FK_DEPTNO

雇员		
雇员编号	NUMBER(4)	\<pk\>
部门编号	NUMBER(2)	\<fk\>
姓名	VARCHAR2(10)	
职位	VARCHAR2(9)	
领导	NUMBER(4)	
基本工资	NUMBER(7,2)	
佣金	NUMBER(7,2)	

第 14 章

Java 数据库编程

通过本章的学习可以达到以下目标：

■ 了解 JDBC 的概念以及 4 种驱动分类

■ 可以使用 JDBC 进行 Oracle 数据库的开发

■ 可以使用 DriverManager、Connection、PreparedStatement、ResultSet 对数据库进行增、删、改、查操作

■ 掌握事务的概念以及 JDBC 对事务的支持

在软件开发中几乎都需要程序对数据库进行数据操作。而 Java 为了可以方便地实现数据库的操作，提供了一套 JDBC 开发规范。本章将为读者讲解 JDBC 的具体使用。

提示：读者需要掌握 SQL 语法。

如果要学习 JDBC 开发技术，读者一定要懂得 SQL 语法，同时考虑到实际的项目开发情况，本节将使用 Oracle 数据库进行讲解，对于此数据库的使用还不清楚的读者可以参考作者的《名师讲坛——Oracle 开发实战经典》一书进行学习。

14.1　JDBC 简介

Java 数据库连接技术（Java Database Connective，JDBC）是由 Java 提供的一组与平台无关的数据库的操作标准，其本身由一组类与接口组成，并且在操作中将按照严格的顺序执行。由于数据库属于资源操作，所以所有的数据库操作的最后必须要关闭数据库连接。

JDBC 简介

在 JDBC 技术范畴规定了以下 4 种 Java 数据库操作的形式。

1. JDBC-ODBC 桥接技术

Windows 中的开放数据库连接（Open Database Connectivity，ODBC）是由微软提供的数据库编程接口。JDBC-ODBC 桥接技术是先利用 ODBC 技术作为数据库的连接方式，再利用 JDBC 进行 ODBC 的连接，以实现数据库的操作。此类操作由于中间会使用 ODBC，所以性能较差，但是此种方式不需要进行任何第三方开发包配置，所以使用较为方便。

2. JDBC 本地驱动

JDBC 本地驱动是由不同的数据库生产商根据 JDBC 定义的操作标准实现各自的驱动程序，程序可以直接通过 JDBC 进行数据库的连接操作。该操作性能较高，但是需要针对不同的数据库配置与之匹配的驱动程序。

3. JDBC 网络驱动

JDBC 网络驱动将利用特定的数据库连接协议进行数据库的网络连接，这样可以连接任何一个指定服务器的数据库，使用起来较为灵活，在实际开发中被广泛使用。

4. JDBC 协议驱动

JDBC 协议驱动是利用 JDBC 提供的协议标准，将数据库的操作以特定的网络协议的方式进行处理。

14.2　连接 Oracle 数据库

连接 Oracle 数据库

如果要进行数据库的连接操作，那么要使用 java.sql 包中提供的程序类，此包提供了以下核心类与接口。

- java.sql.DriverManagers 类：提供数据库的驱动管理，主要负责数据库的连接对象取得；
- java.sql.Connection 接口：用于描述数据库的连接，并且可以通过此接口关闭连接；
- java.sql.Statement 接口：数据库的操作接口，通过连接对象打开；
- java.sql.PreparedStatement 接口：数据库预处理操作接口，通过连接对象打开；
- java.sql.ResultSet 接口：数据查询结果集描述，通过此接口取得查询结果。

在实际的操作中 JDBC 的操作步骤具体分为如下四步。

（1）向容器中加载数据库驱动程序。

所有的 JDBC 都是由各个不同的数据库生产商提供的数据库驱动程序，这些驱动程序都是以*.jar 文件的方式给出的，所以如果要使用 JDBC 就要先为其配置 CLASSPATH，再设置驱动程序的类名称（包.类）。

如果要使用命令行的方式进行代码的开发，则需要在 CLASSPATH 中配置 Oracle 驱动程序路径：E:\app\mldn\product\11.2.0\dbhome_1\jdbc\lib\ojdbc6.jar；如图 14-1 所示。而如果要通过 Eclipse 进行开发，则需要在 "Java Build Path" 中添加此 jar 文件的路径，如图 14-2 所示。

图 14-1　在 CLASSPATH 中设置路径

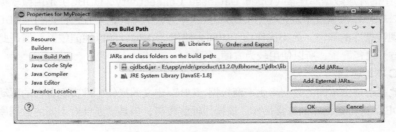

图 14-2　在 Eclipse 中配置开发包

（2）通过 DriverManager 类根据指定的数据库连接地址、用户名、密码取得数据库连接。

如果要想连接数据库需要提供以下的 3 个信息（前提：数据库服务要打开）。

- 数据库的连接地址：jdbc:oracle:连接方式:@主机名称:端口名称:数据库的 SID；
- |– 要连接本机的 yootk 数据库：jdbc:oracle:thin:@localhost:1521:yootk；
- 数据库的用户名：scott；
- 数据库的密码：tiger。

要连接数据库必须依靠 DriverManager 类完成，在此类定义的方法为：public static **Connection** getConnection(String url, String user, String password) throws SQLException；

在 JDBC 里面，每一个数据库连接都要求使用一个 Connection 接口对象进行封装，所以只要有一个新的 Connection 对象就表示要连接一次数据库。

（3）利用 Statement、PreparedStatement、ResultSet 实现数据的 CRUD 操作。

利用 Connection 接口中的 createStatement() 方法可以创建 Statement 接口对象，利用 prepareStatement() 方法可以创建 PreparedStatement 接口对象，利用这两个接口对象可以与 SQL 语句结合实现数据库的数据操作。

（4）释放占用的资源。

Connection、Statement、PreparedStatement、ResultSet 4 个接口都是 AutoCloseable 的子接口，在这 4 个接口中都提供了 close() 方法，在数据库操作完毕可以使用 close() 方法（public void close() throws SQLException）关闭所有的数据库操作。

注意：只关闭连接即可。

虽然 4 个 JDBC 操作的核心接口中都提供了 close() 方法，但是只要连接关闭，所有的操作就自然进行资源释放，也就是说在编写代码的最后，只需要调用 Connection 接口的 close() 方法就可以释放全部资源。

如果不进行数据库中数据的操作，只需要进行数据库的连接操作，则只需要按照（1）（2）（4）的方式，利用 DriverManager 类与 Connection 接口即可实现操作。

范例 14-1：连接数据库。

```
package com.yootk.demo;
import java.sql.Connection;
import java.sql.DriverManager;
public class TestDemo {
    private static final String DBDRIVER = "oracle.jdbc.driver.OracleDriver" ;
    private static final String DBURL = "jdbc:oracle:thin:@localhost:1521:yootk" ;
    private static final String USER = "scott" ;
    private static final String PASSWORD = "tiger" ;
    public static void main(String[] args) throws Exception {
        // 第一步：加载数据库驱动程序，此时不需要实例化，因为会由容器自己负责管理
        Class.forName(DBDRIVER) ;
        // 第二步：根据连接协议、用户名、密码连接数据库
        Connection conn = DriverManager.getConnection(DBURL, USER, PASSWORD) ;
        System.out.println(conn);         // 输出数据库连接
```

```
        conn.close();                        // 第四步：关闭数据库
    }
}
程序执行结果：        oracle.jdbc.driver.T4CConnection@2d38eb89
```

　　本程序按照给定的操作步骤实现了数据库的连接操作，连接时首先会利用反射进行驱动程序的加载，然后利用 DriverManager 类中的 getConnection()方法就可以取得 Connection 接口对象，而在程序运行的最后一定要使用 close()方法关闭连接，从而释放数据库资源。

　　通过范例 14-1 程序的分析可以发现，DriverManager 类主要功能是取得数据库连接，这一操作实质上属于工厂设计模式，而 DriverManager 就属于工厂类，如图 14-3 所示。

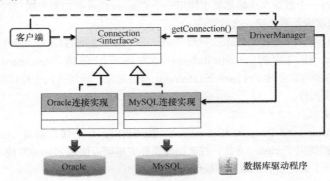

图 14-3　数据库连接操作

14.3　Statement 接口

Statement 接口

　　当取得了数据库连接对象后，就意味着可以进行数据库操作了，而数据库中的数据操作可以使用 Statement 接口完成。

　　如果要取得 Statement 接口的实例化对象则需要依靠 Connection 接口提供的方法完成。

- 取得 Statement 接口对象：public Statement createStatement() throws SQLException。

　　当取得了 Statement 接口对象后可以使用以下两个方法实现数据库操作。

- 数据更新：public int executeUpdate(String sql) throws SQLException，返回更新行数；
- 数据查询：public ResultSet executeQuery(String sql) throws SQLException。

　　为了便于读者理解，下面编写一个数据库创建脚本，同时在此脚本中将包含各常用的数据类型：NUMBER、VARCHAR2、DATE、CLOB，而对于主键将采用 Oracle 序列的方式进行处理。

　　范例 14-2：编写数据库创建脚本。

```
DROP TABLE member PURGE ;
DROP SEQUENCE myseq ;
CREATE SEQUENCE myseq ;
CREATE TABLE member(
    mid            NUMBER ,
```

```
name            VARCHAR2(20) ,
birthday        DATE            DEFAULT SYSDATE ,
age             NUMBER(3) ,
note            CLOB ,
CONSTRAINT pk_mid PRIMARY KEY(mid)
) ;
```

本脚本分别创建了一个序列和一个数据表对象，对于数据表中的 mid 字段内容，将在执行 INSERT 语句时利用“myseq.nextval”伪列的值进行设置。

14.3.1　数据更新操作

数据更新操作主要分为增加、修改、删除 3 种，在 Statement 接口中这 3 种操作都统一使用 executeUpdate() 方法执行，并且执行后会返回更新的数据行数，如果没有数据更新则更新行数返回为 0。这样在实际开发中，就可以根据返回的更新行数来判断此更新操作是否成功。

增加数据 SQL 语法如下。

范例 14-3：数据增加。

```
INSERT INTO 表名称 (列,列,...) VALUES (值，值,....)
package com.yootk.demo;
import java.sql.Connection;
import java.sql.DriverManager;
import java.sql.Statement;
public class TestDemo {
    private static final String DBDRIVER = "oracle.jdbc.driver.OracleDriver" ;
    private static final String DBURL = "jdbc:oracle:thin:@localhost:1521:yootk" ;
    private static final String USER = "scott" ;
    private static final String PASSWORD = "tiger" ;
    public static void main(String[] args) throws Exception {
        // 第一步：加载数据库驱动程序，此时不需要实例化，因为会由容器自己负责管理
        Class.forName(DBDRIVER) ;
        // 第二步：根据连接协议、用户名、密码连接数据库
        Connection conn = DriverManager.getConnection(DBURL, USER, PASSWORD) ;
        // 第三步：进行数据库的数据操作
        Statement stmt = conn.createStatement() ;
        // 在编写SQL的过程里面，如果太长需要增加换行，一定要在前后加上空格
        String sql = " INSERT INTO member(mid,name,birthday,age,note) VALUES "
            + " (myseq.nextval,'优拓', TO_DATE('1987-09-15','yyyy-mm-dd'),17,'www.yootk.com')" ;
        int len = stmt.executeUpdate(sql) ;  // 执行SQL返回更新的数据行
        System.out.println("影响的数据行：" + len);
        // 第四步：关闭数据库
        stmt.close();          // 本操作是可选的，在数据库连接已关闭时自动关闭
        conn.close();
    }
}
程序执行结果：          影响的数据行：1
```

本程序首先利用 Connection 接口对象创建了 Statement 接口对象，然后利用 Statement 接口对象

执行了 INSERT 语句，同时输出本次更新操作影响的数据行数，由于增加数据只更新了一条数据，所以更新行数为 1。数据执行后可以进行数据表的查询，查询结果如图 14-4 所示。

图 14-4　数据增加后的 member 表数据

修改数据 SQL 语法如下。

范例 14-4：数据修改。

```
UPDATE 表名称 SET 字段=值 , .... WHERE 更新条件(s)
package com.yootk.demo;
import java.sql.Connection;
import java.sql.DriverManager;
import java.sql.Statement;
public class TestDemo {
    private static final String DBDRIVER = "oracle.jdbc.driver.OracleDriver" ;
    private static final String DBURL = "jdbc:oracle:thin:@localhost:1521:yootk" ;
    private static final String USER = "scott" ;
    private static final String PASSWORD = "tiger" ;
    public static void main(String[] args) throws Exception {
        // 第一步：加载数据库驱动程序，此时不需要实例化，因为会由容器自己负责管理
        Class.forName(DBDRIVER) ;
        // 第二步：根据连接协议、用户名、密码连接数据库
        Connection conn = DriverManager.getConnection(DBURL, USER, PASSWORD) ;
        // 第三步：进行数据库的数据操作
        Statement stmt = conn.createStatement() ;
        // 在编写SQL的过程里面，如果太长需要增加换行，一定要在前后加上空格
        String sql = "UPDATE member SET name='李兴华',birthday=SYSDATE,age=30 "
                + " WHERE mid IN(3,5,7,9,11)";
        int len = stmt.executeUpdate(sql) ;         // 执行SQL返回更新的数据行
        System.out.println("影响的数据行：" + len);
        // 第四步：关闭数据库
        stmt.close();                               // 本操作是可选的，在数据库连接已关闭时自动关闭
        conn.close();
    }
}
```

程序执行结果：　　　影响的数据行：5

本程序首先将 INSERT 语句更换为 UPDATE 语句，然后继续使用 Statement 接口中的 executeUpdate()语句执行该 SQL 语句，由于有 5 条数据满足此次更新要求，所以最后返回更新行数为 5。更新完成后相应的数据内容如图 14-5 所示。

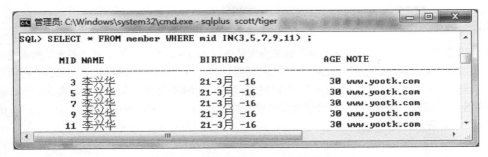

图 14-5　数据更新后 member 表中的数据

删除数据 SQL 语法如下。

范例 14-5：删除数据。

```
DELETE FROM 表名称  WHERE 删除条件(s)
package com.yootk.demo;
import java.sql.Connection;
import java.sql.DriverManager;
import java.sql.Statement;
public class TestDemo {
    private static final String DBDRIVER = "oracle.jdbc.driver.OracleDriver";
    private static final String DBURL = "jdbc:oracle:thin:@localhost:1521:yootk";
    private static final String USER = "scott";
    private static final String PASSWORD = "tiger";
    public static void main(String[] args) throws Exception {
        // 第一步：加载数据库驱动程序，此时不需要实例化，因为会由容器自己负责管理
        Class.forName(DBDRIVER);
        // 第二步：根据连接协议、用户名、密码连接数据库
        Connection conn = DriverManager.getConnection(DBURL, USER, PASSWORD);
        // 第三步：进行数据库的数据操作
        Statement stmt = conn.createStatement();
        // 在编写SQL的过程里面，如果太长需要增加换行，一定要在前后加上空格
        String sql = "DELETE FROM member WHERE mid IN(3,5,7,9,11)";
        int len = stmt.executeUpdate(sql);         // 执行SQL返回更新的数据行
        System.out.println("影响的数据行：" + len);
        // 第四步：关闭数据库
        stmt.close();                   // 本操作是可选的，在数据库连接已关闭时自动关闭
        conn.close();
    }
}
```

程序执行结果：　　　　　　影响的数据行：5

本程序在删除数据时使用了 IN 限定符，这样将删除 5 条记录，所以 executeUpdate() 方法返回的影响的数据行数为 5。

14.3.2　数据查询

每当使用 SELECT 进行查询时会将所有的查询结果返回给用户显示，而显示的基本结构就是表的形式，可是如果要进行查询，这些查询的结果应该返回给程序，并由用户来进行处理，那么就必须有一种类型可以接收所有的返回结果。在数据库里面虽然可能有几百张数据表，但是整个数据表的组成数据类型都是固定的，所以在 ResultSet 设计的过程中按照数据类型的方式来保存返回数据。ResultSet 的工作流程如图 14-6 所示。

在 java.sql.ResultSet 接口里面定义了以下两种方法。

- 向下移动指针并判断是否有数据行：public boolean next() throws SQLException；
- |- 移动后可以直接取得当前数据行中所有数据列的内容；
- 取出数据列的内容：getInt()、getDouble()、getString()、getDate()。

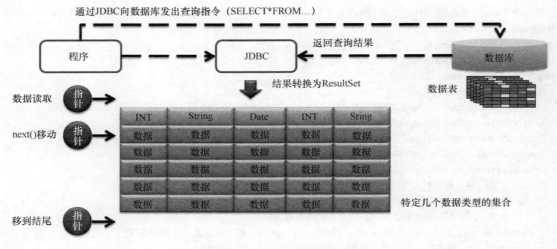

图 14-6　ResultSet 的工作流程

范例 14-6： 实现数据的查询。

```java
package com.yootk.demo;
import java.sql.Connection;
import java.sql.DriverManager;
import java.sql.ResultSet;
import java.sql.Statement;
import java.util.Date;
public class TestDemo {
    private static final String DBDRIVER = "oracle.jdbc.driver.OracleDriver" ;
    private static final String DBURL = "jdbc:oracle:thin:@localhost:1521:yootk" ;
    private static final String USER = "scott" ;
    private static final String PASSWORD = "tiger" ;
    public static void main(String[] args) throws Exception {
```

```
    // 第一步：加载数据库驱动程序，此时不需要实例化，因为会由容器自己负责管理
    Class.forName(DBDRIVER) ;
    // 第二步：根据连接协议、用户名、密码连接数据库
    Connection conn = DriverManager.getConnection(DBURL, USER, PASSWORD) ;
    // 第三步：进行数据库的数据操作
    Statement stmt = conn.createStatement() ;
    // 在编写SQL的过程里面，如果太长需要增加换行，一定要在前后加上空格
    String sql = "SELECT mid,name,age,birthday,note FROM member" ;
    ResultSet rs = stmt.executeQuery(sql) ;         // 实现数据查询
    while (rs.next()) {                             // 循环取出返回的每一行数据
        int mid = rs.getInt("mid") ;                // 取出mid字段内容
        String name = rs.getString("name") ;        // 取出name字段内容
        int age = rs.getInt("age") ;                // 取出age字段内容
        Date birthday = rs.getDate("birthday") ;    // 取出birthday字段内容
        String note = rs.getString("note") ;        // 取出note字段内容
        System.out.println(mid + ", " + name + ", " + age + ", " + birthday + ", " + note);
    }
    rs.close();
    stmt.close();
    conn.close();                                   // 第四步：关闭数据库
    }
}
程序执行结果：    2, 优拓，17, 1987-09-15, www.yootk.com
                 6, 优拓，17, 1987-09-15, www.yootk.com
                （后面显示数据省略...）
```

本程序由于要执行查询语句，所以直接使用了 Statement 接口中的 executeQuery()方法，而后查询结果将以 ResultSet 对象形式返回。在 ResultSet 中首先利用迭代方式取出每一行数据，然后利用 getXxx() 形式的方法根据指定的列名称取得相应的数据。

注意：关于 ResultSet 的使用的忠告。

随着 JDBC 技术的不断发展与完善，用户在使用上也更加灵活。但是考虑到技术发展的因素，本书对读者在使用 ResultSet 接口对象操作给出如下忠告。

- 在编写查询语句时不允许出现 "SELECT *" 之类的语句，必须明确地给出查询字段；
- 在使用 getXxx()取出列数据时，强烈建议按照给定的字段顺序取出；
- 每一个列的数据只能按照顺序取一次。

虽然不使用以上建议也不影响代码开发，但是考虑到代码的合理结构，本书强烈建议读者遵守此规定。

利用范例 14-6 的方式已经可以取出查询结果中对应的数据，但是在进行查询时也会发现另外一个问题：在程序中已经明确地在 SELECT 子句中出现了查询字段："SELECT mid,name,age,birthday, note"，但是在取得数据列内容时还重复设置了要取得的列名称（例如："rs.getInt("mid")" 或

"rs.getString("name")"），这样的做法会有些重复。所以在 ResultSet 接口中，当利用 getXxx() 形式取出列数据时，可以根据 SELECT 子句出现列的顺序编号取出，例如：mid 列是第 1 个取出来的，name 列是第 2 个取出来的，依次类推。

范例 14-7：修改 ResultSet 读取数据的方法（代码片段。

```
ResultSet rs = stmt.executeQuery(sql) ;        // 实现数据查询
while (rs.next()) {                            // 循环取出返回的每一行数据
    int mid = rs.getInt(1) ;                   // 取出 mid 字段内容
    String name = rs.getString(2) ;            // 取出 name 字段内容
    int age = rs.getInt(3) ;                   // 取出 age 字段内容
    Date birthday = rs.getDate(4) ;            // 取出 birthday 字段内容
    String note = rs.getString(5) ;            // 取出 note 字段内容
    System.out.println(mid + ", " + name + ", " + age + ", " + birthday + ", " + note);
}
```

本程序在取出数据时并没有使用列名称，而是根据查询列的顺序取出所要的数据，这样的做法较为方便，本书在以后的讲解中也将采用此类代码形式操作。

14.4　PreparedStatement 接口

PreparedStatement
接口

虽然 java.sql.Statement 接口可以实现数据库中数据的操作，但是其本身却存在一个致命的问题：如果传入数据要采用拼凑 SQL 的形式完成，这样会为程序带来严重的安全隐患。为了解决这样的问题，在 java.sql 包中定义了一个 Statement 的子接口——PreparedStatement 接口。

14.4.1　Statement 接口问题

为了帮助读者更好地理解 Statement 数据的操作问题，下面将利用 Statement 接口实现数据的增加操作，但是此时增加的数据并不是直接定义在字符串中，而是利用变量进行设置（模拟数据输入）。

范例 14-8：以数据增加操作为例观察 Statement 接口的问题。

```
package com.yootk.demo;
import java.sql.Connection;
import java.sql.DriverManager;
import java.sql.Statement;
public class TestDemo {
    private static final String DBDRIVER = "oracle.jdbc.driver.OracleDriver" ;
    private static final String DBURL = "jdbc:oracle:thin:@localhost:1521:yootk" ;
    private static final String USER = "scott" ;
    private static final String PASSWORD = "tiger" ;
    public static void main(String[] args) throws Exception {
        String name = "Mr'SMITH";                      // 增加的name数据
        String birthday = "1998-10-10" ;               // 增加的birthday数据，暂时使用String类型
        int age = 18 ;                                 // 增加的age数据
        String note = "www.yootk.com" ;                // 增加的note数据
        Class.forName(DBDRIVER) ;                      // 加载驱动程序
```

```
        Connection conn = DriverManager.getConnection(DBURL, USER, PASSWORD) ;   // 连接数据库
        Statement stmt = conn.createStatement() ;          // 创建Statement接口对象
        String sql = " INSERT INTO member(mid,name,birthday,age,note) VALUES "
            + "     (myseq.nextval,'" + name   + "',TO_DATE('" + birthday + "','yyyy-mm-dd'),"
            + age + ",'" + note + "')";            // 采用拼凑SQl语句形式，代码混乱
        System.out.println(sql);
        int len = stmt.executeUpdate(sql) ;        // 执行SQL返回更新的数据行
        System.out.println("影响的数据行: " + len);
        conn.close() ;                  // 关闭数据库连接
    }
}
程序执行结果:      INSERT INTO member(mid,name,birthday,age,note) VALUES
                (myseq.nextval,'Mr'SMITH',
                TO_DATE('1998-10-10','yyyy-mm-dd'),18,'www.yootk.com')
                Exception in thread "main" java.sql.SQLSyntaxErrorException: ORA-00917: 缺失逗号
```

本程序执行完成后出现 "SQLSyntaxErrorException"，此时表示 SQL 语句出现了问题，而造成此类问题的原因也很简单，就是 name 保存的数据中存在 "'"，而 "'" 在数据库中用于定义字符串，所以属于标记错乱。也就是说 Statement 执行时都需要拼凑 SQL 语句，所以对于一些敏感的字符操作并不方便。

14.4.2　PreparedStatement 操作

Statement 执行的关键性的问题在于它需要一个完整的字符串来定义要使用的 SQL 语句，所以这就导致在使用中需要大量地进行 SQL 的拼凑。而 PreparedStatement 与 Statement 不同的地方在于，它执行的是一个完整的具备特殊占位标记的 SQL 语句，并且可以动态地设置所需要的数据。

PreparedStatement 属于 Statement 的子接口，但是如果要取得该子接口的实例化对象，依然需要使用 Connection 接口所提供的方法: public PreparedStatement prepareStatement(String sql) throws SQLException。

在此方法中需要传入一个 SQL 语句，这个 SQL 是一个具备特殊标记的完整 SQL，但是此时没有内容，所有的内容都会以占位符 "?" 的形式出现，而当取得了 PreparedStatement 接口对象后需要使用一系列 setXxx() 方法为指定顺序编号（根据 "?" 从 1 开始排序）的占位符设置具体内容，如图 14-7 所示。

图 14-7　PreparedStatement 增加数据

　注意: 关于 Date 的操作。

需要为读者说明的是，java.util.Date 下有 3 个子类，并且都定义在 java.sql 包中，即 java.sql.Date（描述的是日期）、java.sql.Time（描述的是时间）、java.sql.Timestamp（描述的是时间戳）。日期时间类继承结构如图 14-8 所示。

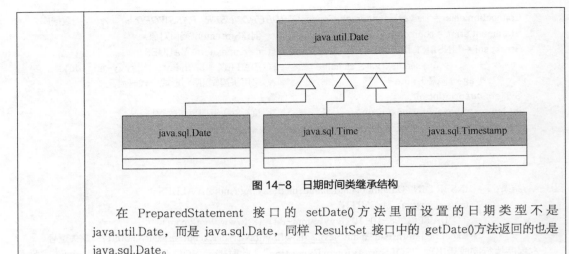

图 14-8　日期时间类继承结构

在 PreparedStatement 接口的 setDate() 方法里面设置的日期类型不是 java.util.Date，而是 java.sql.Date，同样 ResultSet 接口中的 getDate()方法返回的也是 java.sql.Date。

这样在使用 PreparedStatement 接口中的 setDate()方法时就必须将 java.util.Date 变为 java.sql.Date。转换的原则就是利用 java.util.Date 类中的 getTime()方法（public long getTime()）将日期时间变为 long 数据类型，而在 java.sql.Date 类中提供有可以接收 long 数据的构造方法（public Date(long date)）这样就可以实现 Date 类型的转换了。

由于在实例化 PreparedStatement 接口对象时已经设置好了要执行的 SQL 语句，所以对于 PreparedStatement 的数据更新或查询操作就可以通过如下两个方法完成。

- 更新操作：public int executeUpdate() throws SQLException；
- 查询操作：public ResultSet executeQuery() throws SQLException。

范例 14-9：改进数据增加。

```java
package com.yootk.demo;
import java.sql.Connection;
import java.sql.DriverManager;
import java.sql.PreparedStatement;
import java.util.Date;
public class TestDemo {
    private static final String DBDRIVER = "oracle.jdbc.driver.OracleDriver" ;
    private static final String DBURL = "jdbc:oracle:thin:@localhost:1521:yootk" ;
    private static final String USER = "scott" ;
    private static final String PASSWORD = "tiger" ;
    public static void main(String[] args) throws Exception {
        String name = "Mr'SMITH" ;                   // 增加的name数据
        Date birthday = new Date() ;                 // 增加的birthday数据，使用java.util.Date
        int age = 18 ;                               // 增加的age数据
        String note = "www.yootk.com" ;              // 增加的note数据
        Class.forName(DBDRIVER) ;                    // 加载驱动程序
```

```
        Connection conn = DriverManager.getConnection(DBURL, USER, PASSWORD) ;    // 连接数据库
        String sql = " INSERT INTO member(mid,name,birthday,age,note) VALUES "
                + " (myseq.nextval,?,?,?,?)";              // 使用占位符设置预处理数据
        PreparedStatement pstmt = conn.prepareStatement(sql) ;
        pstmt.setString(1, name);                          // 设置第1个占位符 "? "
        pstmt.setDate(2, new java.sql.Date(
                birthday.getTime()));                      // 设置第2个占位符 "? "
        pstmt.setInt(3, age);                              // 设置第3个占位符 "? "
        pstmt.setString(4, note);                          // 设置第4个占位符 "? "
        int len = pstmt.executeUpdate() ;                  // 执行SQL返回更新的数据行
        System.out.println("影响的数据行：" + len);
        conn.close();                                      // 关闭数据库连接
    }
}
```
程序执行结果：   影响的数据行：1

本程序利用 PreparedStatement 接口实现了包含敏感字符的数据更新操作，在程序中首先使用占位符实例化要更新的数据库操作对象，然后利用 setXxx()方法根据索引顺序设置每一个占位符的数据，最后利用 executeUpdate()使数据保存到数据库中，程序执行完毕数据库中的数据如图 14-9 所示。

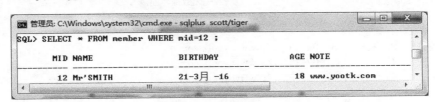

图 14-9　追加的数据

按照同样的方式读者也可以自行实现数据的修改与删除操作。但是从实际的开发来讲，数据的更新操作是较为简单的，而且操作步骤也较为固定，最麻烦的就属于数据的查询操作。考虑到实际开发中 JDBC 技术使用较为广泛，下面将为读者讲解 4 种具有代表性的查询操作。

提示：使用的 SQL 请参考《Oracle 开发实战经典》。
　　在下面要讲解的查询操作中，要使用的大部分 SQL 都来自《Oracle 开发实战经典》一书，如果对此知识不熟悉的读者，建议参考此书进行学习。同时 SQL 对于程序开发有着非常重要的意义，本书也建议读者在进行项目开发前一定要掌握 SQL 语句的使用。

范例 14-10：查询全部数据。

```java
package com.yootk.demo;
import java.sql.Connection;
import java.sql.DriverManager;
import java.sql.PreparedStatement;
import java.sql.ResultSet;
import java.util.Date;
public class TestDemo {
```

```java
private static final String DBDRIVER = "oracle.jdbc.driver.OracleDriver" ;
private static final String DBURL = "jdbc:oracle:thin:@localhost:1521:yootk" ;
private static final String USER = "scott" ;
private static final String PASSWORD = "tiger" ;
public static void main(String[] args) throws Exception {
    Class.forName(DBDRIVER) ;                                      // 加载驱动程序
    Connection conn = DriverManager.getConnection(DBURL, USER, PASSWORD) ;    // 连接数据库
    String sql = "SELECT mid,name,birthday,age,note FROM member ORDER BY mid";
    PreparedStatement pstmt = conn.prepareStatement(sql) ;
    ResultSet rs = pstmt.executeQuery() ;          // 数据查询，不设置占位符
    while (rs.next()) {
        int mid = rs.getInt(1) ;                   // 取出第 1 个数据列内容
        String name = rs.getString(2) ;            // 取出第 2 个数据列内容
        Date birthday = rs.getDate(3) ;            // 取出第 3 个数据列内容
        int age = rs.getInt(4) ;                   // 取出第 4 个数据列内容
        String note = rs.getString(5) ;            // 取出第 5 个数据列内容
        System.out.println(mid + ", " + name + ", " + birthday + ", " + age + ", " + note);
    }
    conn.close();                                  // 关闭数据库连接
}
}
```

程序执行结果：　　2，优拓，1987-09-15，17，www.yootk.com
　　　　　　　　　4，优拓，1987-09-15，17，www.yootk.com
　　　　　　　　　6，优拓，1987-09-15，17，www.yootk.com
　　　　　　　　　（后面显示数据省略……）
　　　　　　　　　12，Mr'SMITH，2016-03-21，18，www.yootk.com

本程序利用 PreparedStatement 接口实现了数据查询操作，由于在定义 SQL 语句时并没有设置占位符的信息，所以也就不需要使用 setXxx()设置数据，实例化 PreparedStatement 接口后直接调用executeQuery()方法将查询结果返回给 ResultSet 输出即可。

　　范例 14-11：模糊查询。

```java
package com.yootk.demo;
import java.sql.Connection;
import java.sql.DriverManager;
import java.sql.PreparedStatement;
import java.sql.ResultSet;
import java.util.Date;
public class TestDemo {
    private static final String DBDRIVER = "oracle.jdbc.driver.OracleDriver" ;
    private static final String DBURL = "jdbc:oracle:thin:@localhost:1521:yootk" ;
    private static final String USER = "scott" ;
    private static final String PASSWORD = "tiger" ;
    public static void main(String[] args) throws Exception {
        String keyWord = "优" ;                                 // 模糊查询关键字
```

```
        Class.forName(DBDRIVER) ;                            // 加载驱动程序
        Connection conn = DriverManager.getConnection(DBURL, USER, PASSWORD) ;   // 连接数据库
        String sql = "SELECT mid,name,birthday,age,note FROM member "
                + " WHERE name LIKE ? ORDER BY mid";          // 此时设置了限定查询与占位符
        PreparedStatement pstmt = conn.prepareStatement(sql) ;
        pstmt.setString(1, "%" + keyWord + "%");              // 设置查询关键字
        ResultSet rs = pstmt.executeQuery() ;                 // 数据查询, 不设置占位符
        while (rs.next()) {
            int mid = rs.getInt(1) ;                          // 取出第1个数据列内容
            String name = rs.getString(2) ;                   // 取出第2个数据列内容
            Date birthday = rs.getDate(3) ;                   // 取出第3个数据列内容
            int age = rs.getInt(4) ;                          // 取出第4个数据列内容
            String note = rs.getString(5) ;                   // 取出第5个数据列内容
            System.out.println(mid + ", " + name + ", " + birthday + ", " + age + ", " + note);
        }
        conn.close();                                         // 关闭数据库连接
    }
}
程序执行结果:     2, 优拓, 1987-09-15, 17, www.yootk.com
                 4, 优拓, 1987-09-15, 17, www.yootk.com
                 6, 优拓, 1987-09-15, 17, www.yootk.com
                （后面显示数据省略……）
```

本程序在 WHERE 子句利用 LIKE 子句实现了数据的模糊查询，由于需要进行模糊匹配，所以设置数据时在关键字的左右加上了 "%"。

在实际开发中，并不能直接查询数据表中的全部记录，所有的查询操作往往都需要结合分页语句一起使用，下面将利用 ROWNUM 伪列实现数据库的分页查询操作。

范例 14-12：数据分页显示。

```
package com.yootk.demo;
import java.sql.Connection;
import java.sql.DriverManager;
import java.sql.PreparedStatement;
import java.sql.ResultSet;
import java.util.Date;
public class TestDemo {
    private static final String DBDRIVER = "oracle.jdbc.driver.OracleDriver" ;
    private static final String DBURL = "jdbc:oracle:thin:@localhost:1521:yootk" ;
    private static final String USER = "scott" ;
    private static final String PASSWORD = "tiger" ;
    public static void main(String[] args) throws Exception {
        String keyWord = "" ;                                 // 不设置关键字表示查询全部
        int currentPage = 2 ;                                 // 当前所在页
        int lineSize = 3 ;                                    // 每页显示行数
        Class.forName(DBDRIVER) ;                             // 加载驱动程序
        Connection conn = DriverManager.getConnection(DBURL, USER, PASSWORD) ;   // 连接数据库
```

```
              String sql = " SELECT * FROM ("
                      + " SELECT mid,name,birthday,age,note,ROWNUM rn "
                      + " FROM member "
                      + " WHERE name LIKE ? AND ROWNUM<=?) temp "
                      + " WHERE temp.rn>? ORDER BY mid";
              PreparedStatement pstmt = conn.prepareStatement(sql) ;
              pstmt.setString(1, "%" + keyWord + "%");          // 设置查询关键字
              pstmt.setInt(2, currentPage * lineSize);          // 分页参数
              pstmt.setInt(3, (currentPage - 1) * lineSize);    // 分页参数
              ResultSet rs = pstmt.executeQuery() ;            // 数据查询，不设置占位符
              while (rs.next()) {
                  int mid = rs.getInt(1) ;                      // 取出第 1 个数据列内容
                  String name = rs.getString(2) ;              // 取出第 2 个数据列内容
                  Date birthday = rs.getDate(3) ;              // 取出第 3 个数据列内容
                  int age = rs.getInt(4) ;                      // 取出第 4 个数据列内容
                  String note = rs.getString(5) ;              // 取出第 5 个数据列内容
                  System.out.println(mid + ", " + name + ", " + birthday + ", " + age + ", " + note);
              }
              conn.close();                                     // 关闭数据库连接
          }
      }
```
程序执行结果：   4，优拓，1987-09-15，17，www.yootk.com
                8，优拓，1987-09-15，17，www.yootk.com
                10，优拓，1987-09-15，17，www.yootk.com

　　本程序实现了基于 Oracle 数据库的数据分页显示，利用 ROWNUM 数据伪列实现了分页查询操作，并且结合了模糊查询（此处没有设置模糊查询关键字，属于查询全部）操作。所以最终显示的结果是第 2 页开始的 4 ~ 6 条记录（每页显示 3 条）。

　　范例 14-13：统计数据量，使用 COUNT() 函数。

```
package com.yootk.demo;
import java.sql.Connection;
import java.sql.DriverManager;
import java.sql.PreparedStatement;
import java.sql.ResultSet;
public class TestDemo {
    private static final String DBDRIVER = "oracle.jdbc.driver.OracleDriver" ;
    private static final String DBURL = "jdbc:oracle:thin:@localhost:1521:yootk" ;
    private static final String USER = "scott" ;
    private static final String PASSWORD = "tiger" ;
    public static void main(String[] args) throws Exception {
        String keyWord = "" ;                          // 不设置关键字表示查询全部
        Class.forName(DBDRIVER) ;                       // 加载驱动程序
        Connection conn = DriverManager.getConnection(DBURL, USER, PASSWORD) ;    // 连接数据库
        String sql = " SELECT COUNT(mid) FROM member WHERE name LIKE ?";
```

```
        PreparedStatement pstmt = conn.prepareStatement(sql) ;
        pstmt.setString(1, "%" + keyWord + "%");              // 设置查询关键字
        ResultSet rs = pstmt.executeQuery() ;                 // 数据查询，不设置占位符
        if (rs.next()) {                                      // COUNT()函数一定会返回结果
            int count = rs.getInt(1) ;                        // 取出第一列
            System.out.println("数据记录个数为：" + count);
        }
        conn.close();                                         // 关闭数据库连接
    }
}
```
程序执行结果：　　　　　数据记录个数为：6

本程序使用 COUNT() 函数并且结合模糊查询实现了数据表中数据记录的统计操作。需要提醒读者的是，COUNT() 函数在数据库统计操作中使用时即使表中没有记录，也会有一个统计的数据 0 作为结果，也就是说此时 ResultSet 接口中的 next() 方法一定会返回 true。

14.5　批处理与事务处理

批处理与事务处理

在之前使用的全部的数据库操作，严格来讲都属于 JDBC 1.0 中规定的操作模式，而最新的 JDBC 是 4.0 版本，但是由于实体层开发框架的普及，大部分开发人员并不会选择使用此版本的开发支持。而从 JDBC 2.0 开始增加了一些新的功能：可滚动的结果集，可以利用结果集执行增加、更新、删除、批处理操作。其中以批处理的操作最为实用。

> **提示：具体操作可以参考《Java 开发实战经典》。**
> 　　　对于 JDBC 2.0 之后提供的可滚动的结果集，可以利用结果集执行增加、更新、删除数据等操作可以参考作者出版的《Java 开发实战经典》一书自行学习。

所谓批处理指的是一次性向数据库中发出多条操作命令，而后所有的 SQL 语句将一起执行。在 Statement 接口与 PreparedStatement 接口中有关于批处理操作的定义如下。

- Statement 接口定义的方法；
- |– 增加批处理语句：public void addBatch(String sql) throws SQLException;
- |– 执行批处理：public int[] executeBatch() throws SQLException;
- |– 返回的数组是包含执行每条 SQL 语句后所影响的数据行数；
- PreparedStatement 接口定义的方法。
- |– 增加批处理：public void addBatch() throws SQLException。

范例 14-14：执行批处理（以 Statement 接口操作为例）。

```
package com.yootk.demo;
import java.sql.Connection;
import java.sql.DriverManager;
import java.sql.Statement;
import java.util.Arrays;
public class TestDemo {
    private static final String DBDRIVER = "oracle.jdbc.driver.OracleDriver" ;
    private static final String DBURL = "jdbc:oracle:thin:@localhost:1521:yootk" ;
```

```
    private static final String USER = "scott" ;
    private static final String PASSWORD = "tiger" ;
    public static void main(String[] args) throws Exception {
        Class.forName(DBDRIVER) ;                          // 加载驱动程序
        Connection conn = DriverManager.getConnection(DBURL, USER, PASSWORD) ;    // 连接数据库
        Statement stmt = conn.createStatement() ;          // 创建数据库操作对象
        stmt.addBatch("INSERT INTO member(mid,name) VALUES (myseq.nextval,'优拓A')");
        stmt.addBatch("INSERT INTO member(mid,name) VALUES (myseq.nextval,'优拓B')");
        stmt.addBatch("INSERT INTO member(mid,name) VALUES (myseq.nextval,'优拓C')");
        stmt.addBatch("INSERT INTO member(mid,name) VALUES (myseq.nextval,'优拓D')");
        stmt.addBatch("INSERT INTO member(mid,name) VALUES (myseq.nextval,'优拓E')");
        int result [] = stmt.executeBatch() ;              // 执行批处理
        System.out.println(Arrays.toString(result));
        conn.close();                                      // 关闭数据库连接
    }
}
```
程序执行结果：   [1, 1, 1, 1, 1]

　　本程序实现了数据的批量增加操作，首先使用 addBatch()方法添加每一条要执行的 SQL 语句，然后利用 executeBatch()方法一次性将所有的更新语句提交到服务器上，此时会返回一个数组，数组中的每一项内容都是该 SQL 语句影响的数据行数。

　　范例 14-14 的代码实现了批处理的数据操作，但是在该程序中会存在一个问题：在正常情况下批处理描述的一定是一组关联的 SQL 操作，而如果执行多条更新语句中有一条语句出现了错误，那么理论上所有的语句都不应该被更新。不过默认情况下在错误语句之前的 SQL 更新都会正常执行，而出错之后的信息并不会执行。为了实现对批量处理操作的支持，可以使用事务来进行控制。

　　JDBC 提供事务处理操作来进行手工的事务控制，所有的操作方法都在 Connection 接口里定义。

- 事务提交：public void commit() throws SQLException；
- 事务回滚：public void rollback() throws SQLException；
- 设置是否为自动提交：public void setAutoCommit(boolean autoCommit) throws SQLException。

范例 14-15：利用事务处理。

```
package com.yootk.demo;
import java.sql.Connection;
import java.sql.DriverManager;
import java.sql.Statement;
import java.util.Arrays;
public class TestDemo {
    private static final String DBDRIVER = "oracle.jdbc.driver.OracleDriver" ;
    private static final String DBURL = "jdbc:oracle:thin:@localhost:1521:yootk" ;
    private static final String USER = "scott" ;
    private static final String PASSWORD = "tiger" ;
    public static void main(String[] args) throws Exception {
        Class.forName(DBDRIVER) ;                          // 加载驱动程序
        Connection conn = DriverManager.getConnection(DBURL, USER, PASSWORD) ;    // 连接数据库
```

```
Statement stmt = conn.createStatement() ;                    // 创建数据库操作对象
conn.setAutoCommit(false) ;                                  // 取消自动提交
try {
stmt.addBatch("INSERT INTO member(mid,name) VALUES (myseq.nextval,'优拓A')");
stmt.addBatch("INSERT INTO member(mid,name) VALUES (myseq.nextval,'优拓B')");
// 此时以下语句出现了错误，由于使用了事务控制，这样所有批处理的更新语句将都不会执行
stmt.addBatch("INSERT INTO member(mid,name) VALUES (myseq.nextval,'优拓'C')");
stmt.addBatch("INSERT INTO member(mid,name) VALUES (myseq.nextval,'优拓D')");
stmt.addBatch("INSERT INTO member(mid,name) VALUES (myseq.nextval,'优拓E')");
int result [] = stmt.executeBatch() ;     // 执行批处理
System.out.println(Arrays.toString(result));
conn.commit() ;                                              // 如果没有错误，进行提交
} catch (Exception e) {
    e.printStackTrace() ;
    conn.rollback() ;                                        // 如果出现异常，则进行回滚
}
conn.close() ;                                               // 关闭数据库连接
    }
}
```

程序执行结果：　　　　java.sql.BatchUpdateException：批处理中出现错误：ORA-00917：缺失逗号

本程序使用批处理进行了数据更新操作，但是很明显第 3 条 SQL 语句出现了错误，所以整体更新操作都将不会提交，这样就保证了数据的完整性。

本章小结

1．JDBC 提供了一套与平台无关的标准数据库操作接口和类，只要是支持 Java 的数据库厂商提供的数据库都可以使用 JDBC 操作。

2．JDBC 的操作步骤如下。

● 加载驱动程序：驱动程序由各个数据库生产商提供；

● 连接数据库：连接时要提供连接路径、用户名、密码；

● 实例化操作：通过连接对象实例化 Statement 或 PreparedStatement 对象；

● 操作数据库：使用 Statement 或 PreparedStatement 操作，如果是查询，则全部的查询结果使用 ResultSet 进行接收。

3．在开发中不要使用 Statement 接口操作，而是要使用 PreparedStatement，这样不仅性能高，而且安全性也高。

4．JDBC 2.0 中提供的最重要特性就是批处理操作，此操作可以让多条 SQL 语句一次性执行完毕。

课后习题

一、填空题

1．能执行数据库更新的操作接口是＿＿＿＿＿＿和＿＿＿＿＿＿。

2．数据库查询结果使用＿＿＿＿＿＿接口保存。

3. JDBC 中通过_____类加载数据库驱动程序。

二、选择题

1. 下列（　　）不是 getConnection() 方法的参数。

    A. 数据库用户名　　　　　　　　B. 数据库的访问密码

    C. JDBC 驱动器的版本　　　　　　D. 连接数据库的 URL

2. Statement 接口中的 executeQuery(String sql) 方法返回的数据类型是（　　）。

    A. Statement 接口实例　　　　　　B. Connection 接口实例

    C. DatabaseMetaData 类的对象　　D. ResultSet 类的对象

3. 下列不属于更新数据库操作的步骤的一项是（　　）。

    A. 加载 JDBC 驱动程序　　　　　　B. 定义连接的 URL

    C. 执行查询操作　　　　　　　　　D. 执行更新操作

三、判断题

1. JDBC 的驱动程序要在 classpath 中进行配置。　　　　　　　　　　（　　）

2. PreparedStatement 是 Statement 的子接口，使用 PreparedStatement 要比使用 Statement 性能更高。　　　　　　　　　　　　　　　　　　　　　　　　（　　）

第四部分

设计开发

- 程序分层思想
- DAO 设计模式
- 数据库关系模型

第 15 章

DAO 设计模式

通过本章的学习可以达到以下目标：
- 理解软件设计分层的概念，以及业务层和数据层的划分
- 深刻理解简单 Java 类在实际开发中的作用
- 使用 DAO 设计模式实现单表映射以及泛型应用

本书已经讲解了 Java SE 中的若干个基本概念，那么这些概念如何在实际开发中使用呢？为了解决这一问题，本章将为读者讲解一个 Java EE 的核心设计模式——DAO 设计模式。

 提示：本部分建议以视频学习为主。

　　本部分的操作代码较多，考虑到学习效果，建议读者还是以本书附赠的视频学习为主。要提醒读者的是，对于前面章节讲解的内容如果有不清楚的地方，建议先精通本章后再进行复习，这样可以达到事半功倍的效果。

15.1　程序设计分层

分层设计思想

　　在一个完整的项目中，除了要完成项目既定的需求之外，还需要对程序进行有效并且合理的分层，这样才可以让代码的开发与维护变得更加方便，使得不同的开发人员可以更加专注于自己擅长的部分，让项目开发得更加有效率。而在当今的企业平台项目开发中，基础的划分方式为：显示层（前端）、控制层、业务层、数据层（持久层）、数据库，如图 15-1 所示。

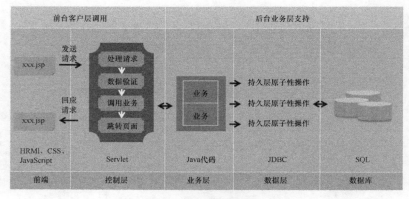

图 15-1　项目分层设计

提示：现实环境下的分层。

分层这一概念并不是只针对软件的设计，在实际的生活中也随处可见，例如：在进行公司管理时需要进行有效的分层，这样每一层的部门都有每一层负责处理的业务，而不同层之间的操作也需要按照特定的标准进行。

提示：部分知识将在 Web 中讲解。

图 15-1 给出的分层结构是现在企业项目平台搭建的核心模式，其中会涉及 JSP、Servlet、HTML、CSS、JavaScript 等 Web 开发技术，对于此部分的内容本书只是对其组成进行了描述，同时本书只强调了业务层、数据层的实现。

因为移动应用的火爆问题，导致前台层已经不再单独地局限于是一个简单的 Web 层了，而可能是 Android、IOS。但是读者可以发现，不管是何种开发，业务层与数据层几乎是不变的。所以项目设计的核心就在于业务的分析与设计上。

在整个项目中，后台业务层是最为核心的部分，而后台业务包含业务层与数据层两个方面的解释。

- 数据层（Data Access Object，DAO），又被称为持久层，指的是执行数据的具体操作。而现在的开发中，大多数都是针对数据库的开发，所以在数据层中的主要任务是负责完成数据的增删识查（CRUD）；而在 Java 中，如果要进行数据的 CRUD 实现，需要使用 java.sql.PreparedStatement 接口完成；
- 业务层（Business Object，BO）就是业务对象，又称服务层（Service），业务层的主要目的是根据业务需求进行数据层的操作，一个业务层要包含多个数据层的原子性操作。

为了便于读者理解，下面以人们跑步健身的操作为例来为读者解释业务层与数据层的概念，如图 15-2 所示。

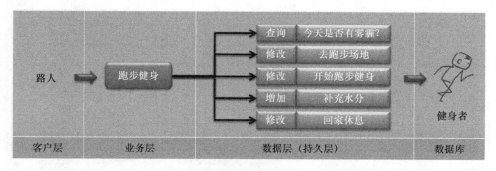

图 15-2　跑步健身

在图 15-2 所描述的关系中可以发现，路人看见有跑步健身的人在锻炼，这样的操作就属于发现了一个业务。对于健身者本身，可能要经历一系列的操作，而其中每一个原子性操作实际上就是数据层的定义。在整个过程中，健身者就好像是一个数据库，所有数据层的操作都要围绕数据库展开。

在实际的开发中，业务的设计是非常复杂的，以上只是简单地区分了业务层与数据层的基础关系，而如果项目本身的业务非常复杂，就需要一个总业务层，并会牵扯若干个子业务层，每一个子业务层又会去执行多个数据层的操作。业务层细分如图 15-3 所示。

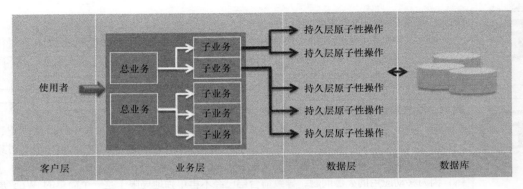

图 15-3　业务层细分

15.2　实例分析

业务设计实例

清楚了业务层和数据层的区别后，下面以 Oracle 数据库中的 scott.emp 数据表（empno、ename、job、hiredate、sal、comm 等基本字段）为例分析一个操作。在该操作中，客户要求可以实现以下 6 个功能（如图 15-4 所示）。

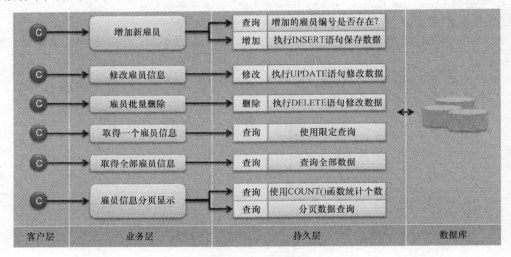

图 15-4　业务分析

- 【业务层】实现雇员数据的添加，但是需要保证被添加的雇员编号不会重复；
- |- 〖数据层〗判断要增加的雇员编号是否存在，根据 empno 字段进行限定查询；
- |- 〖数据层〗如果雇员编号不存在则使用 INSERT 语句执行数据的保存操作；
- 【业务层】实现雇员数据的修改操作；
- |- 〖数据层〗使用 UPDATE 语句实现数据的修改操作，如果修改成功会返回影响的数据行数；
- 【业务层】实现多个雇员数据的删除操作；

|－〖**数据层**〗执行雇员的限定删除操作，多个数据删除时可以使用 IN 操作符；
● 【**业务层**】可以根据雇员编号查找一个雇员的信息；
|－〖**数据层**〗根据雇员编号查询指定的雇员数据，根据 empno 字段进行限定查询；
● 【**业务层**】可以查询所有雇员的信息；
|－〖**数据层**〗查询全部雇员数据；
● 【**业务层**】可以实现数据的分页显示（模糊查询），同时又可以返回所有的雇员数量。
|－〖**数据层**〗雇员数据的分页查询，分页显示时需要使用 LIKE 设置模糊查询；
|－〖**数据层**〗使用 COUNT() 函数统计出所有的雇员数量。

> **提示：实际业务设计。**
> 　　用户提出的所有的需求都应该划分为业务层，因为用户指的是功能，而开发人员必须要根据业务层进行数据层的设计。

15.3　项目准备

> **提示：本项目在 Eclipse 中编写。**
> 　　为了方便读者的实际使用，本项目代码将直接在 Eclipse 开发工具中编写，相关的配置信息都会为读者详细列出。

如果要编写基于 Oracle 数据库的应用，应先保证数据库已经打开监听与实例服务，如图 15-5 所示。

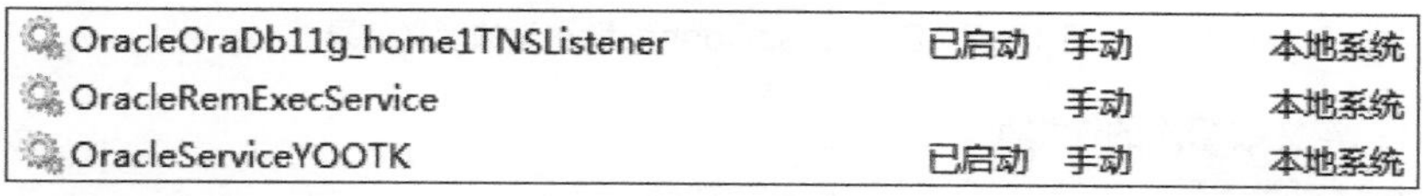

OracleOraDb11g_home1TNSListener	已启动	手动	本地系统
OracleRemExecService		手动	本地系统
OracleServiceYOOTK	已启动	手动	本地系统

图 15-5　Oracle 服务已启动

在 Eclipse 中建立一个 DAOProject 的新项目，同时在"Java Build Path"中配置好数据库的驱动程序，如图 15-6 所示。

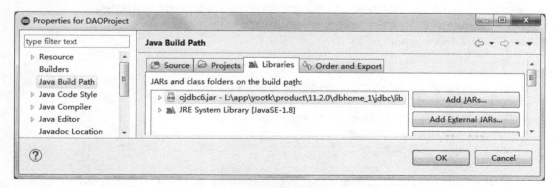

图 15-6　Eclipse 中配置驱动程序路径

在编写程序时为了方便进行程序的统一管理，所有项目的父包统一设置为"com.yootk"，而子包就可以根据不同的功能模块进行划分。

15.3.1　数据库连接类

数据库连接类

本操作既然要进行数据库的开发，就必须进行数据库的连接取得与关闭才可以正常操作，由于几乎所有数据库的连接操作都是固定的步骤，那么就可以单独定义一个 DatabaseConnection 类，这个类主要负责数据库的连接对象的取得以及数据库的关闭操作。由于本操作是一个专门用于数据库的连接操作，因此可以将其保存在 dbc 子包中。DatabaseConnection 类的定义结构如图 15-7 所示。

```
┌──────────────────────────────────────────────┐
│              DatabaseConnection               │
├──────────────────────────────────────────────┤
│ -DBDRIVER="oracle.jdbc.driver.OracleDriver";  │
│ -DBURL="jdbc:oracle:thin:@localhost:1521:mldn";│
│ -DBUSER="scott";                              │
│ -PASSWORD="tiger";                            │
│ -Connection conn=null;                        │
├──────────────────────────────────────────────┤
│ +Connection()                                 │
│ +getConnection():Connection                   │
│ +close():void                                 │
└──────────────────────────────────────────────┘
```

图 15-7　DatabaseConnection 类的定义结果

范例 15-1： 定义数据库的连接类。

```java
package com.yootk.dbc;
import java.sql.Connection;
import java.sql.DriverManager;
import java.sql.SQLException;
/**
 * 本类专门负责数据库的连接与关闭操作，在实例化本类对象时就意味着要进行数据库的开发<br>
 * 所以在本类的构造方法里要进行数据库驱动加载与数据库连接取得
 * @author 极限IT（www.jixianit.com）
 */
public class DatabaseConnection {
    private static final String DBDRIVER = "oracle.jdbc.driver.OracleDriver" ;
    private static final String DBURL = "jdbc:oracle:thin:@localhost:1521:yootk" ;
    private static final String DBUSER = "scott" ;
    private static final String PASSWORD = "tiger" ;
    private Connection conn = null ;
    /**
     * 在构造方法里面为conn对象进行实例化，可以直接取得数据库的连接对象<br>
     * 由于所有的操作都是基于数据库完成的，如果数据库无法取得连接，也就意味着所有的操作都可以停止了
```

```
    */
   public DatabaseConnection() {
       try {
           Class.forName(DBDRIVER) ;
           this.conn = DriverManager.getConnection(DBURL, DBUSER, PASSWORD) ;
       } catch (Exception e) {      // 虽然此处有异常，但是抛出的意义不大
           e.printStackTrace();
       }
   }
   /**
    * 取得一个数据库的连接对象
    * @return Connection实例化对象
    */
   public Connection getConnection() {
       return this.conn ;
   }
   /**
    * 负责数据库的关闭
    */
   public void close() {
       if (this.conn != null) {      // 表示存在连接对象
           try {
               this.conn.close();     // 关闭数据库连接
           } catch (SQLException e) {
               e.printStackTrace();
           }
       }
   }
}
```

整个操作过程中，DatabaseConnection 类只是无条件地提供了数据库连接，每当有线程实例化 DatabaseConnection 类后都会自动取得新的 Connection 对象，所以每一个线程都一定在操作的最后调用 close()方法关闭数据库连接。

提示：数据库可移植性的考虑。

在最初之所以会使用 DAO 设计模式，其主要解决的核心问题有以下两个。

- 第一个问题：使用更加合理的分层以应对复杂业务；
- 第二个问题：可以通过合理的实现让数据库的可移植性提升。

对于分层的设计在本章开始时就已经为读者详细阐述了；而对于数据库的可移植性操作，就需要通过图 15-8 所示的结构进行改进。

图 15-8 所示的设计只是改进了数据库连接操作的实现，但是除了连接操作外，每个数据库可能都有自己的 SQL 支持（如以分页显示）。Oracle 使用 ROWNUM，MySQL 使用 LIMIT，所以还需要针对具体的数据库做具体的数据层实现，因此代码的复杂度非常高，而且重复性也很高。

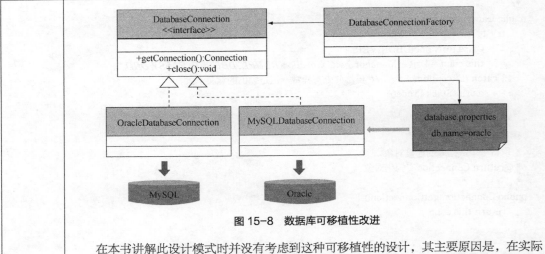

图 15-8   数据库可移植性改进

在本书讲解此设计模式时并没有考虑到这种可移植性的设计，其主要原因是，在实际项目开发中，往往都需要基于一些数据层框架实现，例如：MyBatis、Hibernate 等，这样在设计中就可以减少不必要的数据库实现类。

以上只是针对设计的一些扩展性的介绍，而对于实际开发中的使用，就需要结合读者自身的项目经验进行不断积累。

15.3.2   开发 Value Object

开发 VO 类

虽然程序已经实现了合理的分层设计，但是在整个操作流程中还存在一个关键性的问题，即不同层之间的数据传递，如图 15-9 所示。由于要操作的是数据表数据，所以就需要有一个与数据表结构完全对应的类，这样就可以通过该类的对象对数据表中的数据进行包装，因此需要定义简单 Java 类。

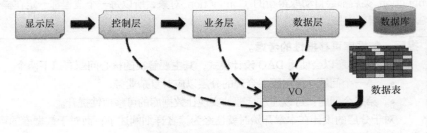

图 15-9   简单 Java 类处理

在实际的工作中，简单 Java 类的开发有如下要求。

- 考虑到程序有可能出现的分布式应用问题，所以简单 Java 类必须要实现 java.io.Serializable 接口；
- 简单 Java 类的名称必须与表名称保持一致；
- |- 有可能表名称为：student_info，类名称为：StudentInfo；

- 类中的属性不允许使用基本数据类型，都必须使用基本数据类型的包装类；
- |— 基本数据类型的数值型默认值是 0，而包装类默认值就是 null；
- 类中的属性必须使用 private 封装，封装后的属性必须提供 setter、getter 方法。
- 类中可以定义多个构造方法，但是必须要保留一个无参构造方法；
- （此为可选要求，基本不用）覆写 equals()、toString()、hashCode()；

将所有的简单 Java 类保存在 vo 包中，建立的类如图 15-10 所示。

图 15-10 Eclipse 建立简单 Java 类

提示：简单 Java 类需要慢慢转换。
　　在任何一个项目中都一定会存在大量的数据表，并且数据表之间也存在大量的关系。所以在进行数据表与简单 Java 类转换的过程中，不建议在项目开始之初就将所有的数据表都转化为简单 Java 类，这样当遇见项目功能修改时会非常麻烦。本书建议根据用户编写的模块依次进行转换，用到哪些表就将哪些表转换为简单 Java 类。

　　范例 15-2： 定义 Emp.java。

```java
package com.yootk.vo;
import java.io.Serializable;
import java.util.Date;
@SuppressWarnings("serial")
public class Emp implements Serializable {
```

```
    private Integer empno ;
    private String ename ;
    private String job ;
    private Date hiredate ;
    private Double sal ;
    private Double comm ;
    // setter、getter略
}
```

　　本程序按照给定的设计要求定义了简单 Java 类，同时为了读者学习方便，将重复的 setter、getter 方法定义取消。读者可以直接通过 Eclipse 自动生成 Setter、getter 方法，如图 15-11 所示。

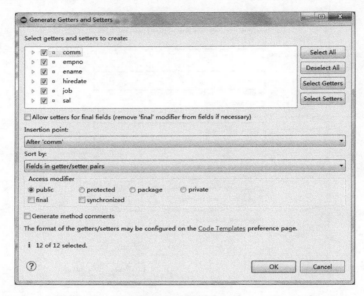

图 15-11　利用 Eclipse 自动生成 setter、getter 方法

15.4　开发数据层

　　数据层最终是交给业务层进行调用的，所以业务层必须知道数据层的执行标准，即业务层需要明确地知道数据层的操作方法，但是不需要知道它的具体实现。因此，在进行数据层设计时一定要使用接口，同时为了达到对业务层隐藏具体实现子类的目的，应该使用工厂设计模式取得接口对象。

15.4.1　开发数据层操作标准

　　不同层之间如果要进行访问，就必须要提供接口以定义操作标准，对于数据层来说也是一样的。因为数据层最终要交给业务层执行，所以需要首先定义数据层接口，然后数据层实现子类中使用 JDBC 进行数据库的具体操作。数据层实现如图 15-12 所示。

数据层接口

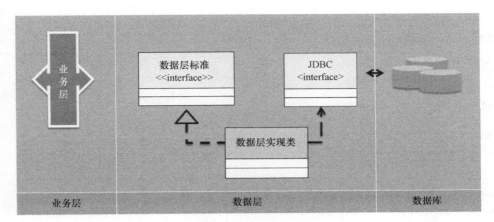

图 15-12　数据层实现

数据层是整个项目开发中最为重要的组成部分，其核心目的是实现数据库的原子性操作。例如：增加、修改、查询等操作分别放在一个方法中进行定义，在使用时一个方法就表示一个具体的 SQL 操作。但是考虑到 SQL 的操作主要分为更新与查询两类操作，所以数据层的接口定义有以下开发要求。

（1）数据层的代码是进行数据操作的，因此保存在 dao 子包下；

（2）不同的数据表的操作有可能使用不同的数据层开发，这样为了区分不同的数据表的数据层操作，应该使用数据表的名称进行接口的命名，例如：如果要使用的是 emp 表，则数据层的接口就应该定义为 IEmpDAO。

 提示：关于字母"I"的说明。

　　实际上在 Java 中类与接口的命名规范是完全相同的，所以为了可以在名称上明确地区分定义的是类还是接口，往往要在接口前增加一个字母"I"，例如："IMessage"表示接口，而"Message"表示类，这只是一种良好的编码习惯而已。

　　另外，在最后增加的 DAO 字母表示的就是数据层的简写，这样编写的目的是加强程序的可读性。

（3）整个数据层的开发只有以下两大类功能。
- 数据更新操作，以 doXxx() 的形式命名；
  |- 数据增加操作使用"doCreate()"形式的方法命名；
  |- 数据修改操作使用"doUpdate()"形式的方法命名；
  |- 数据删除操作使用"doRemove()"形式的方法命名。
- 数据查询操作，对于查询分为以下两种形式。
  |- 查询表中数据，以 findXxx() 形式命名；
  |- 根据表的 ID 进行数据查询，使用"findById()"形式的方法命名；
  |- 根据 ename 字段查询，使用"findByEname()"形式的方法命名；
  |- 如果查询表中的全部数据，使用"findAll()"形式的方法命名。
  |- 统计表中的数据，以 getXxx() 形式命名。

|- 查询表中的全部数据量，使用"getAllCount()"形式的方法命名。

范例 15-3：定义 IEmpDAO 接口。

```java
package com.yootk.dao;
import java.util.List;
import java.util.Set;
import com.yootk.vo.Emp;
/**
 * 定义emp表的数据层的操作标准
 * @author 极限IT（www.jixianit.com）
 */
public interface IEmpDAO {
    /**
     * 实现数据的增加操作
     * @param vo 包含了要增加数据的VO对象
     * @return 数据保存成功返回true，否则返回false
     * @throws Exception SQL执行异常
     */
    public boolean doCreate(Emp vo) throws Exception ;
    /**
     * 实现数据的修改操作，本次修改是根据id进行全部字段数据的修改
     * @param vo 包含了要修改数据的信息，一定要提供ID内容
     * @return 数据修改成功返回true，否则返回false
     * @throws Exception SQL执行异常
     */
    public boolean doUpdate(Emp vo) throws Exception ;
    /**
     * 执行数据的批量删除操作，所有要删除的数据以Set集合的形式保存
     * @param ids 包含了所有要删除的数据ID，不包含重复内容
     * @return 删除成功返回true（删除的数据个数与要删除的数据个数相同），否则返回false。
     * @throws Exception SQL执行异常
     */
    public boolean doRemoveBatch(Set<Integer> ids) throws Exception ;
    /**
     * 根据雇员编号查询指定的雇员信息
     * @param id 要查询的雇员编号
     * @return 如果雇员信息存在，则将数据以VO类对象的形式返回，如果雇员数据不存在，则返回null
     * @throws Exception SQL执行异常
     */
    public Emp findById(Integer id) throws Exception ;
    /**
     * 查询指定数据表的全部记录，并且以集合的形式返回
     * @return 如果表中有数据，则所有的数据会封装为VO对象后利用List集合返回，<br>
     * 如果没有数据，那么集合的长度为0（size() == 0，不是null）
     * @throws Exception SQL执行异常
```

```
      */
     public List<Emp> findAll() throws Exception ;
     /**
      * 分页进行数据的模糊查询，查询结果以集合的形式返回
      * @param currentPage 当前所在的页
      * @param lineSize 每行显示数据行数
      * @param column 要进行模糊查询的数据列
      * @param keyWord 模糊查询的关键字
      * @return 如果表中有数据，则所有的数据会封装为VO对象后利用List集合返回，<br>
      * 如果没有数据，那么集合的长度为0（size() == 0，不是null）
      * @throws Exception SQL执行异常
      */
     public List<Emp> findAllSplit(Integer currentPage, Integer lineSize, String column, String keyWord)
throws Exception;
     /**
      * 进行模糊查询数据量的统计，如果表中没有记录，统计的结果就是0
      * @param column 要进行模糊查询的数据列
      * @param keyWord 模糊查询的关键字
      * @return 返回表中的数据量，如果没有数据返回0
      * @throws Exception SQL执行异常
      */
     public Integer getAllCount(String column,String keyWord) throws Exception ;
}
```

在定义 IEmpDAO 接口时，由于此接口主要进行 emp 数据表的操作，所以必须要使用 Emp 这个 VO 类来进行数据的传递，通过本程序可以发现在增加、修改等操作时接收的都是 Emp 类对象，而在查询时每一行数据也都使用 Emp 对象进行封装。IEmpDAO 接口与 Emp 类间的关系如图 15-13 所示。

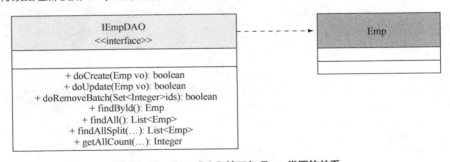

图 15-13　IEmpDAO 接口与 Emp 类同的关系

15.4.2　数据层实现类

数据层的主要功能是利用 JDBC 标准来实现数据库的操作，为了保证操作性能和安全性，在数据层中都会使用 PreapredStatement 接口来处理所有的 SQL 语句。由于在每一个操作业务中，有可能触发多个数据层的操作，所以建议将数据库

数据层实现类

的打开与关闭交由业务层进行控制，即数据层子类在执行时只需要一个 java.sql.Connection 接口的实例化对象，而不用关心具体的连接从何处传递而来。

考虑到代码的定义标准，建议将数据层的实现子类保存在 dao.impl 子包下。

范例 15-4：EmpDAOImpl 子类。

```java
package com.yootk.dao.impl;
import java.sql.Connection;
import java.sql.PreparedStatement;
import java.sql.ResultSet;
import java.util.ArrayList;
import java.util.Iterator;
import java.util.List;
import java.util.Set;
import com.yootk.dao.IEmpDAO;
import com.yootk.vo.Emp;
/**
 * 定义emp表的数据层的具体实现子类
 * @author 极限IT（www.jixianit.com）
 */
public class EmpDAOImpl implements IEmpDAO {          // 实现IEmpDAO接口
    private Connection conn ;                          // 需要利用Connection对象操作
    private PreparedStatement pstmt ;                  // 定义数据库操作对象
    /**
     * 如果要使用数据层进行原子性的功能操作实现，必须要提供Connection接口对象<br>
     * 另外，由于开发中业务层要调用数据层，所以数据库的打开与关闭交由业务层处理
     * @param conn 表示数据库连接对象
     */
    public EmpDAOImpl(Connection conn) {               // 传递Connection接口对象
        this.conn = conn ;                             // 保存数据库连接
    }
    @Override
    public boolean doCreate(Emp vo) throws Exception {
        String sql = "INSERT INTO emp(empno,ename,job,hiredate,sal,comm) VALUES (?,?,?,?,?,?)" ;
        this.pstmt = this.conn.prepareStatement(sql) ;  // 创建数据库操作对象
        this.pstmt.setInt(1, vo.getEmpno());            // 设置字段内容
        this.pstmt.setString(2, vo.getEname());         // 设置字段内容
        this.pstmt.setString(3, vo.getJob());           // 设置字段内容
        // 将java.util.Date类的对象转换为java.sql.Date类对象
        this.pstmt.setDate(4, new java.sql.Date(vo.getHiredate().getTime()));
        this.pstmt.setDouble(5, vo.getSal());           // 设置字段内容
        this.pstmt.setDouble(6, vo.getComm());          // 设置字段内容
        return this.pstmt.executeUpdate() > 0 ;         // 执行数据更新操作
    }
    @Override
```

```java
public boolean doUpdate(Emp vo) throws Exception {
    String sql = "UPDATE emp SET ename=?,job=?,hiredate=?,sal=?,comm=? WHERE empno=?" ;
    this.pstmt = this.conn.prepareStatement(sql) ;                  // 创建数据库操作对象
    this.pstmt.setString(1, vo.getEname());                        // 设置字段内容
    this.pstmt.setString(2, vo.getJob());                         // 设置字段内容
    // 将java.util.Date类的对象转换为java.sql.Date类对象
    this.pstmt.setDate(3, new java.sql.Date(vo.getHiredate().getTime()));
    this.pstmt.setDouble(4, vo.getSal());                        // 设置字段内容
    this.pstmt.setDouble(5, vo.getComm());                       // 设置字段内容
    this.pstmt.setInt(6, vo.getEmpno());                         // 设置字段内容
    return this.pstmt.executeUpdate() > 0 ;                      // 执行数据更新操作
}
@Override
public boolean doRemoveBatch(Set<Integer> ids) throws Exception {
    StringBuffer sql = new StringBuffer() ;                      // 拼凑SQL
    sql.append("DELETE FROM emp WHERE empno IN(") ;             // 追加SQL语句
    Iterator<Integer> iter = ids.iterator() ;                   // 迭代每一个删除ID
    while (iter.hasNext()) {
        sql.append(iter.next()).append(",") ;                   // 追加SQL
    }
    sql.delete(sql.length()-1, sql.length()).append(")") ;      // 处理SQL
    this.pstmt = this.conn.prepareStatement(sql.toString()) ;   // 创建数据库操作对象
    return this.pstmt.executeUpdate() == ids.size();            // 执行数据更新操作
}
@Override
public Emp findById(Integer id) throws Exception {
    Emp vo = null ;                                             // 定义VO对象
    String sql = "SELECT empno,ename,job,hiredate,sal,comm FROM emp WHERE empno=?" ;
    this.pstmt = this.conn.prepareStatement(sql) ;             // 创建数据库操作对象
    this.pstmt.setInt(1, id);                                  // 设置字段内容
    ResultSet rs = this.pstmt.executeQuery() ;                 // 执行数据查询操作
    if (rs.next()) {                                           // 已经找到数据
        vo = new Emp() ;                                       // 实例化VO对象
        vo.setEmpno(rs.getInt(1));                             // 读取列内容并将数据保存在属性中
        vo.setEname(rs.getString(2));                          // 读取列内容并将数据保存在属性中
        vo.setJob(rs.getString(3));                            // 读取列内容并将数据保存在属性中
        vo.setHiredate(rs.getDate(4));                         // 读取列内容并将数据保存在属性中
        vo.setSal(rs.getDouble(5));                            // 读取列内容并将数据保存在属性中
        vo.setComm(rs.getDouble(6));                           // 读取列内容并将数据保存在属性中
    }
    return vo ;                                                // 返回VO类对象
}
@Override
public List<Emp> findAll() throws Exception {
```

```java
        List<Emp> all = new ArrayList<Emp>() ;                   // 实例化集合对象
        String sql = "SELECT empno,ename,job,hiredate,sal,comm FROM emp" ;
        this.pstmt = this.conn.prepareStatement(sql) ;           // 创建数据库操作对象
        ResultSet rs = this.pstmt.executeQuery() ;               // 执行数据查询操作
        while (rs.next()) {                                      // 有多条数据返回，循环多次
            Emp vo = new Emp() ;                                 // 实例化VO对象
            vo.setEmpno(rs.getInt(1));                           // 读取列内容并将数据保存在属性中
            vo.setEname(rs.getString(2));                        // 读取列内容并将数据保存在属性中
            vo.setJob(rs.getString(3));                          // 读取列内容并将数据保存在属性中
            vo.setHiredate(rs.getDate(4));                       // 读取列内容并将数据保存在属性中
            vo.setSal(rs.getDouble(5));                          // 读取列内容并将数据保存在属性中
            vo.setComm(rs.getDouble(6));                         // 读取列内容并将数据保存在属性中
            all.add(vo) ;                                        // 向集合保存数据
        }
        return all;                                             // 返回集合
    }
    @Override
    public List<Emp> findAllSplit(Integer currentPage, Integer lineSize, String column, String keyWord)
throws Exception {
        List<Emp> all = new ArrayList<Emp>() ;                   // 定义集合
        String sql = "SELECT * FROM " +
                    " (SELECT empno,ename,job,hiredate,sal,comm,ROWNUM rn" +
                    " FROM emp" + " WHERE " + column + " LIKE ? AND ROWNUM<=?) temp " +
                    " WHERE temp.rn>? ";                         // 执行SQL分页语句
        this.pstmt = this.conn.prepareStatement(sql) ;           // 创建数据库操作对象
        this.pstmt.setString(1, "%" + keyWord + "%");            // 设置字段内容
        this.pstmt.setInt(2, currentPage * lineSize);            // 设置字段内容
        this.pstmt.setInt(3, (currentPage − 1) * lineSize);      // 设置字段内容
        ResultSet rs = this.pstmt.executeQuery() ;               // 执行数据查询操作
        while (rs.next()) {                                      // 循环取出每一行数据
            Emp vo = new Emp() ;                                 // 实例化VO对象
            vo.setEmpno(rs.getInt(1));                           // 读取列内容并将数据保存在属性中
            vo.setEname(rs.getString(2));                        // 读取列内容并将数据保存在属性中
            vo.setJob(rs.getString(3));                          // 读取列内容并将数据保存在属性中
            vo.setHiredate(rs.getDate(4));                       // 读取列内容并将数据保存在属性中
            vo.setSal(rs.getDouble(5));                          // 读取列内容并将数据保存在属性中
            vo.setComm(rs.getDouble(6));                         // 读取列内容并将数据保存在属性中
            all.add(vo) ;                                        // 向集合保存数据
        }
        return all;                                             // 返回List集合数据
    }
    @Override
    public Integer getAllCount(String column, String keyWord) throws Exception {
        String sql = "SELECT COUNT(empno) FROM emp WHERE " + column + " LIKE ?" ;
```

```
        this.pstmt = this.conn.prepareStatement(sql) ;           // 创建数据库操作对象
        this.pstmt.setString(1 , "%" + keyWord + "%");           // 设置字段内容
        ResultSet rs = this.pstmt.executeQuery() ;              // 执行数据查询操作
        if (rs.next()) {                                        // COUNT()统计一定会返回结果
            return rs.getInt(1) ;                              // 返回读取的第一列数据
        }
        return 0;                                              // 如果没有数据返回0
    }
}
```

本程序定义了 IEmpDAO 接口的具体实现操作，每一个定义的原子性操作中都封装了一条独立的 SQL 语句，也就是说调用一个方法就相当于执行了一个 SQL。在 EmpDAOImpl 子类中最需要注意的就是，构造方法必须要接收一个 Connection 对象才可以传递，而在实际中这个接口的对象将通过业务层进行传递。本程序类图关系如图 15-14 所示。

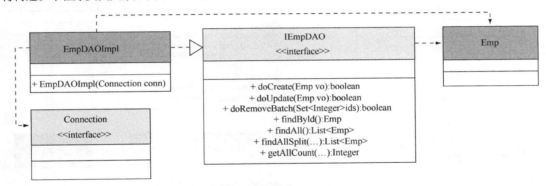

图 15-14　DAO 接口实现子类

15.4.3　定义数据层工厂类——DAOFactory

业务层要进行数据层的调用，就必须要取得 IEmpDAO 接口对象，但是不同层之间如果要取得接口对象实例，需要使用工厂设计模式，这个工厂类应保存在 factory 子包下。

数据层工厂类

范例 15-5：定义工厂类。

```java
package com.yootk.factory;
import java.sql.Connection;
import com.yootk.dao.IEmpDAO;
import com.yootk.dao.impl.EmpDAOImpl;
/**
 * 定义 DAO 工厂类，以后的 DAO 接口对象将通过此工厂类取得
 * @author 极限IT（www.jixianit.com）
 */
public class DAOFactory {
    /**
```

```
    * 取得 IEmpDAO 接口对象，通过 EmpDAOImpl 子类实例化
    * @param conn EmpDAOImpl 构造方法需要接收数据库连接对象
    * @return IEmpDAO 接口实例化对象
    */
   public static IEmpDAO getIEmpDAOInstance(Connection conn) {
       return new EmpDAOImpl(conn) ;                    // 实例化 EmpDAOImpl 子类对象
   }
}
```

　　使用 DAOFactory 的核心目的是降低业务层与数据层间的耦合度，本程序的类图结构如图 15-15
所示。

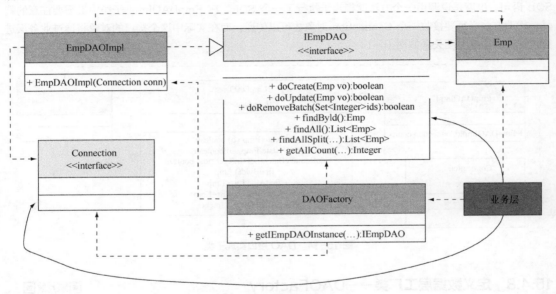

图 15-15　数据层操作

15.5　开发业务层

　　数据层由于只提供了数据库的原子性操作，并没有提供整体的业务处理支持，所以往往会被业务层
封装。而业务层最终也会交由其他层进行调用，所以进行业务层开发的首要前提就是定义出业务层操作
标准。

15.5.1　开发业务层标准——IEmpService

　　业务层也可以称为 Service 层，由于描述的是 emp 表的业务操作，所以将其名
称定义为 IEmpService，并且保存在 service 子包下。对于业务层的方法定义并没
有明确定义的要求，但是从实际开发来讲还是建议使用一些有意义的名称，例如：
如果要描述增加可以使用"inserXxx()"或"addXxx()"的形式来进行处理。

业务层接口

技术穿越：关于业务层的处理问题。

　　严格来讲在定义业务层时应该引入代理设计模式进行事务控制，而在实际的开发中，不可能使用静态代理设计模式完成，往往会利用动态代理设计模式完成，这样就必须对方法名称（尤其是更新方法）进行一些合理的定义，这部分内容在开发中可能接触到的 Struts、Spring 等开发框架中都会有所提供。

范例 15-6：定义 IEmpService 操作标准。

```
package com.yootk.service;
import java.util.List;
import java.util.Map;
import java.util.Set;
import com.yootk.vo.Emp;
/**
 * 定义emp表的业务层的执行标准，此类一定要负责数据库的打开与关闭操作
 * 此类可以通过DAOFactory类取得IEmpDAO接口对象
 * @author 极限IT（www.jixianit.com）
 */
public interface IEmpService {
    /**
     * 实现雇员数据的增加操作，本次操作要调用IEmpDAO接口的方法：<br>
     * <li>需要调用IEmpDAO.findById()方法，判断要增加数据的id是否已经存在；</li>
     * <li>如果要增加的数据编号不存在，则调用IEmpDAO.doCreate()方法，返回操作的结果。</li>
     * @param vo 包含了要增加数据的VO对象
     * @return 如果增加数据的ID重复或保存失败，则返回false，否则返回true
     * @throws Exception SQL执行异常
     */
    public boolean insert(Emp vo) throws Exception ;
    /**
     * 实现雇员数据的修改操作，本次要调用IEmpDAO.doUpdate()方法，本次修改属于全部内容的修改
     * @param vo 包含了要修改数据的VO对象
     * @return 修改成功返回true，否则返回false
     * @throws Exception SQL执行异常
     */
    public boolean update(Emp vo) throws Exception ;
    /**
     * 执行雇员数据的删除操作，可以删除多个雇员信息，调用IEmpDAO.doRemoveBatch()方法
     * @param ids 包含了全部要删除数据的集合，没有重复数据
     * @return 删除成功返回true，否则返回false
     * @throws Exception SQL执行异常
     */
    public boolean delete(Set<Integer> ids) throws Exception ;
    /**
     * 根据雇员编号查找雇员的完整信息，调用IEmpDAO.findById()方法
     * @param ids 要查找的雇员编号
     * @return 如果找到了，则将雇员信息以VO对象返回，否则返回null
```

```
 * @throws Exception SQL执行异常
 */
public Emp get(int ids) throws Exception ;
/**
 * 查询全部雇员信息，调用IEmpDAO.findAll()方法
 * @return 查询结果以List集合的形式返回，如果没有数据则集合的长度为0
 * @throws Exception SQL执行异常
 */
public List<Emp> list() throws Exception ;
/**
 * 实现数据的模糊查询与数据统计，要调用IEmpDAO接口的两个方法：<br>
 * <li>调用IEmpDAO.findAllSplit()方法，查询所有的表数据，返回的是List<Emp>；</li>
 * <li>调用IEmpDAO.getAllCount()方法，查询所有的数据量，返回的是Integer；</li>
 * @param currentPage 当前所在页
 * @param lineSize 每页显示的记录数
 * @param column 模糊查询的数据列
 * @param keyWord 模糊查询关键字
 * @return 本方法由于需要返回多种数据类型，所以使用Map集合返回，由于类型不统一，所以所有value的类
型设置为Object，返回内容如下。<br>
 * <li>key = allEmps，value = IEmpDAO.findAllSplit()返回结果（List<Emp>类型）</li>
 * <li>key = empCount，value = IEmpDAO.getAllCount()返回结果（Integer类型）</li>
 * @throws Exception SQL执行异常
 */
public Map<String, Object> list(int currentPage, int lineSize, String column, String keyWord)
throws Exception;
}
```

在本接口中定义的方法都是以之前的业务分析为基础设计的，本程序的类图结构如图 15-16 所示。

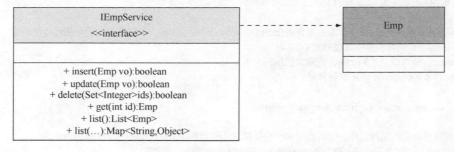

图 15-16　IEmpService 定义类图

 提示：关于业务层划分。

在实际开发中，针对不同的用户会存在不同的业务接口。例如，在一个项目里可能会分为前台用户与后台管理员，这样就可以定义两类不同的业务层标准，并且建议将这两类不同的业务标准保存在不同的包中。

- 如果是前台业务层可以保存在 "service.front" 包中，接口使用 "IXxxServiceFront"命名；

> • 如果是后台业务层可以保存在 "service.back" 包中，接口使用 "IXxxServiceBack" 命名。
>
> 具体的命名操作也需要根据开发者所在的开发公司来决定，但是良好的命名习惯将为代码的维护带来极大的方便。

15.5.2　业务层实现类

业务层子类

业务层标准定义完成后，就需要定义标准的具体实现子类，在业务层的子类中，其核心目的有以下两类。

• 负责控制数据库的打开和关闭。由于业务层本身设计的目的是进行数据库操作，所以为了保证数据库操作方便，建议在实例化业务层子类对象时就提供相应的数据库连接；

• 利用 DAOFactory 工厂类所提供的 getIEmpDAOInstance() 方法取得 IEmpDAO 接口对象，这样就可以调用数据层的各原子性操作。

为了达到程序分类的统计，将业务层的实现类保存在 dao.impl 子包中，下面来介绍其具体实现。

范例 15-7：定义 EmpServiceImpl 子类。

```java
package com.yootk.service.impl;
import java.util.HashMap;
import java.util.List;
import java.util.Map;
import java.util.Set;
import com.yootk.dbc.DatabaseConnection;
import com.yootk.factory.DAOFactory;
import com.yootk.service.IEmpService;
import com.yootk.vo.Emp;
public class EmpServiceImpl implements IEmpService {
    // 在这个类的对象内部提供了一个数据库连接类的实例化对象
    private DatabaseConnection dbc = new DatabaseConnection();
    @Override
    public boolean insert(Emp vo) throws Exception {
        try {
            // 要增加的雇员编号如果不存在，则findById()返回的结果就是null
            // null表示可以保存新增雇员数据
            if (DAOFactory.getIEmpDAOInstance(this.dbc.getConnection())
                    .findById(vo.getEmpno()) == null) {
                // 直接返回IEmpDAO.doCreate()方法的处理结果
                return DAOFactory.getIEmpDAOInstance(this.dbc.getConnection()).doCreate(vo);
            }
            return false;                    // 增加失败
        } catch (Exception e) {
            throw e;                         // 有异常交给被调用处进行处理
        } finally {
            this.dbc.close();                // 不管数据层操作是否有异常，一定要关闭数据库连接
```

```
        }
    }
    @Override
    public boolean update(Emp vo) throws Exception {
        try {// 更新操作将根据id进行全部更新，此处将直接返回数据层处理结果
            return DAOFactory.getIEmpDAOInstance(this.dbc.getConnection()).doUpdate(vo);
        } catch (Exception e) {
            throw e;                            // 如果有异常，交给被调用处进行处理
        } finally {
            this.dbc.close();                   // 不管数据层操作是否有异常，一定要关闭数据库连接
        }
    }
    @Override
    public boolean delete(Set<Integer> ids) throws Exception {
        try {
            if (ids == null || ids.size() == 0) {    // 没有要删除的数据
                return false ;                        // 直接返回false
            }
            // 如果此时集合内容不为空，则调用数据层实现数据删除处理
            return DAOFactory.getIEmpDAOInstance(this.dbc.getConnection()).doRemoveBatch(ids);
        } catch (Exception e) {
            throw e;                            // 如果有异常，交给被调用处进行处理
        } finally {
            this.dbc.close();                   // 不管数据层操作是否有异常，一定要关闭数据库连接
        }
    }
    @Override
    public Emp get(int ids) throws Exception {
        try {
            // 直接调用数据层返回指定id的数据
            return DAOFactory.getIEmpDAOInstance(this.dbc.getConnection()).findById(ids);
        } catch (Exception e) {
            throw e;                            // 如果有异常，交给被调用处进行处理
        } finally {
            this.dbc.close();                   // 不管数据层操作是否有异常，一定要关闭数据库连接
        }
    }
    @Override
    public List<Emp> list() throws Exception {
        try {
            // 直接调用数据层返回emp表的全部记录
            return DAOFactory.getIEmpDAOInstance(this.dbc.getConnection()).findAll();
        } catch (Exception e) {
            throw e;                            // 如果有异常，交给被调用处进行处理
        } finally {
            this.dbc.close();                   // 不管数据层操作是否有异常，一定要关闭数据库连接
```

```
        }
    }
    @Override
    public Map<String, Object> list(int currentPage, int lineSize, String column,
        String keyWord)   throws Exception {
        try {
            // 由于此方法需要返回多种类型的数据，所以使用Map集合保存返回数据
            Map<String, Object> map = new HashMap<String, Object>();
            // 分页查询出emp表中的部分数据内容
            map.put("allEmps", DAOFactory.getIEmpDAOInstance(this.dbc.getConnection())
                .findAllSplit(currentPage, lineSize, column, keyWord));
            // 统计出emp表中的数据量
            map.put("empCount", DAOFactory.getIEmpDAOInstance(this.dbc.getConnection())
                .getAllCount(column, keyWord));
            return map;
        } catch (Exception e) {
            throw e;                          // 如果有异常，交给被调用处进行处理
        } finally {
            this.dbc.close();                 // 不管数据层操作是否有异常，一定要关闭数据库连接
        }
    }
}
```

本程序实现了具体的业务层操作，通过代码的执行可以发现，在业务层需要处理数据库的打开与关闭，并且不管最终是否产生异常数据库都必须进行关闭处理。同时一个业务层操作会执行一到多个数据层的调用，并且都是通过 DAOFactory 类取得数据层接口对象。本程序的类图关系如图 15-17 所示。

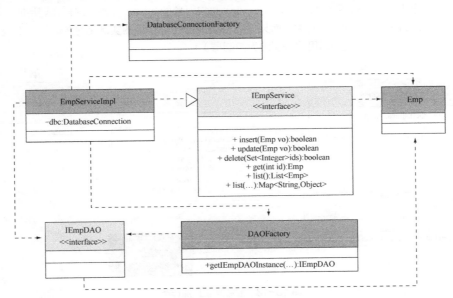

图 15-17　业务层类图关系

15.5.3 定义业务层工厂类——ServiceFactory

业务层工厂类

在实际开发中，业务层最终需要被控制层使用，为了隐藏业务层的具体实现细节（实质上就是隐藏子类），就需要提供业务层的工厂处理类来完成，本程序会将工厂类保存在 factory 子包中。

 提示：关于业务层划分。

在开发中针对不同的业务层对象取得，建议使用不同的工厂类来完成。

- 前台业务工厂类：ServiceFrontFactory；
- 后台业务工厂类：ServiceBackFactory。

范例 15-8： 定义 ServiceFactory。

```
package com.yootk.factory;
import com.yootk.service.IEmpService;
import com.yootk.service.impl.EmpServiceImpl;
public class ServiceFactory {
    /**
     * 取得IEmpService接口对象
     * @return IEmpService接口的实例化对象
     */
    public static IEmpService getIEmpServiceInstance() {
        return new EmpServiceImpl();
    }
}
```

本程序工厂类提供了一个用于取得 IEmpService 接口对象的 static 方法，这样在调用时，其他层将不再关注 IEmpService 接口的具体子类，而只关心 IEmpService 接口的实例化对象取得。本程序的类图关系如图 15-18 所示（假设最终调用业务层的为控制层）。

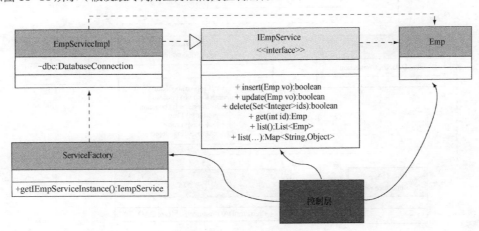

图 15-18 业务层工厂操作类

> **提示：本程序使用工厂设计模式的意义。**
>
> 　　在实际的编写中，子类永远都是不可见的，所以在取得 IEmpDAO 与 IEmpService 接口时都提供了相应的工厂类。同时在整个操作里面，控制层完全不需要关注具体的数据操作（即使用 JDBC 执行 SQL 部分，控制层完全不需要关心），控制层只要知道调用某一个业务层的方法就可以完成数据操作，这样不同层的实现细节将完全隐藏。

15.6　代码测试

　　由于此时的项目没有引入控制层，所以在进行项目测试时可以直接通过具体的客户层代码进行调用。同时在代码执行过程中为了方便读者学习，将采用两类模式进行测试：一类是通过主方法调用，另一类是通过 JUnit 进行测试。

15.6.1　调用测试

　　如果要测试代码，在不借助任何第三方工具的前提下，可以直接通过主方法完成测试。为了代码的管理方便，本次会将所有的测试代码保存在 test 子包内。

调用测试

　　范例 15-9：测试增加操作。

```java
package com.yootk.test;
import java.util.Date;
import com.yootk.factory.ServiceFactory;
import com.yootk.vo.Emp;
public class TestEmpInsert {
    public static void main(String[] args) throws Exception {      // 异常抛出
        // 业务层与数据层都是以VO的形式运行的，所有要追加的数据必须封装在VO类中
        Emp vo = new Emp();                                        // 实例化VO类对象
        vo.setEmpno(8889);                                         // 设置empno属性
        vo.setEname("李兴华");                                      // 设置ename属性
        vo.setJob("教师");                                         // 设置job属性
        vo.setHiredate(new Date());                                // 设置hiredate属性
        vo.setSal(8900.0);                                         // 设置sal属性
        vo.setComm(5600.0);                                        // 设置comm属性
        // 直接将业务层的执行结果进行输出
        System.out.println(ServiceFactory.getIEmpServiceInstance().insert(vo));
    }
}
```
程序执行结果：　　　　　　true

　　本程序直接通过 ServiceFactory 工厂类取得 IEmpService 接口对象后执行 insert() 方法，如果此时要增加的雇员编号不存在，则会将数据保存并且返回 true，否则返回 false。

　　范例 15-10：测试分页查询功能。

```java
package com.yootk.test;
```

```
import java.util.Iterator;
import java.util.List;
import java.util.Map;
import com.yootk.factory.ServiceFactory;
import com.yootk.vo.Emp;
public class TestEmpSplit {
    @SuppressWarnings("unchecked")
    public static void main(String[] args) throws Exception {
        // 实现数据的查询，查询时将返回指定范围的查询结果以及数据量统计信息
        Map<String, Object> map = ServiceFactory.getIEmpServiceInstance()
                                            .list(1, 5, "ename", "");
        int count = (Integer) map.get("empCount");        // 取得数据量信息
        System.out.println("数据量： " + count);
        List<Emp> all = (List<Emp>) map.get("allEmps");   // 取出全部数据
        Iterator<Emp> iter = all.iterator();              // 实例化Iterator对象
        while (iter.hasNext()) {                          // 迭代输出
            Emp vo = iter.next();                         // 取出保存的VO对象
            System.out.println(vo.getEname() + ", " + vo.getJob());
        }
    }
}
程序执行结果：          数据量： 14
                    SMITH，CLERK
                    ALLEN，SALESMAN
                    随后内容省略……
```

本程序通过业务层的 list() 方法实现了数据的列表调用，由于此方法要返回两种数据类型（Integer、List<Emp>），所以利用 Map 返回结果，在进行输出时，通过 get() 方法取得指定 key 对应的数据。

通过范例 15-9 和范例 15-10 两个测试程序可以发现，数据库的具体操作细节完全被业务层包装，在客户端程序调用时将不再关心具体的数据库操作细节。

15.6.2 利用 JUnit 进行测试

JUnit 测试

使用主方法进行代码的测试虽然方便，但是当要测试的代码增多后将变得非常麻烦，所以在实际的项目开发中，如果要针对业务功能进行测试，可以利用 JUnit 完成。

如果要在本项目中创建 JUnit 测试，则应该首先选择好 IEmpService 接口，然后建立新的 JUnit Test Case，如图 15-19 所示。最后定义该测试类的保存包为 "cn.mldn.test.junit"，默认生成的类名称为 "IEmpServiceTest"，如图 15-20 所示。

定义完成后会出现图 15-21 所示的界面，该界面会要求用户选择要进行测试的方法，本次将选择接口中的所有方法进行测试。随后用户还需要将 JUnit 的开发包加入到项目的 "build path" 中，如图 15-22 所示。

图 15-19　创建 JUnit Test Case

图 15-20　定义测试类名称

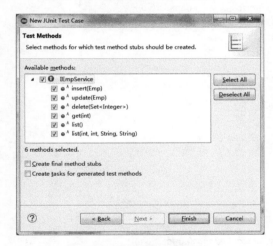

图 15-21　选择要测试的方法

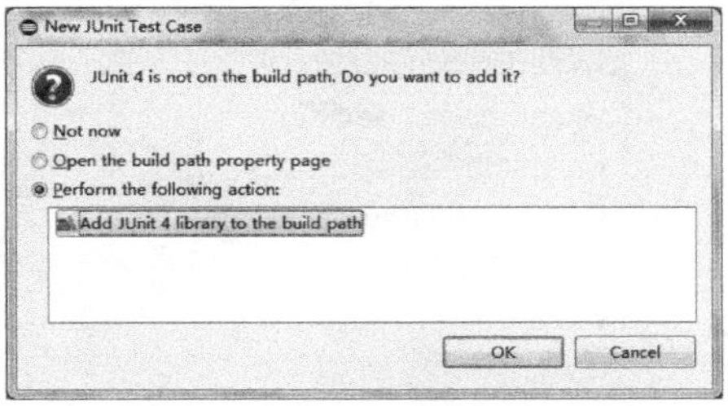

图 15-22　添加 JUnit 开发包

范例 15-11： 测试代码。

```java
package com.yootk.test.junit;
import java.util.Date;
import java.util.HashSet;
import java.util.List;
import java.util.Map;
import java.util.Random;
import java.util.Set;
import org.junit.Test;
```

```java
import com.yootk.factory.ServiceFactory;
import com.yootk.vo.Emp;
import junit.framework.TestCase;
public class IEmpServiceTest {
    private static int empno;
    static {
        empno = new Random().nextInt(10000);    // 动态生成一个empno的数据
    }
    @Test
    public void testInsert() {
        Emp vo = new Emp();
        vo.setEmpno(empno);
        vo.setEname("李兴华 - " + empno);
        vo.setJob("讲师 - " + empno);
        vo.setHiredate(new Date());
        vo.setSal(10.0);
        vo.setComm(0.5);
        try {
            TestCase.assertTrue(ServiceFactory.getIEmpServiceInstance().insert(vo));
        } catch (Exception e) {
            e.printStackTrace();
        }
    }
    @Test
    public void testUpdate() {
        Emp vo = new Emp();
        vo.setEmpno(8889);
        vo.setEname("老李");
        vo.setJob("人体工程学");
        vo.setHiredate(new Date());
        vo.setSal(10.0);
        vo.setComm(0.5);
        try {
            TestCase.assertTrue(ServiceFactory.getIEmpServiceInstance().update(vo));
        } catch (Exception e) {
            e.printStackTrace();
        }
    }
    @Test
    public void testDelete() {
        Set<Integer> ids = new HashSet<Integer>();
        ids.add(8889);
        try {
            TestCase.assertTrue(ServiceFactory.getIEmpServiceInstance().delete(ids));
```

```
        } catch (Exception e) {
            e.printStackTrace();
        }
    }
    @Test
    public void testGet() {
        try {
            TestCase.assertNotNull(ServiceFactory.getIEmpServiceInstance().get(7369));
        } catch (Exception e) {
            e.printStackTrace();
        }
    }
    @Test
    public void testList() {
        try {
            TestCase.assertTrue(ServiceFactory.getIEmpServiceInstance().list().size() > 0);
        } catch (Exception e) {
            e.printStackTrace();
        }
    }
    @SuppressWarnings("unchecked")
    @Test
    public void testListIntIntStringString() {
        try {
            Map<String, Object> map = ServiceFactory.getIEmpServiceInstance().list(2, 5, "ename", "");
            int count = (Integer) map.get("empCount");
            List<Emp> all = (List<Emp>) map.get("allEmps");
            TestCase.assertTrue(count > 0 && all.size() > 0);
        } catch (Exception e) {
            e.printStackTrace();
        }
    }
}
```

此时可以对代码进行测试，如果测试通过会返回 "Green Bar"，如果测试失败会返回 "Red Bar"。

本章小结

1. 程序的分层为：显示层（前端）、控制层、业务层、数据层、数据库。
2. 一个业务层需要多个数据层的操作支持。
3. 对于公共的代码部分，可以通过泛型来解决。

综合测试

测试试卷一

1. 下面关于 Java 的特点不正确的一项是（　　　）。

   A. Java 具备跨平台性，可以在任意的操作系统间进行移植

   B. Java 编写的程序可以直接解释执行，属于解释型的编程语言类型

   C. Java 中具备垃圾收集机制，这样在用户编写代码中无须处理手工处理内存空间的释放操作

   D. Java EE 企业级开发是在 Java SE 基础之上的扩展应用

2. 下面（　　　）类型不属于 Java 的基本数据类型。

   A. byte　　　　　　B. int　　　　　　C. boolean　　　　D. String

3. 下面（　　　）属性与 Java 解释程序有关。

   A. CLASSPATH　　B. GC　　　　　　C. TMP　　　　　　D. CPU

4. 下面关于 Java 程序编写描述正确的一项是（　　　）。

   A. Java 程序直接利用 javac.exe 命令就可以直接运行程序

   B. 一个 Java 文件中可以定义有多个 class 声明，并且类名称可以与文件名称同名

   C. 一个 Java 文件可以使用 public class 定义多个程序类

   D. Java 文件的后缀必须使用 "*.javac"

5. 下面（　　　）不属于 Java 语言。

   A. // 注释　　　　B. -- 注释　　　　C. /**注释..*/　　　D. /* 注释..*/

6. 下面（　　　）标识符不符合 Java 定义要求。

   A. String　　　　　B. _Name　　　　C. Name123　　　　D. 100Book

7. 下面（　　　）关键字（保留字）属于 Java 未被使用到的关键字（保留字）。

   A. final　　　　　　B. goto　　　　　C. enum　　　　　　D. assert

8. 下面关于基本数据类型的描述正确的是（　　　）。

   A. boolean 数据类型只有 true 和 false 两种取值

   B. 使用 long 可以保存小数

   C. float 数据类型可以保存的数据范围比 double 数据范围要大

   D. byte 数据类型可以正常保存 200 这个数字

9. main()方法的返回值类型是（　　　）。

   A. void　　　　　　B. int　　　　　　C. public　　　　　D. static

10. 现在有一个方法：public static int info(int x, double y)，下面（　　）方法是对本方法的正确重载。

    A.　public static int infos(int x, int y)　　B.　public static void info(int x, double y)

    C.　public static int info(int x, int y)　　D.　public static void infos(int x, int y)

11. 现在假设有如下程序：

```
public class Demo {
    public static void main(String args[]) {
        long num = 100 ;
        int x = num + 2 ;
        System.out.println(x) ;
    }
}
```

最终程序的执行结果是（　　）。

    A.　102　　　　　　B.　1002　　　　　　C.　100　　　　　　D.　程序错误

12. 现在假设有如下程序：

```
public class Demo {
    public static void main(String args[]) {
        int num = 2147483647 ;
        num += 2 ;
        System.out.println(num) ;
    }
}
```

以上程序最终的执行结果是（　　）。

    A.　−2147483648　　B.　2147483649　　C.　−2147483647　　D.　2

13. 现在假设有如下程序：

```
public class Demo {
    public static void main(String args[]) {
        int num = 2147483647 ;
        num += 2L ;
        System.out.println(num) ;
    }
}
```

以上程序最终的执行结果是（　　）。

    A.　−2147483648　　B.　2147483649　　C.　−2147483647　　D.　2

14. 现在假设有如下程序：

```
public class Demo {
    public static void main(String args[]) {
        int num = 2147483647 ;
        long temp = num + 2L ;
        System.out.println(num) ;
    }
}
```

　　以上程序最终的执行结果是（　　）。
　　　A. −2147483648　　B. 2147483649　　C. 2147483647　　　　D. 2
　　15. 现在假设有如下程序：

```java
public class Demo {
    public static void main(String args[]) {
        int num = 68 ;
        char c = (char) num ;
        System.out.println(c) ;
    }
}
```

　　以上程序最终的执行结果是（　　）。
　　　A. B　　　　　　　B. C　　　　　　C. D　　　　　　　　D. a
　　16. 现在假设有如下程序：

```java
public class Demo {
    public static void main(String args[]) {
        int num = 50 ;
        num = num ++ * 2 ;
        System.out.println(num) ;
    }
}
```

　　以上程序最终的执行结果是（　　）。
　　　A. 50　　　　　　　B. 102　　　　　C. 100　　　　　　　D. 101
　　17. 现在假设有如下程序：

```java
public class Demo {
    public static void main(String args[]) {
        int sum = 0 ;
        int x = 10 ;
        while (x > 0) {
            sum += x ;
        }
        System.out.println(sum) ;
    }
}
```

　　以上程序的最终执行结果是（　　）。
　　　A. 55　　　　　　　B. 10　　　　　C. 程序错误，死循环　　D. 15
　　18. 现在假设有如下程序：

```java
public class Demo {
    public static void main(String args[]) {
        int sum = 0 ;
        for (int x = 0 ; x < 10 ; x ++) {
            sum += x ;
        }
```

```
        System.out.println(sum) ;
    }
}
```

以上程序的最终执行结果是（　　）。

    A. 6   B. 0   C. 程序错误，死循环 D. 45

    19. 现在假设有如下程序：

```
public class Demo {
    public static void main(String args[]) {
        int sum = 0 ;
        for (int x = 0 ; x < 10 ; x ++) {
            sum += x ;
            if (x % 3 == 0) {
                break ;
            }
        }
        System.out.println(sum) ;
    }
}
```

以上程序的最终执行结果是（　　）。

    A. 6   B. 0   C. 程序错误，死循环 D. 45

    20. 现在假设有如下程序：

```
public class Demo {
    public static void main(String args[]) {
        int sum = 0 ;
        for (int x = 1 ; x < 10 ; x ++) {
            sum += x ;
            if (x % 3 == 0) {
                continue ;
            }
        }
        System.out.println(sum) ;
    }
}
```

以上程序的最终执行结果是（　　）。

    A. 6   B. 0   C. 程序错误，死循环 D. 45

    21. 现在假设有如下程序：

```
public class Demo {
    public static void main(String args[]) {
        char c = 'A' ;
        int num = 10 ;
        switch(c) {
            case 'B' :
                num ++ ;
```

```
                case 'A' :
                    num ++ ;
                case 'Y' :
                    num ++ ;
                    break ;
                default :
                    num -- ;
            }
            System.out.println(num) ;
        }
    }
```

以上程序的最终执行结果是（   ）。

    A. 11   B. 13   C. 12   D. 10

22. 现在假设有如下程序：

```
public class Demo {
    public static void main(String args[]) {
        System.out.println(inc(10) + inc(8) + inc(-10)) ;
    }
    public static int inc(int temp) {
        if (temp > 0) {
            return temp * 2 ;
        }
        return -1 ;
    }
}
```

以上程序的最终执行结果是（   ）。

    A. 35   B. 8   C. 28   D. 12

23. 现在假设有如下程序：

```
public class Demo {
    public static void main(String args[]) {
        String str = "" ;
        for (int x = 0 ; x < 5 ; x ++) {
            str += x ;
        }
        System.out.println(str) ;
    }
}
```

以上程序最终的执行结果是（   ）。

    A. 01234   B. 10   C. 14   D. 25

24. 现在假设有如下程序：

```
public class Demo {
    public static void main(String args[]) {
        int x = 10 ;
```

```
        double y = 20.2 ;
        long z = 10L;
        String str = "" + x + y * z ;
        System.out.println(str) ;
    }
}
```

以上程序的最终执行结果是（　　　）。

　　A.　10202.0　　　　B.　0212.0　　　　C.　302.0　　　　D.　1020.210

25. 现在假设有如下程序：

```
public class Demo {
    public static void main(String args[]) {
        boolean flag = 10%2 == 1 && 10 / 3 == 0 && 1 / 0 == 0 ;
        System.out.println(flag ? "mldn" : "yootk") ;
    }
}
```

以上程序的最终执行结果是（　　　）。

　　A.　mldn　　　　　B.　yootk　　　　　C.　true　　　　　D.　程序出错

26. 编译 Java 源程序文件产生的字节码文件的扩展名为（　　　）。

　　A.　java　　　　　B.　class　　　　　C.　html　　　　　D.　exe

27. 下面的数据声明及赋值，没有错误的是（　　　）。

　　A.　float f = 1.3;　　B.　char c = "a";　　C.　byte b = 257;　　D.　int i = 10;

28. 现在假设有如下程序：

```
class Happy {
    public static void main(String args[])      {
        int i = 1 ;
        int j = i++ ;
        if((i==(++j))&&((i++)==j))      {
            i += j ;
        }
        System.out.println("i = "+i);
    }
}
```

运行完上面代码之后输出 i 的值是（　　　）。

　　A.　4　　　　　　　B.　5　　　　　　　C.　3　　　　　　　D.　6

测试试卷二

1. 下面（　　　）不属于面向对象的特点。

　　A.　封装　　　　　B.　转型　　　　　C.　继承　　　　　D.　多态

2. 下面关于类与对象的描述正确的是（　　　）。

　　A.　任何情况下必须先有类再有对象，对象只能够调用类中定义的方法，不能够调用属性

B. "class" 关键字可以定义类，并且要求文件名称与类名称完全一致，否则程序将无法编译通过

C. 一个类可以产生多个对象，通过关键字 new 实例化的每个对象都将拥有属于自己的堆内存空间

D. 对象一旦开辟之后即使不再使用了，也会一直占据内存空间不释放

3. 下面（　　）权限定义不属于 Java。

    A. public　　　　　　B. private　　　　　　C. friend　　　　　　D. protected

4. 关于构造方法的描述正确的是（　　）。

    A. 构造方法；在使用关键字 new 实例化对象时会自动进行调用

    B. 一个类中可以没有任何构造方法的定义

    C. 构造方法不会有返回值，所以需要使用 void 进行声明

    D. 构造方法在进行重载时，方法名称可以不同

5. 下面关于 String 类的特点描述正确的一项是（　　）。

    A. String 类在需要时可以定义子类

    B. String 类的对象内容一旦声明则不可改变

    C. String 类可以直接利用 "==" 进行字符串内容的比较

    D. String 类对象实例化后都会自动存入字符串对象池

6. 下列（　　）不属于面向对象程序设计的基本要素。

    A. 类　　　　　　　　B. 对象　　　　　　　C. 方法　　　　　　　D. 安全

7. 下列程序的执行结果是（　　）。

```java
public class TestDemo {
    public void fun() {
        static int i = 0;
        i++;
        System.out.println(i);
    }
    public static void main(String args[]) {
        Demo d = new Demo();
        d.fun();
    }
}
```

    A. 编译错误　　　　　　　　　　　　B. 0

    C. 1　　　　　　　　　　　　　　　D. 运行成功，但不输出

8. 顺序执行下列程序语句后，则 b 的值是（　　）。

```java
String str = "Hello" ;
String b = str.substring(0,2) ;
```

    A. Hello　　　　　B. hello　　　　　C. He　　　　　D. null

9. 不能直接使用 new 创建对象的类是（　　）。

    A. 静态类　　　　　B. 抽象类　　　　　C. 最终类　　　　　D. 公有类

10. 为类定义多个名称相同、但参数的类型或个数不同的方法的做法称为（　　）。

    A. 方法重载　　　　B. 方法覆写　　　　C. 方法继承　　　　D. 方法重用

11. 定义接口的关键字是（　　）。

　　A. extends　　　　　B. class　　　　　C. interface　　　　D. public

12. 现在有两个类 A、B，以下描述中表示 B 继承自 A 的是（　　）。

　　A. class A extends B　　　　　　　　B. class B implements A

　　C. class A implements　　　　　　　D. class B extends A

13. 下面关于子类调用父类构造方法的描述正确的是（　　）。

　　A. 子类定义了自己的构造方法，就不会调用父类的构造方法。

　　B. 子类必须通过 super 关键字调用父类有参的构造方法。

　　C. 如果子类的构造方法没有通过 super 调用父类的构造方法，那么子类会先调用父类中无参构
　　　　造方法，之后再调用子类自己的构造方法。

　　D. 创建子类对象时，先调用子类自己的构造方法，让后再调用父类的构造方法。

14. 假设类 X 是类 Y 的父类，下列声明对象 x 的语句中不正确的是（　　）。

　　A. X x = new X() ;　　　　　　　　　B. X x = new Y() ;

　　C. Y x = new Y() ;　　　　　　　　　D. Y x = new X() ;

15. 编译并运行下面的程序，程序的执行结果是（　　）。

```
public class A {
    public static void main(String args[]) {
        B b = new B();
        b.test();
    }
    void test() {
        System.out.print("A");
    }
}
class B extends A {
    void test() {
        super.test();
        System.out.println("B");
    }
}
```

　　A. 产生编译错误　　　　　　　　B. 代码可以编译运行，并输出结果：AB

　　C. 代码可以编译运行，但没有输出　　D. 编译没有错误，但会运行时会产生异常

16. 编译运行下面的程序，程序的运行结果是（　　）。

```
public class A {
    public static void main(String args[]) {
        B b = new B();
        b.test();
    }
    public void test() {
        System.out.print("A");
    }
}
```

```
}
class B extends A {
    void test() {
        super.test();
        System.out.println("B");
    }
}
```

    A. 产生编译错误，因为类 B 覆盖类 A 的方法 test()时，降低了其访问控制的级别

    B. 代码可以编译运行，并输出结果：AB

    C. 代码可以编译运行，但没有输出

    D. 代码可以编译运行，并输出结果：A

17. 下面（   ）修饰符所定义的方法必须被子类所覆写。

    A. final   B. abstract   C. static   D. interface

18. 下面（   ）修饰符所定义的方法不能被子类所覆写。

    A. final   B. abstract   C. static   D. interface

19. 下面的程序编译运行的结果是（   ）。

```
public class A implements B {
    public static void main(String args[]) {
        int m, n;
        A a = new A();
        m = a.K;
        n = B.K;
        System.out.println(m + ", " + n);
    }
}
interface B {
    int K = 5;
}
```

    A. 5, 5   B. 0, 5

    C. 0, 0   D. 编译程序产生编译结果

20. 下面关于接口的说法中不正确的是（   ）。

    A. 接口所有的方法都是抽象的

    B. 接口所有的方法一定都是 public 类型

    C. 用于定义接口的关键字是 implements

    D. 接口是 Java 中的特殊类，包含全局常量和抽象方法

21. 下面关于 Java 的说法不正确的是（   ）。

    A. abstract 和 final 能同时修饰一个类

    B. 抽象类不光可以做父类，也可以做子类

    C. 抽象方法不一定声明在抽象类中，也可以在接口中

    D. 声明为 final 的方法不能在子类中覆写

22. 下面关于 this 与 super 的区别描述错误的是（   ）。

   A. this 和 super 都可以调用类中的属性、方法、构造方法

   B. this 表示本类实例化对象，而 super 表示父类实例化对象

   C. 使用"this.属性"或者"this.方法()"时都会先从本类查找方法，如果本类没有定义，则通过父类查找

   D. 子类可以利用"super.方法()"调用父类方法，这样可以避免覆写父类方法时所产生的递归调用问题

23. 使用（   ）关键字可以在程序中手工抛出异常。

   A. throws   B. throw   C. assert   D. class

24. 下面（   ）关键字可以用在方法的声明处。

   A. throws   B. assert   C. class   D. interface

25. 为了捕获一个异常，代码必须放在下面（   ）语句块中。

   A. try   B. catch   C. throws   D. finally

26. 下面关于 try 块的描述正确的一项是（   ）。

   A. try 块后至少应有一个 catch 块   B. try 块后必须有 finally 块

   C. 可能抛出异常的方法应放在 try 块中   D. 对抛出的异常的处理应放在 try 块中

27. 下面关于 finally 块中的代码的执行，描述正确的是（   ）。

   A. 总是被执行

   B. 如果 try 块后面没有 catch 块时，finally 块中的代码才会执行

   C. 异常发生时才被执行

   D. 异常没有发生时才执行

28. 一个异常将终止（   ）。

   A. 整个程序   B. 只终止抛出异常的方法

   C. 产生异常的 try 块   D. 上面的说法都不对

29. 所有程序可处理异常的共同父类是（   ）。

   A. Error   B. Exception   C. Throwable   D. RuntimeException

30. String 和 Object 类在（   ）包中定义的。

   A. java.lang   B. java.util   C. java.net   D. java.sql

31. 下面（   ）权限是同一包可以访问，不同包的子类可以访问，不同包的非子类不可以访问。

   A. private   B. default   C. protected   D. public

32. 下列说法正确的一项是（   ）。

   A. java.lang.Integer 是接口   B. String 定义在 java.util 包中

   C. Double 类在 java.lang 包中   D. Double 类在 java.lang.Object 包中

33. 下列关于包、类和源文件的描述中，不正确的一项是（   ）。

   A. 一个包可以包含多个类

   B. 一个源文件中，只能有一个 public class

   C. 属于同一个包的类在默认情况不可以互相访问，必须使用 import 导入

   D. 系统不会为源文件创建默认的包

34. 定义类时不可能用到的关键字是（　　）。

    A. final　　　　　　B. public　　　　　　C. protected　　　　D. static

35. 下面关于泛型的描述中错误的一项是（　　）。

    A. "? extends 类" 表示设置泛型上限

    B. "? super 类" 表示设置泛型下限

    C. 利用 "?" 通配符可以接收全部的泛型类型实例，但却不可修改泛型属性内容

    D. 如果类在定义时使用了泛型，则在实例化类对象时需要设置相应的泛型类型，否则程序将无法编译通过

36. 下面关于枚举的描述正确的一项是（　　）。

    A. 枚举中定义的每一个枚举项其类型都是 String

    B. 在 Java 中可以直接继承 java.util.Enum 类实现枚举类的定义

    C. 利用枚举类中的 values() 方法可以取得全部的枚举项

    D. 枚举中定义的构造方法只能够使用 private 权限声明

37. 下面（　　）Annotation 不是 Java 内建的 Annotation。

    A. @Override　　　　　　　　　　B. @Deprecated

    C. @SuppressWarning　　　　　　　D. @FunctionalInterface

38. 关于 Java8 中提供的四个核心函数式接口的描述，正确的一项是（　　）。

    A. Predicate 接口中的方法不能够返回数据，只能够接收并操作数据

    B. Consumer 接口中的方法可以对数据进行判断，并且可以返回判断结果

    C. Function 接口中的方法可以接收参数，并且将数据处理后返回

    D. Supplier 接口中的方法可以接收基本数据类型参数，但是没有返回值

39. 关于 Java 的异常处理中，错误的是（　　）。

    A. Java 中用户可以处理的异常都是 Exception 的子类

    B. Java 中出现异常时，可以利用 try 进行捕获

    C. Java 中产生异常代码时，如果没有异常处理，则会由系统处理异常，而后让程序正常执行完毕

    D. 一个 try 语句后面可以跟多个 catch 块，也可以只跟一个 finally 语句块

40. 下面对于多态性的描述，错误的一项是（　　）。

    A. 面向对象多态性描述的就是对象转型的操作

    B. 对象可以自动实现向上转型

    C. 对象的向下转型需要强制转型

    D. 可以利用 instanceof 方法判断某一个对象是否属于某个类的实例

41. 为 Demo 类的一个无形式参数无返回值的方法 method 书写方法头，使得使用类名 Demo 作为前缀就可以调用它，该方法头的形式为（　　）。

    A. static void method( )　　　　　　B. public void method( )

    C. final void method( )　　　　　　　D. abstract void method( )

42. 下面代码会存在什么问题？（　　）

```
public class MyClass {
    public static void main(String arguments[])    {
```

```
        amethod(arguments);
    }
    public void amethod(String[] arguments){
        System.out.println(arguments);
        System.out.println(arguments[1]);
    }
}
```

     A. 错误，void amethod()不是 static 类型

     B. 错误，main()方法不正确

     C. 错误，数组必须导入参数

     D. 方法 amethod()必须用 String 类型描述

  43. 当编译下列代码可能会输出（   ）。

```
class Test {
    static int i ;
    public static void main(String args[]) {
        System.out.println(i);
    }
}
```

     A. Error Variable i may not have been initialized

     B. null

     C. 1

     D. 0

  44. 如果试图编译并运行下列代码可能会打印输出（   ）。

```
int i = 9 ;
switch(i) {
    default:
        System.out.println("default");
    case 0 :
        System.out.println("zero");
        break ;
    case 1 : System.out.println("one");
    case 2 : System.out.println("two");
}
```

     A. default   B. default , zero

     C. error default clause not defined   D. no output displayed

  45. 在一个类文件中，导入包、类和打包的排列顺序是（   ）。

     A. package、import、class   B. class、import、package

     C. import、package、class   D. package、class、import

  46. 现在有如下一段程序：

```
class Happy {
    public static void main(String args[]) {
```

```
        float [][] f1 = {{1.2f,2.3f},{4.5f,5.6f}} ;
        Object oo = f1 ;
        f1[1] = oo ;
        System.out.println("Best Wishes "+f1[1]);
    }
}
```

该程序会出现的效果是（   ）。

  A. {4.5,5.6}   B. 4.5

  C. compilation error in line NO.5 D. exception

47. 现在有如下一段程序：

```
class super {
    String name ;
    public super(String name) {
        this.name = name ;
    }
    public void fun1()  {
        System.out.println("this is class super !"+name);
    }
}
class sub extends super {
    public void fun1()    {
        System.out.println("this is class sub !"+name);
    }
}
class Test {
    public static void main(String args[]) {
        super s = new sub();
    }
}
```

运行上面的程序可能会出现的结果是（   ）。

  A. this is class super !   B. this is class sub !

  C. 编译时出错   D. 运行时出错

48. 当试图编译和运行下面代码可能会发生（   ）。

```
class Base {
    private void amethod(int iBase) {
        System.out.println("Base.amethod");
    }
}
class Over extends Base {
    public static void main(String args[]) {
        Over o = new Over();
        int iBase = 0 ;
        o.amethod(iBase) ;
```

```
    }
    public void amethod(int iOver) {
        System.out.println("Over.amethod");
    }
}
```

    A.　Compile time error complaining that Base.amethod is private

    B.　Runntime error complaining that Base.amethod is private

    C.　Output of Base.amethod

    D.　Output of Over.amethod

49.　如要在字符串 s（内容为 "welcome to mldn !! "），中，发现字符't'的位置，应该使用下面（　　）方法。

    A.　mid(2,s)　　　　B.　charAt(2)　　　　C.　s.indexOf('t')　　　D.　indexOf(s,'v')

50.　现在有如下一段代码：

```
public class Test {
    public int aMethod() {
        static int i=0;
        i++;
        return i;
    }
    public static void main(String args[]) {
        Test test = new Test();
        test.aMethod();
        int j = test.aMethod();
        System.out.println(j);
    }
}
```

将产生的结果是（　　　）。

    A.　Compilation will fail

    B.　Compilation will succeed and the program will print "0".

    C.　Compilation will succeed and the program will print "1".

    D.　Compilation will succeed and the program will print "2".

测试试卷三

1.　线程的启动方法是（　　　）。

    A.　run()　　　　　B.　start()　　　　　C.　begin()　　　　　D.　accept()

2.　Thread 类提供表示线程优先级的静态常量，代表普通优先级的静态常量是（　　　）。

    A.　MAX_PRIORITY　　　　　　　　B.　MIN_PRIORITY

    C.　NORMAL_PRIORITY　　　　　　　D.　NORM_PRIORITY

3.　设置线程优先级的方法是（　　　）。

    A.　setPriority()　　B.　getPriority()　　C.　getName()　　　D.　setName()

4. 下面（　　）方法是 Thread 类中不建议使用的。

    A. stop()　　　　　B. suspend()　　　　C. resume()　　　　D. 全部都是

5. 下列（　　）关键字通常用来为对象加锁，从而使得对象的访问是排他的。

    A. serialize　　　　B. transient　　　　C. synchronized　　D. static

6. 如果要实现多线程编程下面错误的是（　　）。

    A. 多线程处理类可以继承 Thread 类，同时覆写 run() 方法

    B. 多线程处理类可以实现 Runnable 接口，同时覆写 run() 方法

    C. 多线程处理类可以实现 java.util.concurrent.Callable 接口，同时覆写 apply() 方法

    D. 多线程处理类可以继承 Synchronized 类，同时覆写 run() 方法

7. 下面（　　）方法不是 Object 类所提供的线程操作方法。

    A. public final void wait() throws InterruptedException

    B. public final void notify()

    C. public final void notifyAll()

    D. public String toString()

8. 下面（　　）父类或父接口是无法实现多线程子类定义的。

    A. Serializable　　B. Thread　　　　　C. Runnable　　　　D. Callable

9. 使用 Runtime 类的（　　）方法，可以释放垃圾内存。

    A. exec()　　　　　B. run()　　　　　　C. invoke()　　　　D. gc()

10. Object 类中的（　　）方法不能被覆写。

    A. toString()　　　B. getClass()　　　C. clone()　　　　D. finalize()

11. 如果要为对象回收做收尾操作，则应该覆写 Object 类中（　　）方法。

    A. toString()　　　B. getClass()　　　C. clone()　　　　D. finalize()

12. 下面关于数组排序的说明错误的是（　　）。

    A. java.util.Arrays 类提供有数组排序的支持方法：sort()

    B. 通过 java.util.Arrays 类排序的对象所在类需要实现 Comparable 或 Comparator 接口

    C. String 数组可以进行排序，是因为 String 类实现了 Comparable 接口

    D. Comparator 接口中提供有 compare() 方法实现数组的排序操作

13. 当执行 "Math.round(-15.01)" 程序后的计算结果是（　　）。

    A. −15　　　　　　B. −14　　　　　　C. −16　　　　　　D. 15

14. 下面关于 Date 类的描述错误的是（　　）。

    A. java.util.Date 类下有三个子类：java.sql.Date、java.sql.Timestamp、java.sql.Time

    B. 利用 SimpleDateFormat 类可以对 java.util.Date 类进行格式化显示

    C. 直接输出 Date 类对象就可以取得日期时间数据，但是取得的月数是从 0 开始计算的

    D. java.util.Date 类可以直接将 long 变量的数字转换为本类对象

15. 判断某一个字符串是否是小数或者是整数，以下列出的正则表达式正确的是（　　）。

    A. \d+　　　　　　B. \d+(\.\d+)?　　　C. \d+\.\d+　　　　D. \d{1,}

16. 下面关于 Class 类对象的实例化对象取得，错误的一项是（　　）。

    A. 利用 Object 类中的 getClass() 方法取得 Class 类的实例化对象

    B. 利用 Class 类的构造方法取得 Class 类的实例化对象

    C. 利用 "类.class" 格式取得 Class 类的实例化对象

    D. 通过 Class.forName()方法根据类名称取得 Class 类的实例化对象

17. 下面列出的 Class 类的方法中，（　　　）可以取得指定类型中全部方法的定义（　　　）。

    A. public Method [] getMethods()　　　　B. public Field [] getFields()

    C. public Field [] getDeclaredFields()　　D. public Constructor [] getConstrutors()

18. 下面关于国际化程序实现的过程，描述错误的是（　　　）。

    A. 国际化程序可以利用 Local 类来设置要显示文字的城市及语言编码

    B. 国际化程序主要依靠*.properties 文件实现文字资源的定义

    C. 国际化程序中必须依靠 ResourceBundle 才能够进行资源文件的读取

    D. 国际化程序中可以使用 MessageFormat 类进行数据的转换，该类是 SimpleDateFormat 的
      子类

19. 下面（　　　）String 类方法不能够使用正则表达式。

    A. substring()　　　B. replaceFirst()　　C. split()　　　　D. matches()

20. 下面（　　　）类不属于 CharSequence 接口的子类。

    A. String　　　　　B. StringBuffer　　　C. StringBuilder　　D. StringUtils

21. 下面（　　　）类不属于 Accessible 的子类。

    A. Field　　　　　　B. Constructor　　　C. Method　　　　D. Annotation

22. File 类提供了许多管理磁盘的方法。其中，建立目录的方法是（　　　）。

    A. delete()　　　　B. mkdirs()　　　　　C. makedir()　　　　D. exists()

23. 提供 println()方法和 print()方法的类是（　　　）。

    A. PrintStream　　　　　　　　　　B. System

    C. InputStream　　　　　　　　　　D. DataOutputStream

24. 不同的操作系统使用不同的路径分隔符。静态常量 separator 表示路径分隔符，它属于的类是
（　　　）。

    A. FileInputStream　　　　　　　　B. FileOutputStream

    C. File　　　　　　　　　　　　　　D. InputStream

25. 下面的说法不正确的是（　　　）。

    A. InputStream 与 OutputStream 类通常是用来处理字节流，也就是二进制文件

    B. Reader 与 Writer 类则是用来处理字符流，也就是纯文本文件

    C. Java 中 IO 流的处理通常分为输入和输出两个部分

    D. File 类是输入/输出流类的子类

26. 下面的说法正确的是（　　　）。

    A. InputStream 与 OutputStream 都是抽象类

    B. Reader 与 Writer 不是抽象类

    C. RandomAccessFile 是抽象类

    D. File 类是抽象类

27. 与 InputStream 相对应的 Java 系统的标准输入对象是（　　　）。

　　A. System.in　　　　B. System.out　　　C. System.err　　　D. System.exit()

28. FileOutputStream 类的父类是（　　　）。

　　A. File　　　　　　B. FileOutput　　　C. OutputStream　D. InputStream

29. InputStreamReader 类提供的功能是（　　　）。

　　A. 数据校验　　　　B. 文本行计数　　　C. 压缩　　　　　D. 将字节流变为字符流

30. Socket 的工作流程是（　　　）。

①打开连接到 Socket 的输入/输出

②按照某个协议对 Socket 进行的读/写操作

③创建 Socket

④关闭 Socket

　　A. ①③②④　　　　B. ②①③④　　　C. ③①②④　　　D. ①②③④

31. 下面（　　　）类不是 Collection 的子类。

　　A. ArrayList　　　　B. Vector　　　　C. HashMap　　　D. TreeSet

32. HashSet 子类依靠（　　　）方法区分重复元素。

　　A. toString()、equals()　　　　　　　B. clone()、equals()

　　C. hashCode()、equals()　　　　　　　D. getClass()、clone()

33. 下列（　　　）不是 getConnection()方法的参数。

　　A. 数据库用户名　　　　　　　　　　B. 数据库的访问密码

　　C. JDBC 驱动器的版本　　　　　　　　D. 连接数据库的 URL

34. Statement 接口中的 executeQuery(String sql)方法返回的数据类型是（　　　）。

　　A. Statement 接口实例　　　　　　　B. Connection 接口实例

　　C. DatabaseMetaData 类的对象　　　　D. ResultSet 接口对象

35. 下列不属于更新数据库操作的步骤的一项是（　　　）。

　　A. 加载 JDBC 驱动程序　　　　　　　B. 定义连接的 URL

　　C. 执行查询操作　　　　　　　　　　D. 执行更新操作